MySQL 8 DBA
基础教程

数据库
技术丛书

孙泽军　刘华贞　编著

清华大学出版社
北京

内 容 简 介

本书以 MySQL 8 版本为基础，将最新技术穿插在各种数据库基础功能上，基本覆盖了所有数据库使用技术和场景，同时结合当下流行的 Java 开发，配合实例演示 MySQL 的整体使用。本书附带作者为本书录制的全程多媒体语音教学视频及所涉及的 SQL 源代码。

本书分为 3 篇 20 章。第一篇介绍 MySQL 8 的基础知识，包括 MySQL 的安装与配置、数据库的操作、数据表的操作、MySQL 的数据库操作、MySQL 的数据类型、MySQL 的运算符、MySQL 的单表、多表查询、索引、视图、存储过程和函数、触发器、事务和锁等内容；第二篇介绍 MySQL 8 的高级特性，如用户安全管理、数据库的备份和恢复、日志管理等；第三篇学习 MySQL 8 实战开发相关的内容。

本书是入门 MySQL 的一本好书，相信丰富的示例能够成为读者必备的参考，本书是 MySQL 数据库初学者的绝佳首选。

图书在版编目（CIP）数据

MySQL 8 DBA 基础教程/孙泽军，刘华贞编著.—北京：清华大学出版社，2020.5
（数据库技术丛书）
ISBN 978-7-302-55354-0

Ⅰ．①M… Ⅱ．①孙… ②刘… Ⅲ．①SQL 语言—程序设计 Ⅳ．①TP311.138

中国版本图书馆 CIP 数据核字（2020）第 062126 号

责任编辑：夏毓彦
封面设计：王　翔
责任校对：闫秀华
责任印制：宋　林

出版发行：清华大学出版社
   网   址：http://www.tup.com.cn，http://www.wqbook.com
   地   址：北京清华大学学研大厦 A 座   邮   编：100084
   社 总 机：010-62770175   邮   购：010-62786544
   投稿与读者服务：010-62776969，c-service@tup.tsinghua.edu.cn
   质量反馈：010-62772015，zhiliang@tup.tsinghua.edu.cn

印 装 者：清华大学印刷厂
经 销：全国新华书店
开 本：190mm×260mm   印 张：39.75   字 数：1018 千字
版 次：2020 年 6 月第 1 版   印 次：2020 年 6 月第 1 次印刷
定 价：128.00 元

产品编号：084292-01

前　言

　　本书从一个新手的视角出发去学习 MySQL 8 数据库管理系统。MySQL 是一款非常优秀的自由软件，而且已经是世界上最流行的数据库之一。国内很多大型的企业都选择 MySQL 作为数据库，对 MySQL 数据库技术人员的需求旺盛，很多知名企业都在招聘技术能力强的 MySQL 数据库技术人员和管理人员，这些都证明了 MySQL 数据库的可靠性、实用性和受欢迎程度。

　　作者是在实际项目开发过程中开始接触 MySQL 数据库的，一边学习一边使用，总体感受是，MySQL 数据库功能强大，而且使用方便，所以在网站开发的过程中，希望选择 MySQL 作为数据库。

　　市面上已经有不少 MySQL 相关的图书，但随着 MySQL 版本的升级，鲜见一本书根据 MySQL 的版本升级更新相关的内容，原有的内容已经陈旧，不再适用于新版本。本书针对市场对 MySQL 数据库系统的旺盛需求，以及考虑到初学者需要较新的书本来引导以便快速入门，选择了较新且较为稳定的 MySQL 8 版本，从安装到应用于实际项目，一步一步讲解，希望能够为初学者提供一些帮助，让他们能够在较短的时间内掌握 MySQL 数据库技术的基本知识。

　　读者在学习 MySQL 数据库的过程中，很关键的一点就是要对照书本内容多练习，只有不断地上机实践才能将知识理解透彻并真正掌握，做到灵活运用。本书针对初学者量身定做，内容注重实战，书中大部分章节都提供了示例，引导读者操作和分析，从而更好地学习和掌握 MySQL 数据库的知识。

本书特色

1. 附带多媒体教学视频，提高学习效率

　　为了便于读者理解本书内容，提高学习效率，作者专门为本书每一章内容都录制了多媒体教学视频。

2. 全面涵盖 MySQL 技术

　　本书涵盖 MySQL 常用数据库操作、索引、视图、存储过程和函数、触发器、事务和

锁、安全管理、备份、恢复和复制、服务管理、日志管理、数据字典、InnoDB 及 NoSQL。

3. 剖析 MySQL 8 新特性

本书除了涵盖以往的 MySQL 技术之外，涉及 MySQL 8 新特性的章节都进行详细讲解，包括 MySQL 8 的安装、升级、数据字典新特性、InnoDB 新特性和 NoSQL 新特性。

4. 知识点全面，循序渐进

本书知识点从易到难逐步进阶，思路清晰，条理清楚，包含多个操作系统下的操作。读者遵循本书一步一步学习，最终将会收获颇多。

5. 项目案例典型，贴合实际

本书最后提供了 Java 操作数据库的方法以及两个数据库设计案例，即网上课堂数据库和论坛数据库。在设计与实现的过程中，演示了实际使用数据库时的操作，并设计了索引、视图和触发器，相信读者深入学习后，对数据库的运用能力会得到很大提升。

源码、课件与教学视频下载

本书配套的源码、课件与教学视频，请扫描右边二维码获得。如果阅读过程中发现问题和错误，请联系 booksaga@163.com，邮件主题写"MySQL 8 DBA 基础教程"。

适合阅读本书的读者

- MySQL 数据库初学者
- PHP、Java、Python 开发人员
- MySQL 数据库管理员
- 其他需要 MySQL 作为存储的开发人员

作　者
2020 年 3 月

目　录

第一篇　MySQL基础

第 1 章

◀ 数据库与MySQL ▶

数据库（Database）就是按照数据结构来组织、存储和管理数据的建立在计算机存储设备上的仓库。我们可以把数据库看成电子化的文件柜，也就是存储电子文件的场所，用户可以对文件中的数据进行新增、查询、更新、删除等操作。

本章主要涉及的内容有：

● 认识数据库：数据库技术经历的阶段，数据库管理系统的功能。
● 数据库管理系统的基本组成。
● 认识 MySQL 数据库。
● MySQL 8 的新特性。

通过本章的学习，我们将对 MySQL 数据库系统以及 MySQL 8 的新特性有初步的了解。

1.1 认识数据库

数据库能够将数据按照特定的规律组织起来。那么，我们为什么要学习数据库？数据是如何存储的？数据库要遵守什么规则？数据库技术都经历过什么阶段？数据库管理系统会提供哪些功能？当前流行的数据库有哪些？

1.1.1 我们为什么要学习数据库

我们为什么要学习数据库，可以从以下几个方面来阐述原因。

1. 数据时代背景

我们身处一个数据时代，举一些简单的例子来说明这样一个时代大背景。

学校需要把学生的基本信息（学号、姓名、性别、年龄、年级、班级、成绩等）存放在不同的表中，而这些表都需要存放在数据仓库中，老师可以根据学生的姓名或者学号查阅学生的基本信息，如果使用计算机处理这些工作，管理效率就可以得到极大的提升。

我们去商场或者超市购物结账时，收银员的计算机里有进销存软件，该软件的本质是记录和处理消费数据，顾客每次购买的商品种类、数量、金额、时间以及每次购买所获得的积分都通过该软件存储在后台数据库中。

我们的智能手机上的应用无时无刻不在记录和处理关于我们日常生活的数据。购物网站会根据我们的每次一次网购分析我们的购物喜好，从而向我们推荐合适的商品；健身软件每天会记录我们的运动数据；育儿软件会记录婴儿成长相关的数据；聊天软件会记录我们的每一条聊天内容；社交软件会根据我们分享的内容而推送相应的广告；电子钱包会记录我们的每一笔收入和消费；家用摄像机会记录用户的基本信息并上传到云端服务器，记录在数据库中。这就是我们所处的互联网大数据时代，数据无处不在，我们必须要学习数据库知识，才能更好地理解这个数据世界。

2. 软件行业的工作性质

对于软件行业的同学来说：

```
程序 = 算法 + 数据结构
```

无论是传统的软件，还是互联网网站，或者移动端的应用，都要处理数据。数据库可以说是学习软件开发的核心课程之一，几乎绝大部分软件都涉及数据库，很多数据必须保存在数据库中，也许最初少量的信息可以保存在文件中，但是随着数据量的增大，文件已经不能很理想地处理这些数据，所以必须掌握使用数据库处理数据，因为数据库速度更快，更好维护，开发效率更高。

3. 数据库设计的优劣

在数据库设计阶段，对于同一领域建模，不同的建模人员得到的结果不一样，进而转换后的关系模式也不一样。这样就存在关系模式的优劣之分。学习数据库就是要学习前人总结的一些规则，以及常用的表示方法，进而设计出更合理、高效的模式。

1.1.2 数据库技术经历的阶段

本小节将为读者介绍数据库技术经历的 3 个阶段，即层次数据库和网状数据库技术阶段、关系数据库技术阶段和后关系数据库技术阶段。

1. 层次数据库和网状数据库技术阶段

层次数据库系统是较早研制成功的数据库系统，典型的是 1968 年由 IBM 研制的信息管理系统（Information Management System，IMS）。1966 年，美国国家航空航天局（NASA）承包商北美航空希望能够开发一个计算机程序，用于追踪火箭的数百万个部件，作为对这个需求的回应，IBM 在 1968 年推出了全球第一个商用数据库管理系统，该系统在 1969 年改名为信息管理系统。

网状数据库是处理以记录类型为节点的网络数据模型的数据库。世界上第一个网状数据库系统是美国通用电气 Bachman 等人在 1964 年开发成功的 IDS（Integrated DataStore），IDS 奠定了网状数据库的基础。

2. 关系数据库技术阶段

1970 年，IBM 的研究员，有"关系数据库之父"之称的埃德加·弗兰克·科德博士首次提出了数据库的关系模型的概念，奠定了关系模型的理论基础。20 世纪 70 年代，IBM 公司的 San Jose 实验室研制的关系数据库问世。20 世纪 80 年代以来，计算机厂商推出的数据库管理系统几乎都支持关系模型，数据库领域当前的研究工作大都以关系模型为基础。关系数据库技术的代表数据库管理系统为 Oracle、DB2、SQL Server、MySQL、Sybase 等。

3. 后关系数据库技术阶段

后关系数据库实质上是在关系数据库的基础上融合了面向对象技术和 Internet 网络应用开发背景而发展起来的。它结合了传统数据库（如层次、网状和关系数据库）的一些特点，以及 Java 等编程工具环境，适用于以 Internet Web 为基础的应用，开创了关系数据库的新时代。从后关系型数据库模型的提出到现在已经经历了 20 多年，随着后关系型数据库技术的发展，后关系型数据库产品已经不再停留在模型的基础阶段，例如美国 InterSystems 公司发布的 Caché 就是一个用于高性能事务应用的后关系型数据库管理系统,该系统具有面向对象的许多功能和一个事务型多维数据模型。

1.1.3 数据库管理系统提供的功能

数据库管理系统（Database Management System，DBMS）是数据库系统的核心，是管理数据库的软件。数据库管理系统就是实现把用户意义下抽象的逻辑数据处理转换成为计算机中具体的物理数据处理的软件。数据库管理系统的主要功能如下：

1. 数据定义

数据库管理系统提供数据定义语言（Data Definition Language，DDL）供用户定义数据库的三级模式结构、两级映像以及完整性约束和保密限制等约束。简单地说，数据定义语言用来创建数据库中的各种对象——表、视图、索引、同义词、聚簇等，比如：

```
CREATE TABLE/VIEW/INDEX/SYN/CLUSTER
```

2. 数据操作

数据库管理系统提供的数据操作语言（Data Manipulation Language，DML）供用户实现对数据的追加（INSERT）、删除（DELETE）、更新（UPDATE）等操作。

3. 数据控制

数据库管理系统提供的数据控制语言（Data Control Language，DCL）包含数据完整性控制、数据安全性控制和数据库的恢复等，具体如授权（GRANT）、回滚（ROLLBACK）、提交（COMMIT）等。

1.2 当前流行的数据库

在当前主流的数据库中，商业数据库以甲骨文公司的 Oracle 数据库为主，另外还有 IBM 公司的 DB2 数据库、微软公司的 SQL Server 数据库，同时还有很多优秀的免费开源数据库，如 PostgreSQL、MySQL 等都深受欢迎。

先来看看数据库排行榜 DB-Engines Ranking（https://db-engines.com/en/ranking），如图 1-1 和图 1-2 所示。可以看到关系数据库中，Oracle 数据库、MySQL 数据库、SQL Server 数据库的流行度远超于其他数据库。而非关系数据库中，比较流行的有 MongoDB 和 Redis 等。

虽然 Oracle 和 MySQL 的排名在短期内均没有发生变化，但这两个数据库的冠军之争依然扣人心弦，可以看到 MySQL 数据库的人气直逼 Oracle 数据库。从图 1-2 中可以看出，非关系数据库的发展比较迅猛。

Rank			DBMS	Database Model	Score		
Jun 2019	May 2019	Jun 2018			Jun 2019	May 2019	Jun 2018
1.	1.	1.	Oracle ➕	Relational, Multi-model ℹ	1299.21	+13.67	-12.04
2.	2.	2.	MySQL ➕	Relational, Multi-model ℹ	1223.63	+4.67	-10.06
3.	3.	3.	Microsoft SQL Server ➕	Relational, Multi-model ℹ	1087.76	+15.57	+0.03
4.	4.	4.	PostgreSQL ➕	Relational, Multi-model ℹ	476.62	-2.27	+65.95
5.	5.	5.	MongoDB ➕	Document	403.90	-4.17	+60.12
6.	6.	6.	IBM Db2 ➕	Relational, Multi-model ℹ	172.20	-2.24	-13.44
7.	7.	↑8.	Elasticsearch ➕	Search engine, Multi-model ℹ	148.82	+0.20	+17.78
8.	8.	↓7.	Redis ➕	Key-value, Multi-model ℹ	146.13	-2.28	+9.83
9.	9.	9.	Microsoft Access	Relational	141.01	-2.77	+10.02
10.	10.	10.	Cassandra ➕	Wide column	125.18	-0.54	+5.97

图 1-1　数据库流行度排名

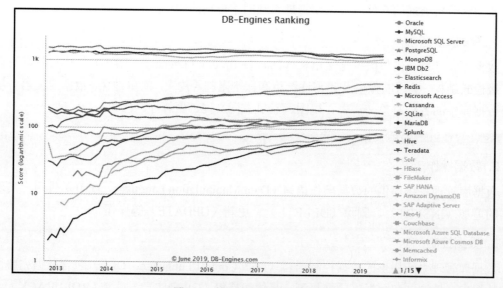

图 1-2　数据库趋势流行度排名

1.2.1　Oracle

Oracle Database 又名 Oracle RDBMS，或简称 Oracle，是甲骨文公司的一款关系数据库管理系统，它在数据库领域一直处于领先地位，可以说是目前世界上最流行的关系数据库管理系统，系统可移植性好，使用方便，功能强大，适用于各类大、中、小、微机环境。Oracle 是一个高效率的、可靠性好的、适应高吞吐量的数据库系统。作为一个通用的数据库系统，它具有完整的数据管理功能；作为一个关系数据库，它是一个完备关系的产品；作为分布式数据库，它实现了分布式处理功能。

Oracle 数据库的最新版本引入了一个新的多承租方架构，使用该架构可以轻松部署和管理数据库云。此外，一些创新特性可最大限度地提高资源使用率和灵活性，如 Oracle Multitenant 可以快速整合多个数据库，而 Automatic Data Optimization 和 Heat Map 能以更高的密度压缩数据和对数据分层。这些独一无二的技术进步再加上在可用性、安全性和大数据支持方面的主要增强，使得 Oracle 数据库成为私有云和公有云部署的理想平台。

1.2.2　SQL Server

SQL Server 是一个关系数据库管理系统。它最初由 Microsoft、Sybase 和 Ashton-Tate 三家公司共同开发，于 1988 年推出了第一个 OS/2 版本。在 Windows NT 推出后，Microsoft 与 Sybase 在 SQL Server 的开发上就分道扬镳了，Microsoft 将 SQL Server 移植到 Windows NT 系统上，专注于开发推广 SQL Server 的 Windows NT 版本。Sybase 则专注于 SQL Server 在 UNIX 操作系统上的应用。

1.2.3　IBM 的 DB2

DB2 是 IBM 公司研制的一种关系型数据库系统，主要应用于 OS/2、Windows 等平台下。DB2 提供了高层次的数据利用性，数据的完整性好，而且 DB2 的安全性高，具有很强的可恢复性。DB2 数据库主要应用于大型系统中。

1.2.4　MySQL

MySQL 是一个关系型数据库管理系统，由瑞典的 MySQL AB 公司开发，目前属于 Oracle 旗下产品。MySQL 是最流行的关系型数据库管理系统之一，在 Web 应用方面，MySQL 是最好的关系数据库管理系统。MySQL 所使用的 SQL 语言是用于访问数据库的常用标准化语言。MySQL 软件采用了双授权政策，分为社区版和商业版，由于其体积小、速度快、总体拥有成本低、开放源码，一般中小型网站的开发都选择 MySQL 作为网站数据库。

1.2.5　PostgreSQL

PostgreSQL 数据库是一个开放源代码的数据库。该数据库是在加州大学伯克利分校计算机系的 POSTGRES 项目的基础上产生的。1994 年，Andrew Yu 和 Jolly Chen 在 POSTGRES

中增加了 SQL 语言的解释器。随后将数据库的源代码发布到因特网上供所有人使用。现在，PostgreSQL 数据库已经是一个非常优秀的开源项目。很多大型网站都是使用 PostgreSQL 数据库来存储数据的。

1.3　数据库管理系统的基本组成

本节将逐一介绍数据库、数据表、数据类型、主键，以及数据库开发语言 SQL，它们都是数据库管理系统的基本组成部分。

1.3.1　数据库

数据库（Database）是按照数据结构来组织、存储和管理数据的建立在计算机存储设备上的仓库。简而言之，可以视为电子化的文件柜，也就是存储电子文件的场所，用户可以对文件中的数据进行新增、更改、查询和删除操作。

数据库的数据要尽可能不重复，以最优方式为某个特定组织的多种应用服务，其数据结构独立于使用它的应用软件。从发展的历史看，数据库是数据管理的高级阶段，它是由文件管理系统发展起来的。

数据库的基本结构分为 3 个层次，这 3 个层次分别从 3 种不同的角度来观察数据库。

（1）物理数据层

数据库的最内层，是物理存贮设备上实际存储的数据的集合。

（2）概念数据层

数据库的中间一层，是数据库的整体逻辑表示。

（3）用户数据层

用户所看到和使用的数据库，表示一个或一些特定用户使用的数据集合，即逻辑记录的集合。

1.3.2　数据表

表是包含数据库中所有数据的数据库对象，是组成数据库的基本元素，由若干个字段组成，主要用来实现存储数据记录。表的操作包含创建表、查看表、删除表和修改表。

数据在表中的组织方式与在电子表格中相似，都是按行和列的格式组织的。其中每一行代表一条唯一的记录，每一列代表记录中的一个字段，如图 1-3 所示。

id	name	description ⌄
617a86ed-384f-4ff3-99f1-34d343fcbd81	删除分类	删除分类权限
6a6be6b9-41ce-49b2-b4fa-bc7a7e7cf399	添加分类	添加分类描述
aa217b44-2fb4-42ed-bbac-642e95c46546	查找分类	查找分类权限
b3830bf4-6609-470e-baba-9dcec01edcea	修改分类	修改分类权限

图 1-3　数据表

表中的数据库对象包含列（Columns）、索引（Indexes）和触发器（Trigger）。

（1）列：也称属性列，在具体创建表时必须指定列的名字和数据类型。

（2）索引：是指根据指定的数据库表列建立起来的顺序，提供了快速访问数据的途径且可监督表的数据，使其索引所指向的列中的数据不重复。

（3）触发器：是指用户定义的事物命令的集合，当对一个表中的数据进行插入、更新或删除时，这组命令就会自动执行，可以用来确保数据的完整性。

1.3.3　数据库开发语言 SQL

数据库管理系统通过 SQL（Structured Query Language，结构化查询语言）来管理数据库中的数据。

SQL 是一种数据库查询和设计语言。其主要用于存取数据、查询数据、更新数据和管理关系数据库系统。SQL 是 IBM 公司于 1975-1979 年之间开发出来的，主要使用于 IBM 关系数据库原型 System R。在 20 世纪 80 年代，SQL 被美国国家标准学会（American National Standard Institute，ANSI）和国际标准化组织（International Orgnization for Standardization，ISO）通过为关系数据库语言的标准。

SQL 语言分为 3 个部分，即数据定义语言（Data Definition Language，DDL）、数据操作语言（Data Manipulation Language，DML）和数据控制语言（Data Control Language，DCL）。

1. DDL 语句

数据定义语言主要用于定义数据库、表、视图、索引和触发器等。其中包括 CREATE 语句、ALTER 语句和 DROP 语句。CREATE 语句主要用于创建数据库、创建表和创建视图等。ALTER 语句主要用于修改表的定义、修改视图的定义等。DROP 语句主要用于删除数据库、删除表和删除视图等。

2. DML 语句

数据操纵语言主要用于插入数据、查询数据、更新数据和删除数据。其中包括 INSERT 语句、SELECT 语句、UPDATE 语句和 DELETE 语句。INSERT 语句用于插入数据，SELECT 语句用于查询数据，UPDATE 语句用于更新数据，DELETE 语句用于删除数据。

3. DCL 语句

数据控制语言主要用于控制用户的访问权限。在应用程序中，也可以通过 SQL 语句来操作数据。例如，可以在 Java 语言中嵌入 SQL 语句，通过执行 Java 语言来调用 SQL 语句，这样即可在数据库中插入数据和查询数据。SQL 语句也可以嵌入 C#、PHP 等编程语言中。

1.4 认识 MySQL 数据库

随着时间的推移，开源数据库管理系统逐渐流行起来。开源数据库管理系统之所以能在中低端应用中占据很大的市场份额，是因为开源数据库具有免费使用、配置简单、稳定性好、性能优良的特点。本书所介绍的 MySQL 数据库管理系统正是开源数据库中的杰出代表。为了便于讲解，后面将用 MySQL 代替 MySQL 数据库管理系统。

1.4.1 MySQL 与开源文化

所谓"开源"，就是开放资源（Open Source）的意思，不过在程序界，更多人习惯理解为"开放源代码"的意思。开放源代码运动起源于自由软件和黑客文化，最早来自于 1997 年在加利福尼亚州召开的一次研讨会，参加研讨会的有一些黑客和程序员，也有来自于 Linux 国际协会的人员。在此会议上通过了一个新的术语"开源"。1998 年 2 月，网景公司正式宣布开源其发布的 Navigator 浏览器的源代码，这一事件成为开源软件发展历史的转折点。

开源即是自由的化身，提倡一种公开的、自由的精神。软件开源的发展历程为软件行业及非软件行业带来了巨大的参考价值。虽然获取开发软件的源码是免费的，但是对源码的使用、修改却需要遵循该开源软件所作的许可声明。开源软件常用的许可证方式包括 BSD（Berkley Software Distribution）、Apache Licence、GPL（General Public License）等，其中 GNU 的 GPL 为最常见的许可证之一，为许多开源软件所采用。

在计算机发展的早期阶段，软件几乎都是开放的，在程序员的社团中大家互相分享软件，共同提高知识水平。这种自由的风气给大家带来了欢乐和进步。在开源文化的强力带动下，产生了强大的开源操作系统 Linux，其他还有 Apache 服务器、Perl 程序语言、MySQL 数据库、Mozilla 浏览器等。

1.4.2 MySQL 的发展历史

MySQL 从开发人员手中的"玩具"变成如今流行的开源数据库，其过程伴随着产品升级和新功能的增加。随着 MySQL 5.0 被完美开发，已经很少有人将 MySQL 称为"玩具数据库"了。如今，MySQL 又迎来了里程碑式的 MySQL 8，我们可以用一张图来展示 MySQL 的发展历史，如图 1-4 所示。

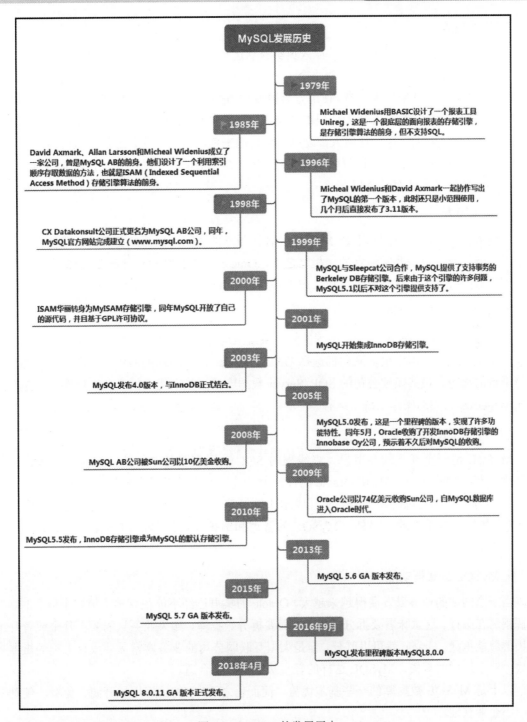

图 1-4　MySQL 的发展历史

1.4.3　使用 MySQL 的优势

如今很多主流网站都选择 MySQL 数据库来存储数据，比如阿里巴巴的淘宝。那么，MySQL
到底有什么优势，吸引了这么多用户？本小节将介绍选择 MySQL 数据库的原因。

1. 技术趋势

互联网技术发展有一个趋势，从业人员都喜欢选择开源产品，再优秀的产品，如果是闭源的，在大行业背景下也会变得越来越小众。举一个例子，如果一个互联网公司选择 Oracle 作为数据库，就会牵扯进来技术壁垒，使用方会很被动，最基本、最核心的框架掌握在别人手里。和 Oracle 相比，MySQL 是开放源代码的数据库，这就使得任何人都可以获取 MySQL 的源代码，并修正 MySQL 的缺陷。任何人都能以任何目的来使用该数据库，这是一款自由使用的软件，而对于很多互联网公司，选择使用 MySQL 是一个化被动为主动的过程，无须再因为依赖别人封闭的数据库产品而受牵制。

2. 成本因素

任何人都可以从官方网站下载 MySQL，社区版本的 MySQL 都是免费的，即使有一些附加功能需要收费，也是非常便宜的。相比之下，Oracle、DB2 和 SQL Server 价格不菲，如果考虑到搭载的服务器和存储设备，那么成本差距是巨大的。

3. MySQL 的跨平台性

MySQL 不仅可以在 Windows 系列的操作系统上运行，还可以在 UNIX、Linux 和 Mac OS 等操作系统上运行。因为很多网站都选择 UNIX、Linux 作为网站的服务器，所以 MySQL 具有跨平台的优势。虽然微软公司的 SQL Server 数据库是一款很优秀的商业数据库，但是其只能在 Windows 系列的操作系统上运行。

4. 性价比高，操作简单

MySQL 是一个真正的多用户、多线程的 SQL 数据库服务器，能够快速、高效、安全地处理大量的数据。MySQL 和 Oracle 的性能并没有太大的区别，在低硬件环境下，MySQL 分布式的方案同样可以解决问题，而且成本比较经济，从产品质量、成熟度、性价比来讲，MySQL 都是非常不错的。另外，MySQL 的管理和维护非常简单，初学者很容易上手，学习成本较低。

5. MySQL 的集群功能

当一个网站的业务量发展得越来越大，Oracle 的集群已经不能很好地支撑整个业务时，架构解耦势在必行。这意味着要拆分业务，继而要拆分数据库，如果业务只需要十几个或者几十个集群就能承载，Oracle 就可以胜任，但是大型互联网公司的业务常常需要成百上千的机器来承载，对于这样的规模，MySQL 这样的轻量级数据库更合适。

以上是 MySQL 数据库的一些基本优势，简而言之，MySQL 好用、开源、免费，使其深受中小企业欢迎。

1.4.4　MySQL 集群

MySQL 集群（Cluster）颇有"三个臭皮匠，顶个诸葛亮""众人拾柴火焰高"的意思，是 MySQL 适用于分布式计算环境的高实用、高冗余版本。它采用了 NDB Cluster 存储引擎，允许在一个集群中运行多个 MySQL 服务器。目前能够运行 MySQL Cluster 的操作系统有 Linux、Mac OS X 和 Solaris。

1. MySQL Cluster 概述

MySQL Cluster 是一种技术，该技术允许在无共享的系统中部署"内存中"数据库的 Cluster。通过无共享体系结构，系统能够使用廉价的硬件，而且对软硬件无特殊要求。此外，由于每个组件都有自己的内存和硬盘，因此不存在单点故障。

MySQL Cluster 由一组计算机构成，每台计算机上均运行着多种进程，包括 MySQL 服务器、NDB Cluster 的数据节点、管理服务器以及（可能）专门的数据访问程序。Cluster 中这些组件的关系如图 1-5 所示。

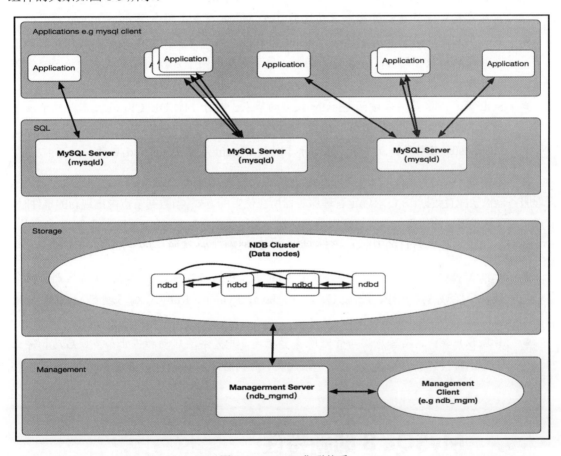

图 1-5　MySQL 集群体系

所有的这些节点构成一个完整的 MySQL 集群体系。数据保存在"NDB 存储服务器"的存储引擎中，表（结构）则保存在"MySQL 服务器"中。应用程序通过"MySQL 服务器"访问这些数据表，集群管理服务器通过管理工具（ndb_mgmd）来管理"NDB 存储服务器"。通过将 MySQL Cluster 引入开放源码世界，MySQL 为所有需要它的人员提供了具有高可用性、高性能和可缩放性的 Cluster 数据管理。

2. MySQL Cluster 基本概念

NDB 是一种"内存中"的存储引擎，它具有可用性高和数据一致性好的特点。

MySQL Cluster 能够使用多种故障切换和负载平衡选项配置 NDB 存储引擎，但在 Cluster 级别上的存储引擎上做这个最简单。MySQL Cluster 的 NDB 存储引擎包含完整的数据集，仅取决于 Cluster 本身内的其他数据。

目前，MySQL Cluster 的 Cluster 部分可独立于 MySQL 服务器进行配置。在 MySQL Cluster 中，Cluster 的每个部分被视为一个节点。

- 管理（MGM）节点：这类节点的作用是管理 MySQL Cluster 内的其他节点，如提供配置数据、启动并停止节点、运行备份等。由于这类节点负责管理其他节点的配置，应在启动其他节点之前首先启动这类节点。MGM 节点是用命令 mdb_mgmd 启动的。
- 数据节点：这类节点用于保存 Cluster 的数据。数据节点的数目与副本的数目相关，是片段的倍数。例如，对于两个副本，每个副本有两个片段，就有 4 个数据节点。不过没有必要设置多个副本。数据节点是用命令 ndbd 启动的。
- SQL 节点：这是用来访问 Cluster 数据的节点。对于 MySQL Cluster，客户端节点是使用 NDB Cluster 存储引擎的传统 MySQL 服务器。通常，SQL 节点是使用命令 mysql -ndbcluster 启动的，或将 ndbcluster 添加到 my.cnf 后使用 mysqld 启动。

管理服务器（MGM 节点）负责管理 Cluster 配置文件和 Cluster 日志。Cluster 中的每个节点从管理服务器检索配置数据，并请求确定管理服务器所在位置的方式。当数据节点内出现新的事件时，节点将关于这类事件的信息传输到管理服务器，然后将这类信息写入 Cluster 日志。

此外，可以有任意数目的 Cluster 客户端进程或应用程序，它们分为以下两种类型。

- 标准 MySQL 客户端：对于 MySQL Cluster，它们与标准的 MySQL 没有区别。换句话说，能够从用 PHP、Perl、C、C++、Java、Python、Ruby 等编写现有 MySQL 应用程序访问 MySQL Cluster。
- 管理客户端：这类客户端与管理服务器相连，并提供了启动和停止节点、启动和停止消息跟踪（仅调试版本）、显示节点版本和状态、启动和停止备份等的命令。

1.5 MySQL 8 的新特性

MySQL 从 5.7 版本直接跳跃发布了 8.0 版本，可见这是一个令人兴奋的里程碑版本。MySQL 8 版本在功能上做了显著的改进与增强，不仅在速度上得到了改善，更提供了一系列巨大的变化，为用户带来了更好的性能和更棒的体验。

1.5.1 更简便的 NoSQL 支持

NoSQL 泛指非关系型数据库和数据存储。随着互联网平台的规模飞速发展，传统的关系型数据库已经越来越不能满足需求。从 5.6 版本开始，MySQL 就开始支持简单的 NoSQL 存储功能。MySQL 8 对这一功能做了优化，以更灵活的方式实现 NoSQL 功能，不再依赖模式（Schema）。

1.5.2　更好的索引

在查询中，正确地使用索引可以提高查询的效率。MySQL 8 中新增了隐藏索引和降序索引。隐藏索引可以用来测试去掉索引对查询性能的影响。在查询中混合存在多列索引时，使用降序索引可以提高查询的性能，详细内容请参见第 10 章。

1.5.3　更完善的 JSON 支持

MySQL 从 5.7 开始就支持原生 JSON 数据的存储，MySQL 8 对这一功能做了优化，增加了聚合函数 JSON_ARRAYAGG() 和 JSON_OBJECTAGG()，将参数聚合为 JSON 数组或对象，新增了行内操作符 ->>，是列路径运算符 -> 的增强，对 JSON 排序做了提升，并优化了 JSON 的更新操作。

1.5.4　安全和账户管理

MySQL 8 中新增了 caching_sha2_password 授权插件、角色、密码历史记录和 FIPS 模式支持，这些特性提高了数据库的安全性和性能，使数据库管理员能够更灵活地进行账户管理工作。详细内容请参见第 15 章。

1.5.5　InnoDB 的变化

InnoDB 是 MySQL 默认的存储引擎，是事务型数据库的首选引擎，支持事务安全表（ACID）、行锁定和外键。在 MySQL 8 版本中，InnoDB 在自增、索引、加密、死锁、共享锁等方面做了大量的改进和优化，并且支持原子数据定义语言（DDL），提高了数据安全性，对事务提供更好的支持。

1.5.6　数据字典

在之前的 MySQL 版本中，字典数据都存储在元数据文件和非事务表中。从 MySQL 8 开始新增了事务数据字典，在这个字典里存储着数据库对象信息，这些数据字典存储在内部事务表中。

1.5.7　原子数据定义语句

MySQL 8 开始支持原子数据定义语句（Automic DDL），即原子 DDL。目前，只有 InnoDB 存储引擎支持原子 DDL。原子数据定义语句将与 DDL 操作相关的数据字典更新，存储引擎操作，二进制日志写入结合到一个单独的原子事务中，使得即使服务器崩溃，事务也会提交或回滚。

使用支持原子操作的存储引擎所创建的表，在执行 DROP TABLE、CREATE TABLE、ALTER TABLE、RENAME TABLE、TRUNCATE TABLE、CREATE TABLESPACE、DROP TABLESPACE 等操作时，都支持原子操作，即事务要么完全操作成功，要么失败后回滚，不再进行部分提交。

对于从 MySQL 5.7 复制到 MySQL 8 版本中的语句，可以添加 IF EXISTS 或 IF NOT EXISTS 语句来避免发生错误。

1.5.8　资源管理

MySQL 8 开始支持创建和管理资源组，允许将服务器内运行的线程分配给特定的分组，以便线程根据组内可用资源执行。组属性能够控制组内资源，启用或限制组内资源消耗。数据库管理员能够根据不同的工作负载适当地更改这些属性。

目前，CPU 时间是可控资源，由"虚拟 CPU"来表示，此术语包含 CPU 的核心数、超线程、硬件线程等。服务器在启动时确定可用的虚拟 CPU 数量。拥有对应权限的数据库管理员可以将这些 CPU 与资源组关联，并为资源组分配线程。

资源组组件为 MySQL 中的资源组管理提供了 SQL 接口。资源组的属性用于定义资源组。MySQL 中存在两个默认组，即系统组和用户组，默认组不能被删除，其属性也不能被更改。对于用户自定义的组，资源组创建时可初始化所有的属性，除去名字和类型，其他属性都可以在创建之后进行更改。

在一些平台下，或进行了某些 MySQL 的配置时，资源管理的功能将受到限制，甚至不可用。例如，如果安装了线程池插件，或者使用的是 Mac OS 系统，资源管理将处于不可用状态。在 FreeBSD 和 Solaris 系统中，资源线程优先级将失效。在 Linux 系统中，只有配置了 CAP_SYS_NICE 属性，资源管理优先级才能发挥作用。

1.5.9　字符集支持

MySQL 8 中默认的字符集由 latin1 更改为 UTF8MB4，并首次增加了日语所特定使用的集合：utf8mb4_ja_0900_as_cs。

1.5.10　优化器增强

MySQL 优化器开始支持隐藏索引和降序索引。隐藏索引不会被优化器使用，验证索引的必要性时不需要删除索引，先将索引隐藏，如果优化器性能无影响，就可以真正地删除索引。降序索引允许优化器对多个列进行排序，并且允许排序顺序不一致。

1.5.11　通用表表达式

MySQL 现在支持递归和非递归两种形式的通用表表达式（Common Table Expressions，CTE）。通用表表达式通过在 SELECT 语句或其他特定语句前使用 WITH 语句对临时结果集进行命名。

基础语法如下:

```
WITH cte_name (col_name1,col_name2 ...) AS (Subquery)
SELECT * FROM cte_name;
```

Subquery 代表子查询,子查询前使用 WITH 语句将结果集命名为 cte_name,在后续的查询中即可使用 cte_name 进行查询。

1.5.12 窗口函数

MySQL 8 开始支持窗口函数。在之前的版本中已存在的大部分聚合函数在 MySQL 8 中也可以作为窗口函数来使用。表 1-1 列出了 MySQL 8 中的窗口函数。

表 1-1 窗口函数

函数名称	描 述
CUME_DIST()	累计的分布值
DENSE_RANK()	对当前记录不间断排序
FIRST_VALUE()	返回窗口首行记录的对应字段值
LAG()	返回对应字段的前 N 行记录
LAST_VALUE()	返回窗口尾行记录的对应字段值
LEAD()	返回对应字段的后 N 行记录
NTH_VALUE()	返回第 N 条记录对应的字段值
NTILE()	将区划分为 N 组,并返回组的数量
PERCENT_RANK()	返回 0 到 1 之间的小数,表示某个字段值在数据分区中的排名
RANK()	返回分区内每条记录对应的排名
ROW_NUMBER()	返回每一条记录对应的序号,且不重复

1.5.13 正则表达式支持

MySQL 在 8.0.4 以后的版本中采用支持 Unicode 的国际化组件库实现正则表达式操作,这种方式不仅能提供完全的 Unicode 支持,而且是多字节安全编码。MySQL 增加了 REGEXP_LIKE()、EGEXP_INSTR()、REGEXP_REPLACE()和 REGEXP_SUBSTR()等函数来提升性能。另外,regexp_stack_limit 和 regexp_time_limit 系统变量能够通过匹配引擎来控制资源消耗。

1.5.14 内部临时表

TempTable 存储引擎取代 MEMORY 存储引擎成为内部临时表的默认存储引擎。TempTable 存储引擎为 VARCHAR 和 VARBINARY 列提供高效存储。internal_tmp_mem_storage_engine 会话变量定义了内部临时表的存储引擎,可选的值有两个:TempTable 和 MEMORY,其中 TempTable 为默认的存储引擎。temptable_max_ram 系统配置项定义了 TempTable 存储引擎可使用的最大内存数量。

1.5.15　日志记录

在 MySQL 8 中错误日志子系统由一系列 MySQL 组件构成。这些组件的构成由系统变量 log_error_services 来配置,能够实现日志事件的过滤和写入。

1.5.16　备份锁

新的备份锁允许在线备份期间执行数据操作语句,同时阻止可能造成快照不一致的操作。新备份锁由 LOCK INSTANCE FOR BACKUP 和 UNLOCK INSTANCE 语法提供支持,执行这些操作需要备份管理员特权。

1.5.17　增强的 MySQL 复制

MySQL 8 复制支持对 JSON 文档进行部分更新的二进制日志记录,该记录使用紧凑的二进制格式,从而节省记录完整 JSON 文档的空间。当使用基于语句的日志记录时,这种紧凑的日志记录会自动完成,并且可以通过将新的 binlog_row_value_options 系统变量值设置为 PARTIAL_JSON 来启用。

1.6　经典习题与面试题

1. 经典习题

(1) 数据库技术发展经历了哪几个阶段?

(2) 当前常用的流行的数据库有哪些?

(3) MySQL 的数据库如何分类?

(4) 简述数据库管理系统的基本组成。

2. 面试题及解答

如何选择数据库?

Oracle、DB2、SQL Server 数据库主要应用于比较大的管理系统中。Access、MySQL、PostgreSQL 属于中小型的数据库,主要应用于中小型的管理系统。SQL Server 和 Access 数据库只能在 Windows 系列的操作系统上运行。Oracle、DB2、PostgreSQL、MySQL 可以运行在 UNIX、Linux 和 Mac OS X 操作系统上。Oracle 和 DB2 比较复杂,MySQL 和 PostgreSQL 非常易用,但性能不如 Oracle。因此在选择数据库时,要根据运行的操作系统、项目的需求等综合考虑。

1.7　本章小结

　　本章主要介绍了数据库的概念、数据库技术的发展历程、数据库系统提供的功能以及当前流行的数据库系统。此外，着重介绍了 MySQL 数据的发展历史、特点及优势，并列举了 MySQL 8 中出现的新特性。通过本章的学习，读者应对数据库有基本的认识和了解，并了解 MySQL 数据库系统的特点和优势以及 MySQL 8 版本的新特性，为后续章节的学习打下基础。

第 2 章

◀ MySQL的安装与配置 ▶

MySQL 的发展很迅猛，功能不断地得到完善，到目前为止，该数据库管理系统已经可以支持几乎所有的操作系统。通过本章的学习，可以掌握如下内容：

- 在 Windows、Linux、Mac OS X 平台下载、安装和配置 MySQL。
- 启动 MySQL 服务并登录 MySQL 数据库。
- MySQL 官方客户端软件的安装使用。
- 图形化管理软件 SQLyog、Navicat 的安装使用。

2.1 在 Windows 平台下安装与配置 MySQL

在 Windows 操作系统下，MySQL 数据库的安装包分为图形化界面安装和免安装（Noinstall）两种。本节只介绍图形化界面的安装。

MySQL 数据库分为社区版（Community）、企业版（Enterprise）、集群版（MySQL Cluster）和高级集群版（MySQL Cluster CGE）。其中：

- 社区版是开源且免费的，但不提供官方技术支持，适用于普通用户。
- 企业版是收费的，提供了更多的功能和完备的技术支持，适用于要求较高的企业客户。
- 集群版是开源且免费的，可将几个 MySQL Server 封装成一个 Server。
- 高级集群版是付费的。

MySQL 现在主推（GA）的社区版本为 8.0，本书介绍的是 8.0.12 版本的安装和配置。

2.1.1 安装 MySQL 8

读者可以免费下载 MySQL 8 版本。

步骤 01 下载网址为 https://dev.mysql.com/downloads/windows/installer/8.0.html，下载页面如图 2-1 所示。

步骤 02 进入 MySQL 的下载页面之后，操作系统（Select Operating System）选择 Microsoft Windows，单击（鼠标单击，本书简称单击）社区版对应的 Download 按钮，出现如图 2-2 所示的内容。

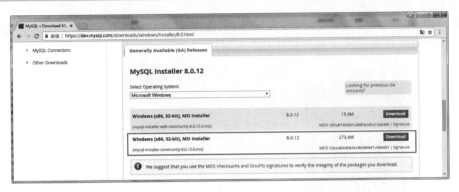

图 2-1　MySQL 8.0.12 下载页面

图 2-2　登录页面

步骤 03　注册账号再登录，登录成功后，出现如图 2-3 所示的内容。

步骤 04　单击下载（Download Now）按钮，会弹出如图 2-4 所示的窗口。

图 2-3　登录成功后下载页面　　　　　图 2-4　弹出的下载窗口

步骤 05　单击"保存"按钮，下载好的安装文件如图 2-5 所示。

| mysql-installer-community-8.0.12.0 | 2019/6/19 15:56 | Windows Install... | 279,952 KB |

图 2-5　MySQL 8.0 安装文件

步骤 06　双击 MySQL 安装程序，进入 License Agreement 窗口，如图 2-6 所示。

步骤 07 选中 I accept the license terms 复选框，单击 Next 按钮进入 Choosing a Setup Type 窗口，如图 2-7 所示。

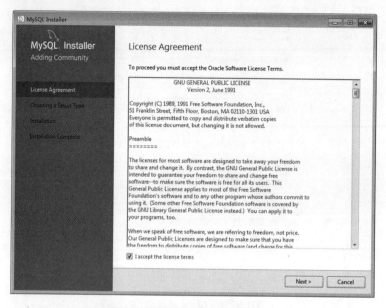

图 2-6　License Agreement 窗口

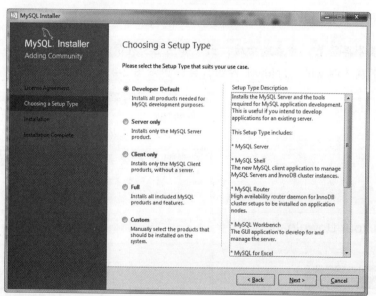

图 2-7　Choosing a Setup Type 窗口

步骤 08 选中 Developer Default 单选按钮，单击 Next 按钮进入 Check Requirements 窗口，如图 2-8 所示。

步骤 09 单击 Next 按钮，会提示需要手动安装的组件，如图 2-9 所示。

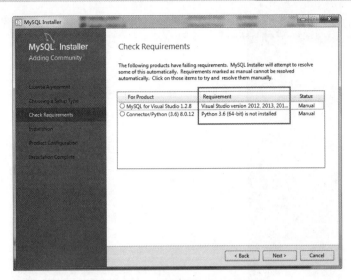

图 2-8　Check Requirements 窗口

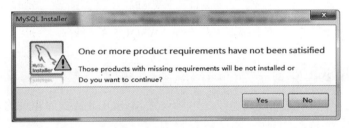

图 2-9　Requirements 提示

步骤⑩　手动安装组件后，单击 Next 按钮，进入 Installation 窗口，如图 2-10 所示。

步骤⑪　单击 Execute 按钮，安装完成后，如图 2-11 所示。

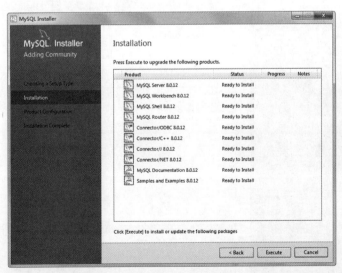

图 2-10　Installation 窗口

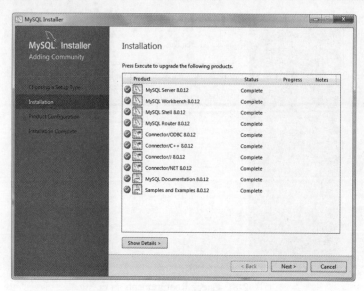

图 2-11　下载完成

至此，MySQL 8 安装完毕。接下来将介绍 MySQL 8 的配置。

2.1.2　配置 MySQL 8

MySQL 安装完成后，进入配置阶段，可以设置 MySQL 8 数据库相关的各种参数。

步骤01 如图 2-11 所示，单击 Next 按钮，进入 Product Configuration（产品配置）窗口，如图 2-12 所示。

步骤02 单击 Next 按钮，进入 Group Replication（组复制）窗口，如图 2-13 所示。

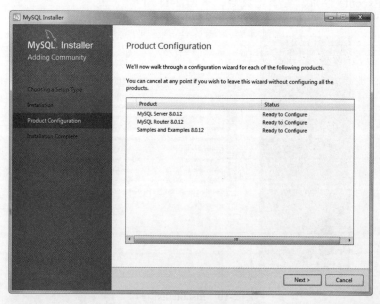

图 2-12　产品配置窗口

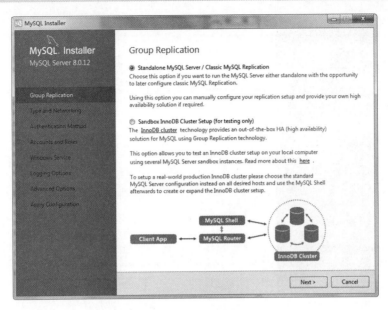

图 2-13　组复制窗口

步骤 **03**　保持默认选项，单击 Next 按钮，进入 Type and Networking（类型和网络）窗口，如图 2-14 所示。

步骤 **04**　保持默认选项，单击 Next 按钮，进入 Accounts and Roles（账号和角色）窗口，如图 2-15 所示。

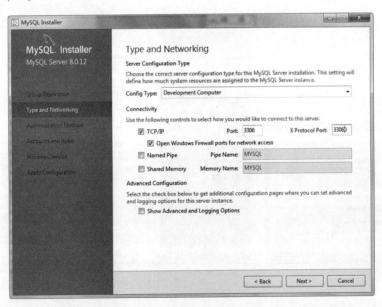

图 2-14　Type and Netwoking 窗口

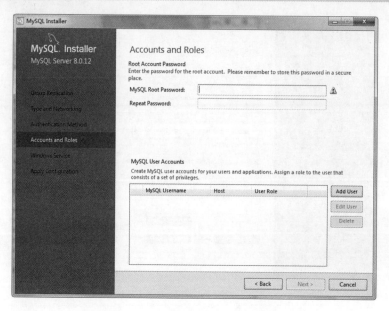

图 2-15　Accounts and Roles 窗口

步骤 **05**　在 MySQL Root Password 和 Repeat Password 中输入 Root 账户的密码，单击 Add User 按钮，打开如图 2-16 所示的窗口。

步骤 **06**　填入用户、主机、角色、密码等信息，单击 OK 按钮，就会成功添加一个账户，如图 2-17 所示。

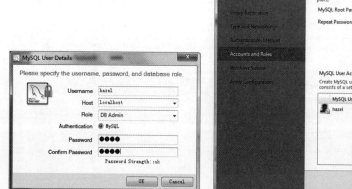

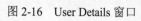

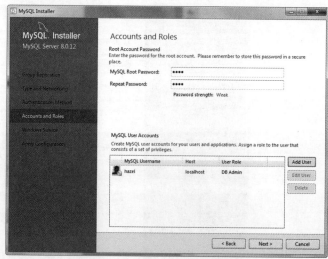

图 2-16　User Details 窗口　　　　　图 2-17　Accounts and Roles 窗口

步骤 **07**　单击 Next 按钮，进入 Windows Service 窗口，如图 2-18 所示。

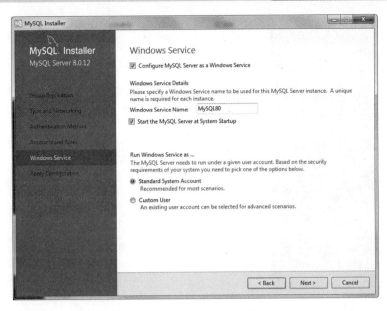

图 2-18　Windows Service 窗口

步骤 **08**　保持默认设置，单击 Next 按钮，进入 Apply Configuration（保存配置）窗口，如图 2-19 所示。

步骤 **09**　保持默认设置，单击 Execute 按钮，执行应用配置，如图 2-20 所示。

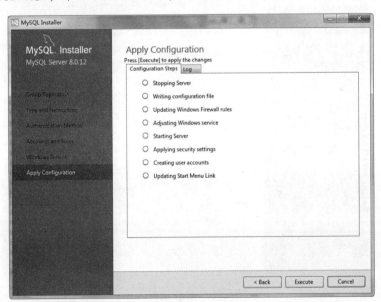

图 2-19　应用配置窗口

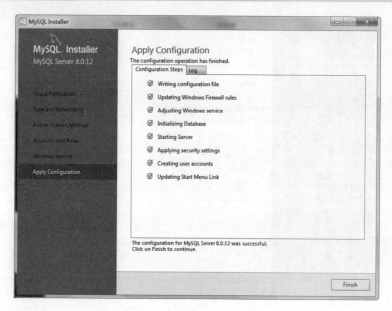

图 2-20　应用配置执行完毕

步骤⑩　单击 Finish 按钮，进入 Connect To Server（连接服务器）窗口，如图 2-21 所示。

步骤⑪　单击 Check 按钮，测试服务器是否能够连接成功，如图 2-22 所示。

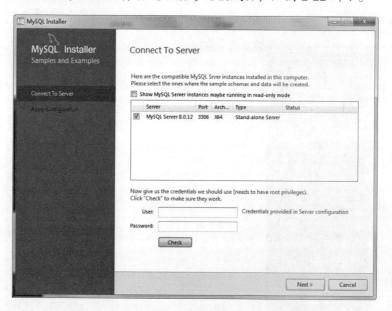

图 2-21　连接服务器

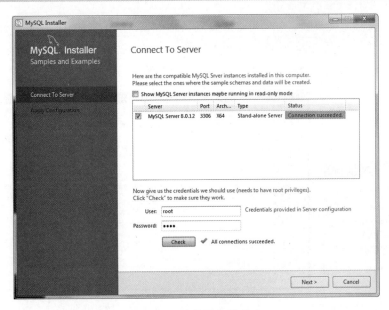

图 2-22　连接服务器成功

步骤 12　单击 Next 按钮，进入 Installation Complete（安装完成）窗口，如图 2-23 所示。

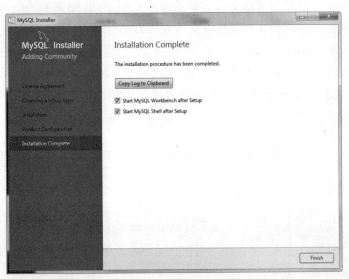

图 2-23　安装完成

2.1.3　启动 MySQL 服务

本小节开始为读者介绍配置 MySQL 的内容，先学习如何在 Windows 系统下启动 MySQL 服务。

只有启动 MySQL 服务，客户端才可以登录 MySQL 数据库。在 Windows 操作系统中，有两种方法可以启动 MySQL 服务：一种是图形化界面启动；另一种是命令行启动。

首先介绍图像化界面启动和关闭 MySQL 服务的方法，步骤如下：

步骤 **01** 右击（鼠标右键点击，全文简称右击或鼠标右击）"计算机"，在快捷菜单中选择"管理"命令，如图 2-24 所示。打开"计算机管理"窗口，如图 2-25 所示。也可以执行"开始"|"控制面板"|"管理工具"|"服务"来启动服务。

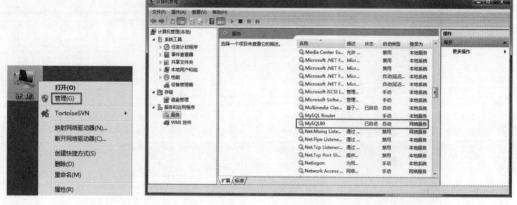

图 2-24　打开"计算机管理"窗口　　　　　　　图 2-25　"计算机管理"窗口

步骤 **02** 选择"计算机管理（本地）"|"服务和应用程序"|"服务"节点，右边窗口就会显现 Windows 系统的所有服务，其中包含名为 MySQL 80 的服务。

步骤 **03** 查看 MySQL 服务可以发现该服务处于"已启动"状态，并且该服务的类型为"自动"。如果想修改 MySQL 服务的状态，可以单击"计算机管理"工具栏中的相应按钮。其中有"启动""停止""暂停"和"重新启动"按钮，如图 2-26 所示。也可以选中 MySQL 服务并右击，同样可以进行"启动""停止""暂停"和"重新启动"操作。

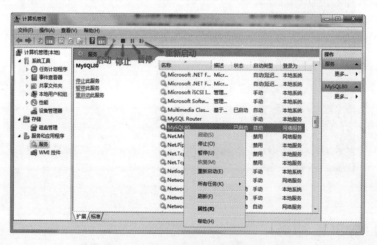

图 2-26　"计算机管理"服务操作示意图

步骤 **04** 由于 MySQL 不是系统自带的服务，因此要设置为手动类型。在具体设置时，需要右击 MySQL 服务，在快捷菜单中选择"属性"，打开"MySQL 80 的属性（本地计算机）"窗口，如图 2-27 所示，在"启动类型"一栏中选择"手动"，再单击"确定"按钮保存即可。

图 2-27　"MySQL 80 的属性（本地计算机）"窗口

2.1.4　关闭 MySQL 服务

接下来介绍如何通过 DOS 窗口启动和关闭 MySQL 服务，具体步骤如下：

步骤 01　选择"开始"命令，在左下方的文本框中输入"cmd"，如图 2-28 所示。

步骤 02　按回车键，弹出 DOS 窗口，如图 2-29 所示。

步骤 03　在 DOS 窗口中，如果想查看 Windows 系统已经启动的服务，可以通过如下命令来实现（见图 2-30）：

```
net start
```

　　　　图 2-28　运行 cmd 对话框　　　　　　　　　　图 2-29　DOS 窗口

步骤 04　如果 MySQL 软件的服务已经启动，可以通过命令来关闭 MySQL 服务，具体命令如下（运行过程见图 2-31）：

```
net stop MySQL 80
```

步骤 05　可以通过命令来启动 MySQL 服务，具体命令如下（运行过程见图 2-32）：

```
net start MySQL 80
```

　　　　图 2-30　查看已启动的服务　　　　　　　　　图 2-31　关闭 MySQL 服务

打开任务管理器，切换到"服务"选项卡，如果存在 MySQL 80 服务，就表示 MySQL 软件的服务已启动，如图 2-33 所示。

图 2-32　启动 MySQL 服务　　　　　　　图 2-33　任务管理器

2.1.5　配置 Path 变量

将 MySQL 应用程序的目录添加到 Windows 系统的 Path 中，可以使以后的操作更加方便。配置 Path 路径的具体步骤如下：

步骤 01　右击"计算机"，在快捷菜单中选择"属性"，再选择"高级系统设置"，打开"系统属性"对话框，如图 2-34 所示。

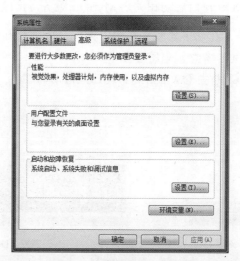

图 2-34　"系统属性"对话框

步骤 02　在"系统属性"对话框中单击"环境变量"按钮，弹出"环境变量"对话框，如图 2-35 所示。

步骤 03　在"系统变量"中找到 Path 变量，单击"编辑"按钮，打开"编辑系统变量"对话框，如图 2-36 所示。已经存在的目录用分号隔开，添加的 MySQL 目录为"C:\Program Files\MySQL\MySQL Server 8.0\bin"，将该目录添加到"变量值"中，然后单击"确定"按钮，这样 MySQL 数据库的 Path 变量就添加好了，可以直接在 DOS 窗口输入 mysql 命令了。如果在 DOS 窗口中执行 mysql 命令，就能够成功登录 MySQL 数据，说明 Path 变量已经配置成功。

图 2-35　"环境变量"对话框　　　　　　图 2-36　"编辑系统变量"对话框

2.1.6　登录 MySQL 数据库

在 Windows 操作系统下可以在 DOS 窗口中登录 MySQL 数据库。

单击"开始"按钮，在"运行"文本框中输入"cmd"，按 Enter 键，进入 DOS 窗口。在 DOS 窗口中，可以通过命令登录 MySQL 数据库，命令如下：

```
mysql -h 127.0.0.1 -uroot -p123456
```

其中，mysql 是登录 MySQL 数据库的命令；-h 后面加上服务器的 IP，本地计算机 IP 为 127.0.0.1；-u 后面接数据库的用户名，此处用 root 用户登录；-p 后面接用户的密码，此处为 "123456"，读者可以输入自己设置的密码。登录成功后的界面如图 2-37 所示。

图 2-37　DOS 命令窗口登录 MySQL

2.2 在 Linux 平台下安装与配置 MySQL

本节将介绍在 Linux 平台下安装和配置 MySQL，本书中 Linux 系统选用 Ubuntu 18.04，MySQL 版本则是 8.0.12。

2.2.1 安装和配置 MySQL 8

我们采用 APT 方式在 Ubuntu 系统中安装 MySQL，这种方式安装的版本都是最新的版本，通过这种方式安装之后，所有的服务、环境变量都会启动和配置好，无须手动配置。

步骤 01 由于 MySQL 和 Ubuntu 之间的版本适配原因，首先需要到 MySQL 官网下载 MySQL APT 安装配置包，下载地址为 https://dev.mysql.com/downloads/repo/apt/，下载页面如图 2-38 所示。下载后使用如下命令进行安装：

```
sudo dpkg -i mysql-apt-config_0.8.10-1_all.deb
```

图 2-38　下载 MySQL APT 配置包

步骤 02 安装过程中出现选择项，选择 OK 继续安装即可，如图 2-39 所示。安装完成之后如图 2-40 所示。

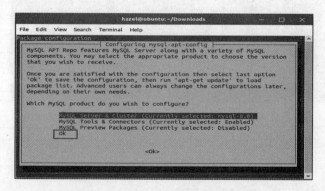

图 2-39　MySQL APT 配置包安装过程图

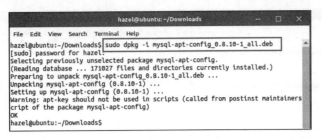

图 2-40　MySQL APT 配置包安装完成

步骤 03　Ubuntu 刚开始安装软件时，需要更新数据源，而更新操作往往会失败，可以进入网址 https://repogen.simplylinux.ch/，选择国家和自己安装的 Linux 的版本，选择 "Ubuntu Branches"，勾选下面的所有复选框，如图 2-41 所示。

步骤 04　网页拉到最下端，单击 Generate List 按钮，如图 2-42 所示。

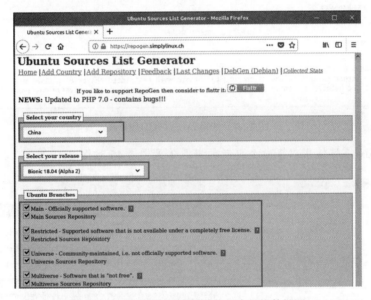

图 2-41　根据国家和本机系统版本寻找数据源

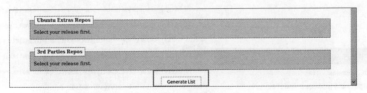

图 2-42　生成数据源

步骤 05　生成的数据源如图 2-43 所示。

步骤 06　用生成的数据源替换 Linux 系统下 /etc/apt/sources.list 中的内容，如图 2-44 所示。

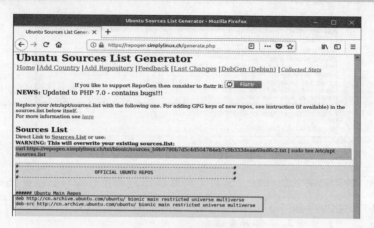

图 2-43　生成的数据源

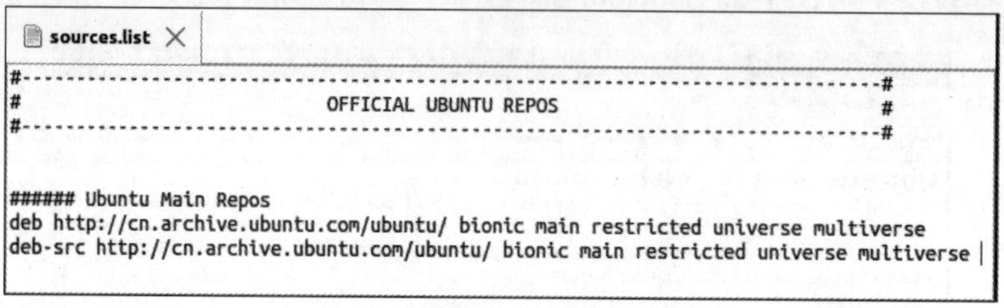

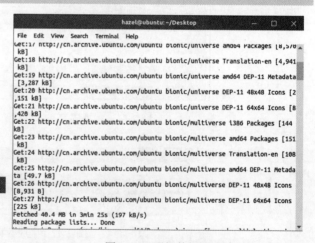

图 2-44　替换系统原有的数据源

步骤 07　在 Linux 终端使用以下命令更新数据源（见图 2-45 和图 2-46）：

```
$ sudo apt-get update
```

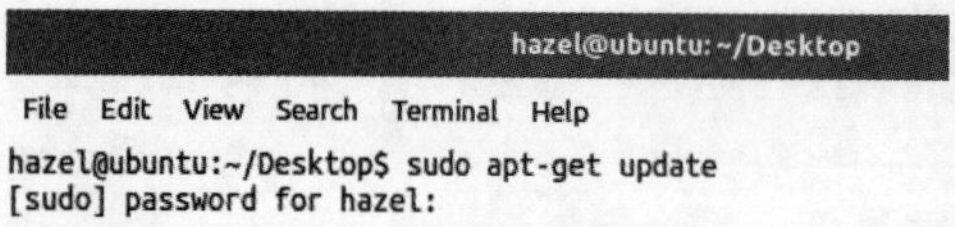

图 2-45　更新数据源

图 2-46　更新数据源成功

步骤 08　使用以下命令安装 MySQL 8（见图 2-47）：

```
$ apt-get install mysql-server
```

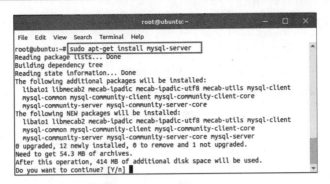

图 2-47　安装 mysql-server- 8.0

步骤 **09**　输入"Y"继续执行,弹出 MySQL 8 安装对话框,按回车键执行"确定",进入设置 root 密码的对话框,如图 2-48 所示。

步骤 **10**　输入 root 密码,按回车键执行"确定",需要再次确认 root 密码,如图 2-49 所示。

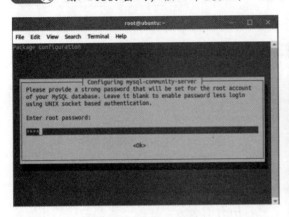

图 2-48　设置 root 密码

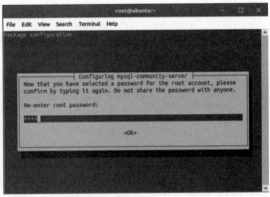

图 2-49　二次确认 root 密码

步骤 **11**　按回车键执行"确定",MySQL 8 安装完成,如图 2-50 所示。

图 2-50　MySQL 8 安装完成

步骤 **12**　MySQL 8 安装好之后会创建如下目录(见图 2-51~图 2-54)。

- 数据库目录：/var/lib/mysql/。
- 配置文件：/usr/share/mysql-8.0（命令及配置文件）和/etc/mysql（如 my.cnf）。
- 相关命令：/usr/bin（mysqladmin、mysqldump 等命令）和/usr/sbin。
- 启动脚本：/etc/init.d/mysql（启动脚本文件 MySQL 的目录）。

图 2-51　/var/lib/mysql/目录

图 2-52　/usr/share/mysql-8.0/目录

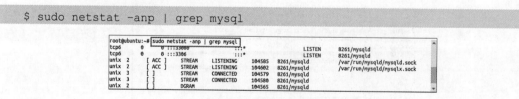

图 2-53　/etc/mysql/目录

图 2-54　MySQL 8 配置文件

2.2.2　启动 MySQL 服务

通过 2.2.1 小节的 APT 方式安装 MySQL 8 之后，所有的服务、环境变量都会启动和配置好，无须手动配置。

1. 服务器启动后端口查询

使用以下命令查看 MySQL 端口（见图 2-55）：

```
$ sudo netstat -anp | grep mysql
```

图 2-55　查看 MySQL 8 端口

2. 服务管理

（1）查看 MySQL 服务状态（见图 2-56）：

```
$ sudo service mysql status
```

（2）停止 MySQL 服务后再查看（见图 2-57）：

```
$ sudo service mysql stop
```

```
root@ubuntu:~# sudo service mysql status
● mysql.service - MySQL Community Server
   Loaded: loaded (/lib/systemd/system/mysql.service; enabled; vendor preset: enabled)
   Active: active (running) since Mon 2019-06-24 20:42:03 +14; 4 days ago
     Docs: man:mysqld(8)
           http://dev.mysql.com/doc/refman/en/using-systemd.html
 Main PID: 8261 (mysqld)
   Status: "SERVER_OPERATING"
    Tasks: 37 (limit: 1678)
   CGroup: /system.slice/mysql.service
           └─8261 /usr/sbin/mysqld

Aug 31 20:42:02 ubuntu systemd[1]: Starting MySQL Community Server...
Aug 31 20:42:03 ubuntu systemd[1]: Started MySQL Community Server.
```

图 2-56　查看 MySQL 服务状态

```
root@ubuntu:~# sudo service mysql stop
root@ubuntu:~# sudo service mysql status
● mysql.service - MySQL Community Server
   Loaded: loaded (/lib/systemd/system/mysql.service; enabled; vendor preset: enabled)
   Active: inactive (dead) since Mon 2019-06-24 22:29:01 +14; 5s ago
     Docs: man:mysqld(8)
           http://dev.mysql.com/doc/refman/en/using-systemd.html
  Process: 8261 ExecStart=/usr/sbin/mysqld (code=exited, status=0/SUCCESS)
 Main PID: 8261 (code=exited, status=0/SUCCESS)
   Status: "SERVER_SHUTTING_DOWN"

Aug 31 20:42:02 ubuntu systemd[1]: Starting MySQL Community Server...
Aug 31 20:42:03 ubuntu systemd[1]: Started MySQL Community Server.
Sep 04 22:28:58 ubuntu systemd[1]: Stopping MySQL Community Server...
Sep 04 22:29:01 ubuntu systemd[1]: Stopped MySQL Community Server.
root@ubuntu:~#
```

图 2-57　停止 MySQL 服务后再查看

从图 2-56 中可以看出，通过 APT 方式安装的 MySQL 8，服务已经自动开启，状态为 active（running）。如图 2-57 所示，先关闭 MySQL 服务，再查询服务状态，可以看到服务的状态为 inactive（dead）。

（3）启动 MySQL 服务后再查看状态（见图 2-58）：

```
$ sudo service mysql start
```

（4）重启 MySQL 服务后再查看状态（见图 2-59）：

```
$ sudo service mysql restart
```

```
root@ubuntu:~# sudo service mysql start
root@ubuntu:~# sudo service mysql status
● mysql.service - MySQL Community Server
   Loaded: loaded (/lib/systemd/system/mysql.service; enabled; vendor preset: en
   Active: active (running) since Mon 2019-06-24 22:30:23 +14; 2min 36s ago
     Docs: man:mysqld(8)
           http://dev.mysql.com/doc/refman/en/using-systemd.html
  Process: 10397 ExecStartPre=/usr/share/mysql-8.0/mysql-systemd-start pre (code
 Main PID: 10436 (mysqld)
   Status: "SERVER_OPERATING"
    Tasks: 36 (limit: 1678)
   CGroup: /system.slice/mysql.service
           └─10436 /usr/sbin/mysqld
```

图 2-58　启动 MySQL 服务后再查看状态

```
root@ubuntu:~# sudo service mysql restart
root@ubuntu:~# sudo service mysql status
● mysql.service - MySQL Community Server
   Loaded: loaded (/lib/systemd/system/mysql.service; enabled; vendor preset: en
   Active: active (running) since Mon 2019-06-24 22:34:03 +14; 5s ago
     Docs: man:mysqld(8)
           http://dev.mysql.com/doc/refman/en/using-systemd.html
  Process: 10613 ExecStartPre=/usr/share/mysql-8.0/mysql-systemd-start pre (code
 Main PID: 10652 (mysqld)
   Status: "SERVER_OPERATING"
    Tasks: 37 (limit: 1678)
   CGroup: /system.slice/mysql.service
           └─10652 /usr/sbin/mysqld
```

图 2-59　重启 MySQL 服务后再查看状态

如图 2-58 所示，先开启 MySQL 服务，再查询服务状态，可以看到服务的状态为 active（running）。如图 2-59 所示，先重启 MySQL 服务，再查询服务状态，可以看到服务的状态为 active（running）。

2.2.3　登录 MySQL 数据库

使用以下命令登录 MySQL（见图 2-60）：

```
$ mysql -h 127.0.0.1 -P 3306 -uroot -proot
```

使用以下命令显示当前 MySQL 系统所有的数据库（见图 2-61）：

```
mysql>show databases;
```

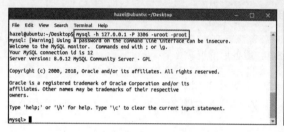
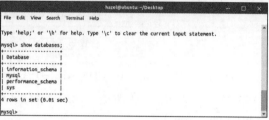

图 2-60　Ubuntu 环境登录 MySQL 8　　　　图 2-61　MySQL 8 展示所有数据库

从图 2-60 可以看出，数据库可以正常登录。从图 2-61 可以看出所有数据库的列表。

2.3　在 Mac OS X 平台下安装与配置 MySQL

前面介绍了在 Windows 和 Linux 系统下安装 MySQL，目前 Mac OS 系统也很流行，所以本节将绍如何在 Mac OS X 平台下安装 MySQL。

2.3.1　安装 MySQL 8

下载 MySQL 8 的步骤如下：

步骤 **01** 下载地址：https://dev.mysql.com/downloads/mysql/8.0.html#downloads，下载页面如图 2-62 所示。

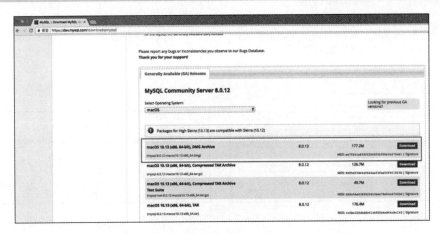

图 2-62   Mac OS X 平台的 MySQL 8.0 下载页面

步骤 02 如图 2-62 所示，选择 DMG Archive 版本，单击 Download 按钮。下载完毕后，在 Finder 中可以看到 MySQL 的安装文件 mysql-8.0.12-macos10.13-x86_64.dmg，如图 2-63 所示。

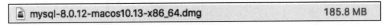

图 2-63   Finder 中的 MySQL 安装文件

步骤 03 双击 mysql-8.0.12-macos10.13-x86_64.dmg，弹出如图 2-64 所示的安装包。

步骤 04 双击 MySQL 8 安装包，弹出如图 2-65 所示的安装窗口。

图 2-64   MySQL 8.0 安装包   图 2-65   MySQL 安装窗口

步骤 05 单击"继续"按钮，进入"软件许可协议"窗口，如图 2-66 所示。

步骤 06 单击"继续"按钮，弹出如图 2-67 所示的窗口，单击"同意"按钮，继续安装，打开如图 2-68 所示的窗口。

步骤 07 单击"自定"按钮，进入"自定安装"窗口，如图 2-69 所示。

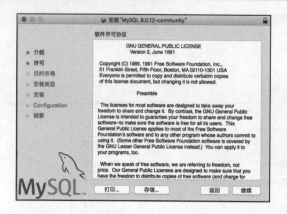

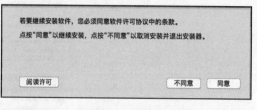

图 2-66　MySQL 8.0"软件许可协议"窗口　　　　　图 2-67　阅读许可

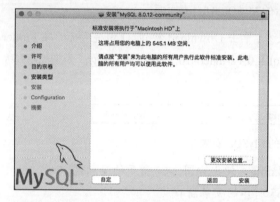

图 2-68　"安装类型"窗口　　　　　　　图 2-69　"自定安装"窗口

步骤 08 在本书中，我们选择标准安装，如图 2-69 所示，单击"标准安装"按钮，返回图 2-68 所示的窗口，然后单击"安装"按钮，进入安装过程，如图 2-70 所示。

步骤 09 中间会提示图 2-71 所示文字，选择加密协议，如果为了兼容旧版本，可选择 Use Legacy Password Encryption 单选按钮，单击 Next 按钮，进入密码输入窗口，如图 2-72 所示。

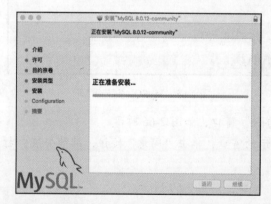

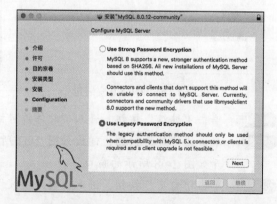

图 2-70　MySQL 8 自动安装过程　　　　　　图 2-71　选择加密协议

步骤 10 如图 2-72 所示，输入满足条件的密码，单击 Finish 按钮，返回图 2-70 所示界面，

MySQL 继续安装。

步骤11 待 MySQL 安装完毕，在图 2-73 所示界面中单击"关闭"按钮即可。正常情况下都会安装成功，此时只是安装成功，还需要额外的配置。

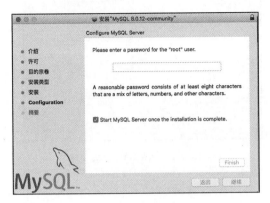

图 2-72　输入密码

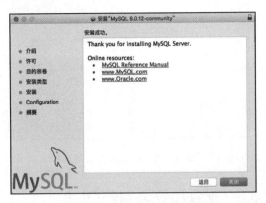

图 2-73　MySQL 8 安装成功

2.3.2　启动 MySQL 8

步骤01 单击 Mac 桌面左上方的苹果标志，在下拉菜单中选择"系统偏好设置"选项，如图 2-74 所示。

步骤02 打开"系统偏好设置"窗口，如图 2-75 所示。

图 2-74　系统偏好设置

图 2-75　Mac OS"系统偏好设置"窗口

步骤03 双击下方的 MySQL 图标，打开 MySQL 服务窗口，MySQL 安装完成后，服务默认为开启状态，如图 2-76 所示。

步骤04 单击 Stop MySQL Server 按钮可以关闭 MySQL 服务，如图 2-77 所示。

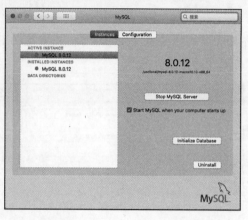

图 2-76　MySQL 服务启动窗口

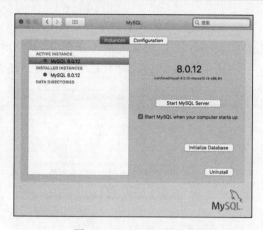

图 2-77　MySQL 服务关闭

2.3.3　配置和登录 MySQL 8

步骤 01　MySQL 8 已经安装和配置完毕，我们在终端输入以下命令（见图 2-78）：

```
$ mysql -h 12.0.0.1 -uroot -p<password>
```

步骤 02　从图 2-78 中可以看到提示错误"command not found"，这说明系统还不能识别 MySQL 相关的命令，我们还需要将 MySQL 加入系统环境变量。编辑/etc/profile，命令如下：

```
$ vi /etc/profile
```

图 2-78　使用"mysql"命令登录失败

步骤 03　如图 2-79 所示，设置好 MySQL 的环境变量后，按 etc 键，然后按:wq 保存，关闭原来的终端，打开一个新的终端，在终端中重新输入如下命令（见图 2-80），其中 root 登录密码来自于图 2-72 所示步骤设置的密码。

```
$ mysql -uroot -proot+123
```

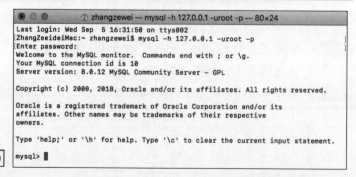

```
export PATH=${PATH}:/usr/local/mysql/bin
```

图 2-79　设置路径　　　　　　图 2-80　在 Mac Terminal 窗口使用 mysql 命令登录成功

登录成功后，也可以通过下面两种命令修改密码：

```
UPDATE mysql.user SET password=PASSWORD('newpwd')
    WHERE user='root';
FLUSH PRIVILEGES;
SET PASSWORD FOR 'root'@'localhost' = PASSWORD('newpwd');
```

2.4　MySQL 常用图形管理工具

MySQL 图形管理工具可以在图形界面上操作 MySQL 数据库。在命令行中操作数据库时，需要使用很多命令。而图形管理工具则是使用鼠标和键盘来操作，这使得 MySQL 的使用更加方便和简单。本节将介绍常用的 MySQL 图形管理工具。

MySQL 的图形管理工具很多，常用的有 MySQL-Workbench、SQLyog、Navicat 等，每种图形管理工具都有其特点。下面分别进行简单的介绍。

> 本节介绍的工具都以 Microsoft Windows 系统对应的软件为例，在其他系统下载、安装、使用是类似的，区别不大。

2.4.1　MySQL 官方客户端 MySQL-Workbench

MySQL 为了方便初级用户，专门开发了官方的图形化客户端软件 MySQL-Workbench，安装 MySQL 时，系统默认安装了该工具。为了深入学习，接下来介绍如何单独下载、安装和简单使用图形化客户端软件 MySQL-Workbench，具体步骤如下：

步骤 01　打开下载页面：https://dev.mysql.com/downloads/workbench/，如图 2-81 所示。

步骤 02　如图 2-81 所示，单击 Download 按钮，开始下载，如图 2-82 所示。

步骤 03　下载完毕后，安装文件如图 2-83 所示。

图 2-81　MySQL-Workbench 下载页面

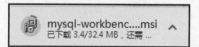

图 2-82　MySQL-Workbench 下载中　　　　图 2-83　MySQL-Workbench 安装文件

步骤 04　双击安装文件进行安装，如图 2-84 所示。

步骤 05　单击 Next 按钮进入安装目录选择界面，如图 2-85 所示。

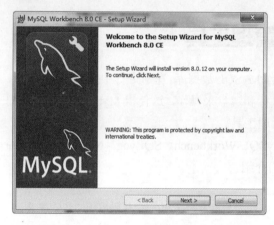　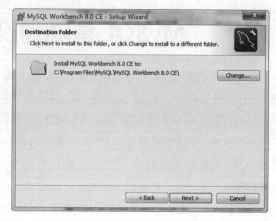

图 2-84　MySQL-Workbench 安装界面　　　　图 2-85　MySQL-Workbench 安装目录选择界面

步骤 06　单击 Change 按钮更改安装目录，更改完成后单击 Next 按钮进入安装类型选择界面，如图 2-86 所示。

步骤 07　选择默认的 Complete 类型，单击 Next 按钮进入安装信息确认界面，如图 2-87 所示。

步骤 08　单击 Install 按钮进行安装，进入安装进程界面，如图 2-88 所示。

步骤 09　安装完成后，单击 Finish 按钮关闭安装界面，如图 2-89 所示。然后打开 MySQL Workbench 欢迎界面，如图 2-90 所示。至此，可以使用 MySQL-Workbench 对 MySQL 数据库进行可视化管理了。

步骤 10　如图 2-90 所示，单击左下方的链接实例，进入 MySQL-Workbench 工作界面，如图 2-91 所示。

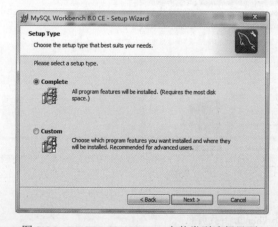　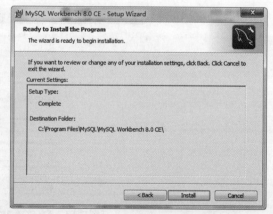

图 2-86　MySQL-Workbench 安装类型选择界面　　　图 2-87　MySQL-Workbench 安装信息确认界面

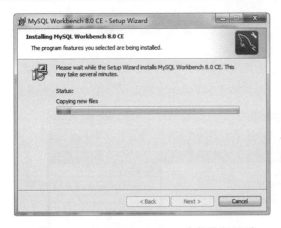

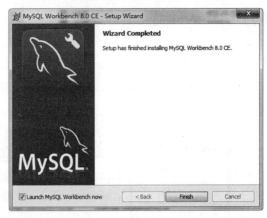

图 2-88　MySQL-Workbench 安装进程界面　　　图 2-89　MySQL-Workbench 安装完成界面

图 2-90　MySQL-Workbench 欢迎界面

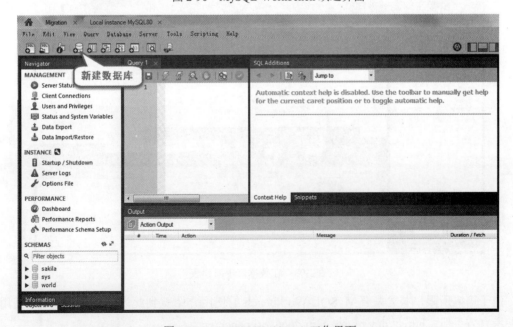

图 2-91　MySQL-Workbench 工作界面

步骤⑪ 单击"新建数据库"按钮，输入 Schema Name，选择 Default Collation，再单击 Apply 按钮，就可以新建一个数据库了，如图 2-92 所示。

步骤⑫ 双击新建的数据库 school，单击"新建数据表"按钮，如图 2-93 所示，填写表名、字段等信息，再单击 Apply 按钮。

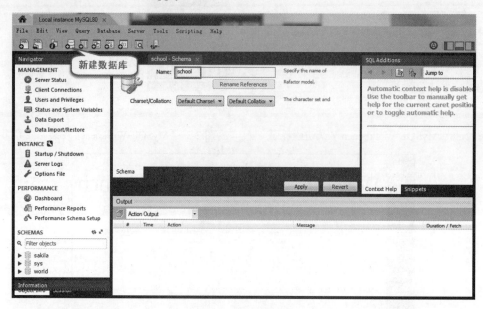

图 2-92　新建数据库

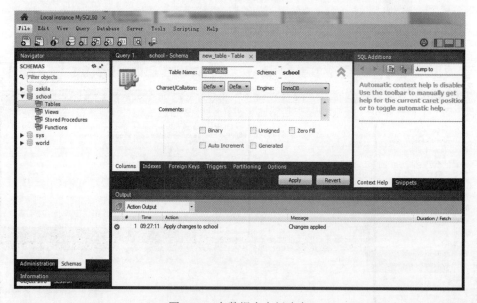

图 2-93　在数据库中新建表

由于篇幅所限，本文关于 MySQL-Workbench 的使用介绍就到此为止，具体详细的使用可以参考官方手册：https://dev.mysql.com/doc/workbench/en/。

2.4.2　SQLyog 图形管理工具

SQLyog 是一款简介高效且功能强大的图形化 MySQL 数据库管理工具。这款工具是使用 C++语言开发的。用户可以使用这款软件来有效地管理 MySQL 数据库。该工具可以方便地创建数据库、表、视图和索引等，还可以方便地进行插入、更新和删除等操作，同时可以方便地进行数据库、数据表的备份和还原。该工具不仅可以通过 SQL 文件进行大量文件的导入和导出，还可以导入和导出 XML、HTML 和 CSV 等多种格式的数据。下载地址为 https://www.webyog.com/product/downloads。

1. SQLyog 的安装

SQLyog 一般在 Windows 系统中使用得比较多，因此以 SQLyog（版本：SQLyog-13.1.1-0.x64Trial）在 Windows 7 系统中的安装为例介绍 SQLyog 的安装。

步骤 01　下载地址：https://www.webyog.com/product/sqlyog，下载页面如图 2-94 所示。

步骤 02　单击 Dowload free trial 按钮，跳转到信息填写页面，如图 2-95 所示。

图 2-94　SQLyog 下载页面　　　　　　　　图 2-95　填写 Email 和手机号等

步骤 03　填写个人相关信息后，单击 Start free trial 按钮跳转到下载链接页面，如图 2-96 所示。

步骤 04　下载完毕后，SQLyog 安装文件如图 2-97 所示。

图 2-96　个人邮箱中的下载链接　　　　　　图 2-97　SQLyog 安装文件

步骤 05　双击 SQLyog 安装文件，弹出如图 2-98 所示的对话框。

步骤 06　选择安装语言，单击 OK 按钮，进入如图 2-99 所示的窗口。

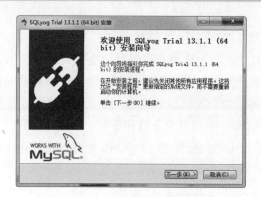

图 2-98　选择安装语言　　　　　　　　　　图 2-99　SQLyog 安装向导

步骤 **07** 单击"下一步"按钮，进入许可证协议窗口，如图 2-100 所示。

步骤 **08** 选择接受"许可证协议"中的条款，单击"下一步"按钮，进入"选择组件"窗口，如图 2-101 所示。

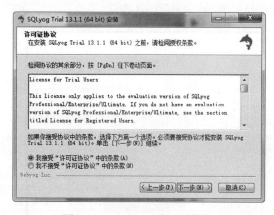

图 2-100　SQLyog 许可证协议　　　　　　　图 2-101　SQLyog 选择组件

步骤 **09** 单击"下一步"按钮，进入"选择安装位置"窗口，如图 2-102 所示。

步骤 **10** 单击"安装"按钮，进入安装阶段，安装完成后，如图 2-103 所示。

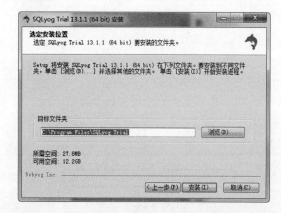

图 2-102　SQLyog 选择安装位置　　　　　　图 2-103　SQLyog 安装完成

步骤 **11** 单击"下一步"按钮，如图 2-104 所示。

步骤 12　选择运行 SQLyog，单击"完成"按钮，弹出"选择 UI（用户界面）语言"对话框，如图 2-105 所示。

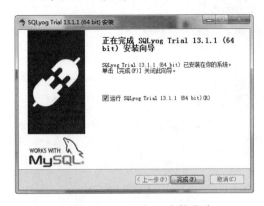

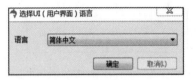

图 2-104　SQLyog 安装成功　　　　　　　　　　图 2-105　选择 UI 语言

步骤 13　选择"简体中文"，单击"确定"按钮，弹出注册窗口，如图 2-106 所示。

步骤 14　SQLyog 是收费的，可以单击"购买"按钮，在 SQLyog 官网购买相关的账号和秘钥。本书中，我们选择使用"试用"版本，并不影响功能的讲解，单击"试用"按钮，进入连接主机的窗口，如图 2-107 所示。

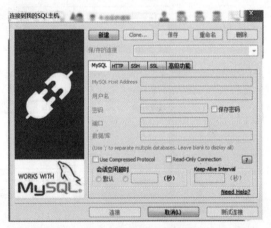

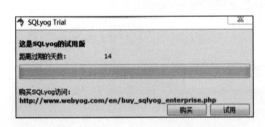

图 2-106　注册 SQLyog　　　　　　　　　　图 2-107　连接主机窗口

步骤 15　单击"新建"按钮，弹出 New Connection 对话框，如图 2-108 所示。

步骤 16　填写新连接的名称，单击"确定"按钮，打开如图 2-109 所示的窗口。

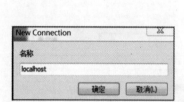

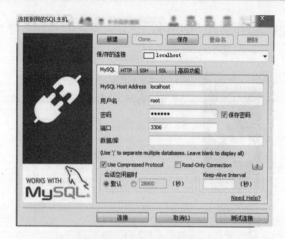

图 2-108　New Connection 对话框　　　　　　图 2-109　MySQL 新连接

步骤 ⑰　填写连接名、主机地址、用户名、密码、端口等信息，再单击"连接"按钮，进入 SQLyog 主界面，可以开始使用了，如图 2-110 所示。

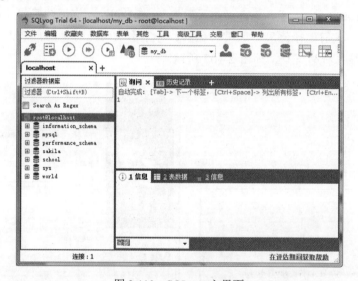

图 2-110　SQLyog 主界面

2. 通过 SQLyog 创建数据库

下面通过一个具体的示例说明如何通过 SQLyog 创建数据库。

【示例 2-1】创建数据库 school，操作步骤如下：

步骤 ①　右击"对象资源管理器"窗口中的空白处，在弹出的快捷菜单中选择"创建数据库"，如图 2-111 所示。打开"创建数据库"窗口，如图 2-112 所示。

步骤 ②　填写数据库名，选择基字符集，单击"创建"按钮，数据库 school 创建成功，如图 2-113 所示。

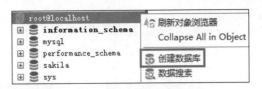

图 2-111　选择"创建数据库"

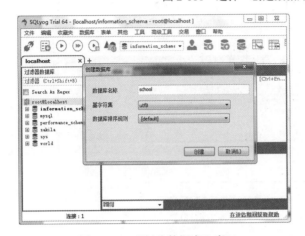

图 2-112　"创建数据库"窗口

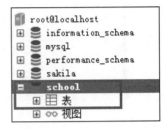

图 2-113　数据库创建成功

3. 通过 SQLyog 创建表

下面通过一个具体的示例说明如何通过 SQLyog 创建表。

【示例 2-2】在数据库 school 中创建名为 t_class 的表，操作步骤如下：

步骤 01 在"对象资源管理器"中右击 school 数据库，在弹出的快捷菜单中选择"创建表"，如图 2-114 所示。

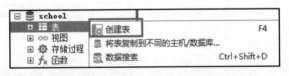

图 2-114　"创建表"命令

步骤 02 打开"新表"窗口，如图 2-115 所示。在"表名称"中输入表的名称，在"列选项卡"的"列名"列设置字段名，在"数据类型"列设置字段的类型，在"长度"列设置类型的宽度，单击"保存"按钮，实现创建表 t_class，如图 2-116 所示。

步骤 03 除了可以通过以上步骤创建表外，还可以在"询问"窗口中输入创建表的 SQL 语句，然后单击工具栏中的"执行查询"按钮，实现表的创建，如图 2-117 所示。

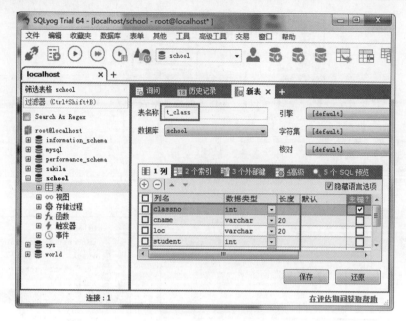

图 2-115　"新表"窗口

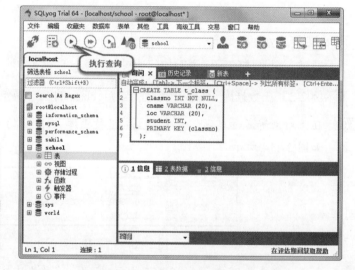

图 2-116　新表创建成功

图 2-117　在"询问"窗口执行 SQL 语句

4. 通过 SQLyog 删除表

在 SQLyog 中，不仅可以在"询问"窗口中执行 DROP TABLE 语句来删除表，还可以通过向导来实现删除表。

下面先介绍在"询问"窗口执行 DROP TABLE 语句。

步骤01 在"询问"窗口中输入以下 SQL 语句，如图 2-118 所示，单击"执行"按钮，可以在"信息"窗口中看到执行结果，显示已删除成功。

```
DROP TABLE t_class;
```

步骤 **02** 在"询问"窗口中输入以下 SQL 语句，如图 2-119 所示，可以看到表已经不存在。

```
DESCRIBE t_class;
```

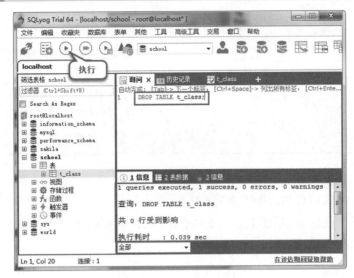

图 2-118　在"询问"窗口中删除表

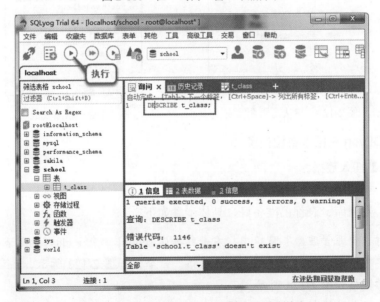

图 2-119　在"询问"窗口中查看已删除的表

接下来介绍在 SQLyog 中通过向导来删除表。

【示例 2-3】通过 SQLyog 向导删除表。

步骤 **01** 在"对象资源管理器"窗口右击数据库 school 中表 t_class 的节点，从弹出的快捷菜单中选择"更多表操作"|"从数据库删除表"命令，如图 2-120 所示。

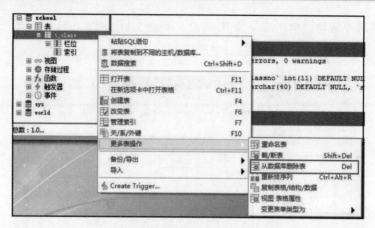

图 2-120　选择"从数据库删除表"命令

步骤 02 弹出一个确认对话框，如图 2-121 所示。

步骤 03 单击"是"按钮，从图 2-122 中可以看出，数据库 school 中已经不存在 t_class 表了，说明已经删除成功。

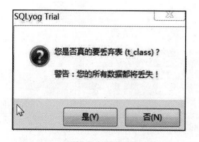

图 2-121　确认是否删除表

图 2-122　删除表成功

5. 通过 SQLyog 来插入数据记录

【示例 2-4】插入数据。

除了 SQL 语句外，我们还可以通过客户端软件 SQLyog 来插入数据记录。下面的讲解基于前文的基础，数据库、表都已准备好，具体步骤如下：

步骤 01 在"对象资源管理器"窗口中，右击数据库 school 中表 t_class 的节点，从弹出的快捷菜单中选择"在新选项卡中打开表格"命令，如图 2-123 所示。

步骤 02 打开的表格如图 2-124 所示。

步骤 03 双击初始行，就会新增可以编辑的一行，如图 2-125 所示。双击某个单元格，就可以输入相应的数据记录，一行数据为一组记录，单击"保存"按钮，就可以保存输入的数据记录。

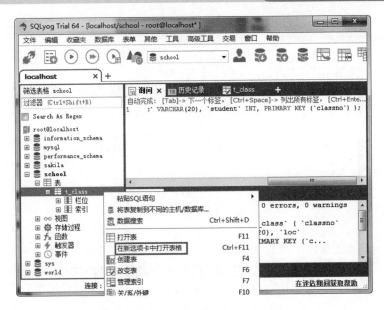

图 2-123　打开"在新选项卡中打开表格"

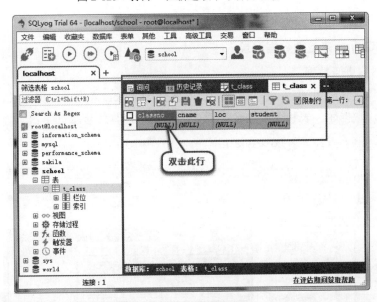

图 2-124　t_class 表格被打开

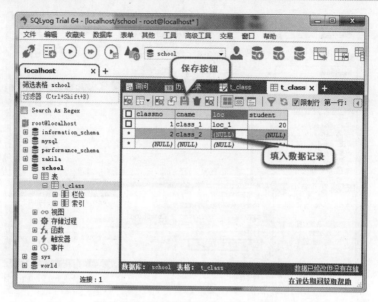

图 2-125　在 t_class 表格中插入数据

通过上述步骤即可实现插入数据记录的功能。

6. 通过 SQLyog 来更新数据记录

【示例 2-5】更新数据。

除了 SQL 语句外，我们还可以通过客户端软件 SQLyog 来更新数据记录。下面的讲解基于前文的基础，数据库、表和表中的数据都已经准备好，具体步骤如下：

步骤01　在新选项卡中打开表格，打开后如图 2-126 所示。

图 2-126　t_class 表格被打开

步骤02　双击字段 loc 中的单元格，使其处于编辑状态，即可更新单元格中的内容，如图 2-127

所示。

步骤 03 　更新后单击"保存"按钮，保存修改过的 loc 字段的数据记录。为了检验更新结果，在"询问"窗口中用 SELECT 语句查询 t_class 中的数据，执行结果如图 2-128 所示。

图 2-127　编辑字段 loc 的数据

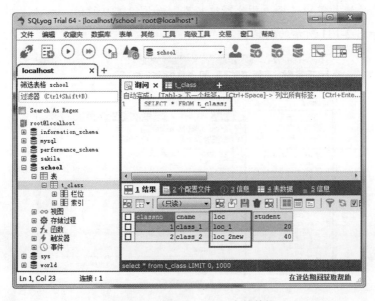

图 2-128　查询表 t_class 中的数据

从图 2-128 的查询结果可以看出，表 t_class 的数据已经更新完毕。

7. 通过 SQLyog 删除数据记录

【示例 2-6】删除数据记录。

除了 SQL 语句外，我们还可以通过客户端软件 SQLyog 来更新数据记录。下面的讲解基于前文的基础，数据库、表和数据都已经准备好，具体步骤如下：

步骤 01 在新选项卡打开表格，如图 2-129 所示。

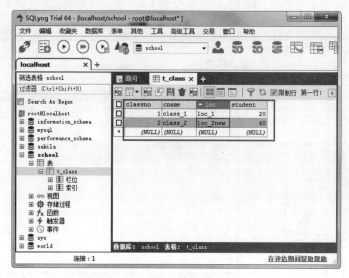

图 2-129　在新选项卡打开表格

步骤 02 在 t_class 页面中，在最左边的复选框中勾选要删除的数据记录所在行，再右击，在弹出的快捷菜单中选择"删除所选行"，如图 2-130 所示。

步骤 03 弹出如图 2-131 所示的对话框。

图 2-130　选择"删除所选行"

图 2-131 是否删除所选行

步骤 04 单击"是"按钮，所选择行的数据记录就会被删除，如图 2-132 所示。

图 2-132 数据删除成功

由于篇幅有限，关于 SQLyog 的操作就介绍到这里。读者可以到官网自行搜索教程，或查阅其他相关图书进行深入研究。

2.4.3 Navicat 图形管理工具

Navicat 是一套快速、可靠的数据库管理工具，专为简化数据库的管理及降低系统管理成本而开发。它的设计符合数据库管理员、开发人员及中小企业的需要。Navicat 使用直觉化的图形用户界面，让用户能够安全简单的方式创建、组织、访问并共用信息。Navicat 适用于 3 种平台：Microsoft Windows、Mac OS X 及 Linux。本小节将介绍在 Microsoft Windows 系统中下载、安装和使用 Navicat。

步骤 01 Navicat 下载地址：https://www.navicat.com.cn/products，下载的文件如图 2-133 所示。
步骤 02 双击 Navicat 安装文件，弹出如图 2-134 所示的界面。

navicat121_premium_cs_x64　　应用程序

图 2-133　Navicat 安装文件　　　　　　　图 2-134　Navicat 安装界面

步骤 03　单击"下一步"按钮，进入"许可证"界面，如图 2-135 所示。

步骤 04　选中"我同意"单选按钮，单击"下一步"按钮，进入"选择安装文件夹"界面，如图 2-136 所示。

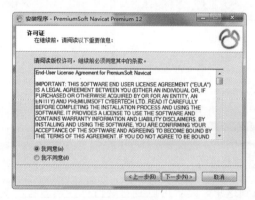

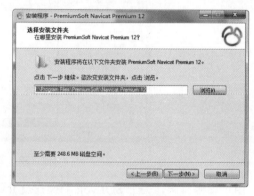

图 2-135　许可证　　　　　　　　　　　图 2-136　选择安装文件夹

步骤 05　选好安装位置后，单击"下一步"按钮，进入"选择开始目录"界面，如图 2-137 所示。

步骤 06　单击"下一步"按钮，进入"选择额外任务"界面，如图 2-138 所示。

步骤 07　单击"下一步"按钮，进入"准备安装"界面，如图 2-139 所示。然后单击"安装"按钮进行安装，安装完成后如图 2-140 所示。

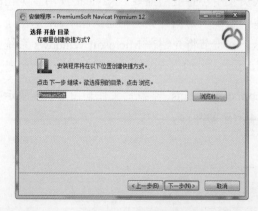

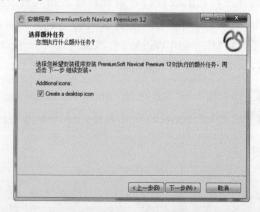

图 2-137　开始目录　　　　　　　　　　图 2-138　Navicat 桌面快捷方式

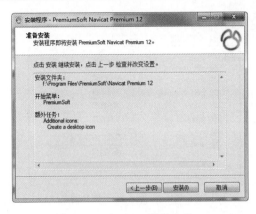

图 2-139　Navicat 准备安装

图 2-140　Navicat 安装成功

步骤 08　打开 Navicat，单击左上角的"连接"按钮，选择 MySQL，如图 2-141 所示。

步骤 09　进入"MySQL-新建连接"界面，如图 2-142 所示。

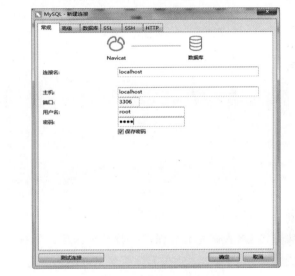

图 2-141　选择 MySQL

图 2-142　建立 MySQL 连接

步骤 10　单击"测试连接"按钮，连接成功会弹出提示框，如图 2-143 所示。

步骤 11　单击"确定"按钮，新建连接成功，返回主界面，如图 2-144 所示。

步骤 12　双击新建的 MySQL 连接，就可以打开连接，如图 2-145 所示。

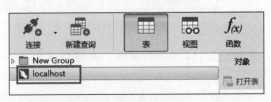

图 2-143　建立连接成功提示框

图 2-144　新的 MySQL 连接已经建立

步骤 **13** 右击新连接，在下拉菜单中选择"新建数据库"，如图 2-146 所示。

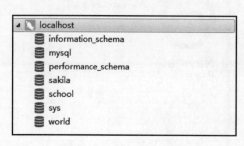

图 2-145　打开新建的连接

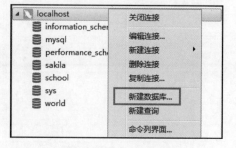

图 2-146　选择"新建数据库"

步骤 **14** 弹出"新建数据库"界面，如图 2-147 所示。填写数据库名，选择默认字符集，单击"确定"按钮，新的数据库建立完成，如图 2-148 所示。

图 2-147　新建数据库

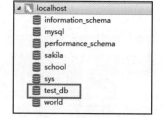

图 2-148　新建的数据库

步骤 **15** 双击新建的数据库，打开数据库，如图 2-149 所示。

步骤 **16** 选中"表"，在下拉菜单中选择"新建表"，如图 2-150 所示。

图 2-149　打开新建的数据库

图 2-150　选择"新建表"

步骤 **17** 打开如图 2-151 所示的界面，新建数据表。

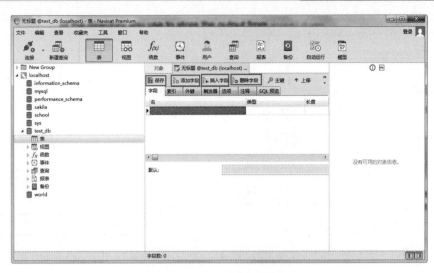

图 2-151　填写数据表信息

步骤 18 单击"添加字段"按钮，可以新增字段；单击"删除字段"按钮，可以删除字段；单击"插入字段"按钮，可以在当前字段前插入字段；单击"保存"按钮，可以保存当前编辑的表，会弹出如图 2-152 所示的对话框。

步骤 19 单击"确定"按钮，新表建立成功，如图 2-153 所示。

图 2-152　填写数据表名称

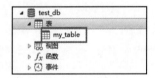

图 2-153　新建的数据表

2.5 使用免安装的 MySQL 软件

2.5.1 在 Windows 平台使用免安装的 MySQL 8.0

MySQL 除了可以使用安装版本以外，还可以使用免安装版本。接下来讲介绍如何下载、安装和使用免安装的 MySQL，具体步骤如下：

步骤 01 下载地址：https://dev.mysql.com/downloads/mysql/8.0.html#downloads，下载页面如图 2-154 所示。

步骤 02 选择 Windows(x86, 64-bit),ZIP Archive，单击 Download 按钮，下载完毕后，免安装包在资源管理器中，如图 2-155 所示。

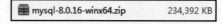

图 2-154　MySQL 8.0 下载页面　　　　　　　图 2-155　MySQL 8.0 免安装包

步骤 03 将图 2-155 的压缩包解压，放到合适的位置，建议放到 C:\盘，当然也可以放在自己
想放的任意位置，如图 2-156 所示。

步骤 04 打开"计算机"|"属性"|"高级系统设置"|"环境变量"，在"系统变量"中选择
Path，在其后面添加 MySQL 8.0 的 bin 文件夹路径（C:\mysql-8.0.16-winx64\bin），如
图 2-157 所示。

图 2-156　MySQL 8.0 路径　　　　　　　　图 2-157　在系统变量里添加路径

步骤 05 配置完环境变量之后，不要启动 MySQL 8.0，还需要修改配置文件，在
C:\mysql-8.0.16-winx64\目录下新建 my.ini 配置文件（MySQL 5.7.18 之后都需要手动
创建 my.ini 文件），用本文编辑器或其他编辑器打开 my.ini 文件，添加必要的配置内
容，如图 2-158 和图 2-159 所示。

图 2-158 新建的 my.ini 文件　　　　　　图 2-159 my.ini 配置文件中的内容

步骤 06 在 DOS 命令窗口（以管理员身份登录）输入以下命令（见图 2-160）：

```
cd C:\mysql-8.0.16-winx64\bin
mysqld install
```

步骤 07 安装成功，在 DOS 窗口输入一条命令，初始化 MySQL，如图 2-161 所示。这条命令很重要，如果不执行，就无法正常启动 MySQL 的服务，很多指导手册里都没有提到这一点，导致安装之后启动服务失败。

```
mysqld --initialize
```

图 2-160　MySQL 8.0 安装成功　　　　　图 2-161　MySQL 8.0 初始化

步骤 08 安装成功后，在 data 目录下生成了对应的日志文件。找到扩展名为.err 的日志文件，如图 2-162 所示。用记事本打开该日志文件，找到对应的 root 初始临时密码，如图 2-163 所示。在 MySQL 8 之前的版本中，ZIP 形式安装完成之后，不使用密码即可登录 root 用户。在 MySQL 8 以后的版本中，免安装形式都会自动生成一个临时密码。

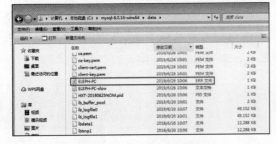

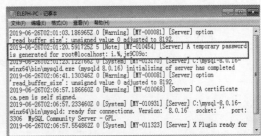

图 2-162　MySQL8.0 data 目录　　　　　图 2-163　MySQL 8.0.err 日志文件

步骤09 DOS 窗口输入以下命令启动服务（见图 2-164）：

```
net start mysql
```

步骤10 服务启动成功后，在命令行中输入以下命令，然后提示输入密码，输入刚才 err 日志文件中找到的临时密码即可，如图 2-165 所示。

```
mysql -uroot -p
```

图 2-164　MySQL 8.0 服务启动成功

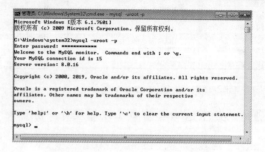

图 2-165　MySQL 8.0 登录成功

步骤11 MySQL 8.0 登录成功后，输入以下命令修改 root 密码，修改完成后退出，使用新密码重新登录，登录成功，如图 2-166 和图 2-167 所示。

```
ALTER USER USER() IDENTIFIED BY '123456';
```

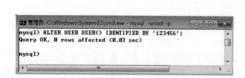

图 2-166　MySQL 8.0 修改 root 密码

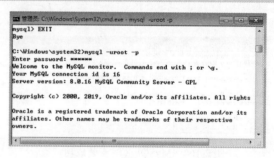

图 2-167　MySQL 8.0 重新登录

2.5.2　在 Linux 平台使用免安装的 MySQL 8.0

步骤01 下载地址：https://dev.mysql.com/downloads/mysql/8.0.html#downloads，下载页面如图 2-168 所示。

步骤02 选择操作系统为 Ubuntu Linux，选择系统版本为 Ubuntu Linux 18.04（x86, 64-bit）（这是作者使用的版本，读者可根据自己的系统选择对应的版本），在 DEB Bundle 对应的包处单击 Download 按钮，下载的安装包，如图 2-169 所示。

图 2-168　下载离线安装包 DEB Bundle

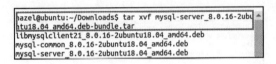

图 2-169　下载的安装包 DEB Bundle

步骤 03 用以下命令解压 DEB Bundle 压缩包（见图 2-170）：

```
# tar xvf mysql-server_8.0.16-2ubuntu18.04_amd64.deb-bundle.tar
```

步骤 04 解压后的文件如图 2-171 所示。

```
hazel@ubuntu:~/Downloads$ tar xvf mysql-server_8.0.16-2ubu
htu18.04_amd64.deb-bundle.tar
libmysqlclient21_8.0.16-2ubuntu18.04_amd64.deb
mysql-common_8.0.16-2ubuntu18.04_amd64.deb
mysql-server_8.0.16-2ubuntu18.04_amd64.deb
```

```
mysql-community-server_8.0.16-2ubuntu18.04_amd64.deb
libmysqlclient21_8.0.16-2ubuntu18.04_amd64.deb
mysql-client_8.0.16-2ubuntu18.04_amd64.deb
mysql-community-client_8.0.16-2ubuntu18.04_amd64.deb
mysql-community-server-core_8.0.16-2ubuntu18.04_amd64.deb
mysql-community-client-core_8.0.16-2ubuntu18.04_amd64.deb
```

图 2-170　解压缩 DEB Bundle　　　　　　　图 2-171　解压后的文件

步骤 05 安装系统依赖包，命令如下（具体过程见图 2-172）：

```
# sudo apt-get install libmecab2
```

步骤 06 使用以下命令预配置 MySQL 服务器软件包，可以为 root 用户提供密码：

```
# sudo dpkg-preconfigure mysql-community-server_*.deb
```

步骤 07 按以下命令的顺序安装 MySQL 8.0，这条命令不能直接运行，应该按中括号里面的逗号分开的顺序进行安装。

```
# sudo dpkg -i
mysql-{common,community-client,client,community-server,server}_*.deb
```

步骤 08 用以下命令安装 mysql-common（见图 2-173）：

```
# sudo dpkg -i mysql-common_*.deb
```

```
root@rebecca-virtual-machine:/home/rebecca/download# sudo apt-get install libmecab2
正在读取软件包列表... 完成
正在分析软件包的依赖关系树
正在读取状态信息... 完成
下列【新】软件包将被安装:
  libmecab2
升级了 0 个软件包，新安装了 1 个软件包，要卸载 0 个软件包，有 347 个软件包未被升级。
```

图 2-172　安装系统依赖包

```
hazel@ubuntu:~/Downloads$ sudo dpkg -i mysql-common_*.deb
(Reading database ... 176938 files and directories currently inst
alled.)
Preparing to unpack mysql-common_8.0.16-2ubuntu18.04_amd64.deb ..
.
Unpacking mysql-common (8.0.16-2ubuntu18.04) over (8.0.12-1ubuntu
18.04) ...
Setting up mysql-common (8.0.16-2ubuntu18.04) ...
```

图 2-173　安装 mysql-common

步骤 ⑨ 用以下命令安装 mysql-community-client（见图 2-174）:

```
# sudo dpkg -i mysql-community-client_*.deb
```

步骤 ⑩ 用以下命令安装 mysql-client（见图 2-175）:

```
# sudo dpkg -i mysql-client_*.deb
```

```
hazel@ubuntu:~/Downloads$ sudo dpkg -i mysql-community-client_*.d
eb
(Reading database ... 176938 files and directories currently inst
alled.)
Preparing to unpack mysql-community-client_8.0.16-2ubuntu18.04_am
d64.deb ...
Unpacking mysql-community-client (8.0.16-2ubuntu18.04) over (8.0.
12-1ubuntu18.04) ...
```

图 2-174　安装 mysql-community-client

```
hazel@ubuntu:~/Downloads$ sudo dpkg -i mysql-client_*.deb
(Reading database ... 176938 files and directories currently inst
alled.)
Preparing to unpack mysql-client_8.0.16-2ubuntu18.04_amd64.deb ..
Unpacking mysql-client (8.0.16-2ubuntu18.04) over (8.0.12-1ubuntu
18.04) ...
```

图 2-175　安装 mysql –client

步骤 ⑪ 用以下命令安装 mysql-community-server（见图 2-176）:

```
# sudo dpkg -i mysql-community-server_*.deb
```

步骤 ⑫ 用以下命令安装 mysql-server（见图 2-177）:

```
# sudo dpkg -i mysql-server_*.deb
```

```
hazel@ubuntu:~/Downloads$ sudo dpkg -i mysql-community-server_*.d
eb
(Reading database ... 176938 files and directories currently inst
alled.)
Preparing to unpack mysql-community-server_8.0.16-2ubuntu18.04_am
d64.deb ...
Unpacking mysql-community-server (8.0.16-2ubuntu18.04) over (8.0.
12-1ubuntu18.04) ...
```

图 2-176　安装 mysql –community-server

```
hazel@ubuntu:~/Downloads$ sudo dpkg -i mysql-server_*.deb
(Reading database ... 176934 files and directories currently inst
alled.)
Preparing to unpack mysql-server_8.0.16-2ubuntu18.04_amd64.deb ..
Unpacking mysql-server (8.0.16-2ubuntu18.04) over (8.0.12-1ubuntu
18.04) ...
```

图 2-177　安装 mysql-server

步骤 ⑬ 用以下命令登录 MySQL 8.0（见图 2-178）:

```
# mysql -uroot -p<your-password>密码</your-password>
```

步骤 ⑭ 用以下命令修改密码（见图 2-179）:

```
ALTER USER USER() IDENTIFIED BY '123456';
```

```
File  Edit  View  Search  Terminal  Help
hazel@ubuntu:~/Downloads$ mysql -uroot -p
Enter password:
Welcome to the MySQL monitor.  Commands end with ; or \g.
Your MySQL connection id is 8
Server version: 8.0.12 MySQL Community Server - GPL

Copyright (c) 2000, 2018, Oracle and/or its affiliates. All rights re
served.

Oracle is a registered trademark of Oracle Corporation and/or its
affiliates. Other names may be trademarks of their respective
owners.

Type 'help;' or '\h' for help. Type '\c' to clear the current input s
tatement.

mysql>
```

图 2-178　登录 MySQL 8.0

```
mysql> ALTER USER USER() IDENTIFIED BY '123456';
Query OK, 0 rows affected (0.10 sec)

mysql>
```

图 2-179　修改 MySQL 8.0 的 root 登录密码

2.5.3　在 Mac OS X 平台使用免安装的 MySQL 8.0

步骤 01　下载地址：https://dev.mysql.com/downloads/mysql/8.0.html#downloads，下载页面如图 2-180 所示。

图 2-180　MySQL 8.0 下载页面

步骤 02　选择 Compressed TAR Archive，单击 Download 按钮，下载免安装版本的 MySQL 软件，免安装压缩包如图 2-181 所示。把压缩包解压，解压后改名为 mysql，再把解压包复制到 usr/local/mysql 目录下，如图 2-182 所示。

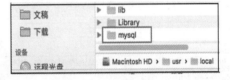

图 2-181　MySQL 8.0 免安装压缩包　　　　图 2-182　免安装解压包目录

步骤 03　执行 bin 目录下的 mysqld 脚本完成一些默认的初始化（创建默认配置），命令如下：

```
$ cd /usr/local/mysql
$ sudo bin/mysqld --initialize --user=mysql
```

初始化操作会产生 root 账号的临时初始密码，如图 2-183 和图 2-184 所示。

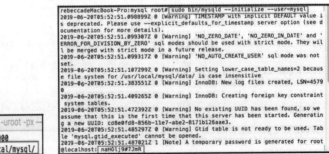

图 2-183　进入主目录　　　　　　　图 2-184　执行 MySQL 8.0 初始化

步骤 04　启动、重启、查看、停止服务。

● 使用以下命令进入 mysql 主目录：

```
$ cd /usr/local/mysql
```

● 用以下命令启动服务（见图 2-185）：

```
$ sudo support-files/mysql.server start
```

● 使用以下命令重启服务（见图 2-186）：

```
$ sudo support-files/mysql.server restart
```

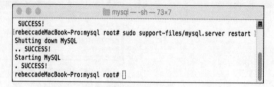

图 2-185　启动 MySQL 8.0 服务　　　　　　图 2-186　重启 MySQL 8.0 服务

● 使用以下命令查看服务（见图 2-187）：

```
$ sudo support-files/mysql.server status
```

● 使用以下命令停止服务（见图 2-188）：

```
$ sudo support-files/mysql.server stop
```

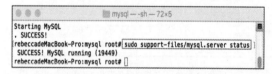

图 2-187　查看 MySQL 8.0 服务　　　　　　图 2-188　停止 MySQL 8.0 服务

步骤 05　使用以下命令登录 MySQL 8.0，如图 2-189 所示，初始的 root 密码就是图 2-184 中初始化生成的临时密码。

```
$ cd /usr/local/mysql/bin
$ mysql -uroot -p<your-password>密码</your-password>
```

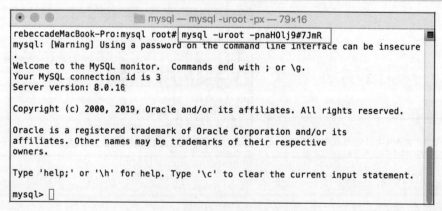

图 2-189　登录 MySQL 8.0

步骤 06　使用以下命令修改密码：

```
ALTER USER USER() IDENTIFIED BY '123456';
```

2.6 MySQL 安装中的常见问题

MySQL 安装中有以下常见问题：

（1）系统不能识别 mysql 命令，说明系统找不到可执行文件，Windows 系统需要检查环境变量的系统变量中的 Path 是否已经添加了 MySQL 对应的 bin 目录，Max OS X 系统需要检查/etc/profile 中是否已经添加了 MySQL 对应的 bin 目录。

（2）输入 mysql 无法连接，错误如图 2-190 所示，说明服务没有打开，打开服务即可。

```
Last login: Tue Aug  8 20:58:49 on ttys001
rebeccadeMacBook-Pro:~ root# mysql
ERROR 2002 (HY000): Can't connect to local MySQL server through socket '/tmp/mys
ql.sock' (2)
rebeccadeMacBook-Pro:~ root#
```

图 2-190　MySQL 8.0 连接失败

（3）无法干净地卸载 MySQL 数据库。在 Windows 系统中，要使用 MySQL 的.msi 安装文件来卸载，选择 Remove 选项即可彻底删除 MySQL 数据库。在 Mac OS X 系统中，使用以下命令来彻底卸载 MySQL：

```
$ sudo rm /usr/local/mysql
$ sudo rm -rf /usr/local/mysql*
$ sudo rm -rf /Library/StartupItems/MySQLCOM
$ sudo rm -rf /Library/PreferencePanes/My*
$ vim /etc/hostconfig  (and removed the line MYSQLCOM=-YES-)
$ rm -rf ~/Library/PreferencePanes/My*
$ sudo rm -rf /Library/Receipts/MySQL*
$ sudo rm -rf /var/db/receipts/com.mysql.*
```

2.7 综合示例——MySQL 的安装

1. 在 Windows 系统中通过图像化方式安装 MySQL 数据库

（1）在 MySQL 的官方网站下载 MySQL 数据库软件，本书的 MySQL 都是 8.0 版本，下载网址：https://dev.mysql.com/downloads/windows/installer/8.0.html。

（2）根据 2.1 节的内容练习安装与配置 MySQL 数据库，安装完成后，不仅要练习通过配置向导来配置 MySQL 服务，还要练习手工修改配置。

（3）练习手工配置环境变量。

（4）练习开启、关闭、重启 MySQL 服务的方法。

2. 在 Windows 系统中配置免安装的 MySQL 数据库

（1）在 MySQL 的官方网站下载 MySQL 数据库软件，本书的 MySQL 都是 8.0 版本，下载网址：https://dev.mysql.com/downloads/mysql/8.0.html#downloads。

（2）解压该软件包，根据 2.5.1 小节的内容进行相应的配置。注意，在配置之前必须先将原来的 MySQL 卸载干净，否则会给配置带来麻烦。

3. 在 Linux 系统中通过图像化方式安装 MySQL 数据库

（1）在 Ubuntu 18.04 平台下安装 MySQL 8.0，参考 2.2 节的内容练习安装。

（2）练习手工配置环境变量。

（3）练习开启、关闭、重启 MySQL 服务的方法。

4. 在 Linux 系统中配置免安装的 MySQL 数据库

（1）在 MySQL 的官方网站下载 MySQL 数据库软件，本书的 MySQL 都是 8.0 版本，下载网址：https://dev.mysql.com/downloads/mysql/8.0.html#downloads。

（2）解压该软件包，根据 2.5.2 小节的内容进行相应的配置。注意，在配置之前必须先将原来的 MySQL 卸载干净，否则会给配置带来麻烦。

（3）练习开启、关闭、重启 MySQL 服务的方法。

5. 在 Mac OS X 系统中通过图像化方式安装 MySQL 数据库

（1）在 MySQL 的官方网站下载 MySQL 数据库软件，本书的 MySQL 都是 8.0 版本，下载网址：https://dev.mysql.com/downloads/windows/installer/8.0.html。

（2）根据 2.3 节的内容练习安装与配置 MySQL 数据库，安装完成后，不仅要练习通过配置向导来配置 MySQL 服务，还要练习手工修改配置。

（3）练习手工配置环境变量。

（4）练习开启、关闭、重启 MySQL 服务的方法。

6. 在 Mac OS X 系统中配置免安装的 MySQL 数据库

（1）在 MySQL 的官方网站下载 MySQL 数据库软件，本书的 MySQL 都是 8.0 版本，下载网址：https://dev.mysql.com/downloads/mysql/8.0.html#downloads。

（2）解压该软件包，根据 2.5.3 小节的内容进行相应的配置。注意，在配置之前必须先将原来的 MySQL 卸载干净，否则会给配置带来麻烦。

（3）练习开启、关闭、重启 MySQL 服务的方法。

2.8 经典习题与面试题

1. 经典习题

（1）练习使用图形化方式在 Windows、Linux 和 Mac OS X 平台安装、配置 MySQL 数据库。

（2）练习使用免安装的方式在 Windows、Linux 和 Mac OS X 平台配置 MySQL 数据库。

（3）练习通过手工修改 my.ini 或者 my.cnf 文件的方式修改 MySQL 的配置。

（4）练习开启、关闭和重启 MySQL 服务。

2. 面试题及解答

（1）如何选择字符集？

MySQL 数据库中常用的字符集是 Latin1、UTF8 和 GBK。Latin1 主要用于西欧的语言，这种编码格式存储汉字、日文等会出现乱码现象。UTF8 是一种国际字符集。这种字符集支持很多种语言，包括中文、日文、韩文等。GBK 是中国汉字的字符集，对汉字的支持非常好。如果读者主要存储汉字和英文，就可以使用 GBK 字符集。如果需要存储日文、韩文等，最好选择 UTF8。MySQL 8.0 版本的默认字符集为 UTF8MB4。

（2）在 Windows 系统中无法打开 MySQL 8.0 的安装包，如何解决？

在 Windows 系统中，在安装 MySQL 8.0 之前，需要确保系统中已经安装了 .Net Framework 4.0 和 Microsoft Visual C++，缺少这两个软件就不能正常地安装 MySQL 8.0 软件。

2.9　本章小结

本章主要介绍了在 Windows 系统、Linux 系统和 Mac OS X 系统安装和配置 MySQL 数据的方法。通过本章的学习，读者需要掌握下载 MySQL、使用图形化方式安装 MySQL 数据库、使用免安装的 MySQL 软件、配置 MySQL 数据库、启动 MySQL 数据库服务和登录 MySQL 数据库。使用免安装的 MySQL 软件包和手工配置 MySQL 数据库是本章的难点。本章还介绍了 MySQL 常见的图形管理工具，比如 MySQL 官方客户端 MySQL Workbench 以及 SQLyog、Navicat 等图形管理工具。读者在阅读和学习木章时，一定要配合上机操作，只有在动手安装和配置的过程中才会真正掌握本章的内容。下一章将为读者介绍 MySQL 数据库的操作。

第 3 章

◀ 数据库操作 ▶

数据库是一种可以通过某种方式存储数据库对象的容器。简而言之，数据库就是一个存储数据的地方，可以想象成一个文件柜，而数据库对象则是存放在文件柜中的各种文件，并且是按照特定规律存放的,这样可以方便管理和处理。数据库的操作包括创建数据库和删除数据库，这些操作都是数据库管理的基础。

通过本章的学习，可以掌握如下内容:

● 通过图像化客户端创建、删除数据库。

● 通过命令行客户端创建、查看、选择、删除数据库。

● 了解 MySQL 所支持的存储引擎。

● 学习如何选择数据库所需要的引擎。

3.1 在图形化界面操作数据库

通过命令行客户端来操作数据库虽然效率和灵活度高,但是对于刚入门的初级用户来说稍显困难，因为需要掌握 SQL 语句。有一种简单实用的方法是通过图形化客户端来操作数据，关于图形化客户端在第 2 章已经简单介绍过了，考虑到 Navicat 比较适合初学者，本节选用该客户端来向读者展示如何创建和删除数据库。

3.1.1 创建数据库

步骤 01 运行 Navicat 客户端，先选择数据库服务器，本文连接的是本地服务器 localhost，连接成功后，在 Navicat 的资源管理器中就会显示所连接的服务器下所有的数据库，如图 3-1 所示。

步骤 02 右击 localhost 连接，在弹出的快捷菜单中选择"新建数据库"，如图 3-2 所示。

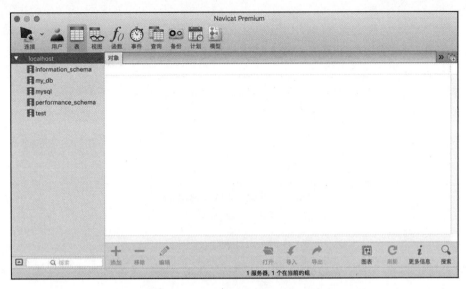

图 3-1　Navicat 资源管理器主界面

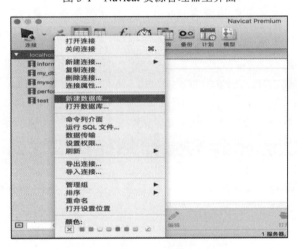

图 3-2　Navicat 新建数据库操作

步骤 03　打开"新建数据库"窗口，如图 3-3 所示。

步骤 04　填入数据库名，选择默认字符集等信息，单击"好"按钮，就会在 localhost 连接下
发现多了一个数据库 test_db_navicat，说明新建数据库成功，如图 3-4 所示。

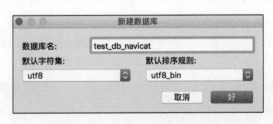

图 3-3　Navicat 新建数据库窗口

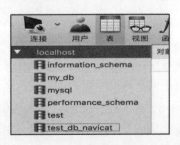

图 3-4　Navicat 新建数据库成功

3.1.2 删除数据库

步骤 01 在 Navicat 资源管理器中，右击新建的 test_db_navicat 数据库，在弹出的快捷菜单中选择"删除数据库"，如图 3-5 所示。

图 3-5　Navicat 删除数据库操作

步骤 02 此时会弹出一个警告窗口，如图 3-6 所示，向用户确认是否要删除数据库，单击"好"按钮。

步骤 03 Navicat 资源管理器中已经没有 test_db_navicat 这个数据库了，说明删除数据库成功，如图 3-7 所示。

图 3-6　警告窗口

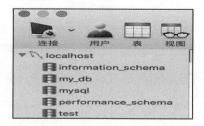

图 3-7　Navicat 删除数据库成功

3.2 在命令行界面操作数据库

数据库的操作包括创建数据库、查看数据库、选择数据库以及删除数据库。本节将详细讲解如何通过命令行操作数据库。

3.2.1 创建数据库

创建数据库是指在数据库系统中划分一块空间，用来存储相应的数据，这是进行表操作的基础，也是进行数据库管理的基础。

在 MySQL 中创建数据库之前，可以使用 SHOW 语句来显示当前已经存在的数据库，具体 SQL 语句如下，执行结果如图 3-8 所示。

```
SHOW DATABASES;
```

创建数据库的 SQL 语句如下，其中参数 database_name 表示所要创建的数据库的名称，再通过 SHOW 语句查询，如图 3-9 所示。

```
CREATE DATABASE database_name;
```

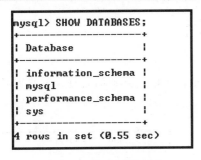

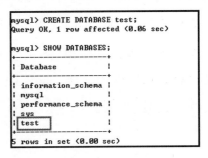

图 3-8　查询所有数据库　　　　　　图 3-9　创建数据库再查询数据库

3.2.2　查看数据库

查看数据库在前面 3.2.1 小节中已经提过了，SQL 语句如下：

```
SHOW DATABASES;
```

执行结果如图 3-9 所示，不再赘述。

3.2.3　选择数据库

既然数据库是数据库对象的容器，而在数据库管理系统中一般又存在许多数据库，那么在操作数据库对象之前，首先需要确定是哪一个数据库，即在对数据库对象进行操作时，需要先选择一个数据库。

在 MySQL 中选择数据库通过 SQL 语句 USE 来实现，其语法形式如下：

```
USE database_name;
```

上述语句中，database_name 参数表示所要选择的数据库名字。

在选择具体的数据库之前，首先要查看数据库管理系统中已经存在的数据库，然后才能从这些已经存在的数据库中进行选择，如果选择一个不存在的数据库，就会出现如图 3-10 所示的错误。所以正确的操作是执行如下命令，执行结果如图 3-11 所示。

```
USE database_name;
```

```
mysql> USE test_db_nothing;
ERROR 1049 (42000): Unknown database 'test_db_nothing'
```

```
mysql> USE test;
Database changed
```

图 3-10　选择不存在的数据库　　　　　　图 3-11　选择数据库

3.2.4　删除数据库

在删除数据库之前，首先需要确定所操作的数据库对象已经存在。在 MySQL 中删除数据库通过 SQL 语句 DROP DATABASE 来实现，其语法形式如下：

```
DROP DATABASE database_name
```

上述语句中，database_name 参数表示所要删除的数据库名字。

步骤 01 创建数据库 test_db_cmd_d，如图 3-12 所示。

```
CREATE DATABASE test_db_cmd_d;
```

步骤 02 查询数据库是否创建成功，如图 3-13 所示，可以看到新的数据库创建成功。

```
SHOW DATABASES;
```

```
mysql> SHOW DATABASES;
+--------------------+
| Database           |
+--------------------+
| information_schema |
| mysql              |
| performance_schema |
| sys                |
| test               |
| test_db_cmd_d      |
+--------------------+
6 rows in set (0.00 sec)
```

```
mysql> CREATE DATABASE test_db_cmd_d;
Query OK, 1 row affected (0.01 sec)
```

图 3-12　新建数据库

图 3-13　查询数据库

步骤 03 删除数据库，如图 3-14 所示。

```
DROP DATABASE test_db_cmd_d;
```

步骤 04 查询数据库是否删除成功，如图 3-15 所示，可以看到新建的数据库已经被删除。

```
SHOW DATABASES;
```

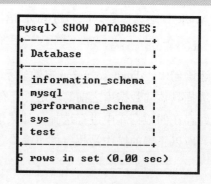

```
mysql> SHOW DATABASES;
+--------------------+
| Database           |
+--------------------+
| information_schema |
| mysql              |
| performance_schema |
| sys                |
| test               |
+--------------------+
5 rows in set (0.00 sec)
```

```
mysql> DROP DATABASE test_db_cmd_d;
Query OK, 0 rows affected (0.07 sec)
```

图 3-14　删除数据库

图 3-15　查询数据库

3.3 什么是存储引擎

MySQL 中提到了存储引擎的概念。简而言之，存储引擎就是指表的类型。在具体开发时，为了提高 MySQL 数据库管理系统的使用效率和灵活性，可以根据实际需要来选择存储引擎。

存储引擎指定了表的类型，即如何存储和索引数据、是否支持事务等，同时存储引擎也决定了表在计算机中的存储方式。

3.3.1　MySQL 支持的存储引擎

用户在选择存储引擎之前，首先需要确定数据库管理系统支持哪些存储引擎。在 MySQL 数据库管理系统中，通过 SHOW ENGINES 来查看支持的存储引擎，语法如下：

```
SHOW ENGINES;
```

在 MySQL 中执行 SHOW ENGINES 的结果如图 3-16 所示。

```
mysql> SHOW ENGINES;

! Engine             ! Support ! Comment                                                          ! Transactions ! XA   ! Save!

! MEMORY             ! YES     ! Hash based, stored in memory, useful for temporary tables        ! NO           ! NO   ! NO
! MRG_MYISAM         ! YES     ! Collection of identical MyISAM tables                            ! NO           ! NO   ! NO
! CSV                ! YES     ! CSV storage engine                                               ! NO           ! NO   ! NO
! FEDERATED          ! NO      ! Federated MySQL storage engine                                   ! NULL         ! NULL ! NULL
! PERFORMANCE_SCHEMA ! YES     ! Performance Schema                                               ! NO           ! NO   ! NO
! MyISAM             ! YES     ! MyISAM storage engine                                            ! NO           ! NO   ! NO
! InnoDB             ! DEFAULT ! Supports transactions, row-level locking, and foreign keys       ! YES          ! YES  ! YES
! BLACKHOLE          ! YES     ! /dev/null storage engine (anything you write to it disappears)   ! NO           ! NO   ! NO
! ARCHIVE            ! YES     ! Archive storage engine                                           ! NO           ! NO   ! NO

9 rows in set (0.00 sec)
```

图 3-16　查询数据库存储引擎

也可以通过以下语句来查询：

```
SHOW ENGINES \G;
```

查询结果如图 3-17 所示。

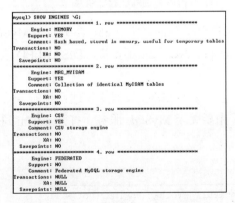
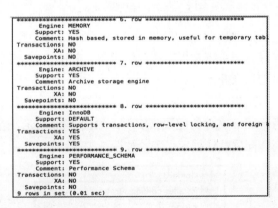

图 3-17　查询数据库存储引擎

查询结果显示，MySQL 8 支持 9 种存储引擎，分别为 MEMORY、MRG_MYISAM、CSV、FEDERATED、PERFORMANCE_SCHEMA、MyISAM、InnoDB、BLACKHOLE 和 ARCHIVE。其中，Engine 参数表示存储引擎名称；Support 参数表示 MySQL 数据库管理系统是否支持该存储引擎，YES 表示支持，NO 表示不支持；DEFAULT 表示系统默认支持的存储引擎；Comment 参数表示对存储引擎的评论；Transactions 参数表示存储引擎是否支持事务，其中 YES 表示支持，NO 表示不支持；XA 参数表示存储引擎所支持的分布式是否符合 XA 规范，其中 YES 表示支持，NO 表示不支持；Savepoints 参数表示存储引擎是否支持事务处理的保存点，其中 YES 表示支持，NO 表示不支持。

在 MySQL 数据管理系统中，除了可以通过 SQL 语句 SHOW ENGINES 查看所支持的存储引擎外，还可以通过 SQL 语句 SHOW VARIABLES 来查看所支持的存储引擎，具体 SQL 语句如下：

```
SHOW VARIABLES LIKE 'have%';
```

查询结果如图 3-18 所示。

在创建表时，若没有指定存储引擎，表的存储引擎将为默认的存储引擎。如果需要操作默认存储引擎，首先需要查看默认存储引擎，读者可以使用下面的 SQL 语句来查询默认存储引擎：

```
SHOW VARIABLES LIKE 'storage_engine';
```

执行结果如图 3-19 所示。

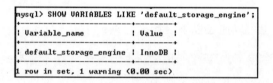

图 3-18　查询存储引擎　　　　　　　图 3-19　查询默认存储引擎

在图 3-18 显示的结果中，Variable_name 参数表示存储引擎的名字；Value 参数表示 MySQL 数据库管理系统是否支持存储引擎，其中 YES 表示支持，NO 表示不支持，DISABLED 表示支持但还未开启。

如果想修改 MySQL 的默认存储引擎，可以通过修改 MySQL 数据库管理系统的 my.cnf 或者 my.ini 文件的配置来实现，如图 3-20 所示，首先要关闭 MySQL 服务。打开 my.ini 进行编辑，配置默认搜索引擎，如图 3-21 所示。

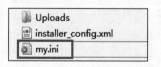

```
# The default storage engine that will
default-storage-engine=MyISAM
```

图 3-20　my.ini 配置文件　　　　　　图 3-21　配置默认存储引擎

修改好默认存储引擎后，保存文件，再重新开启 MySQL 服务。或者用以下 SQL 语句来修改默认存储引擎：

```
SET DEFAULT_STORAGE_ENGINE=MyISAM;
SHOW VARIABLES LIKE '%storage_engine%';
```

修改完毕之后，再用 SHOW 语句查询，结果如图 3-22 和图 3-23 所示。

```
mysql> SHOW VARIABLES LIKE '%storage_engine%';
+----------------------------+-----------+
| Variable_name              | Value     |
+----------------------------+-----------+
| default_storage_engine     | MyISAM    |
| default_tmp_storage_engine | InnoDB    |
| disabled_storage_engines   |           |
| internal_tmp_disk_storage_engine | InnoDB |
| internal_tmp_mem_storage_engine | TempTable |
+----------------------------+-----------+
5 rows in set, 1 warning (0.00 sec)
```

```
mysql> SET DEFAULT_STORAGE_ENGINE=MyISAM;
Query OK, 0 rows affected (0.00 sec)
```

图 3-22　设置默认存储引擎　　　　　　图 3-23　查看默认存储引擎

接下来简单介绍几种常见的存储引擎。

3.3.2　InnoDB 存储引擎

InnoDB 是 MySQL 数据库的一种存储引擎。InnoDB 给 MySQL 的表提供了事务、回滚、崩溃修复能力和多版本并发控制的事务安全。MySQL 从 3.23.34a 开始就包含 InnoDB 存储引擎。InnoDB 是 MySQL 第一个提供外键约束的表引擎，而且 InnoDB 对事务处理的能力是 MySQL 的其他存储引擎所无法比拟的。

MySQL 5.6 版本之后，除系统数据库之外，默认的存储引擎由 MyISAM 改为 InnoDB，MySQL 8.0 版本在原先的基础上将系统数据库的存储引擎也改成了 InnoDB。

InnoDB 存储引擎支持自动增长列 AUTO_INCREMENT。自动增长列的值不能为空，且值必须唯一。MySQL 中规定自动增长列必须为主键。在插入值时，如果自动增长列不输入值，插入的值就为自动增长后的值；如果输入的值为 0 或空（NULL），插入的值也为自动增长后的值；如果插入某个确定的值，且该值在前面没有出现过，就可以直接插入。

InnoDB 存储引擎支持外键（FOREIGN KEY）。外键所在的表为子表，外键所依赖的表为父表。父表中被子表外键关联的字段必须为主键。当删除、更新父表的某条信息时，子表必须有相应的改变。

InnoDB 存储引擎的优势在于提供了良好的事务管理、崩溃修复能力和并发控制。缺点是其读写效率稍差，占用的数据空间相对比较大。

3.3.3　MyISAM 存储引擎

MyISAM 存储引擎是 MySQL 中常见的存储引擎，曾是 MySQL 的默认存储引擎。MyISAM 存储引擎是基于 ISAM 存储引擎发展起来的。MyISAM 增加了很多有用的扩展。

MyISAM 存储引擎的表存储成 3 个文件。文件的名字与表名相同，扩展名包括 frm、MYD 和 MYI。其中，frm 为扩展名的文件存储表的结构；MYD 为扩展名的文件存储数据，其是 MYData 的缩写；MYI 为扩展名的文件存储索引，其是 MYIndex 的缩写。

基于 MyISAM 存储引擎的表支持 3 种存储格式，包括静态型、动态型和压缩型。其中，静态型为 MyISAM 存储引擎的默认存储格式，其字段是固定长度的；动态型包含变长字段，记录的长度不是固定的；压缩型需要使用 myisampack 工具创建，占用的磁盘空间较小。

MyISAM 存储引擎的优点在于占用空间小，处理速度快；缺点是不支持事务的完整性和并发性。

3.3.4 MEMORY 存储引擎

MEMORY 存储引擎是 MySQL 中的一类特殊的存储引擎。其使用存储在内存中的内容来创建表，而且所有数据都放在内存中。这些特性都与 InnoDB 存储引擎、MyISAM 存储引擎不同。

每个基于 MEMORY 存储引擎的表实际对应一个磁盘文件，该文件的文件名与表名相同，类型为 frm，该文件中只存储表的结构，而其数据文件都存储在内存中。这样有利于对数据的快速处理，提高整个表的处理效率。值得注意的是，服务器需要有足够的内存来维持 MEMORY 存储引擎的表的使用。如果不需要使用了，就可以释放这些内存，甚至可以删除不需要的表。

MEMORY 存储引擎默认使用哈希（HASH）索引，其速度要比使用 B 型树（BTREE）索引快。如果读者希望使用 B 型树索引，就可以在创建索引时选择使用。

MEMORY 表的大小是受到限制的。表的大小主要取决于两个参数，分别是 max_rows 和 max_heap_table_size。其中，max_rows 可以在创建表时指定；max_heap_table_size 的大小默认为 16MB，可以按需要进行扩大。因此，由于其存在于内存中的特性，这类表的处理速度非常快。但是，其数据易丢失，生命周期短。基于这个缺陷，选择 MEMORY 存储引擎时需要特别小心。

3.3.5 选择存储引擎

在具体使用 MySQL 数据库管理系统时，选择一个合适的存储引擎是一个非常复杂的问题。因为每种存储引擎都有自己的特性、优势和应用场合，所以不能随便选择存储引擎。为了能够正确地选择存储引擎，必须掌握各种存储引擎的特性。

下面从存储引擎的事务安全、存储限制、空间使用、内存使用、插入数据的速度和对外键的支持等角度来比较 InnoDB、MyISAM 和 MEMORY，如表 3-1 所示。

表 3-1 存储类型对比

特性	InnoDB	MyISAM	MEMORY
事务安全	支持	无	无
存储显示	64TB	有	有
空间使用	高	低	低
内存使用	高	低	高
插入数据的速度	低	高	高
锁机制	行锁	表锁	表锁
对外键的支持	支持	无	无
数据可压缩	无	支持	无
批量插入速度	低	高	高

表 3-1 给出了 InnoDB、MyISAM、MEMORY 这 3 种存储引擎特性的对比。下面根据它们不同的特性给出相应的建议。

（1）InnoDB 存储引擎

InnoDB 存储引擎支持事务处理，支持外键，同时支持崩溃修复能力和并发控制。如果对事务的完整性要求比较高，要求实现并发控制，那么选择 InnoDB 存储引擎有很大的优势。需要频繁地进行更新、删除操作的数据库也可以选择 InnoDB 存储引擎，因为这类存储引擎可以实现事务的提交（Commit）和回滚（Rollback）。

（2）MyISAM 存储引擎

MyISAM 存储引擎出入数据快，空间和内存使用比较低。如果表主要用于插入新记录和读出记录，那么选择 MyISAM 存储引擎能实现处理的高效率。如果应用的完整性、并发性要求很低，也可以选择 MyISAM 存储引擎。

（3）MEMORY 存储引擎

MEMORY 存储引擎的所有数据都在内存中，数据的处理速度快，但安全性不高。如果需要很快的读写速度，对数据的安全性要求较低，就可以选择 MEMORY 存储引擎。MEMORY 存储引擎对表的大小有要求，不能建立太大的表。所以，这类数据库使用相对较小的数据库表。

这些选择存储引擎的建议是根据各个存储引擎的不同特点提出的，并不是绝对的，实际应用中还需要根据实际情况进行分析。

最后要说明一点，在同一个数据库中，不同的表可以使用不同的存储引擎，如果一个表要求较高的事务处理，就可以选择 InnoDB 存储引擎，如果一个表会被频繁查询，就可以选择 MyISAM 存储引擎，如果是一个用于查询的临时表，就可以选择 MEMORY 存储引擎。

3.4 综合示例——数据库的创建和删除

本章分别介绍了数据库的基本操作，包括数据库的创建、查看数据库和删除数据库。下面进行实战操作，具体步骤如下：

步骤 01 登录数据库，具体命令如下：

```
mysql -uroot -p
```

根据提示输入密码，执行结果如图 3-24 所示。

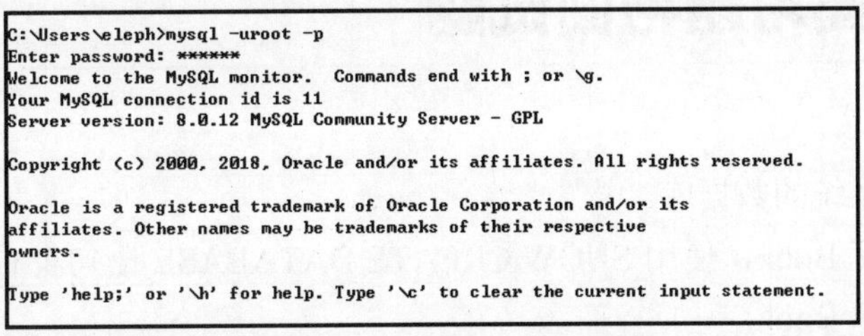

```
C:\Users\eleph>mysql -uroot -p
Enter password: ******
Welcome to the MySQL monitor.  Commands end with ; or \g.
Your MySQL connection id is 11
Server version: 8.0.12 MySQL Community Server - GPL

Copyright (c) 2000, 2018, Oracle and/or its affiliates. All rights reserved.

Oracle is a registered trademark of Oracle Corporation and/or its
affiliates. Other names may be trademarks of their respective
owners.

Type 'help;' or '\h' for help. Type '\c' to clear the current input statement.
```

图 3-24　登录 MySQL

步骤 02 创建数据库 garden，具体 SQL 语句如下：

```
CREATE DATABASE garden;
```

执行结果如图 3-25 所示。

步骤 03 选择数据库 garden，具体 SQL 语句如下：

```
USE garden;
```

执行结果如图 3-26 所示。

```
mysql> CREATE DATABASE garden;
Query OK, 1 row affected (0.02 sec)
```

图 3-25　创建数据库

```
mysql> USE garden;
Database changed
```

图 3-26　选择数据库

步骤 04 删除数据库 garden，具体 SQL 语句如下：

```
DROP DATABASE garden;
```

执行结果如图 3-27 所示。

步骤 05 查看数据库，具体 SQL 语句如下：

```
SHOW DATABASES;
```

执行结果如图 3-28 所示。

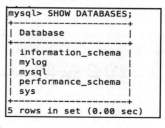

```
mysql> DROP DATABASE garden;
Query OK, 0 rows affected (0.01 sec)
```

图 3-27　删除数据库

```
mysql> SHOW DATABASES;
+--------------------+
| Database           |
+--------------------+
| information_schema |
| mylog              |
| mysql              |
| performance_schema |
| sys                |
+--------------------+
5 rows in set (0.00 sec)
```

图 3-28　查看数据库

从图 3-28 中可以看出，数据库类表中已经没有名称为 garden 的数据库了。

3.5　经典习题与面试题

1. 经典习题

（1）查看当前系统的数据库。

（2）创建数据库 Book，使用 SHOW CREATE DATABASE 语句查看数据库定义信息。

（3）删除数据库 Book。

2. 面试题及解答

（1）如何查看默认存储引擎？

可以使用 SHOW ENGINES 语句查看系统中所有的存储引擎，其中包括默认的存储引擎；

还可以使用一种直接的方法查看默认存储引擎，具体 SQL 语句如下：

```
SHOW VARIABLES LIKE '%storage_engine';
```

（2）如何修改存储引擎？

修改 MySQL 安装目录下的 my.ini 或者 my.cnf 文件，在该文件中的 mysqld 组下添加 default-storage-engine=INNODB 语句，再重启 MySQL 服务才能够生效；也可以通过 SQL 语句 SET DEFAULT_STORAGE_ENGINE=MyISAM 来设置。最后通过 SHOW VARIABLES LIKE '%storage_engine'查看默认存储引擎是否修改成功。

（3）如何选择存储引擎？

如何选择一个合适的存储引擎是没有确切答案的。但是实际应用时还是要根据实际情况进行选择的，比如对应非常复杂的应用系统，可以选择多种存储引擎的组合，这样可以有效地利用各种存储引擎的优势，避开各自的缺陷，实现最优的选择。

3.6 本章小结

本章主要介绍了数据库相关的概念和数据库操作相关的知识，包括创建数据库、删除数据库和 MySQL 存储引擎。读者应该在计算机上实践创建和删除数据库的方法，以便更加透彻地理解这部分的内容。存储引擎的知识比较难懂，初学者只需要了解基本的知识即可。要注意的是，安装 MySQL 数据库的方式不同，造成默认存储引擎也不同，因此，读者一定要了解自己的 MySQL 数据默认使用哪个存储引擎。下一章将介绍表的操作。

第 4 章
◀ 表 操 作 ▶

在 MySQL 数据库中，表是一种很重要的数据库对象，是组成数据库的基本元素，由若干个字段组成，主要用来实现存储数据记录。表的操作包含创建表、查询表、修改表和删除表，这些操作是数据库对象的表管理中最基本、最重要的操作。

本章主要涉及的内容有：

- 数据表的基本概念。
- 数据表的设计理念。
- 表的基本操作：创建、查看、更新和删除。

4.1　数据表的设计理念

数据表是包含数据库中所有数据的数据库对象。数据在表中的组织方式与在电子表格中相似，都是按行和列的格式组织的。其中每一行代表一条唯一的记录，每一列代表记录中的一个字段，如图 4-1 所示。表中的数据库对象包含列（Columns）、索引（Indexes）和触发器（Triggers），如图 4-2 所示。

- 列，也称为栏位：对于属性列，创建表时必须指定列的名字和数据类型。
- 索引：根据指定的数据库表列建立起来的顺序，提供了快速访问数据的途径，及可监督表的数据，使其索引指向的列中的数据不重复。
- 触发器：用户定义的事务命令的集合，当对一个表中的数据进行插入、更新或删除操作时，这组命令就会自动执行，可以用来确保数据的完整性和安全性。

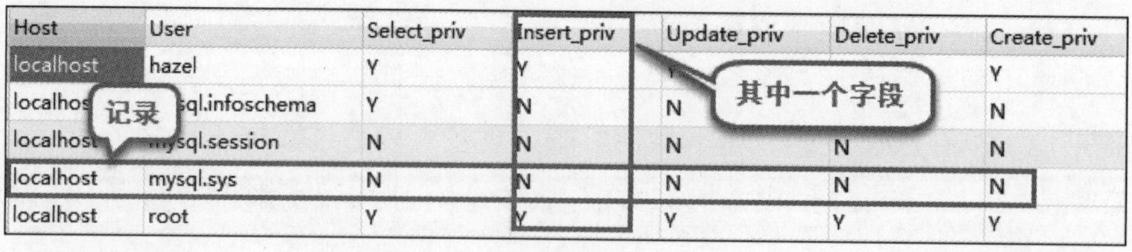

Host	User	Select_priv	Insert_priv	Update_priv	Delete_priv	Create_priv
localhost	hazel	Y	Y			Y
localhost	mysql.infoschema	Y	N			N
localhost	mysql.session	N	N	N	N	N
localhost	mysql.sys	N	N	N	N	N
localhost	root	Y	Y	Y	Y	Y

图 4-1　表

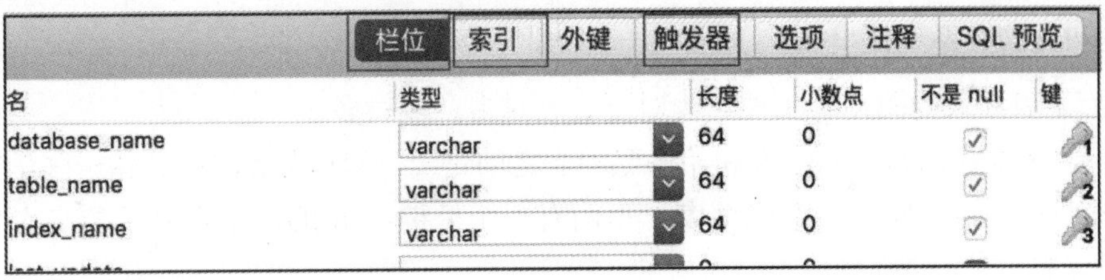

| 栏位 | 索引 | 外键 | 触发器 | 选项 | 注释 | SQL 预览 |

名	类型		长度	小数点	不是 null	键
database_name	varchar		64	0	✓	1
table_name	varchar		64	0	✓	2
index_name	varchar		64	0	✓	3

图 4-2　表中的数据库对象

关于数据库的数据表设计，有一些基本的原则和理念。

1. 标准化和规范化

关于数据表的设计，有 3 个范式要遵循。

（1）第一范式（1NF），确保每列保持原子性。

数据库的每一列都是不可分割的原子数据项，而不能是集合、数组、记录等非原子数据项。

（2）第二范式（2NF），确保每列都和主键相关。

要满足第二范式（2NF）必须先满足第一范式（1NF），第二范式要求实体的属性完全依赖主关键字。如果存在不完全依赖，那么这个属性和主关键字的这一部分应该分离出来形成一个新的实体，新实体与元实体之间是一对多的关系。

（3）第三范式（3NF）确保每列都和主键列直接相关，而不是间接相关。

要满足第三范式（3NF）必须先满足第二范式，要求一个关系中不包含已在其他关系中包含的非主关键字信息。

数据的标准化有助于消除数据库中的数据冗余，第三范式通常被认为在性能、扩展性和数据完整性方面达到了最好的平衡，遵守第三范式的数据表只包括其本身基本的属性，当不是它们本身所具有的属性时，就需要进行分解，表和表之间的关系通过外键相连接，有一组表专门存放通过键连接起来的关联数据。

2. 数据驱动

采用数据驱动而非硬编码的方式，许多策略变更和维护都会方便得多，大大增强了系统的灵活性和扩展性。

例如，如果用户界面要访问外部数据源（文件、XML 文档、其他数据库等），不妨把相应的连接和路径信息存储在用户界面支持表里。

还有，如果用户界面执行工作流之类的任务（发送邮件、修改记录、添加用户等），产生的工作流数据也可以存放在数据库里。角色权限管理也可以通过数据驱动来完成。事实上，如果过程是数据驱动的，就可以把相当大的责任交给用户，由用户来维护自己的工作流过程。

3. 考虑各种变化

在设计数据表的时候，要考虑哪些字段将来可能会发生变更。

4. 表和表的关系

数据库里表和表的关系有 3 种：一对一、一对多、多对多。

一对一，是说我们建立的主表和相关联的表之间是一一对应的，比如新建一张学生基本信息表：t_student，然后新建一个成绩表，里面有一个外键：stuID，学生基本信息表里的字段 stuID 和成绩表里的 stuID 就是一一对应的。

一对多，比如新建一个班级表，而每个班级有多个学生，每个学生则对应一个班级，班级对学生就是一对多的关系。

多对多，比如新建一个选课表，可能有许多科目，每个科目有很多学生选，而每个学生又可以选择多个科目，这就是多对多的关系。

其实在设计数据表的时候，我们最多要遵循的就是第三范式，但并不是越满足第三范式就越完美，有时候增加点冗余数据，反而会提高效率，因此在实际的设计过程中要理论结合实际，灵活运用。

4.2　创建表

本节将详细介绍如何创建表。所谓创建表，就是在数据库中建立新表，这是建立数据库最重要的一步，是进行其他操作的基础。

4.2.1　创建表的语法形式

在 MySQL 数据库管理系统中，创建表通过 SQL 语句 CREATE TABLE 来实现，其语法形式如下：

```
CREATE TABLE tablename(
      属性名  数据类型 [完整性约束条件],
      属性名  数据类型 [完整性约束条件],
      ……
      属性名  数据类型 [完整性约束条件]);
```

上述语句中的 tablename 参数表示所要创建的表的名字，表的具体内容定义在括号中，各列之间用逗号分隔。其中，"属性名"参数表示表字段的名称；"数据类型"参数指定字段的数据类型，具体可参照第 6 章中关于数据类型的讲解；"完整性约束条件"参数指定字段的某些特殊约束条件。接下来的章节会详细讲解这些内容。

表名不能为 SQL 语言的关键字，如 create（CREATE）、update（UPDATE）、delete（DELETE）等都不能做表名。一个表中可以有一个或多个属性。在定义时，字母大小写均可，各个属性之间用逗号隔开，最后一个属性后面不需要加逗号。

【示例 4-1】在数据库 school 中创建名为 t_class 的表，具体步骤如下：

步骤 01 创建和选择数据库 school，具体 SQL 语句如下（见图 4-3 和图 4-4）：

```
CREATE DATABASE school;
SHOW DATABASES;
```

```
mysql> SHOW DATABASES;
+--------------------+
| Database           |
+--------------------+
| information_schema |
| mysql              |
| performance_schema |
| sakila             |
| school             |
| sys                |
| world              |
+--------------------+
7 rows in set (0.00 sec)
```

```
mysql> CREATE DATABASE school;
Query OK, 1 row affected (0.01 sec)
```

图 4-3　创建数据库　　　　　　　图 4-4　查询数据库

步骤 02 没有选择数据库 school 之前，执行 SQL 语句 CREATE TABLE，创建表 t_class，具体 SQL 语句如下：

```
CREATE TABLE t_class(
        classno INT,
        cname VARCHAR(20),
        loc VARCHAR(40),
        stucount INT);
```

执行结果如图 4-5 所示。

步骤 03 选择数据库 school，具体 SQL 语句如下：

```
USE school;
```

执行结果如图 4-6 所示。

```
mysql> CREATE TABLE t_class(
    -> classno INT,
    -> cname VARCHAR(20),
    -> loc VARCHAR(40),
    -> stucount INT);
ERROR 1046 (3D000): No database selected
```

```
mysql> USE school;
Database changed
```

图 4-5　选择数据库之前创建表　　　　图 4-6　选择数据库

从图 4-5 所示的执行结果来看，创建表之前需要选择数据库，如果没有选择数据库，就会出现 No database selected 错误。

步骤 04 选择数据库 school 后，再执行创建表的 SQL 语句，就会创建表，如图 4-7 所示。

步骤 05 如果再次执行步骤 2 中的 SQL 语句，就会提示 Table 't_class' already exists 错误，如图 4-8 所示。

```
mysql> CREATE TABLE t_class(
    -> classno INT,
    -> cname VARCHAR(20),
    -> loc VARCHAR(40),
    -> stucount INT);
Query OK, 0 rows affected (0.03 sec)
```

```
mysql> CREATE TABLE t_class(
    -> classno INT,
    -> cname VARCHAR(20),
    -> loc VARCHAR(40),
    -> stucount INT);
ERROR 1050 (42S01): Table 't_class' already exists
```

图 4-7　创建表 t_class　　　　　　　　　图 4-8　提示表已经存在

通过上述步骤，可以在数据库 school 中成功创建表 t_class，该表包含 4 个字段，其中 classno
字段是整型的；cname 字段是字符串型的；loc 是字符串型的；stucount 字段是整型的。

4.2.2　通过 SQLyog 创建表

在数据库开发阶段，很多 Windows 用户偏爱用客户端软件 SQLyog 来创建表。下面通过
一个具体的示例来说明如何通过 SQLyog 创建表。

【示例 4-2】与示例 4-1 一样，在数据库 school 中创建名为 t_class 的表，具体步骤如下：

步骤 01　首先连接数据库管理系统，然后右击"对象资源管理器"窗口中的空白处，在弹出的
　　　　　快捷菜单中选择"创建数据库"，如图 4-9 所示。打开"创建数据库"窗口，如图
　　　　　4-10 所示。

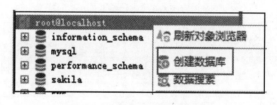

图 4-9　选择"创建数据库"

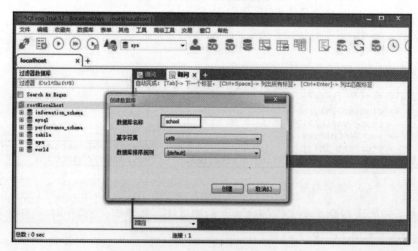

图 4-10　"创建数据库"窗口

步骤 02　填写数据库名称，选择基字符集，单击"创建"按钮，就会创建数据库 school，如图
　　　　　4-11 所示。在"对象资源管理器"中，右击 school 数据库，在弹出的快捷菜单中选

择"创建表",如图 4-12 所示。

图 4-11 数据库创建成功   图 4-12 "创建表"命令

步骤03 打开"新表"窗口,如图 4-13 所示。在"表名称"中输入表的名称,在"列"选项卡的"列名"列设置字段名,在"数据类型"列设置字段的类型,在"长度"列设置类型的宽度,单击"保存"按钮,实现创建表 t_class,如图 4-14 所示。

图 4-13 "新表"窗口

图 4-14 新表创建成功

除了可以通过以上步骤创建表外,还可以在"询问"窗口中输入创建表的 SQL 语句,然后单击工具栏中的"执行查询"按钮,可以实现表的创建,如图 4-15 所示。

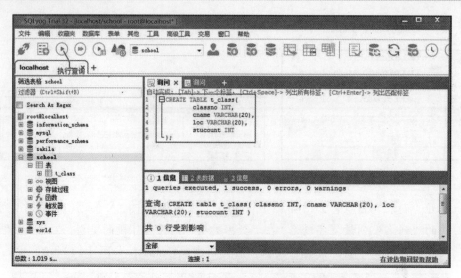

图 4-15　在"询问"窗口执行 SQL 语句

4.3　查看表结构

查看表结构是指查看数据库中已存在的表的定义。查看表结构的语句包括 DESCRIBE 语句和 SHOW CREATE TABLE 语句，通过这两个语句可以查看表的字段名、字段的数据类型和完整性约束条件等。本节将会详细介绍查看表结构的方法。

4.3.1　DESCRIBE 语句查看表定义

在 MySQL 中，DESCRIBE 语句可以查看表的基本定义，其中包括字段名、字段数据类型、是否为主键和默认值等。DESCRIBE 语句的语法形式如下：

```
DESCRIBE tablename;
```

在上述语句中，tablename 参数表示所要查看表对象定义信息的名字。

【示例 4-3】执行 SQL 语句 DESCRIBE，查看在数据库 school 中创建名为 t_class 的表时的定义信息。具体步骤如下：

步骤 01　使用 USE 语句选择数据库 school，再使用 DESCRIBE 语句查看 t_class 表，具体 SQL 语句如下（见图 4-16 和图 4-17）：

```
USE school;
DESCRIBE t_class;
```

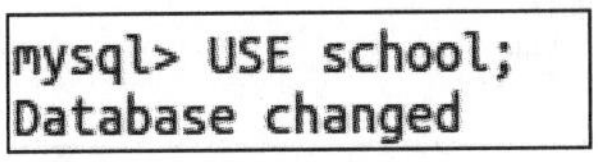

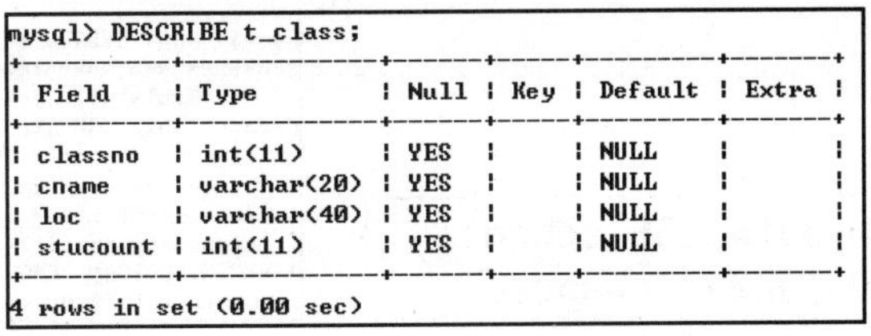

```
mysql> DESCRIBE t_class;
+----------+-------------+------+-----+---------+-------+
| Field    | Type        | Null | Key | Default | Extra |
+----------+-------------+------+-----+---------+-------+
| classno  | int(11)     | YES  |     | NULL    |       |
| cname    | varchar(20) | YES  |     | NULL    |       |
| loc      | varchar(40) | YES  |     | NULL    |       |
| stucount | int(11)     | YES  |     | NULL    |       |
+----------+-------------+------+-----+---------+-------+
4 rows in set (0.00 sec)
```

```
mysql> USE school;
Database changed
```

图 4-16　选择数据库　　　　图 4-17　DESCRIBE 语句查看表定义信息

步骤 02　从图 4-17 中可以看出，通过 DESCRIBE 语句可以查出表 t_class 包含 classno、cname、loc 和 stucount 字段，同时，结果中显示了字段的数据类型（Type）、是否为空（NULL）、是否为主外键（Key）、默认值（Default）和额外信息（Extra）。DESCRIBE 可以缩写成 DESC，SQL 语句如下：

```
DESC t_class;
```

运行结果如图 4-18 所示。

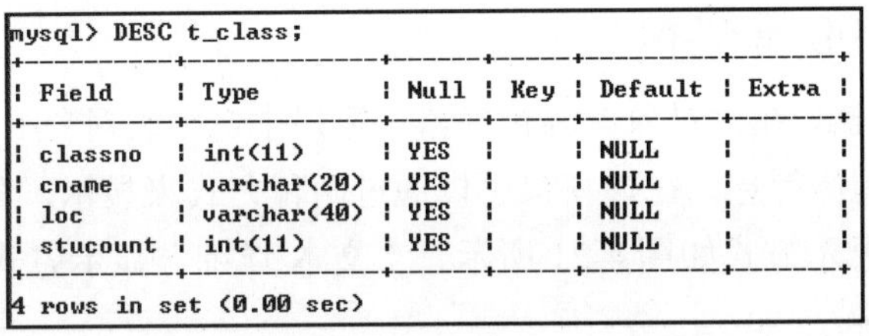

```
mysql> DESC t_class;
+----------+-------------+------+-----+---------+-------+
| Field    | Type        | Null | Key | Default | Extra |
+----------+-------------+------+-----+---------+-------+
| classno  | int(11)     | YES  |     | NULL    |       |
| cname    | varchar(20) | YES  |     | NULL    |       |
| loc      | varchar(40) | YES  |     | NULL    |       |
| stucount | int(11)     | YES  |     | NULL    |       |
+----------+-------------+------+-----+---------+-------+
4 rows in set (0.00 sec)
```

图 4-18　DESC 语句查看表定义信息

从图 4-18 可以看出，执行 DESC 语句的结果和执行 DESCRIBE 语句的结果是一致的。

4.3.2　SHOW CREATE TABLE 语句查看表详细定义

创建表后，如果需要查看表结构的详细定义，可以通过执行 SQL 语句 SHOW CREATE TABLE 来实现，其语法形式如下：

```
SHOW CREATE TABLE tablename;
```

在上述语句中，tablename 参数表示所要查看表定义的名字。

【示例 4-4】执行 SQL 语句 SHOW CREATE TABLE，查看数据库 school 中名为 t_class 的表的详细信息。具体步骤如下：

步骤 01　使用 SQL 语句 USE 选择数据库 school，SQL 语句如下：

```
USE school;
```

执行结果如图 4-19 所示。

步骤 02　执行 SQL 语句 SHOW CREATE TABLE，查看表 t_class 的定义，具体 SQL 语句如下：

```
SHOW CREATE TABLE t_class \G;
```

执行效果如图 4-20 所示。

```
mysql> SHOW CREATE TABLE t_class \G;
*************************** 1. row ***************************
       Table: t_class
Create Table: CREATE TABLE `t_class` (
  `classno` int(11) DEFAULT NULL,
  `cname` varchar(20) DEFAULT NULL,
  `loc` varchar(40) DEFAULT NULL,
  `stucount` int(11) DEFAULT NULL
) ENGINE=MyISAM DEFAULT CHARSET=utf8
1 row in set (0.01 sec)
```

```
mysql> USE school;
Database changed
```

图 4-19　选择数据库　　　　　　　　　图 4-20　查看表详细定义

如图 4-19 所示，可以使用 ";" "\g" 和 "\G" 符号来结束，为了让结果更加美观，便于用户查看，最好使用 "\G" 符号来结束。

通过上述步骤，即可查看数据库 school 中表对象 t_class 的详细定义信息。从图 4-20 中可以看到，t_class 表中包含 classno、cname、loc 和 stucount 字段，还可以查出各个字段的数据类型、完整性约束条件。另外，可以查出标识的存储引擎（ENGINE）为 InnoDB，字符编码（CHARSET）为 UTF8，该语句显示的信息比 DESCRIBE 语句显示的信息要全面。

4.3.3　通过 SQLyog 查看表

连接 MySQL 服务器，在"对象资源管理器"窗口中选中表对象 t_class，"信息"窗口会显示表对象 t_class 的具体信息。在该窗口可以通过两种方式来显示，分别为 HTML 和"文本/详细"方式。HTML 显示方式如图 4-21 所示。"文本/详细"显示方式如图 4-22 所示。

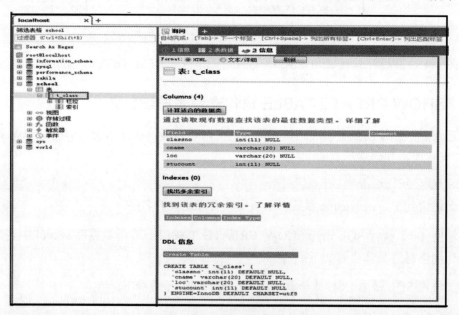

图 4-21　查看表定义（HTML 显示方式）

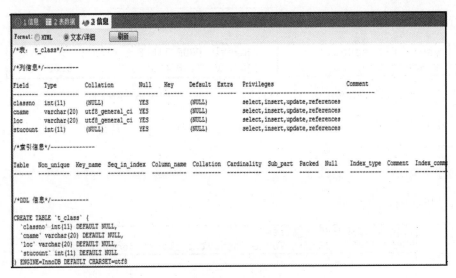

图 4-22 查看表定义（"文本/详细"显示方式）

4.4 删除表

删除表是指删除数据库中已存在的表。在删除表时会删除表中所有的数据，因此在删除表时要特别注意。MySQL 中通过 DROP TABLE 语句来删除表。由于创建表时可能存在外键约束，因此一些表成为与之关联的表的浮标。要删除这些父表，情况比较复杂。本节将详细讲解删除没有被关联的普通表的方法，删除有关联的表将后面讲解。

4.4.1 删除表的语法形式

在 MySQL 中，使用 DROP TABLE 语句删除没有被关联的普通表。其基本语法如下：

```
DROP TABLE tablename;
```

上述语句中，tablename 参数表示所要删除表的名字，所要删除的表必须是数据库中已经存在的表。

【示例 4-5】执行 SQL 语句 DROP TABLE，删除数据库 school 中名为 t_class 的表，具体步骤如下：

步骤 01 选择数据库 school，具体 SQL 语句如下：

```
USE school;
```

执行结果如图 4-23 所示。

步骤 02 删除表 t_class，具体 SQL 语句如下：

```
DROP TABLE t_class;
```

执行结果如图 4-24 所示。

```
mysql> USE school;
Database changed
```

图 4-23　选择数据库

```
mysql> DROP TABLE t_class;
Query OK, 0 rows affected (0.02 sec)
```

图 4-24　删除表

步骤 03 为了检验数据库 school 中是否还存在表 t_class，执行 SQL 语句 DESCRIBE，具体语句内容如下：

```
DESCRIBE t_class;
```

执行结果如图 4-25 所示。

```
mysql> DESCRIBE t_class;
ERROR 1146 (42S02): Table 'school.t_class' doesn't exist
```

图 4-25　查看表

4.4.2　通过 SQLyog 删除表

在客户端软件 SQLyog 中，不仅可以在"询问"窗口中执行 DROP TABLE 语句来删除表，也可以通过向导来实现。

下面先来介绍在"询问"窗口执行 DROP TABLE 语句。

步骤 01 在"询问"窗口中输入以下 SQL 语句：

```
DROP TABLE t_class;
```

如图 4-26 所示，单击"执行"按钮，可以在"信息"窗口中看到执行结果，显示已删除成功。

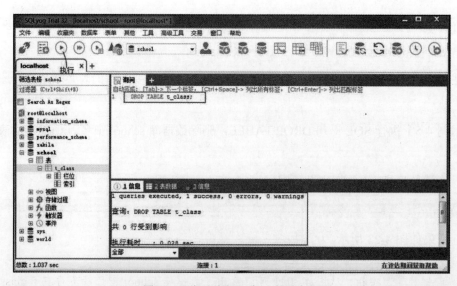

图 4-26　在"询问"窗口中删除表

步骤 02 在"询问"窗口中输入以下 SQL 语句：

```
DESCRIBE t_class;
```

如图 4-27 所示，可以看到表已经不存在。

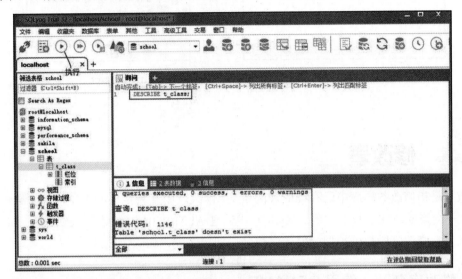

图 4-27　在"询问"窗口中查看已删除的表

接下来介绍在 SQLyog 中通过向导来显示删除表操作。

步骤 01 在"对象资源管理器"窗口中，右击数据库 school 中表 t_class 的节点，从弹出的快捷菜单中选择"更多表操作"|"从数据库删除表"命令，如图 4-28 所示。

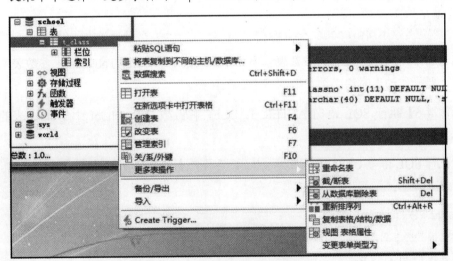

图 4-28　选择从数据库"删除表"命令

步骤 02 弹出一个确认对话框，如图 4-29 所示。

步骤 03 单击"是"按钮，从图 4-30 中可以看出，数据库 school 中已经不存在 t_class 表，说明已经删除成功。

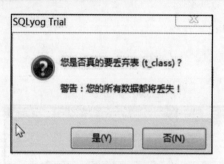

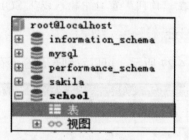

图 4-29　确认是否删除表图　　　　　　　　图 4-30　删除表成功

4.5　修改表

　　修改表是指修改数据库中已存在的表的定义。修改表比重新定义表简单，不需要重新加载数据，也不会影响正在进行的服务。MySQL 中通过 ALTER TABLE 语句来修改表。修改表包括修改表名、修改字段数据类型、修改字段名、增加字段、删除字段等。

4.5.1　修改表名——使用 RENAME

　　数据库系统通过表明来区分不同的表，表名可以在同一个数据库中唯一标识一张表。例如，数据库 school 中有 t_class 表，t_class 表就是唯一的，在同一个数据库中不可能存在另一个名为 t-class 的表。在 MySQL 中，修改表名是通过 SQL 语句 ALTER TABLE 实现的，其语法形式如下：

```
ALTER TABLE oldTablename RENAME [TO] newTablename
```

　　上述语句中，oldTablename 参数表示所要修改的名字，newTablename 参数表示修改后的新表名，要操作的表对象必须在数据库中已经存在。

　　【示例 4-6】执行 SQL 语句 ALTER TABLE，修改数据库 school 中 t_class 表的名称为 tab_class，具体步骤如下：

步骤 01　执行 SQL 语句 USE，选择数据 school，再修改表 t_class 的名字为 tab_class，具体 SQL 语句如下：

```
USE school;
ALTER TABLE t_class RENAME tab_class;
```

　执行结果如图 4-31 所示。

步骤 02　为了检验数据 school 中是否已经把表 t_class 的名称修改为 tab_class，执行 SQL 语句 DESCRIBE，具体 SQL 语句如下：

```
DESCRIBE t_class;
```

```
DESCRIBE tab_class;
```

执行结果如图 4-32 所示。

```
mysql> DESCRIBE t_class;
ERROR 1146 (42S02): Table 'school.t_class' doesn't exist
mysql> DESCRIBE tab_class;
+----------+-------------+------+-----+---------+-------+
| Field    | Type        | Null | Key | Default | Extra |
+----------+-------------+------+-----+---------+-------+
| classno  | int(11)     | YES  |     | NULL    |       |
| cname    | varchar(20) | YES  |     | NULL    |       |
| loc      | varchar(40) | YES  |     | NULL    |       |
| stucount | int(11)     | YES  |     | NULL    |       |
+----------+-------------+------+-----+---------+-------+
4 rows in set (0.01 sec)

mysql>
```

```
mysql> USE school;
Database changed
mysql> ALTER TABLE t_class RENAME tab_class;
Query OK, 0 rows affected (0.08 sec)

mysql>
```

图 4-31　选择数据库并修改表的名字　　　　　　　　图 4-32　查看表信息

从图 4-32 中可以看出，表 t_class 已经不存在，表 tab_class 取而代之。

4.5.2　修改表名——通过 SQLyog

在客户端软件 SQLyog 中，不仅可以在"询问"窗口中执行 ALTER TABLE 语句来修改表，也可以通过向导来实现。下面主要介绍在 SQLyog 中如何通过向导来实现修改表名。

步骤 01 在"对象资源管理器"窗口中，右击数据库 school 中表 t_class 的节点，从弹出的快捷菜单中选择"改变表"命令，如图 4-33 所示。

步骤 02 打开表 t_class 的编辑窗口，如图 4-34 所示。

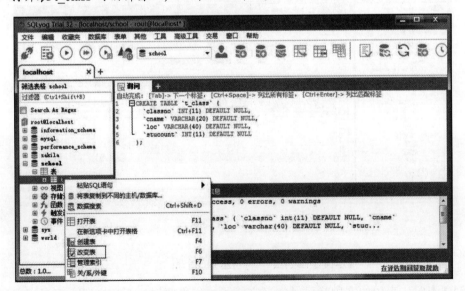

图 4-33　选择"改变表"命令

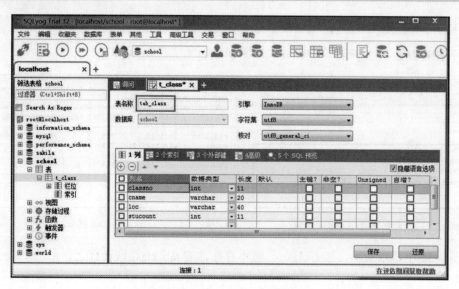

图 4-34 表 t_class 的编辑窗口

步骤 03 在"表名称"中，填写新的表名，单击"保存"按钮，就能成功修改表名，如图 4-35 所示。

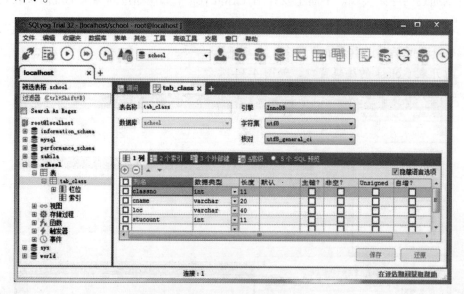

图 4-35 成功表名修改

4.5.3 增加字段——在表的最后一个位置增加

在创建表时，表中的字段就已经定义完成了。如果要增加新的字段，可以通过 ALTER TABLE 语句进行增加。字段就是表中的列，是由字段名和数据类型进行定义的。

MySQL 数据库管理系统中通过以下 SQL 语句来实现新增字段：

```
ALTER TABLE tablename ADD propName propType;
```

上述语句中，tablename 参数表示所要修改表的名字，propName 参数为所要增加字段的名称，propType 为所要增加字段存储数据的数据类型。如果该语句执行成功，字段就会增加到所有字段的最后一个位置。

【示例 4-7】执行 SQL 语句 ALTER TABLE，为数据库 school 中的 t_class 表增加一个名为 advisor、类型为 VARCHAR 的字段，并且新增字段要加在最后一列，具体步骤如下：

步骤 01 执行 SQL 语句 USE，选择数据库 school，具体 SQL 语句如下：

```
USE school;
```

然后查看已经存在的表 t_class 的定义信息，SQL 语句如下：

```
DESCRIBE t_class;
```

执行结果如图 4-36 所示。

步骤 02 执行 SQL 语句 ALTER TABLE，增加一个名为 advisor 的字段，具体 SQL 语句如下：

```
ALTER TABLE t_class ADD advisor VARCHAR(20);
```

执行结果如图 4-37 所示。

图 4-36 选择数据库，查看表定义

图 4-37 添加字段

步骤 03 执行 DESCRIBE 语句检验 t_class 表中是否已经添加了 advisor 字段，SQL 语句如下：

```
DESCRIBE t_class;
```

执行结果如图 4-38 所示。

图 4-38 查看表信息

把图 4-38 和图 4-36 相比，表 t_class 最后一个位置多出了一个 advisor 字段。

4.5.4 增加字段——在表的第一个位置增加

通过 SQL 语句 ALTER TABLE 来实现新增字段时，如果不想让所增加的字段在所有字段的最后一个位置，可以通过 FIRST 关键字使得所增加的字段位于所有字段的第一个位置，具体的 SQL 语句如下：

```
ALTER TABLE tablename ADD propName propType FIRST;
```

在上述语句中，多了一个关键字 FIRST，表示字段在表中的第一个位置。

【示例 4-8】执行 SQL 语句 ALTER TABLE，在数据库 school 中的 t_class 表的第一个位置增加一个名称为 advisor、类型为 VARCHAR 的字段，所增加的字段在表所有字段的第一个位置，具体步骤如下：

步骤01 执行 SQL 语句 USE，选择数据库 school，然后查看已经存在的表 t_class 的定义信息，具体 SQL 语句如下：

```
USE school;
DESCRIBE t_class;
```

执行结果如图 4-39 和图 4-40 所示。

图 4-39　选择数据库

图 4-40　查看表信息

步骤02 执行 SQL 语句 ALTER TABLE，增加一个名为 advisor 的字段，具体 SQL 语句如下：

```
ALTER TABLE t_class ADD advisor VARCHAR(20) FIRST;
```

执行结果如图 4-41 所示。

步骤03 为了检验数据库 school 的表 t_class 中是否添加了 advisor 字段，执行 SQL 语句 DESCRIBE，具体 SQL 语句如下：

```
DESCRIBE t_class;
```

执行结果如图 4-42 所示。

图 4-41　添加字段

图 4-42　查看表信息

图 4-42 的执行结果显示,和图 4-40 相比,表 t_class 已经增加了一个名为 advisor 的字段,并且该字段在表的第一个位置,即增加字段成功。

4.5.5 增加字段——在表的指定字段之后增加

通过 SQL 语句 ALTER TABLE 来实现新增字段时,除了可以在表的第一个位置或最后一个位置增加字段外,还可以通过关键字 AFTER 在指定的字段之后添加字段,具体的 SQL 语句语法形式如下:

```
ALTER TABLE tablename ADD pNameNew propType AFTER pNameOld;
```

在上述语句中,pNameNew 参数表示新增的字段名,pNameOld 参数表示已经存在的字段名,多了一个关键字 AFTER,pNameNew 的位置将在 pNameOld 之后。

【示例 4-9】执行 SQL 语句 ALTER TABLE,为数据库 school 中的 t_class 增加一个名称为 advisor、类型为 VARCHAR 的字段,所增加的字段在 cname 位置之后,具体步骤如下:

步骤 01 执行 SQL 语句 USE,选择数据库 school,然后查看已经存在的表 t_class 的定义信息,具体 SQL 语句如下:

```
USE school;
DESCRIBE t_class;
```

执行结果如图 4-43 和图 4-44 所示。

```
mysql> USE school;
Database changed
```

```
mysql> DESCRIBE t_class;
+---------+-------------+------+-----+---------+-------+
| Field   | Type        | Null | Key | Default | Extra |
+---------+-------------+------+-----+---------+-------+
| classno | int(11)     | YES  |     | NULL    |       |
| cname   | varchar(20) | YES  |     | NULL    |       |
| loc     | varchar(40) | YES  |     | NULL    |       |
| stucount| int(11)     | YES  |     | NULL    |       |
+---------+-------------+------+-----+---------+-------+
4 rows in set (0.00 sec)
```

图 4-43 选择数据库　　　　　　　　图 4-44 查看表信息

步骤 02 为 t_class 表增加一个名为 advisor 的字段,SQL 语句如下:

```
ALTER TABLE t_class ADD advisor VARCHAR(20) AFTER cname;
```

执行结果如图 4-45 所示。

步骤 03 检验数据 school 的表 t_class 中是否添加了 advisor 字段,具体 SQL 语句如下:

```
ALTER TABLE t_class ADD advisor VARCHAR(20) ALTER cname;
```

执行结果如图 4-46 所示。

```
mysql> ALTER TABLE t_class
    -> ADD advisor VARCHAR(20)
    -> AFTER cname;
Query OK, 0 rows affected (0.04 sec)
Records: 0  Duplicates: 0  Warnings: 0
```

```
mysql> DESCRIBE t_class;
+----------+-------------+------+-----+---------+-------+
| Field    | Type        | Null | Key | Default | Extra |
+----------+-------------+------+-----+---------+-------+
| classno  | int(11)     | YES  |     | NULL    |       |
| cname    | varchar(20) | YES  |     | NULL    |       |
| advisor  | varchar(20) | YES  |     | NULL    |       |
| loc      | varchar(40) | YES  |     | NULL    |       |
| stucount | int(11)     | YES  |     | NULL    |       |
+----------+-------------+------+-----+---------+-------+
5 rows in set (0.00 sec)
```

图 4-45　添加字段　　　　　　　　　　　　　　图 4-46　查看表信息

从图 4-46 中可以看出，与图 4-44 相比，表 t_class 中已经新增了一个名为 advisor 的字段，并且该字段的位置在字段 cname 之后。

4.5.6　增加字段——通过 SQLyog

在客户端软件 SQLyog 中，不仅可以在"询问"窗口中执行 ALTER TABLE 语句来增加字段，也可以通过向导来实现。下面介绍在 SQLyog 中如何通过向导来实现新增字段。

步骤 01 在"对象资源管理器"窗口中，右击数据库 school 中表 t_class 的节点，从弹出的快捷菜单中选择"改变表"命令，如图 4-47 所示。

步骤 02 打开编辑表的窗口，如图 4-48 所示。

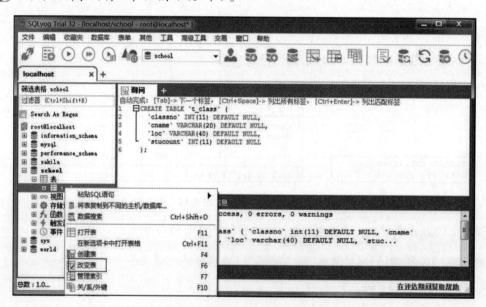

图 4-47　选择"改变表"命令

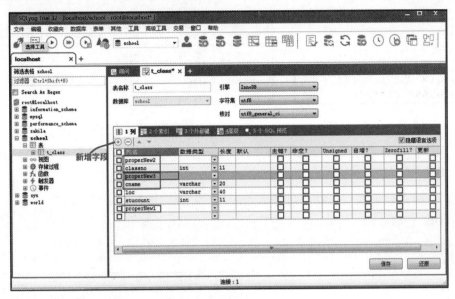

图 4-48　编辑表的窗口

步骤 03 在"1 列"选项卡中，是表 t_class 的所有字段定义，单击最后的空白行就可以在最后添加新的字段 properNew1；单击选择第一个字段 classno，再单击"+"按钮，就可以在 classno 之前（也就是第一行）新增字段 properNew2；单击选择字段 cname，再单击"+"按钮，就可以在 cname 之前新增字段 properNew3。

4.5.7　删除字段——使用 DROP

对于表，既然可以在修改表时进行字段的增加操作，就可以在修改表时进行字段的删除操作。所谓删除字段，是指删除已经在表中定义好的某个字段，即在创建好的表格中发现某个字段需要删除。在 MySQL 数据库管理系统中，删除字段通过 SQL 语句 ALTER TABLE 来实现，其语法形式如下：

```
ALTER TABLE tablename DROP propName;
```

在上述语句中，tablename 参数表示所要修改表的名字，propName 表示要删除字段的名字。

【示例 4-10】执行 SQL 语句 ALTER TABLE，为数据库 school 中的 t_class 表删除名为 cname、类型为 VARCHAR 的字段，具体步骤如下：

步骤 01 执行 SQL 语句 USE，选择数据库 school，然后查看已经存在的表 t_class 的定义信息，SQL 语句如下：

```
USE school;
DESCRIBE t_class;
```

执行结果如图 4-49 和图 4-50 所示。

```
mysql> DESCRIBE t_class;
+----------+-------------+------+-----+---------+-------+
| Field    | Type        | Null | Key | Default | Extra |
+----------+-------------+------+-----+---------+-------+
| classno  | int(11)     | YES  |     | NULL    |       |
| cname    | varchar(20) | YES  |     | NULL    |       |
| loc      | varchar(40) | YES  |     | NULL    |       |
| stucount | int(11)     | YES  |     | NULL    |       |
+----------+-------------+------+-----+---------+-------+
4 rows in set (0.00 sec)
```

```
mysql> USE school;
Database changed
```

图 4-49　选择数据库　　　　　　　　　　　　图 4-50　查看表信息

步骤 02　删除 t_class 表中名为 cname 的字段，再检验 t_class 表是否已经删除了 cname 字段，
具体 SQL 语句如下：

```
ALTER TABLE t_class DROP cname;
DESCRIBE t_class;
```

执行结果如图 4-51 和图 4-52 所示。

```
mysql> ALTER TABLE t_class
    -> DROP cname;
Query OK, 0 rows affected (0.04 sec)
Records: 0  Duplicates: 0  Warnings: 0
```

```
mysql> DESCRIBE t_class;
+----------+-------------+------+-----+---------+-------+
| Field    | Type        | Null | Key | Default | Extra |
+----------+-------------+------+-----+---------+-------+
| classno  | int(11)     | YES  |     | NULL    |       |
| loc      | varchar(40) | YES  |     | NULL    |       |
| stucount | int(11)     | YES  |     | NULL    |       |
+----------+-------------+------+-----+---------+-------+
3 rows in set (0.00 sec)
```

图 4-51　删除字段　　　　　　　　　　　　图 4-52　查看表信息

从图 4-52 可以看出，表 t_class 中的 cname 字段已经被删除。

4.5.8　删除字段——通过 SQLyog

在客户端软件 SQLyog 中，不仅可以在"询问"窗口中执行 ALTER TABLE 语句来删除
字段，也可以通过向导来实现。下面介绍在 SQLyog 中如何通过向导来实现删除字段。

步骤 01　在"对象资源管理器"窗口中，右击数据库 school 中表 t_class 的节点，从弹出的快
捷菜单中选择"改变表"命令，如图 4-53 所示。

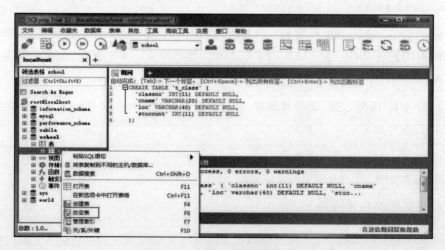

图 4-53　选择"改变表"命令

步骤 02 打开编辑表的窗口，如图 4-54 所示。

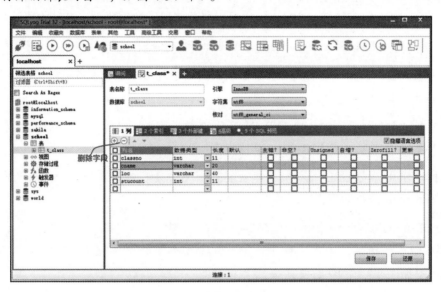

图 4-54 编辑表的窗口

步骤 03 在"1 列"中选择 cname 一行，再单击"-"按钮，删除字段 cname，会弹出一个提示框，如图 4-55 所示。

步骤 04 单击"是"按钮，表 t_class 中的 cname 字段即可被删除，如图 4-56 所示。

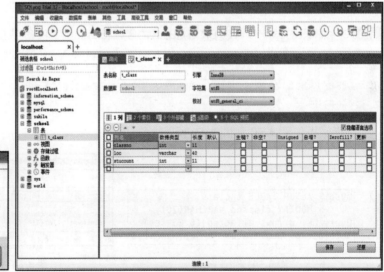

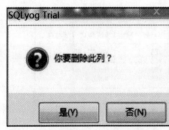

图 4-55 是否删除字段　　　　　　　　图 4-56 表中的字段删除成功

4.5.9 修改字段——修改数据类型

根据创建表的语法可以发现，字段是由字段名和数据类型来进行定义的，如果要实现修改字段，除了可以修改字段名外，还可以修改字段所能存储的数据类型。由于一个表中拥有许多字段，因此还可以实现修改字段的顺序。

在 MySQL 中，ALTER TABLE 语句也可以修改字段的数据类型，其基本语法如下：

```
ALTER TABLE tablename MODIFY propName propType;
```

上述语句中，tablename 参数表示所要修改表的名字，propName 参数为所修改字段的名称，propType 为字段 propName 修改后的类型。

【示例 4-11】执行 SQL 语句 ALTER TABLE，在数据库 school 的表 t_class 中，将字段 classno 的类型从 INT 修改成 VARCHAR(20)，具体步骤如下：

步骤 01 执行 SQL 语句 USE，选择数据库 school，然后查看已经存在的表 t_class 的定义信息，具体 SQL 语句如下：

```
USE school;
DESCRIBE t_class;
```

执行结果如图 4-57 和图 4-58 所示。

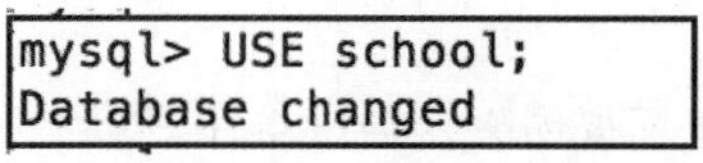

```
mysql> DESCRIBE t_class;
+----------+-------------+------+-----+---------+-------+
| Field    | Type        | Null | Key | Default | Extra |
+----------+-------------+------+-----+---------+-------+
| classno  | int(11)     | YES  |     | NULL    |       |
| cname    | varchar(20) | YES  |     | NULL    |       |
| loc      | varchar(40) | YES  |     | NULL    |       |
| stucount | int(11)     | YES  |     | NULL    |       |
+----------+-------------+------+-----+---------+-------+
4 rows in set (0.00 sec)
```

```
mysql> USE school;
Database changed
```

图 4-57 选择数据库   图 4-58 查看表信息

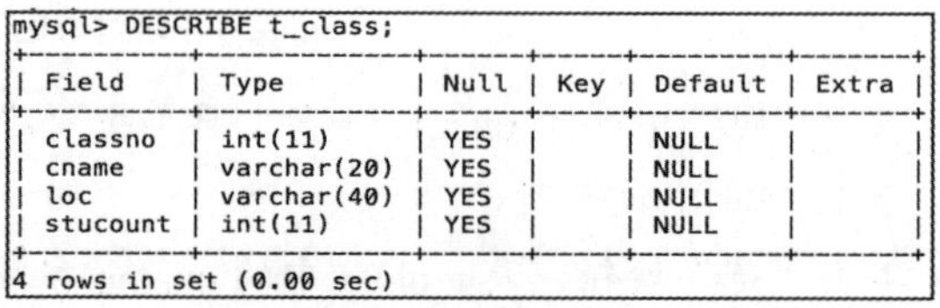

步骤 02 执行 SQL 语句 ALTER TABLE，修改 classno 字段的类型为 VARCHAR(20)；再检验 t_class 表中的字段 classno 的类型是否修改为 VARCHAR(20)，具体 SQL 语句如下：

```
ALTER TABLE t_class MODIFY classno VARCHAR(20);
DESCRIBE t_class;
```

执行结果如图 4-59 和图 4-60 所示。

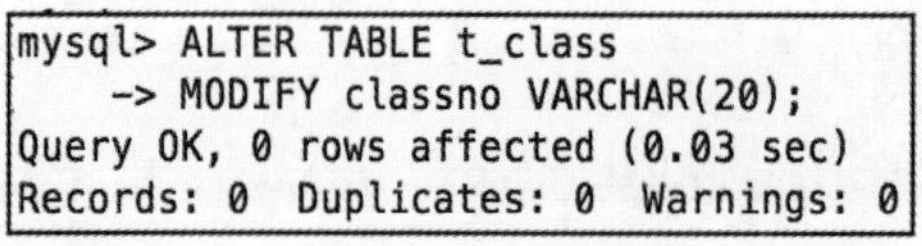

```
mysql> ALTER TABLE t_class
    -> MODIFY classno VARCHAR(20);
Query OK, 0 rows affected (0.03 sec)
Records: 0  Duplicates: 0  Warnings: 0
```

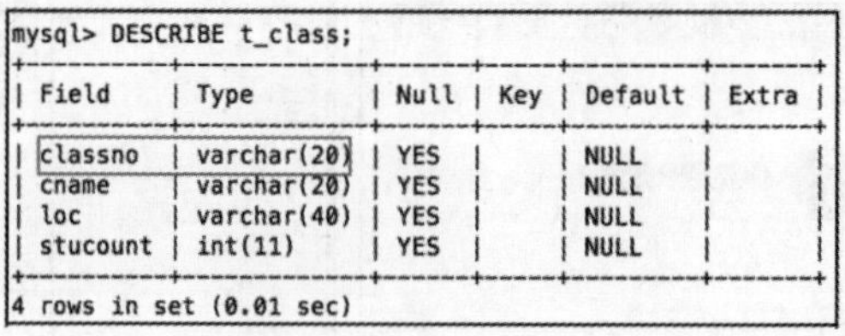

```
mysql> DESCRIBE t_class;
+----------+-------------+------+-----+---------+-------+
| Field    | Type        | Null | Key | Default | Extra |
+----------+-------------+------+-----+---------+-------+
| classno  | varchar(20) | YES  |     | NULL    |       |
| cname    | varchar(20) | YES  |     | NULL    |       |
| loc      | varchar(40) | YES  |     | NULL    |       |
| stucount | int(11)     | YES  |     | NULL    |       |
+----------+-------------+------+-----+---------+-------+
4 rows in set (0.01 sec)
```

图 4-59 修改字段   图 4-60 查看表定义

从图 4-60 中可以看出，表 t_class 中的字段 classno 的类型已经修改为 VARCHAR(20)。

4.5.10 修改字段——修改字段的名字

在 MySQL 中，ALTER TABLE 语句也可以修改字段的名称，其基本语法如下：

```
ALTER TABLE tablename CHANGE pNameOld pNameNew pTypeOld;
```

上述语句中, tablename 参数表示所要修改表的名字, pNameOld 参数为所修改字段的名称, pNameNew 为修改后的字段名, pTypeOld 为字段 pNameOld 的数据类型。

【示例4-12】执行SQL语句ALTER TABLE, 在数据库school的表t_class中, 将字段classno的名称修改成 classid, 具体步骤如下:

步骤01 执行 SQL 语句 USE, 选择数据库 school, 然后查看已经存在的表 t_class 的定义信息, 具体 SQL 语句如下:

```
USE school;
DESCRIBE t_class;
```

执行结果如图 4-61 和图 4-62 所示。

```
mysql> DESCRIBE t_class;
+----------+-------------+------+-----+---------+-------+
| Field    | Type        | Null | Key | Default | Extra |
+----------+-------------+------+-----+---------+-------+
| classno  | int(11)     | YES  |     | NULL    |       |
| cname    | varchar(20) | YES  |     | NULL    |       |
| loc      | varchar(40) | YES  |     | NULL    |       |
| stucount | int(11)     | YES  |     | NULL    |       |
+----------+-------------+------+-----+---------+-------+
4 rows in set (0.00 sec)
```

```
mysql> USE school;
Database changed
```

图 4-61 选择数据库　　　　　　　　图 4-62 查看表信息

步骤02 修改 t_class 表的字段 classno 的名称为 classid; 检验 t_class 表中字段 classno 的名称是否已修改为 classid, 具体 SQL 语句如下:

```
ALTER TABLE t_class CHANGE classno classid INT;
DESCRIBE t_class;
```

执行结果如图 4-63 和图 4-64 所示。

```
mysql> DESCRIBE t_class;
+----------+-------------+------+-----+---------+-------+
| Field    | Type        | Null | Key | Default | Extra |
+----------+-------------+------+-----+---------+-------+
| classid  | int(11)     | YES  |     | NULL    |       |
| cname    | varchar(20) | YES  |     | NULL    |       |
| loc      | varchar(40) | YES  |     | NULL    |       |
| stucount | int(11)     | YES  |     | NULL    |       |
+----------+-------------+------+-----+---------+-------+
4 rows in set (0.00 sec)
```

```
mysql> ALTER TABLE t_class
    -> CHANGE classno classid INT;
Query OK, 0 rows affected (0.03 sec)
Records: 0  Duplicates: 0  Warnings: 0
```

图 4-63 修改字段名称　　　　　　　　图 4-64 查看表信息

从图 4-64 中可以看出, t_class 表中已经不存在 classno 字段, 字段名称已修改为 classid。

4.5.11 修改字段——同时修改字段的名字和类型

在 MySQL 中, ALTER TABLE 语句也可以同时修改字段的名称和类型, 其基本语法如下:

```
ALTER TABLE tablename CHANGE pNameOld pNameNew pTypeNew;
```

上述语句中, tablename 参数表示所要修改表的名字, pNameOld 参数为所修改字段的名称, pNameNew 为修改后的字段名, pTypeNew 为字段 pNameNew 的数据类型。

【示例4-13】执行SQL语句ALTER TABLE,在数据库school的表t_class中,将字段classno的名称修改成classid VARCHAR(40),具体步骤如下:

步骤 01 执行 SQL 语句 USE,选择数据库 school,然后查看已经存在的表 t_class 的定义信息,具体 SQL 语句如下:

```
USE school;
DESCRIBE t_class;
```

执行结果如图 4-65 和图 4-66 所示。

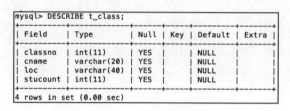

图 4-65　选择数据库　　　　　　　　　图 4-66　查看表信息

步骤 02 执行 SQL 语句 ALTER TABLE,修改名为 classno 的字段,具体 SQL 语句如下:

```
ALTER TABLE t_class CHANGE classno classid VARCHAR(40);
```

执行结果如图 4-67 所示。

步骤 03 为了检验数据库 school 中的表 t_class 中的字段 classno INT 是否已经修改成 classid VARCHAR(40),执行 SQL 语句 DESCRIBE,具体 SQL 语句如下:

```
DESCRIBE t_class;
```

执行结果如图 4-68 所示。

```
mysql> ALTER TABLE t_class
    -> CHANGE classno classid VARCHAR(40);
Query OK, 0 rows affected (0.04 sec)
Records: 0  Duplicates: 0  Warnings: 0
```

```
mysql> DESCRIBE t_class;
+----------+-------------+------+-----+---------+-------+
| Field    | Type        | Null | Key | Default | Extra |
+----------+-------------+------+-----+---------+-------+
| classid  | varchar(40) | YES  |     | NULL    |       |
| cname    | varchar(20) | YES  |     | NULL    |       |
| loc      | varchar(40) | YES  |     | NULL    |       |
| stucount | int(11)     | YES  |     | NULL    |       |
+----------+-------------+------+-----+---------+-------+
4 rows in set (0.00 sec)
```

图 4-67　修改表字段的名称和类型　　　　　图 4-68　查看表信息

从图 4-68 可以看出,和表 4-66 相比,表 t_class 中已经不存在字段 classno INT,该字段已经修改为 classid VARCHAR(40),字段的名称和类型同时被修改了。

4.5.12　修改字段——修改字段的顺序

在 MySQL 中,ALTER TABLE 语句也可以同时修改字段的名称顺序,其基本语法如下:

```
ALTER TABLE tablename MODIFY pName1 propType FIRST|AFTER pName2;
```

上述语句中，tablename 参数表示所要修改表的名字，pName1 参数为所要调整顺序的字段名称，FIRST 参数表示将字段调整到表的第一个位置，AFTER pName2 参数表示将字段调整到 pName2 字段位置之后。

【示例 4-14】执行 SQL 语句 ALTER TABLE，在数据库 school 的表 t_class 中，将字段 classno 的名称修改成 classid VARCHAR(40)，具体步骤如下：

步骤 01 执行 SQL 语句 USE，选择数据库 school，然后查看已经存在的表 t_class 的定义信息，具体 SQL 语句如下：

```
USE school;
DESCRIBE t_class;
```

执行结果如图 4-69 和图 4-70 所示。

```
mysql> DESCRIBE t_class;
+----------+-------------+------+-----+---------+-------+
| Field    | Type        | Null | Key | Default | Extra |
+----------+-------------+------+-----+---------+-------+
| classno  | int(11)     | YES  |     | NULL    |       |
| cname    | varchar(20) | YES  |     | NULL    |       |
| loc      | varchar(40) | YES  |     | NULL    |       |
| stucount | int(11)     | YES  |     | NULL    |       |
+----------+-------------+------+-----+---------+-------+
4 rows in set (0.00 sec)
```

```
mysql> USE school;
Database changed
```

图 4-69　选择数据库　　　　　　　　图 4-70　查看表信息

步骤 02 将 t_class 表的字段 classno 调整到字段 cname 之后，再查看 t_class 表的信息，具体 SQL 语句如下：

```
ALTER TABLE t_class MODIFY classno INT AFTER cname;
DESCRIBE t_class;
```

执行结果如图 4-71 和图 4-72 所示。

```
mysql> ALTER TABLE t_class
    -> MODIFY classno INT AFTER cname;
Query OK, 0 rows affected (0.04 sec)
Records: 0  Duplicates: 0  Warnings: 0
```

```
mysql> DESCRIBE t_class;
+----------+-------------+------+-----+---------+-------+
| Field    | Type        | Null | Key | Default | Extra |
+----------+-------------+------+-----+---------+-------+
| cname    | varchar(20) | YES  |     | NULL    |       |
| classno  | int(11)     | YES  |     | NULL    |       |
| loc      | varchar(40) | YES  |     | NULL    |       |
| stucount | int(11)     | YES  |     | NULL    |       |
+----------+-------------+------+-----+---------+-------+
4 rows in set (0.00 sec)
```

图 4-71　修改字段顺序　　　　　　　　图 4-72　查看表定义

从图 4-72 中可以看出，表 t_class 中的字段 classno 的位置已经调整到字段 cname 之后。

4.5.13　修改字段——通过 SQLyog

在客户端软件 SQLyog 中，不仅可以在"询问"窗口中执行 ALTER TABLE 语句来修改字段，也可以通过向导来实现。下面介绍在 SQLyog 中如何通过向导来实现修改字段。

步骤 01 在"对象资源管理器"窗口中，右击数据库 school 中表 t_class 的节点，从弹出的快捷菜单中选择"改变表"命令，如图 4-73 所示。

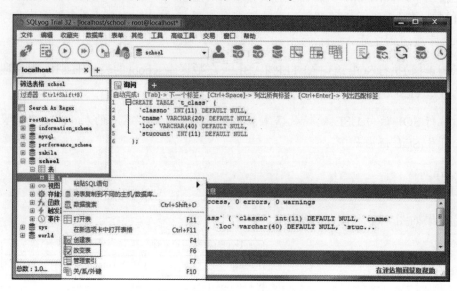

图 4-73　选择"改变表"命令

步骤 02　打开编辑表的窗口，如图 4-74 所示，双击字段的名称，就可以编辑字段，把字段 classno 的名称改成 classid。

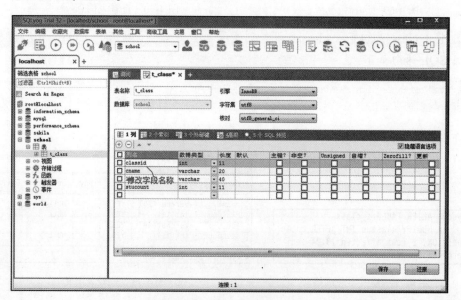

图 4-74　编辑表的窗口

步骤 03　在"数据类型"一栏中，单击下拉框，可以修改字段的数据类型，如图 4-75 所示，把字段 classid 的数据类型从原来的 INT 改成 VARCHAR。

步骤 04　在"长度"一栏双击数字，可以编辑字段的长度，如图 4-76 所示。

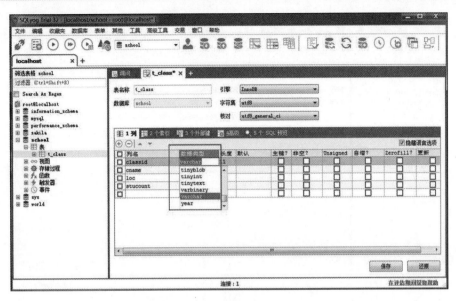

图 4-75　修改字段的数据类型

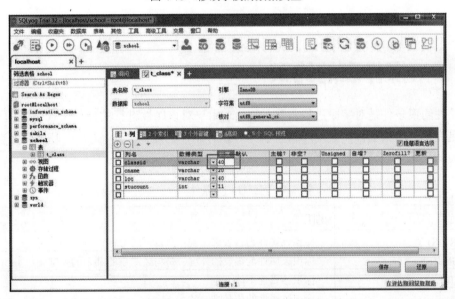

图 4-76　修改字段的数据长度

步骤 **05** 选择字段 classid 一行，单击"上移"或者"下移"按钮，可以修改字段的位置，如图 4-77 所示。

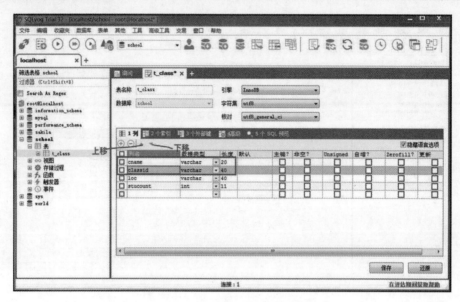

图 4-77 修改字段的位置

4.6 操作表的约束

完整性约束条件是对字段进行限制的，要求用户对该属性进行的操作符合特定的要求。如果不满足完整性约束条件，数据库系统就不再执行用户的操作。MySQL 中基本的完整性约束条件如表 4-1 所示。

表 4-1 完整性约束条件

约束条件	说明
PRIMARY KEY	标识该属性为该表的主键，可以唯一地标识对应的元组
FOREIGN KEY	标识该属性为该表的外键，是与之联系的某表的主键
NOT NULL	标识该属性不能为空
UNIQUE	标识该属性的值是唯一的
AUTO_INCREMENT	标识该属性的值自动增加，这是 MySQL 语句的特色
DEFAULT	为该属性设置默认值

从表 4-1 中可以看出，MySQL 数据库系统不支持 check 约束。根据约束数据列限制，约束可分为：单列约束，每个约束只约束一列数据；多列约束，每个约束可约束多列数据。

4.6.1 设置表字段的非空约束

当数据库表中的某个字段上的内容不希望设置为 NULL 时，则可以使用非空（NOT NVLL，NK）约束进行设置。非空约束在创建数据库表时为某些字段上加上 NOT NULL 约束条件，保证所有记录中该字段都有值。如果用户插入的记录中该字段为空值，数据库管理系统就会报错。

设置表中某字段的非空约束非常简单，查看帮助文档可以发现，在 MySQL 数据库管理系统中，通过 SQL 语句 NOT NULL 即可实现，其语法形式如下：

```
CREATE TABLE tablename(
    PropName propType NOT NULL,
    ......);
```

在上述语句中，tablename 参数表示所要设置非空约束的字段名字，propName 参数为属性名，propType 为属性类型。

【示例 4-15】执行 SQL 语句 NOT NULL，在数据库 school 中创建表 t_class 时，设置 classno 为非空约束，具体步骤如下：

步骤 01　执行 SQL 语句 CREATE DATABASE，创建数据库 school，并选择该数据库，具体 SQL 语句如下：

```
CREATE DATABASE school;
USE school;
```

执行结果如图 4-78 和图 4-79 所示。

```
mysql> CREATE DATABASE school;
Query OK, 1 row affected (0.07 sec)
```

```
mysql> USE school;
Database changed
```

图 4-78　创建数据库　　　　图 4-79　选择数据库

步骤 02　创建表 t_class，具体 SQL 语句如下：

```
CREATE TABLE `t_class` (
    `classno` INT(11) NOT NULL,
    `cname` VARCHAR(20),
    `loc` VARCHAR(40),
    `stucount` INT(11));
```

执行结果如图 4-80 所示。

步骤 03　为了检验数据库 school 中的 t_class 表中的字段 classno 是否被设置为非空约束，执行 SQL 语句 DESCRIBE，具体 SQL 语句如下：

```
DESCRIBE t_class;
```

执行结果如图 4-81 所示。

```
mysql> CREATE TABLE `t_class` (
    ->    `classno` INT(11) NULL,
    ->    `cname` VARCHAR(20),
    ->    `loc` VARCHAR(40),
    ->    `stucount` INT(11)
    -> );
Query OK, 0 rows affected (0.02 sec)
```

```
mysql> DESCRIBE t_class;
+----------+-------------+------+-----+---------+-------+
| Field    | Type        | Null | Key | Default | Extra |
+----------+-------------+------+-----+---------+-------+
| classno  | int(11)     | NO   |     | NULL    |       |
| cname    | varchar(20) | YES  |     | NULL    |       |
| loc      | varchar(40) | YES  |     | NULL    |       |
| stucount | int(11)     | YES  |     | NULL    |       |
+----------+-------------+------+-----+---------+-------+
4 rows in set (0.00 sec)
```

图 4-80　创建表 t_class　　　　图 4-81　查看表信息

4.6.2　设置表字段的默认值

当为数据库表中插入一条新记录时，如果没有为某个字段赋值，那么数据库系统会自动为这个字段插入默认值。为了达到这种效果，可通过 SQL 语句关键字 DEFAULT 来设置。

设置数据库表中某字段的默认值非常简单，在 MySQL 数据库管理系统中通过 SQL 语句 DEFAULT 即可实现，其语法形式如下：

```
CREATE TABLE tablename(
    propName propType DEFAULT defaultValue,
    ……
);
```

在上述语句中，tablename 参数表示所要设置非空约束的字段名字，propName 参数为属性名，propType 为属性类型，defaultValue 为默认值。

【示例 4-16】执行 SQL 语句 DEFAULT，在数据库 school 中创建表 t_class 时设置 cname 字段的默认值为"class_3"，具体步骤如下：

步骤 01　创建并选择数据库 school，具体 SQL 语句如下：

```
CREATE DATABASE school;
USE school;
```

执行结果如图 4-82 和图 4-83 所示。

```
mysql> CREATE DATABASE school;
Query OK, 1 row affected (0.07 sec)
```

```
mysql> USE school;
Database changed
```

图 4-82　创建数据库　　　　　　　　　　图 4-83　选择数据库

步骤 02　创建表 t_class，字段 cname 的默认值为"class_3"，再查看 t_class 表的信息，具体 SQL 语句如下：

```
CREATE TABLE `t_class` (
    `classno` INT(11) NOT NULL,
    `cname` VARCHAR(20) DEFAULT 'class_3',
    `loc` VARCHAR(40),
    `stucount` INT(11));
```

执行结果如图 4-84 和图 4-85 所示。

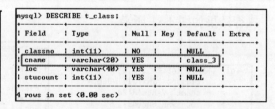

图 4-84　创建表 t_class　　　　　　　　图 4-85　查看表信息

118

从图 4-85 可以看出，表 t_class 中的字段 cname 已经设置了默认值，如果用户插入新的记录中该字段为空值，数据库管理系统就会自动插入值"class_3"。

4.6.3 设置表字段唯一约束（UNIQUE，UK）

当数据库表中某个字段上的内容不允许重复时，可以使用唯一（UNIQVE，UK）约束进行设置。唯一约束在创建数据库时为某些字段加上 UNIQUE 约束条件，保证所有记录中该字段的值不重复。如果用户插入的记录中，该字段的值与其他记录中该字段的值重复，数据库管理系统就会报错。

设置表中某字段的唯一约束非常简单，在 MySQL 数据库管理系统中通过 SQL 语句 UNIQUE 即可实现，其语法形式如下：

```
CREATE TABLE tablename(
    propName propType UNIQUE,
    ……
);
```

在上述语句中，tablename 参数表示所要设置非空约束的字段名字，propName 参数为属性名，propType 为属性类型，propName 字段要设置唯一约束。

【示例 4-17】执行 SQL 语句 UNIQUE，在数据库 school 中创建表 t_class 时，设置 cname 字段为唯一约束，具体步骤如下：

步骤 01 创建和选择数据库 school，具体 SQL 语句如下：

```
CREATE DATABASE school;
USE school;
```

执行结果如图 4-86 和图 4-87 所示。

```
mysql> CREATE DATABASE school;
Query OK, 1 row affected (0.07 sec)
```

```
mysql> USE school;
Database changed
```

图 4-86 创建数据库   图 4-87 选择数据库

步骤 02 创建表 t_class，再查看 t_class 表的信息，具体 SQL 语句如下：

```
CREATE TABLE `t_class` (
    `classno` INT(11) NOT NULL,
    `cname` VARCHAR(20) UNIQUE,
    `loc` VARCHAR(40),
    `stucount` INT(11));
```

执行结果如图 4-88 和图 4-89 所示。

```
mysql> CREATE TABLE `t_class` (
    ->   `classno` INT(11) NOT NULL,
    ->   `cname` VARCHAR(20) UNIQUE,
    ->   `loc` VARCHAR(40),
    ->   `stucount` INT(11)
    -> );
Query OK, 0 rows affected (0.01 sec)
```

图 4-88　创建表

```
mysql> DESCRIBE t_class;
+----------+-------------+------+-----+---------+-------+
| Field    | Type        | Null | Key | Default | Extra |
+----------+-------------+------+-----+---------+-------+
| classno  | int(11)     | NO   |     | NULL    |       |
| cname    | varchar(20) | YES  | UNI | NULL    |       |
| loc      | varchar(40) | YES  |     | NULL    |       |
| stucount | int(11)     | YES  |     | NULL    |       |
+----------+-------------+------+-----+---------+-------+
4 rows in set (0.00 sec)
```

图 4-89　查看表信息

步骤 03 从图 4-89 可以看出，表 t_class 中的字段 cname 已经被设置为非空约束，如果用户插入的记录中，该字段有重复值，数据库管理系统就会报如下错误（见图 4-90）：

```
ERROR 1062 (23000): Duplicate entry 'class_3' for key 'cname'
```

步骤 04 如果想给字段 cname 上的唯一约束设置一个名字，可以执行 SQL 语句 CONSTRAINT，创建表 t_class，具体 SQL 语句执行结果如图 4-91 所示。

```
mysql> INSERT INTO t_class(classno,cname,loc,stucount) VALUES(1,'class_3',
    -> 'loc_3',4);
Query OK, 1 row affected (0.01 sec)

mysql> INSERT INTO t_class(classno,cname,loc,stucount) VALUES(2,'class_3',
    -> 'loc_4',4);
ERROR 1062 (23000): Duplicate entry 'class_3' for key 'cname'
mysql>
```

图 4-90　UK 字段插入重复数据出错

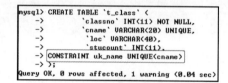

```
mysql> CREATE TABLE `t_class` (
    ->   `classno` INT(11) NOT NULL,
    ->   `cname` VARCHAR(20) UNIQUE,
    ->   `loc` VARCHAR(40),
    ->   `stucount` INT(11),
    ->   CONSTRAINT uk_name UNIQUE(cname)
    -> );
Query OK, 0 rows affected, 1 warning (0.04 sec)
```

图 4-91　创建表

图 4-91 所示创建表的效果和图 4-88 所示创建表的效果是一样的。

4.6.4　设置表字段的主键约束

主键是表的一个特殊字段。该字段能唯一地标识该表中的每条信息。主键和记录的关系如同身份证和人的关系。主键用来标识每个记录，每个记录的主键值都不同。身份证用来表明人的身份，每个人都具有唯一的身份证号。设置表的主键指在创建表时设置表的某个字段为该表的主键。

主键的主要目的是帮助数据库管理系统以最快的速度查找到表中的某一条信息。主键必须满足的条件就是主键必须是唯一的，表中任意两条记录的主键字段的值不能相同，主键的值是非空值。主键可以是单一的字段，也可以是多个字段的组合。

1. 单字段主键

单字段主键语法规则如下：

```
CREATE TABEL tablename(
    propName propType PRIMARY KEY
    ......);
```

其中，propName 参数表示表中字段的名称，propType 参数指定字段的数据类型。

【示例 4-18】执行 SQL 语句 PRIMARY KEY，在数据库 school 中创建表 t_class 时，设置 classno 字段为 PK 约束，具体步骤如下：

步骤 01 创建和选择数据库 school，具体 SQL 语句如下：

```
CREATE DATABASE school;
USE school;
```

执行结果如图 4-92 和图 4-93 所示。

```
mysql> CREATE DATABASE school;
Query OK, 1 row affected (0.07 sec)
```

```
mysql> USE school;
Database changed
```

图 4-92　创建数据库　　　　　　图 4-93　选择数据库

步骤 02 创建表 t_student，设置 stuno 字段为 PK 约束，再查看 t_student 表的信息，SQL 语句如下：

```
CREATE TABLE t_student(
    stuno INT PRIMARY KEY,
    sname VARCHAR(20),
    sage INT,
    sgender VARCHAR(4));
DESCRIBE t_student;
```

执行结果如图 4-94 和图 4-95 所示。

```
mysql> DESCRIBE t_student;
+---------+-------------+------+-----+---------+-------+
| Field   | Type        | Null | Key | Default | Extra |
+---------+-------------+------+-----+---------+-------+
| stuno   | int(11)     | NO   | PRI | NULL    |       |
| sname   | varchar(20) | YES  |     | NULL    |       |
| sage    | int(11)     | YES  |     | NULL    |       |
| sgender | varchar(4)  | YES  |     | NULL    |       |
+---------+-------------+------+-----+---------+-------+
4 rows in set (0.00 sec)
```

```
mysql> CREATE TABLE t_student(
    -> stuno INT PRIMARY KEY,
    -> sname VARCHAR(20),
    -> sage INT,
    -> sgender VARCHAR(4));
Query OK, 0 rows affected (0.04 sec)
```

图 4-94　创建设置单一主键的表　　　　图 4-95　检验具有单一主键的表

步骤 03 在表 t_student 中插入一组数据：

```
INSERT INTO t_student VALUES(1,'Justin',20,'m');
```

结果如图 4-96 所示。

步骤 04 在表 t_student 中插入一组重复主键的数据：

```
INSERT INTO t_student values(1,'rebecca',32,'f');
```

提示出错，如图 4-97 所示。

```
mysql> INSERT INTO t_student
    -> VALUES(1,'Justin',20,'m');
Query OK, 1 row affected (0.01 sec)
```

```
mysql> INSERT INTO t_student values(1,'rebecca',32,'f');
ERROR 1062 (23000): Duplicate entry '1' for key 'PRIMARY'
```

图 4-96　在表里插入数据　　　　　图 4-97　在表里插入重复主键的数据

步骤 05 在表 t_student 中插入一组不同主键的数据：

```
INSERT INTO t_student values(2,'rebecca',32,'f');
```

操作成功，如图 4-98 所示。

```
mysql> INSERT INTO t_student values(2,'rebecca',32,'f');
Query OK, 1 row affected (0.00 sec)
```

图 4-98　在表里插入不同主键的数据

步骤 06　如果想给 stuno 字段的 PK 约束设置一个名字，可以执行 SQL 语句 CONSTRAINT，创建表 t_student_pk，如图 4-99 所示。再使用 DESC 语句查看表结构，如图 4-100 所示。

```
CREATE TABLE t_student_pk(
    stuno INT,
    sname VARCHAR(20),
    sage INT(11),
    sgender VARCHAR(4),
    CONSTRAINT pk_stuno PRIMARY KEY(stuno));
DESC t_student_pk;
```

```
mysql> CREATE TABLE t_student_pk(
    -> stuno INT,
    -> sname VARCHAR(20),
    -> sage INT(11),
    -> sgender VARCHAR(4),
    -> CONSTRAINT pk_stuno PRIMARY KEY(stuno));
Query OK, 0 rows affected (0.02 sec)
```

图 4-99　在表里设置约束标识符

```
mysql> DESC t_student_pk;
+---------+-------------+------+-----+---------+-------+
| Field   | Type        | Null | Key | Default | Extra |
+---------+-------------+------+-----+---------+-------+
| stuno   | int(11)     | NO   | PRI | NULL    |       |
| sname   | varchar(20) | YES  |     | NULL    |       |
| sage    | int(11)     | YES  |     | NULL    |       |
| sgender | varchar(4)  | YES  |     | NULL    |       |
+---------+-------------+------+-----+---------+-------+
4 rows in set (0.00 sec)
```

图 4-100　查看表结构

2. 多字段主键

主键是由多个属性组合而成的，在属性定义完之后统一设置主键，语法规则如下：

```
CREATE TABLE tablename(
    propName1 propType1,
    propName2 propType2,
    ……
【CONSTRAINT PK_NAME】PRIMARY KEY(propName1, propName2));
```

【示例 4-19】多字段主键的设置。

步骤 01　创建和选择数据库 school，SQL 语句如下：

```
CREATE DATABASE school;
USE school;
```

执行结果如图 4-101 和图 4-102 所示。

```
mysql> CREATE DATABASE school;
Query OK, 1 row affected (0.07 sec)
```

图 4-101　创建数据库

```
mysql> USE school;
Database changed
```

图 4-102　选择数据库

步骤 **02**　创建表 t_student_m_pk，设置 stuno 和 sname 字段为联合主键，再查看 t_student_m_pk 表的信息，具体 SQL 语句如下：

```
CREATE TABLE t_student_m_pk(
    stuno INT,
    sname VARCHAR(20),
    sage INT(10),
    sgender VARCHAR(4),
    CONSTRAINT pk_stuno_sname PRIMARY KEY(stuno, sname));
DESC t_student_m_pk;
```

执行结果如图 4-103 和图 4-104 所示。

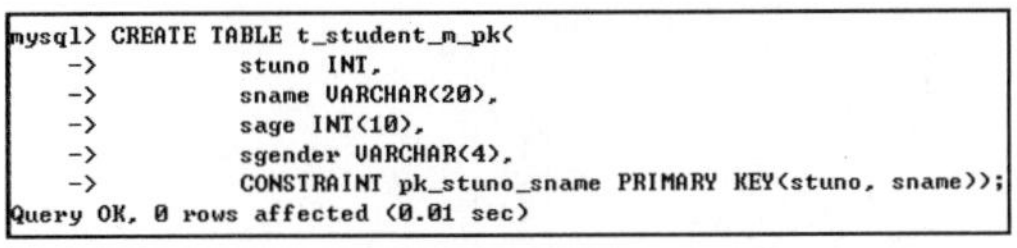

图 4-103　创建设置联合主键的表

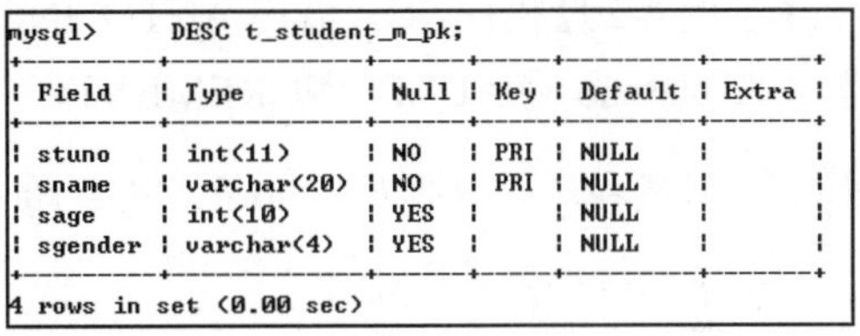

图 4-104　查看 t_student_m_pk 信息

步骤 **03**　从图 4-104 中可以看出，stuno 和 sname 已经被成功设置为联合主键，再向 t_student_m_pk 表中插入数据，SQL 语句如下：

```
INSERT INTO t_student values(1,'rebecca',32,'f');
INSERT INTO t_student values(2,'rebecca',12,'f');
INSERT INTO t_student values(1,jack,12,'f');
INSERT INTO t_student values(1,'rebecca',12,'f');
```

执行结果如图 4-105 所示。

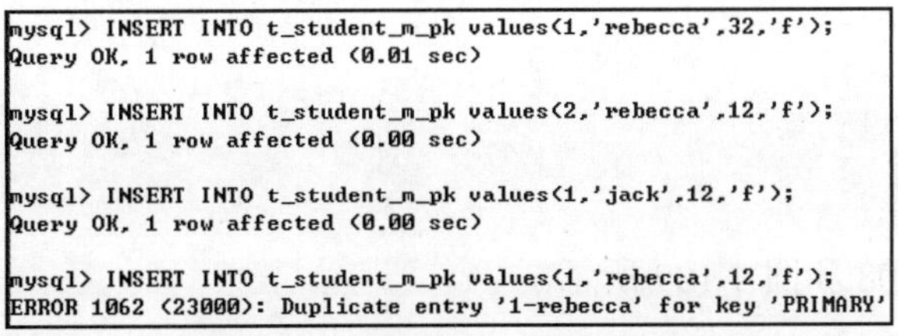

图 4-105　创建设置联合主键的表

从图 4-105 中可以看到，向 t_student_m_pk 表中插入数据，如果有重复的联合主键，就会插入失败。

4.6.5　设置表字段值自动增加

AUTO_INCREMENT 是 MySQL 唯一扩展的完整性约束，当为数据库表中插入新记录时，字段上的值会自动生成唯一的 ID。在具体设置 AUTO_INCREMENT 约束时，一个数据库表中只能有一个字段使用该约束，该字段的数据类型必须是整数类型。由于设置AUTO_INCREMENT

约束后的字段会生成唯一的 ID，因此该字段经常会同时设置成 PK 约束。

设置表中某字段值的自动增加约束非常简单，查看帮助文档发现，在 MySQL 数据库管理系统中通过 SQL 语句 AUTO_INCREMENT 即可实现，其语法形式如下：

```
CREATE TABLE tablename(
    propName propType AUTO_INCREMENT,
    ......);
```

在上述语句中，tablename 参数表示所要设置非空约束的字段名字，propName 参数为属性名，propType 为属性类型，propName 字段要设置自动增加约束。默认情况下，字段 propName 的值从 1 开始增加，每增加一条记录，记录中该字段的值就会在前一条记录的基础上加 1。

【示例 4-20】执行 SQL 语句 AUTO_INCREMENT，在数据库 school 中创建表 t_class 时，设置字段 classno 为 AUTO_INCREMENT，并且为 PK 约束，具体步骤如下：

步骤 01 创建和选择数据库 school，SQL 语句如下：

```
CREATE DATABASE school;
USE school;
```

执行结果如图 4-106 和图 4-107 所示。

```
mysql> CREATE DATABASE school;
Query OK, 1 row affected (0.07 sec)
```

图 4-106　创建数据库

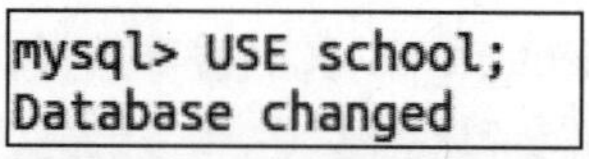

```
mysql> USE school;
Database changed
```

图 4-107　选择数据库

步骤 02 创建表 t_class，再查看 t_class 表信息，具体 SQL 语句如下：

```
CREATE TABLE t_class(
    classno INT(11) PRIMARY KEY AUTO_INCREMENT,
    cname VARCHAR(20),
    loc VARCHAR(40),
    stucount INT(11));
DESCRIBE t_class;
```

执行结果如图 4-108 和图 4-109 所示。

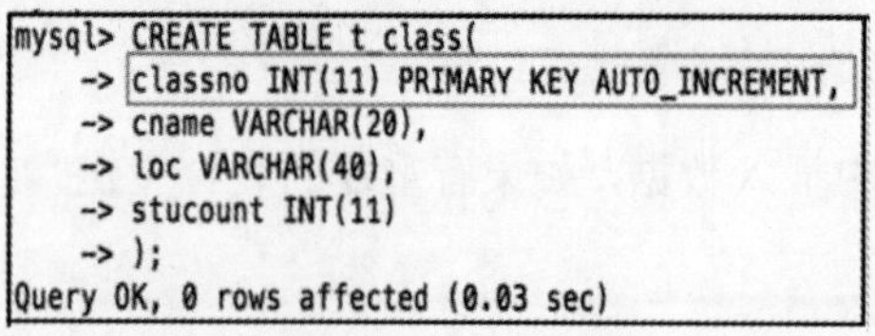

```
mysql> CREATE TABLE t_class(
    -> classno INT(11) PRIMARY KEY AUTO_INCREMENT,
    -> cname VARCHAR(20),
    -> loc VARCHAR(40),
    -> stucount INT(11)
    -> );
Query OK, 0 rows affected (0.03 sec)
```

图 4-108　创建和选择数据库

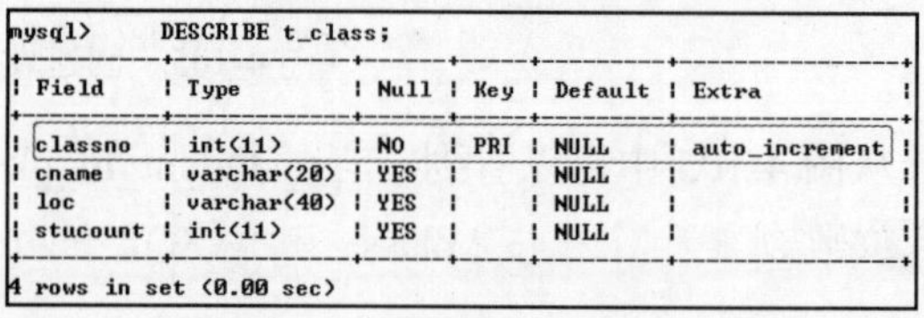

```
mysql>      DESCRIBE t_class;
```

Field	Type	Null	Key	Default	Extra
classno	int(11)	NO	PRI	NULL	auto_increment
cname	varchar(20)	YES		NULL	
loc	varchar(40)	YES		NULL	
stucount	int(11)	YES		NULL	

```
4 rows in set (0.00 sec)
```

图 4-109　创建表 t_class

从图 4-109 中可以看出，表 t_class 中的字段 classno 已经被设置为 AUTO_INCREMENT 和 PK 约束。

4.6.6 设置表字段的外键约束

外键（FOREIGN KEY，FK）是表的一个特殊字段，外键约束用于保证多个表（通常为两个表）之间的参照完整性，即构建与两个表的字段之间的参照关系。

设置外键约束的两个表之间具有父子关系，即子表中某个字段的取值范围由父表决定。例如，表示一个班级和学生的关系，即每个班级有多个学生，首先应该有两个表：班级表和学生表，然后学生表有一个表示班级编号的字段 classno，其依赖于班级表的主键，这样字段 classno 就是学生表的外键，通过该字段，班级表和学生表建立了关系。

在具体设置 FK 约束时，设置 FK 约束的字段必须依赖于数据库中已经存在的父表的主键，同时外键可以为空（NULL）。

设置表中某字段的 FK 约束非常简单，在 MySQL 数据库管理系统中通过 SQL 语句 FOREIGN KEY 即可实现，其语法形式如下：

```
CREATE TABLE tablename_1(
    propName1_1 propType1_1,
    propName1_2 propType1_2,
    ......
    CONSTRAINT FK_prop FOREIGN KEY(propName1_1)
    REFERENCES tablename_2(propName2_1));
```

其中，tablename_1 参数是要设置外键的表名，propName1_1 参数是要设置外键的字段，tablename_2 是父表的名称，propName2_1 是父表中设置主键约束的字段名。

【示例 4-21】执行 SQL 语句 FOREIGN KEY，在数据库 school 中创建班级表（t_class）和学生表（t_student），设置学生表字段 classno 为外键约束，表示一个班级有多个学生的关系。具体步骤如下：

步骤 01 创建和选择数据库 school，SQL 语句如下：

```
CREATE DATABASE school;
USE school;
```

执行结果如图 4-110 和图 4-111 所示。

```
mysql> CREATE DATABASE school;
Query OK, 1 row affected (0.07 sec)
```

```
mysql> USE school;
Database changed
```

图 4-110 创建数据库    图 4-111 选择数据库

步骤 02 创建和查看表 t_class，具体 SQL 语句如下：

```
CREATE TABLE t_class(
    classno INT(11) PRIMARY KEY,
    cname VARCHAR(20),
    loc VARCHAR(40),
    stucount INT(11));
```

```
DESCRIBE t_class;
```

执行结果如图 4-112 和图 4-113 所示。

```
mysql> CREATE TABLE t_class(
    -> classno INT(11) PRIMARY KEY,
    -> cname VARCHAR(20),
    -> loc VARCHAR(40),
    -> stucount INT(11));
Query OK, 0 rows affected (0.02 sec)
```

图 4-112　创建表 t_class

```
mysql> DESCRIBE t_class;
+----------+-------------+------+-----+---------+-------+
| Field    | Type        | Null | Key | Default | Extra |
+----------+-------------+------+-----+---------+-------+
| classno  | int(11)     | NO   | PRI | NULL    |       |
| cname    | varchar(20) | YES  |     | NULL    |       |
| loc      | varchar(40) | YES  |     | NULL    |       |
| stucount | int(11)     | YES  |     | NULL    |       |
+----------+-------------+------+-----+---------+-------+
4 rows in set (0.00 sec)
```

图 4-113　查看表 t_class

步骤 03 创建和查看表 t_student，具体 SQL 语句如下：

```
CREATE TABLE t_student (
    stuno INT PRIMARY KEY,
    sname VARCHAR(20),
    sage INT,
    sgender VARCHAR(4),
    classno INT,
    CONSTRAINT fk_classno FOREIGN KEY(classno)
                REFERENCES t_class(classno));
DESCRIBE t_student;
```

执行结果如图 4-114 和图 4-115 所示。

```
mysql>    CREATE TABLE t_student (
    ->           stuno INT PRIMARY KEY,
    ->           sname VARCHAR(20),
    ->           sage INT,
    ->           sgender VARCHAR(4),
    ->           classno INT,
    ->           CONSTRAINT fk_classno FOREIGN KEY(classno)
    -> REFERENCES t_class(classno));
Query OK, 0 rows affected (0.04 sec)
```

图 4-114　创建表 t_student

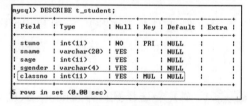

图 4-115　查看表信息

在具体设置外键时，子表 t_student 中所设外键字段的数据类型必须与父表 t_class 中所参考的字段的数据类型一致，例如两者都是 INT 类型，否则就会出错。

步骤 04 从图 4-115 可以看出，表 t_student 中的字段 classno 已经被设置成 FK 约束，如果用户插入的记录中，该字段上没有参考父表 t_class 中字段 classno 的值，数据库管理系统就会报如图 4-116 所示的错误。

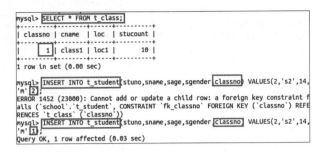

图 4-116　插入数据

从图 4-116 中可以看出，表 t_class 中有一条数据，classno 的值为 1，在 t_student 中插入一条数据记录，classno 为 2，则数据库系统就会报错；在 t_student 中插入一条数据记录，classno为 1，则插入数据成功。

4.7　综合示例——创建一个学籍数据库和学生信息表

通过 4.1~4.5 节的学习，我们掌握了如何在数据库中创建、查看、修改和删除表。接下来，通过一个示例来巩固所学的知识。在数据库 school 中创建一个 student 表，student 表的内容如表 4-2 所示。

表 4-2　student 表的内容

字段名	字段描述	数据类型	主键	外键	非空	唯一	自增
id	编号	INT(4)	是	否	是	是	是
num	学号	INT(10)	否	否	是	是	是
name	姓名	VARCHAR(20)	否	否	是	否	否
gender	性别	VARCHAR(4)	否	否	是	否	否
birthday	出生日期	DATETIME	否	否	否	否	否
address	家庭住址	VARCHAR(50)	否	否	否	否	否
grade	年级	VARCHAR(4)	否	否	否	否	否
class	班级	VARCHAR(10)	否	否	是	否	否

下面进行实战操作。

步骤 01　创建和选择数据库 school，SQL 语句如下：

```
CREATE DATABASE school;
USE school;
```

执行结果如图 4-117 和图 4-118 所示。

```
mysql> CREATE DATABASE school;
Query OK, 1 row affected (0.07 sec)
```

图 4-117　创建数据库

```
mysql> USE school;
Database changed
```

图 4-118　选择数据库

步骤 02　创建和查看 student 表，再用 DESCRIBE 语句查看表信息，SQL 语句如下：

```
CREATE TABLE student(
    id INT(4) NOT NULL UNIQUE PRIMARY KEY AUTO_INCREMENT,
    num INT(10) NOT NULL UNIQUE,name VARCHAR(20) NOT NULL,
    gender VARCHAR(4) NOT NULL,birthday DATETIME,
    address VARCHAR(50),grade VARCHAR(4),class VARCHAR(10));
DESCRIBE student;
```

执行结果如图 4-119 和图 4-120 所示。

```
mysql> CREATE TABLE student(
    -> id INT(4) NOT NULL UNIQUE
    -> PRIMARY KEY AUTO_INCREMENT,
    -> num INT(10) NOT NULL UNIQUE,
    -> name VARCHAR(20) NOT NULL,
    -> gender VARCHAR(4) NOT NULL,
    -> birthday DATETIME,
    -> address VARCHAR(50),
    -> grade VARCHAR(4),
    -> class VARCHAR(10));
Query OK, 0 rows affected (0.08 sec)
```

图 4-119　创建表 student

```
mysql> DESCRIBE student;
+----------+-------------+------+-----+---------+----------------+
| Field    | Type        | Null | Key | Default | Extra          |
+----------+-------------+------+-----+---------+----------------+
| id       | int(4)      | NO   | PRI | NULL    | auto_increment |
| num      | int(10)     | NO   | UNI | NULL    |                |
| name     | varchar(20) | NO   |     | NULL    |                |
| gender   | varchar(4)  | NO   |     | NULL    |                |
| birthday | datetime    | YES  |     | NULL    |                |
| address  | varchar(50) | YES  |     | NULL    |                |
| grade    | varchar(4)  | YES  |     | NULL    |                |
| class    | varchar(10) | YES  |     | NULL    |                |
+----------+-------------+------+-----+---------+----------------+
8 rows in set (0.00 sec)
```

图 4-120　查看表信息

步骤 03　将 student 表的 name 字段的数据类型改成 VARCHAR(25)，再用 DESCRIBE 语句查看表信息，具体 SQL 语句如下：

```
ALTER TABLE student MODIFY name VARCHAR(25) NOT NULL;
DESCRIBE student;
```

执行结果如图 4-121 和图 4-122 所示。

```
mysql> ALTER TABLE student
    -> MODIFY name VARCHAR(25) NOT NULL;
Query OK, 0 rows affected (0.02 sec)
Records: 0  Duplicates: 0  Warnings: 0
```

图 4-121　修改表字段的类型

```
mysql> DESCRIBE student;
+----------+-------------+------+-----+---------+----------------+
| Field    | Type        | Null | Key | Default | Extra          |
+----------+-------------+------+-----+---------+----------------+
| id       | int(4)      | NO   | PRI | NULL    | auto_increment |
| num      | int(10)     | NO   | UNI | NULL    |                |
| name     | varchar(25) | NO   |     | NULL    |                |
| gender   | varchar(4)  | NO   |     | NULL    |                |
| birthday | datetime    | YES  |     | NULL    |                |
| address  | varchar(50) | YES  |     | NULL    |                |
| grade    | varchar(4)  | YES  |     | NULL    |                |
| class    | varchar(10) | YES  |     | NULL    |                |
+----------+-------------+------+-----+---------+----------------+
8 rows in set (0.00 sec)
```

图 4-122　查看表信息

步骤 04　将字段 address 的位置改到字段 gender 之后，再用 DESCRIBE 语句查看表信息，具体 SQL 语句如下：

```
ALTER TABLE student MODIFY address VARCHAR(50) after gender;
DESCRIBE student;
```

执行结果如图 4-123 和图 4-124 所示。

```
mysql> DESCRIBE student;
+---------+-------------+------+-----+---------+----------------+
| Field   | Type        | Null | Key | Default | Extra          |
+---------+-------------+------+-----+---------+----------------+
| id      | int(4)      | NO   | PRI | NULL    | auto_increment |
| num     | int(10)     | NO   | UNI | NULL    |                |
| name    | varchar(25) | NO   |     | NULL    |                |
| gender  | varchar(4)  | NO   |     | NULL    |                |
| address | varchar(50) | YES  |     | NULL    |                |
| birthday| datetime    | YES  |     | NULL    |                |
| grade   | varchar(4)  | YES  |     | NULL    |                |
| class   | varchar(10) | YES  |     | NULL    |                |
+---------+-------------+------+-----+---------+----------------+
8 rows in set (0.00 sec)
```

```
mysql> ALTER TABLE student
    -> MODIFY address VARCHAR(50) after gender;
Query OK, 0 rows affected (0.04 sec)
Records: 0  Duplicates: 0  Warnings: 0
```

图 4-123　修改字段位置　　　　　　　　　　图 4-124　查看表信息

步骤 05 将字段 num 改名为 stuid，再用 DESCRIBE 语句查看表信息，具体 SQL 语句如下：

```
ALTER TABLE student CHANGE num stuid INT(10) NOT NULL;
DESCRIBE student;
```

执行结果如图 4-125 和图 4-126 所示。

```
+---------+-------------+------+-----+---------+----------------+
| Field   | Type        | Null | Key | Default | Extra          |
+---------+-------------+------+-----+---------+----------------+
| id      | int(4)      | NO   | PRI | NULL    | auto_increment |
| stuid   | int(10)     | NO   | UNI | NULL    |                |
| name    | varchar(25) | NO   |     | NULL    |                |
| gender  | varchar(4)  | NO   |     | NULL    |                |
| address | varchar(50) | YES  |     | NULL    |                |
| birthday| datetime    | YES  |     | NULL    |                |
| grade   | varchar(4)  | YES  |     | NULL    |                |
| class   | varchar(10) | YES  |     | NULL    |                |
+---------+-------------+------+-----+---------+----------------+
8 rows in set (0.00 sec)
```

```
mysql> ALTER TABLE student
    -> CHANGE num stuid INT(10) NOT NULL;
Query OK, 0 rows affected (0.02 sec)
Records: 0  Duplicates: 0  Warnings: 0
```

图 4-125　修改表字段名称　　　　　　　　　图 4-126　查看表信息

步骤 06 在 student 表中增加名为 nationality 的字段，数据类型为 VARCHAR(10)，再用 DESCRIBE 语句查看表信息，具体 SQL 语句如下：

```
ALTER TABLE student ADD nationality VARCHAR(10);
DESCRIBE student;
```

执行结果如图 4-127 和图 4-128 所示。

```
mysql> DESCRIBE student;
+------------+-------------+------+-----+---------+----------------+
| Field      | Type        | Null | Key | Default | Extra          |
+------------+-------------+------+-----+---------+----------------+
| id         | int(4)      | NO   | PRI | NULL    | auto_increment |
| stuid      | int(10)     | NO   | UNI | NULL    |                |
| name       | varchar(25) | NO   |     | NULL    |                |
| gender     | varchar(4)  | NO   |     | NULL    |                |
| address    | varchar(50) | YES  |     | NULL    |                |
| birthday   | datetime    | YES  |     | NULL    |                |
| grade      | varchar(4)  | YES  |     | NULL    |                |
| class      | varchar(10) | YES  |     | NULL    |                |
| nationality| varchar(10) | YES  |     | NULL    |                |
+------------+-------------+------+-----+---------+----------------+
9 rows in set (0.00 sec)
```

```
mysql> ALTER TABLE student
    -> ADD nationality VARCHAR(10);
Query OK, 0 rows affected (0.03 sec)
Records: 0  Duplicates: 0  Warnings: 0
```

图 4-127　增加表字段　　　　　　　　　　　图 4-128　查看表信息

步骤 07 将表 student 的名称改为 studentTab，再用 DESCRIBE 语句查看表信息，具体 SQL 语句如下：

```
ALTER TABLE student RENAME studentTab;
```

```
DESCRIBE studentTab;
```

执行结果如图 4-129 和图 4-130 所示。

```
mysql> DESCRIBE studentTab;
+-------------+-------------+------+-----+---------+----------------+
| Field       | Type        | Null | Key | Default | Extra          |
+-------------+-------------+------+-----+---------+----------------+
| id          | int(4)      | NO   | PRI | NULL    | auto_increment |
| stuid       | int(10)     | NO   | UNI | NULL    |                |
| name        | varchar(25) | NO   |     | NULL    |                |
| gender      | varchar(4)  | NO   |     | NULL    |                |
| address     | varchar(50) | YES  |     | NULL    |                |
| birthday    | datetime    | YES  |     | NULL    |                |
| grade       | varchar(4)  | YES  |     | NULL    |                |
| class       | varchar(10) | YES  |     | NULL    |                |
| nationality | varchar(10) | YES  |     | NULL    |                |
+-------------+-------------+------+-----+---------+----------------+
9 rows in set (0.00 sec)
```

```
mysql> ALTER TABLE student
    -> RENAME studentTab;
Query OK, 0 rows affected (0.00 sec)
```

图 4-129 修改表的名称　　　　　　　　　图 4-130 查看表信息

4.8 经典习题与面试题

1. 经典习题

在 shop 数据库中创建一个购物车表 cart，内容如表 4-3 所示。

表 4-3 cart 表结构

字段名	数据类型	长度	描述
id	INT	4	商品 ID，自增，非空，主键
name	VARCHAR	50	商品名称，非空
price	DOUBLE	8	价格，非空
count	INT	4	商品数量，非空
sum_money	DOUBLE	8	商品总价，非空

按照下列要求进行表操作：

（1）将 name 字段的数据改为 VARCHAR(30)，且保留非空约束。

（2）将 sum_money 字段的位置改到 count 字段的前面。

（3）将 sum_money 字段改名为 total_money。

（4）在表中增加 expiredays 字段，数据类型为 VARCHAR(4)，表示是否已过期。

（5）删除 count 字段。

（6）将 cart 表的存储引擎更改为 MyISAM 类型。

（7）将 cart 表名更改为 shoppingCart。

2. 面试题及解答

（1）修改数据表的字段名称之后，会有部分约束条件丢失，原因何在？

在修改数据表的字段名称时，如果想保持原来的约束条件，一定要把原来的约束条件带上，否则就会丢失。

（2）为什么自增字段不能设置默认值？

一个表只能有一个自增字段，可以是任何整数类型，自增字段没有默认值。在没有设置初值的情况下，自增字段从 1 开始增加，插入记录时，不设置自增字段的值。自增字段处插入的值为 NULL 或者为 0 时，该字段的值在上一条记录的基础上加 1。如果插入的记录中该字段的值为 8，且下一条记录没有指定值，该字段的值就在此基础上加 1。

（3）如何设置外键？

子表的外键必须依赖父表的某个字段，因此父表必须先于子表建立，而且父表中的被依赖字段必须是主键或者组合主键中的一个。如果不满足这些条件，就不能成功创建子表。

（4）如何删除父表？

删除父表是很麻烦的过程，因为子表的外键约束限制着父表的删除。有两种方法可以解决这个问题。第一种方法，先删除子表，再删除父表。这样做完全可以达到删除父表的目的，但是必须牺牲子表。第二种方法，先删除子表的外键约束，再删除父表。

4.9　本章小结

本章介绍了创建表、查看表结构、修改表和删除表的方法。创建表、修改表是本章重要的内容。创建表和修改表的内容比较多，难度也相对比较大，这两部分需要不断地练习，只有通过实践练习，才会对这两部分了解得更加透彻。而且，这两部分很容易出现语法错误，必须在练习中掌握正确的语法规则。创建表和修改表后一定要查看表的结构，这样可以确认操作是否正确。本章中的完整性约束条件是难点，希望读者在以后的学习和实践中多思考，以便对完整性约束条件有更深刻的理解。删除表时一定要格外谨慎，因为删除表的同时会删除表中的所有数据记录。下一章将介绍 MySQL 的数据操作。

第 5 章
◀ MySQL的数据操作 ▶

通过前面章节的内容可以发现，数据库是存储数据库对象的仓库，而数据库基本对象——表则用来实现存储数据。在 MySQL 软件中，关于数据的操作（CRUD）包含插入数据记录（CREATE）、查询数据记录（READ）、更新数据记录（UPDATE）和删除数据记录（DELETE）。

在 MySQL 软件中，可以通过 SQL 语句中的 DML 语句来实现数据的操作，其中通过 INSERT 语句来实现数据插入，通过 UPDATE 语句来实现数据的更新，通过 DELETE 语句实现数据删除。通过本章的学习，可以掌握在 MySQL 软件中关于数据的操作，内容包括：

- 插入数据记录。
- 更新数据记录。
- 删除数据记录。

5.1 插入数据记录

插入数据记录是数据操作中常见的操作，该操作可以显式地向表中增加新的数据记录。在 MySQL 中可以通过 INSERT INTO 语句来实现插入数据记录，该 SQL 语句可以通过 4 种方式使用：插入完整数据记录、插入数据记录的一部分、插入多余的数据记录和插入查询结果。

5.1.1 插入完整数据记录

在 MySQL 中插入完整的数据记录可通过 SQL 语句 INSERT 来实现，其语法形式如下：

```
INSERT INTO tablename(field1, field2, field3……fieldn)
    VALUES(value1, value2, value3……valuen)
```

在上述语句中，参数 tablename 表示所要插入完整记录的表名，参数 fieldn 表示表中的字段名字，参数 valuen 表示所要插入的数值，并且参数 fieldn 与参数 valuen 一一对应。

【示例 5-1】执行 SQL 语句 INSERT INTO，向数据库 school 的 t_class 表中插入一条完整的数据记录，其值分别为1、高一(2)班、西教学楼 3 楼和张三。

步骤 01 创建和选择数据库 school，具体 SQL 语句如下：

```
CREATE DATABASE school;
USE school;
```

执行结果如图 5-1 和图 5-2 所示。

```
mysql> CREATE DATABASE school;
Query OK, 1 row affected (0.07 sec)
```

```
mysql> USE school;
Database changed
```

　　　图 5-1　创建数据库　　　　　　　图 5-2　选择数据库

步骤 02 创建和查看 t_class 表，具体 SQL 语句如下：

```
CREATE TABLE `t_class` (
    `classno` INT(11),
    `cname` VARCHAR(20),
    `loc` VARCHAR(40),
    `advisor` VARCHAR(20));
DESCRIBE t_class;
```

执行结果如图 5-3 和图 5-4 所示。

```
mysql> CREATE TABLE t_class(
    -> classno INT(11),
    -> cname VARCHAR(20),
    -> loc VARCHAR(40),
    -> advisor VARCHAR(20)
    -> );
Query OK, 0 rows affected (0.03 sec)
```

```
mysql> DESCRIBE t_class;
+---------+-------------+------+-----+---------+-------+
| Field   | Type        | Null | Key | Default | Extra |
+---------+-------------+------+-----+---------+-------+
| classno | int(11)     | YES  |     | NULL    |       |
| cname   | varchar(20) | YES  |     | NULL    |       |
| loc     | varchar(40) | YES  |     | NULL    |       |
| advisor | varchar(20) | YES  |     | NULL    |       |
+---------+-------------+------+-----+---------+-------+
4 rows in set (0.01 sec)
```

　　　　图 5-3　创建表　　　　　　　　　图 5-4　查看表信息

步骤 03 使用 INSERT INTO 向 t_class 表插入完整的数据记录，再使用 SELECT 语句检验 t_class 表的数据是否插入成功，具体 SQL 语句如下：

```
INSERT INTO t_class(classno, cname, loc, advisor)
    VALUES(1,'高一(2)班','西教学楼 3 楼','张三');
SELECT * FROM t_class;
```

执行结果如图 5-5 和图 5-6 所示。

```
mysql> SELECT * FROM t_class;
+---------+-----------+---------+------------+----------+
| classno | cname     | advisor | loc        | stucount |
+---------+-----------+---------+------------+----------+
|       1 | 高一<2>班 | 张三    | 西教学楼3楼 |     NULL |
+---------+-----------+---------+------------+----------+
1 row in set (0.01 sec)
```

```
mysql> INSERT INTO t_class(classno, cname, loc, advisor)
    -> VALUES(1,'高一(2)班','西教学楼3楼','张三');
Query OK, 1 row affected (0.04 sec)
```

　　　图 5-5　插入数据记录　　　　　　图 5-6　查询表格数据记录

图 5-6 的执行结果显示，表 t_class 的数据记录已经成功插入。

5.1.2　插入数据记录的一部分

插入数据记录时除了可以插入完整数据记录外，还可以插入指定字段的部分数据记录，在

MySQL 中插入数据记录的一部分通过 SQL 语句 INSERT INTO 来实现，其语法形式如下：

```
INSERT INTO tablename(field1,field2,field3,……fieldn)
    VALUES(value1,value2,value3……valuen)
```

在上述语句中，tablename 参数表示表的名称，fieldn 表示表中部分字段名称，valuen 表示所要插入部分数值，并且 fieldn 和 valuen 一一对应。

【示例 5-2】向数据库 school 的班级表 t_student 中插入一条部分数据记录，其中字段 cname 的值为 "高一(8)班"，字段 loc 的值为"西教学楼 4 楼"，具体步骤如下：

步骤 01 创建和选择数据库 school，具体 SQL 语句如下：

```
CREATE DATABASE school;
USE school;
```

执行结果如图 5-7 和图 5-8 所示。

```
mysql> CREATE DATABASE school;
Query OK, 1 row affected (0.07 sec)
```

```
mysql> USE school;
Database changed
```

图 5-7 创建数据库   图 5-8 选择数据库

步骤 02 创建和查看 t_class 表，具体 SQL 语句如下：

```
CREATE TABLE `t_class`(
    `classno` INT(11) PRIMARY KEY AUTO_INCREMENT,
    `cname` VARCHAR(20),
    `loc` VARCHAR(40) DEFAULT '东教学楼 2 楼',
    `stucount` INT(11)
);
DESCRIBE t_class;
```

执行结果如图 5-9 和图 5-10 所示。

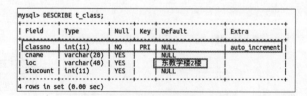

```
mysql> CREATE TABLE t_class(
    -> classno INT(11) PRIMARY KEY AUTO_INCREMENT,
    -> cname VARCHAR(20),
    -> loc VARCHAR(40) DEFAULT '东教学楼2楼',
    -> stucount INT(11)
    -> );
Query OK, 0 rows affected (0.02 sec)
```

```
mysql> DESCRIBE t_class;
+----------+-------------+------+-----+-----------+----------------+
| Field    | Type        | Null | Key | Default   | Extra          |
+----------+-------------+------+-----+-----------+----------------+
| classno  | int(11)     | NO   | PRI | NULL      | auto_increment |
| cname    | varchar(20) | YES  |     | NULL      |                |
| loc      | varchar(40) | YES  |     | 东教学楼2楼 |                |
| stucount | int(11)     | YES  |     | NULL      |                |
+----------+-------------+------+-----+-----------+----------------+
4 rows in set (0.00 sec)
```

图 5-9 创建和选择数据库   图 5-10 创建表

步骤 03 执行 SQL 语句 INSERT，向 t_class 表中插入数据，再使用 SELECT 语句检验 t_class 表的数据是否插入成功，具体 SQL 语句如下：

```
INSERT INTO t_class(cname, loc)
    VALUES('高一(8)班','西教学楼 4 楼');
SELECT * FROM t_class;
```

执行结果如图 5-11 和图 5-12 所示。

图 5-11　插入数据

图 5-12　查询表数据记录

从图 5-12 可以看出，表 t_class 的字段 cname 和字段 loc 的记录插入成功，有自动增长约束的字段 classno 也插入了自动生成值。

在具体开发中，除了自动增长约束的字段不需要插入数值外，具有默认值约束的字段也不需要插入数值。

步骤 04　执行 SQL 语句 INSERT INTO，插入一条部分数据记录，再使用 SELECT 语句检验 t_class 表的数据是否插入成功，具体 SQL 语句如下：

```
INSERT INTO t_class(cname)
    VALUES('高二（5）班');
SELECT * FROM t_class;
```

执行结果如图 5-13 和图 5-14 所示。

图 5-13　插入部分数据

图 5-14　查询插入数据

从图 5-14 中可以看出，表 t_class 中的字段 cname 已经成功插入"高二（5）班"数据记录，字段 classno 的值也自动增长，字段 loc 则插入了默认值"东教学楼 2 楼"。

5.1.3　插入多条完整数据记录

在具体插入数据记录时，除了可以一次插入一条数据记录外，还可以一次插入多条数据记录。在具体实现一次插入多条数据记录时，同样可以分为一次插入多条完整数据记录和一次插入多条部分数据记录。本小节介绍插入多条完整数据记录。语法形式如下：

```
INSERT INTO tablename(field1,field2,field3,…fieldn)
    VALUES(value11,value21,value31…valuen1),
          (value12,value22,value32…valuen2),
          ……
          (value1m,value2m,value3m…valuenm);
```

上述语句中，参数 n 表示有 n 个字段，参数 m 表示有 m 个字段，在具体使用时，只要记录中数值与字段参数相对应即可，即字段参数 field 的顺序可以和表的字段顺序不一致。

除了上述语法外，还有另一种语法形式，如下所示：

```
INSERT INTO tablename
    VALUES(value11,value21,value31…valuen1),
          (value12,value22,value32…valuen2),
          ……
          (value1m,value2m,value3m…valuenm);
```

上述语句中，虽然没有字段参数 field，但是可以正确地插入多条完整数据记录，不过每条记录中的数值顺序必须与表中字段的顺序一致。

【示例 5-3】执行 SQL 语句 INSERT INTO，向数据库 school 的班级表 t_class 中一次插入多条完整数据记录，其值分别为（1,'class_1', loc_1,'adv_1'）、（2, 'class_2', loc_2,'adv_2'）、（3,'class_3', loc_3,' adv_3'），具体步骤如下：

步骤 **01** 创建和选择数据库 school，具体 SQL 语句如下：

```
CREATE DATABASE school;
USE school;
```

执行结果如图 5-15 和图 5-16 所示。

图 5-15　创建数据库

图 5-16　选择数据库

步骤 **02** 执行 SQL 语句 CREATE TABLE，创建 t_class 表，再使用 DESCRIBE 语句查看 t_class 表，具体 SQL 语句如下：

```
CREATE TABLE `t_class` (
    classno INT(11) PRIMARY KEY AUTO_INCREMENT,
    cname VARCHAR(20),
    loc VARCHAR(40),
    advisor VARCHAR(20));
DESCRIBE t_class;
```

执行结果如图 5-17 和图 5-18 所示。

图 5-17　创建表

图 5-18　查看表信息

步骤 **03** 执行 SQL 语句 INSERT INTO，插入完整数据记录，再使用 SELECT 语句来查询 t_class 表，具体 SQL 语句如下：

```
INSERT INTO t_class
```

```
        VALUES (1, 'class_1', 'loc_1', 'adv_1'),
        (2, 'class_2', 'loc_2', 'adv_2'),
        (3,'class_3', 'loc_3', 'adv_3');
SELECT * FROM t_class;
```

执行结果如图 5-19 和图 5-20 所示。

图 5-19　插入多条完整数据记录

图 5-20　查询表数据

5.1.4　插入多条部分数据记录

在 MySQL 中插入多条部分数据记录通过 SQL 语句 INSERT INTO 来实现，其语法形式如下：

```
INSERT INTO tablename(field1,field2,field3,…,fieldn)
    VALUES(value11,value21,value31,…,valuen1),
          (value12,value22,value32,…,valuen2),
          ……
          (value1m,value2m,value3m,…,valuenm)
```

参数 fieldn 表示表中部分字段名称，记录（value11,value21,value31,…,valuen1）表示所要插入的第一条记录的部分数值，记录（value1m,value2m,value3m,…,valuenm）表示所要插入的第 m 条记录的部分数值，在具体应用时参数 fieldn 与参数 valuen 应一一对应。

【示例 5-4】执行 SQL 语句 INSERT INTO，向数据库 school 的班级表 t_class 中插入多条部分数据记录，其中字段 cname 和字段 loc 的值为('class_1','loc_1')、('class_2','loc_2')、('class_3','loc_3')，具体步骤如下：

步骤01　创建并选择该数据库 school，具体 SQL 语句如下：

```
CREATE DATABASE school;
USE school;
```

执行结果如图 5-21 和图 5-22 所示。

图 5-21　创建数据库

图 5-22　选择数据库

步骤02　使用 CREATE 语句创建 t_class 表，再使用 DESCRIBE 语句查看班级表的信息，具体 SQL 语句如下：

```
CREATE TABLE `t_class` (
    classno INT(11) PRIMARY KEY AUTO_INCREMENT,
    cname VARCHAR(20),
    loc VARCHAR(40),
    advisor VARCHAR(20));
DESCRIBE t_class;
```

执行结果如图 5-23 和图 5-24 所示。

图 5-23　创建表

图 5-24　查看表信息

步骤 03 执行 SQL 语句 INSERT INTO，插入完整数据记录，再使用 SELECT 语句查询 t_class 表，具体 SQL 语句如下：

```
INSERT INTO t_class(cname, loc) VALUES ('class_1', 'loc_1'),
            ('class_2', 'loc_2'),('class_3', 'loc_3');
SELECT * FROM t_class;
```

执行结果如图 5-25 和图 5-26 所示。

图 5-25　向数据表中插入多条数据记录

图 5-26　查询插入的数据

图 5-26 的执行结果显示，表 t_class 的 3 条数据已经插入成功，而且记录中没有数值插入的字段已经由自动增加约束生成值。

5.1.5　插入查询结果

在 MySQL 中，通过 SQL 语句 INSERT INTO 除了可以将数据值插入表中外，还可以实现将一个表中的查询结果作为数据记录插入另一个表中，从而实现表数据值的复制功能。语法形式如下：

```
INSERT INTO tablename1(field11,field12,field13,…,field1n)
    SELECT (field21,field22,field23,…,field2n)
        FROM tablename2 WHERE …
```

参数 tablename1 表示所要插入数据的表，参数 tablename2 表示所要插入的数据是从哪个表查询出来的，参数(field11,field12,field13,…,field1n)表示 tablename1 中所要插入值的字段，参数(field21,field22,field23,…,field2n)表示 tablename2 所查询的数据值的字段。

【示例 5-5】执行 SQL 语句 INSERT INTO，向数据库 school 的班级表 t_class 中插入班主任表 t_advisor 中关于字段 cname 和 loc 的查询结果，具体步骤如下：

步骤 01 执行 SQL 语句 CREATE DATABASE，创建数据库 school，并选择该数据库，具体 SQL 语句如下：

```
CREATE DATABASE school;
USE school;
```

执行结果如图 5-27 和图 5-28 所示。

```
mysql> CREATE DATABASE school;
Query OK, 1 row affected (0.07 sec)
```

```
mysql> USE school;
Database changed
```

图 5-27 创建数据库   图 5-28 选择数据库

步骤 02 执行 SQL 语句 CREATE TABLE，创建 t_class 表和 t_advisor 表，具体 SQL 语句如下：

```
CREATE TABLE `t_class` (
    classno INT(11) PRIMARY KEY AUTO_INCREMENT,
    cname VARCHAR(20),
    loc VARCHAR(40),
    advisor VARCHAR(20));
CREATE TABLE t_advisor(
    id INT PRIMARY KEY,
    aname VARCHAR(20),
    cname VARCHAR(20),
    loc VARCHAR(40));
```

执行结果如图 5-29 和图 5-30 所示。

```
mysql> CREATE TABLE `t_class` (
    -> classno INT(11) PRIMARY KEY AUTO_INCREMENT,
    -> cname VARCHAR(20),
    -> loc VARCHAR(40),
    -> advisor VARCHAR(20));
Query OK, 0 rows affected (0.03 sec)
```

```
mysql> CREATE TABLE t_advisor(
    -> id INT PRIMARY KEY,
    -> aname VARCHAR(20),
    -> cname VARCHAR(20),
    -> loc VARCHAR(40));
Query OK, 0 rows affected (0.03 sec)
```

图 5-29 创建 t_class 表   图 5-30 创建 t_advisor 表

步骤 03 执行 SQL 语句 DESCRIBE，查看数据库 school 中班级表 t_class 和班主任表 t_advisor 的信息，具体 SQL 语句如下：

```
DESCRIBE t_class;
DESCRIBE t_advisor;
```

执行结果如图 5-31 和图 5-32 所示。

```
mysql> DESCRIBE t_class;
+----------+-------------+------+-----+---------+----------------+
| Field    | Type        | Null | Key | Default | Extra          |
+----------+-------------+------+-----+---------+----------------+
| classno  | int(11)     | NO   | PRI | NULL    | auto_increment |
| cname    | varchar(20) | YES  |     | NULL    |                |
| loc      | varchar(40) | YES  |     | NULL    |                |
| advisor  | varchar(20) | YES  |     | NULL    |                |
+----------+-------------+------+-----+---------+----------------+
4 rows in set (0.00 sec)
```

图 5-31　查看表 t_class 的信息

```
mysql> DESCRIBE t_advisor;
+--------+-------------+------+-----+---------+-------+
| Field  | Type        | Null | Key | Default | Extra |
+--------+-------------+------+-----+---------+-------+
| id     | int(11)     | NO   | PRI | NULL    |       |
| aname  | varchar(20) | YES  |     | NULL    |       |
| cname  | varchar(20) | YES  |     | NULL    |       |
| loc    | varchar(40) | YES  |     | NULL    |       |
+--------+-------------+------+-----+---------+-------+
4 rows in set (0.00 sec)
```

图 5-32　查看表 t_advisor 的信息

步骤 04　在班主任表 t_advisor 中预先准备数据，再使用 SELECT 语句查询 t_advisor 表，具体 SQL 语句如下：

```
INSERT INTO t_advisor VALUES(1,'a1','class_1','loc_1'),
    (2,'a2','class_2','loc_2'),(3,'a3','class_3','loc_3');
SELECT * FROM t_advisor;
```

执行结果如图 5-33 和图 5-34 所示。

```
mysql> INSERT INTO t_advisor VALUES(1,'a1','class_1','loc_1'),
    -> (2,'a2','class_2','loc_2'),(3,'a3','class_3','loc_3');
Query OK, 3 rows affected (0.10 sec)
Records: 3  Duplicates: 0  Warnings: 0
```

图 5-33　向表 t_advisor 插入数据

```
mysql>     SELECT* FROM t_advisor;
+----+-------+---------+-------+
| id | aname | cname   | loc   |
+----+-------+---------+-------+
|  1 | a1    | class_1 | loc_1 |
|  2 | a2    | class_2 | loc_2 |
|  3 | a3    | class_3 | loc_3 |
+----+-------+---------+-------+
3 rows in set (0.00 sec)
```

图 5-34　查看表的数据

步骤 05　向班级表 t_class 中插入班主任表 t_advisor 中查询的数据，再使用 SELECT 语句查询 t_class 表，SQL 语句如下：

```
INSERT INTO t_class(cname,loc)SELECT cname,loc FROM t_advisor;
SELECT * FROM t_class;
```

执行结果如图 5-35 和图 5-36 所示。

```
mysql> INSERT INTO t_class(cname,loc)SELECT cname,loc FROM t_advisor;
Query OK, 3 rows affected (0.07 sec)
Records: 3  Duplicates: 0  Warnings: 0
```

图 5-35　向表 t_class 中插入查询数据

```
mysql> SELECT * FROM t_class;
+---------+---------+-------+---------+
| classno | cname   | loc   | advisor |
+---------+---------+-------+---------+
|       1 | class_1 | loc_1 | NULL    |
|       2 | class_2 | loc_2 | NULL    |
|       3 | class_3 | loc_3 | NULL    |
+---------+---------+-------+---------+
3 rows in set (0.00 sec)
```

图 5-36　查看表 t_class 的数据

5.1.6　通过 SQLyog 来插入数据记录

除了 SQL 语句外，我们还可以通过客户端软件 SQLyog 来插入数据记录，具体步骤如下：

步骤 01　打开 SQLyog，选择数据库 school，在"询问"窗口中输入 SQL 语句并单击"执行"按钮，具体 SQL 语句如下：

```
CREATE TABLE `t_class` (
```

```
`classno` INT(11) DEFAULT NULL,
`cname` VARCHAR(20) DEFAULT NULL,
`loc` VARCHAR(40) DEFAULT NULL,
`advisor` VARCHAR(20) DEFAULT NULL);
```

执行结果如图 5-37 所示。

图 5-37　SQLyog 中在数据库中新建表

步骤 02 在"对象资源管理器"窗口中，右击数据库 school 中表 t_class 的节点，从弹出的快捷菜单中选择"在新选项卡中打开表格"命令，如图 5-38 所示。

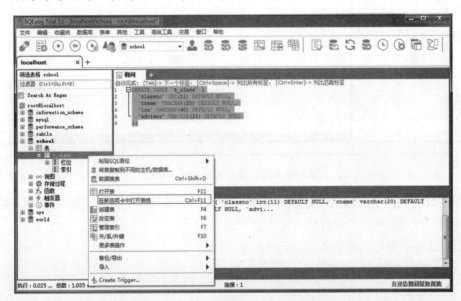

图 5-38　打开"在新选项卡中打开表格"

步骤 03 打开如图 5-39 所示的窗口。

步骤 **04** 双击初始行，就会新增可以编辑的一行，如图 5-40 所示。

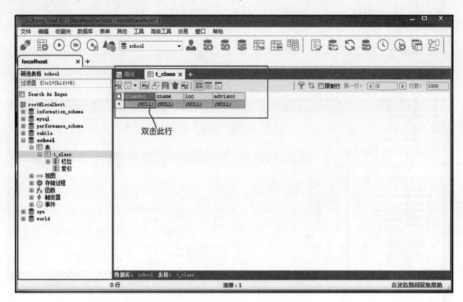

图 5-39　t_class 表格被打开

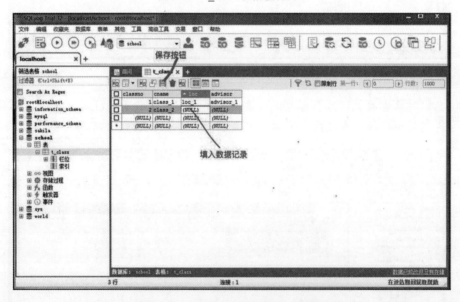

图 5-40　在 t_class 表格中插入数据

如图 5-40 所示，双击某个单元格，就可以输入相应的数据记录，一行数据为一组记录，单击"保存"按钮，就可以保存输入的数据记录。

通过上述步骤即可实现插入数据记录功能。

5.2 更新数据记录

更新数据记录是数据操作中常见的操作,该操作可以更新表中已经存在的数据记录中的值。在 MySQL 中可以通过 UPDATE 语句来实现更新数据记录,该 SQL 语句可以通过两种方式使用:更新特定数据记录和更新所有数据记录。

5.2.1 更新特定数据记录

在 MySQL 中,更新特定数据记录通过 SQL 语句 UPDATE 来实现,其语法形式如下:

```
UPDATE tablename
    SET field1=value1,field2=value2,field3=value3
    WHERE CONDITION;
```

在上述语句中,参数 tablename 表示所要更新数据记录的表名,参数 field 表示表中所要更新数值的字段名字,参数 valuen 表示更新后的数值,参数 CONDITION 指定更新满足条件的特定数据记录。

【示例 5-6】执行 SQL 语句 UPDATE,在数据库 school 的班级表 t_class 中,使名称(字段 cname)为"class_1"的地址(字段 loc)由"loc_1"更新成"loc_11",具体步骤如下:

步骤 01 创建和选择数据库 school,具体 SQL 语句如下:

```
CREATE DATABASE school;
USE school;
```

执行结果如图 5-41 和图 5-42 所示。

```
mysql> CREATE DATABASE school;
Query OK, 1 row affected (0.07 sec)
```

```
mysql> USE school;
Database changed
```

图 5-41　创建数据库　　　　　　　　图 5-42　选择数据库

步骤 02 创建和查看 t_class 表,具体 SQL 语句如下:

```
CREATE TABLE t_class(
    classno INT(11),
    cname VARCHAR(20),
    loc VARCHAR(40),
    advisor VARCHAR(20));
DESCRIBE t_class;
```

执行结果如图 5-43 和图 5-44 所示。

```
mysql> CREATE TABLE t_class(
    -> classno INT(11),
    -> cname VARCHAR(20),
    -> loc VARCHAR(40),
    -> advisor VARCHAR(20));
Query OK, 0 rows affected (0.03 sec)
```

图 5-43 创建表

```
mysql> DESCRIBE t_class;
+---------+-------------+------+-----+---------+-------+
| Field   | Type        | Null | Key | Default | Extra |
+---------+-------------+------+-----+---------+-------+
| classno | int(11)     | YES  |     | NULL    |       |
| cname   | varchar(20) | YES  |     | NULL    |       |
| loc     | varchar(40) | YES  |     | NULL    |       |
| advisor | varchar(20) | YES  |     | NULL    |       |
+---------+-------------+------+-----+---------+-------+
4 rows in set (0.00 sec)
```

图 5-44 查看表信息

步骤 03 使用 INSERT INTO 语句向 t_class 表中插入完整的数据记录,再使用 SELECT 语句查询 t_class 表的数据记录,具体 SQL 语句如下:

```
INSERT INTO t_class(classno, cname, loc, advisor)
    VALUES(1, 'class_1','loc_1','advisor_1');
SELECT * FROM t_class;
```

执行结果如图 5-45 和图 5-46 所示。

```
mysql> INSERT INTO t_class(classno, cname, loc, advisor)
    ->         VALUES(1, 'class_1','loc_1','advisor_1');
Query OK, 1 row affected (0.09 sec)
```

图 5-45 插入数据记录

```
mysql> SELECT * FROM t_class;
+---------+---------+-------+-----------+
| classno | cname   | loc   | advisor   |
+---------+---------+-------+-----------+
|       1 | class_1 | loc_1 | advisor_1 |
+---------+---------+-------+-----------+
1 row in set (0.00 sec)
```

图 5-46 查询数据记录

步骤 04 执行 SQL 语句 UPDATE,更新数据记录,再使用 SELECT 语句查询 t_class 表的数据记录,具体 SQL 语句如下:

```
UPDATE t_class SET loc='loc_11' WHERE cname='class_1';
SELECT * FROM t_class;
```

执行结果如图 5-47 和图 5-48 所示。

```
mysql> UPDATE t_class SET loc='loc_11' WHERE cname='class_1';
Query OK, 1 row affected (0.10 sec)
Rows matched: 1  Changed: 1  Warnings: 0
```

图 5-47 更新数据记录

```
mysql> SELECT * FROM t_class;
+---------+---------+--------+-----------+
| classno | cname   | loc    | advisor   |
+---------+---------+--------+-----------+
|       1 | class_1 | loc_11 | advisor_1 |
+---------+---------+--------+-----------+
1 row in set (0.00 sec)
```

图 5-48 查询数据记录

图 5-48 的执行结果显示,在表 t_class 中,cname 为"class_1"的 loc 已经更新为"loc_11"。

5.2.2 更新所有数据记录

在 MySQL 中,更新所有数据记录通过 SQL 语句 UPDATE 来实现,其语法形式如下:

```
UPDATE tablename
  SET field1=value1,field2=value2,field3=value3
    WHERE CONDITION;
```

在上述语句中，参数 tablename 表示所要更新数据记录的表名，参数 field 表示表中所要更新数值的字段名字，参数 valuen 表示更新后的数值，参数 CONDITION 表示满足表 tablename 中所有数据记录，或不使用关键字 WHERE 语句。

【示例 5-7】执行 SQL 语句 UPDATE，在数据库 school 的班级表 t_class 中，使得所有数据记录中班级地址（字段 loc）都更新成"loc_all"，具体步骤如下：

步骤 01 执行 SQL 语句 CREATE DATABASE，创建数据库 school，并选择该数据库，具体 SQL 语句如下：

```
CREATE DATABASE school;
USE school;
```

执行结果如图 5-49 和图 5-50 所示。

图 5-49 创建数据库

图 5-50 选择数据库

步骤 02 创建和查询 t_class 表，具体 SQL 语句如下：

```
CREATE TABLE t_class(
    classno INT(11),
    cname VARCHAR(20),
    loc VARCHAR(40),
     advisor VARCHAR(20));
DESCRIBE t_class;
```

执行结果如图 5-51 和图 5-52 所示。

图 5-51 创建表

图 5-52 查看表信息

步骤 03 执行 SQL 语句 INSERT INTO，插入完整的数据记录，再使用 SELECT 语句查询 t_class 表的数据记录，具体 SQL 语句如下：

```
INSERT INTO t_class(classno, cname, loc, advisor)
    VALUES(1, 'class_1','loc_1','advisor_1'),
          (2, 'class_2','loc_2','advisor_2'),
          (3, 'class_3','loc_3','advisor_3'),
          (4, 'class_4','loc_4','advisor_4');
SELECT * FROM t_class;
```

执行结果如图 5-53 和图 5-54 所示。

```
mysql> INSERT INTO t_class(classno, cname, loc, advisor)
    ->         VALUES(1, 'class_1','loc_1','advisor_1'),
    ->               (2, 'class_2','loc_2','advisor_2'),
    ->               (3, 'class_3','loc_3','advisor_3'),
    ->               (4, 'class_4','loc_4','advisor_4');
Query OK, 4 rows affected (0.09 sec)
Records: 4  Duplicates: 0  Warnings: 0
```

图 5-53　插入数据记录

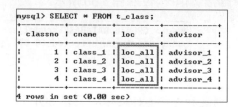

图 5-54　查询数据记录

步骤 04 使用 UPDATE 语句更新数据记录，再使用 SELECT 语句查询 t_class 表的数据记录，具体 SQL 语句如下：

```
UPDATE t_class SET loc='loc_all' WHERE classno<5;
SELECT * FROM t_class;
```

执行结果如图 5-55 和图 5-56 所示。

```
mysql> UPDATE t_class
    -> SET loc='loc_all'
    -> WHERE classno<5;
Query OK, 4 rows affected (0.08 sec)
Rows matched: 4  Changed: 4  Warnings: 0
```

图 5-55　更新表

```
mysql> SELECT * FROM t_class;
+---------+---------+---------+-----------+
| classno | cname   | loc     | advisor   |
+---------+---------+---------+-----------+
|       1 | class_1 | loc_all | advisor_1 |
|       2 | class_2 | loc_all | advisor_2 |
|       3 | class_3 | loc_all | advisor_3 |
|       4 | class_4 | loc_all | advisor_4 |
+---------+---------+---------+-----------+
4 rows in set (0.00 sec)
```

图 5-56　查询表

5.2.3　通过 SQLyog 来更新数据记录

除了 SQL 语句外，我们还可以通过客户端软件 SQLyog 来更新数据记录。本小节将基于 5.1.6 小节的基础进行讲解，数据库、表和表中的数据都已经准备好，具体步骤如下：

步骤 01 在"对象资源管理器"窗口中，右击数据库 school 中表 t_class 的节点，从弹出的快捷菜单中选择"在新选项卡中打开表格"命令，如图 5-57 所示。

步骤 02 打开如图 5-58 所示的窗口。

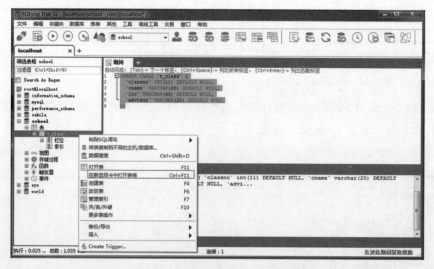

图 5-57　选择"在新选项卡中打开表格"

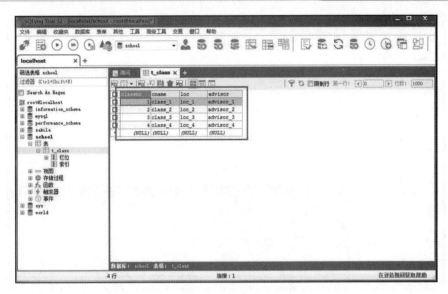

图 5-58　t_class 表格被打开

步骤 03　双击字段 loc 中的单元格,使其处于编辑状态,就可以更新单元格中的内容,如图 5-59
所示。

步骤 04　单击"保存"按钮,保存修改过的 loc 字段的数据记录。为了检验更新结果,在"询
问"窗口中用 SELECT 语句来查询 t_class 中的数据,执行结果如图 5-60 所示。

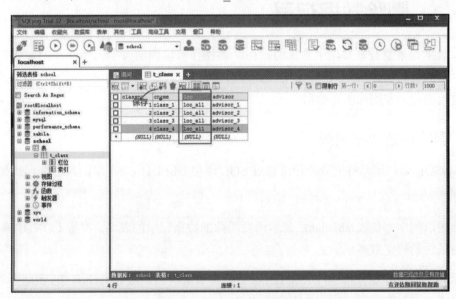

图 5-59　编辑字段 loc 的数据

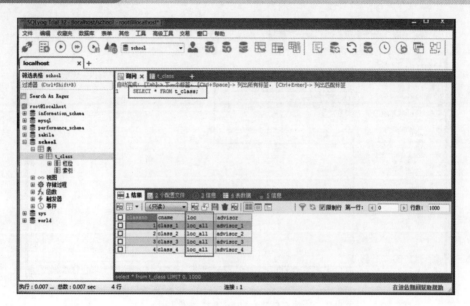

图 5-60　查询表 t_class 中数据

从图 5-60 的查询结果可以看出，表 t_class 的数据已经更新完毕。

5.3　删除数据记录

删除数据记录是数据操作中常见的操作，该操作可以删除表中已经存在的数据记录。在 MySQL 中可以通过 DELETE 语句来实现删除数据记录，该 SQL 语句可以通过两种方式使用：删除特定数据记录和删除所有数据记录。

5.3.1　删除特定数据记录

在 MySQL 中，删除特定数据记录通过 SQL 语句 DELETE 来实现，其语法形式如下：

```
DELETE FROM tablename WHERE CONDITION
```

在上述语句中，参数 tablename 表示所要删除的数据记录的表名，参数 CONDITION 指定删除满足条件的特定数据记录。

【示例 5-8】执行 SQL 语句 DELETE，在数据库 school 的班级表 t_class 中，删除字段 cname 中值为 "class_3" 的数据记录，具体步骤如下：

步骤 01　执行 SQL 语句 CREATE DATABASE，创建数据库 school，并选择该数据库，具体 SQL 语句如下：

```
CREATE DATABASE school;
USE school;
```

执行结果如图 5-61 和图 5-62 所示。

```
mysql> CREATE DATABASE school;
Query OK, 1 row affected (0.07 sec)
```

图 5-61　创建数据库

```
mysql> USE school;
Database changed
```

图 5-62　选择数据库

步骤 02　创建和查看 t_class 表，具体 SQL 语句如下：

```
CREATE TABLE t_class(
    classno INT(11),
    cname VARCHAR(20),
    loc VARCHAR(40),
    advisor VARCHAR(20));
DESCRIBE t_class;
```

执行结果如图 5-63 和图 5-64 所示。

```
mysql> CREATE TABLE t_class(
    -> classno INT(11),
    -> cname VARCHAR(20),
    -> loc VARCHAR(40),
    -> advisor VARCHAR(20));
Query OK, 0 rows affected (0.03 sec)
```

图 5-63　创建表

```
mysql> DESCRIBE t_class;
+---------+-------------+------+-----+---------+-------+
| Field   | Type        | Null | Key | Default | Extra |
+---------+-------------+------+-----+---------+-------+
| classno | int(11)     | YES  |     | NULL    |       |
| cname   | varchar(20) | YES  |     | NULL    |       |
| loc     | varchar(40) | YES  |     | NULL    |       |
| advisor | varchar(20) | YES  |     | NULL    |       |
+---------+-------------+------+-----+---------+-------+
4 rows in set (0.01 sec)
```

图 5-64　查看表信息

步骤 03　执行 SQL 语句 INSERT INTO，插入完整的数据记录，再使用 SELECT 语句查询 t_class 表的数据记录，具体 SQL 语句如下：

```
INSERT INTO t_class(classno, cname, loc, advisor)
    VALUES(1, 'class_1','loc_1','advisor_1'),
        (2, 'class_2','loc_2','advisor_2'),
        (3, 'class_3','loc_3','advisor_3'),
        (4, 'class_4','loc_4','advisor_4');
SELECT * FROM t_class;
```

执行结果如图 5-65 和图 5-66 所示。

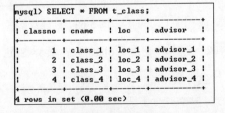

```
mysql> INSERT INTO t_class(classno, cname, loc, advisor)
    ->         VALUES(1, 'class_1','loc_1','advisor_1'),
    ->             (2, 'class_2','loc_2','advisor_2'),
    ->             (3, 'class_3','loc_3','advisor_3'),
    ->             (4, 'class_4','loc_4','advisor_4');
Query OK, 4 rows affected (0.08 sec)
Records: 4  Duplicates: 0  Warnings: 0
```

图 5-65　插入数据记录

```
mysql> SELECT * FROM t_class;
+---------+---------+-------+-----------+
| classno | cname   | loc   | advisor   |
+---------+---------+-------+-----------+
|       1 | class_1 | loc_1 | advisor_1 |
|       2 | class_2 | loc_2 | advisor_2 |
|       3 | class_3 | loc_3 | advisor_3 |
|       4 | class_4 | loc_4 | advisor_4 |
+---------+---------+-------+-----------+
4 rows in set (0.00 sec)
```

图 5-66　查询数据记录

步骤 04　执行 SQL 语句 DELETE FROM，删除数据记录，再使用 SELECT 语句查询 t_class 表的数据记录，具体 SQL 语句如下：

```
DELETE FROM t_class WHERE cname='class_3';
SELECT * FROM t_class;
```

执行结果如图 5-67 和图 5-68 所示。

```
mysql> SELECT * FROM t_class;
+---------+---------+-------+----------+
| classno | cname   | loc   | advisor  |
+---------+---------+-------+----------+
|       1 | class_1 | loc_1 | advisor_1 |
|       2 | class_2 | loc_2 | advisor_2 |
|       4 | class_4 | loc_4 | advisor_4 |
+---------+---------+-------+----------+
3 rows in set (0.00 sec)
```

```
mysql> DELETE FROM t_class
    -> WHERE cname='class_3';
Query OK, 1 row affected (0.03 sec)
```

图 5-67　删除数据　　　　　　　　图 5-68　查询表

从图 5-68 中可以看出，表 t_class 中字段 cname 值为 "class_3" 的数据记录已经删除成功。

5.3.2　删除所有数据记录

在 MySQL 中，删除所有数据记录通过 SQL 语句 DELETE FROM 来实现，其语法形式如下：

```
DELETE FROM tablename
    WHERE CONDITION;
```

在上述语句中，为了删除所有的数据记录，参数 CONDITION 需要满足表 tablename 中所有数据记录或者无关键字 WHERE 语句。

【示例 5-9】执行 SQL 语句 DELETE FROM，在数据库 school 的班级表 t_class 中，删除表中所有的数据记录，具体步骤如下：

步骤01 创建并选择数据库 school，具体 SQL 语句如下：

```
CREATE DATABASE school;
USE school;
```

执行结果如图 5-69 和图 5-70 所示。

```
mysql> CREATE DATABASE school;
Query OK, 1 row affected (0.07 sec)
```

```
mysql> USE school;
Database changed
```

图 5-69　创建数据库　　　　　　　图 5-70　选择数据库

步骤02 创建和查看 t_class 表，具体 SQL 语句如下：

```
CREATE TABLE t_class(
    classno INT(11),
    cname VARCHAR(20),
    loc VARCHAR(40),
    advisor VARCHAR(20));
DESCRIBE t_class;
```

执行结果如图 5-71 和图 5-72 所示。

```
mysql> CREATE TABLE t_class(
    -> classno INT(11),
    -> cname VARCHAR(20),
    -> loc VARCHAR(40),
    -> advisor VARCHAR(20));
Query OK, 0 rows affected (0.03 sec)
```

图 5-71　创建表

```
mysql> DESCRIBE t_class;
+---------+-------------+------+-----+---------+-------+
| Field   | Type        | Null | Key | Default | Extra |
+---------+-------------+------+-----+---------+-------+
| classno | int(11)     | YES  |     | NULL    |       |
| cname   | varchar(20) | YES  |     | NULL    |       |
| loc     | varchar(40) | YES  |     | NULL    |       |
| advisor | varchar(20) | YES  |     | NULL    |       |
+---------+-------------+------+-----+---------+-------+
4 rows in set (0.00 sec)
```

图 5-72　查看表信息

步骤 03 执行 SQL 语句 INSERT INTO,插入完整的数据记录,再使用 SELECT 语句查询 t_class 表的数据记录,具体 SQL 语句如下:

```
INSERT INTO t_class(classno, cname, loc, advisor)
    VALUES(1, 'class_1','loc_1','advisor_1'),
          (2, 'class_2','loc_2','advisor_2'),
          (3, 'class_3','loc_3','advisor_3'),
          (4, 'class_4','loc_4','advisor_4');
SELECT * FROM t_class;
```

执行结果如图 5-73 和图 5-74 所示。

```
mysql> INSERT INTO t_class(classno, cname, loc, advisor)
    ->         VALUES(1, 'class_1','loc_1','advisor_1'),
    ->               (2, 'class_2','loc_2','advisor_2'),
    ->               (3, 'class_3','loc_3','advisor_3'),
    ->               (4, 'class_4','loc_4','advisor_4');
Query OK, 4 rows affected (0.07 sec)
Records: 4  Duplicates: 0  Warnings: 0
```

图 5-73　插入数据记录

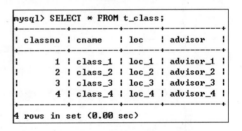

```
mysql> SELECT * FROM t_class;
+---------+---------+-------+-----------+
| classno | cname   | loc   | advisor   |
+---------+---------+-------+-----------+
|       1 | class_1 | loc_1 | advisor_1 |
|       2 | class_2 | loc_2 | advisor_2 |
|       3 | class_3 | loc_3 | advisor_3 |
|       4 | class_4 | loc_4 | advisor_4 |
+---------+---------+-------+-----------+
4 rows in set (0.00 sec)
```

图 5-74　查询数据记录

步骤 04 使用 DELETE FROM 语句删除数据记录,再使用 SELECT 语句查询 t_class 表的数据记录,具体 SQL 语句如下:

```
DELETE FROM t_class WHERE classno<5;
SELECT * FROM t_class;
```

执行结果如图 5-75 和图 5-76 所示。

```
mysql> DELETE FROM t_class
    -> WHERE classno<5;
Query OK, 4 rows affected (0.03 sec)
```

图 5-75　删除数据

```
mysql> SELECT * FROM t_class;
Empty set (0.00 sec)
```

图 5-76　查看数据

从图 5-76 可以看出,表 t_class 中的数据记录已经全部被删除。

5.3.3　通过 SQLyog 删除数据记录

除了 SQL 语句外，我们还可以通过客户端软件 SQLyog 来更新数据记录。本小节将基于 5.2.3 小节的基础进行讲解，数据库、表和数据都已经准备好，具体步骤如下：

步骤 01　在"对象资源管理器"窗口中，右击数据库 school 中表 t_class 的节点，从弹出的快捷菜单中选择"在新选项卡中打开表格"命令，如图 5-77 所示。

步骤 02　打开如图 5-78 所示的窗口。

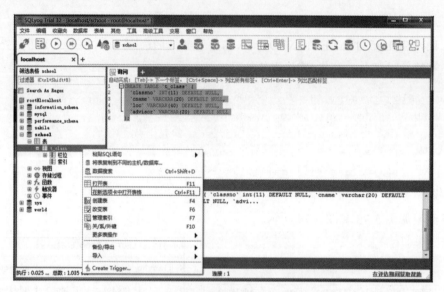

图 5-77　选择"在新选项卡中打开表格"

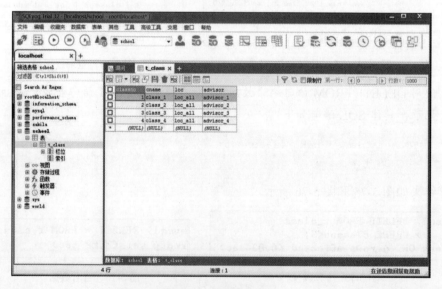

图 5-78　打开的表格

步骤 03　在 t_class 页面中，在最左边的复选框中勾选要删除的数据记录所在行，再右击，在弹出快捷菜单中选择"删除所选行"，如图 5-79 所示。

步骤 **04** 弹出如图 5-80 所示的对话框。

图 5-79　选择"删除所选行"

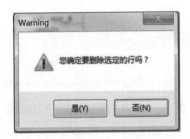

图 5-80　选择删除所选行对话框

步骤 **05** 单击"是"按钮，所选择行的数据记录就会被删除，如图 5-81 所示。

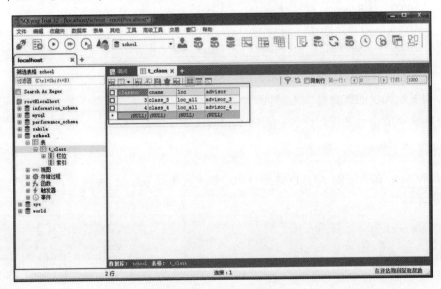

图 5-81　数据删除成功

5.4 综合示例——学生表的数据操作

通过 5.1~5.3 节的学习，我们已经掌握了如何在数据库中创建、查看、修改和删除表。接下来，我们通过一个实战练习来巩固所学的知识。我们将在数据库 school 中创建一个 student 表，内容如表 5-1 所示。

表 5-1　student表的内容

字段名	字段描述	数据类型	主键	外键	非空	唯一	自增
id	编号	INT(4)	是	否	是	是	是
stuid	学号	INT(10)	否	否	是	否	否
name	姓名	VARCHAR(20)	否	否	是	否	否
gender	性别	VARCHAR(10)	否	否	是	否	否
nationality	民族	VARCHAR(10)	否	否	是	否	否
age	年龄	INT(4)	否	否	否	否	否
classno	班级号	INT(11)	否	否	是	否	否
diet	饮食	VARCHAR(40)	否	否	否	否	否

按照下列要求进行操作：

（1）将表 5-2 中的数据记录插入 student 表中。

表 5-2　需要插入 student 表的内容

id	stuid	name	gender	nationality	age	classno	diet
1	10001	Jack Ma	Male	Han	8	3	mutton
2	10002	Justin Zhou	Male	Han	8	1	pork
3	10022	Rebecca Li	Female	Hui	9	2	beef
4	10010	Emily Wang	Female	Han	8	2	pork
5	10030	Jim Yan	Male	Han	7	4	pork

（2）将 Emily Wang 的民族改为蒙古族（Mongolian），并且将班级号改成 2。

（3）将民族为汉的饮食都改为猪肉（pork）。

（4）删除年龄小于 8 岁的学生，视为不符合上学年龄。

接下来进行上机实战，步骤如下：

步骤01 执行 SQL 语句 CREATE DATABASE，创建数据库 school，并选择该数据库，具体 SQL 语句如下：

```
CREATE DATABASE school;
USE school;
```

执行结果如图 5-82 和图 5-83 所示。

```
mysql> CREATE DATABASE school;
Query OK, 1 row affected (0.07 sec)
```

图 5-82　创建数据库

```
mysql> USE school;
Database changed
```

图 5-83　选择数据库

步骤 02　使用如下 CREATE TABLE 语句创建 student 表，再使用 DESCRIBE 语句查看表 student 的信息：

```
CREATE TABLE student(
    id INT(4), stuid INT(10),
    name VARCHAR(20),gender VARCHAR(10),
    nationality VARCHAR(10),age INT(4),
    classno INT(11),diet VARCHAR(40));
DESCRIBE student;
```

执行结果如图 5-84 和图 5-85 所示。

```
mysql> CREATE TABLE student(
    ->     id INT(4), stuid INT(10),
    ->         name VARCHAR(20),gender VARCHAR(10),
    ->         nationality VARCHAR(10),age INT(4),
    ->         classno INT(11),diet VARCHAR(40));
Query OK, 0 rows affected (0.11 sec)
```

图 5-84　创建表

```
mysql> DESCRIBE student;
+-------------+-------------+------+-----+---------+-------+
| Field       | Type        | Null | Key | Default | Extra |
+-------------+-------------+------+-----+---------+-------+
| id          | int(4)      | YES  |     | NULL    |       |
| stuid       | int(10)     | YES  |     | NULL    |       |
| name        | varchar(20) | YES  |     | NULL    |       |
| gender      | varchar(10) | YES  |     | NULL    |       |
| nationality | varchar(10) | YES  |     | NULL    |       |
| age         | int(4)      | YES  |     | NULL    |       |
| classno     | int(11)     | YES  |     | NULL    |       |
| diet        | varchar(40) | YES  |     | NULL    |       |
+-------------+-------------+------+-----+---------+-------+
8 rows in set (0.00 sec)
```

图 5-85　查看表信息

步骤 03　使用 INSERT INTO 语句将表 5-2 中的数据都插入 student 表中，再使用 SELECT 检验数据是否插入成功，具体 SQL 语句如下：

```
INSERT INTO student
    VALUES(1,10001,'Jack Ma','Male','Han',8,3,'mutton'),
    (2,10002,'Justin Zhou','Male','Han',8,1,'pork'),
    (3,10022,'Rebecca Li','Female','Hui',9,2,'beef'),
    (4,10010,'Emily Wang','Female','Han',9,2,'pork'),
    (5,10030,'Jim Yan','Male','Han',7,4,'pork');
SELECT * FROM student;
```

执行结果如图 5-86 和图 5-87 所示。

```
mysql> INSERT INTO student
    -> VALUES(1,10001,'Jack Ma','Male','Han',8,3,'mutton'),
    -> (2,10002,'Justin Zhou','Male','Han',8,1,'pork'),
    -> (3,10022,'Rebecca Li','Female','Hui',9,2,'beef'),
    -> (4,10010,'Emily Wang','Female','Han',9,2,'pork'),
    -> (5,10030,'Jim Yan','Male','Han',7,4,'pork');
Query OK, 5 rows affected (0.02 sec)
Records: 5  Duplicates: 0  Warnings: 0
```

图 5-86　向学生表插入数据

```
mysql> SELECT * FROM student;
+----+-------+-------------+--------+-------------+-----+---------+--------+
| id | stuid | name        | gender | nationality | age | classno | diet   |
+----+-------+-------------+--------+-------------+-----+---------+--------+
|  1 | 10001 | Jack Ma     | Male   | Han         |   8 |       3 | mutton |
|  2 | 10002 | Justin Zhou | Male   | Han         |   8 |       1 | pork   |
|  3 | 10022 | Rebecca Li  | Female | Hui         |   9 |       2 | beef   |
|  4 | 10010 | Emily Wang  | Female | Han         |   9 |       2 | pork   |
|  5 | 10030 | Jim Yan     | Male   | Han         |   7 |       4 | pork   |
+----+-------+-------------+--------+-------------+-----+---------+--------+
5 rows in set (0.00 sec)
```

图 5-87　查询学生表数据记录

步骤 **04** 将 Emily Wang 的民族改为蒙古族（Mongolian），并且将班级号改成 2，再使用 SELECT 语句检验 student 表的数据，具体 SQL 语句如下：

```
UPDATE student SET nationality='Mongonlian',classno=2
    WHERE name='Emily Wang';
    SELECT * FROM student;
```

执行结果如图 5-88 和图 5-89 所示。

图 5-88　更新学生表的数据记录

图 5-89　查询学生表 student 的数据记录

步骤 **05** 使用 UPDATE 语句将民族为 Han 的饮食都改为 pork，再使用 SELECT 语句检验 student 表的数据，具体 SQL 语句如下：

```
UPDATE student SET diet='pork' WHERE nationality='Han';
SELECT * FROM student;
```

执行结果如图 5-90 和图 5-91 所示。

图 5-90　更新学生表数据

图 5-91　查询学生表 student 的数据记录

步骤 **06** 将民族为 Mongolian 的饮食改为 mutton，再使用 SELECT 语句检验 student 表的数据，具体 SQL 语句如下：

```
UPDATE student SET diet='mutton' WHERE nationality='Mongonlian';
SELECT * FROM student;
```

执行结果如图 5-92 和图 5-93 所示。

图 5-92　更新学生表的数据

图 5-93　查询学生表 student 的数据记录

步骤 **07** 删除年龄小于 8 岁的学生，视为不符合上学年龄，再使用 SELECT 语句检验 student

表的数据，具体 SQL 语句如下：

```
DELETE FROM student WHERE age<8;
SELECT * FROM student;
```

执行结果如图 5-94 和图 5-95 所示。

```
mysql> DELETE FROM student
    -> WHERE age<8;
Query OK, 1 row affected (0.00 sec)
```

图 5-94　删除学生表的数据

```
mysql> SELECT * FROM student;
+----+-------+-------------+--------+------------+-----+---------+--------+
| id | stuid | name        | gender | nationality| age | classno | diet   |
+----+-------+-------------+--------+------------+-----+---------+--------+
|  1 | 10001 | Jack Ma     | Male   | Han        |   8 |       3 | pork   |
|  2 | 10002 | Justin Zhou | Male   | Han        |   8 |       1 | pork   |
|  3 | 10022 | Rebecca Li  | Female | Hui        |   9 |       2 | beef   |
|  4 | 10010 | Emily Wang  | Female | Mongonlian |   9 |       2 | mutton |
+----+-------+-------------+--------+------------+-----+---------+--------+
4 rows in set (0.00 sec)
```

图 5-95　查询学生表的数据

5.5　经典习题与面试题

1. 经典习题

在 shop 数据库中创建一个购物车表 cart，内容如表 5-3 所示。

表 5-3　cart 表的结构

字段名	数据类型	长度	描述
id	INT	4	商品 ID，自增，非空，主键
name	VARCHAR	50	商品名称，非空
price	DOUBLE	8	价格，非空
count	INT	4	商品数量，非空
sum_money	DOUBLE	8	商品总价，非空
expiredays	VARCHAR	4	可以空

按照下列要求进行表操作：

（1）随意添加 2 条完整数据记录，插入到表中。

（2）在第 2 条数据之前插入一条数据，数据的保质期字段为空。

（3）删除添加的第一条数据。

（4）更新之前插入的保质期字段为空的数据，将其保质期设置为"过期"。

（5）删除保质期为"过期"的所有数据。

2. 面试题及解答

（1）插入记录时，哪种情况下不需要在 INSERT 语句中指定字段名？

在 INSERT 语句中指定字段名是为了指明将数据插入哪个字段中。如果 INSERT 语句为表中的所有字段赋值，就可以不指明字段名，数据库系统会按顺序将数据一次性插入所有字段中。有些表的字段特别多，有些字段不需要赋值，这样就必须指出为哪些字段赋值。

（2）如何为自增字段（AUTO_INCREMENT）赋值？

在 INSERT 语句中可以直接为自增字段赋值。但是，大部分的自增字段需要数据库系统为其自动生成一个值，这样可以保证这个值的唯一性。用户可以通过两种方式让数据库系统自动为自增字段赋值：第一种方法是在 INSERT 语句中不为该字段赋值；第二种方法是在 INSERT 语句中将该字段赋值为 NULL。而且，其值是上条记录中该字段的取值加 1。

（3）如何进行联表删除？

如果某个学生退表了，就必须从学生表中删除这个学生的信息，同时，必须从数据库中删除所有与该同学相关的图书信息、成绩信息等，这就必须进行联表删除。在学生表删除这个学生的信息时，要同时删除所有其他表中该同学的信息，这个可以通过外键来实现，其他表中的信息与学生表中的信息都是通过学号来联系的，根据学号查询存在该同学信息的表，删除相应的数据。联表删除可以保证数据库中数据的一致性。

5.6 本章小结

本章介绍了如何向表中插入数据、如何更新表中已经存在的记录以及如何删除数据，这些都是本章的重点内容。INSERT 语句使用非常灵活，读者需要多练习。更新语句和删除语句需要设置查询条件。查询条件一定要合理设置，否则会造成数据丢失。如果没有设置查询条件，更新语句将更新所有数据，删除语句将删除所有数据。学习本章时一定要多练习，在实际操作中掌握本章的内容。下一章将为读者讲解 MySQL 的数据类型。

第 6 章

◄ MySQL的数据类型 ►

数据库提供了多种数据类型，其中包括整数类型、浮点数类型、定点数类型、日期和时间类型、字符串类型和二进制数据类型。不同的数据类型有各自的特点，适用范围不相同，而且存储方式也不一样。本章将讲解各种数据类型。

6.1 整数类型

整数类型是数据库中基本的数据类型。标准 SQL 中支持 INTEGER 和 SMALLINT 两种数据类型。MySQL 数据库除了支持这两种类型以外，还扩展支持了 TINYINT、MEDIUMINT 和 BIGINT。表 6-1 将从不同整数类型的字节数、取值范围等方面进行对比。

表 6-1　整数类型

整数类型	字节数	无符号数的取值范围	有符号数的取值范围
TINYINT	1	0~255	-128~127
SMALLINT	2	0~65535	-32768~32767
MEDIUMINT	3	0~16777215	-8388608~8388607
INT	4	0~4294967295	-2147483648~2147483647
INTEGER	4	0~4294967295	-2147483648~2147483647
BIGINT	8	0~18446744073709551615	-9223372036854775808~9223372036854775807

从表 6-1 中可以看到，INT 类型和 INTEGER 类型的字节数和取值范围是一样的。其实，在 MySQL 中，INT 类型和 INTEGER 类型是一样的。TINYINT 类型占用的字节最少，只需要 1 字节，因此其取值范围是最小的。BIGINT 类型占用的字节最多，需要 8 字节，因此其取值范围是最大的。

不同类型的整数类型的字节数不同，根据类型所占的字节数可以计算出该类型的取值范围。例如，TINYINT 的空间为 1 字节，1 字节是 8 位，那么 TINYINT 无符号数的最大值为 2^8-1，即为 255。TINYINT 有符号数的最大值为 2^7-1，即为 127。同理，可以计算出其他不同整数类型的取值范围。

字段选择哪个整数类型取决于该字段的范围。如果字段的最大值不超过 255，那么选择 TINYINT 类型就足够了。当取值很大时，根据最大值的范围选择 INT 类型或 BIGINT 类型。现在最常用的整数类型是 INT 类型。

【示例 6-1】INT 类型字段的创建。

使用 HELP INT 命令可以查看 INT 类型的数据范围，如图 6-1 所示。

```
mysql> HELP INT;
Name: 'INT'
Description:
INT[(M)] [UNSIGNED] [ZEROFILL]

A normal-size integer. The signed range is -2147483648 to 2147483647.
The unsigned range is 0 to 4294967295.

URL: http://dev.mysql.com/doc/refman/8.0/en/numeric-type-overview.html
```

图 6-1　INT 类型帮助文档

首先创建一个含有 INT 类型字段的表，再使用 INSERT 语句插入符合范围的数据，如果插入的数据超出了规定的范围，就会插入失败，如图 6-2 和图 6-3 所示。

```
mysql> INSERT INTO int_example VALUES
    -> (0),(-3),(6.1),(214783647),(-214783648);
Query OK, 5 rows affected (0.10 sec)
Records: 5  Duplicates: 0  Warnings: 0

mysql> SELECT * FROM int_example;
+-------------+
| int_value   |
+-------------+
|           0 |
|          -3 |
|           6 |
|   214783647 |
|  -214783648 |
+-------------+
5 rows in set (0.00 sec)

mysql> INSERT INTO int_example VALUES
    -> (0),(-3),(6.1),(214783647),(-2147836409);
ERROR 1264 (22003): Out of range value for column 'int_value' at row 5
```

```
mysql> CREATE TABLE
    -> int_example(
    -> int_value INTEGER);
Query OK, 0 rows affected (0.11 sec)
```

图 6-2　创建表　　　　　　　　　　图 6-3　在表里插入数据再查询

6.2　浮点数类型和定点数类型

数据表中用浮点数类型和定点数类型来表示小数。浮点数类型包括单精度浮点数（FLOAT 类型）和双精度浮点数（DOUBLE 类型）。定点数类型就是 DECIMAL 类型。下面从这 3 种类型的字节数、取值范围等方面进行对比，如表 6-2 所示。

表 6-2　浮点数和定点数类型

类型	字节数	负数的取值范围	非负数的取值范围
FLOAT	4	-3.402823466E+38~ -1.175494351E-38	0 和-1.175494351E-38~ 3.402823466E+38
DOUBLE	8	-1.7976931348623157E+308~ -2.2250738585072014E-308	0 和 2.2250738585072014E-308~ 1.7976931348623157E+308
DECIMAL(M,D)　或 DEC(M,D)	M+2	同 DOUBLE 型	同 DOUBLE 型

从表 6-2 可以看到，DECIMAL 类型的取值范围与 DOUBLE 相同，但是，DECIMAL 类型的有效值范围由 M 和 D 决定。而且 DECIMAL 类型的字节数是 M+2，也就是说，定点数的存储空间是根据其精度决定的。

【示例 6-2】FLOAT、DOUBLE 和 DECIMAL 类型字段的创建。

由图 6-4~图 6-6 可见，FLOAT、DOUBLE 类型存储数据时存储的是近似值，DECIMAL 类型存储的是字符串，因此提供了更高的精度。在金融系统中，表示货币金额的时候会优先考虑 DECIMAL 类型，一般的价格体系中，比如购物平台中货品的标价一般选择 FLOAT 类型就可以。

```
mysql> CREATE TABLE fdd_example(
    -> a float(10,5),
    -> b double(10,5),
    -> c decimal(10,5));
Query OK, 0 rows affected (0.10 sec)
```

图 6-4　创建含有 FLOAT、DOUBLE 和 DECIMAL 类型字段的数据表

```
mysql> INSERT INTO fdd_example
    -> VALUES(12345.00001,12345.00001,12345.00001);
Query OK, 1 row affected (0.00 sec)
```

图 6-5　插入数据

```
mysql> SELECT * FROM fdd_example;
+-------------+-------------+-------------+
| a           | b           | c           |
+-------------+-------------+-------------+
| 12345.00000 | 12345.00001 | 12345.00001 |
+-------------+-------------+-------------+
1 row in set (0.00 sec)
```

图 6-6　查询数据

6.3　日期与时间类型

日期与时间类型是为了方便在数据库中存储日期和时间而设计的，数据库有多种表示日期和时间的数据类型。其中，YEAR 类型表示年，DATE 类型表示日期，TIME 类型表示时间，DATETIME 和 TIMESTAMP 表示日期和时间。下面从这 5 种日期与时间类型的字节数、取值范围和零值等方面进行对比，如表 6-3 所示。

表 6-3　日期与时间类型

类型	字节数	取值范围	零值
YEAR	1	1901~2155	0000
DATE	4	1000-01~9999-12-31	0000:00:00
TIME	3	-838:59:59~838:59:59	00:00:00
DATETIME	8	1000-01 00:00:00~9999-12-21 23:59:59	0000-00-00 00:00:00
TIMESTAMP	4	19700101080001~2038011911407	00000000000000

从表 6-3 可以看到，每种日期与时间类型都有一个有效范围。如果插入的值超过了这个范围，系统就会报错，并将零值插入数据库中。不同的日期与时间类型有不同的零值，表 6-3 中已经详细列出。

【示例 6-3】日期和时间类型的使用如图 6-7 所示。

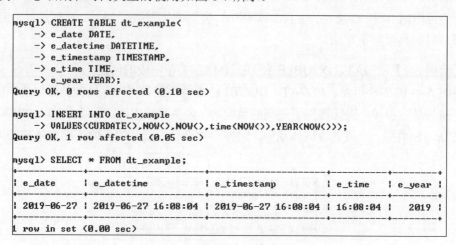

```
mysql> CREATE TABLE dt_example(
    -> e_date DATE,
    -> e_datetime DATETIME,
    -> e_timestamp TIMESTAMP,
    -> e_time TIME,
    -> e_year YEAR);
Query OK, 0 rows affected (0.10 sec)

mysql> INSERT INTO dt_example
    -> VALUES(CURDATE(),NOW(),NOW(),time(NOW()),YEAR(NOW()));
Query OK, 1 row affected (0.05 sec)

mysql> SELECT * FROM dt_example;
+------------+---------------------+---------------------+----------+--------+
| e_date     | e_datetime          | e_timestamp         | e_time   | e_year |
+------------+---------------------+---------------------+----------+--------+
| 2019-06-27 | 2019-06-27 16:08:04 | 2019-06-27 16:08:04 | 16:08:04 |   2019 |
+------------+---------------------+---------------------+----------+--------+
1 row in set (0.00 sec)
```

图 6-7　日期时间类型数据插入和查询

如图 6-7 所示，先创建一个包含日期和时间类型的表，再插入相关数据，最后查询展示数据。由此示例可以了解日期和时间类型的使用。在实际应用中，我们有时在线申请工作或者补助的时候需要填写出生年月，数据就会存储成日期和时间类型。事实上，我们在大部分平台上的任何操作，服务器都会记录操作的日期和时间，并在数据库中存储，比如购物日期时间、发货日期时间、收货时间等。

6.4　字符串类型

字符串类型是在数据库中存储字符串的数据类型。字符串类型包括 CHAR、VARCHAR、BLOB、TEXT、ENUM 和 SET。

6.4.1　CHAR 类型和 VARCHAR 类型

CHAR 类型和 VARCHAR 类型都在创建表时指定了最大长度，其基本形式如下：

字符串类型 (M)

其中，"字符串类型"参数指定了数据类型为 CHAR 类型还是 VARCHAR 类型；M 参数指定了该字符串的最大长度为 M。例如，CHAR(4)就是指数据类型为 CHAR 类型，其最大长度为 4。

CHAR 类型的长度是固定的，在创建表时就指定了，其长度可以是 0~255 的任意值。例如，CHAR(100)就是指定 CHAR 类型的长度为 100。

VARCHAR 类型的长度是可变的，在创建表时指定了最大长度。定义时，其最大值可以取 0~65535 之间的任意值。指定 VARCHAR 类型的最大值以后，其长度可以在 0 到最大长度之间。例如，VARCHAR(100)的最大长度是 100，但是不是每条记录都要占用 100 字节，而是在这个最大值范围内，使用多少分配多少。VARCHAR 类型实际占用的空间为字符串的实际长度加 1，这样即可有效节约系统的空间。

下面向 CHAR(5)与 VARCHAR(5)中存入不同长度的字符串，将数据库中的存储形式和占用的字节数进行对比，如表 6-4 所示。

表 6-4　CHAR(5)与 VARCHAR(5)的对比

插入值	CHAR(5)	占用字节数	VARCHAR(5)	占用字节数
' '	1	5 字节	' '	1 字节
'a'	4	5 字节	'a'	2 字节
'abc'	3	5 字节	'abc'	4 字节
'abc'	8	5 字节	'abc'	5 字节
'abcde'	4	5 字节	'abcde'	6 字节

表 6-4 显示，CHAR(5)所占用的空间都是 5 字节，表示 CHAR(5)的固定长度就是 5 字节。而 VARCHAR(5)所占的字节数是在实际长度的基础上加 1。因为字符串的结束标识符占用了 1 字节。从表的第 3 行可以看到，VARCHAR 将字符串'abc'最后的空格保留着。

【示例 6-4】字符串类型的使用。

创建记录电影名字的表格，名字的字段用 VARCHAR 类型，如果字符串的长度超过了定义的长度，就无法插入，并显示出错信息，如图 6-8~图 6-11 所示。

图 6-8　创建包含字符类型字段的表

图 6-9　插入超过定义长度的数据

图 6-10　插入符合定义长度的字符数据

图 6-11　查看插入的字符数据

6.4.2　TEXT 类型

TEXT 类型是一种特殊的字符串类型，包括 TINYTEXT、TEXT、MEDIUMTEXT 和 LONGTEXT，长度和存储空间对比如表 6-5 所示。

表 6-5　各种 TEXT 类型的对比

类　　型	允许的长度	存储空间
TINYTEXT	0~255 字节	值的长度+2 字节
TEXT	0~65535 字节	值的长度+2 字节
MEDIUMTEXT	0~16772150 字节	值的长度+3 字节
LONGTEXT	0~4294967295 字节	值的长度+4 字节

从表 6-5 可以看出，各种 TEXT 类型的区别在于允许的长度和存储空间不同。因此，在这几种 TEXT 类型中，根据需求选取既能满足需要又节省空间的类型即可。

6.4.3　ENUM 类型

ENUM 类型又称为枚举类型。在创建表时，ENUM 类型的取值范围就以列表的形式指定了，其基本形式如下：

```
属性名  ENUM('值 1', '值 2', …, '值 n')
```

其中，"属性名"参数指字段的名称，"值 n"参数表示列表中的第 n 个值。ENUM 类型的值只能取列表中的一个元素。其取值列表中最多能有 65535 个值。列表中的每个值独有一个顺序排列的编号，MySQL 中存入的是这个编号，而不是列表中的值。

如果 ENUM 类型加上了 NOT NULL 属性，其默认值就为取值列表的第一个元素；如果不加 NOT NULL 属性，ENUM 类型将允许插入 NULL，而且 NULL 为默认值。

6.4.4　SET 类型

在创建表时，SET 类型的取值范围就以列表的形式指定了，其基本形式如下：

```
属性名  SET('值 1', '值 2', …, '值 n')
```

其中，"属性名"参数指字段的名称，"值 n"参数表示列表中的第 n 个值，这些值末尾的空格将会被系统直接删除。其基本形式与 ENUM 类型一样。SET 类型的值可以取列表中的一个元素或者多个元素的组合。取多个元素时，不同元素之间用逗号隔开。SET 类型的值最多只能是由 64 个元素构成的组合。

6.5　二进制类型

二进制类型是存储二进制数据的数据类型，包括 BINARY、VARBINARY、BIT、TINYBLOB、BLOB、MEDIUMBLOB 和 LONGBLOB。二进制类型对比如表 6-6 所示。

表 6-6　二进制类型

类　型	取值范围
BINARY(M)	字节数为 M，允许长度为 0~M 的定长二进制字符串
VARBINARY(M)	允许长度为 0~M 的变长二进制字符串，字节数为值的长度加 1
BIT(M)	M 位二进制数据，M 最大值为 64
TINYBLOB	可变长二进制数据，最多 255 字节
BLOB	可变长二进制数据，最多（2^{16}-1）字节
MEDIUMBLOB	可变长二进制数据，最多（2^{24}-1）字节
LONGBLOB	可变长二进制数据，最多（2^{32}-1）字节

6.5.1　BINARY 和 VARBINARY 类型

BINARY 类型和 VARBINARY 类型都在创建表时指定了最大长度，其基本形式如下：

```
字符串类型(M)
```

其中，"字符串类型"参数指定了数据类型为 BINARY 类型还是 VARBINARY 类型；M 参数指定了该二进制数的最大字节长度为 M。这与 CHAR 类型和 VARCHAR 类型相似。例如，BINARY(10)就是指数据类型为 BINARY 类型，其最大长度为 10。

BINARY 类型的长度是固定的，在创建表时就指定了。不足最大长度的空间由"\0"补全。例如，BINARY(50)就是指定 BINARY 类型的长度为 50。

VARBINARY 类型的长度是可变的，在创建表时指定了最大的长度，其长度可以在 0 到最大长度之间，在这个最大值范围内，使用多少分配多少。

6.5.2　BIT 类型

BIT 类型在创建表时指定了最大长度，其基本形式如下：

```
BIT(M)
```

其中，M 指定了该二进制数的最大字节长度为 M，M 的最大值为 64。例如，BIT(4)就是数据类型为 BIT 类型，长度为 4。若字段的类型为 BIT(4)，则存储的数据是 0~15。因为变成二进制之后，15 的值为 1111，其长度为 4。如果插入的值为 16，其二进制数为 10000，长度为 5，就超过了最大长度。因此，大于 16 的数是不能插入 BIT(4)类型的字段中的。

6.5.3　BLOB 类型

BLOB 类型是特殊的二进制类型。BLOB 类型用来保存数据量很大的二进制数据，如图片等。BLOB 类型包括 TINYBLOB、BLOB、MEDIUMBLOB 和 LONGBLOB。这几种 BLOB 类型的区别是能够保存的最大长度不同。LONGBLOB 的长度最大，TINYBLOB 的长度最小。

BLOB 类型与 TEXT 类型类似，不同之处在于 BLOB 类型用于存储二进制数据。BLOB 类型数据是根据其二进制编码进行比较和排序的，而 TEXT 类型是以文本模式进行比较和排序的。

6.6 如何选择数据类型

在创建表时，需要考虑为字段选择哪种数据类型是最合适的。只有选择了合适的数据类型，才能提高数据库的效率。接下来将讲解选择数据类型的原则。

1. 整数类型和浮点数类型

整数类型和浮点数类型最大的区别在于能否表达小数。整数类型不能表示小数，而浮点数类型可以表示小数。不同的整数类型的取值范围不同。TINYINT 类型的取值范围为 0~255。如果字段的最大值不超过 255，选择 TINYINT 类型就足够了。BIGINT 类型的取值范围最大。最常用的整数类型是 INT 类型。

浮点数类型包括 FLOAT 类型和 DOUBLE 类型。DOUBLE 类型的精度比 FLOAT 类型高。如果需要精确到小数点后 10 位以上，就应该选择 DOUBLE 类型，不应该选择 FLOAT 类型。

2. 浮点数类型和定点数类型

对于浮点数和定点数，当插入值的精度高于实际定义的精度时，系统会自动进行四舍五入处理。其目的是为了使该值的精度达到要求。浮点数进行四舍五入时系统不会报警，定点数会出现警告。

在未指定精度的情况下，浮点数和定点数有其默认的精度。FLOAT 类型和 DOUBLE 类型默认会保存实际精度。这个精度与操作系统和硬件的精度有关。DECIMAL 类型默认整数位为 10，小数位为 0，即默认为整数。

3. CHAR 类型和 VARCHAR 类型

CHAR 类型的长度是固定的，而 VARCHAR 类型的长度是在范围内可变的。因此，VARCHAR 类型占用的空间比 CHAR 类型小。而且，VARCHAR 类型比 CHAR 类型灵活。对于长度变化比较大的字符串类型，最好选择 VARCHAR 类型。

虽然 CHAR 类型占用的空间比较大，但是 CHAR 类型的处理速度比 VARCHAR 快。因此，对于长度变化不大和查询速度要求较高的字符串类型，最好选择 CHAR 类型。

4. 时间和日期类型

YEAR 类型只表示年份。如果只需要记录年份，那么选择 YEAR 类型可以节约空间。TIME 类型只表示时间。如果只需要记录时间，那么选择 TIME 类型是最合适的。DATE 类型只表示日期。如果只需要记录日期，那么选择 DATE 类型是最合适的。

如果需要记录日期和时间，那么可以选择 DATETIME 类型和 TIMESTAMP 类型。DATETIME 类型表示的时间范围比 TIMESTAMP 类型大。因此，若需要的时间范围比较大，则选择 DATETIME 类型比较合适。TIMESTAMP 类型的时间是根据时区来显示的。如果需要显示的时间与时区对应，就应该选择 TIMESTAMP 类型。

5. ENUM 类型和 SET 类型

ENUM 类型最多可以有 65535 个成员，而 SET 类型最多只能包含 64 个成员。两者的取值只能在成员类表中选取。ENUM 类型只能从成员中选择一个，而 SET 类型可以选多个。

因此，对于多个值中选取一个的，可以选择 ENUM 类型。例如，"性别"字段就可以定义成 ENUM 类型，因为只能在"男"和"女"中选取一个。对于可以选取多个值的字段，可以选择 SET 类型。例如，"爱好"字段就可以选择 SET 类型，因为可能有多种爱好。

6. TEXT 类型和 BLOB 类型

TEXT 类型与 BLOB 类型很类似。TEXT 类型只能存储字符数据。而 BLOB 类型可以用于存储二进制数据。如果要存储文章等纯文本的数据，就应该选择 TEXT 类型。如果需要存储图片等二进制的数据，就应该选择 BLOB 类型。

TEXT 类型包括 TINYTEXT、TEXT、MEDIUMTEXT 和 LONGTEXT。这 4 者最大的不同是内容的长度不同。TINYTEXT 类型允许的长度最小，LONGTEXT 类型允许的长度最大。BLOB 类型也是如此。

6.7 经典习题与面试题

1. 经典习题

（1）MySQL 中的小数如何表示，不同表示方法之间有什么区别？

（2）BLOB 类型和 TEXT 类型分别适合存储什么类型的数据？

（3）说明 ENUM 类型和 SET 类型的区别以及在什么情况下适用。

（4）浮点数类型和定点数类型的区别是什么？

（5）DATETIME 类型和 TIMESTAMP 类型的相同点和不同点是什么？

（6）如果一个字段中包含文字和图片，那么应该选择哪种数据类型进行存储？

（7）举例说明哪种情况下适合使用 ENUM 类型，哪种情况下适合使用 SET 类型。

2. 面试题及解答

（1）MySQL 中什么数据类型能够存储路径？

在 MySQL 中，CHAR、VARCHAR 和 TEXT 等字符串类型都可以存储路径。但是，如果路径中使用"\"符号，这个符号就会被过滤。解决的方法是，路径中用"/"或"\\"来代替"\"。这样，MySQL 就不会自动过滤路径的分隔字符，可以完整地表达路径。

（2）MySQL 中如何使用布尔类型？

在 SQL 标准中，存在 BOOL 和 BOOLEAN 类型。MySQL 为了支持 SQL 标准，也是可以定义 BOOL 和 BOOLEAN 类型的。但是，BOOL 和 BOOLEAN 类型最后转换成的是 TINYINT(1)。也就是说，在 MySQL 中，布尔类型等价于 TINYINT(1)。因此，创建表的时候将一个字段定义成 BOOL 和 BOOLEAN 类型，数据库中真实定义的是 TINYINT(1)。

6.8 本章小结

本章介绍了 MySQL 数据库中常见的数据类型，整数类型、浮点类型、日期和时间类型、字符串类型是数据库中使用频繁的数据类型。定点数类型、二进制数据类型使用相对比较少。因此，读者应该重点掌握前面几种数据类型。选择数据类型是本章的难点。读者应该考虑各种数据类型的特点，根据不同的需要选择相应的数据类型。下一章将介绍 MySQL 运算符。

第 7 章
◀ MySQL运算符 ▶

运算符是用来连接表达式中各个操作数的符号，其作用是指明对操作数所进行的运算。MySQL 数据库支持使用运算符，通过运算符可以使数据库的功能更加强大，更加灵活地使用表中的数据。MySQL 运算符包括 4 类，分别是算术运算符、比较运算符、逻辑运算符和位运算符。本章将讲解的内容包括：

- 算术运算符。
- 比较运算符。
- 逻辑运算符。
- 位运算符。
- 运算符的优先级。

通过本章的学习，读者可以了解算术运算符、比较运算符、逻辑运算符和位运算符的使用方法，还可以了解各种运算符的优先级别。在实际应用中需要经常使用运算符，学习本章内容可以让以后的数据操作更加简单灵活。

7.1 运算符简介

当数据库中的表定义完成后，表中的数据代表的意义就定下来了，通过使用运算符进行运算可以得到包含另一层意义的数据。例如，学生表中存在一个 birth 字段，这个字段表示学生的出生年份。如果用户希望查找这个学生的年龄，而学生表中只有出生年份，没有字段表示年龄，就需要进行运算，用当前的年份减去学生的出生年份，就可以计算出学生的年龄了。

从上面可以知道，MySQL 运算符可以指明对表中数据所进行的运算，以便得到用户希望得到的数据，这样可以使 MySQL 数据库更加灵活。MySQL 运算符包括算术运算符、比较运算符、逻辑运算符和位运算符 4 类。

（1）算术运算符：包括加、减、乘、除和求余这几种运算符，主要用于数值的计算，其中，求余运算也称为模运算。

（2）比较运算符：包括大于、小于、等于、不等于和为空等运算符，主要用于数值的比较、字符串的匹配等方面。另外，LIKE、IN、BETWEEN AND 和 IS NULL、NULL 等都是比较运算符，还有用于使用正则表达式的 REGEXP 也是比较运算符。

（3）逻辑运算符：包括与、或、非和异或等运算符。这种运算的结果只返回真值（1 或 true）和假值（0 或 false）。

（4）位运算符：包括按位与、按位或、按位异或、按位左移和按位右移等运算符。这些运算都必须先把数值转换成二进制，然后在二进制数上进行操作。

> 逻辑运算符和位运算符都有与、或和异或等操作，但是位运算必须先把数值变成二进制类，然后才能进行按位操作。运算完成后，将这些二进制的值再变回其原来的类型，返回给用户。逻辑运算直接进行运算，结果只返回真值（1 或 true）和假值（0 或 false）。

本节对 MySQL 的运算符做了简单介绍，让读者对运算符有了大致的了解。接下来将详细讲解每种运算符。

7.2 算术运算符

算术运算符是 MySQL 中常见的一类运算符。MySQL 支持的算术运算符包括加、减、乘、除、除余。各种算术运算符的符号、作用、表达式的形式如表 7-1 所示。

表 7-1　各种算术运算符的符号、作用、表达式

符号	表达式的形式	作用
+	x1+x2+...+xn	加法运算
-	x1-x2-...-xn	减法运算
*	x1*x2*...*xn	乘法运算
/	x1/x2	除法运算，返回 x1 除以 x2 的商
DIV	x1 DIV x2	除法运算，返回商，同"/"
%	x1%x2	求余运算，返回 x1 除以 x2 的余数
MOD	MOD(x1,x2)	求余运算，返回余数，同"%"

> 加号（+）、减号（-）和乘号（*）可以同时运算多个操作数。除号（/）和求余运算符（%）也可以同时计算多个操作数，但是并不推荐使用这两个符号计算多个操作数。DIV（）和 MOD（）这两个运算符只有两个参数，在除法和求余的运算中，如果 x2 的参数是 0，计算结果就是空值（NULL）。

【示例 7-1】下面通过一个具体示例演示各种算术运算符的使用，具体操作如下：

执行 SQL 语句 SELECT，获取各种算术运算后的结果，具体 SQL 语句如下：

```
SELECT 5+6 加法操作,12-6 减法操作,9/3 除法操作,
    8 DIV 4 除法操作,15%6 求模操作,13 MOD 5 求模操作;
```

执行结果如图 7-1 所示。

```
mysql> SELECT 5+6 加法操作,12-6 减法操作,9/3 除法操作, 8 DIV 4 除法操作,15%6 求模操作,13 MOD 5 求模操作;
+-----------+-----------+-----------+-----------+-----------+-----------+
| 加法操作  | 减法操作  | 除法操作  | 除法操作  | 求模操作  | 求模操作  |
+-----------+-----------+-----------+-----------+-----------+-----------+
|        11 |         6 |    3.0000 |         2 |         3 |         3 |
+-----------+-----------+-----------+-----------+-----------+-----------+
1 row in set (0.00 sec)
```

图 7-1　使用算术运算符

图 7-1 的执行结果显示，5 加 6 的结果为 11，12 减 6 的结果为 6，9 除 3 的结果为 3，8 除 4 的结果为 2，15 模 6 的结果为 3，13 模 5 的结果为 3。

 所有的算术运算符都可以同时运算多个操作数，但是除运算符（/和 **DIV**）和求模运算符（%和 **MOD**）的操作数最好是两个。

【示例 7-2】算术运算符除了可以直接操作数值外，还可以操作表中的字段，用于计算学生的总分，具体操作如下：

步骤 **01**　创建和选择数据库 school，具体 SQL 语句如下：

```
CREATE DATABASE school;
USE school;
```

执行结果如图 7-2 和图 7-3 所示。

```
mysql> CREATE DATABASE school;
Query OK, 1 row affected (0.07 sec)
```

图 7-2　创建数据库

```
mysql> USE school;
Database changed
```

图 7-3　选择数据库

步骤 **02**　执行 SQL 语句 CREATE TABLE，创建学生表 t_student 和学生成绩表 t_score，具体 SQL 语句如下：

```
CREATE TABLE t_student(
    id INT(11) PRIMARY KEY,
    name VARCHAR(20),
    age INT(4),
    gender VARCHAR(8));
CREATE TABLE t_score(
    stuid INT(11),
    Chinese INT(4),
    English INT(4),
    Math INT(4),
    Chemistry INT(4),
    Physics INT(4),
    CONSTRAINT fk_stuid FOREIGN KEY(stuid)
    REFERENCES t_student(id));
```

执行结果如图 7-4 和图 7-5 所示。

```
mysql> CREATE TABLE t_student(
    -> id INT(11) PRIMARY KEY,
    -> name VARCHAR(20),
    -> age INT(4),
    -> gender VARCHAR(8));
Query OK, 0 rows affected (0.05 sec)
```

图 7-4　创建学生表

```
mysql> CREATE TABLE t_score(
    -> stuid INT(11),
    -> Chinese INT(4),
    -> English INT(4),
    -> Math INT(4),
    -> Chemistry INT(4),
    -> Physics INT(4),
    -> CONSTRAINT fk_stuid FOREIGN KEY(stuid)
    -> REFERENCES t_student(id));
Query OK, 0 rows affected (0.04 sec)
```

图 7-5　创建成绩表

步骤 03 执行 SQL 语句 DESCRIBE，查看数据库 school 中学生表 t_student 和成绩表 t_score 的信息，具体 SQL 语句如下：

```
DESCRIBE t_student;
DESCRIBE t_score;
```

执行结果如图 7-6 和图 7-7 所示。

```
mysql> DESCRIBE t_student;
+--------+-------------+------+-----+---------+-------+
| Field  | Type        | Null | Key | Default | Extra |
+--------+-------------+------+-----+---------+-------+
| id     | int(11)     | NO   | PRI | NULL    |       |
| name   | varchar(20) | YES  |     | NULL    |       |
| age    | int(4)      | YES  |     | NULL    |       |
| gender | varchar(8)  | YES  |     | NULL    |       |
+--------+-------------+------+-----+---------+-------+
4 rows in set (0.01 sec)
```

图 7-6　查看学生表信息

```
mysql> DESCRIBE t_score;
+-----------+---------+------+-----+---------+-------+
| Field     | Type    | Null | Key | Default | Extra |
+-----------+---------+------+-----+---------+-------+
| stuid     | int(11) | YES  | MUL | NULL    |       |
| Chinese   | int(4)  | YES  |     | NULL    |       |
| English   | int(4)  | YES  |     | NULL    |       |
| Math      | int(4)  | YES  |     | NULL    |       |
| Chemistry | int(4)  | YES  |     | NULL    |       |
| Physics   | int(4)  | YES  |     | NULL    |       |
+-----------+---------+------+-----+---------+-------+
6 rows in set (0.00 sec)
```

图 7-7　查看成绩表信息

步骤 04 使用 INSERT INTO 语句在学生表中插入数据，再使用 SELECT 语句查询学生表的数据，具体 SQL 语句如下：

```
INSERT INTO t_student(id,name,age,gender)
    VALUES(1,'Rebecca',16,'Female'),
        (2,'Justin',17,'Male'),(3,'Jim',16,'Male');
SELECT * FROM t_student;
```

执行结果如图 7-8 和图 7-9 所示。

```
mysql> INSERT INTO t_student(id,name,age,gender)
    ->             VALUES(1,'Rebecca',16,'Female'),
    -> (2,'Justin',17,'Male'),(3,'Jim',16,'Male');
Query OK, 3 rows affected (0.07 sec)
Records: 3  Duplicates: 0  Warnings: 0
```

图 7-8　学生表插入数据记录

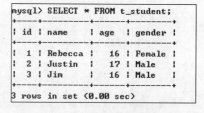

```
mysql> SELECT * FROM t_student;
+----+---------+------+--------+
| id | name    | age  | gender |
+----+---------+------+--------+
|  1 | Rebecca |   16 | Female |
|  2 | Justin  |   17 | Male   |
|  3 | Jim     |   16 | Male   |
+----+---------+------+--------+
3 rows in set (0.00 sec)
```

图 7-9　查询学生表数据

步骤 05 使用 INSERT INTO 语句在成绩表中插入数据，再使用 SELECT 语句查询成绩表的数据，具体 SQL 语句如下：

```
INSERT INTO t_score(
    stuid,Chinese,English,Math,Chemistry,Physics)
```

```
        VALUES(1,87,94,99,89,91),
                (2,76,78,89,80,90),(3,92,98,99,93,80);
SELECT * FROM t_score;
```

执行结果如图 7-10 和图 7-11 所示。

```
mysql> INSERT INTO t_score(
    -> stuid,Chinese,English,Math,Chemistry,Physics)
    -> VALUES(1,87,94,99,89,91),
    -> (2,76,78,89,80,90),
    -> (3,92,98,99,93,80);
Query OK, 3 rows affected (0.00 sec)
Records: 3  Duplicates: 0  Warnings: 0
```

图 7-10　在成绩表中插入数据

```
mysql> SELECT * FROM t_score;
+-------+---------+---------+------+-----------+--------+
| stuid | Chinese | English | Math | Chemistry | Physics |
+-------+---------+---------+------+-----------+--------+
|     1 |      87 |      94 |   99 |        89 |      91 |
|     2 |      76 |      78 |   89 |        80 |      90 |
|     3 |      92 |      98 |   99 |        93 |      80 |
+-------+---------+---------+------+-----------+--------+
3 rows in set (0.00 sec)
```

图 7-11　查询成绩表的数据

步骤 06 操作学生表 t_student、成绩表 t_score 中的字段，计算学生的总分，具体 SQL 语句如下：

```
SELECT stu.name,sco.Chinese,sco.English,
sco.Chinese,sco.English,sco.Math,sco.Chemistry,sco.physics,
sco.Chinese+sco.English+sco.Math+sco.Chemistry+sco.physics totol
    FROM t_student stu, t_score sco WHERE stu.id=sco.stuid;
```

执行结果如图 7-12 所示。

```
mysql> SELECT stu.name,sco.Chinese,sco.English,
    ->     sco.Chinese,sco.English,sco.Math,sco.Chemistry,sco.physics,
    ->     sco.Chinese+sco.English+sco.Math+sco.Chemistry+sco.physics totol
    ->     FROM t_student stu, t_score sco WHERE stu.id=sco.stuid;
+---------+---------+---------+---------+---------+------+-----------+---------+-------+
| name    | Chinese | English | Chinese | English | Math | Chemistry | physics | totol |
+---------+---------+---------+---------+---------+------+-----------+---------+-------+
| Rebecca |      87 |      94 |      87 |      94 |   99 |        89 |      91 |   460 |
| Justin  |      76 |      78 |      76 |      78 |   89 |        80 |      90 |   413 |
| Jim     |      92 |      98 |      92 |      98 |   99 |        93 |      80 |   462 |
+---------+---------+---------+---------+---------+------+-----------+---------+-------+
3 rows in set (0.00 sec)
```

图 7-12　获取总分

从图 7-12 可以看出，已成功查询出每个学生的总分。

【示例 7-3】MySQL 中的除运算符（/和 DIV）和求模运算符（%和 MOD），如果除数为 0，就是非法运算，返回结果为 NULL，具体 SQL 语句如下：

```
SELECT 8/0 除法操作,9 DIV 0 除法操作,4%0 求模操作,7 MOD 0 求模操作;
```

执行结果如图 7-13 所示。

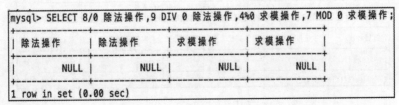

```
mysql> SELECT 8/0 除法操作,9 DIV 0 除法操作,4%0 求模操作,7 MOD 0 求模操作;
+-----------+-----------+-----------+-----------+
| 除法操作  | 除法操作  | 求模操作  | 求模操作  |
+-----------+-----------+-----------+-----------+
|      NULL |      NULL |      NULL |      NULL |
+-----------+-----------+-----------+-----------+
1 row in set (0.00 sec)
```

图 7-13　算术运算中的非法运算

7.3 比较运算符

比较运算符是查询数据时常用的一类运算符。SELECT 语句中的条件语句经常要用比较运算符。通过这些比较运算符可以判断表中的哪些记录是符合条件的。各种比较运算符的符号、作用和表达式的形式如表 7-2 所示。

表 7-2　各种比较运算符的符号、作用和表达式

符号	表达式的形式	作用
=	x1=x2	判断 x1 是否等于 x2
<>或!=	x1<>x2 或 x1!=x2	判断 x1 是否不等于 x2
<=>	x1<=>x2	判断 x1 是否等于 x2
>	x1>x2	判断 x1 是否大于 x2
>=	x1>=x2	判断 x1 是否大于等于 x2
<	x1<x2	判断 x1 是否小于 x2
<=	x1<=x2	判断 x1 是否小于等于 x2
IS NULL	x1 is NULL	判断 x1 是否等于 NULL
IS NOT NULL	x1 is NOT NULL	判断 x1 是否不等于 NULL
BETWEEN AND	x1 BETWEEN m AND n	判断 x1 的取值是否落在 m 和 n 之间
IN	x1 IN(值 1, 值 2,…,值 n)	判断 x1 的取值是不是值 1 到值 n 中的一个
LIKE	x1 LIKE 表达式	判断 x1 是否与表达式匹配
REGEXP	x1 REGEXP 正则表达式	判断 x1 是否与正则表达式匹配

7.3.1　常用的比较运算符

常用的比较运算符包含实现相等的比较运算符 "=" 和 "<=>"，实现不相等的比较运算符 "! =" 和 "<>"，实现大于或大于等于的比较运算符 ">" 和 ">="，实现小于和小于等于的比较运算符 "<" 和 "<="。

【示例 7-4】下面通过一个具体示例演示常用的比较运算符的使用，具体步骤如下：

步骤 01　执行带有 "=" 和 "<=>" 比较运算符的 SQL 语句 SELECT，来了解这些比较运算符的作用，具体 SQL 语句如下：

```
SELECT 3=3 数值比较,'sky'='heaven' 字符串比,3*4=2*6 表达式比,
    1<=>1 数值比,'dragon'<=>'dragon' 字符串比较,2+7<=>6+3 表达式比;
```

执行结果如图 7-14 所示。

```
mysql> SELECT 3=3 数值比较,'sky'='heaven' 字符串比,3*4=2*6 表达式比,
    -> 1<=>1 数值比,'dragon'<=>'dragon' 字符串比较,2+7<=>6+3 表达式比;

| 数值比较 | 字符串比 | 表达式比 | 数值比 | 字符串比较 | 表达式比 |

|        1 |        0 |        1 |      1 |          1 |        1 |

1 row in set (0.00 sec)
```

图 7-14　使用 "=" 和 "<=>" 运算符

从图 7-14 的执行结果可以看出，“=”和“<=>”比较运算符可以判断数值、字符串和表达式是否相等，如果相等，就返回 1，否则返回 0。

步骤 02　“=”和“<=>”比较运算符在比较字符串是否相等时，依据字符的 ASCII 码来进行判断，前者不能操作 NULL（空值），而后者却可以，执行操作 NULL 的具体 SQL 语句如下：

```
SELECT NULL<=>NULL '<=>符号效果',NULL=NULL '=符号效果';
```

执行结果如图 7-15 所示。

步骤 03　与“=”和“<=>”比较运算符相反，符号“<>”和“！=”用来判断数值、字符串和表达式是否不相等，如果不相等，就返回 1，否则返回 0。执行带有“！=”和“<>”比较运算符的 SQL 语句 SELECT 来理解比较运算符的作用，具体 SQL 语句如下：

```
SELECT 2<>2 数值比较,'mouse'<>'keyboard' 字符串比较, 2+5<>3+4 数值比较,
       6!=6 数值比较,'year'!='year' 字符串比较,7+8!=2+9 数值比较;
```

执行结果如图 7-16 所示。

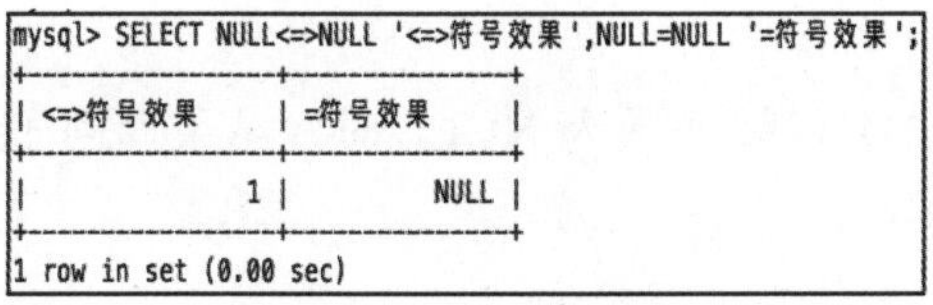

```
mysql> SELECT NULL<=>NULL '<=>符号效果',NULL=NULL '=符号效果';
+-------------+-----------+
| <=>符号效果 | =符号效果 |
+-------------+-----------+
|           1 |      NULL |
+-------------+-----------+
1 row in set (0.00 sec)
```

图 7-15　“=”和“<=>”的区别

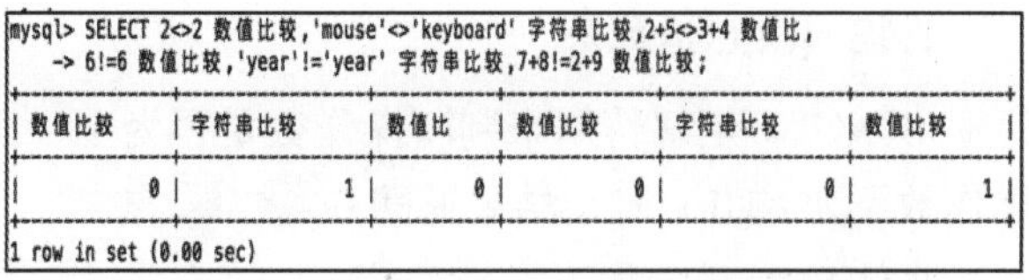

```
mysql> SELECT 2<>2 数值比较,'mouse'<>'keyboard' 字符串比较,2+5<>3+4 数值比,
    -> 6!=6 数值比较,'year'!='year' 字符串比较,7+8!=2+9 数值比较;
+----------+------------+--------+----------+------------+----------+
| 数值比较 | 字符串比较 | 数值比 | 数值比较 | 字符串比较 | 数值比较 |
+----------+------------+--------+----------+------------+----------+
|        0 |          1 |      0 |        0 |          0 |        1 |
+----------+------------+--------+----------+------------+----------+
1 row in set (0.00 sec)
```

图 7-16　使用“!=”和“<>”比较运算符

从图 7-15 可以看出，“=”不能操作 NULL，因此 NULL=NULL 的结果为 NULL，而不是 1，而比较运算符“<=>”却可以进行操作，因此结果为 1。

从图 7-16 可以看出，“！=”和“<>”比较运算符主要判断数值、字符串和表达式等是否不相等。

步骤 04　符号“<>”和“！=”都不能操作空值（NULL），执行操作 NULL 的 SQL 语句如下：

```
SELECT NULL!=NULL '!=符号效果', NULL<>NULL '<>符号效果';
```

执行结果如图 7-17 所示。

步骤 05　执行带有“>”“>=”“<”和“<=”比较运算符的 SQL 语句 SELECT 来理解该比较运算符的作用，具体 SQL 语句如下：

```
SELECT 4>=4 数值比较,'abcde'>='abcde' 字符串比较,5+8>4+5 数值比较,
    3>3 数值比较,'abc'<='bcd' as '<=符号使用',2+7<5+9 as '<符号使用';
```

执行结果如图 7-18 所示。

```
mysql> SELECT NULL!=NULL '!=符号效果',
    -> NULL<>NULL '<>符号效果';
+------------+------------+
| !=符号效果  | <>符号效果  |
+------------+------------+
|       NULL |       NULL |
+------------+------------+
1 row in set (0.00 sec)
```

图 7-17　"!="和"<>"的区别

```
mysql> SELECT 4>=4 数值比较,'abcde'>='abcde' 字符串比较,5+8>4+5 数值比较,
    -> 3>3 数值比较,'abc'<='bcd' as '<=符号使用',2+7<5+9 as '<符号使用';
+----------+-------------+----------+----------+-------------+-----------+
| 数值比较  | 字符串比较   | 数值比较  | 数值比较  | <=符号使用   | <符号使用  |
+----------+-------------+----------+----------+-------------+-----------+
|        1 |           1 |        1 |        0 |           1 |         1 |
+----------+-------------+----------+----------+-------------+-----------+
1 row in set (0.00 sec)
```

图 7-18　使用大于和小于比较运算符

执行结果显示，">"">=""<"和"<="比较运算符主要用于数值、字符串和表达式等的相关比较，如果表达式成立，就返回 1，否则将返回 0。

 ">"">=""<"和"<="比较运算符不能操作 NULL（空值）。

7.3.2　特殊功能的比较运算符

实现特殊功能的比较运算符包含实现判断是否存在于指定范围的 BETWEEN AND、实现判断是否为空的 IS NULL，实现判断是否存在指定集合的 IN、实现通配符的 LIKE 和实现正则表达式匹配的 REGEXP。

1. IS NULL 运算符

IS NULL 运算符用来判断操作数是否为空（NULL），操作数为 NULL 时，结果返回 1；操作数不为 NULL 时，结果返回 0。

具体 SQL 语句如下：

```
SELECT 8 IS NULL, NULL IS NULL;
```

执行结果如图 7-19 所示。

2. IS NOT NULL 运算符

IS NOT NULL 运算符用来判断操作数是否为不为空（NULL），操作数为 NULL 时，结果返回 0；操作数不为 NULL 时，结果返回 1。

具体 SQL 语句如下：

```
SELECT 8 IS NOT NULL, NULL IS NOT NULL;
```

执行结果如图 7-20 所示。

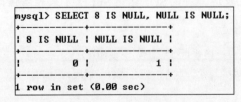

图 7-19　使用 IS NULL 运算符

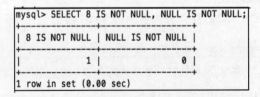

图 7-20　使用 IS NOT NULL 运算符

3. LIKE 运算符

LIKE 运算符用来判断某个字符串中是否含有另一个字符串，如果含有，结果就返回 1，

否则返回 0。　具体 SQL 语句如下：

```
SELECT 'songofice&fire' like 'ice%',
       'songofice&fire' like '%ice%',
       'songofice&fire' like '%eci%';
```

执行结果如图 7-21 所示。

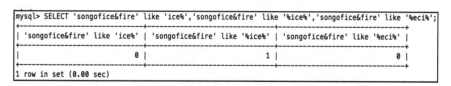

图 7-21　使用 IS NOT NULL 运算符

4. BETWEEN AND 运算符

BETWEEN AND 运算符可以判断操作数是否落在某个取值范围内。在表达式 x1 BETWEEN m and n 中，如果 x1 大于等于 m 且小于等于 n，结果就返回 1，否则结果将返回 0。具体 SQL 语句如下：

```
SELECT 27 BETWEEN 18 AND 30,9 BETWEEN 5 AND 10;
```

执行结果如图 7-22 所示。

5. IN 运算符

IN 运算符可以判断操作数是否落在某个列表中，如果在列表中，结果就返回 1，否则结果将返回 0。具体 SQL 语句如下：

```
SELECT 4 in (3,4,5), 'a' in('a','b','c','d'), 10 in (7,8,9);
```

执行结果如图 7-23 所示。

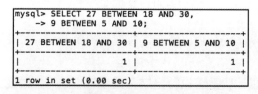

图 7-22　使用 BETWEEN AND 运算符

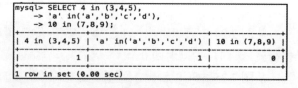

图 7-23　使用 IN 运算符

6. REGEXP 运算符

正则表达式通过模式去匹配一类字符串，MySQL 支持的模式字符如表 7-3 所示。

表 7-3　MySQL 支持的模式字符

模式字符	含义
^	匹配字符串的开始部分
$	匹配字符串的结束部分
.	匹配字符创的任意一个字符

（续表）

模式字符	含义
[字符集合]	匹配字符集合中的任意一个字符
[^字符集合]	匹配字符集合外的任意一个字符
str1|str2|str3	匹配 str1、str2 和 str3 中的任意一个字符串
*	匹配字符，包含 0 个和 1 个
+	匹配字符，包含 1 个
字符串 {N}	字符串出现 N 次
字符串(M,N)	字符串至少出现 M 次，最多 N 次

（1）执行带有"^"模式字符的 SQL 语句 SELECT，实现比较是否以特定字符或字符串开头，具体 SQL 语句如下：

```
SELECT 'onelittlefinger' REGEXP '^o',
       'onelittlefinger' REGEXP '^one';
```

执行结果如图 7-24 所示。

（2）执行带有"$"模式字符的 SQL 语句 SELECT，实现比较是否以特定字符或字符串结尾，具体 SQL 语句如下：

```
SELECT 'goodnight' REGEXP 't$','goodnight' REGEXP 'night$';
```

执行结果如图 7-25 所示。

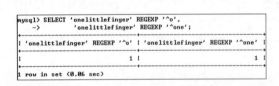
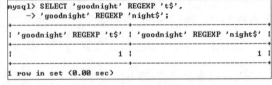

图 7-24 "^"模式   图 7-25 "$"模式

从图 7-24 中可以看出，通过模式字符"^"可以比较是否以特定字符或字符串开头，如果相符就返回 1，否则返回 0。

从图 7-25 中可以看出，通过模式字符"$"可以比较是否以特定字符或字符串结尾，如果相符合就返回 1，否则返回 0。

（3）执行带有"."模式字符的 SQL 语句 SELECT，实现比较是否包含固定数目的任意字符，具体 SQL 语句如下：

```
SELECT 'goodnight' REGEXP '^g……ht$';
```

执行结果如图 7-26 所示。

（4）执行带有"[]"和"[^]"模式字符的 SQL 语句 SELECT，可以实现比较是否包含指定字符中任意一个和指定字符外任意一个，具体 SQL 语句如下：

```
SELECT 'goodnight' REGEXP '[abc]' 字符中字符,
       'goodnight' REGEXP '[abcd]' 字符中字,
       'goodnight' REGEXP '[^abc]' 字符外字符,
       'goodnight' REGEXP '[a-zA-Z]' 字符中的区间,
       'goodnight' REGEXP '[^a-zA-Z0-9]' 字符外区间;
```

执行结果如图 7-27 所示。

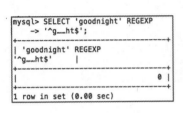

图 7-26　"."模式

图 7-27　"[]"和"[^]"模式

从图 7-26 可以看出,通过模式字符"."可以比较是否包含一个任意字符,如果相符合就返回 1,否则返回 0。

从图 7-27 可以看出,通过模式字符"[]"和"[^]"可以匹配指定的字符中和字符外的任意一个字符,如果相符就返回 1,否则返回 0。

(5)执行带有"*"和"+"模式字符的 SQL 语句 SELECT,可以实现比较是否包含多个指定字符,具体 SQL 语句如下:

```
SELECT 'goodnight' REGEXP 'b*t','goodnight' REGEXP 'b+t';
```

执行结果如图 7-28 所示。

(6)执行带有"|"模式字符的 SQL 语句 SELECT,可以实现比较是否包含指定字符串中的任意一个字符串,具体 SQL 语句如下:

```
SELECT 'fivelittleducks' regexp 'five' 单个字符串,
       'fivelittleducks' regexp 'six|four|fiv' 多个字符串,
       'fivelittleducks' regexp 'six|four|seven' 多个字符串;
```

执行结果如图 7-29 所示。

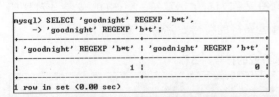

图 7-28　"*"和"+"模式

图 7-29　"|"模式

从图 7-28 可以看出,通过模式字符"*"和"+"可以匹配字符 t 之前是否有多个字符 b,不过前者可以表示 0 个或任意一个字符,后者至少表示一个字符,因此结果显示分别为 1 和 0。

图 7-29 的执行结果显示，通过模式字符"|"可以匹配指定的任意一个字符串，如果只有一个字符串，就不需要模式字符"|"，如果相符就返回 1，否则返回 0。指定多个字符串时，需要用"|"模式字符进行隔开，字符串与"|"之间不能有空格，MySQL 会将空格当作一个字符。

（7）执行带有"{M}"或者"{M,N}"模式字符的 SQL 语句 SELECT，可以实现比较是否包含多个指定字符串，具体 SQL 语句如下：

```
SELECT 'fivelittleducks' REGEXP 't{3}' 匹配 3 个 t,
       'fivelittleducks' REGEXP 'v{2}' 匹配 2 个 v,
       'fivelittleducks' REGEXP 'v{1,5}' 至少 1 个最多 5 个,
       'fivelittleducks' REGEXP 'du{1,2}' 至少 1 个最多 2 个,
       'fivelittleducks' REGEXP 'duk{1,2}' 至少 1 个最多 2 个;
```

执行结果如图 7-30 所示。

```
mysql> SELECT 'fivelittleducks' REGEXP 't{3}' 匹配 3 个 t,'fivelittleducks' REGEXP 'v{2}' 匹配 2 个 v,
    -> 'fivelittleducks' REGEXP 'v{1,5}' 至少 1 个最多 5 个,'fivelittleducks' REGEXP 'du{1,2}' 至少 1 个最多 2 个,
    -> 'fivelittleducks' REGEXP 'duk{1,2}' 至少 1 个最多 2 个;
+------------+------------+----------------+----------------+----------------+
| 匹配 3 个 t | 匹配 2 个 v | 至少 1 个最多 5 个 | 至少 1 个最多 2 个 | 至少 1 个最多 2 个 |
+------------+------------+----------------+----------------+----------------+
|          0 |          0 |              1 |              1 |              0 |
+------------+------------+----------------+----------------+----------------+
1 row in set (0.00 sec)
```

图 7-30　"{M}"和"{M,N}"模式

从图 7-30 的执行结果显示，t{3}表示字符 c 连续出现 3 次，v{1,5}表示字符 v 至少出现 1 次，最多连续出现 5 次。

由上述介绍的内容可以看到，正则表达式的功能很强大，使用正则表达式可以灵活方便地设置字符串的匹配条件。

7.4 逻辑运算符

逻辑运算符用来判断表达式的真假，返回结果只有 1 和 0。如果表达式是真，结果就返回 1；如果表达式是假，结果就就返回 0。逻辑运算符又称为布尔运算符。MySQL 支持 4 种逻辑运算符，分为是与、或、非和异或。这 4 种逻辑运算符的符号、名称如表 7-4 所示。

表 7-4　与、或、非和异或的符号、名称

符号	表达式形式	描述
AND（&&）	x1 AND x2	与
OR（‖）	x1 OR x2	或
NOT（！）	NOT x2	非
XOR	x1 XOR x2	异或

【示例 7-5】下面通过一个具体示例演示各种算术运算符的使用。

（1）执行带有"&&"或者"AND"逻辑运算符的 SQL 语句 SELECT，来理解这些逻辑运算符的作用，具体 SQL 语句如下：

```
SELECT 5 AND 6,0 AND 7,0 AND NULL,3 AND NULL,
       9 && 2,0 && 12,0 && NULL,14 && NULL;
```

执行结果如图 7-31 所示。

```
mysql> SELECT 5 AND 6,0 AND 7,0 AND NULL,3 AND NULL,9 && 2,0 && 12,0 && NULL,14 && NULL;
+---------+---------+------------+------------+--------+---------+-----------+-----------+
| 5 AND 6 | 0 AND 7 | 0 AND NULL | 3 AND NULL | 9 && 2 | 0 && 12 | 0 && NULL | 14 && NULL |
+---------+---------+------------+------------+--------+---------+-----------+-----------+
|       1 |       0 |          0 |       NULL |      1 |       0 |         0 |       NULL |
+---------+---------+------------+------------+--------+---------+-----------+-----------+
1 row in set (0.00 sec)
```

图 7-31　使用 AND 和&&运算符

（2）执行带有"||"或者"OR"逻辑运算符的 SQL 语句 SELECT，来理解这些逻辑运算符的作用，具体 SQL 语句如下：

```
SELECT 5 OR 6, 0 OR 7,0 OR 0,3 OR NULL,
       9 || 2,0 || 12,0 || NULL,14 || NULL;
```

执行结果如图 7-32 所示。

```
mysql> SELECT 5 OR 6, 0 OR 7,0 OR 0,3 OR NULL,9 || 2,0 || 12,0 || NULL,14 || NULL;
+--------+--------+--------+-----------+--------+---------+-----------+-----------+
| 5 OR 6 | 0 OR 7 | 0 OR 0 | 3 OR NULL | 9 || 2 | 0 || 12 | 0 || NULL | 14 || NULL |
+--------+--------+--------+-----------+--------+---------+-----------+-----------+
|      1 |      1 |      0 |         1 |      1 |       1 |      NULL |          1 |
+--------+--------+--------+-----------+--------+---------+-----------+-----------+
1 row in set (0.00 sec)
```

图 7-32　使用 OR 和||运算符

图 7-32 的执行结果显示，逻辑运算符中这两个 OR 与||符号的作用一样，所有操作数中存在任何一个操作数不为 0，结果就返回 1；所有操作数中不包含非 0 的数字，但包含 NULL（空值），结果就返回 NULL；所有操作数都为 0，结果就返回 0。

> OR 与||符号可以有多个操作数同时进行与运算，例如 2OR5OR9。

（3）执行带有"！"或者"NOT"逻辑运算符的 SQL 语句 SELECT，来理解这些逻辑运算符的作用，具体 SQL 语句如下：

```
SELECT NOT 5,NOT 0,NOT NULL,!3,!0,!NULL;
```

执行结果如图 7-33 所示。

（4）执行带有"XOR"逻辑运算符的 SQL 语句 SELECT，来理解这些逻辑运算符的作用，具体 SQL 语句如下：

```
SELECT 5 XOR 6,0 XOR 0,NULL XOR NULL,
       0 XOR 7,0 XOR NULL,3 XOR NULL;
```

执行结果如图 7-34 所示。

```
mysql> SELECT NOT 5,NOT 0,NOT NULL,!3,!0,!NULL;
+-------+-------+----------+----+----+-------+
| NOT 5 | NOT 0 | NOT NULL | !3 | !0 | !NULL |
+-------+-------+----------+----+----+-------+
|     0 |     1 |     NULL |  0 |  1 |  NULL |
+-------+-------+----------+----+----+-------+
1 row in set (0.00 sec)
```

```
mysql> SELECT 5 XOR 6,0 XOR 0,NULL XOR NULL,0 XOR 7,0 XOR NULL,3 XOR NULL;
+---------+---------+--------------+---------+------------+------------+
| 5 XOR 6 | 0 XOR 0 | NULL XOR NULL | 0 XOR 7 | 0 XOR NULL | 3 XOR NULL |
+---------+---------+--------------+---------+------------+------------+
|       0 |       0 |         NULL |       1 |       NULL |       NULL |
+---------+---------+--------------+---------+------------+------------+
1 row in set (0.00 sec)
```

图 7-33　使用 NOT 和！运算符　　　　　　图 7-34　使用 XOR 运算符

从图 7-33 的显示结果来看，逻辑运算符中这两个 NOT 与！符号的作用一样，同时也是逻辑运算符中唯一的操作数运算符。如果操作数为非 0 数字，结果就返回 0；如果操作数为 0，结果就返回 1；如果操作数为 NULL（空值），结果就返回 NULL。

图 7-34 的结果显示，对于逻辑运算符 XOR，如果操作数中包含 NULL（空值），结果就返回 NULL；如果操作数同为 0 数字或者同为非 0 数字，结果就返回 0；如果一个操作数为 0 而另一个操作数不为 0，结果就返回 1。

> **提示**　XOR 符号可以有多个操作数同时进行与运算，例如 3XOR4XOR5。

7.5　位运算符

位运算符是在二进制数上进行计算的运算符。位运算会先将操作数变成二进制，再进行位运算，最后将计算结果从二进制数变回十进制数。在 MySQL 中支持 6 种位运算符，分别是按位与、按位或、按位取反、按位异或、按位左移和按位右移，如表 7-5 所示。

表 7-5　位运算符

运算符	表达式形式	描述
&	x1&x2	按位与
|	x1||x2	按位或
~	~x1	按位取反
^	x1^x2	按位异或
<<	x1<<x2	按位左移
>>	x1>>x2	按位右移

【示例 7-6】下面通过具体示例演示各种算术运算符的使用。

（1）执行带有"&"位运算符的 SQL 语句 SELECT，来理解该位运算符的作用，具体 SQL 语句如下：

```
SELECT 3&6, BIN(3&6) 二进制数,3&6&7, BIN(3&6&7) 二进制数;
```

执行结果如图 7-35 所示。

（2）执行带有"|"位运算符的 SQL 语句 SELECT，来理解该位运算符的作用，具体 SQL 语句如下：

```
SELECT 3|6, BIN(3|6) 二进制数,3|6|7, BIN(3|6|7) 二进制数;
```

执行结果如图 7-36 所示。

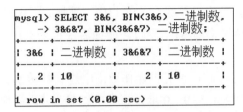

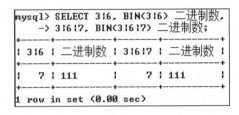

图 7-35　使用"&"运算符　　　　　　图 7-36　使用"|"运算符

图 7-35 的执行结果显示，3 的二进制数为 011，6 的二进制数为 110，在这两个二进制数对应位上进行与运算，结果为 010，转换成二进制数为 2。二进制数 011（3）与二进制数 110（6）进行与运算，结果为 010，再与 111（7）进行与运算，结果为 100，转换成十进制数为 2。所谓按位与操作，即 1 与 1 为 1，其他为 0，最后将与后的结果转换成十进制数。

&符号可以有多个操作数同时进行按位与运算，例如 3&4&5，在具体运算时按照从左到右的顺序依次计算。

图 7-36 的执行结果显示，3 的二进制数为 011，6 的二进制数为 110，在两个二进制数对应位上进行或运算，结果为 111，转换成十进制数为 7。二进制数 011（3）与二进制数 110（6）进行或运算，结果为 111，再与 111（7）进行或运算，结果为 111，转换成十进制数为 7。

可以发现，所谓按位或，MySQL 在具体运行时，首先把操作数由十进制数转化成二进制数，然后按位进行或操作，即 1 与任何数或运算的结果为 1，0 与 0 或运算的结果为 0，最后将或后的结果转换成十进制数。

|符号可以有多个操作数同时进行按位或运算，例如 3|4|5，在具体运算时按照从左到右的顺序依次计算。

（3）执行带有"~"位运算符的 SQL 语句 SELECT，来理解该位运算符的作用，具体 SQL 语句如下：

```
SELECT ~6, BIN(~6) 二进制数;
```

执行结果如图 7-37 所示。

```
mysql> SELECT ~6, BIN(~6) 二进制数;
+---------------------+-------------------------------------------------------------------+
| ~6                  | 二进制数                                                          |
+---------------------+-------------------------------------------------------------------+
| 18446744073709551609 | 1111111111111111111111111111111111111111111111111111111111111001 |
+---------------------+-------------------------------------------------------------------+
1 row in set (0.00 sec)
```

图 7-37 使用"~"运算符

图 7-37 的执行结果显示，"~"是运算符中唯一的单操作数位运算符。虽然 6 的二进制数为 110，但是 MySQL 中用 8 字节（64 位）表示产量，于是需要在 110 二进制前面用 0 补足 64 位，在该二进制数对应位上进行取反运算，结果为前 61 位为 1，而最后 3 位为 001，转换成十进制数为 18446744073709551609。

可以发现，所谓按位取反，MySQL 在具体运行时，首先把操作数由十进制数转换成二进制数，然后按位进行取反操作，即 1 取反运算的结果为 0，0 取反运算的结果为 1，最后将取反后的结果转换成十进制数。

（4）执行带有"^"位运算符的 SQL 语句 SELECT，来理解该位运算符的作用，具体 SQL SQL 语句如下：

```
SELECT 6^7, BIN(6^7) 二进制数;
```

执行结果如图 7-38 所示。

（5）执行带有"<<"和">>"位运算符的 SQL 语句 SELECT 来理解这些运算符的作用，具体 SQL 语句如下：

```
SELECT BIN(7)  二进制数,
       7<<4,BIN(7<<4)  二进制数,
       7>>2,BIN(7>>2)  二进制数;
```

执行结果如图 7-39 所示。

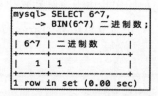

图 7-38 使用"^"运算符

图 7-39 使用"<<"和">>"运算符

图 7-38 的执行结果显示，由于 6 的二进制数为 110，7 的二进制数为 111，这两个二进制数对应位上进行异或运算，结果为 001，转换为十进制数为 1。

可以发现，所谓按位异或，MySQL 在具体运行时，首先要操作数由十进制转换成二进制数，然后按位进行异或操作，即相同的数异或后的结果为 0，不同的数异或后的结果为 1，最后将异或后的结果转换成十进制数。

"^"符号可以有多个操作数同时进行按位或运算，例如 3|4|5，在具体运算时按照从左到右的顺序依次计算。

图 7-39 的执行结果显示，由于 7 的二进制数为 111，当向左移动 4 位后，运算结果为 1110000，转换成十进制数为 112。当向右移动 2 位后，运算结果为 1，转换成十进制数为 2。

可以发现，所谓按位左移和右移，在运行时，先把操作数由十进制数转换成二进制数，如果向左移，就在右边补 0，如果向右移，就在左边补 0，最后将移动后的结果转换成十进制数。

7.6　运算符的优先级

在实际应用中可能需要同时使用多个运算符，这就必须考虑运算符的运算顺序，到底谁先谁后。本节将给读者讲解运算符的优先级。MySQL 的表达式都是从左到右开始运算的。表 7-6 列出了 MySQL 支持的所有运算符的优先级。

表 7-6　MySQL 运算符的优先级

优先级	运算符
1	!
2	~
3	^
4	*、/、DIV、%、MOD
5	+、-
6	>>、<<
7	&
8	|
9	=、<=>、<、<=、>、>=、!=、<>、IN、IS NULL、LIKE、REGEXP
10	BETWEEN AND、CASE、WHEN、THEN、ELSE
11	NOT
12	&&、AND
13	||、OR、XOR
14	:=

表 7-6 中，从上到下，优先级依次降低，同一行中的优先级相同，优先级相同时，表达式从左到右开始运算。

虽然优先级规定了运算符的运算次序，但实际应用中，更多的是使用"( )"来将优先计算的内容括起来，这样更直观，更简单，更容易让人接受。

7.7　综合示例——运算符的使用

在本章的综合案例中，读者将执行各种常见的运算符操作。在 test 表上使用算术运算符和比较运算符进行运算，具体操作步骤如下：

步骤 01 创建 test 表，表中的设计如表 7-7 所示。

表 7-7 test 表结构

字段名	数据类型	长度	描述
num	INT	4	整型
info	VARCHAR	100	字符型

使用 CREATE 创建 t_student，具体 SQL 语句如下：

```
CREATE table test(NUM INT(4),INFO VARCHAR(100));
```

执行结果如图 7-40 所示。

步骤 02 使用 INSERT 向表中插入一条记录，具体 SQL 语句如下：

```
INSERT INTO test VALUES(50,"YouthIsNotATimeOfLife");
```

执行结果如图 7-41 所示。

```
mysql> CREATE TABLE test(
    -> num INT(4),
    -> info VARCHAR(100));
Query OK, 0 rows affected (0.02 sec)
```

```
mysql> INSERT INTO test
    -> VALUES(50,"YouthIsNotATimeOfLife");
Query OK, 1 row affected (0.01 sec)
```

图 7-40 创建 test 表　　　　　图 7-41 向 test 表插入数据

步骤 03 从 test 表中取出 num 值进行加法、减法、乘法、除法和求余运算。SQL 语句如下：

```
SELECT num,num+10,num-12,num*2,
    num DIV 5,num%3 FROM test;
```

执行结果如图 7-42 所示。

步骤 04 使用比较运算符将 num 值与其他数据进行比较，SQL 语句如下：

```
SELECT num,num=20,num<>45,num>35,
    num>=30,num<10,num<=40,
    num<=>60 FROM test;
```

执行结果如图 7-43 所示。

```
mysql> SELECT num,num+10,num-12,num*2,
    -> num DIV 5,num%3 FROM test;
+-----+--------+--------+-------+---------+-------+
| num | num+10 | num-12 | num*2 | num DIV 5 | num%3 |
+-----+--------+--------+-------+---------+-------+
|  50 |     60 |     38 |   100 |        10 |     2 |
+-----+--------+--------+-------+---------+-------+
1 row in set (0.00 sec)
```

```
mysql> SELECT num,num=20,num<>45,num>35,
    -> num>=30,num<10,num<=40,num<=>60 FROM test;
+-----+--------+---------+--------+--------+--------+--------+---------+
| num | num=20 | num<>45 | num>35 | num>=30 | num<10 | num<=40 | num<=>60 |
+-----+--------+---------+--------+--------+--------+--------+---------+
|  50 |      0 |       1 |      1 |       1 |      0 |       0 |        0 |
+-----+--------+---------+--------+--------+--------+--------+---------+
1 row in set (0.00 sec)
```

图 7-42 查询数据　　　　　图 7-43 查询数据

步骤 05 判断 num 是否落在 34~49 之间，并且判断 num 的值是否在（2,4,50,65,78）这个集合中，具体 SQL 代码如下：

```
SELECT num,num BETWEEN 34 AND 49,num IN(2,4,50,65,78) FROM test;
```

执行结果如图 7-44 所示。

步骤 06 判断 test 表的 info 字段的值是否为空，用 LIKE 来判断是否以“Yo”这两个字母开头，用 REGEXP 来判断第一个字母是否是 x，最后一个字母是 e，具体 SQL 语句如下：

```
SELECT info,info is NULL,info LIKE "Yo%",info REGEXP "^X",info REGEXP 'e$' FROM
test;
```

执行结果如图 7-45 所示。

```
mysql> SELECT num,num BETWEEN 34 AND 49,
    -> num IN(2,4,50,65,78) FROM test;
+------+-----------------------+----------------------+
| num  | num BETWEEN 34 AND 49 | num IN(2,4,50,65,78) |
+------+-----------------------+----------------------+
|   50 |                     0 |                    1 |
+------+-----------------------+----------------------+
1 row in set (0.00 sec)
```

图 7-44　查询数据

```
mysql> SELECT info,info is NULL,info LIKE "Yo%",info REGEXP "^X",info REGEXP 'e$' FROM test;
+-----------------------+--------------+-----------------+------------------+------------------+
| info                  | info is NULL | info LIKE "Yo%" | info REGEXP "^X" | info REGEXP 'e$' |
+-----------------------+--------------+-----------------+------------------+------------------+
| YouthIsNotATimeOfLife |            0 |               1 |                0 |                1 |
+-----------------------+--------------+-----------------+------------------+------------------+
1 row in set (0.00 sec)
```

图 7-45　查询数据

步骤 07 逻辑运算包括与、或、非和异或 4 种，分别将任意数字和 NULL 中的任意两个进行逻辑运算，进行与和或运算的 SQL 语句如下：

```
SELECT 3&&0,4&&NULL,0 AND NULL,4||0,5||NULL,0 OR NULL;
SELECT !3,!0,NOT NULL,4 XOR 0,2 XOR NULL,0 XOR NULL;
```

执行结果如图 7-46 和图 7-47 所示。

```
mysql> SELECT 3&&0,4&&NULL,0 AND NULL,4||0,5||NULL,0 OR NULL;
+------+---------+------------+------+---------+-----------+
| 3&&0 | 4&&NULL | 0 AND NULL | 4||0 | 5||NULL | 0 OR NULL |
+------+---------+------------+------+---------+-----------+
|    0 |    NULL |          0 |    1 |       1 |      NULL |
+------+---------+------------+------+---------+-----------+
1 row in set (0.00 sec)
```

图 7-46　查询数据

```
mysql> SELECT !3,!0,NOT NULL,4 XOR 0,2 XOR NULL,0 XOR NULL;
+----+----+----------+---------+------------+------------+
| !3 | !0 | NOT NULL | 4 XOR 0 | 2 XOR NULL | 0 XOR NULL |
+----+----+----------+---------+------------+------------+
|  0 |  1 |     NULL |       1 |       NULL |       NULL |
+----+----+----------+---------+------------+------------+
1 row in set (0.00 sec)
```

图 7-47　查询数据

步骤 08 将数字 8 和 12 进行按位与、按位或运算，并将 13 按位取反，具体 SQL 代码如下：

```
SELECT 8&12,8|12,~13;
```

执行结果如图 7-48 所示。

步骤 09 将数字 16 左移两位、数字 155 右移两位，具体 SQL 代码如下：

```
SELECT 14<<3,155>>2;
```

执行结果如图 7-49 所示。

```
mysql> SELECT 8&12,8|12,~13;
+------+------+----------------------+
| 8&12 | 8|12 | ~13                  |
+------+------+----------------------+
|    8 |   12 | 18446744073709551602 |
+------+------+----------------------+
1 row in set (0.00 sec)
```

图 7-48　查询数据

```
mysql> SELECT 14<<3,155>>2;
+-------+--------+
| 14<<3 | 155>>2 |
+-------+--------+
|   112 |     38 |
+-------+--------+
1 row in set (0.00 sec)
```

图 7-49　查询数据

7.8　经典习题与面试题

1. 经典习题

（1）在 MySQL 中执行数据运算：(13-4)*2、9+20/2、19DIV3、23%3。

（2）在 MySQL 中执行比较运算：54>24、32》=25、34<43、12<=12、NULL<=>NULL、NULL<=>2、4<=>4。

（3）在 MySQL 中执行逻辑运算：7&&9、-4||NULL、NULL XOR 0、0 XOR 1、! 4。

（4）在 MySQL 中执行位运算：15&19、15|8、12^20、~12。

2. 面试题及解答

（1）比较运算符的运算结果只能是 0 和 1 吗？

在 MySQL 中，比较运算符用来判断运算符两边的操作数的大小关系，例如 c<d 就是用来判断 c 是否小于 d，如果小于，就返回 true，如果不小于，就返回 false。在 MySQL 中，真（true）是用 1 来表示的，假（false）是用 0 来表示的。所以，比较运算符的运算结果只有 0 和 1。不仅比较运算符如此，逻辑运算符的运算结果也只有 0 和 1。

（2）哪种运算符的优先级最高？

运算符的优先级参照 7.6 节的表 7-6。其中，非运算（!）的级别最高，赋值符号（:=）的级别最低。但是，通常情况下可以使用括号来设定运算的先后顺序。使用括号可以使运算的层次更加清晰，而且可以不必局限于各种运算符的优先级别。

（3）十进制的数可以直接使用位运算符吗？

在进行位运算时，数据库系统会先将所有的操作数转换为二进制数，然后将这些二进制数进行位运算，最后将这些运算结果转换为十进制数。十进制数与二进制数之间的互换是数据库系统实现的。因此，位运算的操作数必须是十进制数，否则计算的结果就会是错误的。在使用位运算符时，如果操作数是二进制数、八进制数、十六进制数，就要先通过 CONV()函数将操作数转换为十进制数，然后才能进行相应的位运算。

7.9 本章小结

本章介绍了 MySQL 中的运算符。在 MySQL 中包括 4 类运算符，分别是算术运算符、比较运算符、逻辑运算符和位运算符。前 3 种运算符在实际操作中使用比较频繁，也是本章重点讲述的内容。因此，读者需要认真学习这部分的内容。位运算符是本章的难点。因为位运算符需要将操作数转换为二进制数，然后进行位运算。这要求读者掌握二进制运算的相关知识。位运算符在实际操作中使用的频率比较低。下一章将为读者讲解单表查询的知识。

第 8 章

◄ 单表查询 ►

查询数据是指从数据库中获取所需要的数据。查询数据是数据库操作中最常用，也是最重要的操作。用户可以根据自己对数据的需求使用不同的查询方式获得不同的数据。

数据库中可能包含着无数的表，表中可能包含着无数的记录，因此要获得所需的数据并非易事，MySQL 中可以使用 SELECT 语句来查询数据，根据查询的条件不同，数据库系统会找到不同的数据，通过 SELECT 语句可以很方便地获取所需的信息。

在 MySQL 中，SELECT 的基本语法形式如下：

```
SELECT field1 field2 … fieldn
        FROM tablename
        [WHERE CONDITION1]
        [GROUP BY fieldm [HAVING CONDITION2]]
        [ORDER BY fieldn [ASC|DESC]]
```

其中，filed1~fieldn 参数表示需要查询的字段名；tablename 参数表示表的名称；CONDITION1 参数表示查询条件；fieldm 参数表示按该字段中的数据进行分组；CONDITION2 参数表示满足该表达式的数据才能输出；fieldn 参数指按该字段中的数据进行排序，排序方式由 ASC 和 DESC 两个参数指出，ASC 参数表示按升序的顺序进行排序，这是默认参数，DESC 参数表示按降序的顺序进行排序。

8.1 基本数据记录查询

在 MySQL 中可以通过 SQL 语句来实现基本数据查询，SQL 语句可以通过 5 种方式使用：查询所有字段数据、查询指定字段数据、避免重复数据查询、实现数学四则运算数据查询、设置显示格式数据查询。

8.1.1 查询所有字段数据

查询所有字段是指查询表中所有字段的数据，这种方式可以将表中所有字段的数据都查询出来。MySQL 有两种方式可以查询表中所有的字段。

1. 列出表中所有的字段

通过 SQL 语句 SELECT 列出表中所有的字段，具体语法形式如下：

```
SELECT field1,field2……fieldn FROM tablename;
```

其中，filed1~fieldn 参数表示需要查询的字段名；tablename 参数表示表的名称。

下面将通过一个具体的示例来说明如何实现查询所有字段数据。

【示例 8-1】执行 SQL 语句 SELECT，在数据库 school 的学生表中查询所有字段的数据，具体步骤如下：

步骤 01　创建和选择数据库 school，具体 SQL 语句如下：

```
CREATE DATABASE school;
USE school;
```

执行结果如图 8-1 和图 8-2 所示。

```
mysql> CREATE DATABASE school;
Query OK, 1 row affected (0.07 sec)
```

```
mysql> USE school;
Database changed
```

图 8-1　创建数据库　　　　　　图 8-2　选择数据库

步骤 02　使用 CREATE 语句创建学生表 t_student，再使用 DESCRIBE 语句查看学生表的信息，具体 SQL 语句如下：

```
CREATE TABLE t_student(
        id INT(11) PRIMARY KEY,
        name VARCHAR(20),
        age INT(4),
        gender VARCHAR(8));
DESCRIBE t_student;
```

执行结果如图 8-3 和图 8-4 所示。

```
mysql> CREATE TABLE t_student(
    -> id INT(11) PRIMARY KEY,
    -> name VARCHAR(20),
    -> age INT(4),
    -> gender VARCHAR(8));
Query OK, 0 rows affected (0.03 sec)
```

```
mysql> DESCRIBE t_student;
+--------+-------------+------+-----+---------+-------+
| Field  | Type        | Null | Key | Default | Extra |
+--------+-------------+------+-----+---------+-------+
| id     | int(11)     | NO   | PRI | NULL    |       |
| name   | varchar(20) | YES  |     | NULL    |       |
| age    | int(4)      | YES  |     | NULL    |       |
| gender | varchar(8)  | YES  |     | NULL    |       |
+--------+-------------+------+-----+---------+-------+
4 rows in set (0.01 sec)
```

图 8-3　创建学生表信息　　　　　　图 8-4　查看学生表信息

步骤 03　使用 INSERT INTO 语句在学生表中插入数据，再使用 SELECT 语句查询学生表中插入的数据，具体 SQL 语句如下：

```
INSERT INTO t_student(id,name,age,gender)
   VALUES(1,'Rebecca',16,'Female'),
```

```
                  (2,'Justin',17,'Male'),(3,'Jim',16,'Male');
SELECT id,name,gender FROM t_student;
```

执行结果如图 8-5 和图 8-6 所示。

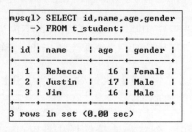

图 8-5 学生表插入数据记录　　　　　　　　　图 8-6 查询表数据

2. "*" 符号的使用

查询所有字段数据，除了使用上面的方式外，还可以通过符号 "*" 来实现，具体语法形式如下：

```
SELECT * FROM tablename;
```

其中，符号 "*" 表示所有字段名，tablename 参数表示表的名称。

下面将通过一个具体的示例来说明如何实现查询所有字段数据。

【示例 8-2】执行 SQL 语句 SELECT，在数据库 school 的学生表中查询所有字段的数据，具体步骤如下：

步骤 01 创建和选择数据库 school，具体 SQL 语句如下：

```
CREATE DATABASE school;
USE school;
```

执行结果如图 8-7 所示。

步骤 02 执行示例 8-1 中的 INSERT 插入语句后，使用如下 SQL 语句在学生表中查询数据：

```
SELECT * FROM t_student;
```

执行结果如图 8-8 所示。

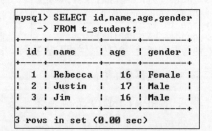

图 8-7 创建和选择数据库　　　　　　　图 8-8 查询学生表的数据记录

与上一种方式相比，"*" 符号方式的优势比较明显，即可以用该符号代替表中的所有字段，但是这种方式不够灵活，只能按照表中字段的固定顺序显示，不能随便改变字段的顺序。

8.1.2　查询指定字段数据

查询所有字段数据，需要在关键字 SELECT 后指定包含所有字段的列表或者符号"*"，如果需要查询指定字段数据，只需修改关键字 SELECT 后的字段列表为指定字段即可。

下面将通过一个具体的示例来说明如何实现查询指定字段数据。

【示例 8-3】执行 SQL 语句 SELECT，在数据库 school 的学生表 t_student 中查询 name、age 和 gender 字段的数据，具体步骤如下：

步骤 01 创建和选择数据库 school，具体 SQL 语句如下：

```
CREATE DATABASE school;
USE school;
```

执行结果如图 8-9 所示。

步骤 02 使用如下 SQL 语句在学生表中查询数据：

```
SELECT name,gender,age FROM t_student;
```

执行结果如图 8-10 所示。

```
mysql> CREATE DATABASE school;
Query OK, 1 row affected <0.08 sec>

mysql> USE school;
Database changed
```

图 8-9　创建和选择数据库

```
mysql> SELECT name,gender, age FROM t_student;
+---------+--------+------+
| name    | gender | age  |
+---------+--------+------+
| Rebecca | Female |   16 |
| Justin  | Male   |   17 |
| Jim     | Male   |   16 |
+---------+--------+------+
3 rows in set (0.00 sec)
```

图 8-10　查询学生表中的数据记录

图 8-10 的执行结果显示，不仅查询出了所有字段的数据，还调整了字段 age 和字段 gender 的位置。

步骤 03 如果关键字 SELECT 后面的字段不包含在所查询的表中，MySQL 就会报错，具体 SQL 语句如下：

```
SELECT name,gender,nationality FROM t_student;
```

执行结果如图 8-11 所示。

```
mysql> SELECT name,gender,nationality FROM t_student;
ERROR 1054 <42S22>: Unknown column 'nationality' in 'field list'
```

图 8-11　查询学生表中的数据记录（带有不存在的字段）

图 8-11 的执行结果显示，由于学生表 t_student 不存在字段 nationality，因此 MySQL 会出现错误提示。

8.1.3 避免重复数据查询

当在 MySQL 中执行简单数据查询时，有时会显示重复数据，为了实现查询不重复数据，MySQL 提供了 DISTINCT 功能，SQL 语法如下：

```
SELECT DISTINCT field1 field2 … fieldn
    FROM t_student;
```

在上述语句中，关键字 DISTINCT 用于去除重复的数据。下面将通过一个具体的示例来说明如何实现查询不重复数据。

【示例 8-4】执行 SQL 语句 SELECT，在数据库 school 的学生表 t_student 中查询 age 字段的数据，具体步骤如下：

步骤 01 创建和选择数据库 school，具体 SQL 语句如下：

```
CREATE DATABASE school;
USE school;
```

执行结果如图 8-12 和图 8-13 所示。

```
mysql> CREATE DATABASE school;
Query OK, 1 row affected (0.07 sec)
```

图 8-12　创建数据库

```
mysql> USE school;
Database changed
```

图 8-13　选择数据库

步骤 02 使用如下 SQL 语句在学生表中查询数据：

```
SELECT age FROM t_student;
```

执行结果如图 8-14 所示。

步骤 03 为了避免查询到重复的数据，可以执行 SQL 语句关键字 DISTINCT，具体 SQL 语句如下：

```
SELECT DISTINCT age FROM t_student;
```

执行结果如图 8-15 所示。

上述语句中，通过关键字 DISTINCT 修饰关键字 SELECT 后面的字段 age，以避免查询到重复的数据记录。

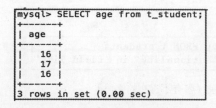

图 8-14　查询学生表数据记录

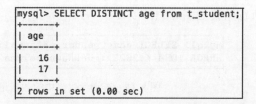

图 8-15　查询学生表不重复数据记录

从图 8-14 的执行结果显示，查询到字段 age 有重复的数据。图 8-15 的执行结果显示，与图 8-14 相比，关键字 DISTINCT 已经去除了重复的数据。

8.1.4　实现数学四则运算数据查询

当在 MySQL 中执行简单数据查询时，有时会需要实现数学四则运算（加（+）、减（-）、乘（*）和除（/））。MySQL 支持的四则运算符如表 8-1 所示。

表 8-1　MySQL 支持的四则运算符

运算符	描述
+	加法
-	减法
*	乘法
/（DIV）	除法
%（MOD）	求余

下面将通过一个具体的示例来说明如何实现查询四则运算数据。

【示例 8-5】执行 SQL 语句 SELECT，在数据库 school 的学生成绩表 s_score 中查询每个学生的总分，具体步骤如下：

步骤 01　创建和选择数据库 school，具体 SQL 语句如下：

```
CREATE DATABASE school;
USE school;
```

执行结果如图 8-16 所示。

步骤 02　创建学生成绩表 s_score，具体 SQL 语句如下：

```
CREATE TABLE s_score(
    stuid INT(11),name VARCHAR(20),
    Chinese INT(4),English INT(4),
    Math INT(4),Chemistry INT(4),
    Physics INT(4));
```

执行结果如图 8-17 所示。

```
mysql> CREATE DATABASE school;
Query OK, 1 row affected (0.08 sec)

mysql> USE school;
Database changed
```

图 8-16　创建和选择数据库

```
mysql> CREATE TABLE s_score(
    -> stuid INT(11),name VARCHAR(20),
    -> Chinese INT(4),English INT(4),
    -> Math INT(4),Chemistry INT(4),Physics INT(4));
Query OK, 0 rows affected (0.03 sec)
```

图 8-17　创建成绩表

步骤 03　执行 SQL 语句 DESCRIBE，查看数据库 school 中学生成绩表 s_score 的信息，具体 SQL 语句如下：

```
DESCRIBE s_score;
```

执行结果如图 8-18 所示。

步骤 04 使用如下 SQL 语句在学生成绩表中插入数据：

```
INSERT INTO s_score
    (stuid,name,Chinese,English,Math,Chemistry,Physics)
    values(1,'Jack Ma', 87,94,99,89,91),
          (2,'Rebecca Zhang', 76,78,89,80,90),
          (3,'Justin Zhou', 92,98,99,93,80);
```

执行结果如图 8-19 所示。

图 8-18　查看学生成绩表的信息

图 8-19　向学生成绩表插入数据记录

步骤 05 使用如下 SQL 语句查询学生成绩表插入数据记录的结果：

```
SELECT * FROM s_score;
```

执行结果如图 8-20 所示。

步骤 06 计算学生的总分，具体 SQL 语句如下：

```
SELECT name,
    Chinese+English+Math+Chemistry+Physics total FROM s_score;
```

执行结果如图 8-21 所示。

图 8-20　查询成绩表数据记录

图 8-21　查询总分

从图 8-21 可以看出，已经成功查询出每个学生的总分。

8.1.5　设置显示格式数据查询

在 MySQL 中执行简单数据查询时，有时需要设置显示格式，以方便用户浏览所查询到的数据。下面将通过一个具体的示例来演示如何设置数据的显示格式。

【示例 8-6】执行 SQL 语句 SELECT，在数据库 school 的学生成绩表 s_score 中查询每个学生的总分，并以固定格式（name 的总分为：total）显示查询到的数据，具体步骤如下：

步骤01　执行 SQL 语句 CREATE DATABASE，创建数据库 school，并选择该数据库，具体 SQL 语句如下：

```
CREATE DATABASE school;
USE school;
```

执行结果如图 8-22 和图 8-23 所示。

```
mysql> CREATE DATABASE school;
Query OK, 1 row affected (0.07 sec)
```

```
mysql> USE school;
Database changed
```

图 8-22　创建数据库　　　　　　图 8-23　选择数据库

步骤02　使用 CREATE 语句创建成绩表 s_score，SQL 语句如下：

```
CREATE TABLE s_score(
    stuid INT(11),name VARCHAR(20),
    Chinese INT(4),English INT(4),
    Math INT(4),Chemistry INT(4),
    Physics INT(4));
```

执行结果如图 8-24 所示。

步骤03　查看学生成绩表 s_score 的信息，具体 SQL 语句如下：

```
DESCRIBE s_score;
```

执行结果如图 8-25 所示。

```
mysql> CREATE TABLE s_score(
    -> stuid INT(11),
    -> name VARCHAR(20),
    -> Chinese INT(4),
    -> English INT(4),
    -> Math INT(4),
    -> Chemistry INT(4),
    -> Physics INT(4));
Query OK, 0 rows affected (0.03 sec)
```

```
mysql> DESCRIBE s_score;
| Field     | Type        | Null | Key | Default | Extra |
| stuid     | int(11)     | YES  |     | NULL    |       |
| name      | varchar(20) | YES  |     | NULL    |       |
| Chinese   | int(4)      | YES  |     | NULL    |       |
| English   | int(4)      | YES  |     | NULL    |       |
| Math      | int(4)      | YES  |     | NULL    |       |
| Chemistry | int(4)      | YES  |     | NULL    |       |
| Physics   | int(4)      | YES  |     | NULL    |       |
7 rows in set (0.00 sec)
```

图 8-24　创建成绩表　　　　　　图 8-25　查看学生成绩表的信息

步骤04　使用如下 SQL 语句在学生成绩表中插入数据：

```
INSERT INTO s_score
    (stuid,name,Chinese,English,Math,Chemistry,Physics)
        values(1,'Jack Ma', 87,94,99,89,91),
                (2,'Rebecca Zhang', 76,78,89,80,90),
                (3,'Justin Zhou', 92,98,99,93,80);
```

执行结果如图 8-26 所示。

步骤 05 使用如下 SQL 语句查询在学生成绩表插入数据记录的结果：

```
SELECT * FROM s_score;
```

执行结果如图 8-27 所示。

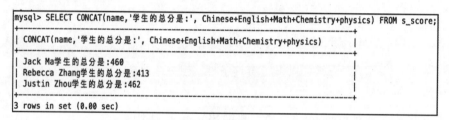

图 8-26 向学生成绩表插入数据记录　　　　图 8-27 查询学生成绩表的数据记录

步骤 06 在 MySQL 中提供函数 CONCAT() 来连接字符串，从而实现设置显示数据的格式，设置数据显示格式的 SQL 语句如下：

```
SELECT CONCAT(name,'学生的总分是:',
    Chinese+English+Math+Chemistry+physics) FROM s_score;
```

执行结果如图 8-28 所示。

```
mysql> SELECT CONCAT(name,'学生的总分是:', Chinese+English+Math+Chemistry+physics) FROM s_score;
+-----------------------------------------------------------------------+
| CONCAT(name,'学生的总分是:', Chinese+English+Math+Chemistry+physics)   |
+-----------------------------------------------------------------------+
| Jack Ma学生的总分是:460                                               |
| Rebecca Zhang学生的总分是:413                                         |
| Justin Zhou学生的总分是:462                                           |
+-----------------------------------------------------------------------+
3 rows in set (0.00 sec)
```

图 8-28 查询学生总分

8.2 条件数据记录查询

在基本查询中可以查询所有记录相关字段数据，但是在具体应用中，用户并不需要查询所有数据记录，而只需根据限制条件来查询一部分数据记录。

在 MySQL 中，通过关键字 WHERE 对所查询到的数据记录进行过滤，条件数据查询语法形式如下：

```
SELECT field1, field2,… fieldn FROM tablename WHERE CONDITION;
```

上述语句中，通过参数 CONDITION 对数据进行条件查询，查询条件的种类如表 8-2 所示。

表 8-2 查询条件的种类

查询条件	符号或关键字
比较	=、<、<=、>、>=、!=、<>、!>、!<
指定范围	BETWEEN AND、NOT BETWEEN AND
指定集合	IN、NOT IN
匹配字符	LIKE、NOT LIKE
是否为空值	IS NULL、IS NOT NULL
多个查询条件	AND、OR

表 8-2 中，"<>"表示不等于，作用等价于"!="；"!>"表示不大于，等价于"<="；"!<"表示不小于，等价于">="；BETWEEN AND 指定了某字段的取值范围；IN 指定了某字段取值的集合；IS NULL 用来判断某字段的取值是否为空；AND 和 OR 用来连接多个查询条件。

> 条件表达式中设置的条件越多，查询出来的记录就会越少，因为设置的条件越多，查询语句的限制就越多，能够满足所有条件的记录就越少，为了使查询出来的记录正是自己想要查询的记录，可以在 WHERE 语句中将查询条件设置得更加具体。

8.2.1 查询指定记录

在 MySQL 中，SELECT 语句可以设置查询条件，用户可以根据自己的需要来设置查询条件，按条件进行查询，查询的结果必须满足查询条件，其 SQL 语法形式如下：

```
SELECT field1,field2,…,filedn FROM tablename WHERE CONDITION;
```

在上述语句中，参数 tablename 表示所要查询的表名，参数 fieldn 表示表中的字段名字，参数 CONDITION 表示查询条件。

下面将通过一个具体的示例来演示如何查询指定记录。

【示例 8-7】执行 SQL 语句 SELECT，在数据库 school 的学生成绩表 s_score 中查询姓名为 Jack Ma 的数据记录，具体步骤如下：

步骤 01 执行 SQL 语句 CREATE DATABASE，创建数据库 school，并选择该数据库，具体 SQL 语句如下：

```
CREATE DATABASE school;
USE school;
```

执行结果如图 8-29 和图 8-30 所示。

```
mysql> CREATE DATABASE school;
Query OK, 1 row affected (0.07 sec)
```

```
mysql> USE school;
Database changed
```

图 8-29　创建数据库　　　　　图 8-30　选择数据库

步骤02 执行 SQL 语句 CREATE TABLE，创建学生成绩表 s_score，具体 SQL 语句如下：

```
CREATE TABLE s_score(
    stuid INT(11),
    name VARCHAR(20),
    Chinese INT(4),
    English INT(4),
    Math INT(4),
    Chemistry INT(4),
    Physics INT(4));
```

执行结果如图 8-31 所示。

步骤03 执行 SQL 语句 DESCRIBE，查看数据库 school 中学生成绩表 s_score 的信息，具体 SQL 语句如下：

```
DESCRIBE s_score;
```

执行结果如图 8-32 所示。

图 8-31　创建学生成绩表

图 8-32　查看学生成绩表的信息

步骤04 使用如下 SQL 语句在学生成绩表中插入数据：

```
INSERT INTO s_score
    (stuid,name,Chinese,English,Math,Chemistry,Physics)
        values(1,'Jack Ma', 87,94,99,89,91),
            (2,'Rebecca Zhang', 76,78,89,80,90),
            (3,'Justin Zhou', 92,98,99,93,80);
```

执行结果如图 8-33 所示。

步骤05 查询学生成绩表中姓名为 Jack Ma 的数据记录：

```
SELECT * FROM s_score WHERE name='Jack Ma';
```

执行结果如图 8-34 所示。

图 8-33　向学生成绩表插入数据记录

图 8-34　查询特定数据记录

图 8-34 的查询结果显示了学生成绩表 s_score 中字段 name 为 Jack Ma 的数据记录。

步骤 06 查询学生成绩表中姓名为 Shirley Xu 的数据，SQL 语句如下：

```
SELECT * FROM s_score WHERE name='Shirley Xu';
```

执行结果如图 8-35 所示。

从图 8-35 中看出，因为学生成绩表中不存在 name 为 Shirley Xu 的记录，所以查询结果为"Empty set (0.00 sec)"。

步骤 07 使用如下 SQL 语句查询学生成绩表中语文成绩(字段 Chinese)高于 80 的数据记录：

```
SELECT * FROM s_score WHERE Chinese>80;
```

执行结果如图 8-36 所示。

```
mysql> SELECT * FROM s_score
    -> WHERE name='Shirley Xu';
Empty set (0.00 sec)
```

图 8-35 查询特定数据记录

```
mysql> SELECT * FROM s_score WHERE Chinese>80;
+-------+-------------+---------+---------+------+-----------+--------+
| stuid | name        | Chinese | English | Math | Chemistry | Physics |
+-------+-------------+---------+---------+------+-----------+--------+
|     1 | Jack Ma     |      87 |      94 |   99 |        89 |      91 |
|     3 | Justin Zhou |      92 |      98 |   99 |        93 |      80 |
+-------+-------------+---------+---------+------+-----------+--------+
2 rows in set (0.00 sec)
```

图 8-36 查询特定数据记录

图 8-36 的查询结果显示了学生成绩表 s_score 中字段 Chinese 高于 80 的数据记录。

8.2.2 带 IN 关键字的查询

在 MySQL 中提供了关键字 IN，用来实现判断字段的数值是否在指定集合的条件查询，关于该关键字的具体语句形式如下：

```
SELECT field1,field2,…,fieldn
    FROM tablename WHERE filedm IN(value1,value2,value3,…,valuen);
```

在上述语句中，参数 fieldn 表示名称为 tablename 的表中的字段名，参数 valuen 表示集合中的值，通过关键字 IN 来判断字段 fieldm 的值是否在集合(value1,value2,value3,…,valuen)中，如果字段 fieldm 的值在集合中，满足查询条件，该记录就会被查询出来，否则不会被查询出来。

1. 查询在集合中的数据记录

下面通过一个具体的示例来说明如何在集合中查询数据记录。

【示例 8-8】执行 SQL 语句 SELECT，在数据库 school 的学生成绩表 s_score 中，查询学生编号为 1001、1004、1009、1010 的学生，具体步骤如下：

步骤 01 创建和选择数据库 school，具体 SQL 语句如下：

```
CREATE DATABASE school;
USE school;
```

执行结果如图 8-37 和图 8-38 所示。

```
mysql> CREATE DATABASE school;
Query OK, 1 row affected (0.07 sec)
```

```
mysql> USE school;
Database changed
```

图 8-37　创建数据库　　　　　　　　　图 8-38　选择数据库

步骤 02　执行 SQL 语句 CREATE TABLE，创建学生成绩表 s_score，具体 SQL 语句如下：

```
CREATE TABLE s_score(
    stuid INT(11),
    name VARCHAR(20),
    Chinese INT(4),
    English INT(4),
    Math INT(4),
    Chemistry INT(4),
    Physics INT(4));
```

执行结果如图 8-39 所示。

步骤 03　执行 SQL 语句 DESCRIBE，查看数据库 school 中学生成绩表 s_score 的信息，具体 SQL 语句如下：

```
DESCRIBE s_score;
```

执行结果如图 8-40 所示。

```
mysql> CREATE TABLE s_score(
    -> stuid INT(11),
    -> name VARCHAR(20),
    -> Chinese INT(4),
    -> English INT(4),
    -> Math INT(4),
    -> Chemistry INT(4),
    -> Physics INT(4));
Query OK, 0 rows affected (0.03 sec)
```

```
mysql> DESCRIBE s_score;
+----------+-------------+------+-----+---------+-------+
| Field    | Type        | Null | Key | Default | Extra |
+----------+-------------+------+-----+---------+-------+
| stuid    | int(11)     | YES  |     | NULL    |       |
| name     | varchar(20) | YES  |     | NULL    |       |
| Chinese  | int(4)      | YES  |     | NULL    |       |
| English  | int(4)      | YES  |     | NULL    |       |
| Math     | int(4)      | YES  |     | NULL    |       |
| Chemistry| int(4)      | YES  |     | NULL    |       |
| Physics  | int(4)      | YES  |     | NULL    |       |
+----------+-------------+------+-----+---------+-------+
7 rows in set (0.00 sec)
```

图 8-39　创建学生成绩表　　　　　　　　图 8-40　查看学生成绩表的信息

步骤 04　使用如下 SQL 语句在学生成绩表中插入数据：

```
INSERT INTO s_score
   (stuid,name,Chinese,English,Math,Chemistry,Physics)
      VALUES(1001,'Jack Ma',87,94,99,89,91),
            (1002,'Rebecca Zhang', 76,78,89,80,90),
            (1003,'Justin Zhou',92,98,99,93,80),
            (1004,'Jessy Li', 77,67,78,87,88),
            (1005,'Lucy Wang', 91,78,89,90,91),
            (1006,'Lily lv', 90,88,92,93,94),
            (1007,'Tom Cai', 80,98,82,73,84),
            (1008,'Emily Wang',89,99,78,89,91),
            (1009,'Betty Ying',90,89,89,90,91),
```

```
(1010,'Jane Hu',89,98,75,94,89);
```

执行结果如图 8-41 所示。

步骤05 执行 SQL 语句 SELECT，通过关键字 IN 设置集合查询条件，以实现查询学生编号为 1001、1004、1009 和 1010 的学生数据记录，具体 SQL 语句如下：

```
SELECT name FROM s_score WHERE stuid IN(1001,1004,1009,1010);
```

执行结果如图 8-42 所示。

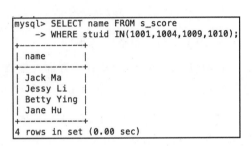

图 8-41 向学生成绩表插入数据记录 图 8-42 查询数据表记录

2. 查询不在集合中的数据记录

【示例 8-9】执行 SQL 语句 SELECT，在数据库 school 的学生成绩表 s_score 中，查询学生编号不为 1001、1004、1009、1010 的学生，具体步骤如下：

步骤01 创建数据库、创建表、插入数据的操作已经在示例 8-8 中完成，在本示例中不再重复，可以参考示例 8-8。

步骤02 选择数据库 school，具体 SQL 语句如下：

```
USE school;
```

执行结果如图 8-43 所示。

步骤03 执行 SQL 语句 SELECT，通过关键字 NOT IN 设置集合查询条件，以实现查询学生编号不为 1001、1004、1009、1010 的学生，具体 SQL 语句如下：

```
SELECT name
    FROM s_score
        WHERE stuid NOT IN(1001,1004,1009,1010);
```

执行结果如图 8-44 所示。

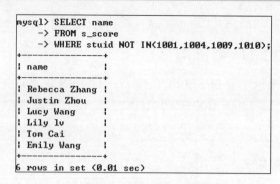

图 8-43　选择数据库　　　　　　　　　图 8-44　查询数据信息

3. 关于集合查询的注意事项

在具体使用关键字 IN 时，查询的集合中如果存在 NULL，就不会影响查询，在使用关键字 NOT IN 时，查询的集合中如果存在 NULL，就不会有任何的查询结果。

【示例 8-10】执行 SQL 语句 SELECT，在数据库 school 的学生成绩表 s_score 中，查询学生编号为 1001、1004、1009、1010 的学生，具体操作步骤如下：

步骤 01 创建数据库、创建表、插入数据的操作已经在示例 8-8 中完成，在本示例中不再重复，可以参考示例 8-8。

步骤 02 选择数据库 school，具体 SQL 语句如下：

```
USE school;
```

执行结果如图 8-45 所示。

步骤 03 执行 SQL 语句 SELECT，通过关键字 IN 设置集合查询条件，以实现查询学生编号为 1001、1004、1009、1011 的学生，集合里包含 NULL，具体 SQL 语句如下：

```
SELECT name FROM s_score
    WHERE stuid IN(1001,1004,1009,1011,NULL);
```

执行结果如图 8-46 所示。

```
mysql> SELECT name FROM s_score
    -> WHERE stuid IN(1001,1004,1009,1011,NULL);
+------------+
| name       |
+------------+
| Jack Ma    |
| Jessy Li   |
| Betty Ying |
+------------+
3 rows in set (0.00 sec)
```

```
mysql> USE school;
Database changed
```

图 8-45　选择数据库　　　　　　　　　图 8-46　查询数据信息

步骤 04 执行 SQL 语句 SELECT，通过关键字 NOT IN 设置集合查询条件，以实现查询学生编号不为 1001、1004、1009、1011 的学生，关键字 NOT NULL 所操作的集合中包含了 NULL 值，具体 SQL 语句如下：

```
SELECT name FROM s_score
    WHERE stuid NOT IN(1001,1004,1009,1011,NULL);
```

执行结果如图 8-47 所示。

```
mysql> SELECT name FROM s_score WHERE stuid NOT IN(1001,1004,1009,1011,NULL);
Empty set (0.00 sec)
```

图 8-47　查询数据信息

图 8-47 的执行结果显示，对于关键字 NOT IN，当查询的集合中存在 NULL 时，不会查询到任何结果。

8.2.3　带 BETWEEN AND 关键字的查询

MySQL 提供了关键字 BETWEEN AND，用来实现判断字段的数值是否在指定范围内的条件查询。关于该关键字的具体语法形式如下：

```
SELECT field1,field2…fieldn
    FROM tablename WHERE fieldm BETWEEN value1 AND value2
```

在上述语句中，参数 fieldn 表示名称为 tablename 的表中的字段名，通过关键字 BETWEEN 和 AND 来设置字段 field 的取值范围，如果字段 field 的值在所指定的范围内，满足查询条件，该记录就会被查询出来，否则不会被查询出来。

BETWEEN minvalue AND maxvalue 表示的是一个范围间的判断过程，这些关键字操作符只针对数字类型。

1. 符合范围的数据记录查询

下面将通过一个具体的示例来说明如何查询符合范围的数据记录。

【示例 8-11】执行 SQL 语句 SELECT，在数据库 school 的学生成绩表中查询语文成绩（字段 Chinese）在 85 到 90 之间的学生，具体步骤如下：

步骤 01　创建和选择数据库 school，具体 SQL 语句如下：

```
CREATE DATABASE school;
USE school;
```

执行结果如图 8-48 和图 8-49 所示。

```
mysql> CREATE DATABASE school;
Query OK, 1 row affected (0.07 sec)
```

```
mysql> USE school;
Database changed
```

图 8-48　创建数据库　　　　　　　图 8-49　选择数据库

步骤 02　执行 SQL 语句 CREATE TABLE，创建学生成绩表 s_score，具体 SQL 语句如下：

```
CREATE TABLE s_score(
    stuid INT(11),
```

```
name VARCHAR(20),
Chinese INT(4),
English INT(4),
Math INT(4),
Chemistry INT(4),
Physics INT(4));
```

执行结果如图 8-50 所示。

步骤 03 执行 SQL 语句 DESCRIBE，查看数据库 school 中学生成绩表 s_score 的信息，具体 SQL 语句如下：

```
DESCRIBE s_score;
```

执行结果如图 8-51 所示。

```
mysql> CREATE TABLE s_score(
    -> stuid INT(11),
    -> name VARCHAR(20),
    -> Chinese INT(4),
    -> English INT(4),
    -> Math INT(4),
    -> Chemistry INT(4),
    -> Physics INT(4));
Query OK, 0 rows affected (0.03 sec)
```

```
mysql> DESCRIBE s_score;
+----------+-------------+------+-----+---------+-------+
| Field    | Type        | Null | Key | Default | Extra |
+----------+-------------+------+-----+---------+-------+
| stuid    | int(11)     | YES  |     | NULL    |       |
| name     | varchar(20) | YES  |     | NULL    |       |
| Chinese  | int(4)      | YES  |     | NULL    |       |
| English  | int(4)      | YES  |     | NULL    |       |
| Math     | int(4)      | YES  |     | NULL    |       |
| Chemistry| int(4)      | YES  |     | NULL    |       |
| Physics  | int(4)      | YES  |     | NULL    |       |
+----------+-------------+------+-----+---------+-------+
7 rows in set (0.00 sec)
```

图 8-50　创建学生成绩表　　　　　　　图 8-51　查看学生成绩表的信息

步骤 04 使用如下 SQL 语句在学生成绩表中插入数据：

```
INSERT INTO s_score
   (stuid,name,Chinese,English,Math,Chemistry,Physics)
     VALUES(1001,'Jack Ma',87,94,99,89,91),
           (1002,'Rebecca Zhang', 76,78,89,80,90),
           (1003,'Justin Zhou',92,98,99,93,80),
           (1004,'Jessy Li', 77,67,78,87,88),
           (1005,'Lucy Wang', 91,78,89,90,91),
           (1006,'Lily lv', 90,88,92,93,94),
           (1007,'Tom Cai', 80,98,82,73,84),
           (1008,'Emily Wang',89,99,78,89,91),
           (1009,'Betty Ying',90,89,89,90,91),
           (1010,'Jane Hu',89,98,75,94,89);
```

执行结果如图 8-52 所示。

步骤 05 执行 SQL 语句 SELECT，通过关键字 BETWEEN 和 AND 设置查询范围，以实现查询语文成绩（字段 Chinese）在 85 和 90 之间的学生，具体 SQL 语句如下：

```
SELECT name,Chinese
   FROM s_score WHERE Chinese BETWEEN 85 AND 90;
```

执行结果如图 8-53 所示。

```
mysql> INSERT INTO s_score
    -> (stuid,name,Chinese,English,Math,Chemistry,Physics)
    -> VALUES(1001,'Jack Ma',87,94,99,89,91),
    -> (1002,'Rebecca Zhang', 76,78,89,80,90),
    -> (1003,'Justin Zhou',92,98,99,93,80),
    -> (1004,'Jessy Li', 77,67,78,87,88),
    -> (1005,'Lucy Wang', 91,78,89,90,91),
    -> (1006,'Lily lv', 90,88,92,93,94),
    -> (1007,'Tom Cai', 80,98,82,73,84),
    -> (1008,'Emily Wang',89,99,78,89,91),
    -> (1009,'Betty Ying',90,89,89,90,91),
    -> (1010,'Jane Hu',89,98,75,94,89);
Query OK, 10 rows affected (0.08 sec)
Records: 10  Duplicates: 0  Warnings: 0
```

图 8-52　向学生成绩表插入数据记录

```
mysql> SELECT name,Chinese FROM s_score
    -> WHERE Chinese BETWEEN 85 AND 90;
+-------------+---------+
| name        | Chinese |
+-------------+---------+
| Jack Ma     |      87 |
| Lily lv     |      90 |
| Emily Wang  |      89 |
| Betty Ying  |      90 |
| Jane Hu     |      89 |
+-------------+---------+
5 rows in set (0.00 sec)
```

图 8-53　查询表数据

2. 不符合范围的数据记录查询

下面将通过一个具体的示例来说明如何查询不符合范围的数据记录。

【示例 8-12】执行 SQL 语句 SELECT，在数据库 school 中查询学生成绩表中语文成绩（字段 Chinese）不在 85 到 90 之间的学生，具体步骤如下：

步骤 01　创建数据库、创建表、插入数据的工作在示例 8-11 中已经完成，在本示例中可以沿用示例 8-11 中的数据库、表和数据，不再赘述准备过程。

步骤 02　选择数据库 school，具体 SQL 语句如下：

```
USE school;
```

执行结果如图 8-54 所示。

步骤 03　执行 SQL 语句 SELECT，通过关键字 NOT 设置非查询范围条件，具体 SQL 语句如下：

```
SELECT name,Chinese
    FROM s_score WHERE Chinese NOT BETWEEN 85 AND 90;
```

执行结果如图 8-55 所示。

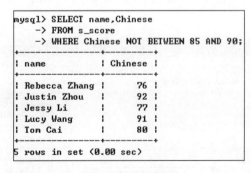

```
mysql> SELECT name,Chinese
    -> FROM s_score
    -> WHERE Chinese NOT BETWEEN 85 AND 90;
+---------------+---------+
| name          | Chinese |
+---------------+---------+
| Rebecca Zhang |      76 |
| Justin Zhou   |      92 |
| Jessy Li      |      77 |
| Lucy Wang     |      91 |
| Tom Cai       |      80 |
+---------------+---------+
5 rows in set (0.00 sec)
```

```
mysql> USE school;
Database changed
```

图 8-54　选择数据库　　　　　　图 8-55　查询数据

8.2.4　带 LIKE 的模糊查询

MySQL 提供了关键字 LIKE 来实现模糊查询，具体语法形式如下：

```
SELECT field1,field2,...fieldn
```

```
FROM tablename WHERE fieldm LIKE value;
```

在上述语句中，参数 tablename 表示表名，参数 fieldn 表示表中的字段名字，参数 valuen 表示所要插入的数值。通过关键字 LIKE 来判断字段 field 的值是否与 value 字符串匹配，如果相匹配，满足查询条件，该记录就会被查询出来；否则不会被查询出来。

在 MySQL 中，字符串必须加上单引号（''）和双引号（""）。由于关键字 LIKE 可以实现模糊查询，因此该关键字后面的字符串参数除了可以使用完整的字符串外，还可以包含通配符。LIKE 关键字支持的通配符如表 8-3 所示。

表 8-3　LIKE 关键字支持的通配符

符号	功能描述
_	该通配符只能匹配单个字符
%	该通配符可以匹配任意长度的字符串，既可以是 0 个字符、1 个字符，又可以是很多字符

1. 带有 "%" 通配符的查询

下面通过一个具体的示例来说明如何实现带有 "%" 通配符的模糊查询。

【示例 8-13】执行 SQL 语句 SELECT，在数据库 school 的学生成绩表中，查询姓名以 J 开头的全部学生，具体步骤如下：

步骤 01 创建数据库、创建表、插入数据的工作在示例 8-11 中已经完成，在本示例中可以沿用示例 8-11 中的数据库、表和数据，不再赘述准备过程。

步骤 02 选择数据库 school，具体 SQL 语句如下：

```
USE school;
```

执行结果如图 8-56 所示。

步骤 03 执行 SQL 语句 SELECT，查询字段 name 中以字母 L 开头的数据记录，具体 SQL 语句如下：

```
SELECT name FROM s_score WHERE name LIKE 'L%';
```

执行结果如图 8-57 所示。

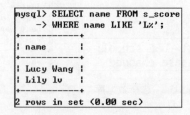

```
mysql> USE school;
Database changed
```

图 8-56　选择数据库　　　　图 8-57　查询数据表

图 8-57 的执行结果显示，查询到了所有名字里以 J 开头的学生。

步骤 04 MySQL 不区分大小写，上述 SQL 语句可以修改如下：

```
SELECT name FROM s_score WHERE name LIKE 'j%';
```

执行结果如图 8-58 所示。

步骤 05　如果想查询不是以字母 L 开头的全部学生，可以执行逻辑非运算符（NOT 或！），具体 SQL 语句如下：

```
SELECT name FROM s_score WHERE NOT name LIKE 'j%';
```

执行结果如图 8-59 所示。

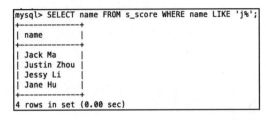

图 8-58　查询数据表　　　　　　　　　图 8-59　查询数据表

图 8-58 的执行结果显示，MySQL 不仅对关键字不区分大小写，对字段也不区分大小写。图 8-59 的执行结果显示，在 s_score 表中，所有名字不是以字母 L 开头的学生都被显示出来。

2. 带有 "_" 通配符的查询

下面通过一个具体的示例来说明如何实现带有 "_" 通配符的模糊查询。

【示例 8-14】执行 SQL 语句 SELECT，在数据库 school 的学生成绩表中，查询姓名第 2 个字母是 A 的全部学生，具体步骤如下：

步骤 01　创建数据库、创建表、插入数据的工作在示例 8-11 中已经完成，在本示例中可以沿用示例 8-11 中的数据库、表和数据，不再赘述准备过程。

步骤 02　选择数据库 school，具体 SQL 语句如下：

```
USE school;
```

执行结果如图 8-60 所示。

步骤 03　执行 SQL 语句 SELECT，查询字段 name 中第二个字母为 A 的数据记录，具体 SQL 语句如下：

```
SELECT name FROM s_score WHERE name LIKE '_A%';
```

执行结果如图 8-61 所示。

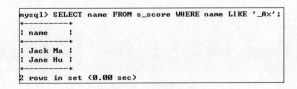

```
mysql> USE school;
Database changed
```

图 8-60　选择数据库　　　　　　　　　图 8-61　查询数据表

图 8-61 的执行结果显示，数据库 school 的表 s_score 中，所有名字第二个字母为 A 的学生都被显示出来了。

步骤 **04** 查询第二个字母不是 A 的全部学生，可以执行逻辑非运算符（NOT 或！），具体 SQL 语句如下：

```
SELECT name FROM s_score WHERE NOT name LIKE '_A%';
```

执行结果如图 8-62 所示。

步骤 **05** 查询第二个字母不是 A 的全部学生，也可以用以下 SQL 语句查询：

```
SELECT name FROM s_score WHERE name NOT LIKE '_A%';
```

执行结果如图 8-63 所示。

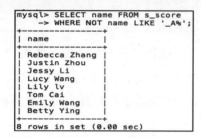

图 8-62　查询数据表

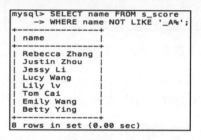

图 8-63　查询数据表

图 8-62 的执行结果显示，数据库 school 的表 s_score 中，第二个字母不是 A 的学生都被查询出来了。图 8-63 的执行结果显示，数据库 school 的表 s_score 中，第二个字母不是 A 的学生都被查询出来了。

3. 使用 LIKE 关键字查询其他类型的数据

在 MySQL 中，LIKE 关键字除了可以操作字符串类型的数据外，还可以操作其他任意类型的数据。

【示例 8-15】执行 SQL 语句 SELECT，在数据库 school 的学生成绩表 s_score 中，查询英语成绩（字段 English）中带有数字 9 的全部学生，具体步骤如下：

步骤 **01** 创建数据库、创建表、插入数据的工作在示例 8-11 中已经完成，在本示例中可以沿用示例 8-11 中的数据库、表和数据，不再赘述准备过程。

步骤 **02** 选择数据库 school，具体 SQL 语句如下：

```
USE school;
```

执行结果如图 8-64 所示。

步骤 **03** 执行 SQL 语句 SELECT，查询字段 English 带有数字 9 的全部学生，具体 SQL 语句如下：

```
SELECT name,English FROM s_score WHERE English LIKE '%9%';
```

执行结果如图 8-65 所示。

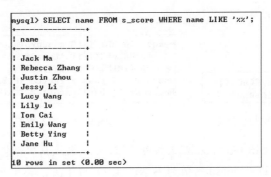

```
mysql> USE school;
Database changed
```

图 8-64　选择数据库　　　　　图 8-65　查询数据表

图 8-65 的执行结果显示，数据库 school 的学生成绩表 s_score 中字段 English 带有数字 9 的全部学生已经被查询出来了。

步骤 04　对于 LIKE 关键字，如果匹配"%%"，就表示查询所有数据记录，具体 SQL 语句如下：

```
SELECT name FROM s_score WHERE name LIKE '%%';
```

执行结果如图 8-66 所示。

```
mysql> SELECT name FROM s_score WHERE name LIKE '%%';
+---------------+
| name          |
+---------------+
| Jack Ma       |
| Rebecca Zhang |
| Justin Zhou   |
| Jessy Li      |
| Lucy Wang     |
| Lily lv       |
| Tom Cai       |
| Emily Wang    |
| Betty Ying    |
| Jane Hu       |
+---------------+
10 rows in set (0.00 sec)
```

图 8-66　查询数据表

图 8-66 的执行结果显示，数据库 school 的学生成绩表 s_score 中的所有学生都被查询出来。

8.2.5　带 IS NULL 的查询

MySQL 提供了关键字 IS NULL，用来实现判断字段的数值是否为空的条件查询。该关键字的具体语法形式如下：

```
SELECT field1,field2,…fieldn
    FROM tablename
      WHERE fieldm IS NULL;
```

在上述语句中，参数 tablename 表示所要插入完整记录的表名；参数 fieldn 表示表中的字段名字，通过关键字 IS NULL 来判断字段 fieldm 的值是否为空，如果字段 fieldm 的值为 NULL，满足查询条件，该记录就会被查询出来，否则不会被查询出来。在具体实现该应用时，一定要注意空值与空字符串、0 的区别。

1. 空值数据记录查询

下面通过一个具体的示例来说明如何查询空值的数据记录。

【示例 8-16】执行 SQL 语句 SELECT，在数据库 school 中查询学生成绩表 s_score 中所有没有参加语文考试（字段 Chinese 的值为 NULL）的学生，具体步骤如下：

步骤 01 创建数据库、创建表、插入数据的工作在示例 8-11 中已经完成，在本示例中可以在示例 8-11 中的数据库、表和数据的基础上，再插入一些必要的数据。

步骤 02 选择数据库 school，具体 SQL 语句如下：

```
USE school;
```

执行结果如图 8-67 所示。

步骤 03 在学生成绩表 s_score 中插入一批新数据，具体 SQL 语句如下：

```
INSERT INTO s_score(stuid,name)
    VALUES(1011,'Emma Qin'),(1012,'Charlie Yan');
```

执行结果如图 8-68 所示。

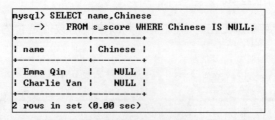

```
mysql> USE school;
Database changed
```

图 8-67　选择数据库

```
mysql> INSERT INTO s_score(stuid,name)
    -> VALUES(1011,'Emma Qin'),
    -> (1012,'Charlie Yan');
Query OK, 2 rows affected (0.03 sec)
Records: 2  Duplicates: 0  Warnings: 0
```

图 8-68　插入数据

步骤 04 执行 SQL 语句 SELECT，通过关键字 IS NULL 设置空值条件，以实现查询没有参加语文考试（（字段 Chinese 的值为不 NULL））的学生，具体 SQL 语句如下：

```
SELECT name,Chinese
  FROM s_score WHERE Chinese IS NULL;
```

执行结果如图 8-69 所示。

```
mysql> SELECT name,Chinese
    ->     FROM s_score WHERE Chinese IS NULL;
+-------------+---------+
| name        | Chinese |
+-------------+---------+
| Emma Qin    |    NULL |
| Charlie Yan |    NULL |
+-------------+---------+
2 rows in set (0.00 sec)
```

图 8-69　查询数据

2. 不是空值数据记录查询

下面通过一个具体的示例来说明如何查询不是空值的数据记录。

【示例 8-17】执行 SQL 语句 SELECT，在数据库 school 中查询学生成绩表 s_score 中所有没有参加语文考试（字段 Chinese 的值为 NULL）的学生，具体步骤如下：

步骤 01 创建数据库、创建表、插入数据的工作在示例 8-11 和示例 8-16 中已经完成，在本示例中使用示例 8-11 和示例 8-16 中的数据库、表和数据，不再赘述准备过程。

步骤 02 选择数据库 school，具体 SQL 语句如下：

```
USE school;
```

执行结果如图 8-70 所示。

步骤 03 执行 SQL 语句 SELECT，通过关键字 IS NOT NULL 设置空值条件，以实现查询参加语文考试（字段 Chinese 的值不为 NULL）的学生，具体 SQL 语句如下：

```
SELECT name,Chinese FROM s_score WHERE Chinese IS NOT NULL;
```

执行结果如图 8-71 所示。

```
mysql> USE school;
Database changed
```

图 8-70　选择数据库

```
mysql> SELECT name,Chinese FROM s_score
    -> WHERE Chinese IS NOT NULL;
+---------------+---------+
| name          | Chinese |
+---------------+---------+
| Jack Ma       |      87 |
| Rebecca Zhang |      76 |
| Justin Zhou   |      92 |
| Jessy Li      |      77 |
| Lucy Wang     |      91 |
| Lily lv       |      90 |
| Tom Cai       |      80 |
| Emily Wang    |      89 |
| Betty Ying    |      90 |
| Jane Hu       |      89 |
+---------------+---------+
10 rows in set (0.01 sec)
```

图 8-71　查询数据

8.2.6　带 AND 的多条件查询

在 MySQL 中，关键字 AND 可以用来联合多个条件进行查询。使用关键字 AND 时，只有同时满足所有查询条件的记录才会被查询出来，如果不满足这些查询条件中的一个，这样的记录就会被排除掉。带有关键字 AND 的语法形式如下：

```
SELECT field1, field2, field3……fieldn
    FROM tablename
        WHERE CONDITION1 AND CONDITION2 [...AND CONDITIONn]
```

在上述语句中，参数 tablename 表示所要插入完整记录的表名，参数 fieldn 表示表中的字段名字，CONDITIONn 表示不同的条件表达式，关键字 AND 将多个不同的条件表达式连接在一起。

> 提示
>
> 关键字 AND 可以连接两个条件表达式，也可以同时使用多个关键字 AND 连接更多的条件表达式。

【示例 8-18】使用 AND 关键字来查询数据库 school 的学生成绩表 s_score 中 stuid 为 1009，而且 name 为 Betty Ying 的数据记录，具体步骤如下：

步骤 01 创建数据库、创建表、插入数据的工作在示例 8-11 中已经完成，在本示例中可以沿用示例 8-11 中的数据库、表和数据，不再赘述准备过程。

步骤 02 选择数据库 school，具体 SQL 语句如下：

```
USE school;
```

执行结果如图 8-72 所示。

步骤 03 执行 SQL 语句 SELECT，查询 stuid 为 1009，而且 name 为 "Betty Ying" 的数据记录，具体 SQL 语句如下：

```
SELECT stuid,name FROM s_score
    WHERE stuid=1009 AND name='Betty Ying';
```

执行结果如图 8-73 所示。

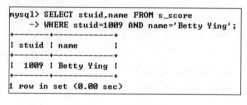

```
mysql> USE school;
Database changed
```

图 8-72 选择数据库

图 8-73 查询数据表

图 8-73 的执行结果显示，满足 stuid 为 1009，且 name 为 Betty Ying 的记录已经被查询出来。

【示例 8-19】在数据库 school 的学生成绩表 s_score 中查询 stuid 小于 1008，name 中含有字母 a，且语文成绩（字段 Chinese）低于 90 的学生，具体步骤如下：

步骤 01 创建数据库、创建表、插入数据的工作在示例 8-11 中已经完成，在本示例中可以沿用示例 8-11 中的数据库、表和数据，不再赘述准备过程。

步骤 02 选择数据库 school，具体 SQL 语句如下：

```
USE school;
```

执行结果如图 8-74 所示。

步骤 03 执行 SQL 语句 SELECT，查询 stuid 小于 1008，name 中含有字母 a，且语文成绩（字段 Chinese）低于 90 的数据记录，具体 SQL 语句如下：

```
SELECT stuid,name,Chinese
    FROM s_score
```

```
WHERE stuid<1008 and name like '%a%' and Chinese<90;
```

执行结果如图 8-75 所示。

```
mysql> SELECT stuid,name,Chinese FROM s_score
    -> WHERE stuid<1008 and name like '%a%' and Chinese<90;
+-------+---------------+---------+
| stuid | name          | Chinese |
+-------+---------------+---------+
|  1001 | Jack Ma       |      87 |
|  1002 | Rebecca Zhang |      76 |
|  1007 | Tom Cai       |      80 |
+-------+---------------+---------+
3 rows in set (0.00 sec)
```

```
mysql> USE school;
Database changed
```

图 8-74　选择数据库　　　　　　　图 8-75　查询数据表

图 8-75 的执行结果显示，满足 stuid 小于 1008，name 中含有字母 a，且语文成绩（字段 Chinese）低于 90 的数据记录已经被查询出来了。

8.2.7　带 OR 的多条件查询

在 MySQL 中，关键字 OR 也可以用来联合多个条件进行查询，但是与关键字 AND 不同，使用关键字 OR 时，只要满足这几个查询条件中的一个，这样的记录就会被查询出来，如果不满足这些查询条件中的任何一个，这样的数据记录就会被排除掉，其语法形式如下：

```
SELECT field1, field2, field3,……,fieldn
    FROM tablename
        WHERE CONDITION1 OR CONDITION2 [...OR CONDITIONn]
```

在上述语句中，参数 tablename 表示所要插入完整记录的表名，参数 fieldn 表示表中的字段名字，CONDITIONn 表示不同的条件表达式，关键字 OR 将多个不同的条件表达式连接在一起。

 关键字 OR 可以连接两个条件表达式，也可以同时使用多个关键字 OR 连接更多的条件表达式。

【示例 8-20】使用 AND 关键字查询数据库 school 的学生成绩表 s_score 中 stuid 为 1009 或者 name 为 Tom Cai 的数据记录，具体步骤如下：

步骤 01　创建数据库、创建表、插入数据的工作在示例 8-11 中已经完成，在本示例中可以沿用示例 8-11 中的数据库、表和数据，不再赘述准备过程。

步骤 02　选择数据库 school，具体 SQL 语句如下：

```
USE school;
```

执行结果如图 8-76 所示。

步骤 03　执行 SQL 语句 SELECT，查询 stuid 为 1009 或者 name 为 Tom Cai 的数据记录，具体 SQL 语句如下：

```
SELECT stuid,name
  FROM s_score
    WHERE stuid=1009 OR name= 'Tom Cai';
```

执行结果如图 8-77 所示。

```
mysql> SELECT stuid,name FROM s_score
    -> WHERE stuid=1009 OR name='Tom Cai';
+-------+-----------+
| stuid | name      |
+-------+-----------+
|  1007 | Tom Cai   |
|  1009 | Betty Ying |
+-------+-----------+
2 rows in set (0.00 sec)
```

```
mysql> USE school;
Database changed
```

图 8-76　选择数据库

图 8-77　查询数据表

图 8-77 的执行结果显示，满足 stuid 为 1009 或者 name 为 Tom Cai 的记录已经被查询出来。

【示例 8-21】在数据库 school 的学生成绩表 s_score 中查询 stuid 在 1001~1008 这个范围，或者 name 中含有字母 w，或者物理成绩（字段 Physics）含有数字 2 的学生，具体步骤如下：

步骤 01　创建数据库、创建表、插入数据的工作在示例 8-11 中已经完成，在本示例中可以沿用示例 8-11 中的数据库、表和数据，不再赘述准备过程。

步骤 02　选择数据库 school，具体 SQL 语句如下：

```
USE school;
```

执行结果如图 8-78 所示。

步骤 03　执行 SQL 语句 SELECT，查询 stuid 在 1001~1008 这个范围，或者 name 中含有字母 w，或者物理成绩（字段 Physics）含有数字 2 的数据记录，具体 SQL 语句如下：

```
SELECT stuid,name,Physics FROM s_score
    WHERE stuid BETWEEN 1001 AND 1008
        OR name like '%w%' OR Physics LIKE '%2%';
```

执行结果如图 8-79 所示。

```
mysql> SELECT stuid,name,Physics FROM s_score
    -> WHERE stuid BETWEEN 1001 AND 1008
    -> OR name like '%w%' OR Physics LIKE '%2%';
+-------+---------------+---------+
| stuid | name          | Physics |
+-------+---------------+---------+
|  1001 | Jack Ma       |      91 |
|  1002 | Rebecca Zhang |      90 |
|  1003 | Justin Zhou   |      80 |
|  1004 | Jessy Li      |      88 |
|  1005 | Lucy Wang     |      91 |
|  1006 | Lily lv       |      94 |
|  1007 | Tom Cai       |      84 |
|  1008 | Emily Wang    |      91 |
+-------+---------------+---------+
8 rows in set (0.00 sec)
```

```
mysql> USE school;
Database changed
```

图 8-78　选择数据库

图 8-79　查询数据表

图 8-79 的执行结果显示，满足 stuid 在 1001~1008 这个范围，或者 name 中含有字母 w，或者物理成绩（字段 Physics）含有数字 2 的数据记录已经被查询出来。

 AND 和 OR 关键字可以连接条件表达式，这些条件表达式中可以使用 "=" ">" 等操作符，也可以使用 IN、BETWEEN AND 和 LIKE 等关键字，而且 LIKE 关键字匹配字符串可以使用 "%" 和 "_" 等通配字符。

8.2.8　对查询结果进行排序

在 MySQL 中，从表中查询出来的数据可能是无序的，或者其排列的顺序不是用户所期望的，为了使查询结果的顺序满足用户的要求，可以使用关键字 ORDER BY 对记录进行排序，其语法形式如下：

```
SELECT field1, field2, field3……fieldn
    FROM tablename ORDER BY fieldm [ASC|DESC]
```

在上述语句中，参数 tablename 表示所要插入完整记录的表名，参数 fieldn 表示表中的字段名字，参数 fieldm 表示按照该字段进行排序，ASC 表示按升序进行排序，DESC 表示按降序进行排序。默认情况下按 ASC 进行排序。

【示例 8-22】在数据库 school 的学生成绩表 s_score 中查询所有记录，按照语文成绩（字段 Chinese）升序进行排序，具体步骤如下：

步骤01　创建数据库、创建表、插入数据的工作在示例 8-11 中已经完成，在本示例中可以沿用示例 8-11 中的数据库、表和数据，不再赘述准备过程。

步骤02　选择数据库 school，具体 SQL 语句如下：

```
USE school;
```

执行结果如图 8-80 所示。

步骤03　执行 SQL 语句 SELECT，查询表 s_score 中所有的数据记录，按照语文成绩（字段 Chinese）升序排序，具体 SQL 语句如下：

```
SELECT stuid,name,Chinese FROM s_score ORDER BY Chinese ASC;
```

执行结果如图 8-81 所示。

```
mysql> USE school;
Database changed
```

图 8-80　选择数据库

```
mysql> SELECT stuid,name,Chinese FROM s_score ORDER BY Chinese ASC;
+-------+--------------+---------+
| stuid | name         | Chinese |
+-------+--------------+---------+
|  1002 | Rebecca Zhang|      76 |
|  1004 | Jessy Li     |      77 |
|  1007 | Tom Cai      |      80 |
|  1001 | Jack Ma      |      87 |
|  1008 | Emily Wang   |      89 |
|  1010 | Jane Hu      |      89 |
|  1006 | Lily lv      |      90 |
|  1009 | Betty Ying   |      90 |
|  1005 | Lucy Wang    |      91 |
|  1003 | Justin Zhou  |      92 |
+-------+--------------+---------+
10 rows in set (0.00 sec)
```

图 8-81　查询数据表

图 8-81 的执行结果显示，表 s_score 中所有的数据记录已经被按升序查询出来。

【示例 8-23】在数据库 school 的学生成绩表 s_score 中查询所有记录，按照语文成绩（字段 Chinese）降序进行排序，具体步骤如下：

步骤 01 创建数据库、创建表、插入数据的工作在示例 8-11 中已经完成，在本示例中可以沿用示例 8-11 中的数据库、表和数据，不再赘述准备过程。

步骤 02 选择数据库 school，具体 SQL 语句如下：

```
USE school;
```

执行结果如图 8-82 所示。

步骤 03 执行 SQL 语句 SELECT，查询表 s_score 中所有的数据记录，按照语文（字段 Chinese）成绩降序排序，具体 SQL 语句如下：

```
SELECT stuid,name,Chinese FROM s_score ORDER BY Chinese DESC;
```

执行结果如图 8-83 所示。

```
mysql> SELECT stuid,name,Chinese FROM s_score ORDER BY Chinese DESC;
+-------+--------------+---------+
| stuid | name         | Chinese |
+-------+--------------+---------+
|  1003 | Justin Zhou  |      92 |
|  1005 | Lucy Wang    |      91 |
|  1006 | Lily lv      |      90 |
|  1009 | Betty Ying   |      90 |
|  1008 | Emily Wang   |      89 |
|  1010 | Jane Hu      |      89 |
|  1001 | Jack Ma      |      87 |
|  1007 | Tom Cai      |      80 |
|  1004 | Jessy Li     |      77 |
|  1002 | Rebecca Zhang|      76 |
+-------+--------------+---------+
10 rows in set (0.00 sec)
```

```
mysql> USE school;
Database changed
```

图 8-82　选择数据库　　　　　　　　　　图 8-83　查询数据表

图 8-83 的执行结果显示，表 s_score 中所有的数据记录已经被按降序查询出来。

提示　如果存在一条记录字段的值为空（NULL），按升序排序时，这条记录将显示为第一条记录，因为按升序排序时，含空值的记录将最先显示，可以理解为空值是该字段的最小值，而按降序排序时，字段为空值的记录将最后显示。

在 MySQL 中，可以指定多个字段进行排序，例如可以让表 s_score 按照字段 Chinese 升序排序，再按照字段 English 降序排序。

【示例 8-24】在数据库 school 的学生成绩表 s_score 中查询所有记录，先按照语文（字段 Chinese）成绩升序排序，再按照英语成绩（字段 English）降序排序，具体步骤如下：

步骤 01 创建数据库、创建表、插入数据的工作在示例 8-11 中已经完成，在本示例中可以沿用示例 8-11 中的数据库、表和数据，不再赘述准备过程。

步骤 02 选择数据库 school，具体 SQL 语句如下：

```
USE school;
```

执行结果如图 8-84 所示。

步骤 03 执行 SQL 语句 SELECT，查询表 s_score 中所有的数据记录，先按照语文（字段 Chinese）成绩升序排序，再按照英语成绩（字段 English）降序排序，具体 SQL 语句如下：

```
SELECT stuid,name,Chinese,English FROM s_score
    ORDER BY Chinese ASC, English DESC;
```

执行结果如图 8-85 所示。

```
mysql> USE school;
Database changed
```

图 8-84　选择数据库

```
mysql> SELECT stuid,name,Chinese,English FROM s_score
    -> ORDER BY Chinese ASC, English DESC;
+-------+---------------+---------+---------+
| stuid | name          | Chinese | English |
+-------+---------------+---------+---------+
| 1011  | Emma Qin      | NULL    | NULL    |
| 1012  | Charlie Yan   | NULL    | NULL    |
| 1002  | Rebecca Zhang | 76      | 78      |
| 1004  | Jessy Li      | 77      | 67      |
| 1007  | Tom Cai       | 80      | 98      |
| 1001  | Jack Ma       | 87      | 94      |
| 1008  | Emily Wang    | 89      | 99      |
| 1010  | Jane Hu       | 89      | 98      |
| 1009  | Betty Ying    | 90      | 89      |
| 1006  | Lily lv       | 90      | 88      |
| 1005  | Lucy Wang     | 91      | 78      |
| 1003  | Justin Zhou   | 92      | 98      |
+-------+---------------+---------+---------+
12 rows in set (0.00 sec)
```

图 8-85　查询数据表

图 8-85 的执行结果显示，表 s_score 中所有的数据记录先按字段 Chinese 升序排序，如果字段 Chinese 的值是相等的，就按字段 English 降序排序。

8.3 统计函数和分组查询

在 MySQL 中，很多情况下都需要进行统计汇总操作，比如统计整个班级的人数、统计总分、统计平均分，这时就会用到 MySQL 所支持的统计函数，分别说明如下。

- COUNT()函数：实现统计表中记录的条数。
- AVG()函数：实现计算字段值的平均值。
- SUM()函数：实现计算字段值的总和。
- MAX()函数：实现查询字段值的最大值。
- MIN()函数：实现查询字段值的最小值。

统计函数经常与分组一起使用，之所以要分组，是因为表中的字段值存在重复的内容，例如按照性别分组时，字段性别的值肯定会有重复（男和女）；按照民族分组，字段值也会有重复（例如汉族）；按照年龄分组，字段值同样会有重复（同龄人很多）。当数据值有重复时，才需要进行分组。说明：虽然数据值没有重复也可以进行分组，但是不建议使用，因为一条数据记录也可以分成一组，但是没有任何实际意义。

8.3.1　MySQL 支持的统计函数

MySQL 中提供了 5 个统计函数实现统计功能，统计函数的查询语法形式如下：

```
SELECT function(field) FROM tablename WHERE CONDITION;
```

在上述语句中，利用统计函数 function 来统计关于字段 field 的值。

1. 统计数据记录条数

统计函数 COUNT() 用来统计数据记录条数，可以用来确定表中记录的条数或符合特定条件的记录的条数。可以通过以下两种方式来实现该统计函数。

● COUNT(*) 使用方式：这种方式可以实现对表中的记录进行统计，无论表字段中包含的是 NULL 值还是非 NULL 值。

● COUNT(field) 使用方式：这种方式可以实现对指定字段的记录进行统计，在具体统计时将忽略 NULL 值。

下面通过一个具体的示例来说明统计函数 COUNT() 的使用方法。

【示例 8-25】执行 SQL 语句 SELECT，在数据库 school 的学生成绩表中，统计学生人数，具体步骤如下：

步骤 01　创建数据库、创建表、插入数据的工作在示例 8-11 和示例 8-16 中已经完成，在本示例中使用示例 8-11 和示例 8-16 中的数据库、表和数据，不再赘述准备过程。

步骤 02　选择数据库 school，具体 SQL 语句如下：

```
USE school;
```

执行结果如图 8-86 所示。

步骤 03　执行 SQL 语句 SELECT，利用统计函数 COUNT() 对学生记录进行统计，具体 SQL 语句如下：

```
SELECT count(*) number FROM s_score;
```

执行结果如图 8-87 所示。

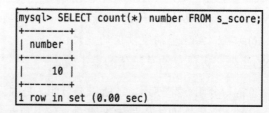

```
mysql> USE school;
Database changed
```

图 8-86　选择数据库

```
mysql> SELECT count(*) number FROM s_score;
+--------+
| number |
+--------+
|     10 |
+--------+
1 row in set (0.00 sec)
```

图 8-87　统计学生人数

图 8-87 的执行结果显示，表 s_score 有 12 条学生数据记录。

步骤 04　在具体使用统计函数 COUNT() 时，除了可以操作符号 "*" 外，还可以操作相应字段，比如字段 name，具体 SQL 语句如下：

```
SELECT count(name) number FROM s_score;
```

执行结果如图 8-88 所示。

步骤 05　也可以实现统计特定条件的记录的条数，比如语文（字段 Chinese）成绩低于 90 分的学生人数，具体 SQL 语句如下：

```
SELECT COUNT(name) number FROM s_score WHERE Chinese<90;
```

执行结果如图 8-89 所示。

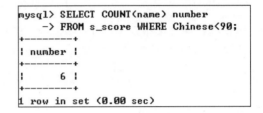

图 8-88　统计学生人数　　　　　　　图 8-89　统计学生人数

图 8-89 的执行结果显示，数据库 school 的学生成绩表 s_score 中，语文（字段 Chinese）成绩低于 90 的学生人数为 6。

2. 统计计算平均值

统计函数 AVG() 首先计算特定字段值之和，然后求得该字段的平均值，该函数用来计算指定字段的平均值或符合特定条件的指定字段的平均值。与 COUNT() 统计函数相比，该统计函数只有一种使用方式。

AVG(field) 使用方式：这种方式可以实现对指定字段的平均值进行计算，在具体统计时将忽略 NULL 值。

下面通过一个具体的示例来说明统计函数 AVG() 的使用方法。

【示例 8-26】执行 SQL 语句 SELECT，在数据库 school 的学生成绩表 s_score 中，计算所有学生的语文（字段 Chinese）成绩平均值，具体步骤如下：

步骤 01　创建数据库、创建表、插入数据的工作在示例 8-11 和示例 8-16 中已经完成，在本示例中使用示例 8-11 和示例 8-16 中的数据库、表和数据，不再赘述准备过程。

步骤 02　选择数据库 school，具体 SQL 语句如下：

```
USE school;
```

执行结果如图 8-90 所示。

步骤 03　执行 SQL 语句 SELECT，利用统计函数 AVG() 计算学生的语文（字段 Chinese）成绩平均值，具体 SQL 语句如下：

```
SELECT AVG(Chinese) average FROM s_score;
```

执行结果如图 8-91 所示。

```
mysql> SELECT AVG(Chinese) average
    -> FROM s_score;
+---------+
| average |
+---------+
| 86.1000 |
+---------+
1 row in set (0.00 sec)
```

```
mysql> USE school;
Database changed
```

图 8-90　选择数据库　　　　　　图 8-91　统计平均分

图 8-91 的执行结果显示，所有学生的语文成绩平均值为 86.1000。

步骤 04　也可以计算特定条件下的平均值，比如计算学号 stuid 小于 1008 的学生的语文成绩（字段 Chinese）平均值，具体 SQL 语句如下：

```
SELECT AVG(Chinese) average FROM s_score WHERE stuid<1008;
```

执行结果如图 8-92 所示。

```
mysql> SELECT AVG(Chinese) average FROM s_score WHERE stuid<1008;
+---------+
| average |
+---------+
| 84.7143 |
+---------+
1 row in set (0.00 sec)
```

图 8-92　统计平均分

图 8-92 的执行结果显示，数据库 school 的表 s_score 中，stuid 小于 1008 的学生的语文（字段 Chinese）平均成绩为 84.7143。

3. 统计计算求和

统计函数 SUM() 用来实现统计数据计算求和，该函数用来计算指定字段值之和或符合特定条件的指定字段值之和。和 COUNT() 统计函数相比，该统计函数只有一种使用方式。

SUM(field) 使用方式：这种方式可以实现计算指定字段值之和，在具体统计时将忽略 NULL值。

下面通过一个具体的示例来说明统计函数 SUM() 的使用方法。

【示例 8-27】执行 SQL 语句 SELECT，在数据库 school 的学生成绩表中，计算所有学生的语文成绩（字段 Chinese）总和，具体步骤如下：

步骤 01　创建数据库、创建表、插入数据的工作在示例 8-11 和示例 8-16 中已经完成，在本示例中使用示例 8-11 和示例 8-16 中的数据库、表和数据，不再赘述准备过程。

步骤 02　选择数据库 school，具体 SQL 语句如下：

```
USE school;
```

执行结果如图 8-93 所示。

步骤 03 执行 SQL 语句 SELECT，利用统计函数 SUM()计算所有学生的语文（字段 Chinese）成绩总和，具体 SQL 语句如下：

```
SELECT SUM(Chinese) FROM s_score;
```

执行结果如图 8-94 所示。

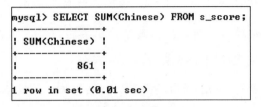

图 8-93　选择数据库　　　　　　图 8-94　统计总和

图 8-94 的执行结果显示，所有学生的语文成绩（字段 Chinese）总和为 861。

> **提示**　SUM(field)函数会忽略值为 NULL 的数据记录，但不会忽略值为 0 的数据记录。

步骤 04 也可以计算特定条件记录的语文成绩总和，比如计算学号（字段 stuid）小于 1008 的学生的语文成绩（字段 Chinese）总和，具体 SQL 语句如下：

```
SELECT SUM(Chinese) FROM s_score WHERE stuid<1008;
```

执行结果如图 8-95 所示。

```
mysql> SELECT SUM(Chinese) FROM s_score WHERE stuid<1008;
+--------------+
| SUM(Chinese) |
+--------------+
|          593 |
+--------------+
1 row in set (0.00 sec)
```

图 8-95　统计总和

图 8-95 的执行结果显示，学号（字段 stuid）小于 1008 的学生的语文成绩（字段 Chinese）总和为 593。

4. 统计最大值和最小值

统计函数 MAX()和 MIN()用来实现统计数据计算最大值和最小值，这两个函数可以用来计算指定字段值中的最大值和最小值，或符合特定条件的指定字段值中的最大值和最小值。与 COUNT()统计函数相比，这两个统计函数只有一种使用方式。

MAX(field)使用方式：这种方式可以实现计算指定字段值中的最大值，在具体统计时将忽略 NULL 值。

MIN(field)使用方式：这种方式可以实现计算指定字段值中的最小值，在具体统计时将忽略 NULL 值。

下面通过一个具体的示例来说明统计函数 MAX() 和 MIN() 的使用方法。

【示例 8-28】执行 SQL 语句 SELECT，在数据库 school 的学生成绩表 s_score 中计算学生语文成绩（字段 Chinese）的最大值和最小值，具体步骤如下：

步骤 01 创建数据库、创建表、插入数据的工作在示例 8-11 和示例 8-16 中已经完成，在本示例中使用示例 8-11 和示例 8-16 中的数据库、表和数据，不再赘述准备过程。

步骤 02 执行 SQL 语句 USE，选择数据库 school，具体 SQL 语句如下：

```
USE school;
```

执行结果如图 8-96 所示。

步骤 03 执行 SQL 语句 SELECT，利用统计函数 MAX() 和 MIN() 获取学生语文成绩（字段 Chinese）的最大值和最小值，具体 SQL 语句如下：

```
SELECT MAX(Chinese) maxval,MIN(Chinese) minval FROM s_score;
```

执行结果如图 8-97 所示。

```
mysql> SELECT MAX(Chinese) maxval,MIN(Chinese) minval
    -> FROM s_score;
+--------+--------+
| maxval | minval |
+--------+--------+
|     92 |     76 |
+--------+--------+
1 row in set (0.01 sec)
```

```
mysql> USE school;
Database changed
```

图 8-96　选择数据库　　　　　　图 8-97　统计最大值和最小值

图 8-97 的执行结果显示，通过统计函数 MAX() 和统计函数 MIN() 计算出了学生语文成绩（字段 Chinese）的最大值和最小值。

 MAX() 函数和 MIN() 函数会忽略值为 NULL 的数据，但不会忽略值为 0 的数据记录。

步骤 04 也可以计算特定条件下记录的最大值和最小值，比如计算学号在 1003 到 1007 之间的学生的英语成绩（字段 English）的最大值和最小值，具体 SQL 语句如下：

```
SELECT MAX(English) maxval,MIN(English) minval FROM s_score
    WHERE stuid BETWEEN 1003 AND 1007;
```

执行结果如图 8-98 所示。

```
mysql> SELECT MAX(English) maxval,MIN(English) minval
    -> FROM s_score WHERE stuid BETWEEN 1003 AND 1007;
+--------+--------+
| maxval | minval |
+--------+--------+
|     98 |     67 |
+--------+--------+
1 row in set (0.00 sec)
```

图 8-98　统计最大值和最小值

图 8-98 的执行结果显示了学号在 1003 和 1007 之间的学生的英语成绩的最大值和最小值。

8.3.2 统计函数针对无数据记录的表

MySQL 的统计函数对于没有任何数据记录的表，COUNT()函数返回数据为 0，其他所有函数返回 NULL。

【示例 8-29】执行 SQL 语句 SELECT，在数据库 school 的教师表 s_teacher 中，用各种统计函数对教师的工资进行分析计算，具体步骤如下：

步骤 01 执行 SQL 语句 CREATE DATABASE，创建数据库 school，并选择该数据库，具体 SQL 语句如下：

```
CREATE DATABASE school;
USE school;
```

执行结果如图 8-99 和图 8-100 所示。

```
mysql> CREATE DATABASE school;
Query OK, 1 row affected (0.07 sec)
```

```
mysql> USE school;
Database changed
```

图 8-99 创建数据库 　　　　图 8-100 选择数据库

步骤 02 创建教师表 s_teacher，具体 SQL 语句如下：

```
CREATE TABLE s_teacher(
    tid INT(11),
    name VARCHAR(20),
    gender VARCHAR(8),
    age INT(4),
    subject VARCHAR(20),
    salary INT(6)
);
```

执行结果如图 8-101 所示。

步骤 03 使用 DESCRIBE 语句查看教师表的信息，SQL 语句如下：

```
DESCRIBE s_teacher;
```

执行结果如图 8-102 所示。

```
mysql> CREATE TABLE s_teacher(
    -> tid INT(11),
    -> name VARCHAR(20),
    -> gender VARCHAR(8),
    -> age INT(4),
    -> subject VARCHAR(20),
    -> salary INT(6));
Query OK, 0 rows affected (0.03 sec)
```

```
mysql> DESCRIBE s_teacher;
+---------+-------------+------+-----+---------+-------+
| Field   | Type        | Null | Key | Default | Extra |
+---------+-------------+------+-----+---------+-------+
| tid     | int(11)     | YES  |     | NULL    |       |
| name    | varchar(20) | YES  |     | NULL    |       |
| gender  | varchar(8)  | YES  |     | NULL    |       |
| age     | int(4)      | YES  |     | NULL    |       |
| subject | varchar(20) | YES  |     | NULL    |       |
| salary  | int(6)      | YES  |     | NULL    |       |
+---------+-------------+------+-----+---------+-------+
6 rows in set (0.01 sec)
```

图 8-101 创建教师表 　　　　图 8-102 查看教师表的信息

225

步骤 04 利用统计函数 COUNT()统计教师人数，SQL 语句如下：

```
SELECT count(*) FROM s_teacher;
```

执行结果如图 8-103 所示。

步骤 05 利用 AVG()函数统计教师的平均工资，SQL 语句如下：

```
SELECT AVG(salary) FROM s_teacher;
```

执行结果如图 8-104 所示。

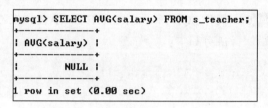

图 8-103　计算教师人数　　　　　　　图 8-104　计算教师工资的平均值

图 8-103 的执行结果显示，表中没有任何数据记录，COUNT()统计值为 0。图 8-104 显示，教师的工资平均值为 NULL。

步骤 06 利用 SUM()函数统计教师工资的总额，SQL 语句如下：

```
SELECT SUM(salary) FROM s_teacher;
```

执行结果如图 8-105 所示。

步骤 07 利用 MAX()、MIN()函数统计教师工资的最高值和最低值：

```
SELECT MAX(salary),MIN(SALARY) FROM s_teacher;
```

执行结果如图 8-106 所示。

```
mysql> SELECT SUM(salary) FROM s_teacher;
+-------------+
| SUM(salary) |
+-------------+
|        NULL |
+-------------+
1 row in set (0.00 sec)
```

```
mysql> SELECT MAX(salary),MIN(SALARY) FROM s_teacher;
+-------------+-------------+
| MAX(salary) | MIN(SALARY) |
+-------------+-------------+
|        NULL |        NULL |
+-------------+-------------+
1 row in set (0.00 sec)
```

图 8-105　计算教师工资的平均值　　　　　图 8-106　计算教师工资的最大值和最小值

图 8-104~图 8-106 的执行结果显示，由于教师表 s_teacher 没有数据记录，因此 AVG()、SUM()、MAX()和 MIN()函数的统计结果为 NULL。

8.3.3　简单分组查询

MySQL 软件提供了 5 个统计函数来帮助用户统计数据，使用户很方便地实现对记录进行统计总数、计算和、计算平均数、计算最大值和最小值，而不需要查询所有数据。

在具体使用统计函数时，都是针对表中所有的数据记录或指定特定条件（WHERE 子句）

的数据记录进行统计计算。但是在现实应用中，经常会先把所有数据记录进行分组，再对这些分组后的数据记录进行统计计算。

MySQL 通过 SQL 语句 GROUP BY 来实现，分组数据查询语法如下：

```
SELECT function()
    FROM tablename WHERE CONDITION GROUP BY field;
```

在上述语句中，参数 field 表示某字段名，通过该字段对名称为 tablename 的表的数据记录进行分组。

在具体进行分组查询时，分组所依据的字段上的值一定要具有重复值，否则分组没有任何意义。

下面通过一个具体的示例来演示关键字 GROUP BY 的使用方法。

【示例 8-30】执行 SQL 语句 SELECT，在数据库 school 的教师表 s_teacher 中，按照学科对所有教师进行分组，具体步骤如下：

步骤 01　创建和选择数据库 school，SQL 语句如下：

```
CREATE DATABASE school;
USE school;
```

执行结果如图 8-107 和图 8-108 所示。

```
mysql> CREATE DATABASE school;
Query OK, 1 row affected (0.07 sec)
```

图 8-107　创建数据库

```
mysql> USE school;
Database changed
```

图 8-108　选择数据库

步骤 02　创建教师表 s_teacher，具体 SQL 语句如下：

```
CREATE TABLE s_teacher(
    tid INT(11),
    name VARCHAR(20),
    gender VARCHAR(8),
    age INT(4),
    subject VARCHAR(20),
    salary INT(6)
);
```

执行结果如图 8-109 所示。

步骤 03　执行 SQL 语句 DESCRIBE，查看数据库 school 中教师表 s_teacher 的信息，具体 SQL 语句如下：

```
DESCRIBE s_teacher;
```

执行结果如图 8-110 所示。

```
mysql> CREATE TABLE s_teacher(
    ->          tid INT(11),
    ->          name VARCHAR(20),
    ->          gender VARCHAR(8),
    ->          age INT(4),
    ->          subject VARCHAR(20),
    ->          salary INT(6)
    -> );
Query OK, 0 rows affected (0.13 sec)
```

图 8-109　创建教师表

```
mysql> DESCRIBE s_teacher;
+---------+-------------+------+-----+---------+-------+
| Field   | Type        | Null | Key | Default | Extra |
+---------+-------------+------+-----+---------+-------+
| tid     | int(11)     | YES  |     | NULL    |       |
| name    | varchar(20) | YES  |     | NULL    |       |
| gender  | varchar(8)  | YES  |     | NULL    |       |
| age     | int(4)      | YES  |     | NULL    |       |
| subject | varchar(20) | YES  |     | NULL    |       |
| salary  | int(6)      | YES  |     | NULL    |       |
+---------+-------------+------+-----+---------+-------+
6 rows in set (0.01 sec)
```

图 8-110　查看教师表的信息

步骤 04　执行 SQL 语句 INSERT，在表 s_teacher 中插入数据，具体 SQL 语句如下：

```
INSERT INTO s_teacher(tid,name,gender,age,subject,salary)
  VALUES(2001,'Jon Snow','Male',22,'Physical Education',8000),
    (2002,'Daenerys Targaryen','Female',22,'Music Education',7500),
    (2003,'Tyrion Lannister','Male',38,'History',9000),
    (2004,'LinXiang Zhang','Male',49,'Chinese',9000),
    (2005,'Arya Stark','Female',20,'English',7000),
    (2006,'Brandon Stark','Male',22,'Maths',7000),
    (2007,'Robb Stark','Male',26,'Physics',8000),
    (2008,'Robert Baratheon','Male',50,'Chemistry',8500),
    (2009,'Sansa Stark','Male',22,'Maths',7000),
    (2010,'Peihua Xu','Female',39,'Chinese',9000),
    (2011,'Chenkang Li','Male',36,'Physics',8000),
    (2012,'Rickon Stark','Male',20,'English',7000);
```

执行结果如图 8-111 所示。

步骤 05　使用 SELECT 检验数据是否插入成功，具体 SQL 语句如下：

```
SELECT * FROM s_teacher;
```

执行结果如图 8-112 所示。

```
mysql> INSERT INTO s_teacher(tid,name,gender,age,subject,salary)
    -> VALUES(2001,'Jon Snow','Male',22,'Physical Education',8000),
    -> (2002,'Daenerys Targaryen','Female',22,'Music Education',7500),
    -> (2003,'Tyrion Lannister','Male',38,'History',9000),
    -> (2004,'LinXiang Zhang','Male',49,'Chinese',9000),
    -> (2005,'Arya Stark','Female',20,'English',7000),
    -> (2006,'Brandon Stark','Male',22,'Maths',7000),
    -> (2007,'Robb Stark','Male',26,'Physics',8000),
    -> (2008,'Robert Baratheon','Male',50,'Chemistry',8500),
    -> (2009,'Sansa Stark','Male',22,'Maths',7000),
    -> (2010,'Peihua Xu','Female',39,'Chinese',9000),
    -> (2011,'Chenkang Li','Male',36,'Physics',8000),
    -> (2012,'Rickon Stark','Male',20,'English',7000);
Query OK, 12 rows affected (0.00 sec)
Records: 12  Duplicates: 0  Warnings: 0
```

图 8-111　向教师表插入数据

```
mysql> SELECT * FROM s_teacher;
+------+--------------------+--------+-----+--------------------+--------+
| tid  | name               | gender | age | subject            | salary |
+------+--------------------+--------+-----+--------------------+--------+
| 2001 | Jon Snow           | Male   |  22 | Physical Education |   8000 |
| 2002 | Daenerys Targaryen | Female |  22 | Music Education    |   7500 |
| 2003 | Tyrion Lannister   | Male   |  38 | History            |   9000 |
| 2004 | LinXiang Zhang     | Male   |  49 | Chinese            |   9000 |
| 2005 | Arya Stark         | Female |  20 | English            |   7000 |
| 2006 | Brandon Stark      | Male   |  22 | Maths              |   7000 |
| 2007 | Robb Stark         | Male   |  26 | Physics            |   8000 |
| 2008 | Robert Baratheon   | Male   |  50 | Chemistry          |   8500 |
| 2009 | Sansa Stark        | Male   |  22 | Maths              |   7000 |
| 2010 | Peihua Xu          | Female |  39 | Chinese            |   9000 |
| 2011 | Chenkang Li        | Male   |  36 | Physics            |   8000 |
| 2012 | Rickon Stark       | Male   |  20 | English            |   7000 |
+------+--------------------+--------+-----+--------------------+--------+
12 rows in set (0.00 sec)
```

图 8-112　查看表数据

步骤 06　执行 SQL 语句 GROUP BY，对所有数据记录按学科（字段 subject）进行分组，具体 SQL 语句如下：

```
SELECT * FROM s_teacher GROUP BY subject;
```

执行结果如图 8-113 所示。

步骤07 关于关键字 GROUP BY，如果所针对的字段没有重复值，比如按照教师编号 tid 进行分组，具体 SQL 语句如下：

```
SELECT * FROM s_teacher GROUP BY tid;
```

执行结果如图 8-114 所示。

```
mysql> SELECT * FROM s_teacher GROUP BY subject;
+------+-------------------+--------+-----+--------------------+--------+
| tid  | name              | gender | age | subject            | salary |
+------+-------------------+--------+-----+--------------------+--------+
| 2001 | Jon Snow          | Male   | 22  | Physical Education | 8000   |
| 2002 | Daenerys Targaryen| Female | 22  | Music Education    | 7500   |
| 2003 | Tyrion Lannister  | Male   | 38  | History            | 9000   |
| 2004 | LinXiang Zhang    | Male   | 49  | Chinese            | 9000   |
| 2005 | Arya Stark        | Female | 20  | English            | 7000   |
| 2006 | Brandon Stark     | Male   | 22  | Maths              | 7000   |
| 2007 | Robb Stark        | Male   | 26  | Physics            | 8000   |
| 2008 | Robert Baratheon  | Male   | 50  | Chemistry          | 8500   |
+------+-------------------+--------+-----+--------------------+--------+
8 rows in set (0.00 sec)
```

图 8-113　查看表数据

```
mysql> SELECT * FROM s_teacher GROUP BY tid;
+------+-------------------+--------+-----+--------------------+--------+
| tid  | name              | gender | age | subject            | salary |
+------+-------------------+--------+-----+--------------------+--------+
| 2001 | Jon Snow          | Male   | 22  | Physical Education | 8000   |
| 2002 | Daenerys Targaryen| Female | 22  | Music Education    | 7500   |
| 2003 | Tyrion Lannister  | Male   | 38  | History            | 9000   |
| 2004 | LinXiang Zhang    | Male   | 49  | Chinese            | 9000   |
| 2005 | Arya Stark        | Female | 20  | English            | 7000   |
| 2006 | Brandon Stark     | Male   | 22  | Maths              | 7000   |
| 2007 | Robb Stark        | Male   | 26  | Physics            | 8000   |
| 2008 | Robert Baratheon  | Male   | 50  | Chemistry          | 8500   |
| 2009 | Sansa Stark       | Male   | 22  | Maths              | 7000   |
| 2010 | Peihua Xu         | Female | 39  | Chinese            | 9000   |
| 2011 | Chenkang Li       | Male   | 36  | Physics            | 8000   |
| 2012 | Rickon Stark      | Male   | 20  | English            | 7000   |
+------+-------------------+--------+-----+--------------------+--------+
12 rows in set (0.00 sec)
```

图 8-114　查看表数据

通过图 8-113 和图 8-112 的执行结果对比就能看出，图 8-113 先根据字段 subject 将表 s_teacher 进行分组，再显示每组中的一条数据。

图 8-114 的执行结果会显示表 s_teacher 的所有数据记录，由于数据库 school 的表 s_teacher 中字段 tid 的值没有一个重复，因此首先将每一条记录分成一组，再显示每组中的一条记录，该分组查询与没有分组查询的结果是一样的，没有任何实际意义。

8.3.4　实现统计功能分组查询

在 MySQL 中，只实现简单的分组查询是没有任何实际意义的，因为关键字 GROUP BY 单独使用时，默认查询出每个分组中随机的一条记录，具有很大的不确定性，一般建议分组关键字与统计函数一起使用。

如果想显示每个分组中的字段，可以通过函数 GROUP_CONCAT() 来实现，该函数可以实现显示每个分组中的指定字段，函数的具体语法形式如下：

```
SELECT GROUP_CONCAT(field)
    FROM tablename
        WHERE CONDITION GROUP BY field;
```

在上述语句中会显示每个数组中的字段值。

下面将通过一个具体的示例来说明函数 GROUP_CONCAT() 和统计函数的使用方法。

【示例 8-31】 执行 SQL 语句 SELECT，在数据库 school 的教师表 s_teacher 中，按学科 subject 对所有教师进行分组，同时显示出每组中的教师名（字段 name）和每组中教师的个数，具体步骤如下：

步骤01 创建数据库、创建表、插入数据的工作在示例 8-30 中已经完成，在本示例中可以沿用示例 8-30 中的数据库、表和数据，不再赘述准备过程。

步骤 02 选择数据库 school，具体 SQL 语句如下：

```
USE school;
```

执行结果如图 8-115 所示。

步骤 03 执行 SQL 语句 GROUP_CONCAT()，显示每个分组，具体 SQL 语句如下：

```
SELECT subject,GROUP_CONCAT(name) name
  FROM s_teacher GROUP BY subject;
```

执行结果如图 8-116 所示。

```
mysql> USE school;
Database changed
```

图 8-115　选择数据库

```
mysql> SELECT subject,GROUP_CONCAT(name) name
    -> FROM s_teacher GROUP BY subject;
+-------------------+------------------------------+
| subject           | name                         |
+-------------------+------------------------------+
| Chemistry         | Robert Baratheon             |
| Chinese           | LinXiang Zhang,Peihua Xu     |
| English           | Arya Stark,Rickon Stark      |
| History           | Tyrion Lannister             |
| Maths             | Brandon Stark,Sansa Stark    |
| Music Education   | Daenerys Targaryen           |
| Physical Education | Jon Snow                    |
| Physics           | Robb Stark,Chenkang Li       |
+-------------------+------------------------------+
8 rows in set (0.00 sec)
```

图 8-116　查询数据表

执行结果为 8 组，通过函数 GROUP_CONCAT()显示出每组中的教师名字（字段 name）。

步骤 04 执行统计函数 COUNT()，显示每个分组中教师的个数，具体 SQL 语句如下：

```
SELECT subject,GROUP_CONCAT(name) name,COUNT(name) number
  FROM s_teacher GROUP BY subject;
```

执行结果如图 8-117 所示。

```
mysql> SELECT subject,GROUP_CONCAT(name) name,COUNT(name) number
    -> FROM s_teacher GROUP BY subject;
+--------------------+---------------------------+--------+
| subject            | name                      | number |
+--------------------+---------------------------+--------+
| Chemistry          | Robert Baratheon          |      1 |
| Chinese            | LinXiang Zhang,Peihua Xu  |      2 |
| English            | Arya Stark,Rickon Stark   |      2 |
| History            | Tyrion Lannister          |      1 |
| Maths              | Brandon Stark,Sansa Stark |      2 |
| Music Education    | Daenerys Targaryen        |      1 |
| Physical Education | Jon Snow                  |      1 |
| Physics            | Robb Stark,Chenkang Li    |      2 |
+--------------------+---------------------------+--------+
8 rows in set (0.00 sec)
```

图 8-117　查询数据表

图 8-117 的执行结果显示，查询结果分为 3 组，同时通过统计函数 COUNT()统计每组中教师（字段 name）的人数。

8.3.5 实现多个字段分组查询

在 MySQL 中使用关键字 GROUP BY 时，其子句除了可以是一个字段外，还可以是多个字段，即可以按多个字段进行分组。多字段分组数据查询语法形式如下：

```
SELECT GROUP_CONCAT(field),function(field)
    FROM tablename
        WHERE CONDITION
            GROUP BY filed1,field2,......fieldn;
```

在上述语句中，先按照字段 field1 进行分组，再对每组按照字段 field2 分组，以此类推。下面通过一个具体的示例来说明多字段分组的使用方法。

【示例 8-32】执行 SQL 语句 SELECT，在数据库 school 的教师表 s_teacher 中，首先按照性别（字段 gender）对所有教师进行分组，然后按照年龄（字段 age）对每组进行分组，同时显示每组中的教师名（字段 name）和个数，具体步骤如下：

步骤 01 创建数据库、创建表、插入数据的工作在示例 8-30 中已经完成，在本示例中可以沿用示例 8-30 中的数据库、表和数据，不再赘述准备过程。

步骤 02 选择数据库 school，具体 SQL 语句如下：

```
USE school;
```

执行结果如图 8-118 所示。

步骤 03 按照字段 gender 进行分组，具体 SQL 语句如下：

```
SELECT gender
    FROM s_teacher GROUP BY gender;
```

执行结果如图 8-119 所示。

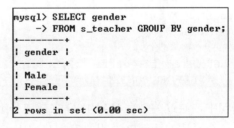

```
mysql> USE school;
Database changed
```

图 8-118 选择数据库

图 8-119 查询数据表

图 8-119 的执行结果显示，教师表 s_teacher 按照性别分为两组。

步骤 04 按照性别（字段 gender）和年龄（字段 age）进行分组，具体 SQL 语句如下：

```
SELECT gender,age
    FROM s_teacher GROUP BY gender,age;
```

执行结果如图 8-120 所示。

步骤 **05** 执行 SQL 语句 GROUP_CONCAT()和统计函数 COUNT()，显示每个分组中教师的名字和教师的人数，具体 SQL 语句如下：

```
SELECT gender,age,GROUP_CONCAT(name) name,COUNT(name)
    FROM s_teacher GROUP BY gender,age;
```

执行结果如图 8-121 所示。

图 8-120 查询数据表

图 8-121 查询数据表

图 8-120 的执行结果显示，首先按照字段 gender 分为两组，然后针对每组按照字段 age 进行分组。图 8-121 的执行结果显示，查询的结果通过语句 GROUP_CONCAT()和统计函数 COUNT()显示每组中教师（字段 name）的名字和人数。

8.3.6 实现 HAVING 子句限定分组查询

在 MySQL 中，如果想实现对分组进行条件限制，不能通过关键字 WHERE 来实现，因为该关键字主要用来实现条件限制数据记录。为了解决上述问题，MySQL 专门提供了关键字 HAVING 来实现条件限制分组数据记录。关于关键字 HAVING 查询的语法形式如下：

```
SELECT function(field)
    FROM tablename
        WHERE CONDITION
            GROUP BY filed1,field2,…fieldn
                HAVING CONDITION;
```

在上述语句中，通过关键字 HAVING 来指定分组后的条件。

下面通过一个具体的示例来说明关键字 HAVING 的使用方法。

【示例 8-33】执行 SQL 语句 SELECT，在数据库 school 的教师表 s_teacher 中，首先按照年龄（字段 age）对所有教师进行分组，然后显示平均工资高于 8000 的组，具体步骤如下：

步骤 **01** 创建数据库、创建表、插入数据的工作在示例 8-30 中已经完成，在本示例中可以沿用示例 8-30 中的数据库、表和数据，不再赘述准备过程。

步骤 **02** 选择数据库 school，具体 SQL 语句如下：

```
USE school;
```

执行结果如图 8-122 所示。

步骤 03　按照字段 age 进行分组，具体 SQL 语句如下：

```
SELECT age FROM s_teacher GROUP BY age;
```

执行结果如图 8-123 所示。

```
mysql> SELECT age FROM s_teacher
    -> GROUP BY age;
+------+
| age  |
+------+
|   22 |
|   38 |
|   49 |
|   20 |
|   26 |
|   50 |
|   39 |
|   36 |
+------+
8 rows in set (0.00 sec)
```

```
mysql> USE school;
Database changed
```

图 8-122　选择数据库　　　　　　　　图 8-123　查询数据表

图 8-123 的执行结果显示，查询结果分为 8 组。

步骤 04　执行统计函数 AVG()，显示每组中的平均工资，具体 SQL 语句如下：

```
SELECT age,AVG(salary) FROM s_teacher GROUP BY age;
```

执行结果如图 8-124 所示。

步骤 05　使用 HAVING、GROUP_CONCAT()函数和统计函数 COUNT()显示平均工资大于 8000
的每个分组中的教师姓名和教师个数，具体 SQL 语句如下：

```
SELECT age,AVG(salary) average,
    group_concat(name) name,count(name) number
        FROM s_teacher GROUP BY age
        HAVING AVG(salary)>8000;
```

执行结果如图 8-125 所示。

```
mysql> SELECT age,AVG(salary)
    -> FROM s_teacher GROUP BY age;
+------+-------------+
| age  | AVG(salary) |
+------+-------------+
|   22 |   7375.0000 |
|   38 |   9000.0000 |
|   49 |   9000.0000 |
|   20 |   7000.0000 |
|   26 |   8000.0000 |
|   50 |   8500.0000 |
|   39 |   9000.0000 |
|   36 |   8000.0000 |
+------+-------------+
8 rows in set (0.00 sec)
```

```
mysql> SELECT age,AVG(salary) average,
    -> group_concat(name) name,count(name) number
    -> FROM s_teacher GROUP BY age
    -> HAVING AVG(salary)>8000;
+------+-----------+------------------+--------+
| age  | average   | name             | number |
+------+-----------+------------------+--------+
|   38 | 9000.0000 | Tyrion Lannister |      1 |
|   39 | 9000.0000 | Peihua Xu         |      1 |
|   49 | 9000.0000 | LinXiang Zhang   |      1 |
|   50 | 8500.0000 | Robert Baratheon |      1 |
+------+-----------+------------------+--------+
4 rows in set (0.00 sec)
```

图 8-124　查询数据表　　　　　　　　图 8-125　查询数据表

图 8-124 显示了不同年龄的教师的平均工资。图 8-125 的执行结果显示，不仅通过统计函数 AVG()获取了每个年龄段的平均工资，而且还通过函数 GROUP_CONCAT()显示出了每个年龄段的教师的名字，通过函数 COUNT()统计出了每个年龄段的教师人数，最后通过关键字 HAVING 进行了条件的限制。

8.4　用 LIMIT 限制数据记录查询数量

通过条件数据查询虽然可以查询到符合用户需求的数据记录，但是有时所查询到的数据记录太多，对于这么多数据记录，若全部显示，则不符合实际需求，这时可以通过 MySQL 提供的关键字 LIMIT 来限制查询结果的数据。

在 MySQL 中，限制数据查询结果数量通过 SQL 语句 LIMIT 来实现，具体语法形式如下：

```
SELECT field1,field2,…fieldn
    FROM tablename
        WHERE CONDITION LIMIT OFFSET_START,ROW_COUNT
```

在上述语句中，通过关键字 LIMIT 来限制数据查询结果数量，其中参数 OFFSET_START 表示数据记录的起始偏移量，参数 ROW_COUNT 表示显示的行数。

根据是否指定初始位置（起始偏移量），关于限制数据查询结果数量的语句可以分成如下两类：

- 不指定初始位置方式。
- 指定初始位置方式。

8.4.1　不指定初始位置

对于 MySQL 提供的关键字 LIMIT，如果不指定初始位置，默认值就为 0，表示从第一条记录开始显示，具体语法形式如下：

```
LIMIT rowcount;
```

上述 SQL 语句表示实现 rowcount 条数据查询结果，如果 rowcount 值小于查询结果的总数量，就会从第一条数据记录开始，显示 rowcount 条数据记录；如果 rowcount 值大于查询结果的总数据量，就会显示所有查询结果。

1. 显示记录数小于查询结果

下面通过一个具体的示例来说明当显示记录数小于查询结果的限制操作。

【示例 8-34】执行 SQL 语句 SELECT，在数据库 school 的教师表 s_teacher 中，查询工资（字段 salary）高于 8000 的所有教师，同时对查询结果只显示两条记录，具体步骤如下：

步骤 01　创建数据库、创建表、插入数据的工作在示例 8-30 中已经完成，在本示例中可以沿用示例 8-30 中的数据库、表和数据，不再赘述准备过程。

步骤 02 选择数据库 school，具体 SQL 语句如下：

```
USE school;
```

执行结果如图 8-126 所示。

步骤 03 执行 SQL 语句，查询工资（字段 salary）高于 8000 的数据记录，具体 SQL 语句如下：

```
SELECT * FROM s_teacher WHERE salary>8000;
```

执行结果如图 8-127 所示。

```
mysql> SELECT * FROM s_teacher WHERE salary>8000;
+------+------------------+--------+-----+-----------+--------+
| tid  | name             | gender | age | subject   | salary |
+------+------------------+--------+-----+-----------+--------+
| 2003 | Tyrion Lannister | Male   |  38 | History   |   9000 |
| 2004 | LinXiang Zhang   | Male   |  49 | Chinese   |   9000 |
| 2008 | Robert Baratheon | Male   |  50 | Chemistry |   8500 |
| 2010 | Peihua Xu        | Female |  39 | Chinese   |   9000 |
+------+------------------+--------+-----+-----------+--------+
4 rows in set (0.00 sec)
```

```
mysql> USE school;
Database changed
```

图 8-126　选择数据库　　　　　　　　　图 8-127　查询数据表

执行 SQL 语句，查询工资（字段 salary）高于 8000 的数据记录，并且只显示两条记录，具体 SQL 语句如下：

```
SELECT * FROM s_teacher WHERE salary>8000 limit 2;
```

执行结果如图 8-128 所示。

```
mysql> SELECT * FROM s_teacher WHERE salary>8000 limit 2;
+------+------------------+--------+-----+---------+--------+
| tid  | name             | gender | age | subject | salary |
+------+------------------+--------+-----+---------+--------+
| 2003 | Tyrion Lannister | Male   |  38 | History |   9000 |
| 2004 | LinXiang Zhang   | Male   |  49 | Chinese |   9000 |
+------+------------------+--------+-----+---------+--------+
2 rows in set (0.00 sec)
```

图 8-128　查询数据表

图 8-128 所示的执行结果显示，关键字 LIMIT 发挥了作用，如图 8-127 所示，工资高于 8000 的教师有 4 个，在图 8-128 中只显示了两个。

2. 显示记录数大于查询结果

下面通过一个具体的示例来说明当显示记录数大于查询结果的限制操作。

【示例 8-35】执行 SQL 语句 SELECT，在数据库 school 的教师表 s_teacher 中，查询工资（字段 salary）高于 8000 的所有教师，同时对查询结果显示 6 条记录，具体步骤如下：

步骤 01 创建数据库、创建表、插入数据的工作在示例 8-30 中已经完成，在本示例中可以沿用示例 8-30 中的数据库、表和数据，不再赘述准备过程。

步骤 02 选择数据库 school，具体 SQL 语句如下：

```
USE school;
```

执行结果如图 8-129 所示。

步骤 **03** 执行 SQL 语句，查询工资（字段 salary）高于 8000 的数据记录，具体 SQL 语句如下：

```
SELECT * FROM s_teacher WHERE salary>8000;
```

执行结果如图 8-130 所示。

```
mysql> SELECT * FROM s_teacher WHERE salary>8000;
+------+------------------+--------+-----+-----------+--------+
| tid  | name             | gender | age | subject   | salary |
+------+------------------+--------+-----+-----------+--------+
| 2003 | Tyrion Lannister | Male   |  38 | History   |   9000 |
| 2004 | LinXiang Zhang   | Male   |  49 | Chinese   |   9000 |
| 2008 | Robert Baratheon | Male   |  50 | Chemistry |   8500 |
| 2010 | Peihua Xu        | Female |  39 | Chinese   |   9000 |
+------+------------------+--------+-----+-----------+--------+
4 rows in set (0.00 sec)
```

```
mysql> USE school;
Database changed
```

图 8-129　选择数据库　　　　　　　　　　图 8-130　查询数据表

执行 SQL 语句，查询工资（字段 salary）高于 8000 的数据记录，并且显示 6 条记录，具体 SQL 语句如下：

```
SELECT * FROM s_teacher WHERE salary>8000 limit 6;
```

执行结果如图 8-131 所示。

```
mysql> SELECT * FROM s_teacher WHERE salary>8000 limit 6;
+------+------------------+--------+-----+-----------+--------+
| tid  | name             | gender | age | subject   | salary |
+------+------------------+--------+-----+-----------+--------+
| 2003 | Tyrion Lannister | Male   |  38 | History   |   9000 |
| 2004 | LinXiang Zhang   | Male   |  49 | Chinese   |   9000 |
| 2008 | Robert Baratheon | Male   |  50 | Chemistry |   8500 |
| 2010 | Peihua Xu        | Female |  39 | Chinese   |   9000 |
+------+------------------+--------+-----+-----------+--------+
4 rows in set (0.00 sec)
```

图 8-131　查询数据表

如图 8-131 所示，工资高于 8000 的教师有 4 个，如图 8-122 所示，虽然关键字 LIMIT 限制了 6 个，但是最终还是显示 4 个。

8.4.2　指定初始位置

关键字 LIMIT 经常被应用在分页系统中，对于第一页的数据记录，可以通过不指定初始位置来实现，但是对于第二页等其他页面，则必须指定初始位置（OFFSET_START），否则将无法实现分页功能。除此之外，关键字 LIMIT 还经常与关键字 ORDER BY 一起使用，即先对查询结果进行排序，再显示其中部分数据记录。

下面通过一个具体的示例来说明指定初始位置的限制操作。

【示例 8-36】执行 SQL 语句 SELECT，在数据库 school 的教师表 s_teacher 中，查询年龄（字段 age）超过 22 岁的所有教师的数据记录，然后根据工资（字段 salary）从低到高排序，第一次从第 1 条记录开始显示，共显示 3 条记录，第二次从第 4 条记录开始显示，共显示 3 条记录。具体步骤如下：

步骤 01 创建数据库、创建表、插入数据的工作在示例 8-30 中已经完成，在本示例中可以沿用示例 8-30 中的数据库、表和数据，不再赘述准备过程。

步骤 02 选择数据库 school，具体 SQL 语句如下：

```
USE school;
```

执行结果如图 8-132 所示。

步骤 03 执行 SQL 语句，查询年龄（字段 age）超过 22 岁的数据记录，并且按工资（字段 salary）从低到高排序，具体 SQL 语句如下：

```
SELECT * FROM s_teacher WHERE age>22 order by salary;
```

执行结果如图 8-133 所示。

```
mysql> USE school;
Database changed
```

图 8-132 选择数据库

```
mysql> SELECT * FROM s_teacher WHERE age>22 order by salary;
+------+-------------------+--------+-----+-----------+--------+
| tid  | name              | gender | age | subject   | salary |
+------+-------------------+--------+-----+-----------+--------+
| 2007 | Robb Stark        | Male   |  26 | Physics   |   8000 |
| 2011 | Chenkang Li       | Male   |  36 | Physics   |   8000 |
| 2008 | Robert Baratheon  | Male   |  50 | Chemistry |   8500 |
| 2003 | Tyrion Lannister  | Male   |  38 | History   |   9000 |
| 2004 | LinXiang Zhang    | Male   |  49 | Chinese   |   9000 |
| 2010 | Peihua Xu         | Female |  39 | Chinese   |   9000 |
+------+-------------------+--------+-----+-----------+--------+
6 rows in set (0.00 sec)
```

图 8-133 查询数据表

步骤 04 执行 SQL 语句，查询年龄（字段 age）超过 22 岁的数据记录，并且按工资（字段 salary）从低到高排序，从第 1 条记录开始显示，共显示 3 条记录，具体 SQL 语句如下：

```
SELECT * FROM s_teacher WHERE age>22 order by salary limit 0,3;
```

执行结果如图 8-134 所示。

步骤 05 在 MySQL 中，由于关键字 LIMIT 中参数 OFFSET_START 的值默认为 0，因此上述 SQL 语句可以修改如下：

```
SELECT * FROM s_teacher WHERE age>22 order by salary limit 3;
```

执行结果如图 8-135 所示。

```
mysql> SELECT * FROM s_teacher
    -> WHERE age>22 order by salary limit 0,3;
+------+------------------+--------+-----+-----------+--------+
| tid  | name             | gender | age | subject   | salary |
+------+------------------+--------+-----+-----------+--------+
| 2011 | Chenkang Li      | Male   |  36 | Physics   |   8000 |
| 2007 | Robb Stark       | Male   |  26 | Physics   |   8000 |
| 2008 | Robert Baratheon | Male   |  50 | Chemistry |   8500 |
+------+------------------+--------+-----+-----------+--------+
3 rows in set (0.00 sec)
```

图 8-134 查询数据表

```
mysql> SELECT * FROM s_teacher
    -> WHERE age>22 order by salary limit 3;
+------+------------------+--------+-----+-----------+--------+
| tid  | name             | gender | age | subject   | salary |
+------+------------------+--------+-----+-----------+--------+
| 2011 | Chenkang Li      | Male   |  36 | Physics   |   8000 |
| 2007 | Robb Stark       | Male   |  26 | Physics   |   8000 |
| 2008 | Robert Baratheon | Male   |  50 | Chemistry |   8500 |
+------+------------------+--------+-----+-----------+--------+
3 rows in set (0.00 sec)
```

图 8-135 查询数据表

如图 8-134 所示，数据库 school 的教师表 s_teacher 中，首先查询年龄超过 22 岁的教师，再根据教师的工资从低到高排序，然后只显示查询结果的前 3 条数据记录。图 8-135 的执行结果和图 8-134 的执行结果是相同的。

步骤 06 执行 SQL 语句 LIMIT，实现第二次操作，即从第 4 条记录开始显示，共显示 3 条记录，具体 SQL 语句如下：

```
SELECT * FROM s_teacher WHERE age>22 order by salary limit 3,3;
```

执行结果如图 8-136 所示。

```
mysql> SELECT * FROM s_teacher WHERE age>22 order by salary limit 3,3;
+------+-----------------+--------+-----+---------+--------+
| tid  | name            | gender | age | subject | salary |
+------+-----------------+--------+-----+---------+--------+
| 2003 | Tyrion Lannister| Male   |  38 | History |   9000 |
| 2004 | LinXiang Zhang  | Male   |  49 | Chinese |   9000 |
| 2010 | Peihua Xu       | Female |  39 | Chinese |   9000 |
+------+-----------------+--------+-----+---------+--------+
3 rows in set (0.00 sec)
```

图 8-136　查询数据表

图 8-136 的执行结果显示，数据库 school 的表 s_teacher 中，查询年龄大于 22 岁的老师，再按照字段 salary 从低到高进行排序，然后从第 4 条记录开始显示，共显示 3 条记录。

8.5　使用正则表达式查询

正则表达式通常被用来检索替换那些符合某个模式的文本内容，根据指定的匹配模式匹配文本中符合要求的特殊字符串。例如，从一个文本文件中提取电话号码，查找一篇文章中重复的单词或者替换用户输入的某些敏感词语等，这些地方都可以使用正则表达式。正则表达式强大而且灵活，可以应用于非常复杂的查询。

MySQL 中使用关键字 REGEXP 指定正则表达式的字符匹配模式。表 8-4 列出了 REGEXP 操作符中常用的字符匹配列表。

表 8-4　正则表达式常用的字符匹配列表

选项	说明	例子	匹配值示例
^	匹配文本的开始字符	'^b'匹配以字母 b 开头的字符串	bread, back, brother, bird
$	匹配文本的结束字符	'st$'匹配以 st 结尾的字符串	first, just, wrist, test
.	匹配任何单个字符	'b.t'匹配任何 b 和 t 之间有一个字符	bit, but, bet, bite
*	匹配零个或多个字符	'f*n'匹配字符 n 前面有任意个字符 f	fn, fan, faen, fffffn
+	匹配前面的字符 1 次或多次	'ba+'匹配以 b 开头，后面至少紧跟一个 a	ba, bat, bare, battle, baaaa
<字符串>	匹配包含指定字符串的文本	'fa'	fat, fan, aaaafag

（续表）

选项	说明	例子	匹配值示例
[字符集合]	匹配字符集合中的任何一个字符	'[xz]'匹配 x 或 z	zero，x-ray，zebra
[^]	匹配不在括号中的任何字符	'[^abc]'匹配任何不包含 a、b 或 c 的字符串	night，good，run，fish
字符串 {n,}	匹配前面的字符串至少 n 次	b{2}匹配两个或更多的 b	bbb，bbbb，bbbbbb
字符串 {n,m}	匹配前面的字符串至少 n 次，至多 n 次，如果 n 为 0，此参数为可选参数	a{2,5}匹配最少两个，最多 4 个 a	aa，aaa，aaaaaa

8.5.1 查询以特定字符或字符串开头的记录

使用字符 "^" 可以匹配以特定字符或字符串开头的记录。

【示例 8-37】从数据库 school 的教师表 s_teacher 中查询姓名（字段 name）以字母 R 开头的教师的数据记录。具体步骤如下：

步骤 01 创建数据库、创建表、插入数据的工作在示例 8-30 中已经完成，在本示例中可以沿用示例 8-30 中的数据库、表和数据，不再赘述准备过程。

步骤 02 选择数据库 school，具体 SQL 语句如下：

```
USE school;
```

执行结果如图 8-137 所示。

步骤 03 查询教师表 s_teacher 中姓名（字段 name）以字母 R 开头的教师的数据记录，具体 SQL 语句如下：

```
SELECT * FROM s_teacher WHERE name REGEXP '^R';
```

执行结果如图 8-138 所示。

```
mysql> SELECT * FROM s_teacher WHERE name REGEXP '^R';
+------+------------------+--------+-----+-----------+--------+
| tid  | name             | gender | age | subject   | salary |
+------+------------------+--------+-----+-----------+--------+
| 2007 | Robb Stark       | Male   | 26  | Physics   | 8000   |
| 2008 | Robert Baratheon | Male   | 50  | Chemistry | 8500   |
| 2012 | Rickon Stark     | Male   | 20  | English   | 7000   |
+------+------------------+--------+-----+-----------+--------+
3 rows in set (0.00 sec)
```

```
mysql> USE school;
Database changed
```

图 8-137　选择数据库　　　　　　　　　图 8-138　查询数据表

图 8-138 的执行结果显示，查询出了表 s_teacher 中 name 字段以字母 R 开头的 3 条记录。

【示例 8-38】从数据库 school 的教师表 s_teacher 中查询姓名（字段 name）以字符串 Rob 开头的教师的数据记录。具体步骤如下：

步骤01 创建数据库、创建表、插入数据的工作在示例 8-30 中已经完成，在本示例中可以沿用示例 8-30 中的数据库、表和数据，不再赘述准备过程。

步骤02 选择数据库 school，具体 SQL 语句如下：

```
USE school;
```

执行结果如图 8-139 所示。

步骤03 查询教师表 s_teacher 中姓名（字段 name）以字符串 Rob 开头的教师的数据记录，具体 SQL 语句如下：

```
SELECT * FROM s_teacher
    WHERE name REGEXP '^Rob';
```

执行结果如图 8-140 所示。

```
mysql> SELECT * FROM s_teacher WHERE name REGEXP '^Rob';
+------+------------------+--------+-----+-----------+--------+
| tid  | name             | gender | age | subject   | salary |
+------+------------------+--------+-----+-----------+--------+
| 2007 | Robb Stark       | Male   |  26 | Physics   |   8000 |
| 2008 | Robert Baratheon | Male   |  50 | Chemistry |   8500 |
+------+------------------+--------+-----+-----------+--------+
2 rows in set (0.00 sec)
```

```
mysql> USE school;
Database changed
```

图 8-139　选择数据库　　　　　　　　　图 8-140　查询数据表

图 8-140 的执行结果显示，查询出了教师表中字段 name 以字符串 Rob 开头的两条记录。

8.5.2　查询以特定字符或字符串结尾的记录

使用字符"$"可以匹配以特定字符或字符串结尾的记录。

【示例 8-39】从数据库 school 的教师表 s_teacher 中查询姓名（字段 name）以字母 w 结尾的教师的数据记录，具体步骤如下：

步骤01 创建数据库、创建表、插入数据的工作在示例 8-30 中已经完成，在本示例中可以沿用示例 8-30 中的数据库、表和数据，不再赘述准备过程。

步骤02 选择数据库 school，具体 SQL 语句如下：

```
USE school;
```

执行结果如图 8-141 所示。

步骤03 查询教师表 s_teacher 中姓名（字段 name）以字母 w 结尾的教师的数据记录，具体 SQL 语句如下：

```
SELECT * FROM s_teacher
     WHERE name REGEXP 'w$';
```

执行结果如图 8-142 所示。

```
mysql> SELECT * FROM s_teacher WHERE name REGEXP 'w$';
+------+----------+--------+-----+--------------------+--------+
| tid  | name     | gender | age | subject            | salary |
+------+----------+--------+-----+--------------------+--------+
| 2001 | Jon Snow | Male   |  22 | Physical Education |   8000 |
+------+----------+--------+-----+--------------------+--------+
1 row in set (0.00 sec)
```

```
mysql> USE school;
Database changed
```

图 8-141　选择数据库　　　　　　　　　图 8-142　查询数据表

图 8-142 的执行结果显示，查询出了表 s_teacher 中字段 name 以字母 w 结尾的一条记录。

【示例 8-40】从数据库 school 的教师表 s_teacher 中查询姓名（字段 name）以字符串 Stark 结尾的教师的数据记录。具体步骤如下：

步骤 01　创建数据库、创建表、插入数据的工作在示例 8-30 中已经完成，在本示例中可以沿用示例 8-30 中的数据库、表和数据，不再赘述准备过程。

步骤 02　选择数据库 school，具体 SQL 语句如下：

```
USE school;
```

执行结果如图 8-143 所示。

步骤 03　查询教师表 s_teacher 中姓名（字段 name）以字符串 Stark 结尾的教师的数据记录，具体 SQL 语句如下：

```
SELECT * FROM s_teacher WHERE name REGEXP 'Stark$';
```

执行结果如图 8-144 所示。

```
mysql> SELECT * FROM s_teacher WHERE name REGEXP 'Stark$';
+------+---------------+--------+-----+---------+--------+
| tid  | name          | gender | age | subject | salary |
+------+---------------+--------+-----+---------+--------+
| 2005 | Arya Stark    | Female |  20 | English |   7000 |
| 2006 | Brandon Stark | Male   |  22 | Maths   |   7000 |
| 2007 | Robb Stark    | Male   |  26 | Physics |   8000 |
| 2009 | Sansa Stark   | Male   |  22 | Maths   |   7000 |
| 2012 | Rickon Stark  | Male   |  20 | English |   7000 |
+------+---------------+--------+-----+---------+--------+
5 rows in set (0.00 sec)
```

```
mysql> USE school;
Database changed
```

图 8-143　选择数据库　　　　　　　　　图 8-144　查询数据表

图 8-144 的执行结果显示，查询出了教师表中字段 name 以字符串 Stark 结尾的 5 条记录。

8.5.3　用符号 "." 来替代字符串中的任意一个字符

用正则表达式来查询时，可以用 "." 替代字符串中的任意一个字符。

【示例 8-41】从 s_teacher 表的 name 字段中查询以字母 J 开头，以字母 w 结尾，中间有 6 个任意字符的记录，具体步骤如下：

步骤 01　创建数据库、创建表、插入数据的工作在示例 8-30 中已经完成，在本示例中可以沿用示例 8-30 中的数据库、表和数据，不再赘述准备过程。

步骤 02 选择数据库 school，具体 SQL 语句如下：

```
USE school;
```

执行结果如图 8-145 所示。

步骤 03 查询教师表 s_teacher 中姓名（字段 name）以字母 J 开头，以字母 w 结尾，中间有 6 个任意字符的记录，具体 SQL 语句如下：

```
SELECT * FROM s_teacher WHERE name REGEXP 'J......w$';
```

执行结果如图 8-146 所示。

```
mysql> SELECT * FROM s_teacher WHERE name REGEXP 'J......w$';
+------+----------+--------+-----+--------------------+--------+
| tid  | name     | gender | age | subject            | salary |
+------+----------+--------+-----+--------------------+--------+
| 2001 | Jon Snow | Male   |  22 | Physical Education |   8000 |
+------+----------+--------+-----+--------------------+--------+
1 row in set (0.00 sec)
```

```
mysql> USE school;
Database changed
```

图 8-145　选择数据库　　　　　　　　　　　图 8-146　查询数据表

图 8-146 的执行结果显示，查询出了表 s_teacher 中字段 name 以字母 J 开头，以字母 w 结尾，中间有 6 个任意字符的一条记录。

8.5.4　使用 "*" 和 "+" 来匹配多个字符

在正则表达式中，"*" 和 "+" 都可以匹配多个该符号之前的字符，但是 "+" 至少表示一个字符，而 "*" 可以表示 0 个字符。

【示例 8-42】从 s_teacher 表的 name 字段中查询字母 k 之前出现过字母 S（可以是 0 次）的记录，具体步骤如下：

步骤 01 创建数据库、创建表、插入数据的工作在示例 8-30 中已经完成，在本示例中可以沿用示例 8-30 中的数据库、表和数据，不再赘述准备过程。

步骤 02 选择数据库 school，具体 SQL 语句如下：

```
USE school;
```

执行结果如图 8-147 所示。

步骤 03 查询教师表 s_teacher 的姓名（字段 name）中字母 k 之前出现过字母 S（可以是 0 次）的记录，具体 SQL 语句如下：

```
SELECT * FROM s_teacher WHERE name REGEXP 'S*k';
```

执行结果如图 8-148 所示。

```
mysql> SELECT * FROM s_teacher WHERE name REGEXP 'S*k';
+------+---------------+--------+-----+---------+--------+
| tid  | name          | gender | age | subject | salary |
+------+---------------+--------+-----+---------+--------+
| 2005 | Arya Stark    | Female |  20 | English |   7000 |
| 2006 | Brandon Stark | Male   |  22 | Maths   |   7000 |
| 2007 | Robb Stark    | Male   |  26 | Physics |   8000 |
| 2009 | Sansa Stark   | Male   |  22 | Maths   |   7000 |
| 2011 | Chenkang Li   | Male   |  36 | Physics |   8000 |
| 2012 | Rickon Stark  | Male   |  20 | English |   7000 |
+------+---------------+--------+-----+---------+--------+
6 rows in set (0.00 sec)
```

mysql> USE school;
Database changed

图 8-147　选择数据库　　　　　　　　图 8-148　查询数据表

图 8-148 的执行结果显示，查询出了教师表的字段 name 中字母 k 之前出现过字母 S（可以是 0 次）的记录。

【示例 8-43】从 s_teacher 表的 name 字段中查询字母 r 之前出现过字母 a（至少 1 次）的记录，具体步骤如下：

步骤 01　创建数据库、创建表、插入数据的工作在示例 8-30 中已经完成，在本示例中可以沿用示例 8-30 中的数据库、表和数据，不再赘述准备过程。

步骤 02　选择数据库 school，具体 SQL 语句如下：

```
USE school;
```

执行结果如图 8-149 所示。

步骤 03　查询教师表 s_teacher 的姓名（字段 name）中字母 r 之前出现过字母 a（至少 1 次）的记录，具体 SQL 语句如下：

```
SELECT * FROM s_teacher WHERE name REGEXP 'a+r';
```

执行结果如图 8-150 所示。

```
mysql> SELECT * FROM s_teacher WHERE name REGEXP 'a+r';
+------+--------------------+--------+-----+-----------------+--------+
| tid  | name               | gender | age | subject         | salary |
+------+--------------------+--------+-----+-----------------+--------+
| 2002 | Daenerys Targaryen | Female |  22 | Music Education |   7500 |
| 2005 | Arya Stark         | Female |  20 | English         |   7000 |
| 2006 | Brandon Stark      | Male   |  22 | Maths           |   7000 |
| 2007 | Robb Stark         | Male   |  26 | Physics         |   8000 |
| 2008 | Robert Baratheon   | Male   |  50 | Chemistry       |   8500 |
| 2009 | Sansa Stark        | Male   |  22 | Maths           |   7000 |
| 2012 | Rickon Stark       | Male   |  20 | English         |   7000 |
+------+--------------------+--------+-----+-----------------+--------+
7 rows in set (0.00 sec)
```

mysql> USE school;
Database changed

图 8-149　选择数据库　　　　　　　　图 8-150　查询数据表

图 8-150 的执行结果显示，查询出了表 s_teacher 的字段 name 中字母 a 之前出现过字母 r（至少 1 次）的记录。

8.5.5　匹配指定字符串

正则表达式可以匹配字符串，当表中的记录包含这个字符串时，就可以将该记录查询出来；当指定多个字符串时，需要用符号 "|" 隔开，只要匹配这些字符串中的任意一个即可。

【示例 8-44】从 s_teacher 表的 name 字段中查询包含 li 的记录，具体步骤如下：

步骤 01 创建数据库、创建表、插入数据的工作在示例 8-30 中已经完成，在本示例中可以沿用示例 8-30 中的数据库、表和数据，不再赘述准备过程。

步骤 02 选择数据库 school，具体 SQL 语句如下：

```
USE school;
```

执行结果如图 8-151 所示。

步骤 03 查询教师表的 name 字段包含 li 的记录，SQL 语句如下：

```
SELECT * FROM s_teacher WHERE name REGEXP 'li';
```

执行结果如图 8-152 所示。

```
mysql> USE school;
Database changed
```

图 8-151　选择数据库

```
mysql> SELECT * FROM s_teacher WHERE name REGEXP 'li';
+------+---------------+--------+------+---------+--------+
| tid  | name          | gender | age  | subject | salary |
+------+---------------+--------+------+---------+--------+
| 2004 | LinXiang Zhang| Male   |   49 | Chinese |   9000 |
| 2011 | Chenkang Li   | Male   |   36 | Physics |   8000 |
+------+---------------+--------+------+---------+--------+
2 rows in set (0.00 sec)
```

图 8-152　查询数据表

图 8-152 的执行结果显示，查询出了表 s_teacher 的字段 name 中包含 li 的记录。

【示例 8-45】从 s_teacher 表的 name 字段中查询包含 li 或者 en 的记录，具体步骤如下：

步骤 01 创建数据库、创建表、插入数据的工作在示例 8-30 中已经完成，在本示例中可以沿用示例 8-30 中的数据库、表和数据，不再赘述准备过程。

步骤 02 选择数据库 school，具体 SQL 语句如下：

```
USE school;
```

执行结果如图 8-153 所示。

步骤 03 查询教师表 s_teacher 的姓名（字段 name）中包含 li 或者 en 的记录，具体 SQL 语句如下：

```
SELECT * FROM s_teacher WHERE name REGEXP 'li|en';
```

执行结果如图 8-154 所示。

```
mysql> USE school;
Database changed
```

图 8-153　选择数据库

```
mysql> SELECT * FROM s_teacher WHERE name REGEXP 'li|en';
+------+--------------------+--------+------+-----------------+--------+
| tid  | name               | gender | age  | subject         | salary |
+------+--------------------+--------+------+-----------------+--------+
| 2002 | Daenerys Targaryen | Female |   22 | Music Education |   7500 |
| 2004 | LinXiang Zhang     | Male   |   49 | Chinese         |   9000 |
| 2011 | Chenkang Li        | Male   |   36 | Physics         |   8000 |
+------+--------------------+--------+------+-----------------+--------+
3 rows in set (0.00 sec)
```

图 8-154　查询数据表

图 8-154 的执行结果显示，查询出了表 s_teacher 的字段 name 中包含 li 或者 en 的记录。

 指定多个字符串时，需要用符号"|"将这些字符串隔开，每个字符串与"|"之间不能有空格，因为在查询过程中，数据库系统会将空格当作一个字符，这样就查询不出想要的结果，查询可以指定的字符串不止 3 个。

8.5.6　匹配指定字符串中的任意一个

使用方括号"[]"可以将需要查询的字符组成一个字符集，只要记录中包含方括号中的任意字符，该记录就会被查询出来。例如，通过"[abc]"可以查询包含 a、b 和 c 三个字母中任意一个的记录。

【示例 8-46】从 s_teacher 表的 name 字段中查询包含 g、j 和 w 三个字母中任意一个的记录，具体步骤如下：

步骤01 创建数据库、创建表、插入数据的工作在示例 8-30 中已经完成，在本示例中可以沿用示例 8-30 中的数据库、表和数据，不再赘述准备过程。

步骤02 选择数据库 school，具体 SQL 语句如下：

```
USE school;
```

执行结果如图 8-155 所示。

步骤03 查询教师表 s_teacher 的姓名（字段 name）中包含 g、j 和 w 三个字母中任意一个的记录，具体 SQL 语句如下：

```
SELECT * FROM s_teacher WHERE name REGEXP '[gjw]';
```

执行结果如图 8-156 所示。

```
mysql> SELECT * FROM s_teacher WHERE name REGEXP '[gjw]';

| tid  | name               | gender | age | subject            | salary |
| 2001 | Jon Snow           | Male   | 22  | Physical Education | 8000   |
| 2002 | Daenerys Targaryen | Female | 22  | Music Education    | 7500   |
| 2004 | LinXiang Zhang     | Male   | 49  | Chinese            | 9000   |
| 2011 | Chenkang Li        | Male   | 36  | Physics            | 8000   |
4 rows in set (0.00 sec)
```

```
mysql> USE school;
Database changed
```

图 8-155　选择数据库　　　　　　　　　图 8-156　查询数据表

图 8-156 的执行结果显示，查询出了表 s_teacher 的字段 name 中包含 g、j 和 w 三个字母中任意一个的记录。

使用方括号"[]"可以指定集合的区间，如"[a-z]"表示从 a~z 的所有字母；"[0-9]"表示从 0~9 的所有数字；"[a-z0-9]"表示包含所有小写的字母和数字。

【示例 8-47】从 s_teacher 表的字段 age 中查询包含数字 3~5 中任意一个字符的记录，具体步骤如下：

245

步骤01 创建数据库、创建表、插入数据的工作在示例 8-30 中已经完成，在本示例中可以沿用示例 8-30 中的数据库、表和数据，不再赘述准备过程。

步骤02 选择数据库 school，具体 SQL 语句如下：

```
USE school;
```

执行结果如图 8-157 所示。

步骤03 查询教师表 s_teacher 的年龄（字段 age）中包含数字 3~5 中任意一个字符的记录，具体 SQL 语句如下：

```
SELECT * FROM s_teacher WHERE age REGEXP '[3-5]';
```

执行结果如图 8-158 所示。

```
mysql> SELECT * FROM s_teacher WHERE age REGEXP '[3-5]';
+------+------------------+--------+------+-----------+--------+
| tid  | name             | gender | age  | subject   | salary |
+------+------------------+--------+------+-----------+--------+
| 2003 | Tyrion Lannister | Male   |   38 | History   |   9000 |
| 2004 | LinXiang Zhang   | Male   |   49 | Chinese   |   9000 |
| 2008 | Robert Baratheon | Male   |   50 | Chemistry |   8500 |
| 2010 | Peihua Xu        | Female |   39 | Chinese   |   9000 |
| 2011 | Chenkang Li      | Male   |   36 | Physics   |   8000 |
+------+------------------+--------+------+-----------+--------+
5 rows in set (0.00 sec)
```

```
mysql> USE school;
Database changed
```

图 8-157　选择数据库　　　　　　图 8-158　查询数据表

图 8-158 的执行结果显示，查询出了表 s_teacher 的字段 age 中包含数字 3~5 中任意一个字符的记录。

【示例 8-48】从 s_teacher 表的字段 name 中查询包含字母 u~z 和数字中任意一个字符的记录，具体步骤如下：

步骤01 创建数据库、创建表、插入数据的工作在示例 8-30 中已经完成，在本示例中可以沿用示例 8-30 中的数据库、表和数据，不再赘述准备过程。

步骤02 选择数据库 school，具体 SQL 语句如下：

```
USE school;
```

执行结果如图 8-159 所示。

步骤03 在示例 8-30 的基础上，再向表 s_teacher 中插入数据，具体 SQL 语句如下：

```
INSERT INTO s_teacher(tid,name,gender,age,subject,salary)
    VALUES(2013,'uvwzx12','Female',22,'Physical Education',8000),
        (2014,'tree2017','Female',38,'History',9000),
        (2015,'star2016','Male',38,'History',9000);
```

执行结果如图 8-160 所示。

```
mysql> INSERT INTO s_teacher(tid,name,gender,age,subject,salary)
    -> VALUES(2013,'uvwzx12','Female',22,'Physical Education',8000),
    -> (2014,'tree2017','Female',38,'History',9000),
    -> (2015,'star2016','Male',38,'History',9000);
Query OK, 3 rows affected (0.01 sec)
Records: 3  Duplicates: 0  Warnings: 0
```

```
mysql> USE school;
Database changed
```

图 8-159　选择数据库　　　　　　　　　　图 8-160　插入数据

步骤 04　查询教师表 s_teacher 的姓名（字段 name）中包含字母 u~z 和数字中任意一个字符的记录，具体 SQL 语句如下：

```
SELECT * FROM s_teacher WHERE name REGEXP '[0-9u-z]';
```

执行结果如图 8-161 所示。

```
mysql> SELECT * FROM s_teacher WHERE name REGEXP '[0-9u-z]';
+------+-------------------+--------+------+--------------------+--------+
| tid  | name              | gender | age  | subject            | salary |
+------+-------------------+--------+------+--------------------+--------+
| 2001 | Jon Snow          | Male   | 22   | Physical Education | 8000   |
| 2002 | Daenerys Targaryen| Female | 22   | Music Education    | 7500   |
| 2003 | Tyrion Lannister  | Male   | 38   | History            | 9000   |
| 2004 | LinXiang Zhang    | Male   | 49   | Chinese            | 9000   |
| 2005 | Arya Stark        | Female | 20   | English            | 7000   |
| 2010 | Peihua Xu         | Female | 39   | Chinese            | 9000   |
| 2013 | uvwzx12           | Female | 22   | Physical Education | 8000   |
| 2014 | tree2017          | Female | 38   | History            | 9000   |
| 2015 | star2016          | Male   | 38   | History            | 9000   |
+------+-------------------+--------+------+--------------------+--------+
9 rows in set (0.00 sec)
```

图 8-161　查看数据

图 8-161 的执行结果显示，查询出了表 s_teacher 的字段 name 中包含字母 u~z 和数字中任意一个字符的记录。

使用方括号"[]"可以指定需要匹配字符的集合，如果需要匹配字母 a、b 和 c，就可以使用[abc]指定字符集合，每个字符之间不需要用符号隔开；如果要匹配所有字母，就可以使用[a-zA-Z]，字母 a 和 z 之间用"-"隔开，字母 z 和 A 之间不需要用符号隔开。

8.5.7　匹配指定字符以外的字符

使用"[^字符集合]"可以匹配指定字符以外的字符。

【示例 8-49】从 s_teacher 表的字段 name 中查询包含字母 a~w、数字以及空格以外任意一个字符的记录，具体步骤如下：

步骤 01　创建数据库、创建表、插入数据的工作在示例 8-30 和示例 8-48 中已经完成，在本示例中可以沿用示例 8-30 和示例 8-48 中的数据库、表和数据，不再赘述准备过程。

步骤 02　选择数据库 school，具体 SQL 语句如下：

```
USE school;
```

执行结果如图 8-162 所示。

步骤03 查询教师表 s_teacher 的姓名（字段 name）中包含字母 a~w、数字以及空格以外任意一个字符的记录，具体 SQL 语句如下：

```
SELECT * FROM s_teacher WHERE name REGEXP '[^0-9a-w ]';
```

执行结果如图 8-163 所示。

```
mysql> SELECT * FROM s_teacher WHERE name REGEXP '[^0-9a-w ]';
+------+-------------------+--------+-----+-------------------+--------+
| tid  | name              | gender | age | subject           | salary |
+------+-------------------+--------+-----+-------------------+--------+
| 2002 | Daenerys Targaryen | Female | 22  | Music Education   | 7500   |
| 2003 | Tyrion Lannister  | Male   | 38  | History           | 9000   |
| 2004 | LinXiang Zhang    | Male   | 49  | Chinese           | 9000   |
| 2005 | Arya Stark        | Female | 20  | English           | 7000   |
| 2010 | Peihua Xu         | Female | 39  | Chinese           | 9000   |
| 2013 | uvwzx12           | Female | 22  | Physical Education | 8000   |
+------+-------------------+--------+-----+-------------------+--------+
6 rows in set (0.00 sec)
```

```
mysql> USE school;
Database changed
```

图 8-162　选择数据库　　　　　　　　　图 8-163　查询数据

图 8-163 的执行结果显示，查询出了表 s_teacher 的字段 name 中包含字母 a~w、数字以及空格以外任意一个字符的记录。

8.5.8　使用{n,}或者{n,m}来指定字符串连续出现的次数

在正则表达式中，"字符串{M}"表示字符串连续出现至少 M 次；"字符串{M，N}"表示字符串连续出现至少 M 次，最多 N 次。例如，"ef{2}"表示字符串"ef"连续出现两次；"ef{1,4}"表示字符串"ef"连续出现至少 1 次，最多 4 次。

【示例 8-50】从 s_teacher 表的字段 name 中查询字符 e 连续出现至少 4 次的记录，具体步骤如下：

步骤01 创建数据库、创建表、插入数据的工作在示例 8-30 和示例 8-48 中已经完成，在本示例中可以沿用示例 8-30 和示例 8-48 中的数据库、表和数据，不再赘述准备过程。

步骤02 选择数据库 school，具体 SQL 语句如下：

```
USE school;
```

执行结果如图 8-164 所示。

步骤03 在表 s_teacher 中插入数据，SQL 语句如下：

```
INSERT INTO s_teacher(tid,name,gender,age,subject,salary)
    VALUES(2016,'Ieee','Female',28,'Physics',7000),
         (2017,'Ieeee','Female',30,'English',7400),
         (2018,'Ieeeee','Female',32,'Chinese',8200);
```

执行结果如图 8-165 所示。

```
mysql> INSERT INTO s_teacher(tid,name,gender,age,subject,salary)
    -> VALUES(2016,'Ieee','Female',28,'Physics',7000),
    -> (2017,'Ieeee','Female',30,'English',7400),
    -> (2018,'Ieeeee','Female',32,'Chinese',8200);
Query OK, 3 rows affected (0.01 sec)
Records: 3  Duplicates: 0  Warnings: 0
```

```
mysql> USE school;
Database changed
```

图 8-164　选择数据库　　　　　　　　　　图 8-165　插入数据

步骤 04　查询教师表 s_teacher 的姓名（字段 name）中字符 e 连续出现至少 4 次的记录，具体 SQL 语句如下：

```
SELECT * FROM s_teacher WHERE name REGEXP 'e{4}';
```

执行结果如图 8-166 所示。

```
mysql> SELECT * FROM s_teacher WHERE name REGEXP 'e{4}';
+------+--------+--------+------+---------+--------+
| tid  | name   | gender | age  | subject | salary |
+------+--------+--------+------+---------+--------+
| 2017 | Ieeee  | Female |   30 | English |   7400 |
| 2018 | Ieeeee | Female |   32 | Chinese |   8200 |
+------+--------+--------+------+---------+--------+
2 rows in set (0.00 sec)
```

图 8-166　查询数据

图 8-166 的执行结果显示，查询出了表 s_teacher 的字段 name 中字符 e 连续出现至少 4 次的记录。

【示例 8-51】从 s_teacher 表的字段 name 中查询字符 e 连续出现至少 4 次、至多 5 次的记录，具体步骤如下：

步骤 01　创建数据库、创建表、插入数据的工作在示例 8-50 中已经完成，在本示例中可以沿用示例 8-50 中的数据库、表和数据，不再赘述准备过程。

步骤 02　选择数据库 school，具体 SQL 语句如下：

```
USE school;
```

执行结果如图 8-167 所示。

步骤 03　查询教师表 s_teacher 的姓名（字段 name）中字符 e 连续出现至少 4 次、至多 5 次的记录，具体 SQL 语句如下：

```
SELECT * FROM s_teacher WHERE name REGEXP 'e{4,5}';
```

执行结果如图 8-168 所示。

```
mysql> SELECT * FROM s_teacher WHERE name REGEXP 'e{4,5}';
+------+--------+--------+------+---------+--------+
| tid  | name   | gender | age  | subject | salary |
+------+--------+--------+------+---------+--------+
| 2017 | Ieeee  | Female |   30 | English |   7400 |
| 2018 | Ieeeee | Female |   32 | Chinese |   8200 |
+------+--------+--------+------+---------+--------+
2 rows in set (0.00 sec)
```

```
mysql> USE school;
Database changed
```

图 8-167　选择数据库　　　　　　　　　　图 8-168　查询数据

图 8-168 的执行结果显示，查询出了表 s_teacher 的字段 name 中字符 e 连续出现至少 4 次、至多 5 次的记录。

8.6 综合示例——查询学生成绩

本节将在数据库 school 的表 t_student 和表 t_score 上进行查询，表 t_student 和表 t_score 的定义如表 8-5 和表 8-6 所示。

表 8-5 表 t_student 的定义

字段名	字段描述	数据类型	主键	外键	非空	唯一	自增
id	学号	INT(10)	是	否	是	是	否
name	姓名	VARCHAR(20)	否	否	是	否	否
sex	性别	VARCHAR(4)	否	否	否	否	否
birth	出生年份	YEAR	否	否	否	否	否
department	院系	VARCHAR(20)	否	否	否	否	否
Address	家庭住址	VARCHAR(50)	否	否	否	否	否

表 8-6 表 t_score 的定义

字段名	字段描述	数据类型	主键	外键	非空	唯一	自增
id	编号	INT(10)	是	否	是	是	是
stu_id	学号	INT(10)	否	否	是	否	否
c_name	课程名	VARCHAR(20)	否	否	否	否	否
grade	分数	INT(10)	否	否	否	否	否

表 t_student 和表 t_score 中的数据记录如表 8-7 和表 8-8 所示。

表 8-7 表 t_student 的数据记录

id	name	sex	birth	department	address
101	吴楠	女	1999	中文系	山西省太原市
102	王水心	女	1998	英语系	香港九龙
103	陈梨	女	1999	计算机系	北京市昌平区
104	段小宽	男	1996	计算机系	天津市静海区
105	张小苗	女	1996	英语系	湖北省武汉市
106	周婷婷	女	1997	中文系	上海市静安区

表 8-8 表 t_score 的数据记录

id	stu_id	c_name	grade
1	101	计算机	98
2	101	中文	80
3	102	计算机	88
4	102	英语	96
5	103	计算机	98

（续表）

id	stu_id	c_name	grade
6	103	英语	91
7	104	计算机	84
8	104	英语	87
9	105	计算机	78
10	105	英语	99
11	106	计算机	79
12	106	中文	92

执行的操作如下：

（1）在查询之前，先按照表 8-6 和表 8-7 的内容创建表 t_student 和表 t_score。

（2）按照表 8-7 和表 8-8 的内容为表 t_student 和表 t_score 增加记录。

（3）查询表 t_student 的所有记录。

（4）查询表 t_student 的第 4 条到第 6 条记录。

（5）从表 t_student 中查询所有学生的学号、姓名和院系的信息。

（6）从表 t_student 中查询计算机系和中文系的学生的信息。

（7）从表 t_student 中查询年龄为 18~22 岁的学生的信息。

（8）从表 t_student 中查询每个院系有多少人。

（9）从表 t_score 中查询每个科目的最高分。

本示例的执行过程如下：

步骤 01 执行 SQL 语句 CREATE DATABASE，创建数据库 school，并选择该数据库，具体 SQL 语句如下：

```
CREATE DATABASE school;
USE school;
```

执行结果如图 8-169 和图 8-170 所示。

```
mysql> CREATE DATABASE school;
Query OK, 1 row affected (0.07 sec)
```

```
mysql> USE school;
Database changed
```

图 8-169 创建数据库   图 8-170 选择数据库

步骤 02 按照表 8-5 的内容创建表 t_student，SQL 代码如下：

```
CREATE TABLE t_student(
    id INT(10) NOT NULL UNIQUE PRIMARY KEY,
    name VARCHAR(20) NOT NULL,
    sex VARCHAR(4),
    birth YEAR,
    department VARCHAR(20),
    address VARCHAR(50)
```

```
);
```

执行结果如图 8-171 所示。

步骤 03 按照表 8-6 的内容创建表 t_score, SQL 代码如下:

```
CREATE TABLE t_score(
    id INT(10) NOT NULL UNIQUE PRIMARY KEY AUTO_INCREMENT,
    stu_id INT(10) NOT NULL,
    c_name VARCHAR(20),
    grade INT(10));
```

执行结果如图 8-172 所示。

```
mysql> CREATE TABLE t_student(
    -> id INT(10) NOT NULL UNIQUE PRIMARY KEY,
    -> name VARCHAR(20) NOT NULL,
    -> sex VARCHAR(4),
    -> birth YEAR,
    -> department VARCHAR(20),
    -> address VARCHAR(50)
    -> );
Query OK, 0 rows affected (0.14 sec)
```

```
mysql> CREATE TABLE t_score(
    -> id INT(10) NOT NULL UNIQUE PRIMARY KEY AUTO_INCREMENT,
    -> stu_id INT(10) NOT NULL,
    -> c_name VARCHAR(20),
    -> grade INT(10));
Query OK, 0 rows affected (0.08 sec)
```

图 8-171　创建学生表 　　　　　　　图 8-172　创建成绩表

步骤 04 为进行查询,需要向表 t_student 中插入一些数据,插入数据用 INSERT 语句,按照表 8-7 的内容向表 t_student 中插入数据,具体的 SQL 代码如下:

```
INSERT INTO t_student
    VALUES(101,'吴楠','女','1999','计算机系','山西省太原市'),
          (102,'王水心','女','1998','英语系','香港九龙'),
          (103,'陈梨','女','1999','计算机系','北京市昌平区'),
          (104,'段小宽','男','1996','计算机系','天津市静海区'),
          (105,'张小苗','女',1996,'英语系','湖北省武汉市'),
          (106,'周婷婷','女',1997,'中文系','上海市静安区');
```

执行结果如图 8-173 所示。

步骤 05 向表 t_score 中插入一些数据,插入数据用 INSERT 语句,按照表 8-8 的内容向表 t_score 中插入数据,具体的 SQL 代码如下:

```
INSERT INTO t_score
    VALUES(1,101,'计算机',98),(2,101,'中文',80),
          (3,102,'计算机',88),(4,102,'英语',96),
          (5,103,'计算机',98),(6,103,'英语',91),
          (7,104,'计算机',84),(8,104,'英语',87),
          (9,105,'计算机',78),(10,105,'英语',99),
          (11,106,'计算机',79),(12,106,'中文',92);
```

执行结果如图 8-174 所示。

```
mysql> INSERT INTO t_student
    -> VALUES(101,'吴楠','女','1999','计算机系','山西省太原市'),
    -> (102,'王水心','女','1998','英语系','香港九龙'),
    -> (103,'陈梨','女','1999','计算机系','北京市昌平区'),
    -> (104,'段小宽','男','1996','计算机系','天津市静海区'),
    -> (105,'张小苗','女',1996,'英语系','湖北省武汉市'),
    -> (106,'周婷婷','女',1997,'中文系','上海市静安区');
Query OK, 6 rows affected (0.00 sec)
Records: 6  Duplicates: 0  Warnings: 0
```

图 8-173　向学生表插入数据

```
mysql> INSERT INTO t_score
    -> VALUES(1,101,'计算机',98),(2,101,'中文',80),
    -> (3,102,'计算机',88),(4,102,'英语',96),
    -> (5,103,'计算机',98),(6,103,'英语',91),
    -> (7,104,'计算机',84),(8,104,'英语',87),
    -> (9,105,'计算机',78),(10,105,'英语',99),
    -> (11,106,'计算机',79),(12,106,'中文',92);
Query OK, 12 rows affected (0.07 sec)
Records: 12  Duplicates: 0  Warnings: 0
```

图 8-174　向成绩表插入数据

各个字段之间用逗号隔开,字符串要加上单引号。图 8-173 的执行结果显示插入数据成功。因为t_score表的字段id是自动增加的,所以可以在插入数据的时候将该字段的值赋为NULL,id 的值自动从 1 开始增加。图 8-174 的执行结果显示插入数据成功。

步骤 06　查询表 t_student 的所有记录, 可以通过两种方法进行查询, 第一种方法是用 "*" 表示所有字段, SQL 代码如下:

```
SELECT * FROM t_student;
```

执行结果如图 8-175 所示。

```
mysql> SELECT * FROM t_student;
+-----+--------+-----+-------+------------+--------------+
| id  | name   | sex | birth | department | address      |
+-----+--------+-----+-------+------------+--------------+
| 101 | 吴楠   | 女  | 1999  | 计算机系   | 山西省太原市 |
| 102 | 王水心 | 女  | 1998  | 英语系     | 香港九龙     |
| 103 | 陈梨   | 女  | 1999  | 计算机系   | 北京市昌平区 |
| 104 | 段小宽 | 男  | 1996  | 计算机系   | 天津市静海区 |
| 105 | 张小苗 | 女  | 1996  | 英语系     | 湖北省武汉市 |
| 106 | 周婷婷 | 女  | 1997  | 中文系     | 上海市静安区 |
+-----+--------+-----+-------+------------+--------------+
6 rows in set (0.00 sec)
```

图 8-175　查询学生表的数据记录

第二种方法是在 SELECT 语句中列出表 t_student 的所有字段, SQL 代码如下:

```
SELECT id,name,sex,birth,department,address FROM t_student;
```

执行结果如图 8-176 所示。

```
mysql> SELECT id,name,sex,birth,department,address
    -> FROM t_student;
+-----+--------+-----+-------+------------+--------------+
| id  | name   | sex | birth | department | address      |
+-----+--------+-----+-------+------------+--------------+
| 101 | 吴楠   | 女  | 1999  | 计算机系   | 山西省太原市 |
| 102 | 王水心 | 女  | 1998  | 英语系     | 香港九龙     |
| 103 | 陈梨   | 女  | 1999  | 计算机系   | 北京市昌平区 |
| 104 | 段小宽 | 男  | 1996  | 计算机系   | 天津市静海区 |
| 105 | 张小苗 | 女  | 1996  | 英语系     | 湖北省武汉市 |
| 106 | 周婷婷 | 女  | 1997  | 中文系     | 上海市静安区 |
+-----+--------+-----+-------+------------+--------------+
6 rows in set (0.00 sec)
```

图 8-176　查询学生表的数据记录

步骤 07　查询表 t_student 的第 4 条到第 6 条记录, 可以通过关键字 LIMIT 来实现, SQL 代码如下:

```
SELECT * FROM t_student LIMIT 3,3;
```

执行结果如图 8-177 所示。

其中，第一个 3 表示从第 4 条记录开始查询，第二个 3 表示查询出 3 条记录。

```
mysql> SELECT * FROM t_student LIMIT 3,3;
+-----+--------+-----+-------+------------+--------------+
| id  | name   | sex | birth | department | address      |
+-----+--------+-----+-------+------------+--------------+
| 104 | 段小宽 | 男  | 1996  | 计算机系   | 天津市静海区 |
| 105 | 张小苗 | 女  | 1996  | 英语系     | 湖北省武汉市 |
| 106 | 周婷婷 | 女  | 1997  | 中文系     | 上海市静安区 |
+-----+--------+-----+-------+------------+--------------+
3 rows in set (0.00 sec)
```

图 8-177　查询学生表的数据记录

图 8-177 的执行结果显示，已查询出表 t_student 中的第 4 条到第 6 条记录。

步骤 **08**　要从表 t_student 中查询所有学生的学号、姓名和院系的信息，就必须在 SELECT 语句中指定字段 id、name 和 department 字段，SQL 代码如下：

```
SELECT id,name,department
    FROM t_student;
```

执行结果如图 8-178 所示。

步骤 **09**　查询计算机系和英语系的学生的信息有两种方法。第一种方法是使用 IN 关键字，具体 SQL 代码如下：

```
SELECT * FROM t_student
    WHERE department IN('计算机系','英语系');
```

执行结果如图 8-179 所示。

```
mysql> SELECT id,name,department
    -> FROM t_student;
+-----+--------+------------+
| id  | name   | department |
+-----+--------+------------+
| 101 | 吴楠   | 计算机系   |
| 102 | 王水心 | 英语系     |
| 103 | 陈梨   | 计算机系   |
| 104 | 段小宽 | 计算机系   |
| 105 | 张小苗 | 英语系     |
| 106 | 周婷婷 | 中文系     |
+-----+--------+------------+
6 rows in set (0.01 sec)
```

图 8-178　查询学生表的数据

```
mysql> SELECT * FROM t_student
    -> WHERE department IN('计算机系','英语系');
+-----+--------+-----+-------+------------+--------------+
| id  | name   | sex | birth | department | address      |
+-----+--------+-----+-------+------------+--------------+
| 101 | 吴楠   | 女  | 1999  | 计算机系   | 山西省太原市 |
| 102 | 王水心 | 女  | 1998  | 英语系     | 香港九龙     |
| 103 | 陈梨   | 女  | 1999  | 计算机系   | 北京市昌平区 |
| 104 | 段小宽 | 男  | 1996  | 计算机系   | 天津市静海区 |
| 105 | 张小苗 | 女  | 1996  | 英语系     | 湖北省武汉市 |
+-----+--------+-----+-------+------------+--------------+
5 rows in set (0.00 sec)
```

图 8-179　查询学生表的数据记录

图 8-178 的执行结果只显示了学号、姓名和院系的信息。图 8-179 的执行结果显示，所有计算机系和英语系的学生的信息都被查询出来了。第二种方法是使用 OR 关键字，具体 SQL 语句如下：

```
SELECT * FROM t_student
    WHERE department='计算机系' OR department='英语系';
```

执行结果如图 8-180 所示。

步骤⑩ 从表 t_student 中查询年龄为 18~22 岁的学生的信息。首先必须知道学生的年龄，而表 t_student 中只有出生年份的字段，所以必须用"2017-birth"来计算年龄。而且可以通过关键字 AS 将"2017-birth"取别名为 age，例如，我们要从表 t_student 中查询所有学生的姓名和年龄，SQL 代码如下：

```
SELECT name,2017-birth AS age
    FROM t_student;
```

执行结果如图 8-181 所示。

图 8-180　查询学生表的数据

图 8-181　查询学生表的数据

图 8-180 的执行结果显示，第二种方法也可以达到同样的目的，使用关键字 OR 时，只要满足 OR 前后的任意一个条件即可。图 8-181 的执行结果显示，通过"2009-birth"表达式可以计算出每个学生的年龄，而且结果中显示的名称是 age。

现在，要查询年龄为 18~22 岁的学生，可以通过两种方法来查询，第一种方法是使用关键字 BETWEEN AND 来查询，具体 SQL 语句如下：

```
SELECT id,name,sex,2017-birth AS age,department,address
    FROM t_student WHERE 2017-birth BETWEEN 18 AND 22;
```

执行结果如图 8-182 所示。

图 8-182　查询学生表的数据记录

图 8-182 的执行结果显示，成功地查询出了年龄在 18~22 岁的所有学生的信息，因为关键字 BETWEEN AND 设置了年龄的查询范围。第二种方法是使用关键字 AND 和比较运算符，具体 SQL 代码如下：

```
SELECT id,name,sex,2017-birth AS age,department,address
    FROM t_student WHERE 2017-birth>=18 AND 2017-birth<=22;
```

执行结果如图 8-183 所示。

步骤11 在表 t_student 中查询每个院系有多少人，必须先按院系进行分组，再计算每组的人数，具体 SQL 语句如下：

```
SELECT department,count(id)
    FROM t_student GROUP BY department;
```

执行结果如图 8-184 所示。

```
mysql> SELECT id,name,sex,2017-birth AS age,department,address
    -> FROM t_student WHERE 2017-birth>=18 AND 2017-birth<=22;
+-----+--------+-----+-----+------------+-----------------+
| id  | name   | sex | age | department | address         |
+-----+--------+-----+-----+------------+-----------------+
| 101 | 吴楠   | 女  | 18  | 计算机系   | 山西省太原市    |
| 102 | 王水心 | 女  | 19  | 英语系     | 香港九龙        |
| 103 | 陈梨   | 女  | 18  | 计算机系   | 北京市昌平区    |
| 104 | 段小宽 | 男  | 21  | 计算机系   | 天津市静海区    |
| 105 | 张小苗 | 女  | 21  | 英语系     | 湖北省武汉市    |
| 106 | 周婷婷 | 女  | 20  | 中文系     | 上海市静安区    |
+-----+--------+-----+-----+------------+-----------------+
6 rows in set (0.00 sec)
```

图 8-183　查询学生表的数据

```
mysql> SELECT department,count(id)
    -> FROM t_student
    -> GROUP BY department;
+------------+-----------+
| department | count(id) |
+------------+-----------+
| 中文系     |         1 |
| 英语系     |         2 |
| 计算机系   |         3 |
+------------+-----------+
3 rows in set (0.00 sec)
```

图 8-184　查询学生表

图 8-183 的执行结果和图 8-181 的执行结果是一样的。图 8-184 的执行结果显示了每个系的人数，也可为 COUNT(id)取别名为"total_count"，这样可以更加明确显示的是院系的总人数，具体 SQL 语句如下：

```
SELECT department,count(id) as total_count
    FROM t_student GROUP BY department;
```

执行结果如图 8-185 所示。

步骤12 从表 t_score 中查询每个科目的最高分，先按照字段 c_name 对表 t_score 中的记录分组，再使用函数 MAX()计算每组的最大值。SQL 语句如下：

```
SELECT c_name,MAX(grade) FROM t_score GROUP BY c_name;
```

执行结果如图 8-186 所示。

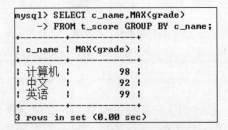

```
mysql> SELECT department,count(id) as total_count
    -> FROM t_student GROUP BY department;
+------------+-------------+
| department | total_count |
+------------+-------------+
| 计算机系   |           3 |
| 英语系     |           2 |
| 中文系     |           1 |
+------------+-------------+
3 rows in set (0.00 sec)
```

图 8-185　查询学生表的数据

```
mysql> SELECT c_name,MAX(grade)
    -> FROM t_score GROUP BY c_name;
+--------+------------+
| c_name | MAX(grade) |
+--------+------------+
| 计算机 |         98 |
| 中文   |         92 |
| 英语   |         99 |
+--------+------------+
3 rows in set (0.00 sec)
```

图 8-186　查询学生表的数据

图 8-185 的执行结果输出了 total_count，用该名称代替了 COUNT(id)。图 8-186 的执行结果显示了每个科目的最高分。

8.7 经典习题与面试题

1. 经典习题

对 8.3 节中的 s_teacher 表进行如下查询：

（1）计算 s_teacher 表所有教师的出生年份，并显示结果中的字段别名为 birth_year。

（2）用函数 MIN() 查询工资最低的教师的信息。

（3）计算男教师和女教师的平均工资。

（4）查询年龄大于 30 岁且小于 50 岁的教师的信息。

（5）用函数 GROUP_CONCAT() 对所有教师按学科进行多字段分组查询。

（6）练习正则表达式的使用。

2. 面试题及解答

（1）在 MySQL 中，通配符与正则表达式有什么区别？

在 MySQL 中，通配符和正则表达式都是用来进行字符串匹配的，而且两者都可以进行模糊查询。但是两者有很大的区别。通配符与 LIKE 关键字一起使用，而且使用范围很有限。而正则表达式是要与 REGEXP 关键字一起使用的。正则表达式的使用非常灵活，可以表达很丰富的含义。很多编程语言都可以使用正则表达式来编程，如 Java、JavaScript 等。所以，在进行模糊查询时，可以使用正则表达式。

（2）什么情况下使用 LIMIT 来限制查询结果的数量？

使用 SELECT 语句查询数据时，可能会查询出很多的记录，而用户需要的记录可能只是很少的一部分，这样就需要限制查询结果的数量。LIMIT 关键字可以用来指定查询结果从哪条记录开始显示，并显示多少条记录。例如，现在需要查询年级前 10 名的学生的成绩，就可以先按成绩的降序排序，然后用 LIMIT 关键字限制只查询前 10 条记录。如果要查询第 5~8 名的信息，就可以用 LIMIT 关键字控制从第 5 条记录开始显示，显示 4 条记录。LIMIT 关键字让查询更加灵活。

（3）集合函数必须要用 GROUP BY 关键字吗？

集合函数可以不与 GROUP BY 关键字一起使用。例如，要计算表中的记录的最大值，可以直接使用 MAX() 函数；计算员工的平均工资时，可以直接使用 AVG() 函数。

但是，集合函数一般情况还是与 GROUP BY 关键字一起使用的，集合函数通常用来计算某一类数据的总量、平均值等。所以，经常先使用 GROUP BY 关键字来进行分组，再进行集合运算。

（4）DISTINCT 可以应用于所有的列吗？

DISTINCT 关键字应用于所有列，而不仅是它后面的第一个指定列。例如，查询 3 个字段：name、age 和 gender，如果不同记录的这两个字段的组合值不同，那么所有记录都会被查询出来。

（5）为什么使用的通配符格式正确，却没有查找出符合条件的记录？

MySQL 中存储字符串数据时，可能会不小心把两端带有空格的字符串保存在记录中，而在查看表中的记录时，MySQL 不能明确地显示空格，数据库操作者不能直观地确定字符串两端是否有空格。例如，使用 LIKE'%e'匹配以字母 e 结尾的水果的名称，如果字母 e 后面多了一个空格，LIKE 语句就不能将该记录查找出来。解决的方法是使用 TRIM 函数将字符串两端的空格删除之后进行匹配。

8.8 本章小结

本章主要介绍在 MySQL 中关于单表数据的查询操作，从基本数据记录查询、条件数据记录查询、统计函数和分组查询、限制数据记录查询、使用正则表达式查询 5 方面进行介绍。对于基本数据记录查询，详细讲解了基本数据查询操作、避免重复数据查询、数学四则运算数据查询、设置显示格式数据查询操作；对于条件数据记录查询，详细讲解了带关系运算符和逻辑运算符的条件数据查询、带关键字 IN 的集合查询、带关键字 BETWEEN AND 的范围查询、带关键字 LIKE 的模糊查询、带关键字 IS NULL 的空值查询等操作，并介绍了排序数据记录查询；对于统计函数和分组查询，详细介绍了 MySQL 软件所支持的统计函数和各种分组数据记录查询，主要包含 MySQL 支持的统计函数、简单分组查询、统计功能分组查询、多个字段分组查询和 HAVING 子句限定分组查询；对于正则表达式查询，详细介绍了各种正则表达式查询的 SQL 语法，并举例说明。第 9 章将介绍 MySQL 中对具有关联关系的多表数据的操作内容。

第 9 章

◀ 多表查询 ▶

第 8 章详细介绍了单表查询，即在关键字 WHERE 子句中只涉及一个表，在具体应用中，经常需要实现在一个查询语句中显示多个表的数据，这就是所谓的多表数据记录连接查询，简称连接查询。

MySQL 支持连接查询，在具体实现连接查询操作时，首先将两个或两个以上的表按照某个条件连接起来，再查询所要求的数据记录。连接查询分为内连接查询和外连接查询。

在具体应用中，如果需要实现多表记录查询，一般不适合进行连接查询，因为该操作的效率比较低，所以 MySQL 提供了连接查询的替代操作——子查询操作。

本章将详细介绍内连接查询、外连接查询和子查询。为了便于讲解，本章只讲解两个表间的连接查询。

通过本章的学习，可以掌握在数据库中的连接查询操作和子查询操作，内容包含：

● 关系数据的各种操作。
● 内连接查询。
● 外连接查询。
● 子查询。

9.1 关系数据操作

在连接查询中，首先需要对两个或两个以上的表进行连接操作。连接操作是关系数据操作中专门用于数据库操作的关系运算。本节将详细介绍以下内容：

● 并（Union）
● 笛卡尔积（Cartesian Product）

9.1.1 并

在 SQL 语言中存在一种关系数据操作叫作并操作。并就是把具有相同字段数目和字段类型的表合并到一起。举一个例子，两个不同的学生表，表的数据如图 9-1 和图 9-2 所示。

```
+----+---------+-----+--------+
| id | name    | age | gender |
+----+---------+-----+--------+
|  1 | Rebecca |  16 | Female |
|  2 | Justin  |  17 | Male   |
|  3 | Jim     |  16 | Male   |
+----+---------+-----+--------+
```

图 9-1　表 t_student 的数据

```
+----+-------+-------------+--------+-------------+-----+---------+--------+
| id | stuid | name        | gender | nationality | age | classno | diet   |
+----+-------+-------------+--------+-------------+-----+---------+--------+
|  1 | 10001 | Jack Ma     | Male   | Han         |   8 |       3 | pork   |
|  2 | 10002 | Justin Zhou | Male   | Han         |   8 |       1 | pork   |
|  3 | 10022 | Rebecca Li  | Female | Hui         |   9 |       2 | beef   |
|  4 | 10010 | Emily Wang  | Female | Mongonlian  |   9 |       2 | mutton |
+----+-------+-------------+--------+-------------+-----+---------+--------+
```

图 9-2　表 student 的数据

从图 9-1 和图 9-2 可以看出，两个表都有 name 和 gender 字段，对这两个表中的相同字段进行并操作后的数据记录如图 9-3 所示。

```
+-------------+--------+
| name        | gender |
+-------------+--------+
| Jack Ma     | Male   |
| Justin Zhou | Male   |
| Rebecca Li  | Female |
| Emily Wang  | Female |
| Rebecca     | Female |
| Justin      | Male   |
| Jim         | Male   |
+-------------+--------+
```

图 9-3　并操作后的数据

从图 9-3 可以看出，图 9-3 的数据记录是把图 9-1 和图 9-2 两个表的数据合并在一起。

9.1.2　笛卡尔积

在 SQL 语言中存在一种关系数据操作叫作笛卡尔积操作。笛卡尔积就是没有连接条件的表关系返回的结果。举一个例子，存在两个表，分别为表示班级的表和表示学生的表，它们的数据记录分别如图 9-4 和图 9-5 所示，这两个表的笛卡尔积的数据记录如图 9-6 所示。

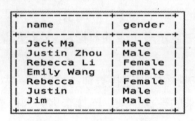

```
+---------+---------+-------+------------+
| classno | cname   | loc   | advisor    |
+---------+---------+-------+------------+
|       1 | class_1 | loc_1 | advisor_1  |
|       2 | class_2 | loc_2 | advisor_2  |
|       3 | class_3 | loc_3 | advisor_3  |
|       4 | class_4 | loc_4 | advisor_4  |
+---------+---------+-------+------------+
```

图 9-4　班级表的数据

```
+----+-------+-------------+--------+-------------+-----+---------+--------+
| id | stuid | name        | gender | nationality | age | classno | diet   |
+----+-------+-------------+--------+-------------+-----+---------+--------+
|  1 | 10001 | Jack Ma     | Male   | Han         |   8 |       3 | pork   |
|  2 | 10002 | Justin Zhou | Male   | Han         |   8 |       1 | pork   |
|  3 | 10022 | Rebecca Li  | Female | Hui         |   9 |       2 | beef   |
|  4 | 10010 | Emily Wang  | Female | Mongonlian  |   9 |       2 | mutton |
+----+-------+-------------+--------+-------------+-----+---------+--------+
```

图 9-5　学生表的数据

classno	cname	loc	advisor	id	stuid	name	gender	nationality	age	classno	diet
1	class_1	loc_1	advisor_1	1	10001	Jack Ma	Male	Han	8	3	pork
2	class_2	loc_2	advisor_2	1	10001	Jack Ma	Male	Han	8	3	pork
3	class_3	loc_3	advisor_3	1	10001	Jack Ma	Male	Han	8	3	pork
4	class_4	loc_4	advisor_4	1	10001	Jack Ma	Male	Han	8	3	pork
1	class_1	loc_1	advisor_1	2	10002	Justin Zhou	Male	Han	8	1	pork
2	class_2	loc_2	advisor_2	2	10002	Justin Zhou	Male	Han	8	1	pork
3	class_3	loc_3	advisor_3	2	10002	Justin Zhou	Male	Han	8	1	pork
4	class_4	loc_4	advisor_4	2	10002	Justin Zhou	Male	Han	8	1	pork
1	class_1	loc_1	advisor_1	3	10022	Rebecca Li	Female	Hui	9	2	beef
2	class_2	loc_2	advisor_2	3	10022	Rebecca Li	Female	Hui	9	2	beef
3	class_3	loc_3	advisor_3	3	10022	Rebecca Li	Female	Hui	9	2	beef
4	class_4	loc_4	advisor_4	3	10022	Rebecca Li	Female	Hui	9	2	beef
1	class_1	loc_1	advisor_1	4	10010	Emily Wang	Female	Mongonlian	9	2	mutton
2	class_2	loc_2	advisor_2	4	10010	Emily Wang	Female	Mongonlian	9	2	mutton
3	class_3	loc_3	advisor_3	4	10010	Emily Wang	Female	Mongonlian	9	2	mutton
4	class_4	loc_4	advisor_4	4	10010	Emily Wang	Female	Mongonlian	9	2	mutton

图 9-6　笛卡尔积的数据结果

前 4 个字段来自表 t_class，后 8 个字段来自表 student，笛卡尔积新关系的字段数为 12，而笛卡尔积新关系的记录数为 4（表 t_class 的记录数）×4（表 student 的记录数）=16。

9.2　内连接查询

在 MySQL 中可以通过两种语法形式来实现连接查询：一种是在 FROM 子句中利用逗号区分多个表，在 WHERE 子句中通过逻辑表达式来实现匹配条件，从而实现表的连接，这是早期 MySQL 连接的语法形式；另一种是 ANSI 连接语法形式，在 FROM 子句中使用"JOIN…ON"关键字，连接条件写在关键字 ON 子句中。推荐使用 ANSI 语法形式的连接。

在 MySQL 中，内连接数据查询通过"INNER JOIN…ON"语句来实现，语法形式如下：

```
SELECT field1,field2,…fieldn FROM tablename1
    INNER JOIN tablename2 [INNER JOIN tablenamen] ON CONDITION
```

其中，参数 fieldn 表示要查询的字段名，来源于所连接的表 tablename1 和 tablename2，关键字 INNER JOIN 表示表进行内连接，参数 CONDITION 表示进行匹配的条件。

当表名特别长时，直接使用表名很不方便，或者在实现自连接操作时，直接使用表名无法区分表，为了解决这类问题，MySQL 提供了一种机制来为表取别名，具体语法如下：

```
SELECT field1,field2,…fieldn [AS] otherfieldn
    FROM tablename1 [AS] othertablename1,…
        tablenamen [AS] othertablenamen
```

其中，参数 tablenamen 为表原来的名字，参数 othertablenamen 为新表名，之所以要为表设置新的名字，是为了让 SQL 代码更加直观、更加人性化和实现更加复杂的功能。

按照匹配情况，内连接查询可以分为如下 3 类：

- 自连接
- 等值连接
- 不等连接

为了便于讲解，本节涉及的内连接查询数据记录操作都是针对数据库 school 中班级表 t_class、学生表 t_student 和学生成绩表 t_score 的。班级表 t_class 的所有数据如图 9-7 所示，学生表 t_student 的数据如图 9-8 所示，学生成绩表的数据如图 9-9 所示。

```
mysql> SELECT * FROM t_student;
+-------+--------------------+--------+-----+---------+
| stuid | name               | gender | age | classno |
+-------+--------------------+--------+-----+---------+
|  1001 | Alicia Florric     | Female |  33 |       1 |
|  1002 | Kalinda Sharma     | Female |  31 |       1 |
|  1003 | Cary Agos          | Male   |  27 |       1 |
|  1004 | Diane Lockhart     | Female |  43 |       2 |
|  1005 | Eli Gold           | Male   |  44 |       3 |
|  1006 | Peter Florric      | Male   |  34 |       3 |
|  1007 | Will Gardner       | Male   |  38 |       2 |
|  1008 | Jacquiline Florriok| Male   |  38 |       4 |
|  1009 | Zach Florriok      | Male   |  14 |       4 |
|  1010 | Grace Florriok     | Male   |  12 |       4 |
+-------+--------------------+--------+-----+---------+
10 rows in set (0.00 sec)
```

```
mysql> SELECT * FROM t_class;
+---------+---------+-------+----------+
| classno | cname   | loc   | advisor  |
+---------+---------+-------+----------+
|       1 | class_1 | loc_1 | advisor_1|
|       2 | class_2 | loc_2 | advisor_2|
|       3 | class_3 | loc_3 | advisor_3|
|       4 | class_4 | loc_4 | advisor_4|
+---------+---------+-------+----------+
4 rows in set (0.00 sec)
```

图 9-7　班级表的数据　　　　图 9-8　学生表的数据

```
+-------+---------+---------+------+-----------+---------+
| stuid | Chinese | English | Math | Chemistry | Physics |
+-------+---------+---------+------+-----------+---------+
|  1001 |      90 |      89 |   92 |        83 |      80 |
|  1002 |      92 |      98 |   92 |        93 |      90 |
|  1003 |      79 |      78 |   82 |        83 |      89 |
|  1004 |      89 |      92 |   91 |        92 |      89 |
|  1005 |      92 |      95 |   91 |        96 |      97 |
|  1006 |      90 |      91 |   92 |        94 |      92 |
|  1007 |      91 |      90 |   83 |        88 |      93 |
|  1008 |      90 |      81 |   84 |        86 |      98 |
|  1009 |      91 |      84 |   85 |        86 |      93 |
|  1010 |      88 |      81 |   82 |        84 |      99 |
+-------+---------+---------+------+-----------+---------+
```

图 9-9　学生成绩表的数据

9.2.1　自连接

内连接查询中存在一种特殊的等值连接——自连接。所谓自连接，就是指表与其自身进行连接。下面通过一个具体的示例来说明如何实现自连接。

【示例 9-1】查询学生 Alicia Florric 所在班级的其他学生，具体步骤如下：

步骤 01　执行 SQL 语句 CREATE DATABASE，创建数据库 school，并选择该数据库，具体 SQL 语句如下：

```
CREATE DATABASE school;
USE school;
```

执行结果如图 9-10 所示。

步骤 02　执行 SQL 语句 CREATE TABLE，创建学生表 t_student，具体 SQL 语句如下：

```
CREATE TABLE `t_student` (
```

```
  `stuid` int(10) DEFAULT NULL,
  `name` varchar(20) DEFAULT NULL,
  `gender` varchar(10) DEFAULT NULL,
  `age` int(4) DEFAULT NULL,
  `classno` int(11) DEFAULT NULL);
```

执行结果如图 9-11 所示。

```
mysql> CREATE DATABASE school;
Query OK, 1 row affected (0.08 sec)

mysql> USE school;
Database changed
```

图 9-10　创建和选择数据库

```
mysql> CREATE TABLE `t_student` (
    ->   `stuid` int(10) DEFAULT NULL,
    ->   `name` varchar(20) DEFAULT NULL,
    ->   `gender` varchar(10) DEFAULT NULL,
    ->   `age` int(4) DEFAULT NULL,
    ->   `classno` int(11) DEFAULT NULL
    -> ) ENGINE=InnoDB DEFAULT CHARSET=utf8
    -> ;
Query OK, 0 rows affected (0.02 sec)
```

图 9-11　创建学生表

步骤 03　在学生表中插入数据，具体 SQL 语句如下：

```
INSERT INTO t_student(stuid,name,gender,age,classno)
    VALUES(1001,'Alicia Florric','Female',33,1),
          (1002,'Kalinda Sharma','Female',31,1),
          (1003,'Cary Agos','Male',27,1),
          (1004,'Diane Lockhart','Female',43,2),
          (1005,'Eli Gold','Male',44,3),
          (1006,'Peter Florric','Male',34,3),
          (1007,'Will Gardner','Male',38,2),
          (1008,'Jacquiline Florriok','Male',38,4),
          (1009,'Zach Florriok','Male',14,4),
          (1010,'Grace Florriok','Male',12,4);
```

执行结果如图 9-12 所示。

步骤 04　查询学生表中的数据是否插入成功，使用以下 SQL 语句：

```
SELECT * FROM t_student;
```

执行结果如图 9-13 所示。

```
mysql> INSERT INTO t_student(stuid,name,gender,age,classno)
    -> VALUES(1001,'Alicia Florric','Female',33,1),
    -> (1002,'Kalinda Sharma','Female',31,1),
    -> (1003,'Cary Agos','Male',27,1),
    -> (1004,'Diane Lockhart','Female',43,2),
    -> (1005,'Eli Gold','Male',44,3),
    -> (1006,'Peter Florric','Male',34,3),
    -> (1007,'Will Gardner','Male',38,2),
    -> (1008,'Jacquiline Florriok','Male',38,4),
    -> (1009,'Zach Florriok','Male',14,4),
    -> (1010,'Grace Florriok','Male',12,4);
Query OK, 10 rows affected (0.09 sec)
Records: 10  Duplicates: 0  Warnings: 0
```

图 9-12　向学生表插入数据

```
mysql> SELECT * FROM t_student;
+-------+---------------------+--------+------+---------+
| stuid | name                | gender | age  | classno |
+-------+---------------------+--------+------+---------+
|  1001 | Alicia Florric      | Female |   33 |       1 |
|  1002 | Kalinda Sharma      | Female |   31 |       1 |
|  1003 | Cary Agos           | Male   |   27 |       1 |
|  1004 | Diane Lockhart      | Female |   43 |       2 |
|  1005 | Eli Gold            | Male   |   44 |       3 |
|  1006 | Peter Florric       | Male   |   34 |       3 |
|  1007 | Will Gardner        | Male   |   38 |       2 |
|  1008 | Jacquiline Florriok | Male   |   38 |       4 |
|  1009 | Zach Florriok       | Male   |   14 |       4 |
|  1010 | Grace Florriok      | Male   |   12 |       4 |
+-------+---------------------+--------+------+---------+
10 rows in set (0.00 sec)
```

图 9-13　查询学生表的数据信息

步骤 05　查询学生 Alicia Florric 所在班级的其他学生，SQL 语句如下：

```
SELECT ts1.stuid,ts1.name,ts1.classno
    FROM t_student AS ts1,t_student AS ts2
    WHERE ts1.classno=ts2.classno AND ts2.name='Alicia Florric';
```

执行结果如图 9-14 所示。

步骤 06 上述 SQL 语句采用关键字 WHERE 设置匹配条件，我们也可以用 ANSI 连接语法形式，具体 SQL 语句如下：

```
SELECT ts1.stuid,ts1.name,ts1.classno
    FROM t_student ts1 INNER JOIN t_student ts2
    ON ts1.classno=ts2.classno AND ts2.name='Alicia Florric';
```

执行结果如图 9-15 所示。

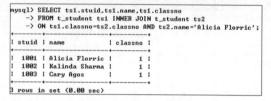

图 9-14 查询学生表的数据　　　　　　　　图 9-15 查询学生表的数据

图 9-14 查询的两个表是相同的表，为了防止产生二义性，对表使用了别名，表 t_student 第 1 次出现的别名为 ts1，第 2 次出现的别名为 ts2，使用 SELECT 语句返回列时，明确指出返回以 ts1 为前缀的列的全名，WHERE 连接两个表，并按照第 2 个表的字段 name 对数据进行过滤，返回所需数据。所以图 9-14 的执行结果就是和学生 Alicia Florric 同班的所有同学的信息。图 9-15 和图 9-14 相比，虽然 SQL 语句内容不同，但是执行结果是一致的。

> 提 示　使用 WHERE 子句定义连接比较简单明了，而 INNER JOIN 语法是 ANSI SQL 的标准规范，使用 INNER JOIN 连接语法能够确保不会忘记连接条件，而且 WHERE 子句在某些时刻会影响查询的性能。

9.2.2　等值连接

内连接查询中的等值连接就是在关键字 ON 后的匹配条件中通过等于关系运算符（=）来实现等值条件。

下面将通过一个具体的示例来说明如何实现等值连接。

【示例 9-2】执行 SQL 语句 "INNER JOIN…ON"，在数据库 school 中，查询每个学生的编号、姓名、性别、年龄、班级号、班级名称、班级位置和班主任信息，具体实现步骤如下：

步骤 01 创建数据库、创建表、插入数据部分的工作在示例 9-1 中已经完成，在本示例中可以沿用示例 9-1 中的数据库、表和数据，不再赘述准备过程。

步骤 02 选择数据库 school，具体 SQL 语句如下：

```
USE school;
```

执行结果如图 9-16 所示。

步骤 03 创建班级表，具体 SQL 语句如下：

```
CREATE TABLE `t_class` (
    `classno` int(11) DEFAULT NULL,
    `cname` varchar(20) DEFAULT NULL,
    `loc` varchar(40) DEFAULT NULL,
    `advisor` varchar(20) DEFAULT NULL
    );
```

执行结果如图 9-17 所示。

图 9-16　选择数据库

图 9-17　创建班级表

步骤 04 在班级表中插入数据记录，具体 SQL 语句如下：

```
INSERT INTO t_class(classno,cname,loc,advisor)
    VALUES(1,'class_1','loc_1','advisor_1'),
          (2,'class_2','loc_2','advisor_2'),
          (3,'class_3','loc_3','advisor_3'),
          (4,'class_4','loc_4','advisor_4');
```

执行结果如图 9-18 所示。

步骤 05 查询每个学生的编号、姓名、性别、年龄、班级号、班级名称、班级位置和班主任信息，具体 SQL 语句如下：

```
SELECT s.stuid,s.name,s.gender,s.age,s.classno,
       c.cname,c.loc,c.advisor
FROM t_student s,t_class c WHERE s.classno=c.classno;
```

执行结果如图 9-19 所示。

图 9-18　向班级表插入数据

图 9-19　查询数据

图 9-19 的执行结果显示，学生的学号、姓名、性别、年龄、班级号、班级名、位置和班主任信息都已经被查询出来。

步骤06 上述 SQL 语句使用的是关键字"SELECT FROM WHERE"，也可以采用 ANSI 连接语法形式，具体 SQL 语句如下：

```
SELECT s.stuid,s.name,s.gender,s.age,s.classno,
       c.cname,c.loc,c.advisor
  FROM t_student s INNER JOIN t_class c
     ON s.classno=c.classno;
```

执行结果如图 9-20 所示。

```
mysql> SELECT s.stuid,s.name,s.gender,s.age,s.classno,c.cname,c.loc,c.advisor
    -> FROM t_student s INNER JOIN t_class c ON s.classno=c.classno;
+-------+--------------------+--------+-----+---------+---------+-------+-----------+
| stuid | name               | gender | age | classno | cname   | loc   | advisor   |
+-------+--------------------+--------+-----+---------+---------+-------+-----------+
|  1001 | Alicia Florric     | Female |  33 |       1 | class_1 | loc_1 | advisor_1 |
|  1002 | Kalinda Sharma     | Female |  31 |       1 | class_1 | loc_1 | advisor_1 |
|  1003 | Cary Agos          | Male   |  27 |       1 | class_1 | loc_1 | advisor_1 |
|  1004 | Diane Lockhart     | Female |  43 |       2 | class_2 | loc_2 | advisor_2 |
|  1005 | Eli Gold           | Male   |  44 |       3 | class_3 | loc_3 | advisor_3 |
|  1006 | Peter Florric      | Male   |  34 |       3 | class_3 | loc_3 | advisor_3 |
|  1007 | Will Gardner       | Male   |  38 |       2 | class_2 | loc_2 | advisor_2 |
|  1008 | Jacquiline Florriok | Male  |  38 |       4 | class_4 | loc_4 | advisor_4 |
|  1009 | Zach Florriok      | Male   |  14 |       4 | class_4 | loc_4 | advisor_4 |
|  1010 | Grace Florriok     | Male   |  12 |       4 | class_4 | loc_4 | advisor_4 |
+-------+--------------------+--------+-----+---------+---------+-------+-----------+
10 rows in set (0.00 sec)
```

图 9-20　查询数据

图 9-20 的执行结果和图 9-19 的执行结果显示，虽然 SQL 语句内容不同，但是执行结果是一致的。

【示例 9-3】在数据库 school 中，查询每个学生的编号、姓名、性别、年龄、班级号、班级名称、班级位置和班主任信息、成绩总分，具体步骤如下：

步骤01 创建数据库、创建表、插入数据部分的工作在示例 9-2 中已经完成，在本示例中可以沿用示例 9-2 中的数据库、表和数据，不再赘述准备过程。

步骤02 选择数据库 school，具体 SQL 语句如下：

```
USE school;
```

执行结果如图 9-21 所示。

步骤03 创建学生成绩表，具体 SQL 语句如下：

```
CREATE TABLE t_score(
    stuid int(11),
    Chinese int(4),
    English int(4),
    Math int(4),
    Chemistry int(4),
    Physics int(4));
```

执行结果如图 9-22 所示。

```
mysql> CREATE TABLE t_score(
    -> stuid int(11),
    -> Chinese int(4),
    -> English int(4),
    -> Math int(4),
    -> Chemistry int(4),
    -> Physics int(4));
Query OK, 0 rows affected (0.07 sec)
```

```
mysql> USE school;
Database changed
```

图 9-21　选择数据库　　　　　图 9-22　创建成绩表

步骤 04　在学生成绩表中插入数据，具体 SQL 语句如下：

```
INSERT INTO t_score(stuid,Chinese,English,Math,Chemistry,Physics)
    VALUES(1001,90,89,92,83,80),
        (1002,92,98,92,93,90),
        (1003,79,78,82,83,89),
        (1004,89,92,91,92,89),
        (1005,92,95,91,96,97),
        (1006,90,91,92,94,92),
        (1007,91,90,83,88,93),
        (1008,90,81,84,86,98),
        (1009,91,84,85,86,93),
        (1010,88,81,82,84,99);
```

执行结果如图 9-23 所示。

```
mysql> INSERT INTO t_score(stuid,Chinese,English,Math,Chemistry,Physics)
    -> VALUES(1001,90,89,92,83,80),
    -> (1002,92,98,92,93,90),
    -> (1003,79,78,82,83,89),
    -> (1004,89,92,91,92,89),
    -> (1005,92,95,91,96,97),
    -> (1006,90,91,92,94,92),
    -> (1007,91,90,83,88,93),
    -> (1008,90,81,84,86,98),
    -> (1009,91,84,85,86,93),
    -> (1010,88,81,82,84,99);
Query OK, 10 rows affected (0.04 sec)
Records: 10  Duplicates: 0  Warnings: 0
```

图 9-23　查询数据

步骤 05　查询每个学生的编号、姓名、性别、年龄、班级号、班级名称、班级位置和班主任信息、成绩总分，具体 SQL 语句如下：

```
SELECT st.stuid,st.name,st.gender,st.age,st.classno,
   c.cname,c.loc,c.advisor,
   sc.Chinese+sc.English+sc.Math+sc.Chemistry+sc.Physics total
     FROM t_student st,t_class c,t_score sc
       WHERE st.classno=c.classno AND st.stuid=sc.stuid;
```

执行结果如图 9-24 所示。

图 9-24　查询数据

图 9-24 的执行结果显示，每个学生的编号、姓名、性别、年龄、班级号、班级名称、班级位置和班主任信息、成绩总分都已经被查询出来。

步骤 06　上述 SQL 语句使用的是关键字 "SELECT FROM WHERE"，也可以采用 ANSI 连接语法形式，具体 SQL 语句如下：

```
SELECT st.stuid,st.name,st.gender,st.age,st.classno,
  c.cname,c.loc,c.advisor,
  sc.Chinese+sc.English+sc.Math+sc.Chemistry+sc.Physics total
 FROM t_student st INNER JOIN t_class c ON st.classno=c.classno
   INNER JOIN t_score sc ON st.stuid=sc.stuid;
```

执行结果如图 9-25 所示。

图 9-25　查询数据

图 9-25 和图 9-24 之间，虽然 SQL 语句内容不同，但执行结果是一致的，即在 MySQL 中，两种方式的 SQL 语句执行效果是一致的。

9.2.3　不等连接

内连接查询中的不等连接就是在关键字 ON 后的匹配条件中除了等于关系运算符来实现不等条件外，还可以使用包含 ">" ">=" "<" "<=" 和 "!=" 等关系运算符。

下面将通过一个具体的示例来说明如何实现不等连接。

【示例 9-4】在数据库 school 中，查询和学生 Alicia Florric 不在同一个班级且年龄大于 Alicia Florric 的学生的编号、姓名、性别、年龄、班级号、班级名称、班级位置和班主任信息、成绩总分，具体步骤如下：

步骤 01 创建数据库、创建表、插入数据部分的工作在示例 9-3 中已经完成，在本示例中可以沿用示例 9-3 中的数据库、表和数据，不再赘述准备过程。

步骤 02 选择数据库 school，具体 SQL 语句如下：

```
USE school;
```

执行结果如图 9-26 所示。

步骤 03 查询和学生 Alicia Florric 不在同一个班级且年龄大于 Alicia Florric 的学生的编号、姓名、性别、年龄、班级号、班级名称、班级位置和班主任信息、成绩总分，具体 SQL 语句如下：

```
SELECT st1.stuid,st1.name,st1.gender,st1.age,st1.classno,
    c.cname,c.loc,c.advisor,
    sc.Chinese+sc.English+sc.Math+sc.Chemistry+sc.Physics total
FROM t_student st1,t_student st2,t_class c,t_score sc
    WHERE st1.classno!=st2.classno AND st1.age>st2.age
        AND st1.classno=c.classno AND st1.stuid=sc.stuid
        AND st2.name='Alicia Florric';
```

执行结果如图 9-27 所示。

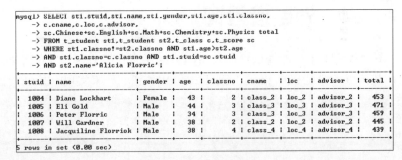

图 9-26 选择数据库   图 9-27 查询数据

图 9-27 的执行结果显示，和学生 Alicia Florric 不在同一个班级且年龄大于 Alicia Florric 的学生的编号、姓名、性别、年龄、班级号、班级名称、班级位置和班主任信息、成绩总分已经被查询出来。

步骤 04 上述 SQL 语句使用的是关键字"SELECT FROM WHERE"，也可以采用 ANSI 连接语法形式，具体 SQL 语句如下：

```
SELECT st1.stuid,st1.name,st1.gender,st1.age,st1.classno,
```

```
c.cname,c.loc,c.advisor,
sc.Chinese+sc.English+sc.Math+sc.Chemistry+sc.Physics total
FROM t_student st1 INNER JOIN t_student st2
ON st1.classno!=st2.classno and st1.age>st2.age
and st2.name='Alicia Florric'
INNER JOIN t_class c ON st1.classno=c.classno
INNER JOIN t_score sc ON st1.stuid=sc.stuid;
```

执行结果如图 9-28 所示。

```
mysql> SELECT st1.stuid,st1.name,st1.gender,st1.age,st1.classno,
    -> c.cname,c.loc,c.advisor,
    -> sc.Chinese+sc.English+sc.Math+sc.Chemistry+sc.Physics total
    -> FROM t_student st1 INNER JOIN t_student st2
    -> ON st1.classno!=st2.classno and st1.age>st2.age
    -> and st2.name='Alicia Florric'
    -> INNER JOIN t_class c ON st1.classno=c.classno
    -> INNER JOIN t_score sc ON st1.stuid=sc.stuid;
+-------+--------------------+--------+-----+---------+---------+-------+-----------+-------+
| stuid | name               | gender | age | classno | cname   | loc   | advisor   | total |
+-------+--------------------+--------+-----+---------+---------+-------+-----------+-------+
|  1004 | Diane Lockhart     | Female |  43 |       2 | class_2 | loc_2 | advisor_2 |   453 |
|  1005 | Eli Gold           | Male   |  44 |       3 | class_3 | loc_3 | advisor_3 |   471 |
|  1006 | Peter Florric      | Male   |  34 |       3 | class_3 | loc_3 | advisor_3 |   459 |
|  1007 | Will Gardner       | Male   |  38 |       2 | class_2 | loc_2 | advisor_2 |   445 |
|  1008 | Jacquiline Florriok | Male  |  38 |       4 | class_4 | loc_4 | advisor_4 |   439 |
+-------+--------------------+--------+-----+---------+---------+-------+-----------+-------+
5 rows in set (0.00 sec)
```

图 9-28　查询数据

图 9-28 和图 9-27 的 SQL 语句内容不同，但是执行结果是一致的。

9.3　外连接查询

在 MySQL 中，外连接查询会返回所操作的表中至少一个表的所有数据记录。在 MySQL 中，数据查询通过 SQL 语句 "OUTER JOIN…ON" 来实现，外连接数据查询语法形式如下：

```
SELECT field1,field2…fieldn
    FROM tablename1 LEFT|RIGHT|FULL [OUTER] JOIN tablename2
    ON CONDITION
```

在上述语句中，参数 fieldn 表示所要查询的字段名字，来源于所连接的表 tablename1 和 tablename2，关键字 OUTER JOIN 表示表进行外连接，参数 CONDITION 表示进行匹配的条件。

按照外连接关键字，外连接查询可以分为以下 3 类：

● 左外连接
● 右外连接
● 全外连接

为了便于讲解，本节涉及的外连接查询数据记录操作都是针对数据库 school 中班级表

t_class、学生表 t_student 和学生成绩表 t_score 的。班级表 t_class 的所有数据如图 9-29 所示，学生成绩表 t_score 的数据如图 9-30 所示，学生表 t_student 的数据如图 9-31 所示。

```
mysql> SELECT * FROM t_score;
+-------+---------+---------+------+-----------+---------+
| stuid | Chinese | English | Math | Chemistry | Physics |
+-------+---------+---------+------+-----------+---------+
|  1001 |      90 |      89 |   92 |        83 |      80 |
|  1002 |      92 |      98 |   92 |        93 |      90 |
|  1003 |      79 |      78 |   82 |        83 |      89 |
|  1004 |      89 |      92 |   91 |        92 |      89 |
|  1005 |      92 |      95 |   91 |        96 |      97 |
|  1006 |      90 |      91 |   92 |        94 |      92 |
|  1007 |      91 |      90 |   83 |        88 |      93 |
|  1008 |      90 |      81 |   84 |        86 |      98 |
|  1009 |      91 |      84 |   85 |        86 |      93 |
|  1010 |      88 |      81 |   82 |        84 |      99 |
+-------+---------+---------+------+-----------+---------+
10 rows in set (0.00 sec)
```

图 9-30　学生成绩表的数据

```
mysql> SELECT * FROM t_class;
+---------+---------+-------+-----------+
| classno | cname   | loc   | advisor   |
+---------+---------+-------+-----------+
|       1 | class_1 | loc_1 | advisor_1 |
|       2 | class_2 | loc_2 | advisor_2 |
|       3 | class_3 | loc_3 | advisor_3 |
|       4 | class_4 | loc_4 | advisor_4 |
+---------+---------+-------+-----------+
4 rows in set (0.00 sec)
```

图 9-29　班级表的数据

```
mysql> SELECT * FROM t_student;
+-------+--------------------+--------+-----+---------+
| stuid | name               | gender | age | classno |
+-------+--------------------+--------+-----+---------+
|  1001 | Alicia Florric     | Female |  33 |       1 |
|  1002 | Kalinda Sharma     | Female |  31 |       1 |
|  1003 | Cary Agos          | Male   |  27 |       1 |
|  1004 | Diane Lockhart     | Female |  43 |       2 |
|  1005 | Eli Gold           | Male   |  44 |       3 |
|  1006 | Peter Florric      | Male   |  34 |       3 |
|  1007 | Will Gardner       | Male   |  38 |       2 |
|  1008 | Jacquiline Florriok| Male   |  38 |       4 |
|  1009 | Zach Florriok      | Male   |  14 |       4 |
|  1010 | Grace Florriok     | Male   |  12 |       4 |
+-------+--------------------+--------+-----+---------+
10 rows in set (0.00 sec)
```

图 9-31　学生表的数据

9.3.1　左外连接

外连接查询中的左外连接就是指新关系中执行匹配条件时，以关键字 LEFT JOIN 左边的表为参考表。左外连接的结果包括 LEFT OUTER 子句中指定的左表的所有行，而不仅仅是连接列所匹配的行，如果左表的某行在右表中没有匹配行，那么在相关联的结果行中，右表的所有选择列表均为空值。

下面将通过一个具体的示例来说明如何实现左外连接。

【示例 9-5】在数据库 school 中，查询所有学生的学号、姓名、班级编号、班级名、班级地址和班主任信息，具体步骤如下：

步骤 01　创建数据库、创建表、插入数据部分的工作在示例 9-3 中已经完成，在本示例中可以沿用示例 9-3 中的数据库、表和数据，不再赘述准备过程。

步骤 02　执行 SQL 语句 USE，选择数据库 school，具体 SQL 语句如下：

```
USE school;
```

执行结果如图 9-32 所示。

步骤 03　在学生表中插入新数据，具体 SQL 语句如下：

```
INSERT INTO t_student(stuid,name,gender,age,classno)
```

271

```
VALUES(1011,'Maia Rindell','Female',33,5);
```

执行结果如图 9-33 所示。

```
mysql> USE school;
Database changed
```

```
mysql> INSERT INTO t_student(stuid,name,gender,age,classno)
    -> VALUES(1011,'Maia Rindell','Female',33,5);
Query OK, 1 row affected (0.01 sec)
```

图 9-32　选择数据库　　　　　　　　　　图 9-33　插入数据

步骤 04 查询所有学生的学号、姓名、班级编号、班级名、班级地址和班主任信息，具体 SQL 语句如下：

```
SELECT s.name,c.cname,c.loc,c.advisor
   FROM t_student s LEFT OUTER JOIN t_class c
     ON s.classno=c.classno;
```

执行结果如图 9-34 所示。

步骤 05 修改上述 SQL 语句为等值连接的内连接，SQL 语句如下：

```
SELECT s.name,c.cname,c.loc,c.advisor
   FROM t_student s INNER JOIN t_class c
     ON s.classno=c.classno;
```

执行结果如图 9-35 所示。

```
mysql> SELECT s.name,c.cname,c.loc,c.advisor
    -> FROM t_student s LEFT OUTER JOIN t_class c
    -> ON s.classno=c.classno;
+--------------------+---------+-------+-----------+
| name               | cname   | loc   | advisor   |
+--------------------+---------+-------+-----------+
| Alicia Florric     | class_1 | loc_1 | advisor_1 |
| Kalinda Sharma     | class_1 | loc_1 | advisor_1 |
| Cary Agos          | class_1 | loc_1 | advisor_1 |
| Diane Lockhart     | class_2 | loc_2 | advisor_2 |
| Will Gardner       | class_2 | loc_2 | advisor_2 |
| Eli Gold           | class_3 | loc_3 | advisor_3 |
| Peter Florric      | class_3 | loc_3 | advisor_3 |
| Jacquiline Florriok | class_4 | loc_4 | advisor_4 |
| Zach Florriok      | class_4 | loc_4 | advisor_4 |
| Grace Florriok     | class_4 | loc_4 | advisor_4 |
| Maia Rindell       | NULL    | NULL  | NULL      |
+--------------------+---------+-------+-----------+
11 rows in set (0.00 sec)
```

```
mysql> SELECT s.stuid,s.name,c.cname,c.loc,c.advisor
    -> FROM t_student s INNER JOIN t_class c
    -> ON s.classno=c.classno;
+-------+--------------------+---------+-------+-----------+
| stuid | name               | cname   | loc   | advisor   |
+-------+--------------------+---------+-------+-----------+
| 1001  | Alicia Florric     | class_1 | loc_1 | advisor_1 |
| 1002  | Kalinda Sharma     | class_1 | loc_1 | advisor_1 |
| 1003  | Cary Agos          | class_1 | loc_1 | advisor_1 |
| 1004  | Diane Lockhart     | class_2 | loc_2 | advisor_2 |
| 1005  | Eli Gold           | class_3 | loc_3 | advisor_3 |
| 1006  | Peter Florric      | class_3 | loc_3 | advisor_3 |
| 1007  | Will Gardner       | class_2 | loc_2 | advisor_2 |
| 1008  | Jacquiline Florriok | class_4 | loc_4 | advisor_4 |
| 1009  | Zach Florriok      | class_4 | loc_4 | advisor_4 |
| 1010  | Grace Florriok     | class_4 | loc_4 | advisor_4 |
+-------+--------------------+---------+-------+-----------+
10 rows in set (0.00 sec)
```

图 9-34　左外连接查询数据　　　　　　　图 9-35　左外连接查询数据

图 9-33 的执行结果显示了 11 条记录，名字为 Maia Rindell 的学生对应的班级信息为空，这条记录只取出了表 t_student 中的值，而表 t_class 中的值为空。从图 9-34 的执行结果可以看出，虽然等值连接 SQL 语句也显示出了学生的相应信息，但是没有显示出学生 Maia Rindell 的信息。

9.3.2　右外连接

外连接查询中的右外连接是指新关系中执行匹配条件时，以关键字 RIGHT JOIN 右边的表为参考表，如果右表的某行在左表中没有匹配行，左表就返回空值。

【示例 9-6】查询所有班级的所有学生的信息，具体步骤如下：

步骤 01 创建数据库、创建表、插入数据部分的工作在示例 9-5 中已经完成，在本示例中可以沿用示例 9-5 中的数据库、表和数据，不再赘述准备过程。

步骤 02 选择数据库 school，具体 SQL 语句如下：

```
USE school;
```

执行结果如图 9-36 所示。

步骤 03 在班级表中插入新数据，具体 SQL 语句如下：

```
INSERT INTO t_class(classno,cname,loc,advisor)
    VALUES(6,'class_6','loc_6','advisor_6');
```

执行结果如图 9-37 所示。

```
mysql> USE school;
Database changed
```

图 9-36　选择数据库

```
mysql> INSERT INTO t_class(classno,cname,loc,advisor)
    -> VALUES(6,'class_6','loc_6','advisor_6');
Query OK, 1 row affected (0.00 sec)
```

图 9-37　插入数据

步骤 04 查询所有班级的所有学生的信息，具体 SQL 语句如下：

```
SELECT s.stuid,s.name,c.classno,c.cname,c.loc,c.advisor
  FROM t_student s RIGHT OUTER JOIN t_class c
    ON s.classno=c.classno;
```

执行结果如图 9-38 所示。

```
mysql> SELECT s.stuid,s.name,c.classno,c.cname,c.loc,c.advisor
    -> FROM t_student s RIGHT OUTER JOIN t_class c ON s.classno=c.classno;
+-------+-------------------+---------+---------+-------+-----------+
| stuid | name              | classno | cname   | loc   | advisor   |
+-------+-------------------+---------+---------+-------+-----------+
|  1001 | Alicia Florric    |       1 | class_1 | loc_1 | advisor_1 |
|  1002 | Kalinda Sharma    |       1 | class_1 | loc_1 | advisor_1 |
|  1003 | Cary Agos         |       1 | class_1 | loc_1 | advisor_1 |
|  1004 | Diane Lockhart    |       2 | class_2 | loc_2 | advisor_2 |
|  1005 | Eli Gold          |       3 | class_3 | loc_3 | advisor_3 |
|  1006 | Peter Florric     |       3 | class_3 | loc_3 | advisor_3 |
|  1007 | Will Gardner      |       2 | class_2 | loc_2 | advisor_2 |
|  1008 | Jacquiline Florriok |     4 | class_4 | loc_4 | advisor_4 |
|  1009 | Zach Florriok     |       4 | class_4 | loc_4 | advisor_4 |
|  1010 | Grace Florriok    |       4 | class_4 | loc_4 | advisor_4 |
|  NULL | NULL              |       6 | class_6 | loc_6 | advisor_6 |
+-------+-------------------+---------+---------+-------+-----------+
11 rows in set (0.00 sec)
```

图 9-38　右连接查询数据

图 9-38 的执行结果显示了 11 条记录，班级号为 6 的班级，在学生表中并无对应的学生，所以这条记录只取出了班级表 t_class 中的相应值，而表 t_student 中取出的值为空。

9.4 复合条件连接查询

复合条件连接查询中，通过添加过滤条件限制查询的结果，使查询的结果更加准确。

【示例 9-7】查询所有成绩总分超过 450 的学生的编号、姓名、性别、年龄、班级号、班级名称、班级位置和班主任信息、成绩总分，具体步骤如下：

步骤 01 创建数据库、创建表、插入数据部分的工作在示例 9-5 中已经完成，在本示例中可以沿用示例 9-5 中的数据库、表和数据，不再赘述准备过程。

步骤 02 选择数据库 school，具体 SQL 语句如下：

```
USE school;
```

执行结果如图 9-39 所示。

步骤 03 查询所有成绩总分超过 450 的学生的编号、姓名、性别、年龄、班级号、班级名称、班级位置和班主任信息、成绩总分，具体 SQL 语句如下：

```
SELECT st.stuid,st.name,st.gender,st.age,st.classno,
  c.cname,c.loc,c.advisor,
  sc.Chinese+sc.English+sc.Math+sc.Chemistry+sc.Physics total
FROM t_student st INNER JOIN t_class c ON st.classno=c.classno
INNER JOIN t_score sc ON st.stuid=sc.stuid
AND sc.Chinese+sc.English+sc.Math+sc.Chemistry+sc.Physics>450;
```

执行结果如图 9-40 所示。

```
mysql> SELECT st.stuid,st.name,st.gender,st.age,st.classno,c.cname,c.loc,c.advisor,
    -> sc.Chinese+sc.English+sc.Math+sc.Chemistry+sc.Physics total
    -> FROM t_student st INNER JOIN t_class c ON st.classno=c.classno
    -> INNER JOIN t_score sc ON st.stuid=sc.stuid
    -> AND sc.Chinese+sc.English+sc.Math+sc.Chemistry+sc.Physics>450;
+-------+----------------+--------+-----+---------+---------+-------+----------+-------+
| stuid | name           | gender | age | classno | cname   | loc   | advisor  | total |
+-------+----------------+--------+-----+---------+---------+-------+----------+-------+
|  1002 | Kalinda Sharma | Female |  31 |       1 | class_1 | loc_1 | advisor_1 |  465 |
|  1004 | Diane Lockhart | Female |  43 |       2 | class_2 | loc_2 | advisor_2 |  453 |
|  1005 | Eli Gold       | Male   |  44 |       3 | class_3 | loc_3 | advisor_3 |  471 |
|  1006 | Peter Florric  | Male   |  34 |       3 | class_3 | loc_3 | advisor_3 |  459 |
+-------+----------------+--------+-----+---------+---------+-------+----------+-------+
4 rows in set (0.00 sec)
```

图 9-40　查询数据

```
mysql> USE school;
Database changed
```

图 9-39　选择数据库

图 9-40 的执行结果显示，所有成绩总分超过 450 的学生的编号、姓名、性别、年龄、班级号、班级名称、班级位置和班主任信息、成绩总分已被查询出来。

【示例 9-8】查询所有学生的编号、姓名、性别、年龄、班级号、班级名称、班级位置和班主任信息、成绩总分，查询结果按成绩总分升序排列，具体步骤如下：

步骤 01 创建数据库、创建表、插入数据部分的工作在示例 9-5 中已经完成，在本示例中可以沿用示例 9-5 中的数据库、表和数据，不再赘述准备过程。

步骤 **02** 选择数据库 school，具体 SQL 语句如下：

```
USE school;
```

执行结果如图 9-41 所示。

步骤 **03** 查询所有学生的编号、姓名、性别、年龄、班级号、班级名称、班级位置和班主任信息、成绩总分，并按成绩总分升序排列，具体 SQL 语句如下：

```
SELECT st.stuid,st.name,st.gender,st.age,st.classno,
    c.cname,c.loc,c.advisor,
    sc.Chinese+sc.English+sc.Math+sc.Chemistry+sc.Physics total
 FROM t_student st INNER JOIN t_class c ON st.classno=c.classno
   INNER JOIN t_score sc ON st.stuid=sc.stuid
   ORDER BY sc.Chinese+sc.English+sc.Math+sc.Chemistry+sc.Physics;
```

执行结果如图 9-42 所示。

```
mysql> SELECT st.stuid,st.name,st.gender,st.age,st.classno,c.cname,c.loc,c.advisor,
    -> sc.Chinese+sc.English+sc.Math+sc.Chemistry+sc.Physics total
    -> FROM t_student st INNER JOIN t_class c ON st.classno=c.classno
    -> INNER JOIN t_score sc ON st.stuid=sc.stuid
    -> order by sc.Chinese+sc.English+sc.Math+sc.Chemistry+sc.Physics;

| stuid | name               | gender | age | classno | cname   | loc   | advisor   | total |
| 1003  | Cary Agos          | Male   | 27  | 1       | class_1 | loc_1 | advisor_1 | 411   |
| 1001  | Alicia Florric     | Female | 33  | 1       | class_1 | loc_1 | advisor_1 | 434   |
| 1010  | Grace Florrik      | Male   | 12  | 4       | class_4 | loc_4 | advisor_4 | 434   |
| 1009  | Zach Florriok      | Male   | 14  | 4       | class_4 | loc_4 | advisor_4 | 439   |
| 1008  | Jacquiline Florriok | Male  | 38  | 4       | class_4 | loc_4 | advisor_4 | 439   |
| 1007  | Will Gardner       | Male   | 38  | 2       | class_2 | loc_2 | advisor_2 | 445   |
| 1004  | Diane Lockhart     | Female | 43  | 2       | class_2 | loc_2 | advisor_2 | 453   |
| 1006  | Peter Florric      | Male   | 34  | 3       | class_3 | loc_3 | advisor_3 | 459   |
| 1002  | Kalinda Sharma     | Female | 31  | 1       | class_1 | loc_1 | advisor_1 | 465   |
| 1005  | Eli Gold           | Male   | 44  | 3       | class_3 | loc_3 | advisor_3 | 471   |

10 rows in set (0.00 sec)
```

```
mysql> USE school;
Database changed
```

图 9-41　选择数据库　　　　　　　　图 9-42　查询数据

图 9-42 的执行结果显示，所有学生的编号、姓名、性别、年龄、班级号、班级名称、班级位置和班主任信息、成绩总分已被查询出来，并按总分从低到高升序排列。

9.5 合并查询数据记录

在 MySQL 中，通过关键字 UNION 来实现并操作，即可以通过其将多个 SELECT 语句的查询结果合并在一起组成新的关系，具体语法形式如下：

```
SELECT field1,field2,…fieldn
   FROM tablename1
UNION | UNION ALL
SELECT field1,field2,…fieldn
   FROM tablename2
```

```
UNION | UNION ALL
SELECT field1,field2,…fieldn
    FROM tablename3
……
```

上述语句中存在多个查询数据记录语句，每个查询数据记录语句之间使用关键字 UNION 或 UNION ALL 进行连接。

为了便于讲解，本节涉及的并操作都是针对数据库 company 中开发部门的员工表 t_developer 和测试部门的员工表 t_tester 的。关于开发部门的员工表 t_developer 的所有数据记录如图 9-43 所示，关于测试部门的员工表 t_tester 的所有数据记录如图 9-44 所示。

```
+------+----------------+--------+-----+--------+--------+
| id   | name           | gender | age | salary | deptno |
+------+----------------+--------+-----+--------+--------+
| 1001 | Alicia Florric | Female | 33  | 10000  | 1      |
| 1002 | Kalinda Sharma | Female | 31  | 9000   | 1      |
| 1003 | Cary Agos      | Male   | 27  | 8000   | 1      |
| 1004 | Eli Gold       | Male   | 44  | 20000  | 1      |
| 1005 | Peter Florric  | Male   | 34  | 30000  | 1      |
+------+----------------+--------+-----+--------+--------+
```

图 9-43　开发部门员工表数据记录

```
+------+-------------------+--------+-----+--------+--------+
| id   | name              | gender | age | salary | deptno |
+------+-------------------+--------+-----+--------+--------+
| 1006 | Diane Lockhart    | Female | 43  | 50000  | 2      |
| 1007 | Maia Rindell      | Female | 27  | 9000   | 2      |
| 1008 | Will Gardner      | Male   | 36  | 9000   | 2      |
| 1009 | Jacquiline Florric| Female | 57  | 7000   | 2      |
| 1010 | Zach Florric      | Male   | 17  | 5000   | 2      |
+------+-------------------+--------+-----+--------+--------+
```

图 9-44　测试部门员工表数据记录

9.5.1　带有关键字 UNION 的并操作

关键字 UNION 会把查询结果集直接合并在一起。下面通过一个具体的示例来说明如何使用关键字 UNION。

【示例 9-9】在数据库 company 中，合并开发部门员工和测试部门员工的数据记录信息，具体步骤如下：

步骤 01　执行 SQL 语句 CREATE DATABASE，创建数据库 company，并选择该数据库，具体 SQL 语句如下：

```
CREATE DATABASE company;
USE company;
```

执行结果如图 9-45 和图 9-46 所示。

```
mysql> CREATE DATABASE company;
Query OK, 1 row affected (0.00 sec)
```

图 9-45　创建数据库

```
mysql> USE company;
Database changed
```

图 9-46　选择数据库

步骤 02　执行 SQL 语句 CREATE TABLE，创建开发部门员工表 t_developer，具体 SQL 语句如下：

```
CREATE TABLE t_developer(
    id INT(4),
    name VARCHAR(20),
    gender VARCHAR(6),
```

```
age INT(4),
salary INT(6),
deptno INT(4));
```

执行结果如图 9-47 所示。

步骤 03 执行 SQL 语句 DESCRIBE，检验表 t_developer 是否创建成功，具体 SQL 语句如下：

```
DESCRIBE t_developer;
```

执行结果如图 9-48 所示。

图 9-47　创建表 t_developer

图 9-48　查看表 t_developer 的信息

步骤 04 执行 SQL 语句 INSERT INTO，在开发部门员工表 t_developer 中插入数据记录，具体 SQL 语句如下：

```
INSERT INTO t_developer(id,name,gender,age,salary,deptno)
    VALUE(1001,'Alicia Florric','Female',33,10000,1),
        (1002,'Kalinda Sharma','Female',31,9000,1),
        (1003,'Cary Agos','Male',27,8000,1),
        (1004,'Eli Gold','Male',44,20000,1),
        (1005,'Peter Florric','Male',34,30000,1);
```

执行结果如图 9-49 所示。

图 9-49　向表 t_developer 插入数据记录

步骤 05 创建测试部门员工表 t_tester，具体 SQL 语句如下：

```
CREATE TABLE t_tester(
    id INT(4),
    name VARCHAR(20),
    gender VARCHAR(6),
    age INT(4),
```

```
    salary INT(6),
    deptno INT(4)
);
```

执行结果如图 9-50 所示。

步骤 06 执行 SQL 语句 DESCRIBE，检验表 t_tester 是否创建成功，具体 SQL 语句如下：

```
DESCRIBE t_tester;
```

执行结果如图 9-51 所示。

```
mysql> CREATE TABLE t_tester(
    -> id INT(4),
    -> name VARCHAR(20),
    -> gender VARCHAR(6),
    -> age INT(4),
    -> salary INT(6),
    -> deptno INT(4)
    -> );
Query OK, 0 rows affected (0.02 sec)
```

图 9-50　创建表 t_tester

```
mysql> DESCRIBE t_tester;
+--------+-------------+------+-----+---------+-------+
| Field  | Type        | Null | Key | Default | Extra |
+--------+-------------+------+-----+---------+-------+
| id     | int(4)      | YES  |     | NULL    |       |
| name   | varchar(20) | YES  |     | NULL    |       |
| gender | varchar(6)  | YES  |     | NULL    |       |
| age    | int(4)      | YES  |     | NULL    |       |
| salary | int(6)      | YES  |     | NULL    |       |
| deptno | int(4)      | YES  |     | NULL    |       |
+--------+-------------+------+-----+---------+-------+
6 rows in set (0.00 sec)
```

图 9-51　查看表 t_tester 的信息

步骤 07 执行 SQL 语句 INSERT INTO，在测试部门员工表 t_tester 中插入数据记录，具体 SQL 语句如下：

```
INSERT INTO t_tester(id,name,gender,age,salary,deptno)
    VALUES(1006,'Diane Lockhart','Female',43,50000,2),
        (1007,'Maia Rindell','Female',27,9000,2),
        (1008,'Will Gardner','Male',36,9000,2),
        (1009,'Jacquiline Florric','Female',57,7000,2),
        (1010,'Zach Florric','Male',17,5000,2),
        (1002,'Kalinda Sharma','Female',31,9000,1);
```

执行结果如图 9-52 所示。

```
mysql> INSERT INTO t_tester(id,name,gender,age,salary,deptno)
    -> VALUES(1006,'Diane Lockhart','Female',43,50000,2),(1007,'Maia Rindell','Female',27,9000,2),
    -> (1008,'Will Gardner','Male',36,9000,2),(1009,'Jacquiline Florric','Female',57,7000,2),
    -> (1010,'Zach Florric','Male',17,5000,2),(1002,'Kalinda Sharma','Female',31,9000,1);
Query OK, 6 rows affected (0.01 sec)
Records: 6  Duplicates: 0  Warnings: 0
```

图 9-52　向表 t_tester 插入数据记录

步骤 08 执行 SQL 语句 UNION，合并查询数据记录，具体 SQL 语句如下：

```
SELECT * FROM t_developer UNION SELECT * FROM t_tester;
```

执行结果如图 9-53 所示。

```
mysql> SELECT * FROM t_developer UNION SELECT * FROM t_tester;
+------+-------------------+--------+------+--------+--------+
| id   | name              | gender | age  | salary | deptno |
+------+-------------------+--------+------+--------+--------+
| 1001 | Alicia Florric    | Female |   33 |  10000 |      1 |
| 1002 | Kalinda Sharma    | Female |   31 |   9000 |      1 |
| 1003 | Cary Agos         | Male   |   27 |   8000 |      1 |
| 1004 | Eli Gold          | Male   |   44 |  20000 |      1 |
| 1005 | Peter Florric     | Male   |   34 |  30000 |      1 |
| 1006 | Diane Lockhart    | Female |   43 |  50000 |      2 |
| 1007 | Maia Rindell      | Female |   27 |   9000 |      2 |
| 1008 | Will Gardner      | Male   |   36 |   9000 |      2 |
| 1009 | Jacquiline Florric| Female |   57 |   7000 |      2 |
| 1010 | Zach Florric      | Male   |   17 |   5000 |      2 |
+------+-------------------+--------+------+--------+--------+
10 rows in set (0.01 sec)
```

图 9-53　并操作

图 9-53 的执行结果显示,合并后的数据记录包含表 t_developer 和表 t_tester 中的所有数据记录,同时去掉了重复的数据记录,使新关系中没有任何重复的数据记录。

9.5.2　带有关键字 UNION ALL 的并操作

关键字 UNION ALL 会把查询结果集直接合并在一起。下面通过一个具体的示例来说明如何使用关键字 UNION ALL。

【示例 9-10】在数据库 company 中,合并开发部门员工和测试部门员工的数据记录信息,具体步骤如下:

步骤 01　创建数据库、创建表、插入数据部分的工作在示例 9-9 中已经完成,在本示例中可以沿用示例 9-9 中的数据库、表和数据,不再赘述准备过程。

步骤 02　选择数据库 school,具体 SQL 语句如下:

```
USE company;
```

执行结果如图 9-54 所示。

步骤 03　执行 SQL 语句 UNION ALL,合并查询数据记录,具体 SQL 语句如下:

```
SELECT * FROM t_developer UNION ALL SELECT * FROM t_tester;
```

执行结果如图 9-55 所示。

```
mysql> USE company;
Database changed
```

图 9-54　选择数据库

```
mysql> SELECT * FROM t_developer UNION ALL SELECT * FROM t_tester;
+------+-------------------+--------+------+--------+--------+
| id   | name              | gender | age  | salary | deptno |
+------+-------------------+--------+------+--------+--------+
| 1001 | Alicia Florric    | Female |   33 |  10000 |      1 |
| 1002 | Kalinda Sharma    | Female |   31 |   9000 |      1 |
| 1003 | Cary Agos         | Male   |   27 |   8000 |      1 |
| 1004 | Eli Gold          | Male   |   44 |  20000 |      1 |
| 1005 | Peter Florric     | Male   |   34 |  30000 |      1 |
| 1006 | Diane Lockhart    | Female |   43 |  50000 |      2 |
| 1007 | Maia Rindell      | Female |   27 |   9000 |      2 |
| 1008 | Will Gardner      | Male   |   36 |   9000 |      2 |
| 1009 | Jacquiline Florric| Female |   57 |   7000 |      2 |
| 1010 | Zach Florric      | Male   |   17 |   5000 |      2 |
| 1002 | Kalinda Sharma    | Female |   31 |   9000 |      1 |
+------+-------------------+--------+------+--------+--------+
11 rows in set (0.00 sec)
```

图 9-55　并操作

279

图 9-55 的执行结果显示，执行 SQL 语句 UNION ALL 进行并操作后的数据记录没有去掉
重复数据，而是把两个表中的所有数据合并显示。

9.6 子查询

在 MySQL 中可以通过 SQL 语句来实现基本数据查询，SQL 语句可以通过如下几种方式
使用：

● 查询所有字段数据。
● 查询指定字段数据。
● 避免重复数据查询。
● 实现数学四则运算数据查询。
● 设置显示格式数据查询。

9.6.1 为什么使用子查询

为了讲解清楚"为什么使用子查询"这个问题，需要从多表查询数据记录操作开始介绍。
在日常开发中，用户经常会接触到查询多表数据记录的操作，例如需要查询部门表 t_dept 和员
工表 t_employee 的数据记录。

新手会直接执行如下 SQL 语句进行查询：

```
SELECT *
    FROM t_dept dept,t_employee empl
        WHERE dept.deptno = empl.deptno;
```

上述 SQL 语句在执行过程中，首先会对两个表进行笛卡尔积操作，然后选取符合匹配条
件的数据记录。进行笛卡尔积操作时，会生成两个数表数据记录数的乘积条数据记录，如果这
两个表的数据记录比较大，就会在进行笛卡尔积操作时造成死机。

对于有经验的用户，首先会通过统计函数查看操作表笛卡尔积后的数据记录数，然后进行
多表查询，因此多表查询一般会经过如下步骤：

步骤 01 通过统计函数 COUNT()查询所关联表进行笛卡尔积操作后的数据记录数，具体 SQL
语句如下：

```
SELECT COUNT(*)
    FROM t_dept dept, t_employee empl;
```

步骤 02 如果查询到的数据记录数 MySQL 可以接受，就进行多表连接查询，否则应该考虑通
过其他方式来实现。

如果查询到进行笛卡尔积操作后的数据记录数远远大于 MySQL 可以接受的范围，如何实

现多表查询呢？为了解决这个问题，MySQL 提供了子查询来实现多表查询。

　　所谓子查询，是指在一个查询中嵌套了其他若干查询，即在一个 SELECT 查询语句的 WHERE 或 FROM 子句中包含另一个 SELECT 查询语句。在查询语句中，外层 SELECT 查询语句称为主查询，WHERE 子句中的 SELECT 查询语句称为子查询，也被称为嵌套查询。

　　通过子查询可以实现多表查询，该查询语句中可能包含 IN、ANY、ALL 和 EXISTS 等关键字，除此之外，还可能包含比较运算符。理论上，子查询可以出现在查询语句的任意位置，但是在实际开发中，子查询经常出现在 WHERE 和 FROM 子句中。

9.6.2　带比较运算符的子查询

　　子查询可以使用比较运算符。这些比较运算符包括=、!=、>、>=、<、<=和<>等。其中，<>与!=是等价的。比较运算符在子查询中使用得非常广泛，如查询分数、年龄、价格和收入等。

　　【示例 9-11】在数据库 company 中，查询薪资水平为高级的员工的编号、姓名、性别、年龄和工资，具体步骤如下：

步骤 01　执行 SQL 语句 CREATE DATABASE，创建数据库 company，并选择该数据库，具体 SQL 语句如下：

```
CREATE DATABASE company;
USE company;
```

　　执行结果如图 9-56 和图 9-57 所示。

```
mysql> CREATE DATABASE company;
Query OK, 1 row affected (0.00 sec)
```

```
mysql> USE company;
Database changed
```

图 9-56　创建数据库　　　　　　　　图 9-57　选择数据库

步骤 02　执行 SQL 语句 CREATE TABLE，创建员工表 t_employee，具体 SQL 语句如下：

```
CREATE TABLE t_employee(
    id INT(4),
    name VARCHAR(20),
    gender VARCHAR(6),
    age INT(4),
    salary INT(6),
    deptno INT(4));
```

　　执行结果如图 9-58 所示。

步骤 03　执行 SQL 语句 DESCRIBE，检验表 t_employee 是否创建成功，具体 SQL 语句如下：

```
DESCRIBE t_employee;
```

　　执行结果如图 9-59 所示。

图 9-58　创建表 t_employee

图 9-59　查看表 t_employee 的信息

步骤 04 执行 SQL 语句 INSERT INTO，向表 t_employee 中插入数据，具体 SQL 语句如下：

```
INSERT INTO t_employee(id,name,gender,age,salary,deptno)
    VALUES(1001,'Alicia Florric','Female',33,10000,1),
        (1002,'Kalinda Sharma','Female',31,9000,1),
        (1003,'Cary Agos','Male',27,8000,1),
        (1004,'Eli Gold','Male',44,20000,2),
        (1005,'Peter Florric','Male',34,30000,2),
        (1006,'Diane Lockhart','Female',43,50000,3),
        (1007,'Maia Rindell','Female',43,9000,3),
        (1008,'Will Gardner','Male',36,50000,3),
        (1009,'Jacquiline Florric','Female',57,9000,4),
        (1010,'Zach Florric','Female',17,5000,5),
        (1011,'Grace Florric','Female',14,4000,5);
```

执行结果如图 9-60 所示。

图 9-60　向表 t_employee 插入数据

步骤 05 使用 SQL 语句 SELECT 检查数据是否插入成功，具体 SQL 语句如下：

```
SELECT * FROM t_employee;
```

执行结果如图 9-61 所示。

图 9-61　查看表 t_employee 的数据

步骤06 创建薪资待遇等级表，具体 SQL 语句如下：

```
CREATE TABLE t_slevel(
    id INT(4),
    salary INT(6),
    level INT(4),
    description VARCHAR(20)
);
```

执行结果如图 9-62 所示。

步骤07 执行 SQL 语句 DESCRIBE，检验表 t_slevel 是否创建成功，具体 SQL 语句如下：

```
DESCRIBE t_slevel;
```

执行结果如图 9-63 所示。

```
mysql> CREATE TABLE t_slevel<
    -> id INT(4),
    -> salary INT(6),
    -> level INT(4),
    -> description VARCHAR(20)
    -> );
Query OK, 0 rows affected (0.04 sec)
```

图 9-62　创建表 t_slevel

```
mysql> DESCRIBE t_slevel;
+-------------+-------------+------+-----+---------+-------+
| Field       | Type        | Null | Key | Default | Extra |
+-------------+-------------+------+-----+---------+-------+
| id          | int(4)      | YES  |     | NULL    |       |
| salary      | int(6)      | YES  |     | NULL    |       |
| level       | int(4)      | YES  |     | NULL    |       |
| description | varchar(20) | YES  |     | NULL    |       |
+-------------+-------------+------+-----+---------+-------+
4 rows in set (0.00 sec)
```

图 9-63　查看表 t_slevel 的信息

步骤08 执行 SQL 语句 INSERT INTO，向表 t_slevel 中插入数据，具体 SQL 语句如下：

```
INSERT INTO t_slevel(id,salary,level,description)
    VALUES(1,3000,1,'初级'),
          (2,7000,2,'中级'),
          (3,10000,3,'高级'),
          (4,20000,4,'特级'),
          (5,30000,5,'高管');
```

执行结果如图 9-64 所示。

步骤09 使用 SQL 语句 SELECT 检查数据是否插入成功，具体 SQL 语句如下：

```
SELECT * FROM t_slevel;
```

执行结果如图 9-65 所示。

```
mysql> INSERT INTO t_slevel(id,salary,level,description)
    -> VALUES(1,3000,1,'初级'),
    -> (2,7000,2,'中级'),
    -> (3,10000,3,'高级'),
    -> (4,20000,4,'特级'),
    -> (5,30000,5,'高管');
Query OK, 5 rows affected (0.10 sec)
Records: 5  Duplicates: 0  Warnings: 0
```

图 9-64　创建表 t_slevel

```
mysql> SELECT * FROM t_slevel;
+----+--------+-------+-------------+
| id | salary | level | description |
+----+--------+-------+-------------+
|  1 |   3000 |     1 | 初级        |
|  2 |   7000 |     2 | 中级        |
|  3 |  10000 |     3 | 高级        |
|  4 |  20000 |     4 | 特级        |
|  5 |  30000 |     5 | 高管        |
+----+--------+-------+-------------+
5 rows in set (0.00 sec)
```

图 9-65　查看表 t_slevel 的信息

步骤10 查询薪资水平为高级的所有员工的编号、姓名、性别、年龄和工资，具体 SQL 语句如下：

```
SELECT * FROM t_employee
    WHERE salary>=
        (SELECT salary FROM t_slevel WHERE level=3)
    AND salary<
        (SELECT salary FROM t_slevel WHERE level=4);
```

执行结果如图 9-66 所示。

```
mysql> SELECT * FROM t_employee WHERE salary>=(SELECT salary FROM t_slevel WHERE level=3)
    -> AND salary<(SELECT salary FROM t_slevel WHERE level=4);
+------+---------------+--------+-----+--------+--------+
| id   | name          | gender | age | salary | deptno |
+------+---------------+--------+-----+--------+--------+
| 1001 | Alicia Florric | Female |  33 |  10000 |      1 |
+------+---------------+--------+-----+--------+--------+
1 row in set (0.00 sec)
```

图 9-66　查看表数据

图 9-66 的执行结果显示了工资级别为高级的员工信息。

【示例 9-12】在数据库 company 中查询哪些部门没有年龄为 33 的员工，部门表为 t_dept，员工表为 t_employee，具体步骤如下：

步骤01 创建数据库、创建表、插入数据部分的工作在示例 9-11 中已经完成，在本示例中可以沿用示例 9-11 中的数据库、表和数据，不再赘述准备过程。

步骤02 选择数据库 company，具体 SQL 语句如下：

```
USE company;
```

执行结果如图 9-67 所示。

步骤03 执行 SQL 语句 CREATE TABLE，创建部门表 t_dept，具体 SQL 语句如下：

```
CREATE TABLE t_dept(
    deptno int(4),
    deptname varchar(20),
    product varchar(20),
    location varchar(20));
```

执行结果如图 9-68 所示。

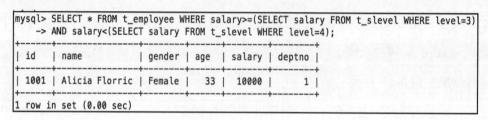

```
mysql> USE company;
Database changed
mysql>
```

图 9-67　选择数据库

```
mysql> CREATE TABLE t_dept(
    -> deptno int(4),
    -> deptname varchar(20),
    -> product varchar(20),
    -> location varchar(20));
Query OK, 0 rows affected (0.11 sec)
```

图 9-68　创建表 t_dept

步骤04 执行 SQL 语句 DESCRIBE，检验表 t_dept 是否创建成功，具体 SQL 语句如下：

```
DESCRIBE t_dept;
```

执行结果如图 9-69 所示。

步骤 05 在部门表 t_dept 中插入数据，具体 SQL 语句如下：

```
INSERT INTO t_dept(deptno,deptname,product,location)
    VALUES(1,'develop department','pivot_gaea','west_3'),
          (2,'test department','sky_start','east_4'),
          (3,'operate department','cloud_4','south_4'),
          (4,'maintain department','fly_4','north_5');
```

执行结果如图 9-70 所示。

图 9-69　查看表 t_dept 信息

图 9-70　向表 t_dept 中插入数据

步骤 06 执行 SELECT 语句查询 t_dept 表，具体 SQL 语句如下：

```
SELECT * FROM t_dept;
```

执行结果如图 9-71 所示。

步骤 07 执行 SQL 语句 SELECT，查询数据表 t_employee，具体 SQL 语句如下：

```
SELECT * FROM t_employee;
```

执行结果如图 9-72 所示。

图 9-71　查询 t_dept 表的数据

图 9-72　查询 t_employee 表的数据

步骤 08 查询不存在年龄为 33 的员工的部门，具体 SQL 语句如下：

```
SELECT * FROM t_dept WHERE deptno!=
    (SELECT deptno FROM t_employee WHERE AGE=33);
```

执行结果如图 9-73 所示。

```
mysql> SELECT * FROM t_dept WHERE deptno!=(SELECT deptno FROM t_employee WHERE AGE=33);
+--------+-------------------+-----------+----------+
| deptno | deptname          | product   | location |
+--------+-------------------+-----------+----------+
|      2 | test department   | sky_start | east_4   |
|      3 | operate department| cloud_4   | south_4  |
|      4 | maintain department| fly_4    | north_5  |
+--------+-------------------+-----------+----------+
3 rows in set (0.00 sec)
```

图 9-73 查询表数据

图 9-73 的执行结果显示，test department、operate department 和 maintain department 三部门不存在年龄为 33 的员工。

步骤 09 用<>代替!=也可以查询不存在年龄为 33 的员工的部门，具体 SQL 语句如下：

```
SELECT * FROM t_dept WHERE deptno<>
    (SELECT deptno FROM t_employee WHERE AGE=33);
```

执行结果如图 9-74 所示。

```
mysql> SELECT * FROM t_dept WHERE deptno<> (SELECT deptno FROM t_employee WHERE AGE=33);
+--------+-------------------+-----------+----------+
| deptno | deptname          | product   | location |
+--------+-------------------+-----------+----------+
|      2 | test department   | sky_start | east_4   |
|      3 | operate department| cloud_4   | south_4  |
|      4 | maintain department| fly_4    | north_5  |
+--------+-------------------+-----------+----------+
3 rows in set (0.00 sec)
```

图 9-74 查询表数据

图 9-74 的执行结果和图 9-63 是一致的，说明运算符<>和!=是等价的。比较运算符中还有其他的等价情况，例如，!>等价于<=，!<等价于>=。

9.6.3 带关键字 IN 的子查询

一个查询语句的条件可能落在另一个查询语句的查询结果中，这可以通过关键字 IN 来判断。

【示例 9-13】查询数据库 company 的员工表 t_employee 的数据记录，这些记录的字段 deptno 的值必须在部门表 t_dept 中出现过，具体步骤如下：

步骤 01 创建数据库、创建表、插入数据部分的工作在示例 9-10 和示例 9-11 中已经完成，在本示例中可以沿用示例 9-10 和示例 9-11 中的数据库、表和数据，不再赘述准备过程。

步骤 02 选择数据库 company，具体 SQL 语句如下：

```
USE company;
```

执行结果如图 9-75 所示。

步骤 03 查询数据库 company 的员工表 t_employee 的数据记录，这些记录的字段 deptno 的值必须在部门表 t_dept 中出现过，具体 SQL 语句如下：

```
SELECT * FROM t_employee
    WHERE deptno IN (SELECT deptno FROM t_dept);
```

执行结果如图 9-76 所示。

```
mysql> SELECT * FROM t_employee
    -> WHERE deptno IN (SELECT deptno FROM t_dept);
+------+------------------+--------+-----+--------+--------+
| id   | name             | gender | age | salary | deptno |
+------+------------------+--------+-----+--------+--------+
| 1001 | Alicia Florric   | Female | 33  | 10000  | 1      |
| 1002 | Kalinda Sharma   | Female | 31  | 9000   | 1      |
| 1003 | Cary Agos        | Male   | 27  | 8000   | 1      |
| 1004 | Eli Gold         | Male   | 44  | 20000  | 2      |
| 1005 | Peter Florric    | Male   | 34  | 30000  | 2      |
| 1006 | Diane Lockhart   | Female | 43  | 50000  | 3      |
| 1007 | Maia Rindell     | Female | 43  | 9000   | 3      |
| 1008 | Will Gardner     | Male   | 36  | 50000  | 3      |
| 1009 | Jacquiline Florric | Female | 57 | 9000  | 4      |
+------+------------------+--------+-----+--------+--------+
9 rows in set (0.00 sec)
```

```
mysql> USE company;
Database changed
mysql>
```

图 9-75　选择数据库　　　　　　　　　图 9-76　查询数据

图 9-76 的执行结果显示的数据记录，其字段 deptno 的值都是在表 t_dept 中出现过的。

步骤 04　查询数据库 company 的员工表 t_employee 的数据记录，这些记录的字段 deptno 的值必须在部门表 t_dept 中没有出现过，具体 SQL 语句如下：

```
SELECT * FROM t_employee
    WHERE deptno NOT IN (SELECT deptno FROM t_dept);
```

执行结果如图 9-77 所示。

```
mysql> SELECT * FROM t_employee WHERE deptno NOT IN (SELECT deptno FROM t_dept);
+------+--------------+--------+-----+--------+--------+
| id   | name         | gender | age | salary | deptno |
+------+--------------+--------+-----+--------+--------+
| 1010 | Zach Florric | Female | 17  | 5000   | 5      |
| 1011 | Grace Florric | Female | 14 | 4000   | 5      |
+------+--------------+--------+-----+--------+--------+
2 rows in set (0.00 sec)
```

图 9-77　查询数据

图 9-77 的执行结果显示的数据记录，其字段 deptno 的值都是表 t_dept 中没有出现过的。

9.6.4　带关键字 EXISTS 的子查询

关键字 EXISTS 表示存在，后面的参数是一个任意的子查询，系统对子查询进行运算以判断它是否返回行，如果至少返回一行，那么 EXISTS 返回的结果为 true，此时外层语句将进行查询；如果子查询没有返回任何行，那么 EXISTS 返回的结果是 false，此时外层语句将不进行查询。

【示例 9-14】查询数据库 company 的表 t_dept 中是否存在 deptno 为 4 的部门，如果存在，再查询表 t_employee 的记录，具体步骤如下：

步骤 01 创建数据库、创建表、插入数据部分的工作在示例 9-10 和示例 9-11 中已经完成，在本示例中可以沿用示例 9-10 和示例 9-11 中的数据库、表和数据，不再赘述准备过程。

步骤 02 选择数据库 company，具体 SQL 语句如下：

```
USE company;
```

执行结果如图 9-78 所示。

步骤 03 执行 SELECT 语句查询表 t_dept，具体 SQL 语句如下：

```
SELECT * FROM t_dept;
```

执行结果如图 9-79 所示。

```
mysql> SELECT * FROM t_dept;
+--------+--------------------+------------+----------+
| deptno | deptname           | product    | location |
+--------+--------------------+------------+----------+
|      1 | develop departtment | pivot_gaea | west_3   |
|      2 | test departtment    | sky_start  | east_4   |
|      3 | operate departtment | cloud_4    | south_4  |
|      4 | maintain departament | fly_4      | north_5  |
+--------+--------------------+------------+----------+
4 rows in set (0.01 sec)
```

```
mysql> USE company;
Database changed
mysql>
```

图 9-78　选择数据库　　　　　　　　　　图 9-79　查询数据表

步骤 04 执行 SELECT 语句查询表 t_employee，具体 SQL 语句如下：

```
SELECT * from t_employee;
```

执行结果如图 9-80 所示。

```
mysql> SELECT * FROM t_employee;
+------+-------------------+--------+-----+--------+--------+
| id   | name              | gender | age | salary | deptno |
+------+-------------------+--------+-----+--------+--------+
| 1001 | Alicia Florric    | Female |  33 |  10000 |      1 |
| 1002 | Kalinda Sharma    | Female |  31 |   9000 |      1 |
| 1003 | Cary Agos         | Male   |  27 |   8000 |      1 |
| 1004 | Eli Gold          | Male   |  44 |  20000 |      2 |
| 1005 | Peter Florric     | Male   |  34 |  30000 |      2 |
| 1006 | Diane Lockhart    | Female |  43 |  50000 |      3 |
| 1007 | Maia Rindell      | Female |  43 |   9000 |      3 |
| 1008 | Will Gardner      | Male   |  36 |  50000 |      3 |
| 1009 | Jacquiline Florric | Female |  57 |   9000 |      4 |
| 1010 | Zach Florric      | Female |  17 |   5000 |      5 |
| 1011 | Grace Florric     | Female |  14 |   4000 |      5 |
+------+-------------------+--------+-----+--------+--------+
11 rows in set (0.00 sec)
```

图 9-80　查询数据表

步骤 05 查询数据库 company 的表 t_dept 中是否存在 deptno 为 4 的部门，如果存在，再查询表 t_employee 的记录，具体 SQL 语句如下：

```
SELECT * FROM t_employee
    WHERE EXISTS (SELECT deptname FROM t_dept WHERE deptno=4);
```

执行结果如图 9-81 所示。

```
mysql> SELECT * FROM t_employee
    -> WHERE EXISTS (SELECT deptname FROM t_dept WHERE deptno=4);
+------+-------------------+--------+-----+--------+--------+
| id   | name              | gender | age | salary | deptno |
+------+-------------------+--------+-----+--------+--------+
| 1001 | Alicia Florric    | Female |  33 |  10000 |      1 |
| 1002 | Kalinda Sharma    | Female |  31 |   9000 |      1 |
| 1003 | Cary Agos         | Male   |  27 |   8000 |      1 |
| 1004 | Eli Gold          | Male   |  44 |  20000 |      2 |
| 1005 | Peter Florric     | Male   |  34 |  30000 |      2 |
| 1006 | Diane Lockhart    | Female |  43 |  50000 |      3 |
| 1007 | Maia Rindell      | Female |  43 |   9000 |      3 |
| 1008 | Will Gardner      | Male   |  36 |  50000 |      3 |
| 1009 | Jacquiline Florric| Female |  57 |   9000 |      4 |
| 1010 | Zach Florric      | Female |  17 |   5000 |      5 |
| 1011 | Grace Florric     | Female |  14 |   4000 |      5 |
+------+-------------------+--------+-----+--------+--------+
11 rows in set (0.00 sec)
```

图 9-81　查询数据表

由图 9-81 的执行结果可以看到，内层查询结果表明表 t_dept 中存在 deptno 为 4 的记录，因此 EXISTS 表达式返回 true，外层查询语句接收 true 之后对表 t_employee 进行查询，返回所有记录。

【示例 9-15】查询数据库 company 的表 t_dept 中是否存在 deptno 为 4 的部门，如果存在，再查询表 t_employee 中字段 age 大于 40 的数据记录，具体步骤如下：

步骤 01　创建数据库、创建表、插入数据部分的工作在示例 9-10 和示例 9-11 中已经完成，在本示例中可以沿用示例 9-10 和示例 9-11 中的数据库、表和数据，不再赘述准备过程。

步骤 02　选择数据库 company，具体 SQL 语句如下：

```
USE company;
```

执行结果如图 9-82 所示。

步骤 03　执行 SELECT 语句查询表 t_dept，具体 SQL 语句如下：

```
SELECT * FROM t_dept;
```

执行结果如图 9-83 所示。

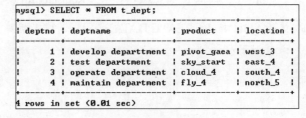

```
mysql> USE company;
Database changed
mysql>
```

图 9-82　选择数据库

```
mysql> SELECT * FROM t_dept;
+--------+--------------------+-----------+----------+
| deptno | deptname           | product   | location |
+--------+--------------------+-----------+----------+
|      1 | develop departtment| pivot_gaea| west_3   |
|      2 | test departtment   | sky_start | east_4   |
|      3 | operate departtment| cloud_4   | south_4  |
|      4 | maintain department| fly_4     | north_5  |
+--------+--------------------+-----------+----------+
4 rows in set (0.01 sec)
```

图 9-83　查询数据表

步骤 04　使用 SELECT 语句查询表 t_employee，具体 SQL 语句如下：

```
SELECT * FROM t_employee;
```

执行结果如图 9-84 所示。

步骤 05　查询表 t_dept 中是否存在 deptno 为 4 的部门，如果存在，再查询表 t_employee 中字

289

段 age 大于 40 的数据记录，具体 SQL 语句如下：

```
SELECT * FROM t_employee WHERE AGE>40 AND EXISTS
    (SELECT deptname FROM t_dept WHERE deptno=4);
```

执行结果如图 9-85 所示。

图 9-84　查询数据表

图 9-85　查询数据表

由图 9-85 的执行结果可以看到，内层查询结果表明表 t_dept 中存在 deptno 为 4 的记录，因此 EXISTS 表达式返回 true，外层查询语句接收 true 之后再根据查询条件 age>40 对表 t_employee 进行查询，返回 4 条符合条件的记录。

9.6.5　带关键字 ANY 的子查询

关键字 ANY 表示满足其中任一条件。使用关键 ANY 时，只要满足内层查询语句返回的结果中的任何一个，就可以通过该条件来执行外层查询语句。例如，需要查询哪些学生可以获取奖学金，首先要有一个奖学金表，从表中查询出各种奖学金要求的最低分，只要一个同学的成绩大于等于不同奖学金最低分的任何一个，这个同学就可以获得奖学金。关键字 ANY 通常和比较运算符一起使用。例如，>ANY 表示大于任何一个值，=ANY 表示等于任何一个值。

【示例 9-16】查询数据库 school 中的表 t_student 中哪些学生可以获得奖学金，成绩信息保存在表 t_score 中，奖学金信息保存在表 t_scholarship 中，具体步骤如下：

步骤01 执行 SQL 语句 CREATE DATABASE，创建数据库 school，并选择该数据库，具体 SQL 语句如下：

```
CREATE DATABASE school;
USE school;
```

执行结果如图 9-86 和图 9-87 所示。

图 9-86　创建数据库

图 9-87　选择数据库

步骤02 创建学生表 t_student，具体 SQL 语句如下：

```
CREATE TABLE `t_student` (
  `stuid` int(10) DEFAULT NULL,
  `name` varchar(20) DEFAULT NULL,
  `gender` varchar(10) DEFAULT NULL,
  `age` int(4) DEFAULT NULL,
  `classno` int(11) DEFAULT NULL);
```

执行结果如图 9-88 所示。

步骤 03 查看表 t_student 是否创建成功，具体 SQL 语句如下：

```
DESCRIBE t_student;
```

执行结果如图 9-89 所示。

```
mysql> CREATE TABLE `t_student` (
    ->   `stuid` int(10) DEFAULT NULL,
    ->   `name` varchar(20) DEFAULT NULL,
    ->   `gender` varchar(10) DEFAULT NULL,
    ->   `age` int(4) DEFAULT NULL,
    ->   `classno` int(11) DEFAULT NULL
    -> ) ENGINE=InnoDB DEFAULT CHARSET=utf8
    -> ;
Query OK, 0 rows affected (0.02 sec)
```

```
mysql> DESCRIBE t_student;
+---------+-------------+------+-----+---------+-------+
| Field   | Type        | Null | Key | Default | Extra |
+---------+-------------+------+-----+---------+-------+
| stuid   | int(10)     | YES  |     | NULL    |       |
| name    | varchar(20) | YES  |     | NULL    |       |
| gender  | varchar(10) | YES  |     | NULL    |       |
| age     | int(4)      | YES  |     | NULL    |       |
| classno | int(11)     | YES  |     | NULL    |       |
+---------+-------------+------+-----+---------+-------+
5 rows in set (0.00 sec)
```

图 9-88　创建学生表   图 9-89　查看学生表的信息

步骤 04 在学生表中插入数据，具体 SQL 语句如下：

```
INSERT INTO t_student(stuid,name,gender,age,classno)
    VALUES(1001,'Alicia Florric','Female',33,1),
        (1002,'Kalinda Sharma','Female',31,1),
        (1003,'Cary Agos','Male',27,1),
        (1004,'Diane Lockhart','Female',43,2),
        (1005,'Eli Gold','Male',44,3),
        (1006,'Peter Florric','Male',34,3),
        (1007,'Will Gardner','Male',38,2),
        (1008,'Jacquiline Florriok','Male',38,4),
        (1009,'Zach Florriok','Male',14,4),
        (1010,'Grace Florriok','Male',12,4);
```

执行结果如图 9-90 所示。

步骤 05 检验学生表中的数据是否插入成功，使用以下 SQL 语句查询：

```
SELECT * FROM t_student;
```

执行结果如图 9-91 所示。

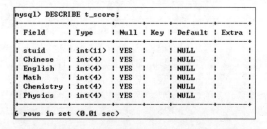

```
mysql> INSERT INTO t_student(stuid,name,gender,age,classno)
    -> VALUES(1001,'Alicia Florric','Female',33,1),
    -> (1002,'Kalinda Sharma','Female',31,1),
    -> (1003,'Cary Agos','Male',27,1),
    -> (1004,'Diane Lockhart','Female',43,2),
    -> (1005,'Eli Gold','Male',44,3),
    -> (1006,'Peter Florric','Male',34,3),
    -> (1007,'Will Gardner','Male',38,2),
    -> (1008,'Jacquiline Florriok','Male',38,4),
    -> (1009,'Zach Florriok','Male',14,4),
    -> (1010,'Grace Florriok','Male',12,4);
Query OK, 10 rows affected (0.01 sec)
Records: 10  Duplicates: 0  Warnings: 0
```

```
mysql> SELECT * FROM t_student;
+-------+---------------------+--------+-----+---------+
| stuid | name                | gender | age | classno |
+-------+---------------------+--------+-----+---------+
|  1001 | Alicia Florric      | Female |  33 |       1 |
|  1002 | Kalinda Sharma      | Female |  31 |       1 |
|  1003 | Cary Agos           | Male   |  27 |       1 |
|  1004 | Diane Lockhart      | Female |  43 |       2 |
|  1005 | Eli Gold            | Male   |  44 |       3 |
|  1006 | Peter Florric       | Male   |  34 |       3 |
|  1007 | Will Gardner        | Male   |  38 |       2 |
|  1008 | Jacquiline Florriok | Male   |  38 |       4 |
|  1009 | Zach Florriok       | Male   |  14 |       4 |
|  1010 | Grace Florriok      | Male   |  12 |       4 |
+-------+---------------------+--------+-----+---------+
10 rows in set (0.00 sec)
```

图 9-90　向学生表插入数据　　　　　　图 9-91　查询学生表的数据信息

步骤 06　创建学生成绩表 t_score，具体 SQL 语句如下：

```
CREATE TABLE t_score(
    stuid int(11),
    Chinese int(4),
    English int(4),
    Math int(4),
    Chemistry int(4),
    Physics int(4));
```

执行结果如图 9-92 所示。

步骤 07　查看学生成绩表 t_score 的信息，具体 SQL 语句如下：

```
DESCRIBE t_score;
```

执行结果如图 9-93 所示。

```
mysql>  CREATE TABLE t_score(
    ->          stuid int(11),
    ->          Chinese int(4),
    ->          English int(4),
    ->          Math int(4),
    ->          Chemistry int(4),
    ->          Physics int(4));
Query OK, 0 rows affected (0.04 sec)
```

```
mysql> DESCRIBE t_score;
+-----------+---------+------+-----+---------+-------+
| Field     | Type    | Null | Key | Default | Extra |
+-----------+---------+------+-----+---------+-------+
| stuid     | int(11) | YES  |     | NULL    |       |
| Chinese   | int(4)  | YES  |     | NULL    |       |
| English   | int(4)  | YES  |     | NULL    |       |
| Math      | int(4)  | YES  |     | NULL    |       |
| Chemistry | int(4)  | YES  |     | NULL    |       |
| Physics   | int(4)  | YES  |     | NULL    |       |
+-----------+---------+------+-----+---------+-------+
6 rows in set (0.01 sec)
```

图 9-92　创建学生成绩表　　　　　　　图 9-93　查看学生成绩表的信息

步骤 08　在学生成绩表中插入数据，具体 SQL 语句如下：

```
INSERT INTO
    t_score(stuid,Chinese,English,Math,Chemistry,Physics)
    VALUES(1001,90,89,92,83,80),
          (1002,92,98,92,93,90),
          (1003,79,78,82,83,89),
          (1004,89,92,91,92,89),
          (1005,92,95,91,96,97),
          (1006,90,91,92,94,92),
          (1007,91,90,83,88,93),
          (1008,90,81,84,86,98),
          (1009,91,84,85,86,93),
```

```
(1010,88,81,82,84,99);
```

执行结果如图 9-94 所示。

步骤 09 检验学生成绩表中的数据是否插入成功，使用以下 SQL 语句查询：

```
SELECT * FROM t_score;
```

执行结果如图 9-95 所示。

图 9-94　插入数据

图 9-95　查询数据

步骤 10 创建学生奖学金表 t_scholarship，具体 SQL 语句如下：

```
CREATE TABLE t_scholarship(
    id int(4),
    score int(4),
    level int(4),
    description varchar(20));
```

执行结果如图 9-96 所示。

步骤 11 查看学生奖学金表的信息，具体 SQL 语句如下：

```
DESCRIBE t_scholarship;
```

执行结果如图 9-97 所示。

图 9-96　创建学生奖学金表

图 9-97　查看学生奖学金表的信息

步骤 12 在学生奖学金表中插入数据，具体 SQL 语句如下：

```
INSERT INTO t_scholarship VALUES(1,430,3,'三等奖学金'),
    (2,440,2,'二等奖学金'),(3,450,1,'一等奖学金');
```

执行结果如图 9-98 所示。

步骤 13 查看学生奖学金表中插入的数据，具体 SQL 语句如下：

```
SELECT * FROM t_scholarship;
```

执行结果如图 9-99 所示。

图 9-98　插入数据

图 9-99　查看数据

步骤 14 查询数据库 school 的表 t_student 中哪些学生可以获得奖学金，具体 SQL 语句如下：

```
SELECT st.stuid,st.name,
sc.Chinese+sc.English+sc.Math+sc.Chemistry+sc.Physics total
FROM t_student st, t_score sc WHERE st.stuid=sc.stuid
  AND st.stuid in (SELECT stuid FROM t_score
    WHERE Chinese+English+Math+Chemistry+Physics>=ANY
      (SELECT score FROM t_scholarship));
```

执行结果如图 9-100 所示。

图 9-100　查询数据

图 9-100 的执行结果显示，有 9 个学生可以获得奖学金，学生的学号、姓名和总分都被查询出来了。

9.6.6　带关键字 ALL 的子查询

关键字 ALL 表示满足所有条件。使用关键字 ALL 时，只有满足内层查询语句返回的所有结果，才可以执行外层查询语句。例如，需要查询哪些同学能够获得一等奖学金，首先要从奖学金表中查询出各种奖学金要求的最低分。因为一等奖学金要求的分数最高，只有当学生的成绩高于所有奖学金最低分时，这个学生才可能获得一等奖学金。关键字 ALL 经常与比较运算符一起使用。例如，>ALL 表示大于所有值，<ALL 表示小于所有值。

【示例 9-17】查询数据库 school 的表 t_student 中哪些学生可以获得一等奖学金，成绩信息保存在表 t_score 中，奖学金信息保存在表 t_scholarship 中，具体步骤如下：

步骤 01 创建数据库、创建表、插入数据部分的工作在示例 9-16 中已经完成，在本示例中可以沿用示例 9-16 中的数据库、表和数据，不再赘述准备过程。

步骤 02 选择数据库 school，具体 SQL 语句如下：

```
USE school;
```

执行结果如图 9-101 所示。

步骤 03 查询学生奖学金表的数据记录，具体 SQL 语句如下：

```
SELECT * FROM t_scholarship;
```

执行结果如图 9-102 所示。

图 9-101　选择数据库

图 9-102　查询数据

步骤 04 查询学生表的数据记录，具体 SQL 语句如下：

```
SELECT * FROM t_student;
```

执行结果如图 9-103 所示。

步骤 05 查询学生成绩表的数据记录，具体 SQL 语句如下：

```
SELECT * FROM t_score;
```

执行结果如图 9-104 所示。

图 9-103　查询数据

图 9-104　查询数据

295

步骤 06 查询数据库 school 的表 t_student 中哪些学生可以获得一等奖学金，具体 SQL 语句如下：

```sql
SELECT st.stuid,st.name,
sc.Chinese+sc.English+sc.Math+sc.Chemistry+sc.Physics total
  FROM t_student st, t_score sc
  WHERE st.stuid=sc.stuid
    AND st.stuid in
     (SELECT stuid FROM t_score
        WHERE Chinese+English+Math+Chemistry+Physics>=ALL
          (SELECT score FROM t_scholarship));
```

执行结果如图 9-105 所示。

```
mysql> SELECT st.stuid,st.name,
    -> sc.Chinese+sc.English+sc.Math+sc.Chemistry+sc.Physics total
    -> FROM t_student st, t_score sc
    -> WHERE st.stuid=sc.stuid
    -> AND st.stuid in
    -> <SELECT stuid FROM t_score
    -> WHERE Chinese+English+Math+Chemistry+Physics>=ALL
    -> <SELECT score FROM t_scholarship));
+-------+----------------+-------+
| stuid | name           | total |
+-------+----------------+-------+
|  1002 | Kalinda Sharma |   465 |
|  1004 | Diane Lockhart |   453 |
|  1005 | Eli Gold       |   471 |
|  1006 | Peter Florric  |   459 |
+-------+----------------+-------+
4 rows in set <0.01 sec)
```

图 9-105　查询数据

图 9-105 的执行结果显示，有 4 个学生获得一等奖学金，学生的学号、姓名和总分都被查询出来了。

> 关键字 ANY 和关键字 ALL 的使用方式是一样的，但是这两者有很大的区别、使用关键字 ANY 时，只要满足内层查询语句返回的结果中的任何一个，就可以通过该条件来执行外层查询语句；而关键字 ALL 刚好相反，只有满足内层查询语句的所有结果，才可以执行外层查询语句。

9.7　综合示例——查询学生成绩

本章的综合示例将在 8.6 节介绍的综合示例的基础上继续进行多表查询，其中学生表 t_student 和成绩表 t_score，以及表格的创建过程、数据的插入过程都在 8.6 节中描述过了，本节不再赘述。接下来开始多表查询的示例步骤。

步骤 01 用连接查询的方式查询所有学生的 ID、姓名和考试信息，因为 t_student 表中的 id 和 t_score 表中的 stu_id 都表示学生编号，所以通过这两个字段可以连接这两个表，具体 SQL 代码如下：

```
SELECT t_student.id,name,c_name,grade
    FROM t_student,t_score WHERE t_student.id=t_score.stu_id;
```

执行结果如图 9-106 所示。

查询中可以为 t_student 表和 t_score 表取个别名，用别名代替这两个表。例如，将 t_student 表取名为 st，将 t_score 表取名为 sc，SQL 代码如下：

```
SELECT st.id,name,c_name,grade
    FROM t_student st,t_score sc WHERE st.id=sc.stu_id;
```

执行结果如图 9-107 所示。

```
mysql> SELECT t_student.id,name,c_name,grade
    -> FROM t_student,t_score
    -> WHERE t_student.id=t_score.stu_id;
+-----+--------+----------+-------+
| id  | name   | c_name   | grade |
+-----+--------+----------+-------+
| 101 | 吴楠   | 计算机   |    98 |
| 101 | 吴楠   | 中文     |    80 |
| 102 | 王水心 | 计算机   |    88 |
| 102 | 王水心 | 英语     |    96 |
| 103 | 陈梨   | 计算机   |    98 |
| 103 | 陈梨   | 英语     |    91 |
| 104 | 段小宽 | 计算机   |    84 |
| 104 | 段小宽 | 英语     |    87 |
| 105 | 张小苗 | 计算机   |    78 |
| 105 | 张小苗 | 英语     |    99 |
| 106 | 周婷婷 | 计算机   |    79 |
| 106 | 周婷婷 | 中文     |    92 |
+-----+--------+----------+-------+
12 rows in set (0.00 sec)
```

图 9-106　查询学生的考试信息

```
mysql> SELECT st.id,name,c_name,grade
    -> FROM t_student st,t_score sc
    -> WHERE st.id=sc.stu_id;
+-----+--------+----------+-------+
| id  | name   | c_name   | grade |
+-----+--------+----------+-------+
| 101 | 吴楠   | 计算机   |    98 |
| 101 | 吴楠   | 中文     |    80 |
| 102 | 王水心 | 计算机   |    88 |
| 102 | 王水心 | 英语     |    96 |
| 103 | 陈梨   | 计算机   |    98 |
| 103 | 陈梨   | 英语     |    91 |
| 104 | 段小宽 | 计算机   |    84 |
| 104 | 段小宽 | 英语     |    87 |
| 105 | 张小苗 | 计算机   |    78 |
| 105 | 张小苗 | 英语     |    99 |
| 106 | 周婷婷 | 计算机   |    79 |
| 106 | 周婷婷 | 中文     |    92 |
+-----+--------+----------+-------+
12 rows in set (0.00 sec)
```

图 9-107　使用别名查询学生的考试信息

步骤 02　计算每个学生的成绩，所有学生的成绩都保存在 t_score 表中，要计算每个同学的总成绩，必须按学号进行分组。然后用 SUM() 函数计算总成绩，具体 SQL 语句如下：

```
SELECT st.id,SUM(grade)
  FROM t_student st,t_score sc
    WHERE st.id=sc.stu_id GROUP BY sc.stu_id;
SELECT st.id,name,SUM(grade)
  FROM t_student st,t_score sc
    WHERE st.id=sc.stu_id GROUP BY sc.stu_id;
```

执行结果如图 9-108 和图 9-109 所示。

```
mysql> SELECT st.id,SUM(grade)
    -> FROM t_student st,t_score sc
    -> WHERE st.id=sc.stu_id GROUP BY sc.stu_id;
+-----+------------+
| id  | SUM(grade) |
+-----+------------+
| 101 |        178 |
| 102 |        184 |
| 103 |        189 |
| 104 |        171 |
| 105 |        177 |
| 106 |        171 |
+-----+------------+
6 rows in set (0.00 sec)
```

图 9-108　查询学生的总分

```
mysql> SELECT st.id,name,SUM(grade)
    -> FROM t_student st,t_score sc
    -> WHERE st.id=sc.stu_id GROUP BY sc.stu_id;
+-----+--------+------------+
| id  | name   | SUM(grade) |
+-----+--------+------------+
| 101 | 吴楠   |        178 |
| 102 | 王水心 |        184 |
| 103 | 陈梨   |        189 |
| 104 | 段小宽 |        171 |
| 105 | 张小苗 |        177 |
| 106 | 周婷婷 |        171 |
+-----+--------+------------+
6 rows in set (0.00 sec)
```

图 9-109　使用别名查询学生的总分

图 9-108 显示了每个学生的总成绩，如果还需要显示学生的姓名，就如图 9-109 所示那样操作，显示了每个学生的学号、姓名和总成绩。

步骤 03 计算每个学生的平均成绩，具体 SQL 语句如下：

```
SELECT st.id,AVG(grade)
  FROM t_student st,t_score sc
    WHERE st.id=sc.stu_id GROUP BY sc.stu_id;
SELECT st.id,name,AVG(grade)
  FROM t_student st,t_score sc
    WHERE st.id=sc.stu_id GROUP BY sc.stu_id;
```

执行结果如图 9-110 和图 9-111 所示。

```
mysql> SELECT st.id,AVG(grade)
    -> FROM t_student st,t_score sc
    -> WHERE st.id=sc.stu_id GROUP BY sc.stu_id;
+-----+-----------+
| id  | AVG(grade) |
+-----+-----------+
| 101 |    89.0000 |
| 102 |    92.0000 |
| 103 |    94.5000 |
| 104 |    85.5000 |
| 105 |    88.5000 |
| 106 |    85.5000 |
+-----+-----------+
6 rows in set (0.00 sec)
```

图 9-110　查询学生的平均成绩

```
mysql> SELECT st.id,name,AVG(grade)
    -> FROM t_student st,t_score sc
    -> WHERE st.id=sc.stu_id GROUP BY sc.stu_id;
+-----+--------+-----------+
| id  | name   | AVG(grade) |
+-----+--------+-----------+
| 101 | 吴楠   |    89.0000 |
| 102 | 王水心 |    92.0000 |
| 103 | 陈梨   |    94.5000 |
| 104 | 段小宽 |    85.5000 |
| 105 | 张小苗 |    88.5000 |
| 106 | 周婷婷 |    85.5000 |
+-----+--------+-----------+
6 rows in set (0.00 sec)
```

图 9-111　使用别名查询学生的平均成绩

步骤 04 查询中文成绩低于 85 的学生的信息。科目和成绩都存储在 t_score 表中，因此要先从 t_score 表中查询出参加了计算机考试而且成绩低于 85 的学生的学号，然后根据学号到 t_student 表中查询该学生的信息。这需要使用比较运算符，而且需要在 t_student 和 t_score 两个表之间进行查询，具体 SQL 代码如下：

```
SELECT * FROM t_student WHERE id IN
  (SELECT stu_id FROM t_score WHERE c_name='中文' AND grade<85);
```

执行结果如图 9-112 所示。

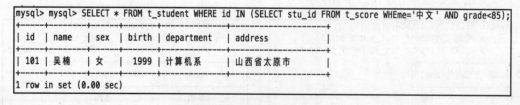

图 9-112　查看学生信息

步骤 05 查询同时参加中文和计算机考试的学生的信息。先要从 t_score 表中查询同时参加了中文和计算机这两门考试的学生，然后取出该学生的学号，再去 t_student 表中查询其信息，具体 SQL 代码如下：

```
SELECT * FROM t_student WHERE id=ANY
(SELECT stu_id FROM t_score WHERE stu_id IN(
    SELECT stu_id FROM t_score WHERE c_name='中文')
      AND c_name='计算机');
```

执行结果如图 9-113 所示。

```
mysql> SELECT * FROM t_student WHERE id=ANY (SELECT stu_id FROM t_score WHERE stu_id IN( SELECT stu_id FROM
 t_score WHERE c_name='中文') AND c_name='计算机');
+-----+--------+-----+-------+------------+----------------+
| id  | name   | sex | birth | department | address        |
+-----+--------+-----+-------+------------+----------------+
| 101 | 吴楠   | 女  | 1999  | 计算机系   | 山西省太原市   |
| 106 | 周婷婷 | 女  | 1997  | 中文系     | 上海市静安区   |
+-----+--------+-----+-------+------------+----------------+
2 rows in set (0.00 sec)
```

图 9-113　查看学生信息

步骤 06　查询姓吴的和姓段的学生的姓名、院系、考试科目和成绩。学生的姓名存储在 t_student
表中。先要从 t_student 表中匹配出姓吴和姓段的学生的学号。匹配名字时使用 LIKE
关键字，而且要使用通配符%。然后通过学号从 t_score 表中查询考试科目和成绩，
具体 SQL 语句如下：

```
SELECT t_student.id,name,department,c_name,grade FROM
   t_student,t_score WHERE(name LIKE '吴%' OR name LIKE '王%')
     AND t_student.id=t_score.stu_id;
```

执行结果如图 9-114 所示。

```
mysql> SELECT t_student.id,name,department,c_name,grade from t_student,t_score
   -> WHERE(name LIKE '吴%' OR name LIKE '王%') AND t_student.id=t_score.stu_id;
+-----+--------+------------+----------+-------+
| id  | name   | department | c_name   | grade |
+-----+--------+------------+----------+-------+
| 101 | 吴楠   | 计算机系   | 计算机   |    98 |
| 101 | 吴楠   | 计算机系   | 中文     |    80 |
| 102 | 王水心 | 英语系     | 计算机   |    88 |
| 102 | 王水心 | 英语系     | 英语     |    96 |
+-----+--------+------------+----------+-------+
4 rows in set (0.00 sec)
```

图 9-114　查看学生信息

步骤 07　查询天津的学生的姓名、性别、年龄、院系、考试科目和成绩。先从 t_student 表匹
配家庭住址是天津的学生的学号，然后从 t_score 表中查询考试科目和成绩，具体 SQL
代码如下：

```
SELECT t_student.id,name,sex,birth,department,address,c_name,
  grade FROM t_student,t_score WHERE address LIKE '天津%' AND
     t_student.id=t_score.stu_id;
```

执行结果如图 9-115 所示。

```
mysql> SELECT t_student.id,name,sex,birth,department,address,c_name,grade
    -> FROM t_student,t_score WHERE address LIKE '天津%' AND t_student.id=t_score.stu_id;
+-----+--------+------+-------+------------+-----------------+----------+-------+
| id  | name   | sex  | birth | department | address         | c_name   | grade |
+-----+--------+------+-------+------------+-----------------+----------+-------+
| 104 | 段小宽 | 男   | 1996  | 计算机系   | 天津市静海区    | 计算机   |    84 |
| 104 | 段小宽 | 男   | 1996  | 计算机系   | 天津市静海区    | 英语     |    87 |
+-----+--------+------+-------+------------+-----------------+----------+-------+
2 rows in set (0.00 sec)
```

图 9-115　查看学生信息

9.8　经典习题与面试题

1. 经典习题

在 company 数据库中创建部门表 t_dept 和员工表 t_employee，表结构如表 9-1 和表 9-2 所示，按要求进行操作。

表 9-1　t_dept表结构

字段名	数据类型	长度	描述
id	INT	4	部门 ID，自增，非空，主键
name	VARCHAR	20	部门名
function	VARCHAR	20	部门职能
description	VARCHAR	20	部门描述

表 9-2　t_employee 表结构

字段名	数据类型	长度	描述
id	INT	4	部门 ID，自增，非空，主键
name	VARCHAR	20	部门名
gender	VARCHAR	20	部门职能
age	VARCHAR	20	部门描述
salary	INT	6	工资
deptid	INT	4	部门 ID

（1）使用 LIMIT 关键字查询工资最高的员工的信息。

（2）计算男性员工和女性员工的平均工资。

（3）查询年龄低于 35 岁的员工的姓名、性别、年龄和部门名称。

（4）用右连接的方式查询 t_dept 表和 t_employee 表。

（5）查询名字以字母 K 开头的员工的姓名、性别、年龄、部门和工作地点。

（6）查询年龄小于 30 岁或者大于 40 岁的员工的信息。

2. 面试题及解答

（1）在 WHERE 子句中必须使用括号吗？

任何时候使用具有 AND 和 OR 操作符的 WHERE 子句，都应该使用括号明确操作顺序。如果条件较多，即使能确定计算次序，默认的计算次序也可能会使 SQL 语句不易理解，因此使用括号明确操作符的次序是一个良好的习惯。

（2）给表和字段取别名有什么用？

在 MySQL 中，可以为表和字段取一个别名，通过别名来指代相应的表和字段。因为有些时候表和字段的名称特别长，使用起来很不方便。而且有时需要多次使用这样的表和字段，使得 SQL 语句变得很长，尤其是在多表查询的时候，可以为每个表分别取短一点的别名。这样使用起来会方便很多。

9.9　本章小结

本章介绍了 MySQL 中的多表数据记录查询，分别从关系数据操作中的传统运算和多表连接查询操作两方面介绍。其中前者主要介绍了并运算、笛卡尔积运算、内连接运算和外连接运算的基本原理；后者主要介绍了内连接查询、外连接查询的 SQL 语句实现。对于内连接查询，详细介绍了自连接查询、等值连接查询和不等值连接查询；对于外连接查询，详细介绍了左外连接查询和右外连接查询，同时还详细介绍了合并查询数据记录操作；对于子查询，详细介绍了带比较运算的子查询、带关键字 IN 的子查询、带关键字 EXISTS 的子查询、带关键字 ANY 的子查询、带关键字 ALL 的子查询。

通过对本章的学习，读者不仅可以掌握关系数据操作中的传统运算，还能通过 SQL 语句实现多表连接查询。

第 10 章

◂ 索　引 ▸

索引是一种特殊的数据库结构，可以用来快速查询数据库表中的特定记录。索引是提高数据库性能的重要方式。在 MySQL 中，所有的数据类型都可以被索引，这些索引包括普通索引、唯一性索引、全文索引、单列索引、多列索引和空间索引等。本章主要讲解的内容包括以下几个方面：

- 索引的含义和特点。
- 索引的分类。
- 如何设计索引。
- 如何创建索引。
- 如何删除索引。

通过本章的学习，读者可以了解索引的含义、作用以及索引的不同类别，还可以了解使用不同的方法创建索引，同时读者可以了解删除索引的方法。

10.1　什么是索引

索引由数据库表中一列或多列组合而成，其作用是提高对表中数据的查询速度。本节将讲解索引的含义、作用、分类和设计索引的原则。

10.1.1　索引的含义和特点

索引是创建在表上的，是对数据库表中一列或多列的值进行排序的一种结构，可以提高查询的速度。本小节将详细讲解索引的含义、作用和优缺点。

通过索引，查询数据时可以不必读完记录的所有信息，而只是查询索引列，否则数据库系统将读取每条记录的所有信息进行匹配。例如，索引相当于新华字典的音序表，如果要查"过"字，如果不使用音序，就需要从字典的第一页开始翻几百页来找，但是，如果提取拼音出来，构成音序表，只需要从 10 多页的音序表中查找，这样就可以大大节省时间。因此，使用索引可以很大程度上提高数据库的查询速度，有效地提高数据库系统的性能。

不同存储引擎定义了每个表的最大索引数和最大索引长度。所有存储引擎对每个表至少支持 16 个索引，总索引长度至少为 256 字节。有些存储引擎支持更多的索引数和更大的索引长度。索引有两种存储类型，即 B 型树（BTREE）索引和哈希（HASH）索引。InnoDB 和 MyISAM

存储引擎支持 BTREE 索引；MEMOY 存储引擎支持 HASH 索引和 BTREE 索引，默认为前者。

索引有其明显的优势，也有其不可避免的缺点。

（1）索引的优点：是可以提高检索数据的速度，这是创建索引的主要原因；对于有依赖关系的子表和父表之间的联合查询，可以提高查询速度；使用分组和排序子句进行数据查询时，可以显著节省查询中分组和排序的时间。

（2）索引的缺点：创建和维护索引需要耗费时间，耗费时间的数量随着数据量的增加而增加；索引需要占用物理空间，每一个索引要占一定的物理空间；增加、删除和修改数据时，要动态地维护索引，造成数据的维护速度降低。

因此，选择使用索引时，需要综合考虑索引的优点和缺点。

> 索引可以提高查询的速度，但是会影响插入记录的速度，因为向有索引的表中插入记录时，数据库系统会按照索引进行排序，这样就降低了插入记录的速度。插入大量记录时对速度的影响更加明显，这种情况下，最好的办法是先删除表中的索引，然后插入数据，插入完成后，再创建索引。

10.1.2　索引的分类

MySQL 的索引包括普通索引、唯一性索引、全文索引、单列索引、多列索引、空间索引、隐藏索引和降序索引等。本小节将详细讲解这几种索引的含义和特点。

1. 普通索引

在创建普通索引时，不附加任何限制条件。这类索引可以创建在任何数据类型中，其值是否唯一和非空，要由字段本身的完整性约束条件决定。建立索引后，查询时可以通过索引进行查询。例如，在表 t_student 的字段 stuid 上建立一个普通索引，查询记录时就可以根据该索引进行查询。

2. 唯一性索引

使用 UNIQUE 参数可以设置索引为唯一性索引，在创建唯一性索引时，限制该索引的值必须是唯一的。例如，在表 t_student 的字段 name 中创建唯一性索引，字段 name 的值就必须是唯一的。通过唯一性索引可以更快速地确定某条记录。主键就是一种特殊唯一性索引。

3. 全文索引

使用参数 FULLTEXT 可以设置索引为全文索引。全文索引只能创建在 CHAR、VARCHAR 或 TEXT 类型的字段上，查询数据量较大的字符串类型的字段时，使用全文索引可以提高查询速度。例如，表 t_student 的字段 information 是 TEXT 类型的，该字段包含很多文字信息，在字段 information 上建立全文索引后，可以提高查询字段 information 的速度。MySQL 数据库从 3.23.23 版开始支持全文索引，但只有 MyISAM 存储引擎支持全文检索。在默认情况下，全文索引的搜索执行方式不区分大小写。但索引的列使用二进制排序后，可以执行区分大小写的全文索引。

4. 单列索引

在表中的单个字段上创建索引。单列索引只根据该字段进行索引。单列索引可以是普通索引，也可以是唯一性索引，还可以是全文索引，只要保证该索引只对应一个字段即可。

5. 多列索引

多列索引是在表的多个字段上创建一个索引。该索引指向创建时对应的多个字段，可以通过这几个字段进行查询。但是，只有查询条件中使用了这些字段中的第一个字段时，索引才会被使用。例如，在表中的字段 id、name 和 gender 上建立一个多列索引 name，只有查询条件使用了字段 id 时该索引才会被使用。

6. 空间索引

使用参数 SPATIAL 可以设置索引为空间索引。空间索引只能建立在空间数据类型上，这样可以提高系统获取空间数据的效率。MySQL 中的空间数据类型包括 GEOMETRY、POINT、LINESTRING 和 POLYGON 等。目前只有 MyISAM 存储引擎支持空间检索，而且索引的字段不能为空值。对于初学者来说，这类索引很少会用到。

7. 隐藏索引

使用参数 INVISIBLE 可以创建隐藏索引。隐藏索引不会被优化器使用，可以用来测试去掉索引对查询性能的影响。

8. 降序索引

创建降序索引的 SQL 语句与创建多列索引的语法相同，使用 DESC 关键字标识索引为降序索引，主要应用于多列索引中不同字段排序方式不同的场景，这对查询效率的提高意义重大。

10.1.3 索引的设计原则

为了使索引的使用效率更高，在创建索引时，必须考虑在哪些字段上创建索引和创建什么类型的索引。本小节将向读者介绍一些索引的设计原则。

1. 选择唯一性索引

唯一性索引的值是唯一的，可以更快速地通过该索引来确定某条记录。例如，学生表中学号是具有唯一性的字段，为该字段建立唯一性索引可以很快地确定某个学生的信息，如果使用姓名的话，就可能存在同名现象，从而降低查询速度。

2. 为经常需要排序、分组和联合操作的字段建立索引

经常需要进行 ORDER BY、GROUP BY、DISTINCT 和 UNINON 等操作的字段，排序操作会浪费很多时间，如果为其建立索引，就可以有效地加快排序操作。

3. 为常作为查询条件的字段建立索引

如果某个字段经常用来做查询条件，那么该字段的查询速度会影响整个表的查询速度。因此，为这样的字段建立索引可以提高整个表的查询速度。

4. 限制索引的数目

索引的数目不是越多越好。每个索引都需要占用磁盘空间，索引越多，需要的磁盘空间就越大，修改表时，对索引的重构和更新很麻烦。

5. 尽量使用数据量少的索引

如果索引的值很长，那么查询的速度会受到影响。例如，对一个 CHAR(100)类型的字段进行全文检索需要的时间肯定要比对 CHAR(10)类型的字段需要的时间多。

6. 尽量使用前缀来索引

如果索引的值很长，最好使用值的前缀来索引。例如，TEXT 和 BLOG 类型的字段进行全文检索会很浪费时间，如果只检索字段前面的若干字符，就可以提高检索速度。

7. 删除不再使用或者很少使用的索引

表中的数据被大量更新，或者数据的使用方式被改变后，原有的一些索引可能不再需要。数据库管理员应当定期找出这些索引，将它们删除，从而减少索引对更新操作的影响。删除时可以利用隐藏索引的功能先将索引隐藏，确定这些索引对性能无影响后，再将其删除。

> 选择索引的最终目的是为了使查询的速度变快，上面给出的原则是基本的准则，但不能拘泥于上面的准则，读者要在以后的学习和工作中不断地实践，根据实际情况进行分析和判断，选择最合适的索引方式。

10.2　创建和查看索引

创建索引是指在某个表的一列或多列上建立一个索引，以便提高对表的访问速度。创建索引有 3 种方式，分别是创建表的时候创建索引、在已经存在的表上创建索引和使用 ALTER TABLE 语句来创建索引。本节将详细讲解这 3 种创建索引的方法。

10.2.1　普通索引——创建表时直接创建

所谓普通索引，就是在创建索引时不附加任何限制条件（唯一、非空等限制）。该类型的索引可以创建在任何数据类型的字段上。

创建表时可以直接创建索引，这种方式最简单、方便。MySQL 创建普通索引通过 SQL 语句 INDEX 来实现，其基本形式如下：

```
CREATE TABLE tablename(
```

```
    propname1 type1[CONSTRAINT1],
    propname2 type2[CONSTRAINT2],
    ......
    propnamen typen
    [UNIQUE|FULLTEXT|SPATIAL] INDEX|KEY
        [indexname](propname1 [(length)] [ASC|DESC]));
```

其中,参数 UNIQUE 是可选参数,表示索引为唯一性索引;参数 FULLTEXT 是可选参数,表示索引是全文索引;参数 SPATIAL 是可选参数,表示索引为空间索引;参数 INDEX 和 KEY 用来指定字段为索引,选择两者其中之一就可以了,作用是一样的;参数 indexname 是索引名字;参数 propname1 是索引对应的字段的名称,该字段必须为前面定义好的字段;参数 length 是可选参数,其指索引的长度,必须是字符串类型才可以使用;参数 ASC 和参数 DESC 都是可选参数,参数 ASC 表示升序排列,参数 DESC 表示降序排列。

> 在创建索引时可以指定索引的长度,这是因为不同存储引擎定义了表的最大索引数和最大索引长度。

创建一个普通索引时不需要加任何 UNIQUE、FULLTEXT 或者 SPATIAL 参数。MySQL 所支持的存储引擎对每个表至少支持 16 个索引,总索引长度至少为 256 字节。

【示例 10-1】在数据库 school 的班级表 t_class 上创建字段 classno 的索引,具体步骤如下:

步骤 01 创建和选择数据库 school,具体 SQL 语句如下:

```
CREATE DATABASE school;
USE school;
```

执行结果如图 10-1 和图 10-2 所示。

```
mysql> CREATE DATABASE school;
Query OK, 1 row affected (0.07 sec)
```

图 10-1　创建数据库

```
mysql> USE school;
Database changed
```

图 10-2　选择数据库

步骤 02 创建班级表 t_class,具体 SQL 语句如下:

```
CREATE TABLE t_class(
    classno INT(4),
    cname VARCHAR(20),
    loc VARCHAR(40),
    INDEX index_classno(classno));
```

执行结果如图 10-3 所示。

步骤 03 为了检验班级表 t_class 中的索引是否创建成功,执行 SQL 语句 SHOW CREATE TABLE,具体 SQL 语句如下:

```
SHOW CREATE TABLE t_class \G;
```

执行结果如图 10-4 所示。

```
mysql> CREATE TABLE t_class(
    -> classno INT(4),
    -> cname VARCHAR(20),
    -> loc VARCHAR(40),
    -> INDEX index_classno(classno));
Query OK, 0 rows affected (0.05 sec)
```

图 10-3　创建班级表

```
mysql> SHOW CREATE TABLE t_class \G;
*************************** 1. row ***************************
       Table: t_class
Create Table: CREATE TABLE `t_class` (
  `classno` int(4) DEFAULT NULL,
  `cname` varchar(20) DEFAULT NULL,
  `loc` varchar(40) DEFAULT NULL,
  KEY `index_classno` (`classno`)
) ENGINE=InnoDB DEFAULT CHARSET=utf8mb4 COLLATE=utf8mb4_0900_ai_ci
1 row in set (0.01 sec)
```

图 10-4　查看班级表的信息

步骤 04　为了检验班级表 t_class 中的索引是否被使用, 执行 SQL 语句 EXPLAIN, 具体 SQL 语句如下:

```
EXPLAIN SELECT * FROM t_class WHERE classno=1\G;
```

执行结果如图 10-5 所示。

```
mysql> EXPLAIN SELECT * FROM t_class WHERE classno=1\G;
*************************** 1. row ***************************
           id: 1
  select_type: SIMPLE
        table: t_class
   partitions: NULL
         type: ref
possible_keys: index_classno
          key: index_classno
      key_len: 5
          ref: const
         rows: 1
     filtered: 100.00
        Extra: NULL
1 row in set, 1 warning (0.01 sec)
```

图 10-5　查看索引是合启用

图 10-4 的执行结果显示, 已经在班级表 t_class 中创建了一个名为 index_classno 的索引, 其所关联的字段为 classno。图 10-5 的执行结果显示, 字段 possible_keys 和 key 处的值都为所创建的索引名 index_classno, 说明该索引已经存在, 而且已经启用。

10.2.2　普通索引——在已经存在的表上创建

在 MySQL 中创建普通索引除了通过 SQL 语句 INDEX 来实现外, 还可以通过 SQL 语句 CREATE INDEX 来实现, 其语法形式如下:

```
CREATE [UNIQUE|FULLTEXT|SPATIAL] INDEX indexname
  ON tablename (propname [(length)] [ASC|DESC]);
```

其中, 参数 UNIQUE 是可选参数, 表示索引为唯一性索引; 参数 FULLTEXT 是可选参数, 表示索引为全文索引; 参数 SPATIAL 是可选参数, 表示索引为空间索引; 参数 INDEX 用来指定字段为索引; 参数 indexname 是新创建的索引的名字; 参数 tablename 是指需要创建索引的表的名称, 该表必须是已经存在的, 如果不存在, 就需要先创建; 参数 propname 指定索引对应的字段的名称,该字段必须为前面定义好的字段;参数 length 是可选参数,表示索引的长度,必须是字符串类型才可以使用;参数 ASC 和参数 DESC 都是可选参数,参数 ASC 表示升序排列,参数 DESC 表示降序排列。

【示例 10-2】在数据库 school 的班级表 t_class 上创建字段 classno 的索引,步骤如下:

步骤 01 执行 SQL 语句 CREATE DATABASE,创建数据库 school,并选择该数据库,具体 SQL 语句如下:

```
CREATE DATABASE school;
USE school;
```

执行结果如图 10-6 所示。

步骤 02 创建 t_class 表,具体 SQL 语句如下:

```
CREATE TABLE t_class(
    classno INT(4),
    cname VARCHAR(20),
    loc VARCHAR(40));
```

执行结果如图 10-7 所示。

图 10-6 创建和选择数据库

图 10-7 创建班级表

步骤 03 执行 SQL 语句 CREATE INDEX,在表 t_class 中创建关联字段 classno 的普通索引对象 index_classno,具体 SQL 语句如下:

```
CREATE INDEX index_classno ON t_class(classno);
```

执行结果如图 10-8 所示。

步骤 04 为了检验数据库的班级表 t_class 中的索引是否创建成功,执行 SQL 语句 SHOW CREATE TABLE,具体 SQL 语句如下:

```
SHOW CREATE TABLE t_class \G;
```

执行结果如图 10-9 所示。

图 10-9 查看表信息

图 10-8 创建索引

图 10-9 的执行结果显示，已经在班级表 t_class 上创建了一个名为 index_classno 的索引，其所关联的字段为 classno。

10.2.3　普通索引——通过 ALTER TABLE 语句创建

在 MySQL 中，创建普通索引还可以通过 SQL 语句 ALTER TABLE 来实现，其语法形式如下：

```
ALTER TABLE tablename
    ADD INDEX|KEY indexname (propname [(length)] [ASC|DESC]);
```

上述语句中，参数 tablename 是需要创建索引的表；关键字 IDNEX 或 KEY 用来指定创建普通索引；参数 indexname 用来指定所创建的索引名；参数 propname 用来指定索引所关联的字段的名称；参数 length 用来指定索引的长度；参数 ASC 用来指定升序排序；参数 DESC 用来指定降序排序。

【示例 10-3】使用 SQL 语句 ALTER TABLE，在数据库 school 的班级表 t_class 上创建字段 classno 的普通索引，具体步骤如下：

步骤 01　创建和选择数据库 school，具体 SQL 语句如下：

```
CREATE DATABASE school;
USE school;
```

执行结果如图 10-10 所示。

步骤 02　创建 t_class 表，具体 SQL 语句如下：

```
CREATE TABLE t_class(
    classno INT(4),
    cname VARCHAR(20),
    loc VARCHAR(40));
```

执行结果如图 10-11 所示。

```
mysql> CREATE DATABASE school;
Query OK, 1 row affected <0.08 sec>

mysql> USE school;
Database changed
```

图 10-10　创建和选择数据库

```
mysql> CREATE TABLE t_class(
    -> classno INT<4>,
    -> cname VARCHAR<20>,
    -> loc VARCHAR<40>);
Query OK, 0 rows affected <0.02 sec>
```

图 10-11　创建班级表

步骤 03　执行 SQL 语句 ALTER TABLE，在表 t_class 中创建关联字段 classno 的普通索引对象 index_classno，具体 SQL 语句如下：

```
ALTER TABLE t_class ADD INDEX index_classno(classno);
```

执行结果如图 10-12 所示。

步骤 04 为了检验班级表 t_class 中的索引是否创建成功，执行 SQL 语句 SHOW CREATE TABLE，具体 SQL 语句如下：

```
SHOW CREATE TABLE t_class \G;
```

执行结果如图 10-13 所示。

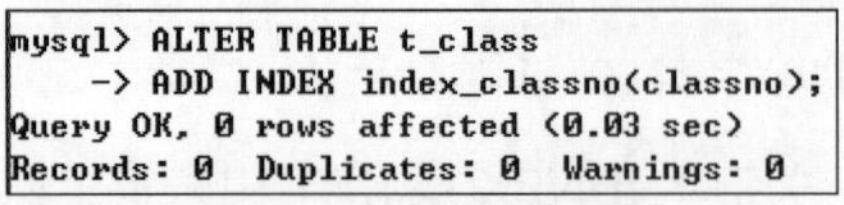

图 10-12　创建索引

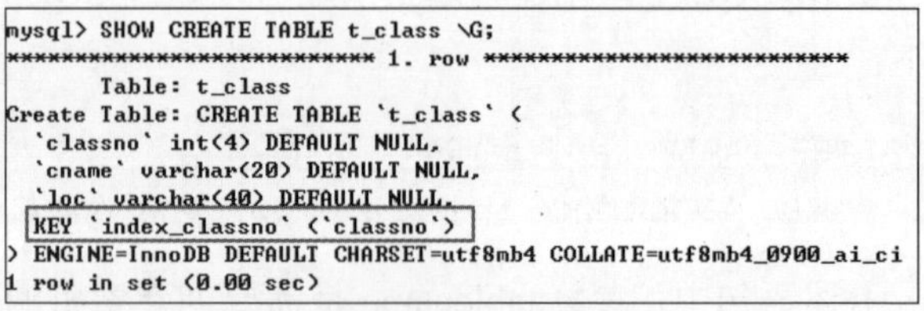

图 10-13　查看表信息

图 10-13 的执行结果显示，已经在数据库的表 t_class 上创建了一个名为 index_classno 的索引，其所关联的字段为 classno。

10.2.4　唯一索引——创建表时直接创建

所谓唯一索引，就是在创建索引时限制索引的值必须是唯一的。通过该类型的索引可以更快速地查询某条记录。在 MySQL 中，根据创建索引的方式可以分为自动索引和手动索引两种：

● 自动索引是指在数据库表里设置完整性约束，该表会被系统自动创建索引。

● 手动索引是指手动在表上创建索引。当设置表中的某个字段设置主键或唯一完整性约束时，系统就会自动创建关联该字段的唯一索引。

在 MySQL 中，创建唯一索引通过 SQL 语句 UNIQUE INDEX 来实现，其语法形式如下：

```
CREATE TABLE tablename(
  propname1 type1[CONSTRAINT1],
  propname2 type2[CONSTRAINT2],
  ……
  propnamen typen
  UNIQUE INDEX|KEY [indexname](propname1 [(length)] [ASC|DESC]));
```

在上述语句中，比普通索引多了一个 SQL 关键字 UNIQUE，其中 UNIQUE INDEX 或 UNIQUE KEY 表示创建唯一索引。

【示例 10-4】执行 SQL 语句 UNIQUE INDEX，在数据库 school 的班级表 t_class 上创建字段 classno 的唯一索引，具体步骤如下：

步骤 01 创建并选择数据库 school，具体 SQL 语句如下：

```
CREATE DATABASE school;
USE school;
```

执行结果如图 10-14 所示。

步骤 02 执行 SQL 语句 UNIQUE INDEX，在创建班级表 t_class 时，在字段 classno 上创建唯一索引，具体 SQL 语句如下：

```
CREATE TABLE t_class(
    classno INT(4),
    cname VARCHAR(20),
    loc VARCHAR(40),
    UNIQUE INDEX index_classno(classno));
```

执行结果如图 10-15 所示。

```
mysql> CREATE DATABASE school;
Query OK, 1 row affected (0.08 sec)

mysql> USE school;
Database changed
```

图 10-14　创建和选择数据库

```
mysql> CREATE TABLE t_class(
    -> classno INT(4),
    -> cname VARCHAR(20),
    -> loc VARCHAR(40),
    -> UNIQUE INDEX index_classno(classno));
Query OK, 0 rows affected (0.11 sec)
```

图 10-15　创建表 t_class

步骤 03 为了检验数据库表 t_class 中的索引是否创建成功，执行 SQL 语句 SHOW CREATE TABLE，具体 SQL 语句如下：

```
SHOW CREATE TABLE t_class \G;
```

执行结果如图 10-16 所示。

```
mysql> SHOW CREATE TABLE t_class \G;
*************************** 1. row ***************************
       Table: t_class
Create Table: CREATE TABLE `t_class` (
  `classno` int(4) DEFAULT NULL,
  `cname` varchar(20) DEFAULT NULL,
  `loc` varchar(40) DEFAULT NULL,
  UNIQUE KEY `index_classno` (`classno`)
) ENGINE=InnoDB DEFAULT CHARSET=utf8mb4 COLLATE=utf8mb4_0900_ai_ci
1 row in set (0.00 sec)
```

图 10-16　查看表 t_class 的信息

10.2.5　唯一索引——在已经存在的表上创建

在 MySQL 中创建唯一索引除了通过 SQL 语句 UNIQUE INDEX 来实现外，还可以通过 SQL 语句 CREATE UNIQUE INDEX 来实现，其语法形式如下：

```
CREATE UNIQUE INDEX indexname
    ON tablename(propname1 [(length)] [ASC|DESC])
```

在上述语句中，关键字 CREATE UNIQUE INDEX 用来创建唯一索引，参数 indexname 是索引名，参数 tablename 是表名。

【示例 10-5】执行 SQL 语句 CREATE UNIQUE INDEX，在数据库 school 的班级表 t_class 中创建关联字段 classno 的唯一索引，具体步骤如下：

步骤 01 执行 SQL 语句 CREATE DATABASE，创建数据库 school，并选择该数据库，具体 SQL

语句如下：

```
CREATE DATABASE school;
USE school;
```

执行结果如图 10-17 所示。

步骤 02 创建 t_class 表，具体 SQL 语句如下：

```
CREATE TABLE t_class(
    classno INT(4),
    cname VARCHAR(20),
    loc VARCHAR(40));
```

执行结果如图 10-18 所示。

```
mysql> CREATE DATABASE school;
Query OK, 1 row affected (0.08 sec)

mysql> USE school;
Database changed
```

图 10-17　创建和选择数据库

```
mysql> CREATE TABLE t_class(
    -> classno INT(4),
    -> cname VARCHAR(20),
    -> loc VARCHAR(40));
Query OK, 0 rows affected (0.02 sec)
```

图 10-18　创建班级表

步骤 03 执行 SQL 语句 CREATE UNIQUE INDEX，在表 t_class 中创建关联字段 classno 的唯一索引对象 index_classno，具体 SQL 语句如下：

```
CREATE UNIQUE INDEX index_classno ON t_class(classno);
```

执行结果如图 10-19 所示。

步骤 04 为了检验数据库表 t_class 中的索引是否创建成功，执行 SQL 语句 SHOW CREATE TABLE，具体 SQL 语句如下：

```
SHOW CREATE TABLE t_class \G;
```

执行结果如图 10-20 所示。

```
mysql> CREATE UNIQUE INDEX
    -> index_classno ON t_class(classno);
Query OK, 0 rows affected (0.03 sec)
Records: 0  Duplicates: 0  Warnings: 0
```

图 10-19　创建唯一索引

```
mysql> SHOW CREATE TABLE t_class \G;
*************************** 1. row ***************************
       Table: t_class
Create Table: CREATE TABLE `t_class` (
  `classno` int(4) DEFAULT NULL,
  `cname` varchar(20) DEFAULT NULL,
  `loc` varchar(40) DEFAULT NULL,
  UNIQUE KEY `index_classno` (`classno`)
) ENGINE=InnoDB DEFAULT CHARSET=utf8mb4 COLLATE=utf8mb4_0900_ai_ci
1 row in set (0.00 sec)
```

图 10-20　查看表 t_class 的信息

图 10-20 的执行结果显示，已经在班级表 t_class 中创建了一个名为 index_classno 的唯一索引，其所关联的字段为 classno。

10.2.6　唯一索引——通过 ALTER TABLE 语句创建

在 MySQL 中创建唯一索引还可以通过 SQL 语句 ALTER TABLE 来实现，其语法形式如下：

```
ALTER TABLE tablename
    ADD UNIQUE INDEX|KEY indexname(propname [(length)] [ASC|DESC])
```

在上述语句中，关键字 UNIQUE KEY 或 INDEX 用来指定创建唯一索引，参数 indexname 用来指定所创建的索引名；参数 tablename 是表名；参数 propname 用来指定索引所关联的字段的名称；参数 length 用来指定索引的长度；参数 ASC 用来指定升序排序；参数 DESC 用来指定降序排序。

【示例 10-6】执行 SQL 语句 ALTER TABLE，在数据库 school 的班级表 t_class 中创建关联字段 classno 的唯一索引，具体步骤如下：

步骤 01　执行 SQL 语句 CREATE DATABASE，创建数据库 school，并选择该数据库，具体 SQL 语句如下：

```
CREATE DATABASE school;
USE school;
```

执行结果如图 10-21 所示。

步骤 02　创建 t_class 表，具体 SQL 语句如下：

```
CREATE TABLE t_class(
    classno INT(4),
    cname VARCHAR(20),
    loc VARCHAR(40));
```

执行结果如图 10-22 所示。

```
mysql> CREATE DATABASE school;
Query OK, 1 row affected (0.08 sec)

mysql> USE school;
Database changed
```

```
mysql> CREATE TABLE t_class(
    -> classno INT(4),
    -> cname VARCHAR(20),
    -> loc VARCHAR(40));
Query OK, 0 rows affected (0.02 sec)
```

图 10-21　创建和选择数据库　　　　　图 10-22　创建班级表

步骤 03　执行 SQL 语句 ALTER TABLE，在表 t_class 中创建关联字段 classno 的唯一索引对象 index_classno，具体 SQL 语句如下：

```
ALTER TABLE t_class ADD UNIQUE INDEX index_classno(classno);
```

执行结果如图 10-23 所示。

步骤 04　为了检验数据库表 t_class 中的索引是否创建成功，执行 SQL 语句 SHOW CREATE TABLE，具体 SQL 语句如下：

```
SHOW CREATE TABLE t_class \G;
```

执行结果如图 10-24 所示。

图 10-23　创建唯一索引

图 10-24　查看表 t_class 的信息

图 10-24 的执行结果显示，已经在班级表 t_class 中创建了一个名为 index_classno 的唯一索引，其所关联的字段为 classno。

10.2.7　全文索引——创建表时直接创建

全文索引主要关联在数据类型为 CHAR、VARCHAR 和 TEXT 的字段上，以便能够更加快速地查询数据量较大的字符串类型的字段。

MySQL 从 3.23.23 版本开始支持全文索引，只能在存储引擎为 MyISAM 的数据表上创建全文索引。在默认情况下，全文索引的搜索执行方式为不区分大小写，如果全文索引所关联的字段为二进制数据类型，就以区分大小写的搜索方式执行。

在 MySQL 中，创建全文索引通过 SQL 语句 FULLTEXT INDEX 实现，其语法形式如下：

```
CREATE TABLE tablename(
  propname1 type1[CONSTRAINT1],
  propname2 type2[CONSTRAINT2],
  ……
  propnamen typen
  FULLTEXT INDEX|KEY [indexname](propname1 [(length)] [ASC|DESC])
);
```

上述语句比创建普通索引多了一个 SQL 关键字 FULLTEXT，其中 FULLTEXT INDEX 或 FULLTEXT KEY 表示创建全文索引。

【示例 10-7】执行 SQL 语句 FULLTEXT INDEX，在数据库 school 的班级表 t_class 上创建字段 loc 的全文索引，具体步骤如下：

步骤01　创建数据库 school 并选择数据库，具体 SQL 语句如下：

```
CREATE DATABASE school;
USE school;
```

执行结果如图 10-25 所示。

步骤02　执行 SQL 语句 UNIQUE INDEX，在创建班级表 t_class 时，在字段 classno 上创建唯一索引，具体 SQL 语句如下：

```
CREATE TABLE t_class(
  classno INT(4),
  cname VARCHAR(20),
```

```
loc VARCHAR(40),
FULLTEXT INDEX index_loc(loc));
```

执行结果如图 10-26 所示。

```
mysql> CREATE DATABASE school;
Query OK, 1 row affected (0.08 sec)

mysql> USE school;
Database changed
```

图 10-25　创建和选择数据库

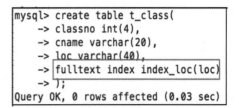

图 10-26　创建表 t_class

步骤 03 为了检验班级表 t_class 中的全文索引是否创建成功，执行 SQL 语句 SHOW CREATE TABLE，具体 SQL 语句如下：

```
SHOW CREATE TABLE t_class \G;
```

执行结果如图 10-27 所示。

步骤 04 为了检验班级表 t_class 中的索引是否被使用，执行 SQL 语句 EXPLAIN，具体 SQL 语句如下：

```
EXPLAIN SELECT * FROM t_class WHERE loc='beijing' \G;
```

执行结果如图 10-28 所示。

```
mysql> SHOW CREATE TABLE t_class \G;
*************************** 1. row ***************************
       Table: t_class
Create Table: CREATE TABLE `t_class` (
  `classno` int(4) DEFAULT NULL,
  `cname` varchar(20) DEFAULT NULL,
  `loc` varchar(40) DEFAULT NULL,
  FULLTEXT KEY `index_loc` (`loc`)
) ENGINE=InnoDB DEFAULT CHARSET=utf8mb4 COLLATE=utf8mb4_0900_ai_ci
1 row in set (0.00 sec)
```

图 10-27　查看表信息

```
mysql> EXPLAIN SELECT * FROM t_class WHERE loc='beijing' \G;
*************************** 1. row ***************************
           id: 1
  select_type: SIMPLE
        table: t_class
   partitions: NULL
         type: ALL
possible_keys: index_loc
          key: NULL
      key_len: NULL
          ref: NULL
         rows: 1
     filtered: 100.00
        Extra: Using where
1 row in set, 1 warning (0.00 sec)
```

图 10-28　查看索引是否被启用

10.2.8　全文索引——在已经存在的表上创建

在 MySQL 中创建全文索引除了通过 SQL 语句 FULLTEXT INDEX 来实现外，还可以通过 SQL 语句 CREATE FULLTEXT INDEX 来实现，其语法形式如下：

```
CREATE FULLTEXT INDEX indexname
    ON tablename(propname1 [(length)] [ASC|DESC])
```

在上述语句中，关键字 CREATE FULLTEXT INDEX 表示用来创建全文索引。

【示例 10-8】执行 SQL 语句 INDEX，在数据库 school 中已经创建好的班级表 t_class 上创建关联字段 loc 的全文索引，具体步骤如下：

步骤 01 执行 SQL 语句 CREATE DATABASE，创建数据库 school，并选择该数据库，具体 SQL 语句如下：

```
CREATE DATABASE school;
USE school;
```

执行结果如图 10-29 所示。

步骤 02 创建 t_class 表，具体 SQL 语句如下：

```
CREATE TABLE t_class(
    classno INT(4),
    cname VARCHAR(20),
    loc VARCHAR(40));
```

执行结果如图 10-30 所示。

```
mysql> CREATE DATABASE school;
Query OK, 1 row affected (0.08 sec)

mysql> USE school;
Database changed
```

图 10-29　创建和选择数据库

```
mysql> CREATE TABLE t_class(
    -> classno INT(4),
    -> cname VARCHAR(20),
    -> loc VARCHAR(40));
Query OK, 0 rows affected (0.02 sec)
```

图 10-30　创建班级表

步骤 03 执行 SQL 语句 CREATE FULLTEXT INDEX，在表 t_class 中创建关联字段 loc 的全文索引 index_loc，具体 SQL 语句如下：

```
CREATE FULLTEXT INDEX index_loc ON t_class(loc);
```

执行结果如图 10-31 所示。

步骤 04 为了检验班级表 t_class 中的全文索引是否创建成功，执行 SQL 语句 SHOW CREATE TABLE，具体 SQL 语句如下：

```
SHOW CREATE TABLE t_class \G;
```

执行结果如图 10-32 所示。

```
mysql> CREATE FULLTEXT INDEX index_loc
    -> ON t_class(loc);
Query OK, 0 rows affected, 1 warning (0.35 sec)
Records: 0  Duplicates: 0  Warnings: 1
```

图 10-31　创建索引

```
mysql> SHOW CREATE TABLE t_class \G;
*************************** 1. row ***************************
       Table: t_class
Create Table: CREATE TABLE `t_class` (
  `classno` int(4) DEFAULT NULL,
  `cname` varchar(20) DEFAULT NULL,
  `loc` varchar(40) DEFAULT NULL,
  FULLTEXT KEY `index_loc` (`loc`)
) ENGINE=InnoDB DEFAULT CHARSET=utf8mb4 COLLATE=utf8mb4_0900_ai_ci
1 row in set (0.00 sec)
```

图 10-32　查看表信息

图 10-32 的执行结果显示，已经在班级表 t_class 上创建了一个名为 index_loc 的全文索引，其所关联的字段为 loc。

10.2.9 全文索引——通过 ALTER TABLE 语句创建

除了使用上述两种方式创建全文索引外，在 MySQL 中创建全文索引还可以通过 SQL 语句 ALTER TABLE 来实现，其语法形式如下：

```
ALTER TABLE tablename
    ADD FULLTEXT INDEX|KEY indexname(propname [(length)] [ASC|DESC])
```

在上述语句中，关键字 FULLTEXT INDEX 或 KEY 用来指定创建全文索引；参数 indexname 表示索引名；参数 propname 指定索引所关联的字段的名称；参数 length 用来指定索引的长度；参数 ASC 用来指定升序排序；参数 DESC 用来指定降序排序。

【示例 10-9】执行 SQL 语句 ALTER TABLE，在数据库 school 的班级表 t_class 上创建关联字段 loc 的全文索引，具体步骤如下：

步骤 **01** 创建和选择数据库 school，具体 SQL 语句如下：

```
CREATE DATABASE school;
USE school;
```

执行结果如图 10-33 所示。

步骤 **02** 创建 t_class 表，具体 SQL 语句如下：

```
CREATE TABLE t_class(
    classno INT(4),
    cname VARCHAR(20),
    loc VARCHAR(40));
```

执行结果如图 10-34 所示。

```
mysql> CREATE DATABASE school;
Query OK, 1 row affected (0.08 sec)

mysql> USE school;
Database changed
```

图 10-33　创建和选择数据库

```
mysql> CREATE TABLE t_class(
    -> classno INT(4),
    -> cname VARCHAR(20),
    -> loc VARCHAR(40));
Query OK, 0 rows affected (0.02 sec)
```

图 10-34　创建班级表

步骤 **03** 在表 t_class 中创建 loc 字段的全文索引 index_loc，SQL 语句如下：

```
ALTER TABLE t_class ADD FULLTEXT INDEX index_loc(loc);
```

执行结果如图 10-35 所示。

步骤 **04** 执行 SHOW CREATE TABLE 语句查看 t_class 表的信息：

```
SHOW CREATE TABLE t_class \G;
```

执行结果如图 10-36 所示。

```
mysql> ALTER TABLE t_class ADD
    -> FULLTEXT INDEX index_loc(loc);
Query OK, 0 rows affected, 1 warning (0.20 sec)
Records: 0  Duplicates: 0  Warnings: 1
```

图 10-35　创建索引

```
mysql> SHOW CREATE TABLE t_class \G;
*************************** 1. row ***************************
       Table: t_class
Create Table: CREATE TABLE `t_class` (
  `classno` int(4) DEFAULT NULL,
  `cname` varchar(20) DEFAULT NULL,
  `loc` varchar(40) DEFAULT NULL,
  FULLTEXT KEY `index_loc` (`loc`)
) ENGINE=InnoDB DEFAULT CHARSET=utf8mb4 COLLATE=utf8mb4_0900_ai_ci
1 row in set (0.00 sec)
```

图 10-36　查看表信息

图 10-36 的执行结果显示,已经在班级表 t_class 上创建了一个名为 index_loc 的全文索引,其所关联的字段为 loc。

10.2.10　多列索引——创建表时自动创建

所谓多列索引,是指在创建索引时所关联的字段不是一个字段,而是多个字段,虽然可以通过所关联的字段进行查询,但是只有查询条件中使用了所关联字段中的第一个字段,多列索引才会被使用。

在 MySQL 中创建多列索引通过 SQL 语句 INDEX 来实现,其语法形式如下:

```
CREATE TABLE tablename(
  propname1 type1[CONSTRAINT1],
  propname2 type2[CONSTRAINT2],
  ……
  propnamen typen
  INDEX|KEY [indexname](propname1 [(length)] [ASC|DESC]
                        ……
                        propnamen [(length)] [ASC|DESC]));
```

在上述语句中,关联的字段至少多于一个字段。

【示例 10-10】执行 SQL 语句 INDEX,在数据库 school 的表 t_class 上创建 cname 和 loc 字段的多列索引,具体步骤如下:

步骤 01　创建数据库 school 并选择数据库,具体 SQL 语句如下:

```
CREATE DATABASE school;
USE school;
```

执行结果如图 10-37 所示。

步骤 02　执行 SQL 语句 INDEX,在创建班级表 t_class 时,在字段 cname 和字段 loc 上创建多
　　　　列索引,具体 SQL 语句如下:

```
CREATE TABLE t_class(
    classno INT(4),
    cname VARCHAR(20),
    loc VARCHAR(40),
    KEY index_cname_loc(cname,loc));
```

执行结果如图 10-38 所示。

```
mysql> CREATE DATABASE school;
Query OK, 1 row affected (0.08 sec)

mysql> USE school;
Database changed
```

```
mysql> CREATE TABLE t_class(
    -> classno INT(4),
    -> cname VARCHAR(20),
    -> loc VARCHAR(40),
    -> KEY index_cname_loc(cname,loc));
Query OK, 0 rows affected (0.03 sec)
```

图 10-37　创建和选择数据库　　　　　　图 10-38　创建表 t_class

步骤 03 为了检验班级表 t_class 中的多列索引是否创建成功，执行 SQL 语句 SHOW CREATE TABLE，具体 SQL 语句如下：

```
SHOW CREATE TABLE t_class \G;
```

执行结果如图 10-39 所示。

步骤 04 为了检验班级表 t_class 中的索引是否被启用，执行 SQL 语句 EXPLAIN，具体 SQL 语句如下：

```
EXPLAIN SELECT * FROM t_class WHERE cname='beijing' \G;
```

执行结果如图 10-40 所示。

```
mysql> EXPLAIN SELECT * FROM t_class WHERE cname='beijing' \G;
*************************** 1. row ***************************
           id: 1
  select_type: SIMPLE
        table: t_class
   partitions: NULL
         type: ref
possible_keys: index_cname_loc
          key: index_cname_loc
      key_len: 83
          ref: const
         rows: 1
     filtered: 100.00
        Extra: NULL
1 row in set, 1 warning (0.00 sec)
```

```
mysql> SHOW CREATE TABLE t_class \G;
*************************** 1. row ***************************
       Table: t_class
Create Table: CREATE TABLE `t_class` (
  `classno` int(4) DEFAULT NULL,
  `cname` varchar(20) DEFAULT NULL,
  `loc` varchar(40) DEFAULT NULL,
  KEY `index_cname_loc` (`cname`,`loc`)
) ENGINE=InnoDB DEFAULT CHARSET=utf8mb4 COLLATE=utf8mb4_0900_ai_ci
1 row in set (0.00 sec)
```

图 10-39　查看班级表的信息　　　　　　图 10-40　创建的索引是否被启用

图 10-40 的执行结果显示，字段 possible_keys 和 key 处的值都为所创建的索引名 index_cname_loc，说明该索引已经存在，而且已经启用。

10.2.11　多列索引——在已经存在的表上创建

在 MySQL 中创建全文索引除了可以在创建表时实现外，还可以为已经存在的表设置多列索引，其语法形式如下：

```
CREATE INDEX indexname
    ON tablename(propname1 [(length)] [ASC|DESC],
             ......
                 propnamen [(length)] [ASC|DESC]);
```

上述语句比创建普通索引多关联了几个字段。

【示例 10-11】执行 SQL 语句 CREATE INDEX，在数据库 school 的表 t_class 上创建 cname 和 loc 字段的多列索引，具体步骤如下：

步骤 01 执行 SQL 语句 CREATE DATABASE，创建数据库 school，并选择该数据库，具体 SQL 语句如下：

```
CREATE DATABASE school;
USE school;
```

执行结果如图 10-41 所示。

步骤 02 创建 t_class 表，具体 SQL 语句如下：

```
CREATE TABLE t_class(
    classno INT(4),
    cname VARCHAR(20),
    loc VARCHAR(40));
```

执行结果如图 10-42 所示。

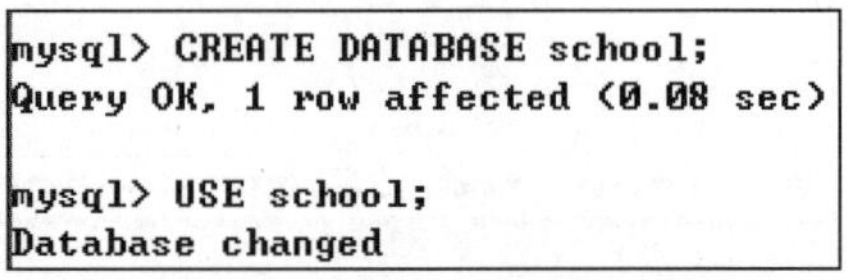

图 10-41　创建和选择数据库 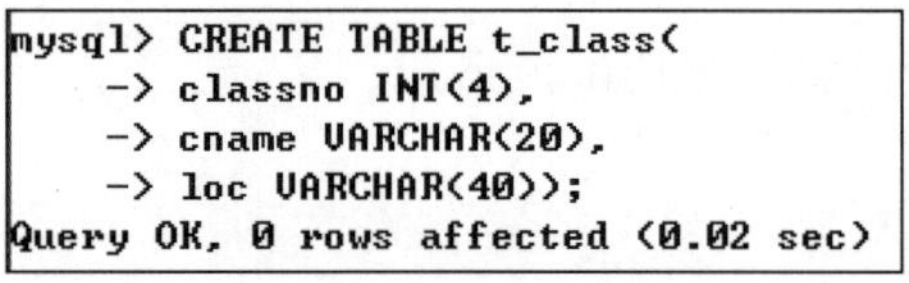　　　　图 10-42　创建班级表

步骤 03 执行 SQL 语句 CREATE INDEX，在表 t_class 中创建关联字段 cname 和 loc 的多列索引对象 index_cname_loc，具体 SQL 语句如下：

```
CREATE INDEX index_cname_loc ON t_class(cname,loc);
```

执行结果如图 10-43 所示。

在上述语句中创建了关联表 t_class 中字段 cname 和 loc 的多列索引 index_cname_loc。

步骤 04 为了检验班级表 t_class 中的索引是否创建成功，执行 SQL 语句 SHOW CREATE TABLE，具体 SQL 语句如下：

```
SHOW CREATE TABLE t_class \G;
```

执行结果如图 10-44 所示。

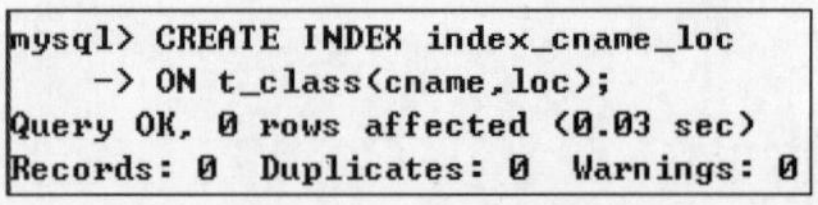

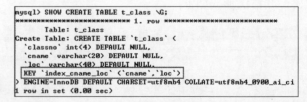

图 10-43　创建索引　　　　图 10-44　查看表信息

图 10-44 的执行结果显示，已经在班级表 t_class 中创建了一个名为 index_cname_loc 的多

列索引，其所关联的字段为 cname 和 loc。

10.2.12　多列索引——通过 ALTER TABLE 语句创建

在 MySQL 中创建多列索引除了使用以上两种方法外，还可以使用 ALTER TABLE 语句创建多列索引，其语法形式如下：

```
ALTER TABLE tablename
  ADD INDEX|KEY indexname (propname1 [(length)] [ASC|DESC],
                          ......
                          propnamen [(length)] [ASC|DESC]);
```

上述语句比创建普通索引多关联了几个字段。

【示例 10-12】执行 SQL 语句 ALTER TABLE，在数据库 school 的表 t_class 上创建 cname 和 loc 字段的多列索引，具体步骤如下：

步骤 01 创建和选择数据库 school，具体 SQL 语句如下：

```
CREATE DATABASE school;
USE school;
```

执行结果如图 10-45 所示。

步骤 02 创建 t_class 表，具体 SQL 语句如下：

```
CREATE TABLE t_class(
    classno INT(4),
    cname VARCHAR(20),
    loc VARCHAR(40)
);
```

执行结果如图 10-46 所示。

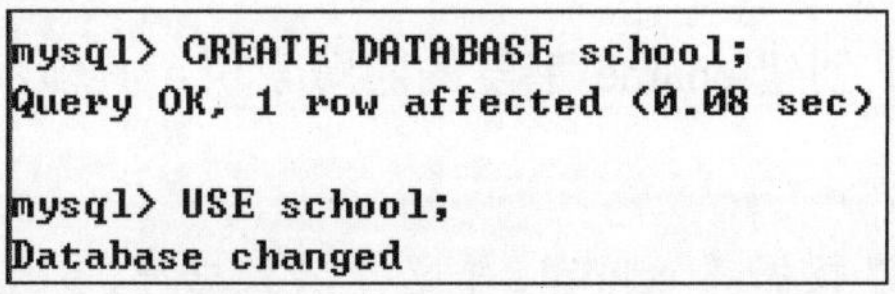

```
mysql> CREATE DATABASE school;
Query OK, 1 row affected (0.08 sec)

mysql> USE school;
Database changed
```

图 10-45　创建和选择数据库

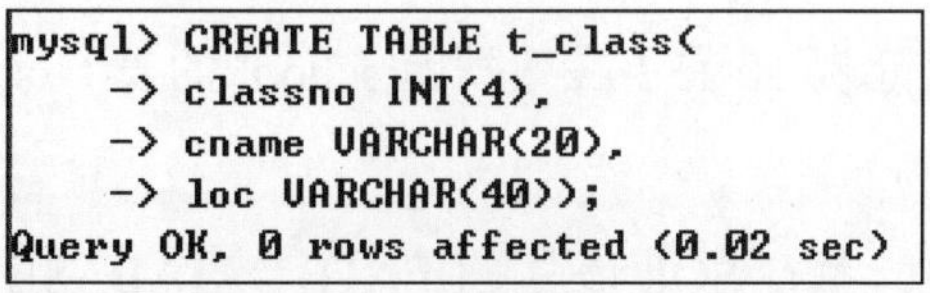

```
mysql> CREATE TABLE t_class(
    -> classno INT(4),
    -> cname VARCHAR(20),
    -> loc VARCHAR(40));
Query OK, 0 rows affected (0.02 sec)
```

图 10-46　创建班级表

步骤 03 执行 SQL 语句 CREATE INDEX，在表 t_class 中创建关联字段 cname 和 loc 的多列索引对象 index_cname_loc，具体 SQL 语句如下：

```
ALTER TABLE t_class ADD INDEX index_cname_loc(cname,loc);
```

执行结果如图 10-47 所示。

步骤 04 为了检验班级表 t_class 中的索引是否创建成功，执行 SQL 语句 SHOW CREATE TABLE，具体 SQL 语句如下：

```
SHOW CREATE TABLE t_class \G;
```

执行结果如图 10-48 所示。

```
mysql> ALTER TABLE t_class ADD
    -> INDEX index_cname_loc(cname,loc);
Query OK, 0 rows affected (0.05 sec)
Records: 0  Duplicates: 0  Warnings: 0
```

图 10-47　创建索引

```
mysql> SHOW CREATE TABLE t_class \G;
*************************** 1. row ***************************
       Table: t_class
Create Table: CREATE TABLE `t_class` (
  `classno` int(4) DEFAULT NULL,
  `cname` varchar(20) DEFAULT NULL,
  `loc` varchar(40) DEFAULT NULL,
  KEY `index_cname_loc` (`cname`,`loc`)
) ENGINE=InnoDB DEFAULT CHARSET=utf8mb4 COLLATE=utf8mb4_0900_ai_ci
1 row in set (0.00 sec)
```

图 10-48　查看表信息

图 10-48 的执行结果显示，已经在班级表 t_class 中创建了一个名为 index_cname_loc 的多列索引，其所关联的字段为 cname 和 loc。

10.2.13　隐藏索引——创建表时自动创建

顾名思义，隐藏索引就是不可见索引，不会被优化器使用。默认情况下索引是可见的。隐藏索引可以用来测试索引的性能。验证索引的必要性时不需要删除索引，可以先将索引隐藏，如果优化器性能无影响，就可以真正地删除索引。

在 MySQL 中创建隐藏索引通过 SQL 语句 INVISIBLE 来实现，其语法形式如下：

```
CREATE TABLE tablename(
    propname1 type1[CONSTRAINT1],
    propname2 type2[CONSTRAINT2],
    ……
    propnamen typen,
    INDEX [indexname](propname1 [(length)]) INVISIBLE
);
```

上述语句中，比普通索引多了一个关键字 INVISIBLE，用来标记索引为不可见索引。

【示例 10-13】在数据库 school 的表 t_class 上创建 cname 字段的隐藏索引，具体步骤如下：

步骤 01 执行 SQL 语句 CREATE DATABASE，创建数据库 school，并选择该数据库，具体 SQL 语句如下：

```
CREATE DATABASE school;
USE school;
```

步骤 02 在创建班级表 t_class 时，在字段 cname 上创建隐藏索引，具体 SQL 语句如下：

```
CREATE TABLE t_class(
    classno INT(4),
    cname VARCHAR(20),
    loc VARCHAR(40),
```

```
        INDEX index_cname(cname) INVISIBLE);
```

执行结果如图 10-49 所示。

步骤 03 为了检验班级表 t_class 中的多列索引是否创建成功，执行 SQL 语句 SHOW CREATETABLE，具体 SQL 语句如下：

```
SHOW CREATE TABLE t_class \G
```

执行结果如图 10-50 所示。

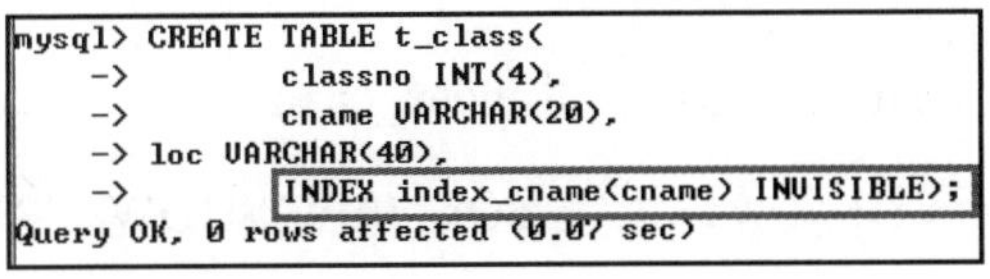

图 10-49 创建表 t_class

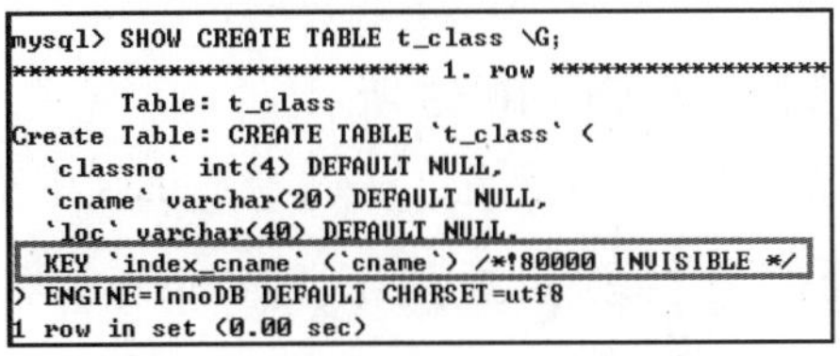

图 10-50 查看班级表的信息

10.2.14 隐藏索引——在已经存在的表上创建

在 MySQL 中创建隐藏索引除了可以在创建表时实现外，还可以为已经存在的表创建隐藏索引，其语法形式如下：

```
CREATE INDEX indexname
ON tablename(propname[(length)]) INVISIBLE;
```

【示例 10-14】执行 SQL 语句 CREATE INDEX，在数据库 school 的表 t_class 上创建 cname 字段的隐藏索引，具体步骤如下：

步骤 01 执行 SQL 语句 CREATE DATABASE，创建数据库 school，并选择该数据库，具体 SQL 语句如下：

```
CREATE DATABASE school;
USE school;
```

执行结果如图 10-51 所示。

步骤 02 创建 t_class 表，具体 SQL 语句如下：

```
CREATE TABLE t_class(
   classno INT(4),
   cname VARCHAR(20),
   loc VARCHAR(40));
```

执行结果如图 10-52 所示。

图 10-51　创建和选择数据库

图 10-52　创建班级表

步骤 03　执行 SQL 语句 CREATE INDEX，使用 INVISIBLE 参数在表 t_class 中创建关联字段 cname 的隐藏索引对象 index_cname，具体 SQL 语句如下：

```
CREATE INDEX index_cname ON t_class(cname) INVISIBLE;
```

执行结果如图 10-53 所示。

在上述语句中创建了关联表 t_class 中字段 cname 的隐藏索引 index_cname。

步骤 04　为了检验班级表 t_class 中的索引是否创建成功，执行 SQL 语句 SHOW CREATE TABLE，具体 SQL 语句如下：

```
SHOW CREATE TABLE t_class \G;
```

执行结果如图 10-54 所示。

图 10-53　创建索引

图 10-54　查看表信息

图 10-54 的执行结果显示，已经在班级表 t_class 中创建了一个名为 index_cname 的隐藏索引，其所关联的字段为 cname。

10.2.15　隐藏索引——通过 ALTER TABLE 语句创建

在 MySQL 中创建隐藏索引除了使用以上两种方法外，还可以使用 ALTER TABLE 语句创建隐藏索引，其语法形式如下：

```
ALTER TABLE tablename
    ADD INDEX indexname (propname [(length)]) INVISIBLE;
```

【示例 10-15】执行 SQL 语句 ALTER TABLE，在数据库 school 的表 t_class 上创建 cname 字段的隐藏索引，具体步骤如下：

步骤 01　创建和选择数据库 school，具体 SQL 语句如下：

```
CREATE DATABASE school;
USE school;
```

执行结果如图 10-55 所示。

步骤 **02** 创建 t_class 表，具体 SQL 语句如下：

```
CREATE TABLE t_class(
    classno INT(4),
    cname VARCHAR(20),
    loc VARCHAR(40)
);
```

执行结果如图 10-56 所示。

图 10-55　创建和选择数据库

图 10-56　创建班级表

步骤 **03** 执行 SQL 语句 ALTER TABLE，在表 t_class 中创建关联字段 cname 的隐藏索引对象 index_cname，具体 SQL 语句如下：

```
ALTER TABLE t_class ADD INDEX index_cname(cname) INVISIBLE;
```

执行结果如图 10-57 所示。

步骤 **04** 为了检验班级表 t_class 中的索引是否创建成功，执行 SQL 语句 SHOW CREATE TABLE，具体 SQL 语句如下：

```
SHOW CREATE TABLE t_class \G;
```

执行结果如图 10-58 所示。

图 10-57　创建索引

图 10-58　查看表信息

图 10-58 的执行结果显示，已经在班级表 t_class 中创建了一个名为 index_cname 的隐藏索引，其所关联的字段为 cname。

10.2.16　降序索引——创建表时自动创建

降序索引以降序存储键值。虽然从语法上，MySQL 4 起就支持 DESC，但实际上该 DESC 定义是被忽略的，MySQL 在此之前创建的仍然是升序索引，使用时进行反向扫描，这大大降低了数据库的效率。在某些场景下，降序索引意义重大。例如，如果一个查询需要对多个列进行排序，且顺序要求不一致，那么使用降序索引将会避免数据库使用额外的文件排序操作，从而提高性能。

在 MySQL 中，创建降序索引的 SQL 语句与创建多列索引的语法相同。前面介绍其他类型的索引时涉及降序索引的使用，在字段后加上 DESC 参数将索引设置为降序索引。下面通过具体的示例演示降序索引的使用。首先看一下在创建表时自动创建降序索引。

【示例 10-16】在 t_class 表中创建降序索引，实现 classno 升序排列，cname 降序排列。

步骤 01 创建降序索引的 SQL 语句如下：

```
CREATE TABLE t_class(
    classno INT(4),
    cname VARCHAR(20),
    loc VARCHAR(40),
    INDEX index_classno_cname_desc(classno ASC,cname DESC));
```

执行结果如图 10-59 所示。

```
mysql> CREATE TABLE t_class(
    ->        classno INT(4),
    ->        cname VARCHAR(20),
    -> loc VARCHAR(40),
    ->        INDEX index_classno_cname_desc(classno ASC,cname DESC));
Query OK, 0 rows affected (0.05 sec)
```

图 10-59　创建表 t_class

步骤 02 使用如下语句检查 SELECT 语句，发现没有使用 filesort 文件排序，而是使用预先创建的索引，如图 10-60 所示。

```
EXPLAIN SELECT classno,cname FROM t_class ORDER BY classno,cname DESC;
```

```
mysql> EXPLAIN SELECT classno,cname FROM t_class ORDER BY classno,cname DESC;
+----+-------------+---------+------------+-------+---------------+-------+
| id | select_type | table   | partitions | type  | possible_keys | key   |
|    |             |         | key_len    | ref   | rows | filtered | Extra |
+----+-------------+---------+------------+-------+---------------+-------+
|  1 | SIMPLE      | t_class | NULL       | index | NULL          | index_classn|
|o_cname_desc | 88   | NULL  | 1  | 100.00 | Using index | index_classn|
+----+-------------+---------+------------+-------+---------------+-------+
1 row in set, 1 warning (0.00 sec)
```

图 10-60　查看查询语句

10.2.17　降序索引——在已经存在的表上创建

在 MySQL 中创建降序索引除了可以在创建表时实现外，还可以为已经存在的表创建降序索引，其语法形式如下：

```
CREATE INDEX indexname
    ON tablename(propname [(length)] [ASC|DESC]);
```

【示例 10-17】执行 SQL 语句 CREATE INDEX，在数据库 school 的表 t_class 上创建 classno 字段的升序索引，创建 cname 字段的降序索引，具体步骤如下：

步骤 01 执行 SQL 语句 CREATE DATABASE，创建数据库 school，并选择该数据库，具体 SQL
语句如下：

```
CREATE DATABASE school;
USE school;
```

执行结果如图 10-61 所示。

步骤 02 创建 t_class 表，具体 SQL 语句如下：

```
CREATE TABLE t_class(
  classno INT(4),
  cname VARCHAR(20),
  loc VARCHAR(40));
```

执行结果如图 10-62 所示。

```
mysql> CREATE DATABASE school;
Query OK, 1 row affected (0.08 sec)

mysql> USE school;
Database changed
```

图 10-61　创建和选择数据库

```
mysql> CREATE TABLE t_class(
    -> classno INT(4),
    -> cname VARCHAR(20),
    -> loc VARCHAR(40));
Query OK, 0 rows affected (0.02 sec)
```

图 10-62　创建班级表

步骤 03 执行 SQL 语句 CREATE INDEX，在表 t_class 中创建关联字段 classno 和 cname 的降
序索引对象 index_classno_cname_desc，具体 SQL 语句如下：

```
CREATE INDEX index_classno_cname_desc
  ON t_class(classno ASC,cname DESC);
```

执行结果如图 10-63 所示。

在上述语句中创建了关联表 t_class 中字段 classno 和 cnam 的降序索引 index_classno_cname_
desc。

步骤 04 使用如下语句检查 SELECT 语句，发现没有使用 filesort 文件排序，而是使用预先创
建的索引，如图 10-64 所示。

```
EXPLAIN SELECT classno,cname FROM t_class ORDER BY classno,cname DESC;
```

```
mysql> CREATE INDEX index_classno_cname_desc
    -> ON t_class(classno ASC,cname DESC);
Query OK, 0 rows affected (0.06 sec)
Records: 0  Duplicates: 0  Warnings: 0
```

图 10-63　创建索引

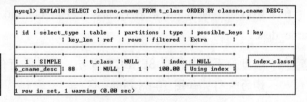

图 10-64　查看索引使用信息

10.2.18　降序索引——通过 ALTER TABLE 语句创建

在 MySQL 中创建降序索引除了使用以上两种方法外，还可以使用 ALTER TABLE 语句创

建降序索引，其语法形式如下：

```
ALTER TABLE tablename
  ADD INDEX|KEY indexname propname [(length)] [ASC|DESC]);
```

【示例 10-18】执行 SQL 语句 ALTER TABLE，在数据库 school 的表 t_class 上创建 classno 字段的升序索引，创建 cname 字段的降序索引，具体步骤如下：

步骤 01 执行 SQL 语句 CREATE DATABASE，创建数据库 school，并选择该数据库，具体 SQL 语句如下：

```
CREATE DATABASE school;
USE school;
```

执行结果如图 10-65 所示。

步骤 02 创建 t_class 表，具体 SQL 语句如下：

```
CREATE TABLE t_class(
    classno INT(4),
    cname VARCHAR(20),
    loc VARCHAR(40));
```

执行结果如图 10-66 所示。

```
mysql> CREATE DATABASE school;
Query OK, 1 row affected (0.08 sec)

mysql> USE school;
Database changed
```

```
mysql> CREATE TABLE t_class(
    -> classno INT(4),
    -> cname VARCHAR(20),
    -> loc VARCHAR(40));
Query OK, 0 rows affected (0.02 sec)
```

图 10-65　创建和选择数据库　　　　　图 10-66　创建班级表

步骤 03 执行 SQL 语句 CREATE INDEX，在表 t_class 中创建关联字段 classno 和 cname 的降序索引对象 index_classno_cname_desc，具体 SQL 语句如下：

```
ALTER TABLE t_class
ADD INDEX index_classno_cname_desc(classno ASC,cname DESC);
```

执行结果如图 10-67 所示。

在上述语句中创建了关联表 t_class 中字段 classno 和 cname 的降序索引 index_classno_cname_desc。

步骤 04 使用如下语句检查 SELECT 语句，发现没有使用 filesort 文件排序，而是使用预先创建的索引，如图 10-68 所示。

```
EXPLAIN SELECT classno,cname FROM t_class ORDER BY classno,cname DESC;
```

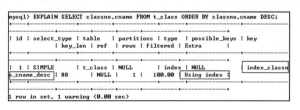

图 10-67 创建索引　　　　　　　　　图 10-68 查看索引使用信息

10.2.19 通过 SQLyog 创建和修改索引

在学习 MySQL 数据库阶段，可以通过命令行 SQL 语句来创建索引，但是在数据库开发阶段，用户一般采用客户端软件 SQLyog 来创建索引。

下面将通过一个具体的示例来说明如何通过 MySQL 客户端软件 SQLyog 来创建索引。

【示例 10-19】在数据库 school 中，为班级表 t_class 创建各种类型的索引，具体步骤如下：

步骤 01 首先连接数据库管理系统，然后单击 school|"表"|t_class|"索引"节点，右击弹出快捷菜单，选择"创建索引"，如图 10-69 所示。

步骤 02 打开 t_class 窗口，具体设置信息如图 10-70 所示。当确认所填写的信息无误后，单击"保存"按钮，弹出确认对话框，在对话框中单击"确定"按钮即可实现该索引对象的创建。

图 10-69 选择"创建索引"

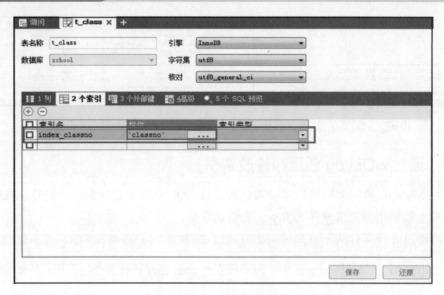

图 10-70　创建普通索引对象

步骤 03 在"对象资源管理器"窗口中选择 school|"表"|t_class|"索引"节点，然后单击"刷新"按钮，则会在"索引"节点中显示索引对象 index_classno，如图 10-71 所示。

图 10-71　查看索引对象

步骤 04 创建唯一索引对象 index_classno，具体设置信息如图 10-72 所示。填写好信息后，单击"保存"按钮，弹出"保存"对话框，在该对话框中单击"确定"按钮，即可实现索引对象的创建。

图 10-72 在 t_class 窗口创建唯一索引对象

步骤 05 创建全文索引对象 index_loc，设置信息如图 10-73 所示。填写好信息后，单击"保存"按钮，弹出"保存"对话框，在该对话框中单击"确定"按钮即可实现该索引对象的创建。

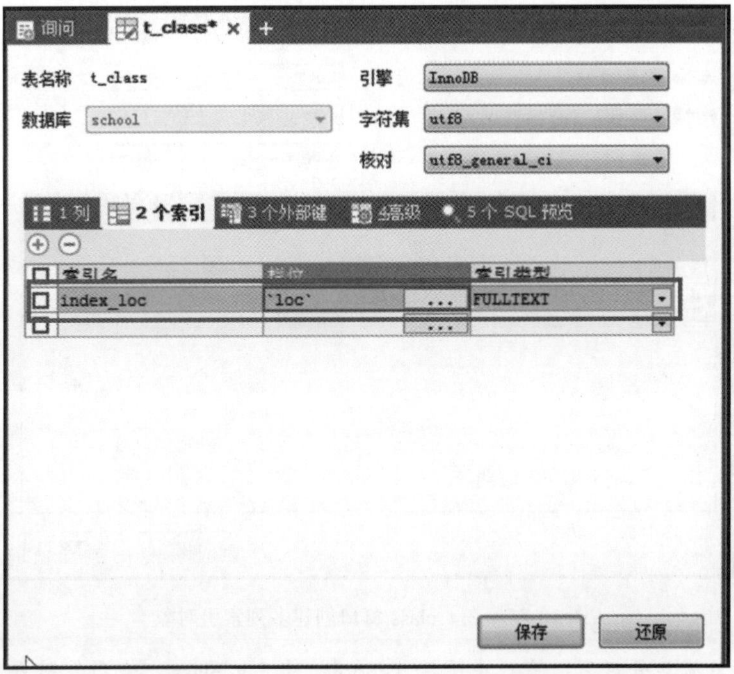

图 10-73 在 t_class 窗口创建全文索引对象

步骤 06 在"对象资源管理器"窗口中选择 school|"表"|t_class|"索引"节点，然后单击"刷新"按钮，则会在"索引"节点中显示索引对象 index_loc，如图 10-74 所示。

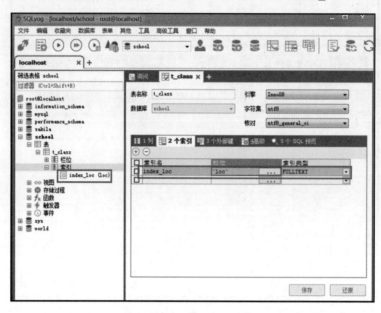

图 10-74　查看索引对象

步骤 07 创建多列索引对象 index_cname_loc，设置信息如图 10-75 所示。填写好信息后，单击"保存"按钮，弹出"保存"对话框，在该对话框中单击"确定"按钮即可实现该索引对象的创建。

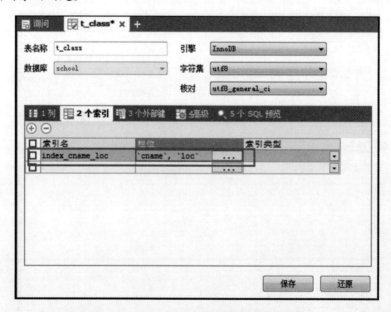

图 10-75　在 t_class 窗口创建多列索引对象

步骤 08 在"对象资源管理器"窗口中选择 school|"表"|t_class|"索引"节点，然后单击"刷新"按钮，则会在"索引"节点中显示索引对象 index_cname_loc，如图 10-76 所示。

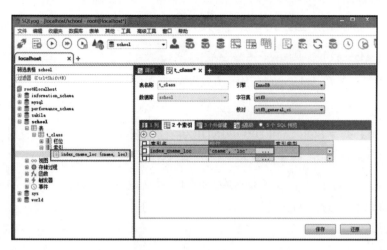

图 10-76　查看索引对象

通过上述步骤可以在数据库 school 中为表 t_class 创建各种索引。对于 SQLyog 工具，除了可以通过以上步骤（向导方式）创建各种索引外，还可以在"询问"窗口中输入创建索引的 SQL 语句，再单击工具栏中的"执行查询"按钮，实现索引的创建，如图 10-77 所示。

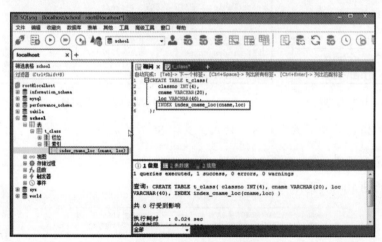

图 10-77　执行 SQL 语句创建索引

10.3　删除索引

索引的操作包括创建索引、查看索引和删除索引。所谓删除索引，就是删除表中已经创建的索引。之所以要删除索引，是由于这些索引会降低表的更新速度，影响数据库的性能。本节将详细介绍如何删除索引。

10.3.1 删除索引的语法形式

在 MySQL 中删除索引通过 SQL 语句 DROP INDEX 来实现，其语法形式如下：

```
DROP INDEX indexname ON tablename;
```

在上述语句中，参数 indexname 表示所要删除的索引名字，tablename 表示所要删除的索引所在的表对象。

【示例 10-20】执行 SQL 语句 DROP INDEX，在数据库 school 中删除表对象 t_class 中的索引对象 index_cname_loc，具体步骤如下：

步骤 01 使用 SQL 语句 USE，选择数据库 school，并通过 SQL 语句 SHOW CREATE TABLE 查看班级表 t_class 的信息，具体 SQL 语句如下：

```
USE school;
SHOW CREATE TABLE t_class \G;
```

执行结果如图 10-78 和图 10-79 所示。

```
mysql> USE school;
Database changed
```

图 10-78　选择数据库

```
mysql> SHOW CREATE TABLE t_class \G;
*************************** 1. row ***************************
       Table: t_class
Create Table: CREATE TABLE `t_class` (
  `classno` int(4) DEFAULT NULL,
  `cname` varchar(20) DEFAULT NULL,
  `loc` varchar(40) DEFAULT NULL,
  KEY `index_cname_loc` (`cname`,`loc`)
) ENGINE=InnoDB DEFAULT CHARSET=utf8mb4 COLLATE=utf8mb4_0900_ai_ci
1 row in set (0.00 sec)
```

图 10-79　查看表信息

步骤 02 检验 t_class 表中的索引是否被使用，具体 SQL 语句如下：

```
EXPLAIN SELECT * FROM t_class WHERE cname='class_1' \G
```

执行结果如图 10-80 所示。

```
mysql> EXPLAIN SELECT * FROM t_class WHERE cname='class_1' \G;
*************************** 1. row ***************************
           id: 1
  select_type: SIMPLE
        table: t_class
   partitions: NULL
         type: ref
possible_keys: index_cname_loc
          key: index_cname_loc
      key_len: 83
          ref: const
         rows: 1
     filtered: 100.00
        Extra: NULL
1 row in set, 1 warning (0.00 sec)
```

图 10-80　查看表

步骤 03 执行 SQL 语句 DROP INDEX，删除索引对象 index_cname_loc，再查看所创建的表的信息，具体 SQL 语句如下：

```
DROP INDEX index_cname_loc ON t_class;
```

```
SHOW CREATE TABLE t_class \G;
```

执行结果如图 10-81 和图 10-82 所示。

```
mysql> DROP INDEX index_cname_loc
    -> ON t_class;
Query OK, 0 rows affected (0.09 sec)
Records: 0  Duplicates: 0  Warnings: 0
```

图 10-81　选择数据库

```
mysql> SHOW CREATE TABLE t_class \G;
*************************** 1. row ***************************
       Table: t_class
Create Table: CREATE TABLE `t_class` (
  `classno` int(4) DEFAULT NULL,
  `cname` varchar(20) DEFAULT NULL,
  `loc` varchar(40) DEFAULT NULL
> ENGINE=InnoDB DEFAULT CHARSET=utf8mb4 COLLATE=utf8mb4_0900_ai_ci
1 row in set (0.00 sec)
```

图 10-82　查看表信息

图 10-82 的执行结果显示，表 t_class 已经不存在索引对象 index_cname_loc 了。

10.3.2　通过 SQLyog 删除索引

在客户端 SQLyog 中，不但可以通过在"询问"窗口中执行 DROP INDEX 语句来删除索引，而且可以通过向导来实现，具体步骤如下：

步骤 01 在"对象资源管理器"窗口中，单击 school|"表"|t_class|"索引"节点前的加号，然后右击 index_cname_loc 节点，从弹出的快捷菜单中选择"删除索引"命令，如图 10-83 所示。

图 10-83　选择"删除索引"命令

步骤 02 在弹出的对话框中确定是否删除索引，单击"是"按钮会弹出"索引删除成功"对话框，在其中单击"确定"按钮之后，"对象资源管理器"中的 school|"表"|t_class|"索引"节点下就没有任何索引对象了，如图 10-84 所示。

图 10-84　删除索引成功

10.4 综合示例——创建索引

本节通过一个综合示例来巩固本章学习的知识。在 company 数据库中创建一个部门表 t_dept 和一个员工表 t_employee，具体如表 10-1 和表 10-2 所示。

表 10-1　t_dept表的结构

字段名	数据类型	长度	描述
deptid	INT	4	部门 ID，自增，非空，主键
deptname	VARCHAR	20	部门名
deptfunction	VARCHAR	20	部门职能
description	TEXT	/	部门描述

表 10-2　t_employee 表的结构

字段名	数据类型	长度	描述
id	INT	4	员工 ID，自增，非空，主键
name	VARCHAR	20	部门名
gender	VARCHAR	20	部门职能
age	VARCHAR	20	位置
salary	INT	6	工资
deptid	INT	4	部门编号

步骤 01 创建和选择 company 数据库，具体 SQL 语句如下：

```
CREATE DATABASE company;
USE company;
```

执行结果如图 10-85 和图 10-86 所示。

```
mysql> CREATE DATABASE company;
Query OK, 1 row affected (0.00 sec)
```

```
mysql> USE company;
Database changed
```

图 10-85　创建数据库　　　　　图 10-86　选择数据库

步骤 02 根据表 10-1 的内容创建部门表 t_dept，在 deptid 字段上创建名为 index_did 的唯一性索引，以升序的形式排列；在 deptname 字段和 deptfunction 字段上创建名为 index_dname 的多列索引；在 description 字段上创建名为 index_desc 的全文索引，SQL 代码如下：

```
CREATE TABLE t_dept(
    deptid INT(4) NOT NULL UNIQUE PRIMARY KEY AUTO_INCREMENT,
    deptname VARCHAR(20) NOT NULL,
    deptfunction VARCHAR(20) NOT NULL,
    description TEXT,
    UNIQUE INDEX index_did(deptid ASC),
    INDEX index_dname_fuction(deptname,deptfunction),
    FULLTEXT INDEX index_desc(description));
```

执行结果如图 10-87 所示。

步骤 03 根据表 10-2 创建员工表 t_employee，具体 SQL 语句如下：

```
CREATE TABLE t_employee(
    id INT(4) DEFAULT NULL,
    name VARCHAR(20) DEFAULT NULL,
    gender VARCHAR(6) DEFAULT NULL,
    age INT(4) DEFAULT NULL,
    salary INT(6) DEFAULT NULL,
    deptid INT(4) DEFAULT NULL);
```

执行结果如图 10-88 所示。

```
mysql> CREATE TABLE t_dept(
    -> deptid INT(4) NOT NULL UNIQUE PRIMARY KEY AUTO_INCREMENT,
    -> deptname VARCHAR(20) NOT NULL,
    -> deptfunction VARCHAR(20) NOT NULL,
    -> description TEXT,
    -> UNIQUE INDEX index_did(deptid ASC),
    -> INDEX index_dname(deptname),
    -> FULLTEXT INDEX index_desc(description));
Query OK, 0 rows affected, 1 warning (0.21 sec)
```

```
mysql> CREATE TABLE t_employee(
    -> id INT(4) DEFAULT NULL,
    -> name VARCHAR(20) DEFAULT NULL,
    -> gender VARCHAR(6) DEFAULT NULL,
    -> age INT(4) DEFAULT NULL,
    -> salary INT(6) DEFAULT NULL,
    -> deptid INT(4) DEFAULT NULL);
Query OK, 0 rows affected (0.04 sec)
```

图 10-87　创建部门表　　　　　　图 10-88　创建员工表

步骤 **04** 在员工表的 name 字段创建索引，具体 SQL 语句如下：

```
CREATE INDEX index_name ON t_employee(name(10));
```

执行结果如图 10-89 所示。

步骤 **05** 在员工表的 age 字段创建索引，具体 SQL 语句如下：

```
CREATE INDEX index_age ON t_employee(age);
```

执行结果如图 10-90 所示。

```
mysql> CREATE INDEX index_name
    -> ON t_employee(name(10));
Query OK, 0 rows affected (0.01 sec)
Records: 0  Duplicates: 0  Warnings: 0
```

图 10-89 创建索引

```
mysql> CREATE INDEX index_age
    -> ON t_employee(age);
Query OK, 0 rows affected (0.02 sec)
Records: 0  Duplicates: 0  Warnings: 0
```

图 10-90 创建索引

步骤 **06** 创建名为 index_id 的唯一性索引，具体 SQL 语句如下：

```
ALTER TABLE t_employee ADD INDEX index_id(id ASC);
```

执行结果如图 10-91 所示。

步骤 **07** 查看 t_employee 表的结构，具体 SQL 语句如下：

```
SHOW CREATE TABLE t_employee \G;
```

执行结果 10-92 所示。

```
mysql> ALTER TABLE t_employee
    -> ADD INDEX index_id(id ASC);
Query OK, 0 rows affected (0.03 sec)
Records: 0  Duplicates: 0  Warnings: 0

mysql>
```

图 10-91 创建索引

```
mysql> SHOW CREATE TABLE t_employee \G;
*************************** 1. row ***************************
       Table: t_employee
Create Table: CREATE TABLE `t_employee` (
  `id` int(4) DEFAULT NULL,
  `name` varchar(20) DEFAULT NULL,
  `gender` varchar(6) DEFAULT NULL,
  `age` int(4) DEFAULT NULL,
  `salary` int(6) DEFAULT NULL,
  `deptid` int(4) DEFAULT NULL,
  KEY `index_name` (`name`(10)),
  KEY `index_age` (`age`),
  KEY `index_id` (`id`)
) ENGINE=InnoDB DEFAULT CHARSET=utf8mb4 COLLATE=utf8mb4_0900_ai_ci
1 row in set (0.01 sec)
```

图 10-92 查看表信息

图 10-92 的执行结果显示，员工表中存在 index_name、index_age 和 index_id 三个索引。

步骤 **08** 删除 t_dept 表上的 index_dname 索引，再查看 t_dept 表的结构，具体 SQL 代码如下：

```
DROP INDEX index_dname ON t_dept;
SHOW CREATE TABLE t_dept\G
```

执行结果如图 10-93 和图 10-94 所示。

```
mysql> SHOW CREATE TABLE t_dept\G
*********************** 1. row ***********************
        Table: t_dept
Create Table: CREATE TABLE `t_dept` (
  `deptid` int(4) NOT NULL AUTO_INCREMENT,
  `deptname` varchar(20) NOT NULL,
  `deptfunction` varchar(20) NOT NULL,
  `description` text,
  PRIMARY KEY (`deptid`),
  UNIQUE KEY `deptid` (`deptid`),
  UNIQUE KEY `index_did` (`deptid`),
  FULLTEXT KEY `index_desc` (`description`)
) ENGINE=InnoDB DEFAULT CHARSET=utf8mb4 COLLATE=utf8mb4_0900_ai_ci
1 row in set (0.00 sec)
```

```
mysql> DROP INDEX index_dname ON t_dept;
Query OK, 0 rows affected (0.03 sec)
Records: 0  Duplicates: 0  Warnings: 0

mysql>
```

图 10-93　删除索引　　　　　　　　　　　图 10-94　查看表信息

从图 10-94 可以看出 t_dept 表中的 indext_dname 索引已被删除。

步骤 09　删除 t_employee 表上的 index_name 索引，SQL 代码如下：

```
DROP INDEX index_name ON t_employee;
```

执行结果如图 10-95 所示。

再查看 t_employee 表的结构，具体 SQL 代码如下：

```
SHOW CREATE TABLE t_employee \G;
```

执行结果如图 10-96 所示。

```
mysql> DROP INDEX index_name
    -> ON t_employee;
Query OK, 0 rows affected (0.02 sec)
Records: 0  Duplicates: 0  Warnings: 0

mysql>
```

```
mysql> SHOW CREATE TABLE t_employee \G;
*********************** 1. row ***********************
        Table: t_employee
Create Table: CREATE TABLE `t_employee` (
  `id` int(4) DEFAULT NULL,
  `name` varchar(20) DEFAULT NULL,
  `gender` varchar(6) DEFAULT NULL,
  `age` int(4) DEFAULT NULL,
  `salary` int(6) DEFAULT NULL,
  `deptid` int(4) DEFAULT NULL,
  KEY `index_age` (`age`),
  KEY `index_id` (`id`)
) ENGINE=InnoDB DEFAULT CHARSET=utf8mb4 COLLATE=utf8mb4_0900_ai_ci
1 row in set (0.00 sec)
```

图 10-95　删除索引　　　　　　　　　　　图 10-96　查看表信息

从图 10-96 可以看出 t_employee 表中的 index_name 索引已被删除。

10.5　经典习题与面试题

1. 经典习题

在数据库 school 中创建学生数据表 t_student，表结构如表 10-3 所示，按要求进行操作。

表 10-3　t_student 表的结构

字段名	数据类型	长度	描述
id	INT	4	学生 ID，自增，非空，主键
name	VARCHAR	20	学生姓名
gender	VARCHAR	20	学生性别
age	VARCHAR	20	学生年龄
info	TEXT	/	学生简介

（1）在数据库 school 中创建学生表 t_student，存储引擎为 MyISAM，创建表的同时在 stuid 字段上添加名称为 index_stu_id 的唯一索引。

（2）使用 CREATE INDEX 在 gender 和 age 字段上创建名称为 index_multi 的多列索引。

（3）使用 ALTER TABLE 语句在 stuname 字段上创建名称为 index_name 的普通索引。

（4）使用 CREATE INDEX 语句在 info 字段上创建名称为 index_info_full 的全文索引。

（5）删除名称为 index_info_full 的全文索引。

2. 面试题及解答

（1）应该如何使用索引？

为数据库选择正确的索引是一项复杂的任务。如果索引列较少，那么需要的磁盘空间和维护开销都较少。如果在一个表上创建了多列索引，索引文件就会膨胀得很快。同时，索引较多可覆盖更多的查询。可能需要试验若干不同的设计才能找到最有效的索引。可以添加、修改和删除索引而不影响数据库架构或应用程序设计。因此，应尝试多个不同的索引从而建立有效的索引。

（2）是否应该尽量使用短索引？

对字符串类型的字段进行索引，如果可能，应该指定一个前缀长度。例如，有一个 VARCHAR(255)的列，如果在前 10 个或者 20 个字符内，多数值是唯一的，就不需要对整个列进行索引。短索引不仅可以提高查询速度，而且可以节省磁盘空间，减少 I/O 操作。

（3）在 MySQL 中，主键、索引和唯一性的区别是什么？

主键是表中数据的唯一标识。不同的记录的主键值不同。例如，身份证好比主键，每个身份证号都可以唯一地确定一个人。在建立主键时，系统会自动建立一个唯一性索引。

索引建立在一个或者几个字段上，建立了索引后，表中的数据就按照索引的一定规则排列。这样可以提高查询速度。

唯一性也是建立在表中的一个或者几个字段上，其目的是为了使不同的记录，具有唯一性的字段的值是不同的。

10.6 本章小结

本章介绍了 MySQL 数据库索引的基础知识以及创建、查询和删除索引的方法。创建索引是本章的重点内容。读者需要重点掌握创建索引的 3 种方法，分别是创建表的时候创建索引、使用 CREATE INDEX 语句创建索引和使用 ALTER TABLE 语句创建索引。创建索引的基本原则是本章的难点。下一章将介绍视图的定义、视图的作用、创建视图、删除视图、查询视图和更新视图等内容。

第 11 章
◀ 视 图 ▶

视图是从一个或多个表中导出来的表，是一种虚拟存在的表。视图就像一个窗口，通过这个窗口可以看到系统专门提供的数据，这样用户可以不用看到整个数据库表中的数据，而只需要关心对自己有用的数据。视图可以使用户的操作更方便，而且可以保障数据库系统的安全性。本章主要讲解的内容包括：

- 视图的相关概念。
- 视图的基本操作：创建视图、查询视图、更新视图和删除视图。

11.1　什么时候使用视图

通过前面章节的知识可以发现，数据库中关于数据的查询有时非常复杂，例如表连接、子查询等，这种查询会让程序员感到非常痛苦，因为它的逻辑太复杂，编写的语句比较多，当这种查询需要重复使用时，很难每次都能编写正确，从而降低了数据库的实用性。

在具体操作表之前，有时候要求只能操作部分字段，而不是全部字段。例如在学校里，学生的智商测试结果一般都是保密的，如果因为一时疏忽向查询中多写了关于"智商"的字段，就会让学生的智商显示给所有能够查看该查询结果的人，这时就需要限制使用者操作的字段。

为了提高复杂的 SQL 语句的复用性和表的操作的安全性，MySQL 数据库管理系统提供了视图特性。所谓视图，本质上是一种虚拟表，其内容与真实的表相似，包含一系列带有名称的列和行数据。但是，视图并不在数据库中以存储数据值的形式存在，行和列数据来自定义视图的查询所引用的基本表，并且在具体引用视图时动态生成。

视图使程序员只关心感兴趣的某些特定数据和他们所负责的特定任务。这样程序员只能看到视图中所定义的数据，而不是视图所引用表中的数据，从而提高数据库中数据的安全性。

视图的特点如下：

- 视图的列可以来自不同的表，是表的抽象和逻辑意义上建立的新关系。
- 视图是由基本表（实表）产生的表（虚表）。
- 视图的建立和删除不影响基本表。
- 对视图内容的更新（添加、删除和修改）直接影响基本表。
- 当视图来自多个基本表时，不允许添加和删除数据。

11.2 创建视图

视图的操作包括创建视图、查看视图、删除视图和修改视图。本节将详细介绍如何创建视图。在创建视图时，首先要确保拥有 CREATE VIEW 的权限，并且同时确保对创建视图所引用的表具有相应的权限。

11.2.1 创建视图的语法形式

虽然视图可以被看成是一种虚拟表，但是其物理上是不存在的，即 MySQL 并没有专门的位置为视图存储数据。根据视图的概念可以发现其数据来源于查询语句。创建视图的语法如下：

```
CREATE[OR REPLACE][ALGORITHM=[UNDEFINED|MERGE|TEMPLATE]]
VIEW viewname[columnlist]
AS SELECT statement
[WITH[CASCADED|LOCAL]CHECK OPTION]
```

其中，CREATE 表示创建新的视图；REPLACE 表示替换已经创建的视图；ALGORITHM 表示视图选择的算法；viewname 为视图的名称；columnlist 为属性列；SELECT statement 表示 SELECT 语句；参数 WITH[[CASCADED|LOCAL]CHECK OPTION 表示视图在更新时保证在视图的权限范围之内。

ALGORITHM 的取值有 3 个，分别是 UNDEFINED、MERGE 和 TEMPTABLE。UNDEFINED 表示 MySQL 将自动选择算法；MERGE 表示将使用的视图语句与视图定义合并起来，使得视图定义的某一部分取代语句对应的部分；TEMPTABLE 表示将视图的结果存入临时表，然后用临时表来执行语句。

CASCADED 与 LOCAL 为可选参数：CASCADED 为默认值，表示更新视图时要满足所有相关视图和表的条件；LOCAL 表示更新视图时满足该视图本身定义的条件即可。

创建视图的语句要求具有针对视图的 CREATE VIEW 权限，以及针对由 SELECT 语句选择的每一列上的某些权限。对于在 SELECT 语句中其他地方使用的列，必须具有 SELECT 权限，如果还有 OR REPLACE 子句，就必须在视图上具有 DROP 权限。

视图属于数据库。在默认情况下，将在当前数据库创建新视图。要想在给定数据库中明确创建视图，创建时应将名称指定为 dbname.viewname。

 使用 CREATE VIEW 语句创建视图时，最好加上 WITH CHECK OPTION 参数，而且最好加上 CASCADED 参数，这样从视图上派生出新视图后，更新视图需要考虑其父视图的约束条件。这种方式比较严格，可以保证数据的安全性。

创建视图时，需要有 CREATE VIEW 的权限，同时应该具有查询设计的列的 SELECT 权限。在 MySQL 数据库下面的表 user 中保存这些权限信息，可以使用 SELECT 语句查询。SELECT 语句查询的方式如下：

```
SELECT Select_priv,Create_view_priv
  FROM mysql.user
    WHERE user='root';
```

其中，Select_priv 属性表示用户是否具有 SELECT 权限，Y 表示拥有 SELECT 权限，N 表示没有；Create_view_priv 属性表示用户是否具有 CREATE VIEW 权限；mysql.user 表示 MySQL 数据库下面的表 user；参数 root 就是登录的用户名。

该语句的执行结果如图 11-1 所示。

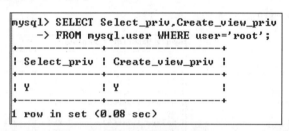

图 11-1　显示用户权限

图 11-1 的执行结果显示，属性 Select_priv 和属性 Create_view_priv 的值都为 Y。这表示其具有 SELECT 权限和 CREATE VIEW 权限。

11.2.2　在单表上创建视图

MySQL 可以在单个表上创建视图。

【示例 11-1】在数据库 company 中，由员工表 t_employee 创建隐藏工资字段 salary 的视图 view_selectemployee，具体步骤如下：

步骤 01 执行 SQL 语句 CREATE DATABASE，创建数据库 company，并选择该数据库，具体 SQL 语句如下：

```
CREATE DATABASE company;
USE company;
```

执行结果如图 11-2 和图 11-3 所示。

```
mysql> CREATE DATABASE company;
Query OK, 1 row affected (0.00 sec)
```

图 11-2　创建数据库

```
mysql> USE company;
Database changed
```

图 11-3　选择数据库

步骤 02 执行 SQL 语句 CREATE TABLE，创建员工表 t_employee，具体 SQL 语句如下：

```
CREATE TABLE t_employee(
```

```
    id INT(4),
    name VARCHAR(20),
    gender VARCHAR(6),
    age INT(4),
    salary INT(6),
    deptno INT(4)
);
```

执行结果如图 11-4 所示。

步骤 03 执行 SQL 语句 DESCRIBE，检验表 t_employee 是否创建成功，具体 SQL 语句如下：

```
DESCRIBE t_employee;
```

执行结果如图 11-5 所示。

图 11-4　创建表 t_employee

图 11-5　查看表 t_employee 的信息

步骤 04 向表 t_employee 中插入数据，具体 SQL 语句如下：

```
INSERT INTO t_employee(id,name,gender,age,salary,deptno)
    VALUES(1001,'Alicia Florric','Female',33,10000,1),
          (1002,'Kalinda Sharma','Female',31,9000,1),
          (1003,'Cary Agos','Male',27,8000,1),
          (1004,'Eli Gold','Male',44,20000,2),
          (1005,'Peter Florric','Male',34,30000,2),
          (1006,'Diane Lockhart','Female',43,50000,3),
          (1007,'Maia Rindell','Female',43,9000,3),
          (1008,'Will Gardner','Male',36,50000,3),
          (1009,'Jacquiline Florric','Female',57,9000,4),
          (1010,'Zach Florric','Female',17,5000,5),
          (1011,'Grace Florric','Female',14,4000,5);
```

执行结果如图 11-6 所示。

图 11-6　向表 t_employee 中插入数据

344

步骤 05 检查数据是否插入成功，具体 SQL 语句如下：

```
SELECT * FROM t_employee;
```

执行结果如图 11-7 所示。

```
mysql> SELECT * FROM t_employee;
+------+------------------+--------+-----+--------+--------+
| id   | name             | gender | age | salary | deptno |
+------+------------------+--------+-----+--------+--------+
| 1001 | Alicia Florric   | Female |  33 |  10000 |      1 |
| 1002 | Kalinda Sharma   | Female |  31 |   9000 |      1 |
| 1003 | Cary Agos        | Male   |  27 |   8000 |      1 |
| 1004 | Eli Gold         | Male   |  44 |  20000 |      2 |
| 1005 | Peter Florric    | Male   |  34 |  30000 |      2 |
| 1006 | Diane Lockhart   | Female |  43 |  50000 |      3 |
| 1007 | Maia Rindell     | Female |  43 |   9000 |      3 |
| 1008 | Will Gardner     | Male   |  36 |  50000 |      3 |
| 1009 | Jacquiline Florric | Female | 57 |  9000 |      4 |
| 1010 | Zach Florric     | Female |  17 |   5000 |      5 |
| 1011 | Grace Florric    | Female |  14 |   4000 |      5 |
+------+------------------+--------+-----+--------+--------+
11 rows in set (0.00 sec)
```

图 11-7　查看表 t_employee 的数据

步骤 06 创建 view_selectemployee 视图，具体 SQL 语句如下：

```
CREATE VIEW view_selectemployee AS
    SELECT id,name,gender,age,deptno FROM t_employee;
```

执行结果如图 11-8 所示。

步骤 07 查看视图的结构，具体 SQL 语句如下：

```
DESCRIBE view_selectemployee;
```

执行结果如图 11-9 所示。

```
mysql> DESCRIBE view_selectemployee;
+--------+-------------+------+-----+---------+-------+
| Field  | Type        | Null | Key | Default | Extra |
+--------+-------------+------+-----+---------+-------+
| id     | int(4)      | YES  |     | NULL    |       |
| name   | varchar(20) | YES  |     | NULL    |       |
| gender | varchar(6)  | YES  |     | NULL    |       |
| age    | int(4)      | YES  |     | NULL    |       |
| deptno | int(4)      | YES  |     | NULL    |       |
+--------+-------------+------+-----+---------+-------+
5 rows in set (0.00 sec)
```

```
mysql> CREATE VIEW view_selectemployee AS
    -> SELECT id,name,gender,age,deptno
    -> FROM t_employee;
Query OK, 0 rows affected (0.03 sec)
```

图 11-8　创建视图　　　　　　　　　　图 11-9　查看视图

图 11-9 的执行结果显示，视图 view_selectemployee 的属性分别为 id、name、gender、age 和 deptno。使用视图时，用户接触不到实际操作的表和字段，这样可以保证数据库的安全。

步骤 08 查询视图，具体 SQL 语句如下：

```
SELECT * FROM view_selectemployee;
```

执行结果如图 11-10 所示。

```
mysql> SELECT * FROM view_selectemployee;
+------+------------------+--------+-----+--------+
| id   | name             | gender | age | deptno |
+------+------------------+--------+-----+--------+
| 1001 | Alicia Florric   | Female |  33 |      1 |
| 1002 | Kalinda Sharma   | Female |  31 |      1 |
| 1003 | Cary Agos        | Male   |  27 |      1 |
| 1004 | Eli Gold         | Male   |  44 |      2 |
| 1005 | Peter Florric    | Male   |  34 |      2 |
| 1006 | Diane Lockhart   | Female |  43 |      3 |
| 1007 | Maia Rindell     | Female |  43 |      3 |
| 1008 | Will Gardner     | Male   |  36 |      3 |
| 1009 | Jacquiline Florric| Female |  57 |     4 |
| 1010 | Zach Florric     | Female |  17 |      5 |
| 1011 | Grace Florric    | Female |  14 |      5 |
+------+------------------+--------+-----+--------+
11 rows in set (0.01 sec)
```

图 11-10　查询视图

图 11-10 的执行结果显示，由表 t_employee 创建的视图 view_selectemployee 的数据记录和表 t_employee 中相应的记录是一致的，只不过没有显示工资字段 salary 的数据。

11.2.3　在多表上创建视图

MySQL 中也可以在两个或两个以上的表上创建视图，也是使用 CREATE VIEW 语句实现的。

【示例 11-2】在数据库 company 中，由部门表 t_dept 和员工表 t_employee 创建一个名为 view_dept_employee 的视图，具体步骤如下：

步骤 01　创建数据库、创建表 t_employee、向表 t_employee 中插入数据部分的工作在示例 11-1 中已经完成，在本示例中可以继续沿用，不再赘述准备过程。

步骤 02　创建部门表 t_dept，具体 SQL 语句如下：

```
CREATE TABLE t_dept(
    deptno int(4),
    deptname varchar(20),
    product varchar(20),
    location varchar(20));
```

执行结果如图 11-11 所示。

步骤 03　检验表 t_dept 是否创建成功，具体 SQL 语句如下：

```
DESCRIBE t_dept;
```

执行结果如图 11-12 所示。

```
mysql> CREATE TABLE t_dept(
    -> deptno int(4),
    -> deptname varchar(20),
    -> product varchar(20),
    -> location varchar(20));
Query OK, 0 rows affected (0.02 sec)
```

图 11-11　创建部门表

```
mysql> DESC t_dept;
+----------+-------------+------+-----+---------+-------+
| Field    | Type        | Null | Key | Default | Extra |
+----------+-------------+------+-----+---------+-------+
| deptno   | int(4)      | YES  |     | NULL    |       |
| deptname | varchar(20) | YES  |     | NULL    |       |
| product  | varchar(20) | YES  |     | NULL    |       |
| location | varchar(20) | YES  |     | NULL    |       |
+----------+-------------+------+-----+---------+-------+
4 rows in set (0.00 sec)
```

图 11-12　查看部门表

步骤04 向表 t_dept 中插入数据并查询，具体 SQL 语句如下：

```
INSERT INTO t_dept(deptno,deptname,product,location)
  VALUES(1,'develop departtment','pivot_gaea','west_3'),
        (2,'test departtment','sky_start','east_4'),
        (3,'operate departtment','cloud_4','south_4'),
        (4,'maintain department','fly_4','north_5');
  SELECT * FROM t_dept;
```

执行完毕后查询结果如图 11-13 所示。

步骤05 创建 view_dept_employee 视图，具体 SQL 语句如下：

```
CREATE ALGORITHM=MERGE VIEW
  view_dept_employee(name,dept,gender,age,loc)
  AS SELECT name,t_dept.deptname,gender,age,t_dept.location
  FROM t_employee, t_dept WHERE t_employee.deptno=t_dept.deptno
  WITH LOCAL CHECK OPTION;
```

执行结果如图 11-14 所示。

```
mysql> SELECT * FROM t_dept;
+--------+---------------------+------------+----------+
| deptno | deptname            | product    | location |
+--------+---------------------+------------+----------+
|      1 | develop departtment | pivot_gaea | west_3   |
|      2 | test departtment    | sky_start  | east_4   |
|      3 | operate departtment | cloud_4    | south_4  |
|      4 | maintain department | fly_4      | north_5  |
+--------+---------------------+------------+----------+
4 rows in set (0.00 sec)
```

图 11-13 查询部门表的数据

```
mysql> CREATE ALGORITHM=MERGE VIEW
    -> view_dept_employee(name,dept,gender,age,loc) AS
    -> SELECT name,t_dept.deptname,gender,age,t_dept.location
    -> FROM t_employee, t_dept
    -> WHERE t_employee.deptno=t_dept.deptno
    -> WITH LOCAL CHECK OPTION;
Query OK, 0 rows affected (0.05 sec)
```

图 11-14 创建视图

步骤06 查看视图的结构，具体 SQL 语句如下：

```
DESCRIBE view_dept_employee;
```

执行结果如图 11-15 所示。

步骤07 查询视图，具体 SQL 语句如下：

```
SELECT * FROM view_dept_employee;
```

执行结果如图 11-16 所示。

```
mysql> DESCRIBE view_dept_employee;
+--------+-------------+------+-----+---------+-------+
| Field  | Type        | Null | Key | Default | Extra |
+--------+-------------+------+-----+---------+-------+
| name   | varchar(20) | YES  |     | NULL    |       |
| dept   | varchar(20) | YES  |     | NULL    |       |
| gender | varchar(6)  | YES  |     | NULL    |       |
| age    | int(4)      | YES  |     | NULL    |       |
| loc    | varchar(20) | YES  |     | NULL    |       |
+--------+-------------+------+-----+---------+-------+
5 rows in set (0.00 sec)
```

图 11-15 查看视图

```
mysql> SELECT * FROM view_dept_employee;
+--------------------+---------------------+--------+-----+---------+
| name               | dept                | gender | age | loc     |
+--------------------+---------------------+--------+-----+---------+
| Alicia Florric     | develop departtment | Female |  33 | west_3  |
| Kalinda Sharma     | develop departtment | Female |  31 | west_3  |
| Cary Agos          | develop departtment | Male   |  27 | west_3  |
| Eli Gold           | test departtment    | Male   |  44 | east_4  |
| Peter Florric      | test departtment    | Male   |  34 | east_4  |
| Diane Lockhart     | operate departtment | Female |  43 | south_4 |
| Maia Rindell       | operate departtment | Female |  43 | south_4 |
| Will Gardner       | operate departtment | Male   |  36 | south_4 |
| Jacquiline Florric | maintain department | Female |  57 | north_5 |
+--------------------+---------------------+--------+-----+---------+
9 rows in set (0.00 sec)
```

图 11-16 查询视图

图 11-15 的执行结果显示，视图 view_dept_employee 的属性分别为 name、dept、gender、age 和 loc。视图指定的属性列表对应两个不同的表的属性列。视图的属性名与属性列表中的属性名相同。该示例中的 SELECT 语句查询出了表 t_dept 的字段 deptname 和字段 location，还有表 t_employee 的字段 name、gender、age 和 location。而且，视图 view_dept_employee 的 ALGORITHM 值指定为 MERGE，还增加了 WITH LOCAL CHECK OPTION 约束。本示例说明，视图可以将多个表上的操作简洁地表示出来。

图 11-16 的执行结果显示，由表 t_dept 和表 t_employee 创建的视图 view_dept_employee 的数据和表 t_dept 和表 t_employee 中相应的记录是一致的，不过是有选择地显示字段。

11.2.4 通过 SQLyog 创建视图

在学习 MySQL 数据库阶段，可以通过命令行来创建视图，但是在数据库开发阶段，程序员一般通过客户端软件 SQLyog 来创建视图。

下面将通过一个具体的示例来说明如何通过 MySQL 数据库服务器客户端软件 SQLyog 来创建视图。

【示例 11-3】与示例 11-1 一样，由数据库 company 的员工表 t_employee 创建出隐藏工资字段 salary 的视图 view_selectemployee，具体步骤如下：

步骤01 在"对象资源管理器"窗口中，单击数据库 company 节点前的加号，然后右击"视图"节点，在弹出的快捷菜单中选择"创建视图"命令，如图 11-17 所示。

步骤02 弹出 Create View 对话框，在该对话框中输入视图名 view_selectemployee，如图 11-18 所示。

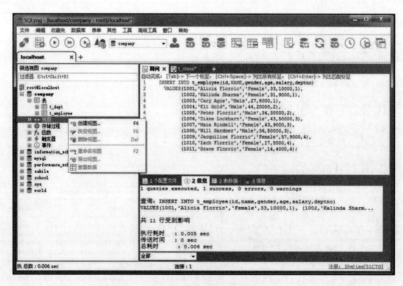

图 11-17 选择"创建视图"命令

图 11-18　输入视图名

步骤 03 如图 11-18 所示，单击"创建"按钮，会出现"视图编辑器"窗口，在该窗口中输入创建视图 view_selectemployee 的代码，具体如图 11-19 所示。

```
CREATE VIEW view_selectemployee
    AS SELECT id,name,gender,age,deptno FROM t_employee;
```

图 11-19　视图 view_selectemployee 代码模板

步骤 04 在 view_selectemployee 视图窗口中，右击代码，选择"执行查询"|"执行所有查询"命令，如图 11-20 所示。

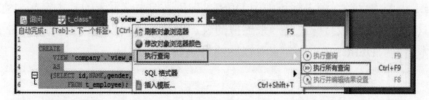

图 11-20　右击代码

步骤 05 就会在"对象资源管理器"窗口创建名为 view_selectemployee 的视图，如图 11-21 所示。

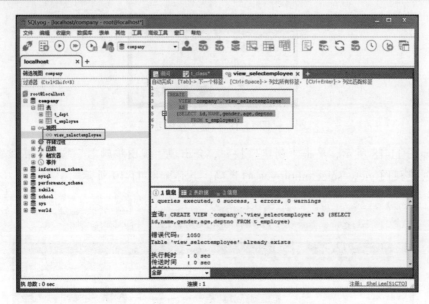

图 11-21　视图 view_selectemployee 创建成功

经过以上步骤，可以在 SQLyog 中成功创建视图对象。

11.3　查看视图

创建视图后，经常需要查看视图信息。MySQL 中有许多可以实现查看视图的语句，如 DESCRIBE、SHOW TABLES、SHOW TABLE STATUS、SHOW CREATE VIEW 和查询数据库 information_schema 下的表 views 等。如果要使用这些语句，首先要确保拥有 SHOW VIEW 的权限。本节将详细讲解查看视图的方法。

11.3.1　使用 DESCRIBE | DESC 语句查看视图基本信息

在 4.3.1 小节中已经详细讲解过使用 DESCRIBE 语句来查看表的基本定义。因为视图也是一张表，只是这张表比较特殊，是一张虚拟的表，因此同样可以使用 DESCRIBE 语句来查看视图的基本定义。DESCRIBE 语句查看视图的语法如下：

```
DESCRIBE | DESC viewname;
```

在上述语句中，参数 viewname 表示所要查看设计信息的视图名称。

【示例 11-4】查看数据库 company 中的视图 view_selectemployee 的设计信息，具体步骤如下：

步骤 01 创建数据库、创建表、插入数据部分的工作在示例 11-1 中已经完成，在本示例中可以沿用示例 11-1 中的数据库、表和数据，不再赘述准备过程。

步骤 02 选择数据库 company，具体 SQL 语句如下：

```
USE company;
```

执行结果如图 11-22 所示。

步骤 03 选择进入数据库 company 后，执行 SQL 语句 DESCRIBE，查看名为 view_selectemployee 的视图的设计信息，具体 SQL 语句如下：

```
DESCRIBE view_selectemployee;
```

执行结果如图 11-23 所示。

```
mysql> DESCRIBE view_selectemployee;
+--------+-------------+------+-----+---------+-------+
| Field  | Type        | Null | Key | Default | Extra |
+--------+-------------+------+-----+---------+-------+
| id     | int(4)      | YES  |     | NULL    |       |
| name   | varchar(20) | YES  |     | NULL    |       |
| gender | varchar(6)  | YES  |     | NULL    |       |
| age    | int(4)      | YES  |     | NULL    |       |
| deptno | int(4)      | YES  |     | NULL    |       |
+--------+-------------+------+-----+---------+-------+
5 rows in set (0.01 sec)
```

```
mysql> USE company;
Database changed
```

图 11-22　选择数据库　　　　　图 11-23　查看视图信息

步骤 04 由于 DESC 是 DESCRIBE 的缩写，因此查看 view_selectemployee 视图设计信息的 SQL 语句可以改写如下：

```
DESC view_selectemployee;
```

执行结果如图 11-24 所示。

```
mysql> DESC view_selectemployee;
+--------+-------------+------+-----+---------+-------+
| Field  | Type        | Null | Key | Default | Extra |
+--------+-------------+------+-----+---------+-------+
| id     | int(4)      | YES  |     | NULL    |       |
| name   | varchar(20) | YES  |     | NULL    |       |
| gender | varchar(6)  | YES  |     | NULL    |       |
| age    | int(4)      | YES  |     | NULL    |       |
| deptno | int(4)      | YES  |     | NULL    |       |
+--------+-------------+------+-----+---------+-------+
5 rows in set (0.00 sec)
```

图 11-24　查看视图信息

图 11-23 和图 11-24 的执行结果显示，关键字 DESCRIBE 和 DESC 的执行效果是一样的。

11.3.2　使用 SHOW TABLES 语句查看视图基本信息

从 MySQL 5.1 版本开始，执行 SHOW TABLES 语句时不仅会显示表的名字，同时会显示视图的名字。

下面演示通过 SHOW TABLES 语句查看数据库 company 中的视图和表的功能，具体 SQL 语句如下：

```
USE company;
SHOW TABLES;
```

执行结果如图 11-25 和图 11-26 所示。

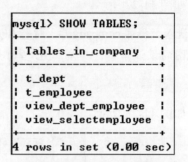

图 11-25　选择数据库　　　　图 11-26　显示视图和表

图 11-26 的执行结果显示，数据库 company 中的视图和表都被查询出来了。

11.3.3　使用 SHOW TABLE STATUS 语句查看视图基本信息

与 SHOW TABLE 语句一样，SHOW TABLE STATUS 语句不仅会显示表的详细信息，同时也会显示视图的详细信息。SHOW TABLE STATUS 语句的语法如下：

```
SHOW TABLE STATUS 【FROM dbname】【LIKE 'pattern'】
```

在上述语句中，参数 dbname 用来设置数据库，关键字 SHOW TABLE STATUS 表示将显示所设置的数据库里的表和视图的详细信息。

【示例 11-5】演示 SHOW TABLE STATUS 语句，用来查看名为 view_selectemployee 视图的详细信息，具体步骤如下：

步骤 01 创建数据库、创建表、插入数据的部分工作在示例 11-1 和示例 11-2 中已经完成，在本示例中可以沿用示例 11-1 和示例 11-2 中的数据库、表和数据，不再赘述准备过程。

步骤 02 选择数据库 company，具体 SQL 语句如下：

```
USE company;
```

执行结果如图 11-27 所示。

```
mysql> USE company;
Database changed
```

图 11-27　选择数据库

步骤 03 执行 SHOW TABLE STATUS 语句，查看数据库 company 中视图和表的详细信息，具体 SQL 语句如下：

```
SHOW TABLE STATUS FROM company \G
```

执行结果如图 11-28 所示。

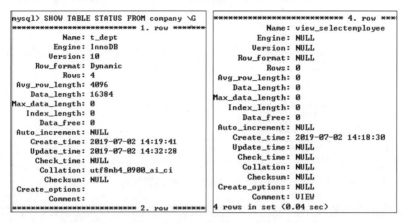

图 11-28　查看表和视图的信息

图 11-28 的执行结果显示，SHOW TABLE STATUS 语句返回表示表和视图的各种信息的各种字段，各字段含义如表 11-1 所示。

表 11-1　SHOW TABLE STATUS 返回字段含义

字段名	含义
Name	表和视图的名
Engine	表的存储引擎（在 MySQL 4.1.2 之前，用 Type 表示）
Version	表的.frm 文件的版本号
Row_format	表的行存储格式
Rows	表中行的数目
Avg_row_length	表中行的平均长度
Data_length	表数据文件的长度
Max_data_length	表数据文件的最大长度
Index_length	表索引文件的长度
Data_free	表被整序后，未使用的字节的数目
Auto_increment	表中下一个 AUTO_INCREMENT
Create_time	表的创建时间
Update_time	表的最后一次更新时间
Check_time	最后一次使用 check table 或 myisamchk 工具检查表的时间
Collation	表的字符集
Checksum	表的活性校验
Create_options	表的额外选项
Comment	表的注解

步骤 04　查看 view_selectemployee 视图的信息，SQL 语句如下：

```
SHOW TABLE STATUS FROM company LIKE 'view_selectemployee' \G
```

执行结果如图 11-29 所示。

```
mysql> SHOW TABLE STATUS FROM company LIKE 'view_selectemployee' \G
*************************** 1. row ***************************
           Name: view_selectemployee
         Engine: NULL
        Version: NULL
     Row_format: NULL
           Rows: 0
 Avg_row_length: 0
    Data_length: 0
Max_data_length: 0
   Index_length: 0
      Data_free: 0
 Auto_increment: NULL
    Create_time: 2019-07-02 14:18:30
    Update_time: NULL
     Check_time: NULL
      Collation: NULL
       Checksum: NULL
 Create_options: NULL
        Comment: VIEW
1 row in set (0.00 sec)
```

图 11-29　查看表和视图的信息

图 11-29 的执行结果显示，通过为关键字 SHOW TABLE 设置 LIKE 参数可以查看某一个具体表或者视图的详细信息。

11.3.4　使用 SHOW CREATE VIEW 语句查看视图详细信息

如果想查看关于视图的定义信息，可以通过语句 SHOW CREATE VIEW 来实现。SHOW CREATE VIEW 语句的语法如下：

```
SHOW TABLE VIEW viewname;
```

在上述语句中，参数 viewname 表示所要查看的定义信息的视图名称。

【示例 11-6】演示 SHOW CREATE VIEW 语句的功能，用来查看名为 view_selectemployee 的视图的定义信息，具体步骤如下：

步骤 01　创建数据库、创建表、插入数据部分的工作在示例 11-1 和示例 11-2 中已经完成，在本示例中可以沿用示例 11-1 和示例 11-2 中的数据库、表和数据，不再赘述准备过程。

步骤 02　选择数据库 company，具体 SQL 语句如下：

```
USE company;
```

执行结果如图 11-30 所示。

```
mysql> USE company;
Database changed
```

图 11-30　选择数据库

步骤 03　执行 SQL 语句 SHOW CREATE VIEW，查看名为 view_selectemployee 的视图的定义信息，具体 SQL 语句如下：

```
SHOW CREATE VIEW view_selectemployee \G
```

执行结果如图 11-31 所示。

```
mysql> SHOW CREATE VIEW view_selectemployee \G
*********************** 1. row ***********************
**
                    View: view_selectemployee
        Create View: CREATE ALGORITHM=UNDEFINED DEFINER=`ro
ot`@`localhost` SQL SECURITY DEFINER VIEW `view_selectemploy
ee` AS select `t_employee`.`id` AS `id`,`t_employee`.`name`
AS `name`,`t_employee`.`gender` AS `gender`,`t_employee`.`ag
e` AS `age`,`t_employee`.`deptno` AS `deptno` from `t_employ
ee`
character_set_client: gbk
collation_connection: gbk_chinese_ci
1 row in set (0.00 sec)
```

图 11-31 查看视图的定义信息

图 11-31 的执行结果显示，SHOW CREATE VIEW 语句返回两个字段，分别为表示视图名的字段 View 和关于视图定义的字段 Create View。

11.3.5 在 views 表中查看视图详细信息

在 MySQL 中，所有视图的定义都保存在数据库 information_schema 的表 views 中，查询表 views 可以查看到数据库中所有视图的详细信息，查询的语句如下：

```
SELECT * FROM information_schema.views
    WHERE table_name='viewname' \G
```

【示例 11-7】演示 SHOW CREATE VIEW 语句的功能，用来查看名为 view_selectemployee 的视图的定义信息，具体步骤如下：

步骤01 选择数据库 information_schema，具体 SQL 语句如下：

```
USE information_schema;
```

执行结果如图 11-32 所示。

步骤02 查询表 views 中的数据信息，具体 SQL 语句如下：

```
SELECT * FROM views WHERE table_name='view_selectemployee' \G
```

执行结果如图 11-33 所示。

```
mysql> SELECT * FROM VIEWS
    -> WHERE TABLE_NAME = 'view_selectemployee' \G
*********************** 1. row ***********************
        TABLE_CATALOG: def
         TABLE_SCHEMA: company
           TABLE_NAME: view_selectemployee
      VIEW_DEFINITION: select `company`.`t_employee`.`id` AS `id
`,`company`.`t_employee`.`name` AS `name`,`company`.`t_employee
`.`gender` AS `gender`,`company`.`t_employee`.`age` AS `age`,`c
ompany`.`t_employee`.`deptno` AS `deptno` from `company`.`t_emp
loyee`
         CHECK_OPTION: NONE
         IS_UPDATABLE: YES
              DEFINER: root@localhost
        SECURITY_TYPE: DEFINER
 CHARACTER_SET_CLIENT: utf8
 COLLATION_CONNECTION: utf8_general_ci
1 row in set (0.00 sec)
```

```
mysql> USE information_schema;
Database changed
```

图 11-32 选择数据库   图 11-33 查看视图的定义信息

图 11-33 的执行结果显示了视图 view_selectemployee 在表 views 中的信息。

11.3.6 使用 SQLyog 查看视图信息

为了能够尽快掌握查看视图的各种语句，可以在命令行界面使用 SQL 语句来查看视图信息，但是客户端软件 SQLyog 可以更容易、更简单地查看视图的各种信息。

【示例 11-8】在客户端软件 SQLyog 中，不仅可以通过在"询问"窗口运行 SQL 语句来查看视图，还可以通过在界面菜单栏操作来查看视图的各种信息，具体步骤如下：

步骤01 创建数据库、创建表、插入数据部分的工作在示例 11-3 中已经完成，在本示例中可以沿用示例 11-3 中的数据库、表和数据，不再赘述准备过程。

步骤02 在"对象资源管理器"窗口中，选中视图对象 view_selectemployee，如图 11-34 所示。

步骤03 选择菜单"工具"|"信息"，如图 11-35 所示。

图 11-34 选择视图对象

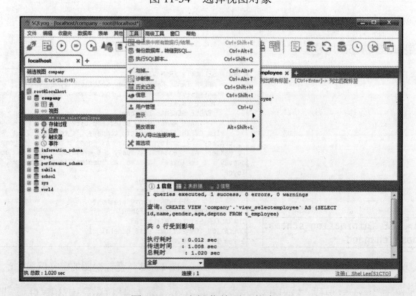

图 11-35 选择菜单项"信息"

步骤 ④ 单击"信息"命令，打开"信息"窗口，在该窗口中默认通过"文本/详细"格式显示视图对象 view_selectemployee 的信息，如图 11-36 所示。

步骤 ⑤ 选择 HTML 格式显示视图对象 view_selectemployee 的信息，如图 11-37 所示。

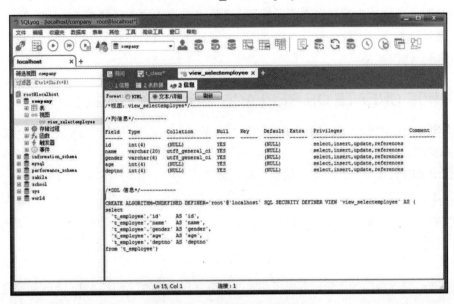

图 11-36 视图信息（文本格式）

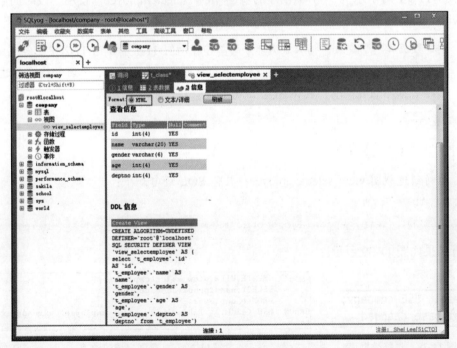

图 11-37 视图信息（HTML 格式）

11.4 修改视图

修改视图是指修改数据库中存在的视图，当基本表的某些字段发生变化的时候，可以通过修改视图来保持与基本表的一致性。MySQL 中通过 CREATE OR REPLACE VIEW 语句和 ALTER 语句来修改视图。

11.4.1 使用 CREATE OR REPLACE VIEW 语句修改视图

在 MySQL 中，CREATE OR REPLACE VIEW 语句可以用来修改视图。该语句的使用非常灵活：在视图已经存在的情况下，对视图进行修改；在视图不存在的情况下，可以创建视图。CREATE OR REPLACE VIEW 语句的语法形式如下：

```
CREATE[OR REPLACE][ALGORITHM={UNDEFINED|MERGE|TEMPLATE}]
    VIEW viewname[(columnlist)]
       AS SELECT_STATEMENT
       [WITH[CASCADED|LOCAL]CHECK OPTION]
```

可以看到，修改视图的语句和创建视图的语句是完全一样的。下面通过一个示例来说明。

【示例 11-9】对于示例 11-1 中创建的视图 view_selectemployee，使用一段时间后，需要在视图 view_selectemployee 中将表示编号的字段隐藏掉，实现该示例的具体步骤如下：

步骤 01 创建数据库、创建表、插入数据部分的工作在示例 11-1 和示例 11-2 中已经完成，在本示例中可以沿用示例 11-1 和示例 11-2 中的数据库、表和数据，不再赘述准备过程。

步骤 02 选择数据库 company，具体 SQL 语句如下：

```
USE company;
```

执行结果如图 11-38 所示。

步骤 03 重新创建视图 view_selectemployee，具体 SQL 语句如下：

```
CREATE VIEW view_selectemployee
    AS SELECT name,gender,age,deptno FROM t_employee;
```

执行结果如图 11-39 所示。

```
mysql> USE company;
Database changed
```

图 11-38 选择数据库

```
mysql> CREATE VIEW view_selectemployee AS
    -> SELECT name,gender,age,deptno
    -> FROM t_employee;
ERROR 1050 (42S01): Table 'view_selectemployee' already exis
ts
```

图 11-39 再次创建视图结果

图 11-39 的执行结果显示，虽然再次创建视图的语句没有任何语法错误，但是会出现视图已经存在的错误，同时说明在创建视图时，视图名不能重复。

步骤 04 为了解决上述问题，可以先删除视图 view_selectemployee，再重新创建视图 view_selectemployee，具体 SQL 语句如下：

```
DROP VIEW view_selectemployee;
CREATE VIEW view_selectemployee
   AS SELECT name,gender,age,deptno
      FROM t_employee;
```

执行结果如图 11-40 所示。

步骤 05 最后查看视图 view_selectemployee，SQL 语句如下：

```
SELECT * FROM view_selectemployee;
```

执行结果如图 11-41 所示。

```
mysql> DROP VIEW view_selectemployee;
Query OK, 0 rows affected (0.02 sec)

mysql> CREATE VIEW view_selectemployee AS
   -> SELECT name,gender,age,deptno
   -> FROM t_employee;
Query OK, 0 rows affected (0.06 sec)
```

图 11-40　先删除视图，再创建视图

```
mysql> SELECT * FROM view_selectemployee;
+------------------+--------+-----+--------+
| name             | gender | age | deptno |
+------------------+--------+-----+--------+
| Alicia Florric   | Female |  33 |      1 |
| Kalinda Sharma   | Female |  31 |      1 |
| Cary Agos        | Male   |  27 |      1 |
| Eli Gold         | Male   |  44 |      2 |
| Peter Florric    | Male   |  34 |      2 |
| Diane Lockhart   | Female |  43 |      3 |
| Maia Rindell     | Female |  43 |      3 |
| Will Gardner     | Male   |  36 |      3 |
| Jacquiline Florric | Female |  57 |    4 |
| Zach Florric     | Female |  17 |      5 |
| Grace Florric    | Female |  14 |      5 |
+------------------+--------+-----+--------+
11 rows in set (0.00 sec)
```

图 11-41　查看视图

图 11-40 和图 11-41 的执行结果显示，先删除视图 view_selectemployee，再创建没有属性 id 的视图 view_selectemployee，完全可以实现本示例的要求。

但是如果每次修改视图都是先删除视图，再创建一个同名的视图，会显得非常麻烦。接下来讲解如何通过 CREATE OR REPACE 语句来实现修改视图的操作。

【示例 11-10】对于示例 11-1 中创建的视图 view_selectemployee，使用一段时间后，需要在视图 view_selectemployee 中将表示编号的字段 id 加进去，步骤如下：

步骤 01 创建数据库、创建表、插入数据的部分工作在示例 11-1 和示例 11-2 中已经完成，在本示例中可以沿用示例 11-1 和示例 11-2-中的数据库、表和数据，不再赘述准备过程。

步骤 02 选择数据库 company，具体 SQL 语句如下：

```
USE company;
```

执行结果如图 11-42 所示。

步骤 03 为了实现新需求功能，可以修改视图 view_selectemployee，具体 SQL 语句如下：

```
CREATE OR REPLACE VIEW view_selectemployee
  AS SELECT id,name,gender,age,deptno
```

```
FROM t_employee;
```

执行结果如图 11-43 所示。

```
mysql> USE company;
Database changed
```

图 11-42　选择数据库

```
mysql> CREATE OR REPLACE VIEW view_selectemployee
    -> AS SELECT id,name,gender,age,deptno
    -> FROM t_employee;
Query OK, 0 rows affected (0.03 sec)
```

图 11-43　修改视图

步骤 04 最后查询视图 view_selectemployee，具体 SQL 语句如下：

```
SELECT * FROM view_selectemployee;
```

执行结果如图 11-44 所示。

```
mysql> SELECT * FROM view_selectemployee;
+------+-------------------+--------+------+--------+
| id   | name              | gender | age  | deptno |
+------+-------------------+--------+------+--------+
| 1001 | Alicia Florric    | Female |  33  |      1 |
| 1002 | Kalinda Sharma    | Female |  31  |      1 |
| 1003 | Cary Agos         | Male   |  27  |      1 |
| 1004 | Eli Gold          | Male   |  44  |      2 |
| 1005 | Peter Florric     | Male   |  34  |      2 |
| 1006 | Diane Lockhart    | Female |  43  |      3 |
| 1007 | Maia Rindell      | Female |  43  |      3 |
| 1008 | Will Gardner      | Male   |  36  |      3 |
| 1009 | Jacquiline Florric | Female |  57  |      4 |
| 1010 | Zach Florric      | Female |  17  |      5 |
| 1011 | Grace Florric     | Female |  14  |      5 |
+------+-------------------+--------+------+--------+
11 rows in set (0.00 sec)
```

图 11-44　查询视图

通过图 11-43 和图 11-44 的执行结果可以发现，SQL 语句 CREATE OR REPLACE VIEW 完全可以实现修改视图的功能。

11.4.2　使用 ALTER 语句修改视图

在 MySQL 中，ALTER 语句不仅可以修改表的定义、创建索引，还可以用来修改视图。ALTER 语句修改视图的语法格式如下：

```
ALTER[ALGORITHM={UNDEFINED|MERGE|TEMPLATE}]
   VIEW viewname[(columnlist)]
     AS SELECT_STATEMENT
     [WITH[CASCADED|LOCAL]CHECK OPTION]
```

这个语法中的所有关键字和参数都和创建视图是一样的，不再赘述。

【示例 11-11】演示 ALTER VIEW 语句的功能，用来修改视图 view_selectemployee，具体步骤如下：

步骤 01 创建数据库、创建表、插入数据部分的工作在示例 11-10 中已经完成，在本示例中可以沿用示例 11-10 中的数据库、表和数据，不再赘述准备过程。

步骤 **02** 选择数据库 company，具体 SQL 语句如下：

```
USE company;
```

执行结果如图 11-45 所示。

步骤 **03** 执行 SQL 语句 ALTER VIEW，实现修改视图 view_selectemployee，具体 SQL 语句如下：

```
ALTER VIEW view_selectemployee
    AS SELECT name,gender,age,deptno FROM t_employee;
```

执行结果如图 11-46 所示。

```
mysql> USE company;
Database changed
```

```
mysql> ALTER VIEW view_selectemployee
    -> AS SELECT name,gender,age,deptno
    -> FROM t_employee;
Query OK, 0 rows affected (0.08 sec)
```

图 11-45 选择数据库   图 11-46 修改视图

步骤 **04** 使用 SELECT 语句查看视图 view_selectemployee，具体 SQL 语句如下：

```
SELECT * FROM view_selectemployee;
```

执行结果如图 11-47 所示。

```
mysql> SELECT * FROM view_selectemployee;
+-------------------+--------+-----+--------+
| name              | gender | age | deptno |
+-------------------+--------+-----+--------+
| Alicia Florric    | Female |  33 |      1 |
| Kalinda Sharma    | Female |  31 |      1 |
| Cary Agos         | Male   |  27 |      1 |
| Eli Gold          | Male   |  44 |      2 |
| Peter Florric     | Male   |  34 |      2 |
| Diane Lockhart    | Female |  43 |      3 |
| Maia Rindell      | Female |  43 |      3 |
| Will Gardner      | Male   |  36 |      3 |
| Jacquiline Florric| Female |  57 |      4 |
| Zach Florric      | Female |  17 |      5 |
| Grace Florric     | Female |  14 |      5 |
+-------------------+--------+-----+--------+
11 rows in set (0.01 sec)
```

图 11-47 查看视图

通过图 11-46 和图 11-47 的执行结果可以发现，SQL 语句 ALTER VIEW 完全可以实现修改视图的功能。

11.4.3 通过 SQLyog 修改视图

在客户端软件 SQLyog 中，不仅可以通过在"询问"窗口执行 ALTER VIEW 语句来修改视图，还可以通过向导来实现，具体步骤如下：

步骤 **01** 在"对象资源管理器"窗口中，单击数据库 company 中的"视图"节点前的加号，再右击 view_selectemployee 节点，在弹出的快捷菜单中选择"改变视图"命令，如图 11-48 所示。

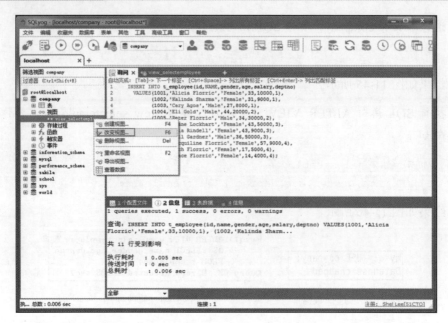

图 11-48　选择"改变视图"命令

步骤 02 打开关于视图 view_selectemployee 的代码窗口，如图 11-49 所示。

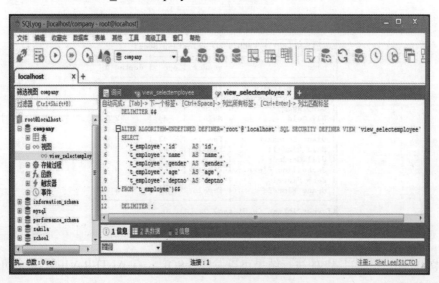

图 11-49　查看视图代码

步骤 03 在视图 view_selectemployee 的代码窗口中，修改代码如下：

```
DELIMITER $$

ALTER ALGORITHM=UNDEFINED DEFINER=`root`@`localhost` SQL SECURITY DEFINER VIEW
`company`.`view_selectemployee` AS (
SELECT
    `company`.`t_employee`.`name`   AS `name`,
```

```
    `company`.`t_employee`.`gender` AS `gender`,
    `company`.`t_employee`.`age`    AS `age`,
    `company`.`t_employee`.`deptno` AS `deptno`
FROM `company`.`t_employee`)$$

DELIMITER ;
```

步骤 04 选择代码，右击弹出快捷菜单，选择"执行查询"|"执行所有查询"命令，如图 11-50 所示。

图 11-50　选择"执行所有查询"命令

步骤 05 打开如图 11-51 所示的窗口，查看视图信息。

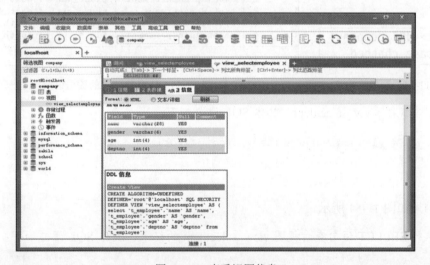

图 11-51　查看视图信息

11.5　更新视图

更新视图是指通过视图来插入（INSERT）、更新（UPDATE）和删除（DELETE）表中的数据。因为视图是一个虚拟表，其中没有数据，通过视图更新时，都是转换到基本表来更新。更新视图时，只能更新权限范围内的数据，超出了范围就不能更新。本节将重点讲解更新视图的方法和更新视图的限制。

11.5.1 使用 SQL 语句更新视图

【示例 11-12】在视图 view_selectdept 中对视图进行更新，view_selectdept 是表 t_dept 的视图，具体步骤如下：

步骤 01 创建数据库、创建表、插入数据部分的工作在示例 11-1 和示例 11-2 中已经完成，在本示例中可以沿用示例 11-1 和示例 11-2 中的数据库、表和数据，不再赘述准备过程。

步骤 02 选择数据库 company，具体 SQL 语句如下：

```
USE company;
```

执行结果如图 11-52 所示。

步骤 03 查询表 t_dept，具体 SQL 语句如下：

```
SELECT * FROM t_dept;
```

执行结果如图 11-53 所示。

```
mysql> SELECT * FROM t_dept;
+--------+--------------------+-----------+----------+
| deptno | deptname           | product   | location |
+--------+--------------------+-----------+----------+
|      1 | develop departtment | pivot_gaea | west_3   |
|      2 | test departtment   | sky_start | east_4   |
|      3 | operate departtment | cloud_4   | south_4  |
|      4 | maintain department | fly_4     | north_5  |
+--------+--------------------+-----------+----------+
4 rows in set (0.01 sec)
```

```
mysql> USE company;
Database changed
```

图 11-52　选择数据库　　　　　　　图 11-53　查看部门表的数据记录

步骤 04 创建视图 view_selectdept，具体 SQL 语句如下：

```
CREATE VIEW view_selectdept(name,product,loc)
    AS SELECT deptname,product,location
        FROM t_dept where deptno=1;
```

执行结果如图 11-54 所示。

步骤 05 执行 SELECT 语句查看视图 view_selectdept 的记录，具体 SQL 语句如下：

```
SELECT * FROM view_selectdept;
```

执行结果如图 11-55 所示。

```
mysql> CREATE VIEW view_selectdept(name,product,loc)
    -> AS SELECT deptname,product,location
    -> FROM t_dept where deptno=1;
Query OK, 0 rows affected (0.12 sec)
```

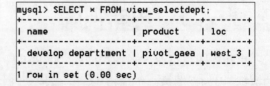

```
mysql> SELECT * FROM view_selectdept;
+--------------------+-----------+--------+
| name               | product   | loc    |
+--------------------+-----------+--------+
| develop departtment | pivot_gaea | west_3 |
+--------------------+-----------+--------+
1 row in set (0.00 sec)
```

图 11-54　创建视图　　　　　　　　图 11-55　查询视图

步骤 06 在视图 view_selectdept 中更新一条记录，新记录的 name 为 hr_department，product

的值为 hr_system，loc 的值为 east_10，具体 SQL 语句如下：

```
UPDATE view_selectdept
  SET name='hr_department',
    product='hr_system',loc='east_10';
```

执行结果如图 11-56 所示。

```
mysql> UPDATE view_selectdept
    -> SET name='hr_department',
    -> product='hr_system',loc='east_10';
Query OK, 1 row affected (0.10 sec)
Rows matched: 1  Changed: 1  Warnings: 0
```

图 11-56　更新视图记录

步骤 07 查看视图 view_selectdept 的记录，具体 SQL 语句如下：

```
SELECT * FROM view_selectdept;
```

执行结果如图 11-57 所示。

步骤 08 查看部门表 t_dept 的记录，具体 SQL 语句如下：

```
SELECT * FROM t_dept;
```

执行结果如图 11-58 所示。

```
mysql> SELECT * FROM view_selectdept;
+----------------+-------------+---------+
| name           | product     | loc     |
+----------------+-------------+---------+
| hr_department  | hr_system   | east_10 |
+----------------+-------------+---------+
1 row in set (0.00 sec)
```

图 11-57　查看视图记录

```
mysql> SELECT * FROM t_dept;
+--------+-------------------+-------------+----------+
| deptno | deptname          | product     | location |
+--------+-------------------+-------------+----------+
|      1 | hr_department     | hr_system   | east_10  |
|      2 | test departtment  | sky_start   | east_4   |
|      3 | operate departtment| cloud_4    | south_4  |
|      4 | maintain department| fly_4      | north_5  |
+--------+-------------------+-------------+----------+
4 rows in set (0.00 sec)
```

图 11-58　查看部门表的记录

图 11-57 的执行结果显示，视图 view_selectdept 中的数据记录已更新。图 11-58 执行结果显示，表 t_dept 中的数据记录已经更新。虽然 UPDATE 语句更新的是视图 view_selectdept，但实际上更新的是表 t_dept，上面的 UPDATE 语句可以等价为：

```
UPDATE t_dept SET deptname='hr_department',
      product='hr_system',location='east_10' WHERE deptno=1;
```

11.5.2　更新基本表后视图自动更新

【示例 11-13】 在表 t_dept 中插入数据，view_selectdept 是表 t_dept 的视图，查询视图中的数据是否会随着表中的数据更新，具体步骤如下：

步骤 01 创建数据库、创建表、插入数据的部分工作在示例 11-1 和示例 11-2 中已经完成，在本示例中可以沿用示例 11-1 和示例 11-2 中的数据库、表和数据，不再赘述准备过程。

步骤 02 选择数据库 company，具体 SQL 语句如下：

```
USE company;
```

执行结果如图 11-59 所示。

步骤 03 查询表 t_dept，具体 SQL 语句如下：

```
SELECT * FROM t_dept;
```

执行结果如图 11-60 所示。

```
mysql> SELECT * FROM t_dept;
+--------+--------------------+------------+----------+
| deptno | deptname           | product    | location |
+--------+--------------------+------------+----------+
|      1 | develop departtment | pivot_gaea | west_3   |
|      2 | test departtment    | sky_start  | east_4   |
|      3 | operate departtment | cloud_4    | south_4  |
|      4 | maintain department | fly_4      | north_5  |
+--------+--------------------+------------+----------+
4 rows in set (0.01 sec)
```

```
mysql> USE company;
Database changed
```

图 11-59　选择数据库　　　　　　　　图 11-60　查看部门表的数据记录

步骤 04 创建视图 view_selectdept，具体 SQL 语句如下：

```
CREATE VIEW view_selectdept(name,product,loc)
    AS SELECT deptname,product,location FROM t_dept;
```

执行结果如图 11-61 所示。

步骤 05 使用 SELECT 语句查看视图 view_selectdept 的记录，具体 SQL 语句如下：

```
SELECT * FROM view_selectdept;
```

执行结果如图 11-62 所示。

```
mysql> CREATE VIEW view_selectdept(name,product,loc)
    -> AS SELECT deptname,product,location
    -> FROM t_dept;
Query OK, 0 rows affected (0.03 sec)
```

```
mysql> SELECT * FROM view_selectdept;
+--------------------+-----------+---------+
| name               | product   | loc     |
+--------------------+-----------+---------+
| hr_department      | hr_system | east_10 |
| test departtment   | sky_start | east_4  |
| operate departtment | cloud_4  | south_4 |
| maintain department | fly_4    | north_5 |
+--------------------+-----------+---------+
4 rows in set (0.00 sec)
```

图 11-61　创建视图　　　　　　　　　图 11-62　查询视图

步骤 06 在部门表 t_dept 中插入一条数据，具体 SQL 语句如下：

```
INSERT INTO t_dept
    VALUES(5,'hr department','hr_sys','middle_2');
```

执行结果如图 11-63 所示。

步骤 07 查询部门表 t_dept，具体 SQL 语句如下：

```
SELECT * FROM t_dept;
```

执行结果如图 11-64 所示。

```
mysql> INSERT INTO t_dept
    -> VALUES(5,'hr department','hr_sys','middle_2');
Query OK, 1 row affected (0.09 sec)
```

图 11-63 插入数据记录

```
mysql> SELECT * FROM t_dept;
+--------+-------------------+-----------+----------+
| deptno | deptname          | product   | location |
+--------+-------------------+-----------+----------+
|      1 | hr_department     | hr_system | east_10  |
|      2 | test departtment  | sky_start | east_4   |
|      3 | operate departtment | cloud_4 | south_4  |
|      4 | maintain department | fly_4   | north_5  |
|      5 | hr department     | hr_sys    | middle_2 |
+--------+-------------------+-----------+----------+
5 rows in set (0.01 sec)
```

图 11-64 查看部门表的数据记录

步骤 08 查询视图 view_selectdept，具体 SQL 语句如下：

```
SELECT * FROM view_selectdept;
```

执行结果如图 11-65 所示。

```
mysql> SELECT * FROM view_selectdept;
+---------------------+-----------+----------+
| name                | product   | loc      |
+---------------------+-----------+----------+
| hr_department       | hr_system | east_10  |
| test departtment    | sky_start | east_4   |
| operate departtment | cloud_4   | south_4  |
| maintain department | fly_4     | north_5  |
| hr department       | hr_sys    | middle_2 |
+---------------------+-----------+----------+
5 rows in set (0.00 sec)
```

图 11-65 查看视图的数据记录

图 11-64 的执行结果显示，部门表 t_dept 中已经插入了新的数据记录。图 11-65 的执行结果显示，视图 view_selectdept 中已经有了新的数据记录，随着部门表 t_dept 同步更新。

11.5.3 删除视图中的数据

【示例 11-14】view_selectdept 是表 t_dept 的视图，在视图 view_selectdept 中删除数据记录，具体步骤如下：

步骤 01 创建数据库、创建表、插入数据部分的工作在示例 11-12 中已经完成，在本示例中可以沿用示例 11-12 中的数据库、表和数据，不再赘述准备过程。

步骤 02 选择数据库 company，具体 SQL 语句如下：

```
USE company;
```

执行结果如图 11-66 所示。

步骤 03 使用 SQL 语句 SELECT 查询表 t_dept，具体 SQL 语句如下：

```
SELECT * FROM t_dept;
```

执行结果如图 11-67 所示。

图 11-66 选择数据库

图 11-67 查看部门表的数据记录

步骤 04 查询 view_selectdept 视图，具体 SQL 语句如下：

```
SELECT * FROM view_selectdept;
```

执行结果如图 11-68 所示。

步骤 05 使用 DELETE 语句删除 view_selectdept 视图中的记录，具体 SQL 语句如下：

```
DELETE FROM view_selectdept
    WHERE name='hr department';
```

执行结果如图 11-69 所示。

图 11-68 查看视图数据

图 11-69 从视图删除数据

步骤 06 查询 view_selectdept 视图，具体 SQL 语句如下：

```
SELECT * FROM view_selectdept;
```

执行结果如图 11-70 所示。

步骤 07 查询 t_dept 表，具体 SQL 语句如下：

```
SELECT * FROM t_dept;
```

执行结果如图 11-71 所示。

图 11-70 查看视图的数据

图 11-71 查询部门表的数据

图 11-70 的执行结果显示，视图 view_selectdept 中的数据记录已经被删除。图 11-71 的执行结果显示，部门表 t_dept 中的数据记录已经被删除，说明可以通过视图删除其所依赖的基本表中的数据。

11.5.4 不能更新的视图

由上述几个示例可以看出，对视图的更新最后都是实现在基本表上，更新视图时，实际上更新的是基本表上的记录。但是，并不是所有的视图都是可以更新的。以下这几种情况是不能更新视图的。

（1）视图中包含 SUM()、COUNT()、MAX()和 MIN()等函数

【示例 11-15】根据部门表 t_dept 创建包含 COUNT()函数的视图，具体 SQL 语句如下：

```
CREATE VIEW view_1(name,product,loc,total)
  AS SELECT deptname,product,location,count(deptname)
    FROM t_dept;
```

执行结果如图 11-72 所示。

查询视图 view_1 的数据记录，具体 SQL 语句如下：

```
SELECT * FROM view_1;
```

执行结果如图 11-73 所示。

```
mysql> CREATE VIEW view_1(name,product,loc,total)
    -> AS SELECT deptname,product,
    -> location,count(deptname) FROM t_dept;
Query OK, 0 rows affected (0.01 sec)
```

图 11-72　创建视图

```
mysql> SELECT * FROM view_1;
+---------------+-----------+---------+-------+
| name          | product   | loc     | total |
+---------------+-----------+---------+-------+
| hr_department | hr_system | east_10 |     4 |
+---------------+-----------+---------+-------+
1 row in set (0.01 sec)
```

图 11-73　查询视图

（2）视图中包含 UNION、UNION ALL、DISTINCT、GROUP BY 和 HAVING 等关键字

【示例 11-16】根据部门表 t_dept 创建包含关键字 GROUP BY 的视图，具体 SQL 语句如下：

```
CREATE VIEW view_2(name,product,loc)
  AS SELECT deptname,product,location
    FROM t_dept GROUP BY deptno;
```

执行结果如图 11-74 所示。

查询视图 view_2 的数据记录，具体 SQL 语句如下：

```
SELECT * FROM view_2;
```

执行结果如图 11-75 所示。

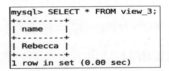

```
mysql> CREATE VIEW view_2(name,product,loc)
    -> AS SELECT deptname,product,location
    -> FROM t_dept GROUP BY deptno;
Query OK, 0 rows affected (0.02 sec)
```

图 11-74　创建视图　　　　　　　　　　图 11-75　查询视图

（3）常量视图

【示例 11-17】创建带有常量的视图，具体 SQL 语句如下：

```
CREATE VIEW view_3 AS SELECT 'Rebecca' AS name;
```

执行结果如图 11-76 所示。

查询视图 view_3 的数据记录，具体 SQL 语句如下：

```
SELECT * FROM view_3;
```

执行结果如图 11-77 所示。

```
mysql> CREATE VIEW view_3
    -> AS SELECT 'Rebecca' AS name;
Query OK, 0 rows affected (0.10 sec)
```

```
mysql> SELECT * FROM view_3;
+---------+
| name    |
+---------+
| Rebecca |
+---------+
1 row in set (0.00 sec)
```

图 11-76　创建视图　　　　　　　　　图 11-77　查询视图

（4）视图的 SELECT 中包含子查询

【示例 11-18】创建包含子查询的视图，具体 SQL 语句如下：

```
CREATE VIEW view_4(name)
    AS SELECT (SELECT deptname FROM t_dept WHERE deptno=1);
```

执行结果如图 11-78 所示。

查询视图 view_4 的数据记录，具体 SQL 语句如下：

```
SELECT * FROM view_4;
```

执行结果如图 11-79 所示。

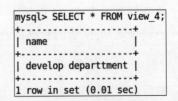

```
mysql> CREATE VIEW view_4(name)
    -> AS SELECT (SELECT deptname FROM t_dept WHERE deptno=1);
Query OK, 0 rows affected (0.10 sec)
```

图 11-78　创建视图　　　　　　　　　图 11-79　查询视图

（5）由不可更新的视图导出的视图

【示例 11-19】创建由不可更新的视图导出的视图，具体 SQL 语句如下：

```
CREATE VIEW view_5 AS SELECT * FROM view_4;
```

执行结果如图 11-80 所示。

查询视图 view_5 的数据记录，具体 SQL 语句如下：

```
SELECT * FROM view_5;
```

执行结果如图 11-81 所示。

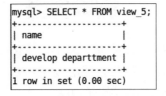

图 11-80 创建视图 图 11-81 查询视图

因为视图 view_4 是不可更新的视图，所以视图 view_5 也是不可更新的。

（6）创建时视图时，ALGORITHM 为 TEMPTABLE 类型的

【示例 11-20】创建 ALGORITHM 为 TEMPLATE 类型的视图，具体 SQL 语句如下：

```
CREATE ALGORITHM=TEMPTABLE VIEW view_6
  AS SELECT * FROM t_dept;
```

执行结果如图 11-82 所示。

查询视图 view_6 的数据记录，具体 SQL 语句如下：

```
SELECT * FROM view_6;
```

执行结果如图 11-83 所示。

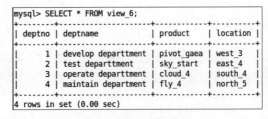

图 11-82 创建视图 图 11-83 查询视图

（7）视图对应的表存在没有默认值的列，而且该列没有包含在视图里

例如，学生表中包含的字段 gender 没有默认值，但是视图中不包括该字段，那么这个视图是不能更新的。因为在更新视图时，这个没有默认值的记录没有值插入，也没有 NULL 值插入，数据库系统是不会允许这样的情况出现的，其会阻止这个视图更新。

（8）WITH[CASCADED|LOCAL]CHECK OPTION 也将决定视图能否更新

参数 LOCAL 表示更新视图时要满足该视图本身定义的条件；参数 CASCADED 表示更新视图时要满足所有相关视图的表的条件，没有指明时，默认为 CASCADED。

> 视图中虽然可以更新数据，但是有很多的限制。一般情况下，最好将视图作为查询数据的虚拟表，而不要通过视图来更新数据，因为使用视图更新数据，如果没有全面考虑在视图中更新数据的限制，就可能会造成数据更新失败。

11.6 删除视图

删除视图是指删除数据库中已经存在的视图。删除视图时，只能删除视图的定义，不会删除数据。在 MySQL 中，使用 DROP VIEW 语句来删除视图，但是用户必须拥有 DROP 权限。本节将详细讲解删除视图的方法。

11.6.1 删除视图的语法形式

删除视图的语法如下：

```
DROP VIEW viewname [,viewname]
```

在上述语句中，参数 viewname 表示所要删除的视图的名称。

【示例 11-21】实现删除视图对象 view_selectdept，具体步骤如下：

步骤 01 创建数据库、创建表、插入数据部分的工作在示例 11-13 中已经完成，在本示例中可以沿用示例 11-13 中的数据库、表和数据，不再赘述准备过程。

步骤 02 选择数据库 company，具体 SQL 语句如下：

```
USE company;
```

执行结果如图 11-84 所示。

步骤 03 查询 t_dept 表，具体 SQL 语句如下：

```
SELECT * FROM view_selectdept;
```

执行结果如图 11-85 所示。

```
mysql> SELECT * FROM view_selectdept;
+---------------------+-------------+----------+
| name                | product     | loc      |
+---------------------+-------------+----------+
| develop departtment | pivot_gaea  | west_3   |
| test departtment    | sky_start   | east_4   |
| operate departtment | cloud_4     | south_4  |
| maintain department | fly_4       | north_5  |
| hr department       | hr_sys      | middle_2 |
+---------------------+-------------+----------+
5 rows in set (0.00 sec)
```

```
mysql> USE company;
Database changed
```

图 11-84 选择数据库　　　　　　图 11-85 查看视图的数据记录

步骤 **04** 删除 view_selectdept 视图，具体 SQL 语句如下：

```
DROP VIEW view_selectdept;
```

执行结果如图 11-86 所示。

步骤 **05** 查看 view_selectdept 视图，具体 SQL 语句如下：

```
SELECT * FROM view_selectdept;
```

执行结果如图 11-87 所示。

```
mysql> DROP VIEW view_selectdept;
Query OK, 0 rows affected (0.05 sec)
```

图 11-86 选择数据库

```
mysql> SELECT * FROM view_selectdept;
ERROR 1146 (42S02): Table 'company.view_selectdept' doesn't exist
```

图 11-87 查看视图的数据记录

图 11-85 的执行结果显示，视图 view_selectdept 已经不存在，删除视图成功。

步骤 **06** 除了一次可以删除一个视图外，还可以一次删除多个视图。同时删除 view_1 和 view_2 视图的 SQL 语句如下：

```
SELECT * FROM view_1;
SELECT * FROM view_2;
DROP VIEW view_1,view_2;
```

执行结果如图 11-88~图 11-91 所示。

```
mysql> SELECT * FROM view_1;
+---------------+-----------+---------+-------+
| name          | product   | loc     | total |
+---------------+-----------+---------+-------+
| hr_department | hr_system | east_10 |     4 |
+---------------+-----------+---------+-------+
1 row in set (0.01 sec)
```

图 11-88 查看视图的数据

```
mysql> SELECT * FROM view_2;
+--------------------+-----------+---------+
| name               | product   | loc     |
+--------------------+-----------+---------+
| hr_department      | hr_system | east_10 |
| test departtment   | sky_start | east_4  |
| operate departtment| cloud_4   | south_4 |
| maintain department| fly_4     | north_5 |
+--------------------+-----------+---------+
4 rows in set (0.01 sec)
```

图 11-89 查看视图的数据

```
mysql> DROP VIEW view_1,view_2;
Query OK, 0 rows affected (0.08 sec)
```

图 11-90 删除两个视图

```
mysql> SELECT * FROM view 1;
ERROR 1146 (42S02): Table 'company.view 1' doesn't exist
mysql> SELECT * FROM view 2;
ERROR 1146 (42S02): Table 'company.view 2' doesn't exist
```

图 11-91 查看两个视图的数据

11.6.2 通过 SQLyog 删除视图

在客户端软件 SQLyog 中，不仅可以通过在"询问"窗口中执行 DROP VIEW 语句来删除视图，还可以通过向导来实现，具体步骤如下：

步骤 **01** 在"对象资源管理器"窗口中，单击数据库 company 中单击"视图"节点前的加号，然后右击 view_selectdept 节点，从弹出的快捷菜单中选择"删除视图"命令，如图 11-92 所示。

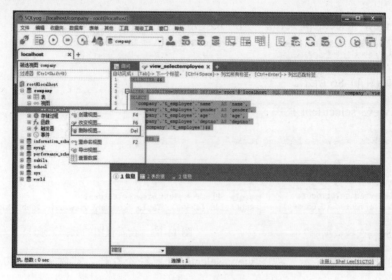

图 11-92　选择 "删除视图" 命令

步骤 02 弹出对话框来确定是否删除视图，在其中单击 "是" 按钮，这时 "对象资源管理器" 窗口数据库 company 的 "视图" 节点中就没有任何视图对象了，如图 11-93 所示。

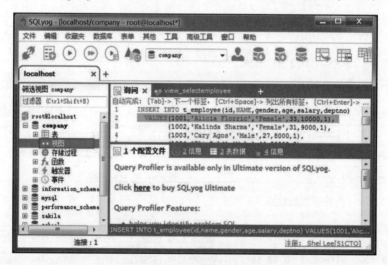

图 11-93　查看视图对象

通过上述步骤即可在 SQLyog 软件中成功删除视图对象。

11.7 综合示例——视图应用

本章介绍了 MySQL 数据库中视图的含义和作用，并且讲解了创建视图、修改视图和删除视图的方法。创建视图和修改视图是本章的重点。这两部分的内容比较多，而且比较复杂。本节通过一个综合示例巩固本章所学的知识。

在数据库 school 中有学生表 t_student、学生成绩表 t_score、奖学金表 t_scholarship，三个表的结构分别如表 11-2~表 11-4 所示。

表 11-2　t_student 表的结构

字段名	数据类型	长度	描述
studentId	INT	4	学生 ID，自增，非空，主键
studentName	VARCHAR	20	姓名
gender	VARCHAR	4	性别
age	INT	4	年龄
classId	INT	4	部门编号

表 11-3　t_score 表的结构

字段名	数据类型	长度	描述
stuId	INT	4	学生 ID
Chinese	INT	4	语文成绩
English	INT	4	英语成绩
Maths	INT	4	数学成绩
Chemistry	INT	4	化学成绩
Physics	INT	4	物理成绩

表 11-4　t_scholarship 表的结构

字段名	数据类型	长度	描述
id	INT	4	编号
score	INT	4	总分
level	INT	4	奖学金等级
description	INT	4	奖学金等级描述

根据表 11-2 创建学生表 t_student，并插入数据，如图 11-94 和图 11-95 所示。

```
mysql> CREATE TABLE t_student(
    -> studentId INT(4) NOT NULL AUTO_INCREMENT,
    -> studentName VARCHAR(20) NOT NULL,
    -> gender varchar(6) NOT NULL,
    -> age INT(4) NOT NULL,
    -> classId INT(4) NOT NULL,
    -> PRIMARY KEY(studentId));
Query OK, 0 rows affected (0.02 sec)
```

图 11-94　创建学生表

```
mysql> INSERT INTO `t_student`
    -> VALUES (1001,'Alicia Florric','Female',33,1),
    -> (1002,'Kalinda Sharma','Female',31,1),
    -> (1003,'Cary Agos','Male',27,1),
    -> (1004,'Diane Lockhart','Female',43,2),
    -> (1005,'Eli Gold','Male',44,3),
    -> (1006,'Peter Florric','Male',34,3),
    -> (1007,'Will Gardner','Male',38,2),
    -> (1008,'Jac Florriok','Male',38,4),
    -> (1009,'Zach Florriok','Male',14,4),
    -> (1010,'Grace Florriok','Male',12,4);
Query OK, 10 rows affected (0.00 sec)
Records: 10  Duplicates: 0  Warnings: 0
```

图 11-95　在学生表中插入数据

根据表 11-3 创建成绩表，并插入数据，如图 11-96 和图 11-97 所示。

```
mysql>
mysql> CREATE TABLE t_score(
    -> stuId INT(4) NOT NULL,
    -> Chinese INT(4) DEFAULT 0,
    -> English INT(4) DEFAULT 0,
    -> Maths INT(4) DEFAULT 0,
    -> Chemistry INT(4) DEFAULT 0,
    -> Physics INT(4) DEFAULT 0);
Query OK, 0 rows affected (0.03 sec)
```

图 11-96　创建成绩表

```
mysql> INSERT INTO `t_score`
    -> VALUES (1001,90,89,92,83,80),
    -> (1002,92,98,92,93,90),
    -> (1003,79,78,82,83,89),
    -> (1004,89,92,91,92,89),
    -> (1005,92,95,91,96,97),
    -> (1006,90,91,92,94,92),
    -> (1007,91,90,83,88,93),
    -> (1008,90,81,84,86,98),
    -> (1009,91,84,85,86,93),
    -> (1010,88,81,82,84,99);
Query OK, 10 rows affected (0.01 sec)
Records: 10  Duplicates: 0  Warnings: 0
```

图 11-97　在成绩表中插入数据

根据表 11-4 创建奖学金表，并插入数据，如图 11-98 和图 11-99 所示。

```
mysql> CREATE TABLE `t_scholarship` (
    -> `id` int(4) DEFAULT NULL,
    -> `score` int(4) DEFAULT NULL,
    -> `level` int(4) DEFAULT NULL,
    -> `description` varchar(20) DEFAULT NULL);
Query OK, 0 rows affected (0.02 sec)
```

图 11-98　创建奖学金表

```
mysql> INSERT INTO `t_scholarship`
    -> VALUES (1,440,3,'三等奖学金'),
    -> (2,450,2,'二等奖学金'),
    -> (3,460,1,'一等奖学金');
Query OK, 3 rows affected (0.00 sec)
Records: 3  Duplicates: 0  Warnings: 0
```

图 11-99　在奖学金表中插入数据

创建视图，查询数据库 school 中的表 t_student 中哪些学生可以获得奖学金，具体 SQL 语句如下：

```
CREATE VIEW student_scholarship(id,name,total)
AS SELECT st.studentId,st.studentName,
sc.Chinese+sc.English+sc.Maths+sc.Chemistry+sc.Physics total
  FROM t_student st, t_score sc WHERE st.studentId=sc.stuid
    AND st.studentId in (SELECT stuid FROM t_score
      WHERE Chinese+English+Maths+Chemistry+Physics>=ANY
      (SELECT score FROM t_scholarship))
```

执行结果如图 11-100~图 11-102 所示。

```
mysql> CREATE VIEW student_scholarship(id,name,total)
    -> AS SELECT st.studentId,st.studentName,
    -> sc.Chinese+sc.English+sc.Maths+sc.Chemistry+sc.Physics total
    -> FROM t_student st, t_score sc
    -> WHERE st.studentId=sc.stuid
    -> AND st.studentId in
    -> (SELECT stuid FROM t_score
    -> WHERE Chinese+English+Maths+Chemistry+Physics>=ANY
    -> (SELECT score FROM t_scholarship));
Query OK, 0 rows affected (0.03 sec)
```

图 11-100　创建视图

```
mysql> DESC student_scholarship;
+-------+-----------+------+-----+---------+-------+
| Field | Type      | Null | Key | Default | Extra |
+-------+-----------+------+-----+---------+-------+
| id    | int(11)   | YES  |     | NULL    |       |
| name  | varchar(20)| YES |     | NULL    |       |
| total | bigint(15)| YES  |     | NULL    |       |
+-------+-----------+------+-----+---------+-------+
3 rows in set (0.00 sec)
```

图 11-101　查看视图结构

```
mysql> SELECT * FROM student_scholarship;
+------+----------------+-------+
| id   | name           | total |
+------+----------------+-------+
| 1002 | Kalinda Sharma | 465   |
| 1004 | Diane Lockhart | 453   |
| 1005 | Eli Gold       | 471   |
| 1006 | Peter Florric  | 459   |
| 1007 | Will Gardner   | 445   |
+------+----------------+-------+
5 rows in set (0.01 sec)
```

图 11-102　查看视图数据

图 11-101 显示了 student_scholarship 视图的结构。图 11-102 显示了获取奖学金的学生的相关信息。

创建视图，查询数据库 school 中的表 t_studentK 中哪些学生可以获得一等奖学金，具体 SQL 语句如下：

```
CREATE VIEW student scholarship best(id,name,total)
AS SELECT st.studentId,st.studentName,
sc.Chinese+sc.English+sc.Maths+sc.Chemistry+sc.Physics total
 FROM t student st, t score sc WHERE st.studentId=sc.stuid
   AND st.studentId in (SELECT stuid FROM t score
     WHERE Chinese+English+Maths+Chemistry+Physics>=ALL
     (SELECT score FROM t_scholarship))
```

执行结果如图 11-103~图 11-105 所示。

```
mysql> CREATE VIEW student_scholarship_best(id,name,total)
    -> AS SELECT st.studentId,st.studentName,
    -> sc.Chinese+sc.English+sc.Maths+sc.Chemistry+sc.Physics total
    -> FROM t_student st, t_score sc
    -> WHERE st.studentId=sc.stuid
    -> AND st.studentId in
    -> (SELECT stuid FROM t_score
    -> WHERE Chinese+English+Maths+Chemistry+Physics>=ALL
    -> (SELECT score FROM t_scholarship));
Query OK, 0 rows affected (0.01 sec)
```

图 11-103　创建视图

```
mysql> DESC student_scholarship_best;
+-------+-------------+------+-----+---------+-------+
| Field | Type        | Null | Key | Default | Extra |
+-------+-------------+------+-----+---------+-------+
| id    | int(11)     | YES  |     | NULL    |       |
| name  | varchar(20) | YES  |     | NULL    |       |
| total | bigint(15)  | YES  |     | NULL    |       |
+-------+-------------+------+-----+---------+-------+
3 rows in set (0.01 sec)
```

图 11-104　查看视图结构

```
mysql> SELECT * FROM student_scholarship_best;
+------+---------------+-------+
| id   | name          | total |
+------+---------------+-------+
| 1002 | Kalinda Sharma |  465 |
| 1005 | Eli Gold      |   471 |
+------+---------------+-------+
2 rows in set (0.00 sec)
```

图 11-105　查看视图数据

图 11-104 显示了视图 student_scholarship_best 的结构。图 11-105 显示了获取一等奖学金的学生的相关信息。

删除学生表中学生 ID 为 1002 的数据记录，具体 SQL 语句如下：

```
DELETE FROM t_student WHERE studentId=1002;
```

执行结果如图 11-106 所示。然后查看 t_student 表的数据，如图 11-107 所示。查看视图 student_scholarship 和 student_scholarship_best 的数据，如图 11-108 和图 11-109 所示。

```
mysql> SELECT * FROM t_student;
+-----------+------------------+--------+-----+---------+
| studentId | studentName      | gender | age | classId |
+-----------+------------------+--------+-----+---------+
|      1001 | Alicia Florric   | Female |  33 |       1 |
|      1003 | Cary Agos        | Male   |  27 |       1 |
|      1004 | Diane Lockhart   | Female |  43 |       2 |
|      1005 | Eli Gold         | Male   |  44 |       3 |
|      1006 | Peter Florric    | Male   |  34 |       3 |
|      1007 | Will Gardner     | Male   |  38 |       2 |
|      1008 | Jacquiline Florriok | Male |  38 |       4 |
|      1009 | Zach Florriok    | Male   |  14 |       4 |
|      1010 | Grace Florriok   | Male   |  12 |       4 |
+-----------+------------------+--------+-----+---------+
9 rows in set (0.00 sec)
```

图 11-107　查看表数据

```
mysql> DELETE FROM t_student WHERE studentId=1002;
Query OK, 1 row affected (0.00 sec)
```

图 11-106　从表中删除数据

```
mysql> SELECT * FROM student_scholarship_best;
+------+-----------+-------+
| id   | name      | total |
+------+-----------+-------+
| 1005 | Eli Gold  |   471 |
+------+-----------+-------+
1 row in set (0.00 sec)
```

图 11-108　查看视图数据

```
mysql> SELECT * FROM student_scholarship;
+------+----------------+-------+
| id   | name           | total |
+------+----------------+-------+
| 1004 | Diane Lockhart |   453 |
| 1005 | Eli Gold       |   471 |
| 1006 | Peter Florric  |   459 |
| 1007 | Will Gardner   |   445 |
+------+----------------+-------+
4 rows in set (0.00 sec)
```

图 11-109　查看视图数据

从图 11-107~图 11-109 中可以看出，如果表中的数据删除了，视图中的数据就会随之更新。

11.8　经典习题与面试题

1. 经典习题

（1）如何在一个表上创建视图？

（2）如何在多个表上创建视图？

（3）如何更改视图？

（4）如何查看视图的详细信息？

（5）如何更新视图的内容？

（6）如何理解视图和基本表之间的关系以及用户的操作权限？

2. 面试题及解答

（1）MySQL 中视图和表的区别及联系是什么？

两者的区别：

① 视图是按照 SQL 语句生成的一个虚拟的表。

② 视图不占实际的物理空间，而表中的记录需要占物理空间。

③ 建立和删除视图只影响视图本身，不会影响实际的记录。而建立和删除表会影响实际的记录。

两者的联系：

① 视图是在基本表上建立的表，其字段和记录都来自基本表，其依赖基本表而存在。

② 一个视图可以对应一个基本表，也可以对应多个基本表。

③ 视图是基本表的抽象，在逻辑意义上建立的新关系。

（2）为什么视图更新不了？

造成视图不能更新的原因很多。其中可能的原因包括视图中包含 SUM()、COUNT()、MAX() 和 MIN() 等函数；视图中包含 UNION、UNION ALL、DISTINCT、GROUP BY 和 HAVING 等关键字；视图是一个常量视图；视图对应的表上存在没有默认值的列，而且该列没有包含在视图中等。需要逐个排除这些因素。

11.9 本章小结

本章介绍了 MySQL 数据库的视图的含义和作用，并且讲解了创建视图、修改视图和删除视图的方法。创建视图和修改视图是本章的重点内容。这两部分的内容比较多，而且比较复杂。希望读者能够认真学习这两部分的内容，并且需要在计算机上实际操作。读者在创建视图和修改视图后，一定要查看视图的结构，以确保创建和修改的操作是否正确。更新视图是本章的一个难点。因为实际中存在一些造成视图不能更新的因素。下一章将介绍存储过程和存储函数相关的知识。

第 12 章

◀ 存储过程和函数 ▶

存储过程和函数是在数据库中定义的一些 SQL 语句的集合，直接调用这些存储过程和函数来执行已经定义好的 SQL 语句。使用存储过程和函数可以避免开发人员重复地编写相同的 SQL 语句。而且，存储过程和函数是在 MySQL 服务器中存储和执行的，可以减少客户端和服务端的数据传输。本章将讲解的内容包括：

- 创建存储过程。
- 创建存储函数。
- 变量的使用。
- 定义条件和处理程序。
- 光标的使用。
- 流程控制的使用。
- 调用存储过程和函数。
- 查看存储过程和函数。
- 修改存储过程和函数。
- 删除存储过程和函数。

通过本章的学习，读者可以了解存储过程和函数的定义及作用，还可以了解创建、使用、查看、修改和删除存储过程及函数的方法。存储过程和函数是 MySQL 数据库中比较难的知识点，但其作用非常大，希望读者可以认真学习。

12.1 创建存储过程和函数

创建存储过程和函数是指将经常使用的一组 SQL 语句组合在一起，并将这些 SQL 语句当作一个整体存储在 MySQL 服务器中。存储程序可以分为存储过程和函数，MySQL 中创建存储过程和函数使用的语句分别是：CREATE PROCEDURE 和 CREATE FUNCTION。使用 CALL 语句来调用存储过程，只能用输出变量返回值。函数可以从语句外调用（通过引用函数名），也能返回标量值。存储过程也可以调用其他存储过程。

12.1.1 创建存储过程

在 MySQL 中创建存储过程通过 SQL 语句 CREATE PROCEDURE 来实现，其语法形式如下：

```
CREATE PROCEDURE procedure_name([proc_param[,…]])
    [characteristic…] routine_body
```

在上述语句中，参数 procedure_name 表示所要创建的存储过程的名字，参数 proc_param 表示存储过程的参数，参数 characteristic 表示存储过程的特性，参数 routine_body 表示存储过程的 SQL 语句代码，可以用 BEGIN…END 来标志 SQL 语句的开始和结束。

> 在具体创建存储过程时，存储过程名不能与已经存在的存储过程名重名，除了上述要求外，推荐存储过程名命名（标识符）为 procedure_xxx 或者 proc_xxx。

proc_param 中每个参数的语法形式如下：

```
[IN|OUT|INOUT] param_name type
```

在上述语句中，每个参数由 3 部分组成，分别为输入/输出类型、参数名和参数类型。其中输入/输出类型有 3 种：IN 表示输入类型；OUT 表示输出类型；INOUT 表示输入/输出类型。param_name 表示参数名。type 表示参数类型，可以是 MySQL 软件所支持的任意一个数据类型。

参数 charateristic 指定存储过程的特性，有以下取值。

- LANGUAGE SQL: 说明 routine_body 部分是由 SQL 语句组成的，当前系统支持的语言为 SQL，SQL 是 LANGUAGE 特性的唯一值。
- [NOT]DETERMINISTIC: 指明存储过程执行的结果是否正确。DETERMINISTIC 表示结果是确定的。每次执行存储过程时，相同的输入会得到相同的输出。NOT DETERMINISTIC 表示结果是不确定的，相同的输入可能得到不同的输出。如果没有指定任意一个值，就默认为 NOT DETERMINISTIC。
- {CONTAINS SQL | NOSQL | READS SQL DATA | MODIFIES SQL DATA}: 指明子程序使用 SQL 语句的限制。CONTAINS SQL 表名子程序包含 SQL 语句，但是不包含读写数据的语句；NO SQL 表明子程序不包含 SQL 语句；READS SQL DATA 说明子程序包含读数据的语句；MODIFIES SQL DATA 表明子程序包含写数据的语句。默认情况下，系统会指定为 CONTAINS SQL。
- SQL SECURITY{DEFINER | INVOKER}: 指明谁有权限来执行。DEFINER 表示只有定义者才能执行。INVOKER 表示拥有权限的调用者可以执行。默认情况下，系统指定为 DEFINER。
- COMMENT'string': 注释信息，可以用来描述存储过程或函数。

创建存储过程时，系统默认值指定 CONTAINS SQL，表示存储过程中使用了 SQL 语句。但是，如果存储过程中没有使用 SQL 语句，最好设置为 NO SQL，而且存储过程中最好在 COMMENT 部分对存储过程进行简单的注释，以便以后在阅读存储过程的代码时更加方便。

下面通过具体的示例来讲述如何应用存储过程。

【示例 12-1】执行 SQL 语句 CREATE PROCEDURE，在数据库 company 中，创建查询员工表 t_employee 中所有员工的薪水的存储过程，具体步骤如下：

步骤 01 执行 SQL 语句 CREATE DATABASE，创建数据库 company，并选择该数据库，具体 SQL 语句如下：

```
CREATE DATABASE company;
USE company;
```

执行结果如图 12-1 和图 12-2 所示。

步骤 02 执行 SQL 语句 CREATE TABLE，创建员工表 t_employee，具体 SQL 语句如下：

```
CREATE TABLE t_employee(
   id INT(4),
   name VARCHAR(20),
   gender VARCHAR(6),
   age INT(4),
   salary INT(6),
   deptno INT(4)
);
```

执行结果如图 12-3 所示。

```
mysql> CREATE DATABASE company;
Query OK, 1 row affected (0.00 sec)
```

图 12-1　创建数据库

```
mysql> USE company;
Database changed
```

图 12-2　选择数据库

步骤 03 执行 SQL 语句 INSERT INTO 向表 t_employee 中插入数据，具体 SQL 语句如下：

```
INSERT INTO t_employee(id,name,gender,age,salary,deptno)
   VALUES(1001,'Alicia Florric','Female',33,10000,1),
         (1002,'Kalinda Sharma','Female',31,9000,1),
         (1003,'Cary Agos','Male',27,8000,1),
         (1004,'Eli Gold','Male',44,20000,2),
         (1005,'Peter Florric','Male',34,30000,2),
         (1006,'Diane Lockhart','Female',43,50000,3),
         (1007,'Maia Rindell','Female',43,9000,3),
```

```
       (1008,'Will Gardner','Male',36,50000,3),
       (1009,'Jacquiline Florric','Female',57,9000,4),
       (1010,'Zach Florric','Female',17,5000,5),
       (1011,'Grace Florric','Female',14,4000,5);
```

执行结果如图 12-4 所示。

```
mysql> CREATE TABLE t_employee(
    -> id INT(4),
    -> name VARCHAR(20),
    -> gender VARCHAR(6),
    -> age INT(4),
    -> salary INT(6),
    -> deptno INT(4)
    -> );
Query OK, 0 rows affected (0.07 sec)
```

图 12-3　创建表 t_employee

```
mysql> INSERT INTO t_employee(id,name,gender,age,salary,deptno)
    -> VALUES(1001,'Alicia Florric','Female',33,10000,1),
    -> (1002,'Kalinda Sharma','Female',31,9000,1),
    -> (1003,'Cary Agos','Male',27,8000,1),
    -> (1004,'Eli Gold','Male',44,20000,2),
    -> (1005,'Peter Florric','Male',34,30000,2),
    -> (1006,'Diane Lockhart','Female',43,50000,3),
    -> (1007,'Maia Rindell','Female',43,9000,3),
    -> (1008,'Will Gardner','Male',36,50000,3),
    -> (1009,'Jacquiline Florric','Female',57,9000,4),
    -> (1010,'Zach Florric','Female',17,5000,5),
    -> (1011,'Grace Florric','Female',14,4000,5);
Query OK, 11 rows affected (0.06 sec)
Records: 11  Duplicates: 0  Warnings: 0
```

图 12-4　向表 t_employee 中插入数据

步骤 04 使用 SQL 语句 SELECT 检查数据是否插入成功，具体 SQL 语句如下：

```
SELECT * FROM t_employee;
```

执行结果如图 12-5 所示。

步骤 05 执行 SQL 语句 CREATE PROCEDURE，创建名为 proc_employee 的存储过程，具体 SQL 语句如下：

```
DELIMITER $$
CREATE PROCEDURE proc_employee()
COMMENT'查询员工薪水'
BEGIN
  SELECT salary
  FROM t_employee;
END;
$$
DELIMITER ;
```

执行结果如图 12-6 所示。

在上述代码中，创建了一个名为 proc_employee 的存储过程，主要用来实现通过 SELECT 语句从表 t_employee 中查询字段 salary 的值，实现查询员工薪水的功能。

```
mysql> SELECT * FROM t_employee;
+------+-------------------+--------+-----+--------+--------+
| id   | name              | gender | age | salary | deptno |
+------+-------------------+--------+-----+--------+--------+
| 1001 | Alicia Florric    | Female | 33  | 10000  |      1 |
| 1002 | Kalinda Sharma    | Female | 31  |  9000  |      1 |
| 1003 | Cary Agos         | Male   | 27  |  8000  |      1 |
| 1004 | Eli Gold          | Male   | 44  | 20000  |      2 |
| 1005 | Peter Florric     | Male   | 34  | 30000  |      2 |
| 1006 | Diane Lockhart    | Female | 43  | 50000  |      3 |
| 1007 | Maia Rindell      | Female | 43  |  9000  |      3 |
| 1008 | Will Gardner      | Male   | 36  | 50000  |      3 |
| 1009 | Jacquiline Florric| Female | 57  |  9000  |      4 |
| 1010 | Zach Florric      | Female | 17  |  5000  |      5 |
| 1011 | Grace Florric     | Female | 14  |  4000  |      5 |
+------+-------------------+--------+-----+--------+--------+
11 rows in set (0.00 sec)
```

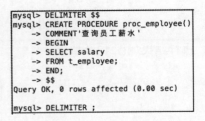

```
mysql> DELIMITER $$
mysql> CREATE PROCEDURE proc_employee()
    -> COMMENT'查询员工薪水 '
    -> BEGIN
    -> SELECT salary
    -> FROM t_employee;
    -> END;
    -> $$
Query OK, 0 rows affected (0.00 sec)

mysql> DELIMITER ;
```

图 12-5　查询员工表　　　　　　　　　　图 12-6　创建存储过程

代码执行完毕后，没有报出任何出错信息就表示存储函数已经创建成功。以后就可以调用这个存储过程了，数据库中会执行存储过程中的 SQL 语句。

> MySQL 中默认的语句结束符为分号（;）。存储过程中的 SQL 语句需要分号来结束。为了避免冲突，首先用 "DELIMITER$$" 将 MySQL 的结束符设置为 $$，然后用 "DELIMITER;" 来将结束符恢复成分号。

12.1.2　创建存储函数

在 MySQL 中，创建函数通过 SQL 语句 CREATE FUNCTION 来实现，其语法形式如下：

```
CREATE FUNCTION fun_name([func_param[,…]])
    [characteristic…] routine_body
```

在上述语句中，参数 func_name 表示所要创建的函数的名字；参数 func_param 表示函数的参数；参数 characteristic 表示函数的特性，该参数的取值与存储过程中的取值相同；参数 routine_body 表示函数的 SQL 语句代码，可以用 BEGIN…END 来表示 SQL 语句的开始和结束。

> 在具体创建函数时，函数名不能与已经存在的函数名重名。除了上述要求外，推荐函数名命名（标识符）为 func_xxx 或者 function_xxx。

func_param 中的每个参数的语法形式如下：

```
param_name type
```

在上述语句中，每个参数由两部分组成，分别为参数名和参数类型。param_name 表示参数名；type 表示参数类型，可以是 MySQL 软件所支持的任意一种数据类型。

【示例 12-2】执行 SQL 语句 CREATE FUNCTION，在数据库 company 中，创建查询员工表 t_employee 中某个员工薪水的函数，具体步骤如下：

步骤 01　创建数据库、创建表、插入数据部分的工作在示例 12-1 中已经完成，在本示例中可以沿用示例 12-1 中的数据库、表和数据，不再赘述准备过程。

步骤 02　选择数据库 company，具体 SQL 语句如下：

```
USE company;
```

执行结果如图 12-7 所示。

步骤 03 执行 SQL 语句 CREATE FUNCTION，创建名为 func_employee 的函数，具体 SQL 语句如下：

```
DELIMITER $$
CREATE FUNCTION func_employee(id INT(4))
  RETURNS INT(6)
COMMENT '查询某个员工的薪水'
BEGIN
  RETURN (SELECT salary
    FROM t_employee
    WHERE t_employee.id=id);
END;
$$
DELIMITER ;
```

执行结果如图 12-8 所示。

在上述代码中，创建了一个名为 func_employee 的函数，该函数拥有一个类型为 INT(4)、名为 id 的参数，返回值为 INT(6)类型。SELECT 语句从表 t_employee 中查询字段 id 值等于所传入参数 id 值的记录，同时将这条记录的字段 salary 的值返回。

```
mysql> USE company;
Database changed
```

图 12-7 选择数据库

```
mysql> DELIMITER $$
mysql> CREATE FUNCTION func_employee(id INT(4))
    -> RETURNS INT(6)
    -> COMMENT'查询某个员工的薪水'
    -> BEGIN
    -> RETURN (SELECT salary
    -> FROM t_employee
    -> WHERE t_employee.id=id);
    -> END;
    -> $$
Query OK, 0 rows affected (0.00 sec)

mysql> DELIMITER ;
```

图 12-8 创建函数

图 12-8 的执行结果没有显示任何错误，表示该函数对象 func_employee 已经创建成功，在具体创建函数时，与创建存储过程一样，也需要通过命令"DELIMITER $$"将 SQL 语句的结束符由";"修改成"$$"，最后通过命令"DELIMITER;"将结束符号修改成 SQL 语句中默认的结束符号。

12.1.3　变量的使用

在存储过程和函数中，可以定义和使用变量。用户可以使用关键字 DECLARE 来定义变量，然后可以为变量赋值。这些变量的作用范围是 BEGIN…END 程序段中。本小节将讲解如何定义变量和为变量赋值。

1. 定义变量

MySQL 中可以使用 DECLARE 关键字来定义变量。定义变量的基本语法如下：

```
DECLARE var_name[,…] type [DEFAULT value]
```

其中，关键字 DECLARE 是用来声明变量的；参数 var_name 是变量的名称，这里可以同时定义多个变量；参数 type 用来指定变量的类型；DEFAULT value 子句将变量默认值设置为value，没有使用 DEFAULT 子句时，默认值为 NULL。

【示例 12-3】定义变量 test_sql，数据类型为 INT 型，默认值为 20，代码如下：

```
DECLARE test_sql INT DEFAULT 10;
```

2. 为变量赋值

MySQL 中可以使用关键字 SET 来为变量赋值，SET 语句的基本语法如下：

```
SET var_name=expr[,var_name=expr]…
```

其中，关键字 SET 用来为变量赋值；参数 var_name 是变量的名称；参数 expr 是赋值表达式。一个 SET 语句可以同时为多个变量赋值，各个变量的赋值语句之间用逗号隔开。

【示例 12-4】为变量 test_sql 赋值为 30，代码如下：

```
SET test_sql = 30;
```

MySQL 中还可以使用 SELECT…INTO 语句为变量赋值。其基本语法如下：

```
SELECT col_name[,…] INTO var_name[,…]
      FROM table_name WHERE condition
```

其中，参数 col_name 表示查询的字段名称；参数 var_name 是变量的名称；参数 table_name指表的名称；参数 condition 指查询条件。

【示例 12-5】从表 employee 中查询 id 为 3 的记录，将该记录的 id 值赋给变量 test_sql，代码如下：

```
SELECT id INTO test_sql
      FROM t_employee WEHRE id=3;
```

12.1.4 定义条件和处理程序

定义条件和处理程序是事先定义程序执行过程中可能遇到的问题，并且可以在处理程序中定义解决这些问题的办法。这种方式可以提前预测可能出现的问题，并提出解决办法。这样可以增强程序处理问题的能力，避免程序异常停止。MySQL 中都是通过关键字 DECLARE 来定义条件和处理程序的。本小节将详细讲解如何定义条件和处理程序。

1. 定义条件

MySQL 中可以使用 DECLARE 关键字来定义条件，其基本语法如下：

```
DECLARE condition_name CONDITION FOR condition_value
condition_value:
SQLSTATE[VALUE] sqlstate_value|mysql_error_code
```

其中，参数 condition_name 表示条件的名称；参数 condition_value 表示条件的类型；参数 sqlstate_value 和参数 mysql_error_code 都可以表示 MySQL 的错误。

【示例 12-6】定义 ERROR 1146(42S02)这个错误，名称为 can_not_find，可以用两种不同的方法来定义，代码如下：

```
//方法一: 使用 sqlstate_value
DECLARE can_not_find CONDITION FOR SQLSTATE '42S02';
//方法二: 使用 mysql_error_code
DECLARE can_not_find CONDITION FOR 1146;
```

2. 定义处理程序

MySQL 中可以使用 DECLARE 关键字来定义处理程序，其基本语法如下：

```
DECLARE handler_type HANDLER FOR condition_value[,…] proc_statement
handler_type:
    CONTINUE|EXIT|UNDO
condition_value:
SQLSTATE[VALUE]sqlstate_value|condition_name|SQLWARNING
    |NOT FOUND|SQLEXCEPTION|mysql_error_code
```

其中，参数 handler_type 指明错误的处理方式，该参数有 3 个取值，分别是 CONTINUE、EXIT 和 UNDO。CONTINUE 表示遇到错误不进行处理，继续向下执行；EXIT 表示遇到错误后马上退出；UNDO 表示遇到错误后撤回之前的操作，MySQL 中暂时还不支持这种处理方式。condition_value 表示错误类型，可以有以下取值。

- SQLSTATE[VALUE]sqlstate_value: 包含 5 个字符的字符串错误值。
- continue_name: 表示 DECLARE CONDITION 定义的错误条件名称。
- SQLWARNING: 匹配所有以 01 开头的 SQLSTATE 错误代码。
- NOT FOUND: 匹配所有以 02 开头的 SQLSTATE 错误代码。
- SQLEXCEPTION: 匹配所有没有被 SQLWARNING 或 NOT FOUND 捕获的 SQLSTATE 错误代码。
- mysql_error_code: 匹配数值类型错误代码。

参数 proc_statement 为程序语句段，表示在遇到定义的错误时需要执行的存储过程或函数。

通常情况下，执行过程中遇到错误应该立刻停止执行下面的语句，并且撤回前面的操作。但是，MySQL 中现在还不支持 UNDO 操作。因此，遇到错误时最好执行 EXIT 操作。如果事先能够预测错误类型，并且进行相应的处理，那么可以执行 CONTINUE 操作。

【示例 12-7】定义处理程序的几种方式，代码如下：

```
//方法一：捕获 sqlstate_value
DECLARE CONTINUE HANDLER FOR SQLSTATE '42S02' SET @info='NOT FOUND';
//方法二：使用 mysql_error_code
DECLARE CONTINUE HANDLER FOR 1146 SET @info='NOT FOUND';
//方法三：先定义条件，然后调用
DECLARE not_found CONDITION FOR 1146;
DECLARE CONTINUE HANDLER FOR not_found SET @info='NOT FOUND';
//方法四：使用 SQLWARNING
DECLARE EXIT HANDLER FOR SQLWARNING SET @info='ERROR';
//方法五：使用 NOT FOUND
DECLARE EXIT HANDLER FOR NOT FOUND SET @info='NOT FOUND';
//方法六：使用 SQLEXCEPTION
DECLARE EXIT HANDLER FOR SQLEXCEPTION SET @info='ERROR';
```

上述代码是 6 种定义处理程序的方法。第一种方法是捕获 sqlstate_value 的值。如果遇到 sqlstate_value 的值为 42S02，就执行 CONTINUE 操作，并且输出"NOT FOUND"信息。第二种方法是捕获 mysql_error_code 的值。如果遇到 mysql_error_code 的值为 1146，就执行 CONTINUE 操作，并且输出 NOT FOUND 信息。第三种方法是先定义条件，然后调用条件。这里先定义 not_found 条件，遇到 1146 错误就执行 CONTINUE 操作。第四种方法是使用 SQLWARNING。SQLWARNING 捕获所有以 01 开头的 sqlstate_value 值，然后执行 EXIT 操作，并且输出 ERROR 信息。第五种方法是使用 NOT FOUND。NOT FOUND 捕获所有以 02 开头的 sqlstate_value 值，然后执行 EXIT 操作，并且输出 NOT FOUND 信息。第六种方法是使用 SQLEXCEPTION，SQLEXCEPTION 捕获所有没有被 SQLWARNING 或 NOT FOUND 捕获的 sqlstate_value 值，然后执行 EXIT 操作，并且输出 ERROR 信息。

12.1.5　光标的使用

查询语句可能查询出多条记录，在存储过程和函数中使用光标来逐条读取查询结果集中的记录。有些书上将光标称为游标。光标的使用包括声明光标、打开光标、使用光标和关闭光标。光标必须声明在处理程序之前，并且声明在变量和条件之后。

1. 声明光标

MySQL 中可以使用 DECLARE 关键字来声明光标，其基本语法如下：

```
DECLARE cursor_name CURSOR
    FOR select_statement;
```

其中，参数 cursor_name 表示光标的名称；参数 select_statement 表示 SELECT 语句的内容。

【示例 12-8】声明一个名为 cur_employee 的光标，代码如下：

```
DECLARE cur_employee CURSOR
    FOR SELECT name,age FROM t_employee;
```

上面的示例中，光标的名称为 cur_employee；SELECT 语句部分是从表 t_employee 中查询出字段 name 和 age 的值。

2. 打开光标

MySQL 中使用关键字 OPEN 来打开光标，其基本语法如下：

```
OPEN cursor_name;
```

其中，参数 cursor_name 表示光标的名称。

【示例 12-9】打开一个名为 cur_employee 的光标，代码如下：

```
OPEN cur_employee;
```

3. 使用光标

MySQL 中使用关键字 FETCH 来使用光标，其基本语法如下：

```
FETCH cursor_name
    INTO var_name[,var_name…];
```

其中，参数 cursor_name 表示光标的名称；参数 var_name 表示将光标中的 SELECT 语句查询出来的信息存入该参数中。var_name 必须在声明光标之前就定义好。

【示例 12-10】打开一个名为 cur_employee 的光标，将查询出来的数据存入 emp_name 和 emp_age 这两个变量中，代码如下：

```
FETCH cur_employee INTO emp_name,emp_age;
```

上面的示例中，将光标 cur_employee 中 SELECT 语句查询出来的信息存入 emp_name 和 emp_age 中。emp_name 和 emp_age 必须在前面已经定义过。

4. 关闭光标

MySQL 中使用关键字 CLOSE 来关闭光标，其基本语法如下：

```
CLOSE cursor_name;
```

其中，参数 cursor_name 表示光标的名称。

【示例 12-11】关闭一个名为 cur_employee 的光标，代码如下：

```
CLOSE cur_employee;
```

上面的示例中，关闭了名称为 cur_employee 的光标。关闭之后就不能通过 FETCH 来使用光标了。

> 如果存储过程或函数中执行了 SELECT 语句，并且 SELECT 语句会查询出多条记录，这种情况最好使用光标来逐条读取记录，光标必须在处理程序之前且在变量和条件之后声明，而且光标使用完后一定要关闭。

12.1.6　流程控制的使用

存储过程和函数中可以使用流程控制来控制语句的执行。MySQL 中可以使用 IF 语句、CASE 语句、LOOP 语句、LEAVE 语句、ITERATE 语句、REPEAT 语句和 WHILE 语句来进行流程控制。本小节将详细讲解这些流程控制语句。

1. IF 语句

IF 语句用来进行条件判断，根据条件执行不同的语句。其语法的基本形式如下：

```
IF search_condition THEN statement_list
   [ELSEIF search_condition THEN statement_list]…
   [ELSE statement_list]
END IF
```

参数 search_condition 表示条件判断语句；参数 statement_list 表示不同条件的执行语句。

【示例 12-12】一个 IF 语句的示例，代码如下：

```
IF age>20 THEN SET @count1=@count1+1;
   ELSEIF age=20 THEN @count2=@count2+1;
   ELSE @count3=@count3+1;
END IF;
```

该示例根据 age 与 20 的大小关系来执行不同的 SET 语句。如果 age 的值大于 20，那么将 count1 的值加 1；如果 age 的值等于 20，那么将 count2 的值加 1；其他情况将 count3 的值加 1。IF 语句都需要使用 END IF 来结束。

2. CASE 语句

CASE 语句可实现比 IF 语句更复杂的条件判断，其语法的基本形式如下：

```
CASE case_value
    WHEN when_value THEN statement_list
    [WHEN when_value THEN statement_list]…
    [ELSE statement_list]
END CASE
```

其中，参数 case_value 表示条件判断的变量；参数 when_value 表示变量的取值；参数 statement_list 表示不同 when_value 值的执行语句。

CASE 语句还有另一种形式，该形式的语法如下：

```
CASE case_value
    WHEN search_condition THEN statement_list
    [WHEN search_condition THEN statement_list]…
    [ELSE statement_list]
END CASE
```

参数 search_condition 表示条件判断语句；参数 statement_list 表示不同条件的执行语句。

【示例 12-13】一个 CASE 语句的示例，代码如下：

```
CASE age
    WHEN 20 THEN SET @count1=@count1+1;
    ELSE SET @count2=@count2+1;
END CASE;
```

当 age 值为 20 时，count1 值加 1；否则 count2 值加 1。CASE 语句使用 END CASE 结束。

3. LOOP 语句

LOOP 语句可以使某些特定的语句重复执行，实现一个简单的循环。但是 LOOP 语句本身没有停止循环，必须遇到 LEAVE 语句等才能停止循环。LOOP 语句的语法形式如下：

```
[begin_label:]LOOP
      statement_list
END LOOP [end_label]
```

其中，参数 begin_label 和参数 end_label 分别表示循环开始和结束的标志，这两个标志必须相同，而且都可以省略；参数 statement_list 表示需要循环执行的语句。

【示例 12-14】一个 LOOP 语句的示例，代码如下：

```
add_num:LOOP
    SET @count=@count+1;
END LOOP add_num;
```

该示例循环执行 count 加 1 的操作。因为没有跳出循环的语句，这个循环成了一个死循环。LOOP 循环都以 END LOOP 结束。

4. LEAVE 语句

LEAVE 语句主要用于跳出循环控制，其语法形式如下：

```
LEAVE label
```

其中，参数 label 表示循环的标志。

【示例 12-15】一个 LEAVE 语句的示例，代码如下：

```
add_num:LOOP
    SET @count=@count+1;
    IF @count=100 THEN
        LEAVE add_num;
END LOOP add_num;
```

该示例循环执行 count 值加 1 的操作。当 count 的值等于 100 时，LEAVE 语句跳出循环。

5. ITERATE 语句

ITERATE 语句也是用来跳出循环的语句，但是 ITERATE 语句是跳出本次循环，然后直接进入下一次循环。ITERATE 语句的语法形式如下：

```
ITERATE label
```

其中，参数 label 表示循环的标志。

【示例 12-16】一个 ITERATE 语句的示例，代码如下：

```
add_num:LOOP
    SET @count=@count+1;
    IF @count=100 THEN
        LEAVE add_num;
    ELSE IF MOD(@count,3)=0 THEN
        ITERATE add_num;
    SELECT * FROM employee;
END LOOP add_num;
```

该示例循环执行 count 加 1 的操作，count 的值为 100 时结束循环。如果 count 的值能够整除 3，就跳出本次循环，不再执行下面的 SELECT 语句。

LEAVE 语句和 ITERATE 语句度用来跳出循环语句，但两者的功能是不一样的。LEAVE 语句是跳出整个循环，然后执行循环后面的程序；而 ITERATE 语句是跳出本次循环，然后进入下一次循环。使用这两个语句时一定要区分清楚。

6. REPEAT 语句

REPEAT 语句是有条件控制的循环语句。当满足特定条件时，就会跳出循环语句。REPEAT 语句的基本语法形式如下：

```
[begin_label:]REPEAT
    statement_list
    UNTIL search_condition
END REPEAT [end_label]
```

其中，参数 statement_list 表示循环的执行语句；参数 search_condition 表示结束循环的条件，满足该条件时循环结束。

【示例 12-17】一个 REPEAT 语句的示例，代码如下：

```
REPEAT
    SET @count=@count+1;
    UNTIL @count=100
END REPEAT;
```

该示例循环执行 count 加 1 的操作，count 值为 100 时结束循环。REPEAT 循环都用 END REPEAT 结束。

7. WHILE 语句

WHILE 语句也是有条件控制的循环语句，但 WHILE 语句和 REPEAT 语句是不一样的。WHILE 语句是当满足条件时，执行循环内的语句。WHILE 语句的基本语法形式如下：

```
[begin_label:]WHILE search_condition DO
```

```
    statement_list
END WHILE [end_label]
```

其中，参数 statement_condition 表示循环执行的条件，满足该条件时循环执行；参数 statement_list 表示循环的执行语句。

【示例 12-18】一个 WHILE 语句的示例，代码如下：

```
WHILE @count<100 DO
    SET @count=@count+1;
END WHILE;
```

该示例循环执行 count 加 1 的操作，count 值小于 100 时执行循环，如果 count 值等于 100 了，就跳出循环。WHILE 循环需要使用 END WHILE 来结束。

12.1.7 通过 SQLyog 创建存储过程

通过命令行语句来创建存储过程和函数虽然高效、灵活，但是对于初级用户来说比较困难，需要掌握 SQL 语句。在具体实践中，用户可以通过客户端软件 SQLyog 来创建存储过程和函数。

下面通过一个具体的示例来说明如何通过客户端软件 SQLyog 创建存储过程和函数。

【示例 12-19】与示例 12-1 和示例 12-2 一样，在数据库 company 中创建存储过程对象 proc_employee 和函数 func_employee。

步骤 01 连接数据库服务器，在对象资源管理器窗口中将显示 MySQL 数据库管理系统中所有的数据库，其中数据库 company 中有两个表 t_dept 和 t_employee，"存储过程"和"函数"节点里没有任何对象，具体信息如图 12-9 所示。

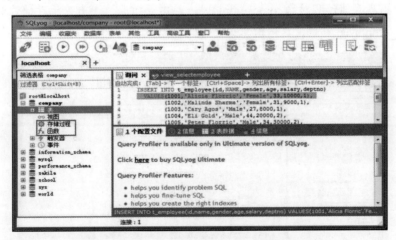

图 12-9　SQLyog 连接 MySQL 数据库管理系统

步骤 02 右击对象资源管理器窗口中的"存储过程"节点，在弹出的菜单中选择"创建存储过程"命令，如图 12-10 所示。

步骤 03 在弹出的 Create Procedure 对话框的"请输入新的程序名称。"文本框中输入

proc_employee，单击"创建"按钮，创建存储过程对象 proc_employee，如图 12-11
所示。

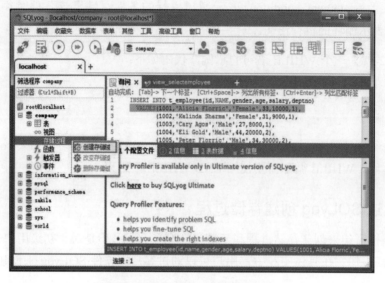

图 12-10　创建存储过程命令

图 12-11　创建存储过程

步骤 **04**　当数据库存储过程对象 proc_employee 创建成功后，弹出关于存储过程设计模板的
proc_employee 窗口，具体信息如图 12-12 所示。

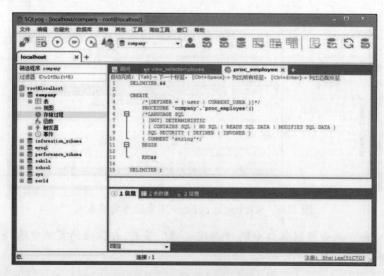

图 12-12　存储过程设计模板

步骤05 在 proc_employee 设计模板窗口中修改内容，如图 12-13 所示，然后单击工具栏中的"执行查询"按钮，执行 SQL 语句。

步骤06 当存储过程创建成功后，会在"对象资源管理器"窗口中显示出新建的存储过程，如图 12-14 所示。

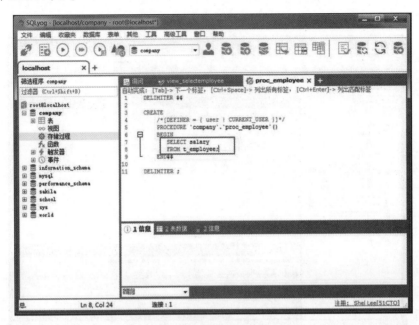

图 12-13 修改存储过程设计模板

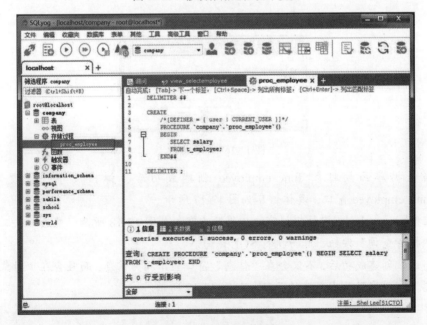

图 12-14 存储过程创建成功

通过上述步骤，可以成功在 SQLyog 的 company 数据库中创建存储过程 proc_employee。

步骤07 右击"对象资源管理器"窗口中的"函数"节点,在弹出的快捷菜单中选择"创建函数"命令,如图 12-15 所示。

步骤08 弹出 Create Function 对话框,在"输入新功能名称"文本框中输入 func_employee,然后单击"创建"按钮,创建函数对象 func_employee,具体设置信息如图 12-16 所示。

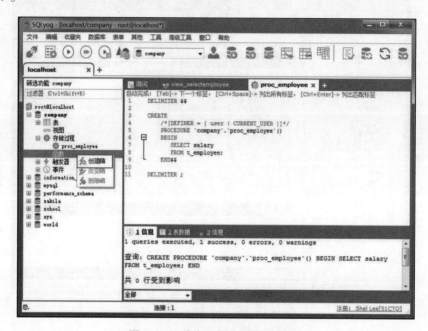

图 12-15 选中"创建函数"命令

图 12-16 创建函数

步骤09 当数据库函数对象 func_employee 创建成功后,弹出关于函数设计模板的 func_employee 窗口,具体信息如图 12-17 所示。

步骤10 在 func_employee 设计模板窗口中修改内容,如图 12-18 所示,然后单击工具栏中的"执行查询"按钮,进行执行 SQL 语句。

步骤11 当函数创建成功后,不仅会在"信息"窗口显示相关信息,而且会在"对象资源管理器"窗口中显示出新建的函数,如图 12-19 所示。

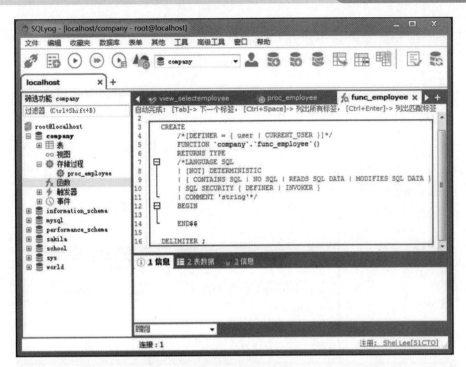

图 12-17　函数设计模板

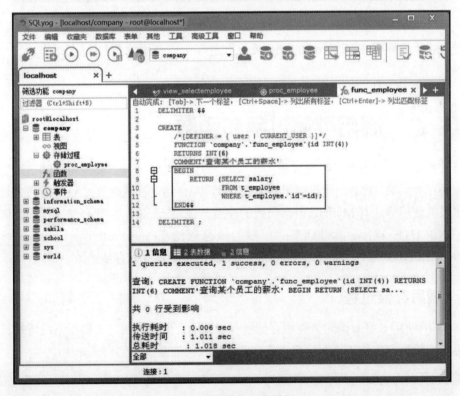

图 12-18　修改函数模板

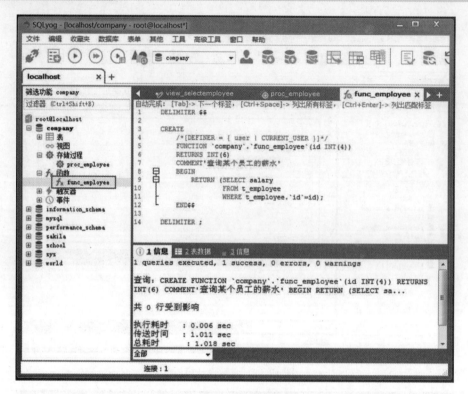

图 12-19　函数创建成功

通过上述步骤即可在 SQLyog 的 company 数据库中创建函数 func_employee。

12.2 调用存储过程和函数

存储过程和存储函数都是存储在服务器端的 SQL 语句的集合。要使用这些已经定义好的存储过程和存储函数，就必须通过调用的方式来实现。存储过程是通过 CALL 语句来调用的。而存储函数的使用方法与 MySQL 内部函数的使用方法是一样的。执行存储过程和存储函数需要拥有 EXECUTE 权限。EXECUTE 权限的信息存储在 information_schema 数据库下的 USER_PRIVILEGES 表中。本节将详细讲解如何调用存储过程和存储函数。

12.2.1 调用存储过程

MySQL 中使用 CALL 语句来调用存储过程。调用存储过程后，数据库系统将执行存储过程中的语句。然后，将结果返回给输出值。CALL 语句的基本语句形式如下：

```
CALL proc_name([parameter[,…]]);
```

其中，proc_name 是存储过程的名称；parameter 是指存储过程的参数。

【示例 12-20】定义一个存储过程，然后调用这个存储过程，代码如下：

```
DELIMITER $$
CREATE PROCEDURE proc_employee_sp(IN empid INT, OUT sal INT)
COMMENT'查询某个员工薪水'
BEGIN
SELECT salary
    FROM t_employee
    WHERE id=empid;
END;
$$
DELIMITER ;
CALL proc_employee_sp(1001,@n);
```

执行结果如图 12-20 和图 12-21 所示。

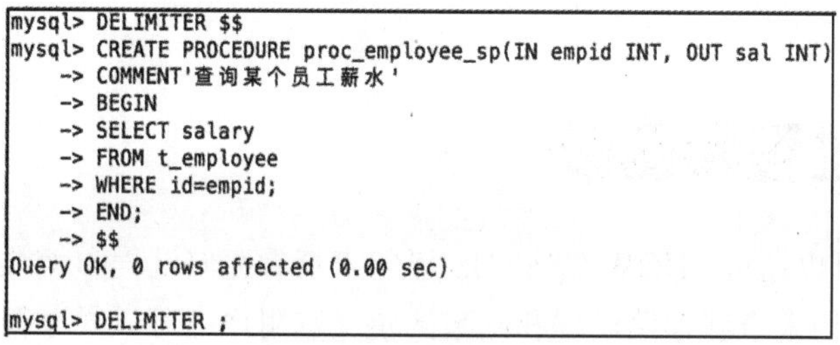

图 12-20　创建存储过程

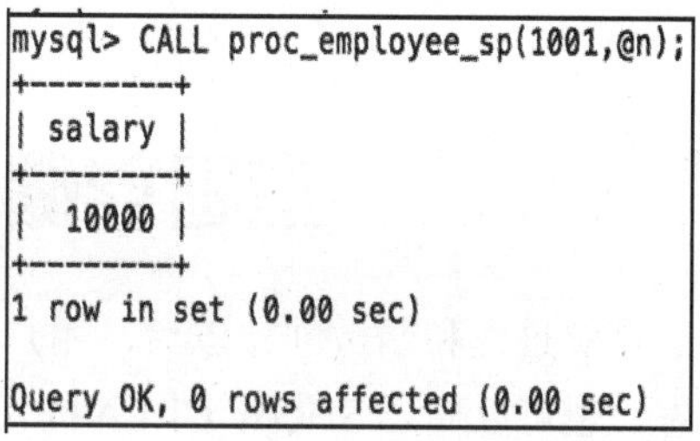

图 12-21　调用存储过程

由上面的代码可以看出，使用 CALL 语句来调用存储过程，使用 SELECT 语句来查询存储过程输出的值。

12.2.2　调用存储函数

在 MySQL 中，存储函数的使用方法与 MySQL 内部函数的使用方法是一样的。换言之，用户自己定义的存储函数与 MySQL 内部函数是一个性质的。区别在于，存储函数是用户自己定义的，而内部函数是 MySQL 的开发者定义的。

【示例 12-21】定义一个存储函数，然后调用这个存储函数，代码如下：

```
DELIMITER $$
CREATE FUNCTION func_employee_sp(id INT)
   RETURNS INT
BEGIN
   RETURN (SELECT salary
      FROM t_employee
   WHERE t_employee.id=id);
   END;
    $$
    DELIMITER ;
```

```
SELECT func_employee_sp(1002);
```

执行结果如图 12-22 和图 12-23 所示。

```
mysql> DELIMITER $$
mysql> CREATE FUNCTION func_employee_sp(id INT)
    -> RETURNS INT
    -> BEGIN
    -> RETURN (SELECT salary
    -> FROM t_employee
    -> WHERE t_employee.id=id);
    -> END;
    -> $$
Query OK, 0 rows affected (0.00 sec)

mysql> DELIMITER ;
```

```
mysql> SELECT func_employee_sp(1002);
+------------------------+
| func_employee_sp(1002) |
+------------------------+
|                   9000 |
+------------------------+
1 row in set (0.00 sec)
```

图 12-22　创建函数　　　　　图 12-23　调用函数

上述存储函数的作用是根据输入的 id 值到表 employee 中查询记录，然后将该记录的字段 salary 值返回。

12.3 查看存储过程和函数

存储过程和函数创建以后，用户可以通过 SHOW STATUS 语句来查看存储过程和函数的状态，也可以通过 SHOW CREATE 语句来查看存储过程和函数的定义。用户也可以通过查询 information_schema 数据库下的 Routines 表来查看存储过程和函数的信息。本节将详细讲解查看存储过程和函数的状态与定义的方法。

12.3.1　使用 SHOW STATUS 语句查看存储过程和函数的状态

MySQL 中可以通过 SHOW STATUS 语句查看存储过程和函数的状态。其基本语法形式如下：

```
SHOW {PROCEDURE|FUNCTION}STATUS{LIKE 'pattern'}
```

其中，参数 PROCEDURE 表示查询存储过程；参数 FUNCTION 表示查询存储函数；参数 LIKE'pattern'用来匹配存储过程或函数的名称。

【示例 12-22】查询名为 proc_employee_sp 的存储过程的状态，代码如下：

```
SHOW PROCEDURE STATUS LIKE 'proc_employee_sp' \G
```

执行结果如图 12-24 所示。

```
mysql> SHOW PROCEDURE STATUS LIKE 'proc_employee_sp' \G
*********************** 1. row ***********************
                 Db: company
               Name: proc_employee_sp
               Type: PROCEDURE
            Definer: skip-grants user@skip-grants host
           Modified: 2019-07-03 17:18:04
            Created: 2019-07-03 17:18:04
      Security_type: DEFINER
            Comment: 查询某个员工薪水
character_set_client: utf8mb4
collation_connection: utf8mb4_0900_ai_ci
  Database Collation: utf8mb4_0900_ai_ci
1 row in set (0.03 sec)
```

图 12-24　查询存储过程

图 12-24 的执行结果显示了存储过程的创建时间、修改时间和字符集等信息。

【示例 12-23】查询名为 func_employee_sp 的函数的状态，代码如下：

```
SHOW FUNCTION STATUS LIKE 'func_employee_sp' \G
```

执行结果如图 12-25 所示。

```
mysql> SHOW FUNCTION STATUS LIKE 'func_employee_sp' \G
*********************** 1. row ***********************
                 Db: company
               Name: func_employee_sp
               Type: FUNCTION
            Definer: skip-grants user@skip-grants host
           Modified: 2019-07-03 17:36:33
            Created: 2019-07-03 17:36:33
      Security_type: DEFINER
            Comment:
character_set_client: utf8mb4
collation_connection: utf8mb4_0900_ai_ci
  Database Collation: utf8mb4_0900_ai_ci
1 row in set (0.01 sec)
```

图 12-25　查询函数

图 12-25 的执行结果显示了函数的创建时间、修改时间和字符集等信息。

12.3.2　使用 SHOW CREATE 语句查看存储过程和函数的定义

MySQL 中可以通过 SHOW CREATE 语句查看存储过程和函数的状态，语法形式如下：

```
SHOW CREATE {PROCEDURE|FUNCTION}proc_name
```

其中，参数 PROCEDURE 表示查询存储过程；参数 FUNCTION 表示查询存储函数；参数 proc_name 表示存储过程或函数的名称。

【示例 12-24】查询名为 proc_employee_sp 的存储过程的状态，代码如下：

```
SHOW CREATE PROCEDURE proc_employee_sp \G
```

执行结果如图 12-26 所示。

```
mysql> SHOW CREATE PROCEDURE proc_employee_sp \G
*************************** 1. row ***************************
           Procedure: proc_employee_sp
            sql_mode: STRICT_TRANS_TABLES,NO_ENGINE_SUBSTITUTION
    Create Procedure: CREATE DEFINER=`root`@`localhost` PROCEDURE `proc_employee_sp`(IN empid INT, OUT sal INT)
    COMMENT '查询某个员工薪水'
BEGIN
  SELECT salary
    FROM t_employee
      WHERE id=empid;
END
character_set_client: utf8
collation_connection: utf8_general_ci
  Database Collation: utf8_general_ci
1 row in set (0.00 sec)
```

图 12-26　查看存储过程

查询结果显示了存储过程的定义、字符集等信息。

【示例 12-25】查询名为 func_employee_sp 的函数的状态，代码如下：

```
SHOW CREATE FUNCTION func_employee_sp \G
```

执行结果如图 12-27 所示。

```
mysql> SHOW CREATE FUNCTION func_employee_sp \G
*************************** 1. row ***************************
            Function: func_employee_sp
            sql_mode: STRICT_TRANS_TABLES,NO_ENGINE_SUBSTITUTION
     Create Function: CREATE DEFINER=`root`@`localhost` FUNCTION `func_employee_sp`(id INT) RETURNS int(11)
BEGIN
   RETURN (SELECT salary
      FROM t_employee
    WHERE t_employee.id=id);
END
character_set_client: utf8
collation_connection: utf8_general_ci
  Database Collation: utf8_general_ci
1 row in set (0.00 sec)
```

图 12-27　查看函数

查询结果显示了函数的定义、字符集等信息。

> SHOW STATUS 语句只能查看存储过程或函数是操作哪一个数据库的，存储过程或函数的名称、类型、谁定义的、创建和修改时间、字符编码等信息。但是这个语句不能查询存储过程或函数的具体定义。如果需要查看详细定义，就需要使用 SHOW CREATE 语句。

12.3.3　从 information_schema.Routine 表中查看存储过程和函数的信息

存储过程和函数的信息存储在 information_schema 数据库下的 Routines 表中，可以通过查询该表的记录来查询存储过程和函数的信息。其基本语法形式如下：

```
SELECT * FROM information_schema.Routines
    WHERE ROUTINE_NAME='proc_name';
```

其中，字段 ROUTINE_NAME 中存储的是存储过程和函数的名称；参数 proc_name 表示存储过程或函数的名称。

【示例 12-26】从 Routines 表中查询名为 proc_employee 的存储过程信息，具体 SQL 代码如下：

```
SELECT * FROM information_schema.Routines
    WHERE ROUTINE_NAME='proc_employee \G;
```

执行结果如图 12-28 所示。

```
mysql> SELECT * FROM information_schema.Routines WHERE ROUTINE_NAME='proc_employee' \G
*************************** 1. row ***************************
           SPECIFIC_NAME: proc_employee
          ROUTINE_CATALOG: def
           ROUTINE_SCHEMA: company
             ROUTINE_NAME: proc_employee
             ROUTINE_TYPE: PROCEDURE
                DATA_TYPE:
CHARACTER_MAXIMUM_LENGTH: NULL
  CHARACTER_OCTET_LENGTH: NULL
        NUMERIC_PRECISION: NULL
            NUMERIC_SCALE: NULL
        DATETIME_PRECISION: NULL
        CHARACTER_SET_NAME: NULL
           COLLATION_NAME: NULL
           DTD_IDENTIFIER: NULL
             ROUTINE_BODY: SQL
       ROUTINE_DEFINITION: BEGIN
SELECT salary
FROM t_employee;
END
            EXTERNAL_NAME: NULL
        EXTERNAL_LANGUAGE: NULL
          PARAMETER_STYLE: SQL
         IS_DETERMINISTIC: NO
         SQL_DATA_ACCESS: CONTAINS SQL
                 SQL_PATH: NULL
            SECURITY_TYPE: DEFINER
                  CREATED: 2017-10-12 16:54:14
             LAST_ALTERED: 2017-10-12 16:54:14
                 SQL_MODE: STRICT_TRANS_TABLES,NO_ENGINE_SUBSTITUTION
          ROUTINE_COMMENT: 查询员工薪水
                  DEFINER: root@localhost
      CHARACTER_SET_CLIENT: utf8
     COLLATION_CONNECTION: utf8_general_ci
        DATABASE_COLLATION: utf8_general_ci
1 row in set (0.00 sec)

mysql>
```

图 12-28　查看存储过程

查询结果显示了 proc_employee 的详细信息。

【示例 12-27】从 Routines 表中查询名为 proc_employee 的存储过程的信息，具体 SQL 代码如下：

```
SELECT * FROM information_schema.Routines
    WHERE ROUTINE_NAME=func_employee \G;
```

执行结果如图 12-29 所示。

```
mysql> SELECT * FROM information_schema.Routines WHERE ROUTINE_NAME='func_employee' \G
*************************** 1. row ***************************
           SPECIFIC_NAME: func_employee
          ROUTINE_CATALOG: def
           ROUTINE_SCHEMA: company
             ROUTINE_NAME: func_employee
             ROUTINE_TYPE: FUNCTION
               DATA_TYPE: int
  CHARACTER_MAXIMUM_LENGTH: NULL
    CHARACTER_OCTET_LENGTH: NULL
        NUMERIC_PRECISION: 10
            NUMERIC_SCALE: 0
        DATETIME_PRECISION: NULL
        CHARACTER_SET_NAME: NULL
           COLLATION_NAME: NULL
           DTD_IDENTIFIER: int(6)
             ROUTINE_BODY: SQL
       ROUTINE_DEFINITION: BEGIN
RETURN (SELECT salary
FROM t_employee
WHERE t_employee.id=id);
END
           EXTERNAL_NAME: NULL
       EXTERNAL_LANGUAGE: NULL
          PARAMETER_STYLE: SQL
         IS_DETERMINISTIC: NO
         SQL_DATA_ACCESS: CONTAINS SQL
                SQL_PATH: NULL
           SECURITY_TYPE: DEFINER
                 CREATED: 2017-10-11 15:00:37
            LAST_ALTERED: 2017-10-11 15:00:37
                SQL_MODE: STRICT_TRANS_TABLES,NO_ENGINE_SUBSTITUTION
          ROUTINE_COMMENT: 查询某个员工的薪水
                 DEFINER: root@localhost
      CHARACTER_SET_CLIENT: utf8
     COLLATION_CONNECTION: utf8_general_ci
       DATABASE_COLLATION: utf8_general_ci
1 row in set (0.01 sec)

mysql>
```

图 12-29　查看存储过程

查询结果显示了 func_employee 的详细信息。

在 information_schema 数据库下的表 Routine 中存储着所有存储过程和函数的定义。如果使用 SELECT 语句查询 Routine 表中的存储过程和函数的定义，一定要使用字段 ROUTINE_NAME 指定存储过程或函数的名称，否则将查询出所有的存储过程或函数的定义。

12.4　修改存储过程和函数

修改存储过程和函数是指修改已经定义好的存储过程和函数。MySQL 中通过 ALTER PROCEDURE 语句来修改存储过程。通过 ALTER FUNCTION 语句来修改存储函数。本节将详细讲解修改存储过程和函数的方法。

12.4.1　修改存储过程和函数的语法

MySQL 中修改存储过程和函数的语句的语法形式如下：

```
ALTER {PROCEDURE|FUNCTION} proc_name[characteristic…];
Characteristic:
    {CONTAINS SQL|NO SQL|READS SQL DATA|MODIFIES SQL DATA}
|SQL SECURITY{DEFINDER|INVOKER}
|COMMENT 'string'
```

其中，参数 proc_name 表示存储过程或函数的名称；参数 characteristic 指定存储函数的特性。CONTAINS SQL 表示子程序包含 SQL 语句，但不包含读或写数据的语句；NO SQL 表示子程序中不包含 SQL 语句；READS SQL DATA 表示子程序中包含读数据的语句；MODIFIES SQL DATA 表示子程序中包含写数据的语句。SQL SECURITY {DEFINER|INVOKER} 指明谁有权限来执行。DEFINDER 表示只有定义者自己才能够执行；INVOKER 表示调用者可以执行。COMMENT 'string'是注释信息。

 修改存储过程使用 ALTER PROCEDURE 语句，修改存储函数使用 ALTER FUNCTION 语句，但是这两个语句的结构是一样的，语句中的所有参数都是一样的。而且，它们与创建存储过程或函数的语句中的参数也是基本一样的。

【示例 12-28】修改存储过程 proc_emplooyee 的定义，将读写权限改为 MODIFIES SQL DATA，并指明调用者可以执行，具体步骤如下：

步骤01 修改存储过程 proc_emplooyee 的定义，将读写权限改为 MODIFIES SQL DATA，并指明调用者可以执行，具体 SQL 语句如下：

```
ALTER PROCEDURE proc_employee
      MODIFIES SQL DATA SQL SECURITY INVOKER;
```

执行结果如图 12-30 所示。

图 12-30 的执行结果显示修改存储过程成功。

步骤02 查看修改存储过程是否成功，具体 SQL 语句如下：

```
SELECT specific_name,sql_data_access,security_type
    FROM information_schema.Routines
WHERE routine_name='proc_employee';
```

执行结果如图 12-31 所示。

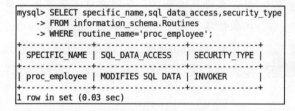

图 12-30　修改存储过程　　　　　图 12-31　查看修改存储过程的结果

图 12-31 的执行结果显示，访问数据的权限（SQL_DATA_ACCESS）已经变成 MODIFIES SQL DATA，安全类型（SECURITY_TYPE）已经变成 INVOKER。

【示例 12-29】修改存储函数 func_employee 的定义，将读写权限改为 READS SQL DATA，并加上注释信息 FINDER NAME，代码如下：

```
ALTER FUNCTION func_employee READS SQL DATA COMMENT 'FIND NAME';
```

执行结果如图 12-32 所示。

查看修改存储过程是否成功，具体 SQL 语句如下：

```
SELECT specific_name,sql_data_access,routine_comment
    FROM information_schema.routines
        WHERE routine_name='func_employee';
```

执行结果如图 12-33 所示。

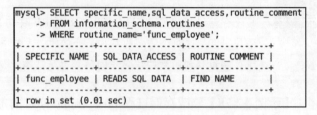

图 12-32　修改函数　　　　　　　　　　　图 12-33　查看修改函数的结果

图 12-32 的执行结果显示修改函数成功。图 12-33 的执行结果显示，访问数据的权限（SQL_DATA_ACCESS）已经变成 READS SQL DATA，函数注释（ROUTINE_COMMENT）已经变成 FIND NAME。

12.4.2　使用 SQLyog 修改存储过程和函数

通过命令行语句来创建存储过程和函数虽然高效、灵活，但是对于初级用户来说比较困难，需要掌握 SQL 语句。在具体实践中，用户可以通过客户端软件 SQLyog 来修改存储过程和函数。

下面通过一个具体的示例来说明如何通过客户端软件 SQLyog 创建存储过程和函数。

【示例 12-30】在数据库 company 中修改存储过程对象 proc_employee 和函数 func_employee。

步骤01　连接数据库服务器，在对象资源管理器窗口中将显示 MySQL 数据库管理系统中所有的数据库，其中数据库 company 中有两个表 t_dept 和 t_employee，"存储过程"节点下有 proc_employee，"函数"节点下有 func_employee，具体信息如图 12-34 所示。

步骤02　右击对象资源管理器窗口中的"存储过程"节点下的 proc_employee，选择"改变存储过程"命令，如图 12-35 所示。

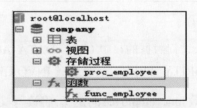

图 12-34　查看修改函数的结果

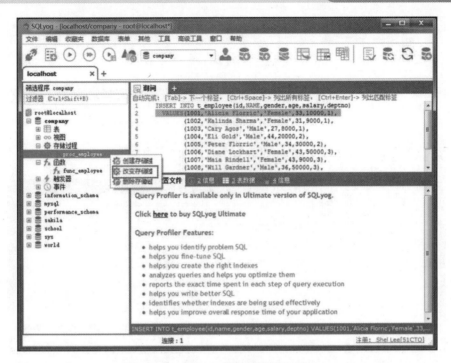

图 12-35 选择 "改变存储过程" 命令

步骤 03 打开 proc_employee 窗口，修改代码，执行结果如图 12-36 所示。

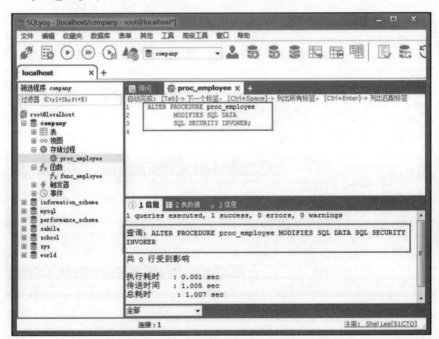

图 12-36 proc_employee 窗口

步骤 04 右击对象资源管理器窗口中的 "函数" 节点下的 func_employee，选择 "改变函数"
命令，如图 12-37 所示。

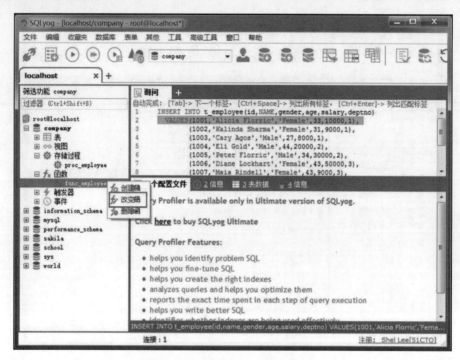

图 12-37　选择"改变函数"命令

步骤 **05**　打开 func_employee 窗口，修改代码，执行结果如图 12-38 所示。

图 12-38　func_employee 窗口

12.5　删除存储过程和函数

存储过程和函数的操作包括创建存储过程和函数、查看存储过程和函数、更新存储过程和函数以及删除存储过程和函数。本节将详细介绍如何删除存储过程和函数。在 MySQL 中可以通过两种方式来删除存储过程和函数，分别为通过 DROP TRIGGER 语句和通过工具。

12.5.1　删除存储过程和函数的语法

存储过程和函数的操作包括创建存储过程和函数、查看存储过程和函数、更新存储过程和函数以及删除存储过程和函数。本小节将详细介绍如何删除存储过程和函数。

1. 删除存储过程

在 MySQL 中删除存储过程通过 SQL 语句 DROP 来实现：

```
DROP PROCEDURE proc_name;
```

在上述语句中，关键字 DROP PROCEDURE 用来表示实现删除存储过程，参数 proc_name 表示所要删除的存储过程的名称。

【示例 12-31】执行 SQL 语句 DROP PROCEDURE，删除存储过程对象 proc_employee，具体步骤如下：

步骤 01 创建数据库、创建表、插入数据部分的工作在示例 12-1 中已经完成，在本示例中可以沿用示例 12-1 中的数据库、表和数据，不再赘述准备过程。

步骤 02 选择数据库 company，具体 SQL 语句如下：

```
USE company;
```

执行结果如图 12-39 所示。

步骤 03 使用 DROP PROCEDURE 语句删除存储过程对象 proc_employee，具体语句如下：

```
DROP PROCEDURE proc_employee;
```

执行结果如图 12-40 所示。

```
mysql> USE company;
Database changed
```

图 12-39　选择数据库

```
mysql> DROP PROCEDURE proc_employee;
Query OK, 0 rows affected (0.09 sec)
```

图 12-40　删除存储过程

步骤 04 通过系统表 routines 查询是否还存在存储对象 proc_employee，具体 SQL 语句如下：

```
SELECT * FROM INFORMATION_SCHEMA.ROUTINES
    WHERE SPECIFIC_NAME='proc_employee' \G
```

执行结果如图 12-41 所示。

```
mysql> SELECT * FROM INFORMATION_SCHEMA.ROUTINES WHERE SPECIFIC_NAME='proc_employee' \G
Empty set (0.01 sec)
```

图 12-41   查询存储过程对象 proc_employee

图 12-41 的执行结果显示，数据管理系统中已经不存在存储过程对象 proc_employee。

2. 删除函数

在 MySQL 中删除函数通过 SQL 语句 DROP FUNCTION 来实现，其语法形式如下：

```
DROP FUNCTION func_name;
```

关键字 DROP FUNCTION 用来实现删除函数，参数 func_name 表示要删除的函数名。

【示例 12-32】执行 SQL 语句 DROP FUNCTION，删除存储过程对象 func_employee，具体步骤如下：

步骤 01 创建数据库、创建表、插入数据部分的工作在示例 12-1 中已经完成，在本示例中可以沿用示例 12-1 中的数据库、表和数据，不再赘述准备过程。

步骤 02 选择数据库 company，具体 SQL 语句如下：

```
USE company;
```

执行结果如图 12-42 所示。

步骤 03 使用 DROP FUNCTION 语句删除存储过程对象 proc_employee，具体 SQL 语句如下：

```
DROP FUNCTION func_employee;
```

执行结果如图 12-43 所示。

```
mysql> USE company;
Database changed
```

图 12-42   选择数据库

```
mysql> DROP FUNCTION func_employee;
Query OK, 0 rows affected (0.01 sec)
```

图 12-43   删除函数

步骤 04 通过系统表 routines 查询是否还存在存储对象 proc_employee，具体 SQL 语句如下：

```
SELECT * FROM INFORMATION_SCHEMA.ROUTINES
    WHERE SPECIFIC_NAME='func_employee' \G
```

执行结果如图 12-44 所示。

```
mysql> SELECT * FROM INFORMATION_SCHEMA.ROUTINES WHERE SPECIFIC_NAME='func_employee' \G
Empty set (0.01 sec)
```

图 12-44   查询函数 func_employee

图 12-44 的执行结果显示，数据管理系统中已经不存在函数对象 func_employee。

12.5.2   使用 SQLyog 删除存储过程和函数

除了通过 SQL 语句来删除存储过程和函数外，还可以通过 MySQL 客户端软件 SQLyog

来删除存储过程和函数。对于该客户端来说，除了可以在"询问"窗口中执行 DROP PROCEDURE 语句和 DROP FUNCTION 语句实现删除存储过程和函数外，还可以通过操作"对象资源管理器"来实现，具体步骤如下：

步骤 01 连接数据库服务器，对象资源管理器窗口中显示 MySQL 数据库系统中所有的数据库，单击 company 数据库节点，将显示属于该数据库的所有数据库对象，如图 12-45 所示。

步骤 02 单击数据库 company 中的"表""存储过程"和"函数"节点，将显示关于该数据库的所有存储过程和函数对象（ proc_employee 和 func_employee ），如图 12-46 所示。

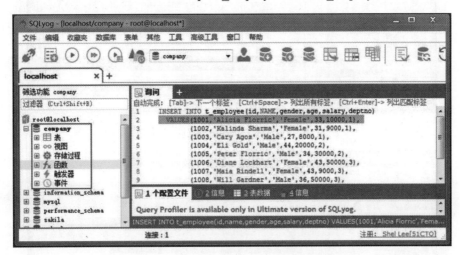

图 12-45 company 数据库下的所有数据库对象

图 12-46 查看存储过程和函数

步骤 03 如果想删除存储过程对象 proc_employee，只需在对象资源管理器窗口中右击该存储过程对象，然后在弹出的快捷菜单中选择"删除存储过程"命令，如图 12-47 所示。出现提示对话框，在其中单击"是"按钮，对象资源管理器窗口数据库 company 中的"存储过程"节点中就没有任何存储过程对象了，如图 12-48 所示。

411

步骤 04 如果想删除函数 func_employee，只需在对象资源管理器窗口中右击选择该函数对象，然后在弹出的快捷菜单中选择"删除函数"命令，如图 12-49 所示。

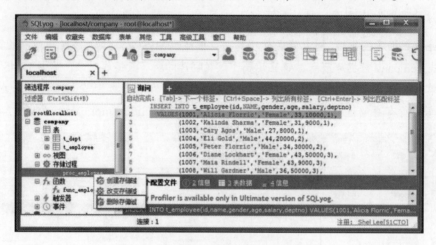

图 12-47　选择"删除存储过程"命令

图 12-48　删除存储过程成功

图 12-49　选择"删除函数"命令

步骤 **05**　弹出确认对话框，在其中单击"是"按钮，对象资源管理器窗口数据库 company 中的"函数"节点中就没有任何函数了，如图 12-50 所示。

图 12-50　删除函数成功

12.6　综合示例——创建存储过程和函数

本节通过一个综合示例来巩固本章所学的知识。在数据库 company 中创建一个员工表 t_employee，表结构如表 12-1 所示，将表 12-2 中的数据插入 t_employee 表中。

表 12-1　t_employee 表的结构

字段名	数据类型	长度	描述
id	INT	4	员工 ID，自增，非空，主键
name	VARCHAR	20	员工名
gender	VARCHAR	4	性别
salary	INT	6	薪水
deptno	INT	4	部门编号

表 12-2　t_employee 表的内容

id	name	gender	salary	age	deptno
1001	Alicia Florric	Female	10000	33	1
1002	Kalinda Sharma	Female	9000	31	2
1003	Cary Agos	Male	8000	27	3
1004	Eli Gold	Male	20000	44	2

下面开始操作过程。

步骤 **01**　创建并选择数据库 company，SQL 语句如下：

```
CREATE DATABASE company;
```

```
USE company;
```

执行结果如图 12-51 和图 12-52 所示。

```
mysql> CREATE DATABASE company;
Query OK, 1 row affected (0.00 sec)
```

```
mysql> USE company;
Database changed
```

图 12-51　创建数据库　　　　　　　　　图 12-52　选择数据库

步骤 02　创建员工表并插入数据，具体 SQL 语句如下：

```
CREATE TABLE `t_employee` (
  `id` INT(4) DEFAULT NULL,
  `name` VARCHAR(20) DEFAULT NULL,
  `gender` VARCHAR(6) DEFAULT NULL,
  `age` INT(4) DEFAULT NULL,
  `salary` INT(6) DEFAULT NULL,
  `deptno` INT(4) DEFAULT NULL
);
INSERT INTO `t_employee`
  VALUES (1001,'Alicia Florric','Female',33,10000,1),
  (1002,'Kalinda Sharma','Female',31,9000,1),
  (1003,'Cary Agos','Male',27,8000,1),
  (1004,'Eli Gold','Male',44,20000,2);
```

执行结果如图 12-53 和图 12-54 所示。

```
mysql> CREATE TABLE `t_employee` (
    -> `id` int(4) DEFAULT NULL,
    -> `name` varchar(20) DEFAULT NULL,
    -> `gender` varchar(6) DEFAULT NULL,
    -> `age` int(4) DEFAULT NULL,
    -> `salary` int(6) DEFAULT NULL,
    -> `deptno` int(4) DEFAULT NULL);
Query OK, 0 rows affected (0.02 sec)
```

```
mysql> INSERT INTO `t_employee`
    -> VALUES (1001,'Alicia Florric','Female',33,10000,1),
    -> (1002,'Kalinda Sharma','Female',31,9000,1),
    -> (1003,'Cary Agos','Male',27,8000,1),
    -> (1004,'Eli Gold','Male',44,20000,2);
Query OK, 4 rows affected (0.00 sec)
Records: 4  Duplicates: 0  Warnings: 0
```

图 12-53　创建员工表　　　　　　　　　图 12-54　在员工表中插入数据

步骤 03　创建并运行 count_employee()函数统计员工人数，具体 SQL 语句如下：

```
DELIMITER $$
CREATE FUNCTION count_employee()
RETURNS INT
BEGIN
  RETURN(SELECT COUNT(*) FROM t_employee);
END;
$$
DELIMITER ;
SELECT count_employee();
```

执行结果如图 12-55 和图 12-56 所示。

```
mysql> DELIMITER $$
mysql> CREATE FUNCTION count_employee()
    -> RETURNS INT
    -> BEGIN
    -> RETURN(SELECT COUNT(*) FROM t_employee);
    -> END;
    -> $$
Query OK, 0 rows affected (0.01 sec)

mysql> DELIMITER ;
```

图 12-55　创建函数

```
mysql> SELECT count_employee();
+------------------+
| count_employee() |
+------------------+
|                4 |
+------------------+
1 row in set (0.01 sec)

mysql>
```

图 12-56　执行函数

步骤 04 创建一个存储过程，调用 count_employee()函数获取 t_employee 表的记录数，计算 t_employee 表的 salary 字段的平均值，具体 SQL 语句如下：

```
DELIMITER $$
CREATE PROCEDURE count_salary()
BEGIN
  SELECT count_employee();
  SELECT AVG(salary) FROM t_employee;
END;
$$
DELIMITER ;
CALL count_salary();
```

执行结果如图 12-57 和图 12-58 所示。

```
mysql> DELIMITER $$
mysql> CREATE PROCEDURE count_salary()
    -> BEGIN
    -> SELECT count_employee();
    -> SELECT AVG(salary) FROM t_employee;
    -> END;
    -> $$
Query OK, 0 rows affected (0.00 sec)

mysql> DELIMITER ;
mysql>
```

图 12-57　创建存储过程

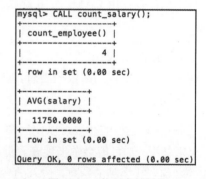

图 12-58　执行存储过程

图 12-58 的执行结果展示了员工总数和员工的平均工资。

12.7 经典习题与面试题

1. 经典习题

（1）在综合示例的 t_employee 表上创建存储过程 proc_employee，在该存储过程中输入参数 param，输出参数为 result。当 param 为 a 时，计算 t_employee 表中所有员工的平均年龄，输出到参数 result 中；当 param 为 b 时，计算 t_employee 中所有员工的平均工资，输出到参数 result 中；当 param 为 c 时，计算 t_employee 中所有男员工的平均工资，输出到参数 result 中；当 param 为 d 时，计算 t_employee 中所有女员工的平均工资，输出到参数 result 中。

（2）创建存储函数 func_employee 来实现习题 1 的功能。

（3）删除习题 1 中的存储过程，删除习题 2 中的存储函数。

2．面试题及解答

（1）MySQL 存储过程和函数有什么区别？

在本质上它们都是存储程序。存储过程的参数有 3 类，分别是 IN、OUT 和 INOUT。通过 OUT、INOUT 将存储过程的执行结果输出，而且存储过程中可以有多个 OUT、INOUT 类型的变量，可以输出多个值。

存储函数中的参数都是输入参数。函数中的运算结果通过 RETURN 语句来返回。RETURN 语句只能返回一个结果。

（2）存储过程中的代码可以改变吗？

目前，MySQL 还不提供对已存在的存储过程代码的修改，如果必须要修改存储过程，就要先使用 DROP 语句删除之后，再重新编写代码，创建一个新的存储过程。

（3）存储过程中可以调用其他存储过程吗？

存储过程包含用户定义的 SQL 语句集合，可以使用 CALL 语句调用存储过程，当然在存储过程中也可以使用 CALL 语句调用其他存储过程，但是不能使用 DROP 语句删除其他存储过程。

（4）存储过程的参数可以和数据表中的字段名相同吗？

在定义存储过程的参数列表时，应注意把参数名与数据库表中的字段区分开来，否则将出现无法预期的结果。

（5）存储过程的参数可以使用中文吗？

一般情况下，可能会中出现在存储过程中传入中文参数的情况，例如某个存储过程中根据商品的名称查找商品的信息，传入的参数可能是中文。这时需要在定义存储过程的时候，在后面加上 charater set gbk，不然调用存储过程使用中文参数会出错。比如定义 goodsInfo 存储过程，代码如下：

```
CREATE PROCEDURE goodsInfo(IN g_name VACHAR(50) character set gbk, OUT g_price
INT);
```

（6）存储函数和 MySQL 内部函数有什么区别？

存储函数是用户自己定义的函数，并且通过调用来执行函数中的 SQL 语句，函数执行完成后，通过 RETURN 语句来返回执行结果。从原理上讲，存储函数和 MySQL 内部函数是一样的。只是内部函数比较常用，因此数据库的设计者将这些函数集成到了数据库中。而且，存储函数和 MySQL 内部函数的调用方式是一样的。

12.8　本章小结

　　本章介绍了 MySQL 数据库的存储过程和存储函数。存储过程和存储函数都是用户自己定义的 SQL 语句的集合。它们都存储在服务器端，只要调用就可以在服务器端执行。本章重点讲解了创建存储过程和存储函数的方法。通过 CREATE PROCEDURE 语句来创建存储过程，通过 CREATE FUNCTION 语句来创建存储函数。这两个内容是本章的难点，尤其是变量、条件、光标和流程控制的使用。这些需要读者将书中的知识点结合实际操作进行练习。下一章将介绍触发器相关的知识。

第 13 章
◀ 触 发 器 ▶

触发器（TRIGGER）是由事件来触发某个操作。这些事件包括 INSERT 语句、UPDATE 语句和 DELETE 语句。当数据库系统执行这些事件时，就会激活触发器执行相应的操作。MySQL 从 5.0.2 版本开始支持触发器。本章主要讲解的内容包括：

● 触发器的含义和作用。
● 如何创建触发器。
● 如何查看触发器。
● 如何删除触发器。

通过本章的学习，读者可以了解触发器的含义和作用，还可以了解创建触发器、查看触发器和删除触发器的方法。同时，读者可以了解各种事件的触发器的执行情况。

13.1 什么时候使用触发器

触发器是 MySQL 的数据库对象之一，该对象与编程语言中的函数非常类似，都需要声明、执行等。但是触发器的执行不是由程序调用的，也不是由手工启动的，而是由事件来触发、激活从而实现执行的。那么为什么要使用数据对象触发器呢？在具体开发项目中，经常会遇到如下实例：

● 新员工入职，添加一条该员工相关的记录，员工的总数必须同时改变。
● 学生毕业后，学校删除该学生的记录，同时希望能删除该同学借书的记录。

上述示例虽然所需实现的业务逻辑不同，但是共同之处在于，都在表发生更改时自动作一些处理操作。例如，第二个实例可以创建一个触发器对象，每次删除一个学生记录时，就要把图书馆借书记录的表中和该同学相关的记录删除掉。MySQL 软件在触发如下语句时，就会自动执行所设置的操作：

● DELETE 语句
● INSERT 语句
● UPDATE 语句

其他 SQL 语句则不会激发触发器。在具体应用中，之所以会经常使用触发器数据库对象，是由于该对象能够加强数据库表中数据的完整性约束和业务规则等。

13.2 创建触发器

触发器是一个特殊的存储过程，不同的是，执行存储过程要使用 CALL 语句来调用，而触发器的执行不需要使用 CALL 语句来调用，也不是手工启动的，只要一个预定义的时间发生时，就会被 MySQL 自动调用。

触发器的操作包括创建触发器、查看触发器和删除触发器。本节将详细介绍如何创建触发器。按照激活触发器时所执行的语句数目，可以将触发器分为"一条执行语句的触发器"和"多条执行语句的触发器"。

13.2.1 创建有一条执行语句的触发器

在 MySQL 中，创建触发器通过 SQL 语句 CREATE TRIGGER 来实现，其语法形式如下：

```
CREATE trigger trigger_name BEFORE|AFTER trigger_EVENT
  ON TABLE_NAME FOR EACH ROW trigger_STMT
```

在上述语句中，参数 trigger_name 表示要创建的触发器名；参数 BEFORE 和 AFTER 指定了触发器执行的时间，前者在触发器事件之前执行触发器语句，后者在触发器事件之后执行触发器语句；参数 trigger_EVENT 表示触发事件，即触发器执行条件，包含 DELETE、INSERT 和 UPDATE 语句；参数 TABLE_NAME 表示触发事件的操作表名；参数 FOR EACH ROW 表示任何一条记录上的操作满足触发事件都会触发该触发器；参数 trigger_STMT 表示激活触发器后被执行的语句。

下面将通过一个具体的示例来说明如何创建触发器。

【示例 13-1】执行 SQL 语句 CREATE TRIGGER，在数据库 company 中存在两个表对象：部门表 t_dept 和日志表 t_logger，创建触发器实现向部门表中插入记录时，就会在插入之前向日志表中插入当前时间，具体步骤如下：

步骤 01 创建和选择数据库 company，具体 SQL 语句如下：

```
CREATE DATABASE company;
USE company;
```

执行结果如图 13-1 和图 13-2 所示。

```
mysql> CREATE DATABASE company;
Query OK, 1 row affected (0.00 sec)
```

```
mysql> USE company;
Database changed
```

图 13-1　创建数据库　　　　　　　图 13-2　选择数据库

步骤 02 创建部门表 t_dept，具体 SQL 语句如下：

```
CREATE TABLE t_dept(
  deptno int(4),
```

```
deptname varchar(20),
product varchar(20),
location varchar(20));
```

执行结果如图 13-3 所示。

步骤 03 查看部门表 t_dept 信息，具体 SQL 语句如下：

```
DESC t_dept;
```

执行结果如图 13-4 所示。

```
mysql> CREATE TABLE t_dept(
    -> deptno int(4),
    -> deptname varchar(20),
    -> product varchar(20),
    -> location varchar(20));
Query OK, 0 rows affected (0.12 sec)
```

图 13-3　创建表 t_dept

```
mysql> DESC t_dept;
+----------+-------------+------+-----+---------+-------+
| Field    | Type        | Null | Key | Default | Extra |
+----------+-------------+------+-----+---------+-------+
| deptno   | int(4)      | YES  |     | NULL    |       |
| deptname | varchar(20) | YES  |     | NULL    |       |
| product  | varchar(20) | YES  |     | NULL    |       |
| location | varchar(20) | YES  |     | NULL    |       |
+----------+-------------+------+-----+---------+-------+
4 rows in set (0.00 sec)
```

图 13-4　查看表 t_dept

步骤 04 创建日志表 t_logger，具体 SQL 语句如下：

```
CREATE TABLE t_logger(
    lid int(11),
    tablename varchar(20),
    ltime datetime);
```

执行结果如图 13-5 所示。

步骤 05 查看日志表 t_logger，具体 SQL 语句如下：

```
DESC t_logger;
```

执行结果如图 13-6 所示。

```
mysql> CREATE TABLE t_logger(
    -> lid int(11),
    -> tablename varchar(20),
    -> ltime datetime
    -> );
Query OK, 0 rows affected (0.02 sec)
```

图 13-5　创建表 t_logger

```
mysql> DESC t_logger;
+-----------+-------------+------+-----+---------+-------+
| Field     | Type        | Null | Key | Default | Extra |
+-----------+-------------+------+-----+---------+-------+
| lid       | int(11)     | YES  |     | NULL    |       |
| tablename | varchar(20) | YES  |     | NULL    |       |
| ltime     | datetime    | YES  |     | NULL    |       |
+-----------+-------------+------+-----+---------+-------+
3 rows in set (0.01 sec)
```

图 13-6　查看表 t_logger

步骤 06 创建触发器 loggertime，具体 SQL 语句如下：

```
CREATE TRIGGER loggertime
  BEFORE INSERT ON t_dept FOR EACH ROW
      INSERT INTO t_logger VALUES(NULL, 't_dept', now());
```

执行结果如图 13-7 所示。

步骤 07 向部门表 t_dept 中插入数据，具体 SQL 语句如下：

```
INSERT INTO t_dept VALUES(1,'HR','pivot_gaea','west_3');
```

执行结果如图 13-8 所示。

```
mysql> CREATE TRIGGER loggertime
    -> BEFORE INSERT ON t_dept FOR EACH ROW
    -> INSERT INTO t_logger VALUES(NULL, 't_dept', now());
Query OK, 0 rows affected (0.11 sec)
```

图 13-7　创建触发器

```
mysql> INSERT INTO t_dept
    -> VALUES(1,'HR','pivot_gaea','west_3');
Query OK, 1 row affected (0.08 sec)
```

图 13-8　在部门表中插入数据

步骤 08 使用 SELECT 语句检验数据是否插入成功，触发器是否触发成功，具体 SQL 语句如下：

```
SELECT * FROM t_dept;
SELECT * FROM t_logger;
```

执行结果如图 13-9 和图 13-10 所示。

```
mysql> SELECT * FROM t_dept;
+--------+----------+------------+----------+
| deptno | deptname | product    | location |
+--------+----------+------------+----------+
|      1 | HR       | pivot_gaea | west_3   |
+--------+----------+------------+----------+
1 row in set (0.01 sec)
```

图 13-9　查询部门表

```
mysql> SELECT * FROM t_logger;
+------+-----------+---------------------+
| lid  | tablename | ltime               |
+------+-----------+---------------------+
| NULL | t_dept    | 2019-07-03 21:05:43 |
+------+-----------+---------------------+
1 row in set (0.00 sec)
```

图 13-10　查询日志表

图 13-9 的执行结果显示，部门表中的数据已经插入成功。图 13-10 的执行结果显示，日志表中已经有数据插入，说明触发器 loggertime 已经被成功触发。

13.2.2　创建包含多条执行语句的触发器

在 MySQL 中，创建包含多条执行语句的触发器，其 SQL 语句的语法形式如下：

```
CREATE TRIGGER trigger_name
    BEFORE|AFTER trigger_EVENT
        ON TABLE_NAME FOR EACH ROW
            BEGIN
            Trigger_STMT
            END
```

在上述语句中，比创建"只有一条执行语句的触发器"的语句多出来两个关键字 BEGIN 和 END，在这两个关键字之间是所要执行的多个执行语句的内容，执行语句之间用分号隔开。

在 MySQL 中，一般情况下用";"作为语句的结束符号，不过在创建触发器时，需要用到";"作为执行语句的结束符号。为了解决该问题，可以使用关键字 DELIMITER，例如"DELIMITER$$"可以用来实现将结束符号设置成"$$"。

下面将通过一个具体的示例来说明如何创建包含多条执行语句的触发器。

【示例 13-2】执行 SQL 语句 CREATE TRIGGER，在数据库 company 中存在两个表对象：部门表 t_dept 和日志表 t_logger，创建触发器实现向部门表中插入记录时，会在插入之后向日志表中插入当前时间，具体步骤如下：

步骤 01 执行 SQL 语句 DESC，查看数据库 company 中部门表 t_dept 和日志表 t_logger 的信息，具体 SQL 语句如下：

```
DESC t_dept;
DESC t_logger;
```

执行结果如图 13-11 和图 13-12 所示。

```
mysql> DESC t_dept;
+----------+-------------+------+-----+---------+-------+
| Field    | Type        | Null | Key | Default | Extra |
+----------+-------------+------+-----+---------+-------+
| deptno   | int(4)      | YES  |     | NULL    |       |
| deptname | varchar(20) | YES  |     | NULL    |       |
| product  | varchar(20) | YES  |     | NULL    |       |
| location | varchar(20) | YES  |     | NULL    |       |
+----------+-------------+------+-----+---------+-------+
4 rows in set (0.00 sec)
```

图 13-11　查看部门表

```
mysql> DESC t_logger;
+-----------+-------------+------+-----+---------+-------+
| Field     | Type        | Null | Key | Default | Extra |
+-----------+-------------+------+-----+---------+-------+
| lid       | int(11)     | YES  |     | NULL    |       |
| tablename | varchar(20) | YES  |     | NULL    |       |
| ltime     | datetime    | YES  |     | NULL    |       |
+-----------+-------------+------+-----+---------+-------+
3 rows in set (0.01 sec)
```

图 13-12　查看日志表

步骤 02 创建触发器 tri_loggertime2，具体 SQL 语句如下：

```
DELIMITER $$
CREATE TRIGGER tri_loggertime2
  AFTER INSERT
    ON t_dept FOR EACH ROW
      BEGIN
        INSERT INTO t_logger VALUES(NULL,'t_dept',now());
        INSERT INTO t_logger VALUES(NULL,'t_dept',now()).;
      END;
      $$
DELIMITER ;
```

执行结果如图 13-13 所示。

在上述语句中，首先通过"DELIMITER $$"语句设置结束符号为"$$"，然后在关键字 BEGIN 和 END 之间编写了执行语句列表，最后通过"DELIMITER ;"语句将结束符号还原成默认结束符号";"。

```
mysql> DELIMITER $$
mysql> CREATE TRIGGER tri_loggertime2
    -> AFTER INSERT
    -> ON t_dept FOR EACH ROW
    -> BEGIN
    -> INSERT INTO t_logger VALUES(NULL,'t_dept',now());
    -> INSERT INTO t_logger VALUES(NULL,'t_dept',now());
    -> END;
    -> $$
Query OK, 0 rows affected (0.09 sec)
```

图 13-13　创建触发器 tri_loggertime2

步骤 03 为了校验数据库 company 中触发器 tri_loggertime2 的功能，向表 t_dept 中插入一条记录，然后查看表 t_logger 中是否执行了插入当前时间操作，具体 SQL 语句如下：

```
INSERT INTO t_dept VALUES(2,'test deptment','sky','east_4');
SELECT * FROM t_logger;
```

执行结果如图 13-14 和图 13-15 所示。

```
mysql> SELECT * FROM t_logger;
+------+-----------+---------------------+
| lid  | tablename | ltime               |
+------+-----------+---------------------+
| NULL | t_dept    | 2019-07-03 21:13:14 |
| NULL | t_dept    | 2019-07-03 21:13:14 |
+------+-----------+---------------------+
2 rows in set (0.00 sec)
```

```
mysql> INSERT INTO t_dept
    -> VALUES(2,'test deptment','sky','east_4');
Query OK, 1 row affected (0.10 sec)
```

图 13-14　在部门表中插入数据　　　　　图 13-15　查询日志表

图 13-14 和图 13-15 的执行结果显示，在向表 t_dept 插入记录之后，会向表 tri_loggertime 插入两条记录，从而可以发现 tri_loggertime2 触发器创建成功。

13.2.3　通过 SQLyog 创建触发器

通过 SQL 语句命令行创建触发器虽然高效、灵活，但是对于初级用户比较困难，需要掌握 SQL 语句。在具体实践中，用户可以通过客户端软件 SQLyog 来创建触发器。

下面将通过一个具体的示例来说明如何通过客户端软件 SQLyog 创建触发器。

【示例 13-3】与示例 13-2 一样，在数据库 company 中创建触发器对象 tri_loggertime2。

步骤 01　连接数据库服务器，在"对象资源管理器"窗口中将显示 MySQL 数据库管理系统中所有的数据库，其中数据库 company 中存在两个表：部门表 t_dept 和日志表 t_logger，"触发器"节点下暂时为空，如图 13-16 所示。

图 13-16　连接 MySQL 数据库管理系统

步骤 02 右击"对象资源管理器"窗口中的"触发器"节点,在弹出的快捷菜单中选择"创建触发器"命令,如图 13-17 所示。

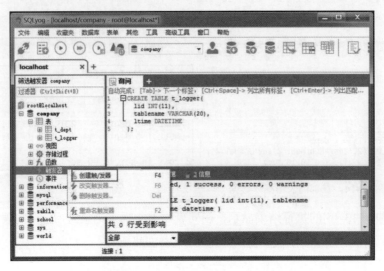

图 13-17　选择"创建触发器"命令

步骤 03 弹出 Create Trigger 对话框,如图 13-18 所示,在"输入新触发器名称"文本框中输入 tri_loggertime2,再单击"创建"按钮,即可创建触发器 tri_loggertime2,如图 13-19 所示。

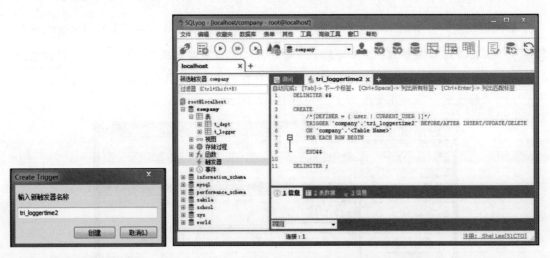

图 13-18　创建数据库　　　　　　　　　图 13-19　触发器设计模板

步骤 04 数据库触发器 tri_loggertime2 创建成功后,弹出关于触发器设计模板的 tri_loggertime2 窗口,修改内容,具体信息如图 13-20 所示。

步骤 05 在 tri_loggertime2 设计模板窗口中,单击工具栏中的"执行查询"按钮,执行 SQL 语句,执行完毕后,在"信息"窗口会显示相关信息,单击工具栏的"刷新对象浏览器"按钮,会在"对象资源管理器"窗口中显示出新建的数据库,如图 13-21 所示。

图 13-20　修改触发器设计模板

图 13-21　触发器创建成功

通过上述步骤即可在 SQLyog 客户端工具的 company 数据库中创建触发器 tri_loggertime2。

13.3　查看触发器

触发器的操作包括创建触发器、查看触发器以及删除触发器。本节将详细介绍如何查看触发器。在 MySQL 软件中可以通过两种方式来查看触发器，分别为通过 SHOW TRIGGER 语句和通过查看系统表 triggers 实现。

13.3.1　通过 SHOW TRIGGERS 语句查看触发器

在 MySQL 软件中，不能创建具有相同名字的触发器。另外，对于具有相同触发程序动作时间和事件的给定表，不能有两个触发器。因此，对于有经验的用户，在创建触发器之前，需要查看 MySQL 中是否已经存在该标识符的触发器和触发器的相关事件。

那么，如何查看 MySQL 软件中已经存在的触发器呢？在 MySQL 软件中查看已经存在的触发器通过 SQL 语句 SHOW TRIGGERS 来实现，其语法形式如下：

```
SHOW TRIGGERS \G
```

执行上面的 SQL 语句，执行结果如图 13-22 所示。

```
mysql> SHOW TRIGGERS \G
*************************** 1. row ***************************
             Trigger: tri_loggertime2
               Event: INSERT
               Table: t_dept
           Statement: BEGIN
INSERT INTO t_logger VALUES(NULL,'t_dept',now());
INSERT INTO t_logger VALUES(NULL,'t_dept',now());
END
              Timing: AFTER
             Created: 2019-07-03 21:10:53.01
            sql_mode: STRICT_TRANS_TABLES,NO_ZERO_IN_DATE,NO_ZERO_DATE,ERROR_FOR_DIVISION_BY_ZERO,NO_ENGINE_SUBSTITUTION
             Definer: skip-grants user@skip-grants host
character_set_client: utf8mb4
collation_connection: utf8mb4_0900_ai_ci
  Database Collation: utf8mb4_0900_ai_ci
1 row in set (0.01 sec)
```

图 13-22　显示触发器

通过图 13-22 的执行结果可以发现，执行完 SHOW TRIGGERS 语句后，会显示一个列表，在该列表中会显示出所有触发器的信息。其中，参数 Trigger 表示触发器的名称；参数 Event 表示触发器的激发时间；参数 Table 表示触发器对象触发事件所操作的表；参数 Statement 表示触发器激活时所执行的语句；参数 Timing 表示触发器所执行的时间。

13.3.2　通过查看系统表 triggers 实现查看触发器

在 MySQL 中，在系统数据库 information_schema 中存在一个存储所有触发器信息的系统表 triggers，因此查询该表格的记录也可以实现查看触发器。系统表 triggers 的表结构如图 13-23 所示。

```
mysql> DESC triggers;
+----------------------------+---------------+------+-----+---------+-------+
| Field                      | Type          | Null | Key | Default | Extra |
+----------------------------+---------------+------+-----+---------+-------+
| TRIGGER_CATALOG            | varchar(512)  | NO   |     |         |       |
| TRIGGER_SCHEMA             | varchar(64)   | NO   |     |         |       |
| TRIGGER_NAME               | varchar(64)   | NO   |     |         |       |
| EVENT_MANIPULATION         | varchar(6)    | NO   |     |         |       |
| EVENT_OBJECT_CATALOG       | varchar(512)  | NO   |     |         |       |
| EVENT_OBJECT_SCHEMA        | varchar(64)   | NO   |     |         |       |
| EVENT_OBJECT_TABLE         | varchar(64)   | NO   |     |         |       |
| ACTION_ORDER               | bigint(4)     | NO   |     | 0       |       |
| ACTION_CONDITION           | longtext      | YES  |     | NULL    |       |
| ACTION_STATEMENT           | longtext      | NO   |     | NULL    |       |
| ACTION_ORIENTATION         | varchar(9)    | NO   |     |         |       |
| ACTION_TIMING              | varchar(6)    | NO   |     |         |       |
| ACTION_REFERENCE_OLD_TABLE | varchar(64)   | YES  |     | NULL    |       |
| ACTION_REFERENCE_NEW_TABLE | varchar(64)   | YES  |     | NULL    |       |
| ACTION_REFERENCE_OLD_ROW   | varchar(3)    | NO   |     |         |       |
| ACTION_REFERENCE_NEW_ROW   | varchar(3)    | NO   |     |         |       |
| CREATED                    | datetime(2)   | YES  |     | NULL    |       |
| SQL_MODE                   | varchar(8192) | NO   |     |         |       |
| DEFINER                    | varchar(93)   | NO   |     |         |       |
| CHARACTER_SET_CLIENT       | varchar(32)   | NO   |     |         |       |
| COLLATION_CONNECTION       | varchar(32)   | NO   |     |         |       |
| DATABASE_COLLATION         | varchar(32)   | NO   |     |         |       |
+----------------------------+---------------+------+-----+---------+-------+
22 rows in set (0.00 sec)
```

图 13-23　系统表 triggers 的结构

通过系统表 triggers 的结构可以发现该表提供触发器的所有详细信息。

【示例 13-4】查询数据库 company 中的触发器对象，具体步骤如下：

步骤 01 选择数据库 information_schema，具体 SQL 语句如下：

```
USE information_schema;
```

执行结果如图 13-24 所示。

步骤 02 查看系统表 triggers 的所有记录，具体 SQL 语句如下：

```
SELECT * FROM TRIGGERS\G
```

执行结果如图 13-25 所示。

```
mysql> USE information_schema;
Database changed
```

图 13-24 选择数据库

图 13-25 从系统表中查询触发器

步骤 03 图 13-25 的执行结果显示了系统中所有触发器对象的详细信息，除了显示所有触发器对象外，还可以查询指定触发器的详细信息，SQL 语句如下：

```
SELECT * FROM TRIGGERS WHERE TRIGGER_NAME='tri_loggertime2'\G
```

执行结果如图 13-26 所示。

图 13-26 从系统表中查询触发器 tri_loggertime2 的信息

图 13-26 的执行结果显示了所指定的触发器对象 tri_loggertime2 的详细信息，与前面的方

式相比，使用起来更加方便和灵活。不推荐使用 SHOW TRIGGERS 语句和 SELECT * FROM triggers \G 语句来查询触发器，因为随着时间的推移，数据库对象触发器肯定会增多，如果查询所有触发器的详细信息，就会显示许多信息，不便于找到所需的触发器的信息。

13.3.3　通过 SQLyog 查看触发器

在 MySQL 中，通过 SQL 语句命令来查看触发器虽然高效、灵活，但在具体实践中，用户可以通过 MySQL 客户端软件 SQLyog 来查看触发器。对于 MySQL 客户端软件 SQLyog，除了可以在"询问"窗口中执行 SHOW TRIGGERS 语句和 SELECT 语句来实现查询触发器的详细信息外，还可以通过操作"对象资源管理器"来实现，具体步骤如下：

步骤 **01** 连接数据库服务器，在"对象资源管理器"窗口中将显示 MySQL 数据库管理系统中所有的数据库，单击数据库 company 节点，将显示属于该数据库的所有数据库对象，具体信息如图 13-27 所示。

步骤 **02** 单击数据库 company 中的"触发器"节点，将显示关于该数据库的所有触发器对象，如图 13-28 所示。

图 13-27　数据库 company 所有数据库对象

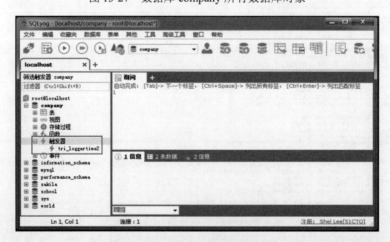

图 13-28　触发器列表

步骤 **03** 如果想查看触发器 tri_loggertime2 的定义信息，只需在"对象资源管理器"窗口中右击选择该触发器对象，在弹出的快捷菜单中选择"改变触发器"命令，如图 13-29 所示。

步骤 **04** 弹出该触发器对象定义信息的窗口，如图 13-30 所示。

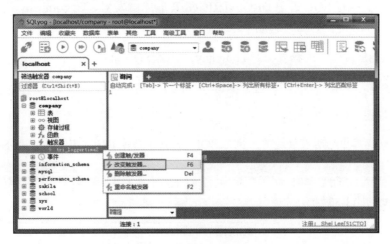

图 13-29 选择触发器对象

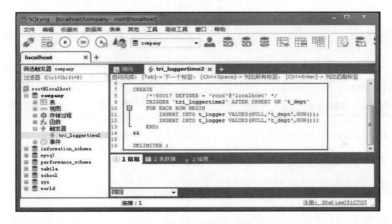

图 13-30 触发器定义信息

13.4 删除触发器

触发器的操作包括创建触发器、查看触发器以及删除触发器。本节将详细介绍如何删除触发器。在 MySQL 软件中可以通过两种方式来删除触发器，分别为通过 DROP TRIGGER 语句和通过工具实现删除触发器。

13.4.1 通过 DROP TRIGGER 语句删除触发器

在 MySQL 中，删除触发器可以通过 SQL 语句 DROP TRIGGER 来实现，其语法形式如下：

```
DROP TRIGGER trigger_name;
```

在上述语句中，参数 trigger_name 表示所要删除的触发器的名称。

【示例 13-5】执行 SQL 语句 DROP TRIGGER 删除触发器，在 company 数据库中删除触发器对象 tri_loggertime，具体步骤如下：

步骤 01 执行 USE 语句，选择数据库 company，具体 SQL 语句如下：

```
USE company;
```

执行结果如图 13-31 所示。

步骤 02 查询数据库中的所有触发器，执行 SQL 语句 SHOW TRIGGERS，具体 SQL 语句如下：

```
SHOW TRIGGERS \G
```

执行结果如图 13-32 所示。

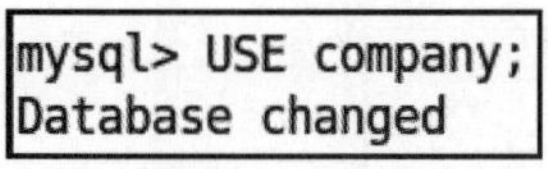

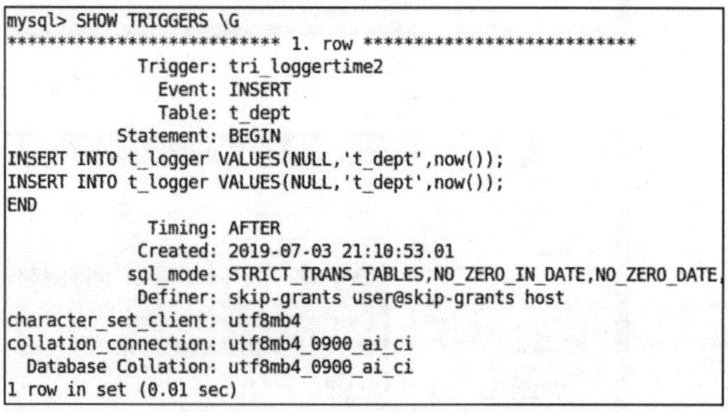

```
mysql> SHOW TRIGGERS \G
*************************** 1. row ***************************
                Trigger: tri_loggertime2
                  Event: INSERT
                  Table: t_dept
              Statement: BEGIN
INSERT INTO t_logger VALUES(NULL,'t_dept',now());
INSERT INTO t_logger VALUES(NULL,'t_dept',now());
END
                 Timing: AFTER
                Created: 2019-07-03 21:10:53.01
               sql_mode: STRICT_TRANS_TABLES,NO_ZERO_IN_DATE,NO_ZERO_DATE,
                Definer: skip-grants user@skip-grants host
  character_set_client: utf8mb4
  collation_connection: utf8mb4_0900_ai_ci
    Database Collation: utf8mb4_0900_ai_ci
1 row in set (0.01 sec)
```

```
mysql> USE company;
Database changed
```

图 13-31　选择数据库　　　　　　　　　　图 13-32　查看所有触发器

步骤 03 删除名为 tri_loggertime2 的触发器对象，具体 SQL 语句下：

```
DROP TRIGGER tri_loggertime2;
```

执行结果如图 13-33 所示。

步骤 04 执行 SQL 语句 SHOW TRIGGERS，具体 SQL 语句如下：

```
SHOW TRIGGERS \G
```

执行结果如图 13-34 所示。

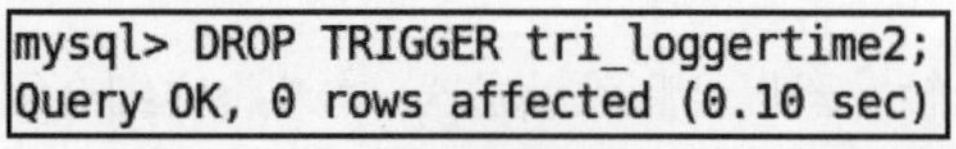

```
mysql> DROP TRIGGER tri_loggertime2;
Query OK, 0 rows affected (0.10 sec)
```

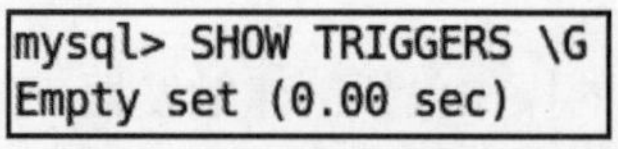

```
mysql> SHOW TRIGGERS \G
Empty set (0.00 sec)
```

图 13-33　删除触发器　　　　　　　　　　图 13-34　查看所有触发器

图 13-34 的执行结果显示，没有任何触发器对象，表示删除触发器 tri_loggertime2 成功。

13.4.2　通过工具来删除触发器

在客户端软件 SQLyog 中，不仅可以通过在"询问"窗口中执行 DROP TRIGGER 语句来删除触发器，还可以通过向导来实现，具体步骤如下：

步骤 **01**　在"对象资源管理器"窗口中，单击数据库 company 中"触发器"节点前的加号，然后右击 tri_loggertime2 节点，在弹出的快捷菜单中选择"删除触发器"命令，如图 13-35 所示。

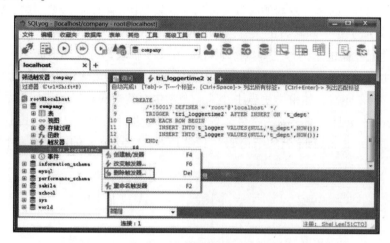

图 13-35　选择删除触发器命令

步骤 **02**　弹出对话框来确定是否删除触发器，在其中单击"是"按钮后，这时"对象资源管理器"窗口的数据库 company 中就没有任何触发器对象了，如图 13-36 所示。

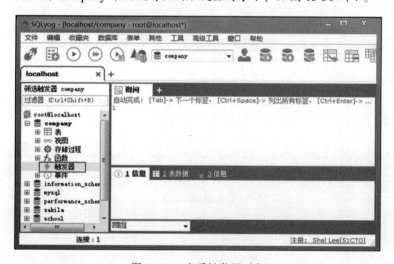

图 13-36　查看触发器对象

通过上述步骤即可在 SQLyog 软件中成功删除触发器对象。

13.5 综合示例——创建并使用触发器

本章介绍了 MySQL 数据库触发器的定义和作用、创建触发器、查看触发器、使用触发器和删除触发器等内容。创建触发器的时候要弄清楚触发器的结构，同时要清楚触发器触发的时间（BEFORE 或 AFTER）和触发的条件（INSERT、DELETE 和 UPDATE）。

下面是创建触发器的示例，在数据库 school 中有 3 个表，分别为班级表 t_class、学生表 t_student 和学生成绩表 t_score，每次学生表中新插入一个学生，班级表 t_class 中对应的班级人数要增加 1，反之亦然，如果学生表中删除一个学生，其对应班级的班级人数要减少 1。学生成绩表 t_score 中更新一条记录，就会影响学生表中学生总分字段的值。其中，t_class 表的结构如表 13-1 所示，t_student 表的结构如表 13-2 所示，t_score 表的结构如表 13-3 所示。

表 13-1 t_class 表结构

字段名	数据类型	长度	描述
classId	INT	4	班级 ID，自增，非空，主键
className	VARCHAR	20	班级名
location	VARCHAR	40	班级位置
advisor	VARCHAR	20	班主任
studentCount	INT	4	学生总人数

表 13-2 t_student 表结构

字段名	数据类型	长度	描述
studentId	INT	4	学生 ID，自增，非空，主键
studentName	VARCHAR	20	学生姓名
gender	VARCHAR	4	学生性别
age	INT	4	学生年龄
classId	INT	4	班级 ID，自增，非空，主键
totalScore	INT	4	学生总分，默认值为 0

表 13-3 t_score表结构

字段名	数据类型	长度	描述
studentId	INT	4	学生 ID，自增，非空，主键
Chinese	INT	4	语文成绩
English	INT	4	英语成绩
Maths	INT	4	数学成绩

下面开始操作过程。

步骤 01 创建并选择数据库 school，SQL 语句如下：

```
CREATE DATABASE school;
```

```
USE school;
```

执行结果如图 13-37 和图 13-38 所示。

```
mysql> CREATE DATABASE school;
Query OK, 1 row affected (0.00 sec)

mysql>
```

```
mysql> USE school;
Database changed
mysql>
```

图 13-37　创建数据库　　　　　图 13-38　选择数据库

步骤 02　创建班级表 t_class 并插入数据记录,具体 SQL 语句如下:

```
CREATE TABLE t_class(
  classId INT(4) NOT NULL AUTO_INCREMENT PRIMARY KEY,
  className VARCHAR(20) NOT NULL,
  location VARCHAR(40) NOT NULL,
  advisor VARCHAR(20) NOT NULL,
  studentCount INT(4) DEFAULT 0
);
INSERT INTO t_class
  VALUES(1,'class_1','loc_1','advisor_1',0),
        (2,'class_2','loc_2','advisor_2',0),
        (3,'class_3','loc_3','advisor_3',0);
```

执行结果如图 13-39 和图 13-40 所示。

```
mysql> CREATE TABLE t_class(
    -> classId int(4) not null auto_increment,
    -> className varchar(20) not null,
    -> location varchar(40) not null,
    -> advisor varchar(20) not null,
    -> studentCount int(4) default 0,
    -> primary key(classId));
Query OK, 0 rows affected (0.03 sec)
```

```
mysql> INSERT INTO t_class
    -> VALUES(1,'class_1','loc_1','advisor_1',0),
    -> (2,'class_2','loc_2','advisor_2',0),
    -> (3,'class_3','loc_3','advisor_3',0);
Query OK, 3 rows affected (0.00 sec)
Records: 3  Duplicates: 0  Warnings: 0
```

图 13-39　创建班级表 t_class　　　　　图 13-40　插入数据

步骤 03　创建学生表 t_student 和学生成绩表 t_score,具体 SQL 语句如下:

```
CREATE TABLE t_student(
  studentId INT(4) NOT NULL AUTO_INCREMENT PRIMARY KEY,
  studentName VARCHAR(20) NOT NULL,
  gender VARCHAR(8) NOT NULL,
  age INT(4) NOT NULL,
  classId INT(4) NOT NULL,
  totalScore INT(4) DEFAULT 0
);
CREATE TABLE t_score(
  stuId INT(4) NOT NULL,
  Chinese INT(4) DEFAULT 0,
  English INT(4) DEFAULT 0,
```

```
    Maths INT(4) DEFAULT 0
);
```

执行结果如图 13-41 和图 13-42 所示。

```
mysql> CREATE TABLE t_student(
    -> studentId INT(4) NOT NULL AUTO_INCREMENT,
    -> studentName VARCHAR(20) NOT NULL,
    -> gender varchar(1) NOT NULL,
    -> age INT(4) NOT NULL,
    -> classId INT(4) NOT NULL,
    -> totalScore INT(4) DEFAULT 0,
    -> PRIMARY KEY(studentId));
Query OK, 0 rows affected (0.02 sec)
```

图 13-41 创建学生表 t_student

```
mysql> CREATE TABLE t_score(
    -> stuId int(4) not null,
    -> Chinese int(4) DEFAULT 0,
    -> English int(4) DEFAULT 0,
    -> Maths int(4) DEFAULT 0);
Query OK, 0 rows affected (0.02 sec)
```

图 13-42 创建学生成绩表 t_score

步骤 04 由于学生表 t_student 的数据会影响班级表 t_class 的数据，因此我们先创建触发器，体现表之间的这种数据关联关系，具体 SQL 语句如下：

```
DELIMITER $$
  CREATE TRIGGER update_stu_count
  AFTER INSERT ON t_student FOR EACH ROW
  BEGIN
    UPDATE t_class SET studentCount=studentCount+1
    WHERE classId=NEW.classId;
  END;
  $$
DELIMITER ;
```

执行结果如图 13-43 所示。

步骤 05 向学生表中插入数据，具体 SQL 语句如下：

```
INSERT INTO t_student
    VALUES(1,'Rebecca Li','F',18,1,0),
          (2,'Emily Iin','F',17,2,0),
          (3,'Justin Zhou','M',18,3,0);
```

执行结果如图 13-44 所示。

```
mysql> DELIMITER $$
mysql> CREATE TRIGGER update_stu_count
    -> AFTER INSERT ON t_student FOR EACH ROW
    -> BEGIN
    -> UPDATE t_class SET studentCount=studentCount+1
    -> WHERE classId=NEW.classId;
    -> END;
    -> $$
Query OK, 0 rows affected (0.03 sec)
```

图 13-43 创建触发器

```
mysql> INSERT INTO t_student
    -> VALUES(1,'Rebecca Li','F',18,1,0),
    -> (2,'Emily Iin','F',17,2,0),
    -> (3,'Justin Zhou','M',18,3,0);
Query OK, 3 rows affected (0.01 sec)
Records: 3  Duplicates: 0  Warnings: 0
```

图 13-44 向学生表中插入数据

使用 SELECT 语句查询 t_student 表和 t_class 表，具体 SQL 语句如下：

```
SELECT * FROM t_student;
```

```
SELECT * FROM t_class;
```

执行结果如图 13-45 和图 13-46 所示。

```
mysql> SELECT * FROM t_student;
+-----------+-------------+--------+-----+---------+------------+
| studentId | studentName | gender | age | classId | totalScore |
+-----------+-------------+--------+-----+---------+------------+
|         1 | Rebecca Li  | F      |  18 |       1 |          0 |
|         2 | Emily Iin   | F      |  17 |       2 |          0 |
|         3 | Justin Zhou | M      |  18 |       3 |          0 |
+-----------+-------------+--------+-----+---------+------------+
3 rows in set (0.00 sec)
```

图 13-45　查询学生表

```
mysql> SELECT * FROM t_class;
+---------+-----------+----------+-----------+--------------+
| classId | className | location | advisor   | studentCount |
+---------+-----------+----------+-----------+--------------+
|       1 | class_1   | loc_1    | advisor_1 |            1 |
|       2 | class_2   | loc_2    | advisor_2 |            1 |
|       3 | class_3   | loc_3    | advisor_3 |            1 |
+---------+-----------+----------+-----------+--------------+
3 rows in set (0.00 sec)
```

图 13-46　查询班级表

从图 13-45 中可以看到学生表 t_student 中的数据插入成功，从图 13-46 中可以看到班级表 t_class 中的 studentCount 字段已经由触发器 update_stu_count 得到相应的更新。

步骤 06　由于学生成绩表 t_score 的数据会影响学生表 t_student 的数据，因此我们先创建触发器，体现表之间的这种数据关联关系，具体 SQL 语句如下：

```
DELIMITER $$
CREATE TRIGGER update_total_score_i
AFTER INSERT ON t_score FOR EACH ROW
BEGIN
  UPDATE t_student SET totalScore=
  NEW.Chinese+NEW.English+NEW.Maths WHERE studentId=NEW.stuId;
END;
$$
DELIMITER ;
DELIMITER $$
CREATE TRIGGER update_total_score_u
AFTER UPDATE ON t_score FOR EACH ROW
BEGIN
  UPDATE t_student SET totalScore=
  NEW.Chinese+NEW.English+NEW.Maths WHERE studentId=NEW.stuId;
END;
$$
DELIMITER ;
```

执行结果如图 13-47 和图 13-48 所示。

```
mysql> DELIMITER $$
mysql> CREATE TRIGGER update_total_score_i
    -> AFTER INSERT ON t_score FOR EACH ROW
    -> BEGIN
    -> UPDATE t_student SET totalScore=
    -> NEW.Chinese+NEW.English+NEW.Maths
    -> WHERE studentId=NEW.stuId;
    -> END;
    -> $$
Query OK, 0 rows affected (0.03 sec)

mysql> DELIMITER ;
```

图 13-47　查询学生表

```
mysql> DELIMITER $$
mysql> CREATE TRIGGER update_total_score_u
    -> AFTER UPDATE ON t_score FOR EACH ROW
    -> BEGIN
    -> UPDATE t_student SET totalScore=
    -> NEW.Chinese+NEW.English+NEW.Maths
    -> WHERE studentId=NEW.stuId;
    -> END;
    -> $$
Query OK, 0 rows affected (0.03 sec)

mysql> DELIMITER ;
```

图 13-48　查询班级表

步骤 07 向 t_score 表中插入一组数据，再使用 SELECT 语句查询 t_score 表和 t_student 表，SQL 语句如下：

```
INSERT INTO t_score VALUES(1,79,80,90);
SELECT * FROM t_score;
SELECT * FROM t_student;
```

查询结果如图 13-49 和图 13-50 所示。

```
mysql> SELECT * FROM t_score;
+-------+---------+---------+-------+
| stuId | Chinese | English | Maths |
+-------+---------+---------+-------+
|     1 |      79 |      80 |    90 |
+-------+---------+---------+-------+
1 row in set (0.00 sec)
```

图 13-49　查询学生成绩表

```
mysql> SELECT * FROM t_student;
+-----------+-------------+--------+-----+---------+------------+
| studentId | studentName | gender | age | classId | totalScore |
+-----------+-------------+--------+-----+---------+------------+
|         1 | Rebecca Li  | F      |  18 |       1 |        249 |
|         2 | Emily Iin   | F      |  17 |       2 |          0 |
|         3 | Justin Zhou | M      |  18 |       3 |          0 |
+-----------+-------------+--------+-----+---------+------------+
3 rows in set (0.00 sec)
```

图 13-50　查询学生表

从图 13-49 和图 13-50 可以看出，t_score 表中插入了一条数据，t_student 表中对应的记录中，totalScore 字段的值随之被更新。

使用 UPDATE 语句更新 t_score 表中的记录，再查看 t_score 表和 t_student 表的数据库记录，SQL 语句如下：

```
UPDATE t_score SET Chinese=90;
SELECT * FROM t_score;
SELECT * FROM t_student;
```

查询结果如图 13-51 和图 13-52 所示。

```
mysql> SELECT * FROM t_score;
+-------+---------+---------+-------+
| stuId | Chinese | English | Maths |
+-------+---------+---------+-------+
|     1 |      90 |      80 |    90 |
+-------+---------+---------+-------+
1 row in set (0.00 sec)
```

图 13-51　查询学生成绩表

```
mysql> SELECT * FROM t_student;
+-----------+-------------+--------+-----+---------+------------+
| studentId | studentName | gender | age | classId | totalScore |
+-----------+-------------+--------+-----+---------+------------+
|         1 | Rebecca Li  | F      |  18 |       1 |        260 |
|         2 | Emily Iin   | F      |  17 |       2 |          0 |
|         3 | Justin Zhou | M      |  18 |       3 |          0 |
+-----------+-------------+--------+-----+---------+------------+
3 rows in set (0.00 sec)
```

图 13-52　查询学生表

从图 13-51 和图 13-52 可以看出，t_score 表中更新了一条数据，t_student 表中对应的记录中，totalScore 字段的值随之被更新。

13.6 经典习题与面试题

1. 经典习题

（1）创建 INSERT 事件的触发器。

（2）创建 UPDATE 事件的触发器。

（3）创建 DELETE 事件。

（4）查看触发器。

（5）删除触发器。

2. 面试题及解答

（1）使用触发器时需要注意哪些问题？

在使用触发器的时候需要注意，对于相同的表，相同的事件只能创建一个触发器，比如对表 account 创建了一个 BEFORE INSERT 触发器，那么对表 account 再次创建一个 BEFORE INSERT 触发器，MySQL 将会报错，此时只可以在表 account 上创建 AFTER INSERT 或者 BEFORE UPDATE 类型的触发器。

（2）是否需要及时删除不再需要的触发器？

触发器定义之后，每次执行触发事件都会激活触发器并执行触发器中的语句。如果需求发生变化，而触发器没有进行相应的改变或者删除，那么触发器仍然会执行旧的语句，从而影响新的数据的完整性。因此，要将不再需要的触发器及时删除掉。

（3）在 MySQL 中，创建多条执行语句的触发器时，需要用到 BEGIN...END 的形式。每个执行语句都必须以分号结束。但是，这样就会出现问题，因为系统默认分号是 SQL 程序结束的标志，遇到分号整个程序就结束了。怎么解决这个问题呢？

要解决这个问题，就需要使用 DELIMITER 语句来改变程序的结束符号，如 "DELIMITER &&"，可以将程序的结束符号变成 "&&"。如果要把结束符号变回分号，只要执行 "DELIMITER;" 即可。

13.7 本章小结

本章介绍了 MySQL 数据库的触发器的定义和作用、创建触发器、查看触发器、使用触发器和删除触发器等内容。创建触发器和使用触发器是本章的重点内容。读者在创建触发器后，一定要查看触发器的结构。使用触发器时，触发器执行的顺序为 BEFORE 触发器、表操作（INSERT、UPDATE 和 DELETE）和 AFTER 触发器。创建触发器是本章的难点，读者需要将本章的知识结合实际需要来设计触发器。下一章将介绍事务和锁的内容。

第 14 章

◂ 事务和锁 ▸

当多个用户访问同一份数据时，一个用户在更改数据的过程中可能有其他用户同时发起更改请求，为保证数据的更新从一个一致性状态变更为另一个一致性状态，这时有必要引入事物的概念。MySQL 提供了多种存储引擎支持事务，支持事务的存储引擎有 InnoDB 和 BDB。InnoDB 存储引擎事务主要通过 UNDO 日志和 REDO 日志实现，MyISAM 和 MEMORY 存储引擎则不支持事务。

本章首先介绍事务控制语句，然后介绍事务的隔离级别，最后介绍为了实现隔离级别而采取的锁机制。

通过本章的学习，可以掌握 MySQL 中事务的实现机制与实际应用，内容包含：

- 事务概述。
- 事务控制语句。
- 事务隔离级别。
- InnoDB 锁机制。

14.1 事务概述

当多个用户访问同一份数据时，一个用户在更改数据的过程中可能有其他用户同时发起更改请求，为保证数据库记录的更新从一个一致性状态变更为另一个一致性状态，使用事务处理是非常必要的。事务具有以下 4 个特性。

- 原子性（Atomicity）：事务中所有的操作视为一个原子单元，即对事务所进行的数据修改等操作只能是完全提交或者完全回滚。
- 一致性（Consistency）：事务在完成时，必须使所有的数据从一种一致性状态变更为另一种一致性状态，所有的变更都必须应用于事务的修改，以确保数据的完整性。
- 隔离性（Isolation）：一个事务中的操作语句所做的修改必须与其他事务所做的修改相隔离。在查看事务数据时，数据所处的状态要么是被另一并发事务修改之前的状态，要么是被另一并发事务修改之后的状态，即当前事务不会查看由另一个并发事务正在修改的数据。这种特性通过锁机制实现。
- 持久性（Durability）：事务完成之后，所做的修改对数据的影响是永久的，即使系统重启或者出现系统故障，数据仍可恢复。

MySQL 中提供了多种事务型存储引擎，如 InnoDB 和 BDB 等，而 MyISAM 不支持事务，InnoDB 支持 ACID 事务、行级锁和高并发。为了支持事务，InnoDB 存储引擎引入了与事务处理相关的 REDO 日志和 UNDO 日志，同时事务依赖于 MySQL 提供的锁机制，锁机制将在下一节进行介绍。

1. REDO 日志

事务执行时需要将执行的事务日志写入日志文件里，对应的文件为 REDO 日志。当每条 SQL 语句进行数据更新操作时，首先将 REDO 日志写进日志缓冲区。当客户端执行 COMMIT 命令提交时，日志缓冲区的内容将被刷新到磁盘，日志缓冲区的刷新方式或者时间间隔可以通过参数 innodb_flush_log_at_trx_commit 控制。

REDO 日志对应磁盘上的 ib_logifleN 文件，该文件默认为 5MB，建议设置为 512MB 以便容纳较大的事务。在 MySQL 崩溃恢复时会重新执行 REDO 日志中的记录。REDO 日志如图 14-1 和图 14-2 所示，其中的 ib_logfile0 和 ib_logfile1 即为 REDO 日志。

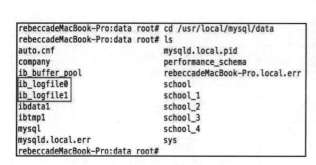

图 14-1　终端显示 REDO 日志

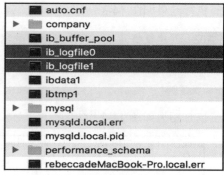

图 14-2　资源管理器中显示 REDO 日志

2. UNDO 日志

与 REDO 日志相反，UNDO 日志主要用于事务异常时的数据回滚，具体内容就是复制事务前的数据库内容到 UNDO 缓冲区，然后在合适的时间将内容刷新到磁盘。

与 REDO 日志不同的是，磁盘上不存在单独的 UNDO 日志文件，所有的 UNDO 日志均存放在表空间对应的.ibd 数据文件中，即使 MySQL 服务启动了独立表空间，依然如此。UNDO 日志又被称为回滚段。

14.2 MySQL 事务控制语句

MySQL 中可以使用 BEGIN 开始事务，使用 COMMIT 结束事务，中间可以使用 ROLLBACK 回滚事务。MySQL 通过 SET AUTOCOMMIT、START TRANSACTION、COMMIT 和 ROLLBACK 等语句支持本地事务。其语法如下：

```
START TRANSACTION | BEGIN [WORK]
COMMIT [WORK] [AND [NO] CHAIN] [[NO] RELEASE]
ROLLBACK [WORK] [AND [no] CHAIN] [[NO] RELEASE]
SET AUTOCOMMIT = {0 | 1}
```

在默认设置下，MySQL 中的事务是默认提交的。如需对某些语句进行事务控制，则使用 START TRANSACTION 或者 BEGIN 开始一个事务比较方便，这样事务结束之后可以自动回到自动提交的方式。

【示例 14-1】本示例实现的功能为更新表中的一条记录，为保证数据从一个一致性状态更新到另一个一致性状态，因此采用事务完成更新过程，如更新失败或者其他原因，可以使用回滚。此示例执行时对应的 MySQL 默认隔离级别为 REPEATABLE-READ，隔离级别的内容将在下一节介绍，执行过程如下：

步骤01 查看 MySQL 隔离级别，具体 SQL 语句如下：

```
SHOW VARIABLES LIKE 'transction_isolation';
```

执行结果如图 14-3 所示。

步骤02 创建数据库 test，并选择该数据库，具体 SQL 语句如下：

```
CREATE DATABASE test;
USE test;
```

执行结果如图 14-4 所示。

```
mysql> SHOW VARIABLES LIKE 'transaction_isolation';
+-----------------------+----------------+
| Variable_name         | Value          |
+-----------------------+----------------+
| transaction_isolation | REPEATABLE-READ |
+-----------------------+----------------+
1 row in set (0.00 sec)
```

图 14-3　查看隔离级别

```
mysql> CREATE DATABASE test;
Query OK, 1 row affected (0.06 sec)

mysql> USE test;
Database changed
```

图 14-4　创建并选择数据库

步骤03 创建表 test_1，具体 SQL 语句如下：

```
CREATE TABLE test_1(
   id INT,
   username VARCHAR(20)
)ENGINE=InnoDB;
```

执行结果如图 14-5 所示。

步骤04 在表 test_1 中插入数据，具体 SQL 语句如下：

```
INSERT INTO test_1
   VALUES(1,'Rebecca'),
         (2,'Jack'),
         (3,'Emily'),
```

```
                 (4,'Water');
```

执行结果如图 14-6 所示。

```
mysql> CREATE TABLE test_1(
    -> id INT,
    -> username VARCHAR(20)
    -> )ENGINE=InnoDB;
Query OK, 0 rows affected (0.02 sec)
```

图 14-5　创建表 test_1

```
mysql> INSERT INTO test_1
    -> VALUES(1,'Rebecca'),
    -> (2,'Jack'),
    -> (3,'Emily'),
    -> (4,'Water');
Query OK, 4 rows affected (0.02 sec)
Records: 4  Duplicates: 0  Warnings: 0
```

图 14-6　向表 test_1 中插入数据

步骤 05 使用 SELECT 语句查询表 test_1，具体 SQL 语句如下：

```
SELECT * FROM test_1;
```

执行结果如图 14-7 所示。

步骤 06 开启一个事务，更新表 test_1 的记录，再提交事务，最后查询表记录是否已经更改，具体 SQL 语句如下：

```
BEGIN;
UPDATE test_1 SET username='Selina' WHERE id=1;
COMMIT;
SELECT * FROM test_1;
```

执行结果如图 14-8 所示。

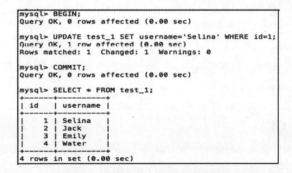

```
mysql> SELECT * FROM test_1;
+------+----------+
| id   | username |
+------+----------+
|  1   | Rebecca  |
|  2   | Jack     |
|  3   | Emily    |
|  4   | Water    |
+------+----------+
4 rows in set (0.00 sec)
```

图 14-7　查询表 test_1

```
mysql> BEGIN;
Query OK, 0 rows affected (0.00 sec)

mysql> UPDATE test_1 SET username='Selina' WHERE id=1;
Query OK, 1 row affected (0.00 sec)
Rows matched: 1  Changed: 1  Warnings: 0

mysql> COMMIT;
Query OK, 0 rows affected (0.00 sec)

mysql> SELECT * FROM test_1;
+------+----------+
| id   | username |
+------+----------+
|  1   | Selina   |
|  2   | Jack     |
|  3   | Emily    |
|  4   | Water    |
+------+----------+
4 rows in set (0.00 sec)
```

图 14-8　更新记录后提交事务再查询

步骤 07 开启一个事务，更新表 test_1 的记录，再回滚事务，最后查询表记录是否已经更改，具体 SQL 语句如下：

```
BEGIN;
UPDATE test_1 SET username='LiMing' WHERE id=1;
SELECT * FROM test_1;
ROLLBACK;
SELECT * FROM test_1;
```

执行结果如图 14-9 和图 14-10 所示。

```
mysql> BEGIN;
Query OK, 0 rows affected (0.00 sec)

mysql> UPDATE test_1 SET username='LiMing' WHERE id=1;
Query OK, 1 row affected (0.00 sec)
Rows matched: 1  Changed: 1  Warnings: 0

mysql> SELECT * FROM test_1;
+------+----------+
| id   | username |
+------+----------+
|    1 | LiMing   |
|    2 | Jack     |
|    3 | Emily    |
|    4 | Water    |
+------+----------+
4 rows in set (0.01 sec)
```

```
mysql> ROLLBACK;
Query OK, 0 rows affected (0.02 sec)

mysql> SELECT * FROM test_1;
+------+----------+
| id   | username |
+------+----------+
|    1 | Selina   |
|    2 | Jack     |
|    3 | Emily    |
|    4 | Water    |
+------+----------+
4 rows in set (0.00 sec)
```

图 14-9　更新记录　　　　　　图 14-10　回滚事务再查询

图 14-9 和图 14-10 的执行结果显示，事务回滚后，数据记录就会回滚，恢复成原来的记录。

14.3　MySQL 事务隔离级别

SQL 标准定义了 4 种隔离级别，指定了事务中哪些数据改变其他事务可见，哪些数据改变其他事务不可见。低级别的隔离级别可以支持更高的并发处理，同时占用的系统资源更少。

InnoDB 系统级事务隔离级别可以使用以下语句设置：

```
#未提交读
SET GLOBAL TRANSACTION ISOLATION LEVEL READ UNCOMMITTED;
#提交读
SET GLOBAL TRANSACTION ISOLATION LEVEL READ COMMITTED;
#可重复读
SET GLOBAL TRANSACTION ISOLATION LEVEL REPEATABLE READ;
#可串行化
SET GLOBAL TRANSACTION ISOLATION LEVEL SERIALIZABLE;
```

查看系统级事务隔离级别可以使用以下语句：

```
SELECT @@global.transaction_isolation;
```

InnoDB 会话级事务隔离级别可以使用以下语句设置：

```
#未提交读
SET SESSION TRANSACTION ISOLATION LEVEL READ UNCOMMITTED;
#提交读
SET SESSION TRANSACTION ISOLATION LEVEL READ COMMITTED;
#可重复读
SET SESSION TRANSACTION ISOLATION LEVEL REPEATABLE READ;
```

```
#可串行化
SET SESSION TRANSACTION ISOLATION LEVEL SERIALIZABLE;
```

查看会话级事务隔离级别可以使用以下语句：

```
SELECT @@transaction_isolation;
```

14.3.1　READ-UNCOMMITED（读取未提交内容）

在该隔离级别，所有事务都可以看到其他未提交事务的执行结果。因为其性能不比其他级别高很多，所以隔离级别在实际应用中一般很少使用，读取未提交的数据被称为脏读（Dirty Read）。脏读问题演示如图 14-11 和图 14-12 所示。

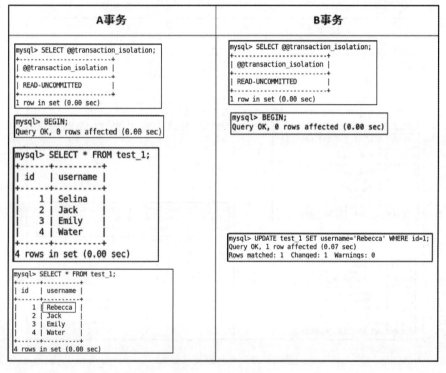

图 14-11　脏读过程 1

图 14-12　脏读过程 2

443

MySQL 的隔离级别为 READ-UNCOMMITTED，首先开启 A 和 B 两个事务，在 B 事务更新但未提交之前，A 事务读取到了更新后的数据，但由于 B 事务回滚，A 事务出现了脏读的现象。

14.3.2 READ-COMMITED（读取提交内容）

这是大多数系统默认的隔离级别，但并不是 MySQL 默认的隔离级别，其满足了隔离的简单定义：一个事务从开始到提交前所做的任何改变都是不可兼得的，事务只能看见已经提交的事务所做的改变。这种隔离级别也支持所谓的不可重复读（Nonrepeatable Read），因为同一事务的其他示例在该示例处理期间可能会有新的数据提交导致数据改变，所以同一查询可能返回不同结果，此级别导致的不可重复读问题如图 14-13 所示。

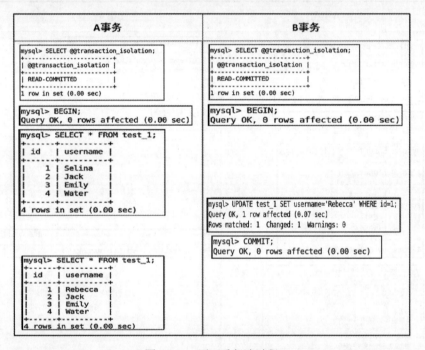

图 14-13　不可重复读过程

MySQL 的隔离级别为 READ-COMMITTED，首先开启 A 和 B 两个事务，在 B 事务更新并提交后，A 事务读取到了更新后的数据，此时处于同一 A 事务中的查询出现了不同的查询结果，即不可重复读现象。

14.3.3 REPEATABLE-READ（可重读）

这是 MySQL 默认的事务隔离级别，能确保同一事务的多个实例在并发读取数据时，会看到同样的数据行，理论上会导致另一问题：幻读（Phontom Read）。例如第一个事务对一个表中的数据做了修改，这种修改涉及表中的全部数据行，同时第二个事务也修改这个表中的数据，这次修改是向表中插入一行新数据。这时，就会发生操作第一个事务的用户发现表中还有没有修改的数据行。InnoDB 和 Falcon 存储引擎通过多版本并发控制（Multi-Version Concurrency Control，MVCC）机制解决了该问题。

InnoDB 存储引擎 MVCC 机制：InnoDB 通过为每个数据行增加两个隐含值的方式来实现，这两个隐含值记录了行的创建时间和过期时间。每一行存储时间发生时的系统版本号，每个查询根据事务的版本号来查询结果。

REPEATABLE-READ 级别操作演示如图 14-14 所示。

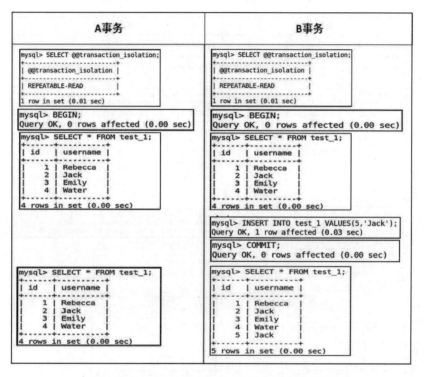

图 14-14　REPEATABLE-READ 级别操作演示

这里 A 事务读不到插入的新记录，这就是在 REPEATABLE-READ 级别下可以避免"不可重复读"的现象，如果是在 READ-COMMITTED 级别下，就可以读到这条记录。

接下来继续操作，如图 14-15 所示。

图 14-15　REPEATABLE-READ 级别操作演示幻读

图 14-15 的执行结果可以看到 A 事务中也能查询到字段 id 为 5 的记录，这就是幻读。

14.3.4 SERIALIZABLE（可串行化）

这是最高的隔离级别，通过强制事务排序，使之不可能相互冲突，从而解决幻读问题。简而言之，是在每个读的数据行上加上共享锁实现。在这个级别，可能会导致大量的超时现象和锁竞争，一般不推荐使用。具体过程如图 14-16 所示。

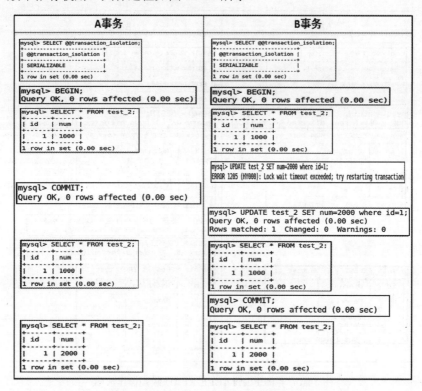

图 14-16　SERIALIZABLE 级别操作演示

图 14-16 的执行结果显示，在 SERIALIZABLE 级别下，事务 A 和事务 B 操作互不干扰。

14.4 InnoDB 锁机制

为了解决数据库并发控制问题，如在同一时刻，客户端对于同一表进行更新或者查询操作，为了保证数据的一致性，需要对并发操作进行控制，因此产生了锁。同时为实现 MySQL 的各个隔离级别，锁机制为其提供了保证。

14.4.1　锁的类型

锁的类型主要有共享锁、排他锁和意向锁三种。

1. 共享锁

共享锁的代号是 S，是 Share 的缩写，共享锁的粒度是行或者元组（多个行）。一个事务获取了共享锁之后，可以对锁定范围内的数据执行读操作。

2. 排他锁

排他锁的代码是 X，是 eXclusive 的缩写，排他锁的粒度与共享锁相同，也是行或者元组。一个事务获取了排他锁之后，可以对锁定范围内的数据执行写操作。

有两个事务 A 和 B，如果事务 A 获取了一个元组的共享锁，那么事务 B 可以立即获取这个元组的共享锁，但不能立即获取这个元组的排他锁，必须等到事务 A 释放共享锁之后。

如果事务 A 获取了一个元组的排他锁，事务 B 不能立即获取这个元组的共享锁，也不能立即获取这个元组的排他锁，必须等到事务 A 释放排他锁之后。

3. 意向锁

意向锁是一种表锁，锁定的粒度是整个表，分为意向共享锁（IS）和意向排他锁（IX）两类。意向共享锁表示一个事务有意对数据上共享锁或者排他锁。"有意"表示事务想执行操作但还没有真正执行。锁和锁之间的关系要么是相容的，要么是互斥的。

锁 a 和锁 b 相容是指：操作同样一组数据时，如果事务 t1 获取了锁 a，另一个事务 t2 还可以获取锁 b。

锁 a 和锁 b 互斥是指：操作同样一组数据时，如果事务 t1 获取了锁 a，另一个事务 t2 在 t1 释放锁 a 之前无法获取锁 b。

其中，共享锁、排他锁、意向共享锁、意向排他锁相互之间的兼容/互斥关系如表 14-1 所示，Y 表示兼容，N 表示互斥。

表 14-1　MySQL 锁兼容情况说明

参　数	X	S	IX	IS
X	N	N	N	N
S	N	Y	N	Y
IX	N	N	Y	Y
IS	N	Y	Y	Y

为了尽可能提高数据库的并发量，每次锁定的数据范围越小越好，越小的锁其耗费的系统资源越多，系统性能越低。为在高并发响应和系统性能两方面进行平衡，这样就产生了锁粒度（Lock Granulariy）的概念。

14.4.2　锁粒度

锁的粒度主要分为表锁和行锁。

表锁管理锁的开销最小，同时允许的并发量也是最小的锁机制。MyISAM 存储引擎使用该锁机制。当要写入数据时，整个表记录被锁，此时其他读/写动作一律等待。同时，一些特定的动作，如 ALTER TABLE 执行时使用的也是表锁。

行锁可以支持最大的并发。InnoDB 存储引擎使用该锁机制。如果要支持并发读/写，建议采用 InnoDB 存储引擎，因为采用行级锁可以获得更多的更新性能。

以下是 MySQL 中一些语句执行时锁的情况：

```
SELECT … LOCK IN SHARE MODE
```

此操作会加上一个共享锁。如果会话事务中查找的数据已经被其他会话事务加上排他锁，共享锁就会等待其结束再加，如果等待时间过长，就会显示事务需要的锁等待超时。

```
SELECT … FOR UPDATE
```

此操作会加上一个共享锁。若会话事务中查找的数据已经被其他会话事务加上排他锁，共享锁会等待其结束再加，若等待时间过长就会显示事务需要的锁等待超时。

```
INSERT、UPDATE、DELETE
```

会话事务会对 DML 语句操作的数据加上一个排他锁，其他会话的事务都会等待其释放排他锁。

在需要加到一个区间值域时，InnoDB 引擎会自动给会话事务中的共享锁、更新锁以及排他锁再加上一个间隙锁（或称为范围锁），对不存在的数据也锁住，防止出现幻写。以上语句描述的情况与 MySQL 设置的事务隔离级别有较大关系。

当开启一个事务时，InnDB 存储引擎会在更新的记录上加行级锁，此时其他事务不可以更新被锁定的记录。在 InnoDB 引擎下，事务 REPEATABLE-READ 级别的操作演示如图 14-17 和图 14-18 所示。

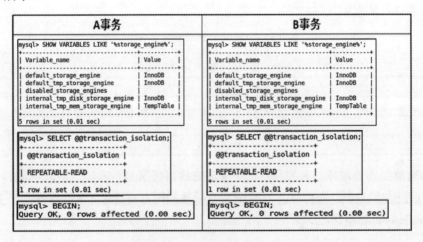

图 14-17　开启事务

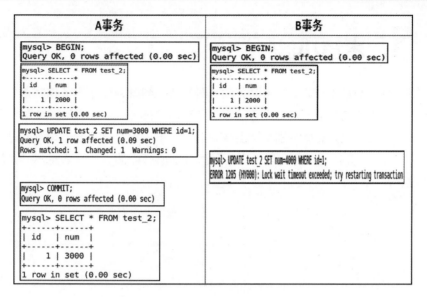

图 14-18　InnoDB 下行级锁演示操作

图 14-17 和图 14-18 的执行结果显示，当有不同事务同时更新一条记录时，一个事务需要等待另一个事务把锁释放，用以下 SQL 语句查看 MySQL 中 InnoDB 存储引擎的状态：

```
SHOW ENGINE INNODB STATUS \G
```

执行结果如图 14-19 和图 14-20 所示。

```
mysql> SHOW ENGINE INNODB STATUS \G
*************************** 1. row ***
  Type: InnoDB
  Name:
Status:
======================================
```

图 14-19　查看引擎状态

```
------------
TRANSACTIONS
------------
Trx id counter 15983
Purge done for trx's n:o < 15978 undo n:o < 0 state: running but id
le
History list length 3
LIST OF TRANSACTIONS FOR EACH SESSION:
---TRANSACTION 15982, ACTIVE 21 sec fetching rows
mysql tables in use 1, locked 1
LOCK WAIT 2 lock struct(s), heap size 1136, 2 row lock(s)
MySQL thread id 10, OS thread handle 140055849572096, query id 681
localhost root updating
UPDATE test_2 SET num=4000 WHERE id=1
```

图 14-20　MySQL 中 InnoDB 存储引擎的状态

如图 14-20 所示，MySQL thread id 46, OS thread handle 123145487355904, query id 82 localhost root updating 表示第二个事务的连接 ID 为 46，当前状态为正在更新，同时当前正在更新的记录需要等待其他事务将锁释放。当超过事务等待锁允许的最大时间时，会提示 ERROR 1205 (HY000): Lock wait timeout exceeded; try restarting transaction 及当前事务执行失败，自动执行回滚操作。

14.5 本章小结

本章介绍了事务的基本概念、事务具备的 4 种特性，同时介绍了事务控制语句，通过事务控制语句可以控制事务的开启、提交或者进行事务回滚等操作。事务的隔离级别介绍了数据库事务在各种级别下的表现，隔离级别不同会导致脏读、不可重复读或者幻读等问题。最后介绍了 InnoDB 锁机制，锁机制是事务实现不同的隔离级别所必需的。下一章要介绍的是用户安全管理相关的内容。

第二篇 MySQL高级应用

第 15 章
◀ 用户安全管理 ▶

MySQL 是一个多用户数据库，具有功能强大的访问控制系统，可以为不同用户指定允许的权限。MySQL 用户可以分为普通用户和 root 用户。root 用户是超级管理员，拥有所有权限，包括创建用户、删除用户和修改用户的密码等管理权限；普通用户只拥有被授予的各种权限。用户管理包括管理用户账户、权限等。本章将向读者介绍 MySQL 用户管理中的相关知识点，包括权限表、账户管理和权限管理。

本章中将讲解的内容包括：

- 权限表介绍。
- 用户登录和退出 MySQL 服务器。
- 创建和删除普通用户。
- 普通用户和 root 用户的密码管理。
- 权限管理。

15.1 权限表

MySQL 服务器通过权限表来控制用户对数据库的访问，权限表存放在 MySQL 数据库中，由 mysql_install_db 脚本初始化，MySQL 数据库系统会根据这些权限表的内容为每个用户赋予相应的权限。这些权限表中最重要的是 user 表和 db 表。除此之外，还有 table_priv 表、column_priv 表和 proc_priv 表等。本节将为读者介绍这些表的内容。

15.1.1 user 表

user 表是 MySQL 中非常重要的一个权限表，有 49 个字段，这些字段可以分成 4 类，分别是范围列、权限列、安全列和资源控制列。本小节将为读者介绍这些字段的含义。

1. 范围列

user 表的范围列包括 Host 和 User，分别表示主机名和用户名。其中，User 和 Host 为 User 表的联合主键。Host 指明允许访问的 IP 或主机范围，User 指明允许访问的用户名。

2. 权限列

权限列的字段决定了用户的权限，描述了在全局范围内允许对数据和数据库进行的操作，包括查询权限、修改权限等普通权限，还包括关闭服务器、超级权限和加载用户等高级权限。普通权限用于操作数据库；高级权限用于数据库管理。

user 表中对应的权限是针对所有用户数据库的。这些字段值的类型为 ENUM，可以取的值只能为 Y 和 N，Y 表示该用户有对应的权限；N 表示该用户没有对应的权限。查看 user 表的结构可以看到，这些字段的值默认都是 N。如果要修改权限，可以使用 GRANT 语句或 UPDATE 语句更改 user 表的这些字段来修改用户对应的权限。

3. 安全列

安全列有 12 个字段，其中两个是 ssl 相关的，两个是 x509 相关的，另外 8 个是授权插件和密码相关的。ssl 用于加密；X509 标准可用于标识用户；Plugin 字段标识可以用于验证用户身份的插件，该字段不能为空。如果该字段为空，服务器将会向错误日志写入信息并且禁止该用户访问。读者可以通过 SHOW VARIABLES LIKE 'have_openssl'语句来查询服务器是否支持 ssl 功能。

4. 资源控制列

资源控制列的字段用来限制用户使用的资源，包含 4 个字段，分别为：max_questions 表示用户每小时允许执行的查询操作次数；max_updates 表示用户每小时允许执行的更新操作次数；max_connections 表示用户每小时允许执行的连接操作次数；max_user_connections 表示用户允许同时建立连接的次数。一个小时内用户查询或者连接的数量超过资源控制限制，用户将被锁定。直到下一个小时，才可以再次执行对应的操作。可以使用 GRANT 语句更新这些字段的值。

读者可以使用 DESC 语句来查看 user 表的基本结构，如图 15-1 所示。

```
mysql> DESC mysql.user;
+------------------------+-------------------------------------+------+-----+----------------------+-------+
| Field                  | Type                                | Null | Key | Default              | Extra |
+------------------------+-------------------------------------+------+-----+----------------------+-------+
| Host                   | char(60)                            | NO   | PRI |                      |       |
| User                   | char(32)                            | NO   | PRI |                      |       |
| Select_priv            | enum('N','Y')                       | NO   |     | N                    |       |
| Insert_priv            | enum('N','Y')                       | NO   |     | N                    |       |
| Update_priv            | enum('N','Y')                       | NO   |     | N                    |       |
| Delete_priv            | enum('N','Y')                       | NO   |     | N                    |       |
| Create_priv            | enum('N','Y')                       | NO   |     | N                    |       |
| Drop_priv              | enum('N','Y')                       | NO   |     | N                    |       |
| Reload_priv            | enum('N','Y')                       | NO   |     | N                    |       |
| Shutdown_priv          | enum('N','Y')                       | NO   |     | N                    |       |
| Process_priv           | enum('N','Y')                       | NO   |     | N                    |       |
| File_priv              | enum('N','Y')                       | NO   |     | N                    |       |
| Grant_priv             | enum('N','Y')                       | NO   |     | N                    |       |
| References_priv        | enum('N','Y')                       | NO   |     | N                    |       |
| Index_priv             | enum('N','Y')                       | NO   |     | N                    |       |
| Alter_priv             | enum('N','Y')                       | NO   |     | N                    |       |
| Show_db_priv           | enum('N','Y')                       | NO   |     | N                    |       |
| Super_priv             | enum('N','Y')                       | NO   |     | N                    |       |
| Create_tmp_table_priv  | enum('N','Y')                       | NO   |     | N                    |       |
| Lock_tables_priv       | enum('N','Y')                       | NO   |     | N                    |       |
| Execute_priv           | enum('N','Y')                       | NO   |     | N                    |       |
| Repl_slave_priv        | enum('N','Y')                       | NO   |     | N                    |       |
| Repl_client_priv       | enum('N','Y')                       | NO   |     | N                    |       |
| Create_view_priv       | enum('N','Y')                       | NO   |     | N                    |       |
| Show_view_priv         | enum('N','Y')                       | NO   |     | N                    |       |
| Create_routine_priv    | enum('N','Y')                       | NO   |     | N                    |       |
| Alter_routine_priv     | enum('N','Y')                       | NO   |     | N                    |       |
| Create_user_priv       | enum('N','Y')                       | NO   |     | N                    |       |
| Event_priv             | enum('N','Y')                       | NO   |     | N                    |       |
| Trigger_priv           | enum('N','Y')                       | NO   |     | N                    |       |
| Create_tablespace_priv | enum('N','Y')                       | NO   |     | N                    |       |
| ssl_type               | enum('','ANY','X509','SPECIFIED')   | NO   |     |                      |       |
| ssl_cipher             | blob                                | NO   |     | NULL                 |       |
| x509_issuer            | blob                                | NO   |     | NULL                 |       |
| x509_subject           | blob                                | NO   |     | NULL                 |       |
| max_questions          | int(11) unsigned                    | NO   |     | 0                    |       |
| max_updates            | int(11) unsigned                    | NO   |     | 0                    |       |
| max_connections        | int(11) unsigned                    | NO   |     | 0                    |       |
| max_user_connections   | int(11) unsigned                    | NO   |     | 0                    |       |
| plugin                 | char(64)                            | NO   |     | caching_sha2_password|       |
| authentication_string  | text                                | YES  |     | NULL                 |       |
| password_expired       | enum('N','Y')                       | NO   |     | N                    |       |
| password_last_changed  | timestamp                           | YES  |     | NULL                 |       |
| password_lifetime      | smallint(5) unsigned                | YES  |     | NULL                 |       |
| account_locked         | enum('N','Y')                       | NO   |     | N                    |       |
| Create_role_priv       | enum('N','Y')                       | NO   |     | N                    |       |
| Drop_role_priv         | enum('N','Y')                       | NO   |     | N                    |       |
| Password_reuse_history | smallint(5) unsigned                | YES  |     | NULL                 |       |
| Password_reuse_time    | smallint(5) unsigned                | YES  |     | NULL                 |       |
+------------------------+-------------------------------------+------+-----+----------------------+-------+
49 rows in set (0.01 sec)
```

图 15-1　查看 user 表的信息

权限列中有很多权限字段需要特别注意。Grant_priv 字段表示是否拥有 GRANT 权限；Shutdown_priv 字段表示是否拥有停止 MySQL 服务的权限；Super_priv 字段表示是否拥有超级权限；Execute_priv 字段表示是否拥有 EXECUTE 权限，拥有 EXECUTE 权限可以执行存储过程和函数。

15.1.2　db 表

db 表是 MySQL 数据中非常重要的权限表。db 表中存储了用户对某个数据库的操作权限，决定用户能从哪个主机存取哪个数据库。读者可以用 DESCRIBE 语句查看 db 表的基本结构，具体 SQL 语句如下：

```
DESCRIBE mysql.db;
```

执行结果如图 15-2 所示。

```
mysql> DESCRIBE mysql.db;
+-----------------------+---------------+------+-----+---------+-------+
| Field                 | Type          | Null | Key | Default | Extra |
+-----------------------+---------------+------+-----+---------+-------+
| Host                  | char(60)      | NO   | PRI |         |       |
| Db                    | char(64)      | NO   | PRI |         |       |
| User                  | char(32)      | NO   | PRI |         |       |
| Select_priv           | enum('N','Y') | NO   |     | N       |       |
| Insert_priv           | enum('N','Y') | NO   |     | N       |       |
| Update_priv           | enum('N','Y') | NO   |     | N       |       |
| Delete_priv           | enum('N','Y') | NO   |     | N       |       |
| Create_priv           | enum('N','Y') | NO   |     | N       |       |
| Drop_priv             | enum('N','Y') | NO   |     | N       |       |
| Grant_priv            | enum('N','Y') | NO   |     | N       |       |
| References_priv       | enum('N','Y') | NO   |     | N       |       |
| Index_priv            | enum('N','Y') | NO   |     | N       |       |
| Alter_priv            | enum('N','Y') | NO   |     | N       |       |
| Create_tmp_table_priv | enum('N','Y') | NO   |     | N       |       |
| Lock_tables_priv      | enum('N','Y') | NO   |     | N       |       |
| Create_view_priv      | enum('N','Y') | NO   |     | N       |       |
| Show_view_priv        | enum('N','Y') | NO   |     | N       |       |
| Create_routine_priv   | enum('N','Y') | NO   |     | N       |       |
| Alter_routine_priv    | enum('N','Y') | NO   |     | N       |       |
| Execute_priv          | enum('N','Y') | NO   |     | N       |       |
| Event_priv            | enum('N','Y') | NO   |     | N       |       |
| Trigger_priv          | enum('N','Y') | NO   |     | N       |       |
+-----------------------+---------------+------+-----+---------+-------+
22 rows in set (0.01 sec)
```

图 15-2　查看 db 表的信息

图 15-2 的执行结果显示，db 表的字段大致可以分为两类，分别为用户列和权限列。

1. 用户列

db 表的用户列有 3 个字段，分别是 Host、Db 和 User。这 3 个字段分别表示主机名、数据库名和用户名。host 表的用户列有两个字段，分别是 Host 和 Db。这两个字段分别表示主机名和数据库名。

2. 权限列

Create_routine_priv 和 Alter_routine_priv 这两个字段决定用户是否具有创建和修改存储过程的权限。

user 表中的权限是针对所有数据库的。如果 user 表中的 Select_priv 字段取值为 Y，那么该用户可以查询所有数据库中的表；如果为某个用户只设置了查询 test 表的权限，那么 user 表的 Select_priv 字段取值为 N。由此可知，用户先根据 user 表的内容获取权限，再根据 db 表的内容获取权限。例如，有一个名称为 Rebecca 的用户分别从名称为 far.hz.com 和 near.hz.com 的两个主机连接到数据库，并需要操作 books 数据库，这时可以将用户名称 Rebecca 添加到 db 表中，将两个主机地址添加到 db 表的 host 字段，将数据库名 books 添加到 db 表的 Db 字段。当有用户连接到 MySQL 服务器时，MySQL 会从 db 表中查找相匹配的值，并根据查询的结果决定用户的操作是否被允许。

15.1.3 tables_priv 表和 columns_priv 表

tables_priv 表用来对表设置操作权限，columns_priv 表用来对表的某一列设置权限。tables_priv 表和 columns_priv 表的结构分别如图 15-3 和图 15-4 所示。

```
mysql> DESCRIBE mysql.table_priv;
ERROR 1146 (42S02): Table 'mysql.table_priv' doesn't exist
mysql> DESCRIBE mysql.tables_priv;
+-------------+-----------------------------------------------------------------------------------------------------------------------+------+-----+-------------------+-----------------------------+
| Field       | Type                                                                                                                  | Null | Key | Default           | Extra                       |
+-------------+-----------------------------------------------------------------------------------------------------------------------+------+-----+-------------------+-----------------------------+
| Host        | char(60)                                                                                                              | NO   | PRI |                   |                             |
| Db          | char(64)                                                                                                              | NO   | PRI |                   |                             |
| User        | char(32)                                                                                                              | NO   | PRI |                   |                             |
| Table_name  | char(64)                                                                                                              | NO   | PRI |                   |                             |
| Grantor     | char(93)                                                                                                              | NO   | MUL |                   |                             |
| Timestamp   | timestamp                                                                                                             | NO   |     | CURRENT_TIMESTAMP | on update CURRENT_TIMESTAMP |
| Table_priv  | set('Select','Insert','Update','Delete','Create','Drop','Grant','References','Index','Alter','Create View','Show view','Trigger') | NO   |     |                   |                             |
| Column_priv | set('Select','Insert','Update','References')                                                                         | NO   |     |                   |                             |
+-------------+-----------------------------------------------------------------------------------------------------------------------+------+-----+-------------------+-----------------------------+
8 rows in set (0.00 sec)
```

图 15-3 查看 table_priv 表的信息

```
mysql> DESCRIBE mysql.columns_priv;
+-------------+----------------------------------------------+------+-----+-------------------+-----------------------------+
| Field       | Type                                         | Null | Key | Default           | Extra                       |
+-------------+----------------------------------------------+------+-----+-------------------+-----------------------------+
| Host        | char(60)                                     | NO   | PRI |                   |                             |
| Db          | char(64)                                     | NO   | PRI |                   |                             |
| User        | char(32)                                     | NO   | PRI |                   |                             |
| Table_name  | char(64)                                     | NO   | PRI |                   |                             |
| Column_name | char(64)                                     | NO   | PRI |                   |                             |
| Timestamp   | timestamp                                    | NO   |     | CURRENT_TIMESTAMP | on update CURRENT_TIMESTAMP |
| Column_priv | set('Select','Insert','Update','References') | NO   |     |                   |                             |
+-------------+----------------------------------------------+------+-----+-------------------+-----------------------------+
7 rows in set (0.00 sec)
```

图 15-4 查看 columns_priv 表的信息

tables_priv 表有 8 个字段，分别是 Host、Db、User、Table_name、Grantor、Timestamp、Table_priv 和 Column_priv，各个字段说明如下：

- Host、Db、User 和 Table_name 四个字段分别表示主机名、数据库名、用户名和表名
- Grantor 表示修改该记录的用户。
- Timestamp 字段表示修改该记录的时间。
- Table_priv 表示对象的操作权限，包括 Select、Insert、Update、Delete、Create、Drop、Grant、References、Index 和 Alter。
- Column_priv 字段表示对表中的列的操作权限，包括 Select、Insert、Update 和 References。

columns_priv 表只有 7 个字段，分别是 Host、Db、User、Table_name、Column_name、Timestamp、Column_priv。其中，Column_name 用来指定对哪些数据列具有操作权限。

15.1.4　procs_priv 表

procs_priv 表可以对存储过程和存储函数设置操作权限，表结构如图 15-5 所示。

```
mysql> DESCRIBE mysql.procs_priv;
+--------------+-----------------------------------+------+-----+-------------------+-----------------------------+
| Field        | Type                              | Null | Key | Default           | Extra                       |
+--------------+-----------------------------------+------+-----+-------------------+-----------------------------+
| Host         | char(60)                          | NO   | PRI |                   |                             |
| Db           | char(64)                          | NO   | PRI |                   |                             |
| User         | char(32)                          | NO   | PRI |                   |                             |
| Routine_name | char(64)                          | NO   | PRI |                   |                             |
| Routine_type | enum('FUNCTION','PROCEDURE')      | NO   | PRI | NULL              |                             |
| Grantor      | char(93)                          | NO   | MUL |                   |                             |
| Proc_priv    | set('Execute','Alter Routine','Grant') | NO |   |                   |                             |
| Timestamp    | timestamp                         | NO   |     | CURRENT_TIMESTAMP | on update CURRENT_TIMESTAMP |
+--------------+-----------------------------------+------+-----+-------------------+-----------------------------+
8 rows in set (0.01 sec)
```

图 15-5　查看 proc_priv 表的信息

procs_priv 表包含 8 个字段，分别是 Host、Db、User、Routine_name、Routine_type、Grantor、Proc_priv 和 Timestamp，各个字段的说明如下：

● Host、Db 和 User 字段分别表示主机名、数据库名和用户名。Routine_name 表示存储过程或函数的名称。

● Routine_type 表示存储过程或函数的类型。Routine_type 字段有两个值，分别是 FUNTION 和 PROCEDURE。FUNCTION 表示这是一个函数：PROCEDURE 表示这是一个存储过程。

● Grantor 是插入或修改该记录的用户。

● Proc_pric 表示拥有的权限，包括 Execute、Alter Routine、Grant 三种。

● Timestamp 表示记录更新时间。

15.2　账户管理

账户管理是 MySQL 用户管理的基本内容，MySQL 提供许多语句用来管理用户账号，这些语句可以用来管理登录和退出 MySQL 服务器、创建用户、删除用户、密码管理和权限管理等内容。MySQL 数据库的安全性需要通过账户管理来保证。本节将介绍 MySQL 中如何对账户进行管理。

15.2.1　登录和退出 MySQL 服务器

读者已经知道登录 MySQL 时使用 mysql 命令并在后面指定登录主机以及用户名和密码。本小节将详细介绍 mysql 命令的常用参数以及登录、退出 MySQL 服务器的方法。启动 MySQL 服务后，可以通过 mysql 命令来登录 MySQL 服务器，命令如下：

```
mysql -h hostname|hostIP -P port -u username -p DatabaseName -e "SQL 语句"
```

下面详细介绍命令中的参数。

- -h 参数后面接主机名或者主机 IP，hostname 为主机，hostIP 为主机 IP。
- -P 参数后面接 MySQL 服务的端口，通过该参数连接到指定的端口。MySQL 服务的默认端口是 3306，不使用该参数时自动连接到 3306 端口，port 为连接的端口号。
- -u 参数后面接用户名，username 为用户名。
- -p 参数会提示输入密码。
- DatabaseName 参数指明登录到哪一个数据库中，如果没有该参数，会直接登录到 MySQL 数据库中，然后可以使用 USE 命令来选择数据库。
- -e 参数后面可以直接加 SQL 语句。登录 MySQL 服务器以后即可执行这个 SQL 语句，然后退出 MySQL 服务器。

【示例 15-1】使用 root 用户登录本机的数据库，命令如下：

```
mysql -h localhost -uroot -p123456;
mysql -h 127.0.0.1 -uroot -p123456;
```

执行结果如图 15-6 所示。

```
C:\Users\eleph>mysql -h localhost -uroot -p123456
mysql: [Warning] Using a password on the command l
ine interface can be insecure.
Welcome to the MySQL monitor.  Commands end with ;
 or \g.
Your MySQL connection id is 17
Server version: 8.0.12 MySQL Community Server - GP
L

Copyright (c) 2000, 2018, Oracle and/or its affili
ates. All rights reserved.

Oracle is a registered trademark of Oracle Corpora
tion and/or its
affiliates. Other names may be trademarks of their
 respective
owners.

Type 'help;' or '\h' for help. Type '\c' to clear
the current input statement.
```

```
C:\Users\eleph>mysql -h 127.0.0.1 -uroot -p123456
mysql: [Warning] Using a password on the command l
ine interface can be insecure.
Welcome to the MySQL monitor.  Commands end with ;
 or \g.
Your MySQL connection id is 19
Server version: 8.0.12 MySQL Community Server - GP
L

Copyright (c) 2000, 2018, Oracle and/or its affili
ates. All rights reserved.

Oracle is a registered trademark of Oracle Corpora
tion and/or its
affiliates. Other names may be trademarks of their
 respective
owners.

Type 'help;' or '\h' for help. Type '\c' to clear
the current input statement.
```

图 15-6　root 账号登录

图 15-6 中的两种方式都是使用 root 账号登录，只不过第一种方式中使用主机名登录，而第二种方式中使用主机 IP 登录。以上两个图中都提示了密码不安全的警告，MySQL 8 版本之后，不推荐在命令中显式地输入密码，应当先使用-p 命令，再根据提示输入密码，如图 15-7 所示。

```
C:\Users\eleph>mysql -h localhost -uroot -p
Enter password: ****
Welcome to the MySQL monitor.  Commands end with ; or \g.
Your MySQL connection id is 229
Server version: 8.0.12 MySQL Community Server - GPL

Copyright (c) 2000, 2018, Oracle and/or its affiliates. All rights reserved.

Oracle is a registered trademark of Oracle Corporation and/or its
affiliates. Other names may be trademarks of their respective
owners.

Type 'help;' or '\h' for help. Type '\c' to clear the current input statement.
```

图 15-7　root 账号登录

这个命令在 Windows 操作系统的 DOS 窗口下执行，也可以在 Linux 操作系统的 Shell 窗口下执行，也可以在 OS X 系统的 Terminal 窗口下执行。命令的执行方式和执行结果都是一样的。本章的命令都是在 Mac OS X 系统的 Terminal 窗口下执行的。

【示例 15-2】使用 root 账号登录到自己计算机的 mysql 数据库中，同时查询 func 表的表结构，命令如下：

```
mysql -h localhost -uroot -p mysql -e "DESC func";
```

执行结果如图 15-8 所示。

```
C:\Users\eleph>mysql -h localhost -uroot -p mysql -e "DESC func";
Enter password: ****
+-------+-----------------------------+------+-----+---------+-------+
| Field | Type                        | Null | Key | Default | Extra |
+-------+-----------------------------+------+-----+---------+-------+
| name  | char(64)                    | NO   | PRI |         |       |
| ret   | tinyint(1)                  | NO   |     | 0       |       |
| dl    | char(128)                   | NO   |     |         |       |
| type  | enum('function','aggregate')| NO   |     | NULL    |       |
+-------+-----------------------------+------+-----+---------+-------+
```

图 15-8　root 账号登录查询 mysql 数据库的 func 表结构

图 15-8 的执行结果显示，执行命令之后，窗口会显示 func 表的基本结构，然后系统会退出 MySQL 服务器，回到 Terminal 命令窗口。

15.2.2　新建普通用户

在 MySQL 数据库中，可以使用 CREATE USER 语句创建新用户，这也是 MySQL 官方推荐的方式。由于 MySQL 8 版本移除了 PASSWORD 加密方法，不再推荐使用 INSERT 语句直接操作 MySQL 中的 user 表来增加用户。

在 MySQL 8 版本之前可以使用 GRANT 语句新建用户，在 MySQL 8 版本之后，对 GRANT 语句限制更严格，需要先创建用户才能执行 GRANT 语句。

使用 CREATE USER 语句创建新用户时，必须拥有 CREATE USER 权限。CREATE USER 语句的基本语法形式如下：

```
CREATE USER user[IDENTIFIED BY 'password']
          [,user[IDENTIFIED BY 'password']]…
   [WITH resource_option [resource_option] ...]
```

其中，user 参数表示新建用户的账户，user 由用户（User）和主机名（Host）构成；INDENTIFIED BY 关键字用来设置用户的密码；password 参数表示用户的密码。resource_option 表示账号资源限制，该参数有以下 4 个选项。

● MAX_QUERIES_PER_HOUR count：设置每个小时允许执行 count 次查询。
● MAX_UPDATES_PER_HOUR count：设置每个小时允许执行 count 次更新。

- MAX_CONNECTIONS_PER_HOUR_count: 设置每小时可以建立 count 个连接。
- MAX_USER_CONNECTIONS_count: 设置单个用户可以同时具有 count 个连接数。

CREATE USER 语句可以同时创建多个用户，新用户可以没有初始密码。

【示例 15-3】使用 CREATE USER 语句创建名为 test1 的用户，密码也是 test1，其主机名为 localhost，命令如下：

```
CREATE USER 'Justin'@'localhost' IDENTIFIED BY '123456';
```

执行结果如图 15-9 所示。

```
mysql> CREATE USER 'Justin'@'localhost' IDENTIFIED BY '123456';
Query OK, 0 rows affected (0.09 sec)
```

图 15-9　新建普通用户

图 15-9 的执行结果显示，新建普通用户操作成功。

15.2.3　删除普通用户

在 MySQL 数据库中，可以使用 DROP USER 语句来删除普通用户，也可以直接在 mysql.user 表中删除用户。本小节将为读者介绍这两种方法。

1. 用 DROP 语句来删除普通用户

使用 DROP USER 语句删除用户时，必须拥有 DROP USER 权限。DROP USER 语句的基本语法形式如下：

```
DROP USER user[,user]…;
```

其中，user 是需要删除的用户，由用户的用户名（User）和主机名（Host）组成。DROP USER 语句可以同时删除多个用户，各用户之间用逗号隔开。

【示例 15-4】使用 DROP USER 语句删除用户 Justin，其 Host 值为 localhost。DROP USER 语句如下：

```
DROP USER 'Justin'@'localhost';
```

执行结果如图 15-10 所示。

```
mysql> DROP USER 'Justin'@'localhost';
Query OK, 0 rows affected (0.06 sec)
```

图 15-10　删除普通用户

图 15-13 的执行结果显示，删除普通用户成功。

2. 用 DELETE 语句来删除普通用户

可以使用 DELETE 语句直接将用户的信息从 mysql.user 表中删除，但必须拥有对 mysql.user 表的 DELETE 权限。DELETE 语句的基本语法形式如下：

```
DELETE FROM mysql.user WHERE Host='hostname' AND User='username';
```

Host 字段和 User 字段都是 use 表的主键，因此两个字段的值能够唯一确定一条记录。

【示例 15-5】使用 DELETE 语句删除名为 Emily 的用户，该用户的主机名是 localhost，DELETE 语句如下：

```
DELETE FROM mysql.user WHERE Host='localhost' AND User='Emily';
```

执行结果如图 15-11 所示。

图 15-11 的执行结果显示操作成功。可以使用 SELECT 语句查询 mysql.user 表，以确定该用户是否已经成功删除。执行完 DELETE 命令后，要使用 FLUSH 命令来使操作生效，命令如下：

```
FLUSH PRIVILEGES;
```

执行结果如图 15-12 所示。

```
mysql> DELETE FROM mysql.user
    -> WHERE HOST='localhost'
    -> AND User='Emily';
Query OK, 1 row affected (0.01 sec)
```

图 15-11　删除普通用户

```
mysql> FLUSH PRIVILEGES;
Query OK, 0 rows affected (0.00 sec)

mysql>
```

图 15-12　使用 FLUSH 使得操作生效

图 15-12 的执行结果显示，MySQL 数据库系统可以从 mysql 数据库的 user 表中重新装载权限。

15.2.4　root 用户修改自己的密码

root 用户拥有很高的权限，因此必须保证 root 用户的密码的安全。root 用户可以通过多种方式来修改密码，使用 ALTER USER 命令修改用户密码是 MySQL 官方推荐的方式。此外，也可通过 SET 语句修改密码。由于 MySQL 8 中已移除了 PASSWORD()函数，因此不再使用 UPDATE 语句直接操作用户表修改密码。

1. 使用 mysqladmin 命令来修改 root 用户的密码

root 用户可以使用 mysqladmin 命令来修改密码。mysqladmin 命令的基本语法如下：

```
mysqladmin -u username -p password "new_password";
```

上面语法中的 password 为关键字，而不是指旧密码，而且新密码（new_password）必须用双引号引起来。使用单引号会出现错误，这一点要特别注意，如果使用单引号，可能会造成修改后的密码不是你想要修改的。

【示例 15-6】使用 mysqladmin 命令来修改 root 用户的密码，将密码改为"hello1234"。mysqladmin 命令执行如下：

```
mysqladmin -u username -p password "new_password";
```

执行结果如图 15-13 所示。

```
rebeccadeMacBook-Pro:~ root# mysqladmin -u root -p password 'hello1234'
Enter password:
```

图 15-13　修改 root 密码

如图 15-13 所示，在 Enter password 处输入原来的密码，执行成功后，再使用新密码登录，命令如下：

```
mysql -u root -p hello1234;
```

执行结果如图 15-14 所示。

```
mysql> exit
Bye
hazel@ubuntu:~/Desktop$ mysql -uroot -phello1234
mysql: [Warning] Using a password on the command line interface can be insecure.
Welcome to the MySQL monitor.  Commands end with ; or \g.
Your MySQL connection id is 10
Server version: 8.0.12 MySQL Community Server - GPL

Copyright (c) 2000, 2018, Oracle and/or its affiliates. All rights reserved.

Oracle is a registered trademark of Oracle Corporation and/or its
affiliates. Other names may be trademarks of their respective
owners.

Type 'help;' or '\h' for help. Type '\c' to clear the current input statement.
```

图 15-14　使用新密码登录

2. 使用 ALTER USER 命令来修改 root 用户的密码

使用 root 用户登录 MySQL 服务器后，root 用户可以使用 ALTER 命令来修改密码。命令的基本语法如下：

```
ALTER USER USER() IDENTIFIED BY 'new_password';
```

该语句代表修改当前登录用户的密码。

【示例 15-7】使用 ALTER 命令来修改 root 用户的密码，将密码改为 "hello1234"，命令如下：

```
ALTER USER USER() IDENTIFIED BY 'hello1234';
```

执行结果如图 15-15 所示。

```
mysql> ALTER USER USER() IDENTIFIED BY "hello1234";
Query OK, 0 rows affected (0.03 sec)
```

图 15-15　修改 root 密码

图 15-15 中的命令执行成功后，退出 MySQL，再使用新密码登录，执行结果如图 15-16 所示。

```
mysql> exit
Bye

C:\Users\eleph>mysql -uroot -p
Enter password: *********
Welcome to the MySQL monitor.  Commands end with ; or \g.
Your MySQL connection id is 233
Server version: 8.0.12 MySQL Community Server - GPL

Copyright (c) 2000, 2018, Oracle and/or its affiliates. All rights reserved.

Oracle is a registered trademark of Oracle Corporation and/or its
affiliates. Other names may be trademarks of their respective
owners.

Type 'help;' or '\h' for help. Type '\c' to clear the current input statement.
```

图 15-16　使用新密码登录

3. 使用 SET 语句来修改 root 用户的密码

使用 root 用户登录 MySQL 后，可以使用 SET 语句来修改密码，具体 SQL 语句如下：

```
SET PASSWORD = 'new_password';
```

在 MySQL 8 中，该语句会自动将密码加密后再赋予当前用户。虽然这种方法能实现修改密码，但 MySQL 官方推荐使用 ALTER USER 命令。

【示例 15-8】使用 SET 语句修改 root 用户的密码，将密码改为"hello1234"，SET 语句具体如下：

```
SET PASSWORD='hello1234';
```

执行结果如图 15-17 所示。

```
mysql> SET PASSWORD='hello1234';
Query OK, 0 rows affected (0.08 sec)
```

图 15-17　修改 root 密码

退出后，再使用新密码来登录，具体命令如下：

```
mysql -u root -p hello1234;
```

执行结果如图 15-18 所示。

```
mysql> exit
Bye
hazel@ubuntu:~/Desktop$ mysql -uroot -phello1234
mysql: [Warning] Using a password on the command line interface can be insecure.
Welcome to the MySQL monitor.  Commands end with ; or \g.
Your MySQL connection id is 10
Server version: 8.0.12 MySQL Community Server - GPL

Copyright (c) 2000, 2018, Oracle and/or its affiliates. All rights reserved.

Oracle is a registered trademark of Oracle Corporation and/or its
affiliates. Other names may be trademarks of their respective
owners.

Type 'help;' or '\h' for help. Type '\c' to clear the current input statement.
```

图 15-18　使用新密码登录

图 15-18 的执行结果显示，使用新密码登录成功。

本小节介绍了 3 种修改 root 密码的方法，希望读者能够熟练掌握。

15.2.5　root 用户修改普通用户的密码

root 用户不仅可以修改自己的密码，还可以修改普通用户的密码，root 用户登录 MySQL 服务器后，可以通过 SET 语句和 ALTER 语句来修改普通用户的密码。由于 PASSWORD()函数已移除，因此使用 UPDATE 直接操作用户表的方式已不再使用。本小节将向读者介绍 root 用户修改普通用户密码的方法。

1. 使用 SET 命令来修改普通用户的密码

使用 root 用户登录 MySQL 服务器后，可以使用 SET 语句来修改普通用户的密码。SET 语句的语法如下：

```
SET PASSWORD FOR 'username'@'hostname'='new_password';
```

其中，username 参数是普通用户的用户名；hostname 参数是普通用户的主机名；new_password 是新密码。

【示例 15-9】使用 SET 语句来修改 Justin 用户的密码，将密码改成 hello1234，具体步骤如下：

步骤01　创建 Justin 用户，具体 SQL 语句如下：

```
CREATE USER 'Justin'@'localhost' IDENTIFIED BY '123456';
```

执行结果如图 15-19 所示。

```
mysql> CREATE USER 'Justin'@'localhost' IDENTIFIED BY '123456';
Query OK, 0 rows affected (0.09 sec)
```

图 15-19　创建 Justin 普通用户

步骤02　使用 SET 语句来修改普通用户的密码，具体 SQL 语句如下：

```
SET PASSWORD for 'Justin'@'localhost'='hello1234';
```

执行结果如图 15-20 所示。

```
mysql> SET PASSWORD for 'Justin'@'localhost'='hello1234';
Query OK, 0 rows affected (0.03 sec)
```

图 15-20　修改 Justin 用户密码

步骤03　让 Justin 用户使用新密码登录，具体 SQL 语句如下：

```
mysql -u Justin -p hello1234;
```

执行结果如图 15-21 所示。

```
mysql> exit
Bye
hazel@ubuntu:~/Desktop$ mysql -uJustin -phello1234
mysql: [Warning] Using a password on the command line interface can be insecure.
Welcome to the MySQL monitor.  Commands end with ; or \g.
Your MySQL connection id is 11
Server version: 8.0.12 MySQL Community Server - GPL

Copyright (c) 2000, 2018, Oracle and/or its affiliates. All rights reserved.

Oracle is a registered trademark of Oracle Corporation and/or its
affiliates. Other names may be trademarks of their respective
owners.

Type 'help;' or '\h' for help. Type '\c' to clear the current input statement.
```

图 15-21 Justin 用户用新密码登录

图 15-21 的执行结果显示 Justin 用户使用新密码登录成功。

2. 使用 ALTER 语句来修改普通用户的密码

使用 root 用户登录 MySQL 服务器后，可以使用 ALTER USER 语句来修改普通用户的密码。基本语法形式如下：

```
ALTER USER user [IDENTIFIED BY 'password']
[,user[IDENTIFIED BY 'password']]…;
```

其中，user 参数表示新用户的账户，由用户名和主机名构成；IDENTIFIED BY 关键字用来设置密码；password 参数表示新用户的密码。

【示例 15-10】使用 ALTER 语句来修改 Justin 用户的密码，将密码改为 hello1234：

```
ALTER USER 'Justin'@'localhost'
   IDENTIFIED BY 'hello1234';
```

执行结果如图 15-22 所示。

```
mysql> ALTER USER 'Justin'@'localhost'
    ->           IDENTIFIED BY 'hello1234';
Query OK, 0 rows affected (0.02 sec)
```

图 15-22 修改 Justin 用户的密码

图 15-22 的执行结果显示，修改 Justin 用户的密码成功。Justin 用户使用新密码登录，执行结果显示登录成功。

15.2.6 普通用户修改密码

普通用户也可以修改自己的密码，这样就不需要每次都通过管理员修改密码。普通用户登录 SQL 服务器后，可以通过 SET 语句来设置自己的密码，语句的基本形式如下：

```
SET PASSWORD='new_password';
```

new_password 为新密码。

【示例 15-11】将 Justin 用户的密码改成 123456，具体步骤如下：

步骤 **01** 用 Justin 用户登录，具体命令如下：

```
mysql -uJustin -phello1234
```

执行结果如图 15-23 所示。

```
hazel@ubuntu:~/Desktop$ mysql -uJustin -phello1234
mysql: [Warning] Using a password on the command line interface can be insecure.
Welcome to the MySQL monitor.  Commands end with ; or \g.
Your MySQL connection id is 11
Server version: 8.0.12 MySQL Community Server - GPL

Copyright (c) 2000, 2018, Oracle and/or its affiliates. All rights reserved.

Oracle is a registered trademark of Oracle Corporation and/or its
affiliates. Other names may be trademarks of their respective
owners.

Type 'help;' or '\h' for help. Type '\c' to clear the current input statement.
```

图 15-23　Justin 用户登录

步骤 **02** 使用 SET 语句修改密码，具体 SQL 语句如下：

```
SET PASSWORD='123456';
```

执行结果如图 15-24 所示。

```
mysql> SET PASSWORD = '123456';
Query OK, 0 rows affected (0.01 sec)
```

图 15-24　修改 Justin 用户密码

图 15-24 的执行结果显示，密码修改成功。用 EXIT 命令退出 MySQL，然后分别用原密码 hello1234 和新密码 123456 进行登录，具体命令如下：

```
mysql -uJustin -phello1234
mysql -uJustin -p123456
```

执行结果如图 15-25 所示。

```
hazel@ubuntu:~/Desktop$ mysql -uJustin -phello1234
mysql: [Warning] Using a password on the command line interface can be insecure.
ERROR 1045 (28000): Access denied for user 'Justin'@'localhost' (using password: YES)
hazel@ubuntu:~/Desktop$ mysql -uJustin -p123456
mysql: [Warning] Using a password on the command line interface can be insecure.
Welcome to the MySQL monitor.  Commands end with ; or \g.
Your MySQL connection id is 21
Server version: 8.0.12 MySQL Community Server - GPL

Copyright (c) 2000, 2018, Oracle and/or its affiliates. All rights reserved.

Oracle is a registered trademark of Oracle Corporation and/or its
affiliates. Other names may be trademarks of their respective
owners.

Type 'help;' or '\h' for help. Type '\c' to clear the current input statement.
```

图 15-25　分别用旧密码和新密码登录

图 15-25 的执行结果显示，Justin 用户使用原密码 hello1234 登录失败，使用新密码 123456 登录成功。

【示例 15-12】使用 mysqladmin 命令来修改 Justin 用户的密码，将密码修改为 hello1234，mysqladmin 命令执行如下：

```
mysqladmin -u Justin -p123456 password 'hello1234';
```

执行结果如图 15-26 所示。

```
rebeccadeMacBook-Pro:~ root# mysqladmin -u Justin -p123456 password 'hello1234'
```

图 15-26　修改 Justin 用户的密码

使用新密码登录，命令如下：

```
mysql -uJustin -phello1234;
```

执行结果如图 15-27 所示。

```
hazel@ubuntu:~/Desktop$ mysql -uJustin -phello1234
mysql: [Warning] Using a password on the command line interface can be insecure.
Welcome to the MySQL monitor.  Commands end with ; or \g.
Your MySQL connection id is 11
Server version: 8.0.12 MySQL Community Server - GPL

Copyright (c) 2000, 2018, Oracle and/or its affiliates. All rights reserved.

Oracle is a registered trademark of Oracle Corporation and/or its
affiliates. Other names may be trademarks of their respective
owners.

Type 'help;' or '\h' for help. Type '\c' to clear the current input statement.
```

图 15-27　Justin 用户使用新密码登录

图 15-26 和图 15-27 的执行结果显示，可以使用 mysqladmin 命令修改普通用户密码。

15.2.7　root 用户密码丢失的解决办法

对于 root 用户密码丢失这种特殊的情况，MySQL 提供了对应的解决处理机制。可以通过特殊的方法登录 MySQL 服务器，然后在 root 用户下重新设置密码。MySQL 8 版本的 root 密码找回方法与之前版本有所不同。下面分别介绍 Windows 系统、Linux 系统、Mac OS X 系统解决 root 用户密码丢失的方法。

1. 在 Windows 系统下丢失 MySQL root 登录密码的解决方法

步骤 01　以管理员身份打开 DOS 命令窗口，用以下命令关闭 MySQL 服务，进入 MySQL 的bin 目录：

```
net stop mysql80
cd C:\Program Files\MySQL\MySQL Server 8.0\bin
```

执行结果如图 15-28 所示。

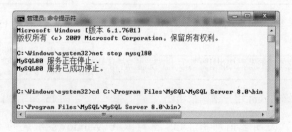

图 15-28　在 DOS 窗口关闭 MySQL 服务

步骤02 开启安全模式下的 MySQL 服务，命令如下：

```
mysqld --datadir="C:\ProgramData\MySQL\MySQL Server 8.0\Data" --shared-memory
--skip-grant-tables
```

执行结果如图 15-29 所示。

步骤03 图 15-29 中的光标闪烁，此时重新打开一个 DOS 窗口，用以下命令登录 MySQL：

```
mysql -u root
```

执行结果如图 15-30 所示。

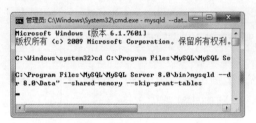

图 15-29　开启安全模式下的 MySQL 服务

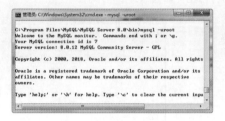

图 15-30　在安全模式下登录 MySQL

步骤04 先使用 UPDATE 语句将 root 的密码置空，MySQL 8 版本在安全模式下，如果 root 用户的密码不为空，无法直接修改，具体 SQL 语句如下：

```
UPDATE mysql.user SET authentication_string='' WHERE User='root';
```

执行结果如图 15-31 所示。

步骤05 执行完之后需要刷新一下，具体 SQL 语句如下：

```
FLUSH PRIVILEGES;
```

执行结果如图 15-32 所示。如果不刷新将会报错，如图 15-33 所示。

步骤06 刷新之后，使用 ALTER USER 语句修改用户的密码，具体 SQL 语句如下：

```
ALTER USER 'root'@'localhost' IDENTIFIED BY '12345678';
```

执行结果如图 15-34 所示。

```
mysql> USE mysql;
Database changed
mysql> UPDATE mysql.user SET authentication_string='' WHERE User='root';
Query OK, 1 row affected (0.04 sec)
Rows matched: 1  Changed: 1  Warnings: 0
```

图 15-31　修改 root 用户密码为空

```
mysql> FLUSH PRIVILEGES;
Query OK, 0 rows affected (0.01 sec)
```

图 15-32　刷新

```
mysql> ALTER USER 'root'@'localhost' IDENTIFIED BY '12345678';
ERROR 1290 (HY000): The MySQL server is running with the --skip-grant-tables option
ot execute this statement
```

图 15-33　修改 root 用户密码报错

```
mysql> ALTER USER 'root'@'localhost'
    -> IDENTIFIED BY '12345678';
Query OK, 0 rows affected (0.10 sec)
```

图 15-34　修改用户 root 密码成功

步骤07 退出 MySQL，关闭当前所有 DOS 窗口或用 Windows 系统的 tskill 命令关闭 mysqld

进程。打开一个新 DOS 窗口，用以下命令重启 MySQL 服务：

```
net start mysql80
```

执行结果如图 15-35 所示。

图 15-35　重新开启 MySQL 服务

步骤 08　MySQL 服务启动成功之后，root 用户用新密码登录 MySQL，具体命令如下：

```
mysql -u root -p
```

执行结果如图 15-36 所示。

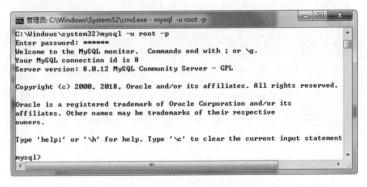

图 15-36　root 用户登录 MySQL

图 15-36 的执行结果显示，在 Windows 下重新设置 root 用户密码成功。

2. 在 Linux 系统下丢失 MySQL root 登录密码的解决方法

步骤 01　关闭 MySQL 服务，具体命令如下：

```
sudo /etc/init.d/mysql stop
```

执行结果如图 15-37 所示。

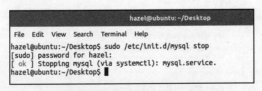

图 15-37　关闭 MySQL 服务

步骤 02　在安全模式下启动 MySQL 服务，具体命令如下：

```
sudo mkdir -p /var/run/mysqld
sudo chown mysql:mysql /var/run/mysqld
sudo /usr/bin/mysqld_safe --skip-grant-tables
    --skip-networking &
```

执行结果如图 15-38 所示。

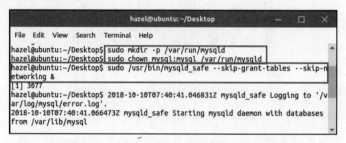

图 15-38　在安全模式下启动 MySQL 服务

步骤 03　在安全模式下连接 MySQL 服务，执行结果如图 15-39 所示。

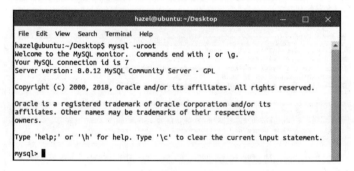

图 15-39　在安全模式下连接 MySQL 服务

后续操作与在 Windows 下丢失 root 密码的操作基本相同，读者可参考前文内容，由于篇幅所限，在此不再详述。

3. 在 Mac OS X 系统下丢失 MySQL root 登录密码的解决方法

步骤 01　在"系统偏好设置"中打开 MySQL 服务，如图 15-40 所示，此时 MySQL 的运行状态是 running。

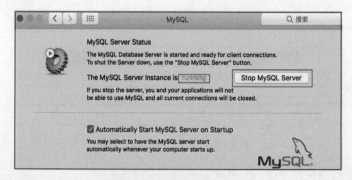

图 15-40　MySQL 服务状态

步骤 02 如图 15-40 所示，单击 Stop MySQL Server 按钮，关闭 MySQL 服务，结果如图 15-41 所示。

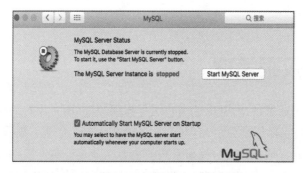

图 15-41　MySQL 服务状态已关闭

步骤 03 进入 MySQL 的 bin 目录，执行如下命令：

```
cd /usr/local/mysql/bin;
```

执行结果如图 15-42 所示。

```
rebeccadeMacBook-Pro:~ root# cd /usr/local/mysql/bin
rebeccadeMacBook-Pro:bin root#
```

图 15-42　进入 MySQL 的 bin 目录

步骤 04 输入以下命令以安全模式运行 MySQL：

```
sudo ./mysqld_safe --skip-grant-tables
```

执行结果如图 15-43 所示。

```
rebeccadeMacBook-Pro:~ root# cd /usr/local/mysql/bin
rebeccadeMacBook-Pro:bin root# sudo ./mysqld_safe   --skip-grant-tables
```

图 15-43　在安全模式开启 MySQL 服务

步骤 05 服务开启之后，在"系统偏好设置"中打开 MySQL 服务页面，可以看到服务已经启动，如图 15-44 所示。

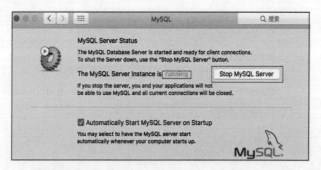

图 15-44　在安全模式下，MySQL 服务已启动

然后重新打开一个命令窗口，不用密码，以安全模式登录 MySQL，成功登录后的操作与在 Windows 系统中的操作基本一致，可参考前文，在此不再详述。

15.3 权限管理

权限管理主要是对登录到 MySQL 的用户进行权限验证。所有用户的权限都存储在 MySQL 的权限表中，不合理的权限规划会给 MySQL 服务器带来安全隐患。数据库管理员要对所有用户的权限进行合理规划管理。MySQL 权限系统的主要功能是证实连接到一台给定主机的用户，并且赋予该用户在数据库上的 SELECT、INSERT、UPDATE 和 DELETE 权限。本节将为读者介绍 MySQL 权限管理的内容。

15.3.1 MySQL 的各种权限

权限账户信息被存储在 MySQL 数据库的 user、db、host、tables_priv、columns_priv 和 procs_priv 表中。在 MySQL 启动时，服务器将这些数据库表中权限信息的内容读入内存。

GRANT 和 REVOKE 语句所涉及的权限的名称如表 15-1 所示。

表 15-1 GRANT 和 REVOKE 语句中可以使用的权限

权限	user 表中对应的列	权限的范围
CREATE	Create_Priv	数据库、表或索引
DROP	Drop_Priv	数据库或表
GRANT OPTION	Grant_Priv	数据库、表、存储过程或函数
REFERENCES	References_priv	数据库或表
ALTER	Alter_priv	修改表
DELETE	Delete_priv	删除表
INDEX	Index_priv	用索引查询表
INSERT	Insert_priv	插入表
SELECT	Select_priv	查询表
UPDATE	Update_priv	更新表
CREATE VIEW	Create_view_priv	创建视图
SHOW VIEW	Show_view_priv	查看视图
ALTER ROUTINE	Alter_routine_priv	修改存储过程或存储函数
CREATE ROUTINE	Create_routine_priv	创建存储过程或存储函数
EXECUTE	Execute_priv	执行存储过程或存储函数
FILE	File_priv	加载服务器主机上的文件
CREATE TEMPORARY TABLES	Create_tmp_table_priv	创建临时表
LOCK TABLES	Lock_tables_priv	锁定表
CREATE ROLE	Create_role_priv	创建角色

（续表）

权限	user 表中对应的列	权限的范围
DROP ROLE	Drop_role_priv	删除角色
CREATE USER	Create_user_priv	创建用户
PROCESS	Process_priv	服务器管理
PROXY	Proxies_priv	代理用户
RELOAD	Reload_priv	重新加载权限表
REPLICATION CLIENT	Repl_client_priv	客户端管理
REPLICATION SLAVE	Repl_slave_priv	服务器管理
SHOW DATABASES	Show_db_priv	查看数据库
SHUTDOWN	Shutdown_priv	关闭服务器
SUPER	Super_priv	超级权限
EVENT	Event_priv	事件调度器
TRIGGER	Trigger_priv	触发器权限
USAGE	no privileges	无对应权限
ALL[PRIVILEGES]	All privileges	超级管理员所有权限

表 15-1 介绍了 user 表的各个字段及权限。通过权限设置，用户可以拥有不同的权限。

- CREATE 和 DROP 权限可以创建新数据和表，或删除已有数据库和表。如果将 MySQL 数据库中的 DROP 权限授予某用户，用户可以删掉 MySQL 访问权限保存的数据库。
- SELECT、INSERT、UPDATE 和 DELETE 权限允许在一个数据库现有的表上实施操作。
- SELECT 权限只有在真正从一个表中检索行时才被用到。
- INDEX 权限允许创建或删除索引，INDEX 使用已有表。如果具有某个表的 CREATE 权限，可以在 CREATE TABLE 语句中包括索引定义。
- ALTER 权限可以使用 ALTER TABLE 来更改表的结构和重新命名表。
- CREATE ROUTINE 权限用来创建保存的程序（函数和程序），ALTER ROUTINE 权限用来更改和删除保存的程序，EXECUTE 权限用来执行保存的程序。
- GRANT 权限允许授权给其他用户，可用于数据库、表和保存的程序。
- FILE 权限允许用户使用 LOAD DATA INFILE 和 SELECT…INTO OUTFILE 语句读或写服务器上的文件，任何被授予 FILE 权限的用户都能读或写 MySQL 服务器上的任何文件。（说明用户可以读任何数据库目录下的文件，因为服务器可以访问这些文件）。FILE 权限允许用户在 MySQL 服务器具有写权限的目录下创建新文件，但不能覆盖已有文件。
- CREATE ROLE 和 DROP ROLE 用于创建或删除角色，这是 MySQL 8 版本之后才有的功能。
- TRIGGER 权限用于操作触发器，可用于创建、删除、执行或显示表对应的触发器。
- EVENT 权限用于创建、修改、删除、查看事件调度器中的事件。
- ALL 代表所有权限，USAGE 代表无对应权限，这些权限都由 MySQL 管理员来设置。

其余的权限用于管理性操作，使用 mysqladmin 程序或 SQL 语句实施。表 15-2 显示每个权限允许执行的 mysqladmin 命令。

表 15-2　不同权限下可以使用的 mysqladmin 命令

权限	权限拥有者允许执行的命令
RELOAD	flush-hosts、flush-logs、flush-privileges、flush-status、flush-tables、flush-threads、refresh、reload
SHUTDOWN	shutdown
PROCESS	processlist
SUPER	kill

reload 命令告诉服务器将授权表重新读入内存：flush-privileges 是 reload 的同义词；refresh 命令清空所有表并关闭/打开记录文件；其他 flush-xxx 命令执行类似 refresh 的功能，但是范围更有限，并且在某些情况下可能更好用。例如，如果只是想清空记录文件，flush-logs 是比 refresh 更好的选择。

- shutdown 命令用于关闭服务器。只能从 mysqladmin 发出命令。
- processlist 命令用于显示在服务器内执行的线程的信息（其他账户相关的客户端执行的语句）。kill 命令用于杀死服务器线程。用户总是能显示或杀死自己的线程，但是需要 PROCESS 权限来显示或杀死其他用户和 SUPER 权限启动的线程。
- kill 命令用来中止其他用户或更改服务器的操作方式。

总的来说，只授权限给需要他们的那些用户。

15.3.2　授权

授权就是为某个用户或者角色赋予某些权限。例如，可以为新建的用户赋予查询所有数据库和表的权限。合理的授权能够保证数据库的安全。不合理的授权会使数据库存在安全隐患。MySQL 中使用 GRANT 关键字来为用户或角色设置权限。

授予的权限可以分为多个层级，分别说明如下。

1. 全局层级

全局权限适用于一个给定服务器中的所有数据库。这些权限存储在 mysql.user 表中。GRANT ALL ON *.*和 REVOKE ALL ON *.*只授予和撤销全局权限。

2. 数据库层级

数据库权限适用于一个给定数据库中的所有目标。这些权限存储在 mysql.db 和 mysql.host 表中。GRANT ALL ON db_name 和 REVOKE ALL ON db_name.*只授予和撤销数据库权限。

3. 表层级

表权限适用于一个给定表中的所有列。这些权限存储在 mysql.tables_priv 表中。GRANT ALL db_name.tbl_name 和 REVOKE ALL ON db_name.tbl_name 只授予和撤销表权限。

4. 列层级

列权限适用于一个给定表中的单一列。这些权限存储在 mysql.columns_priv 表中。当使用 REVOKE 时，必须指定与被授权列相同的列。

5. 列层级

CREATE ROUTINE、ALTER ROUTINE、EXECUTE 和 GRANT 权限适用于已存储的子程序。这些权限可以被授予为全局层级和数据库层级。而且，除了 CREATE ROUTINE 外，这些权限可以被授予子程序层级，并存储在 mysql.procs_priv 表中。

在 MySQL 中，必须拥有 GRANT 权限的用户才可以执行 GRANT 语句。

要使用 GRANT 或 REVOKE，必须拥有 GRANT OPTION 权限，并且必须用于正在授予或撤销的权限。GRANT 给用户授权的语法如下：

```
GRANT priv_type[(column_list)] ON database.table
    TO user [,user]…
    [WITH with_option[with_option]…]
```

其中，priv_type 参数表示权限的类型；column_list 参数表示权限作用于哪些列上，没有该参数时作用于整个表上；user 参数由用户名和主机名构成，形式是'username'@'hostname'。

WITH 关键字后面带有一个 GRANT OPTION 参数，该参数表示被授权的用户可以将这些权限赋予给别的用户。

除了直接给用户授权外，在 MySQL 8 版本以后，当用户数量较多时，为了避免单独给每一个用户授予多个权限，可以先将权限集合放入角色中，再赋予用户相应的角色。创建角色使用 CREATE ROLE 语句，语法如下：

```
CREATE ROLE 'role_name'[@'host_name']
[,'role_name'[@'host_name']]...
```

角色名称的命名规则和用户名类似。如果 host_name 省略，就默认为%，role_name 不可省略，不可为空。

创建完成后需要使用 GRANT 语句给角色授予权限，语法如下：

```
GRANT privileges ON table_name TO 'role_name'[@'host_name'];
```

角色创建并授权后，要赋予用户并处于激活状态，才能发挥作用。给用户添加角色可使用 GRANT 语句，语法形式如下：

```
GRANT role [,role2...] TO user [,user2...];
```

上述语句中，role 代表角色，user 代表用户。可将多个角色同时赋予多个用户，用逗号隔开即可。

添加角色之后，如果角色处于未激活状态，需要先将用户对应的角色激活，才能拥有对应的权限。激活角色使用 SET 语句，语法形式如下：

```
SET ROLE DEFAULT;
```

【示例 15-13】使用 CREATE USER 和 GRANT 命令创建一个新的用户 Rebecca 并授权。Rebecca 对所有数据库有 SELECT 和 UPDATE 权限，密码设置为 123456，而且加上 WITH GRANT OPTION 子句，具体步骤如下：

步骤 01 使用 CREATE USER 语句创建一个新的用户 Rebecca，密码设置为 123456。Rebecca 对所有数据库有 SELECT 和 UPDATE 权限，而且加上 WITH GRANT OPTION 子句，具体 SQL 语句如下：

```
CREATE USER 'Rebecca'@'localhost' IDENTIFIED BY '123456';
GRANT SELECT,UPDATE ON *.*
    TO 'Rebecca'@'localhost'
    WITH GRANT OPTION;
```

执行结果如图 15-45 所示。

```
mysql> CREATE USER 'Rebecca'@'localhost' IDENTIFIED BY '123456';
Query OK, 0 rows affected (0.08 sec)

mysql> GRANT SELECT,UPDATE ON *.*  TO 'Rebecca'@'localhost'
    -> WITH GRANT OPTION;
Query OK, 0 rows affected (0.02 sec)
```

图 15-45　授权新用户

图 15-45 执行结果显示，语句执行成功。

步骤 02 可以使用 SELECT 语句来查询 user 表，以查看 Rebecca 用户的信息，具体 SQL 语句如下：

```
SELECT
    host,user,authentication_string,
    select_priv,update_priv,grant_priv
        FROM mysql.user WHERE user='Rebecca' \G
```

执行结果如图 15-46 所示。

```
mysql> SELECT host,user,authentication_string,select_priv,update_priv,grant_priv
    -> FROM mysql.user WHERE user='Rebecca' \G
*************************** 1. row ***************************
             host: localhost
             user: Rebecca
authentication_string: *6BB4837EB74329105EE4568DDA7DC67ED2CA2AD9
       select_priv: Y
       update_priv: Y
        grant_priv: Y
1 row in set (0.00 sec)
```

图 15-46　查询 user 表

15.3.3　查看权限

在 MySQL 中，可以使用 SELECT 语句查询 user 表中各用户的权限，也可以直接使用 SHOW GRANTS 语句查看用户或角色的权限。MySQL 数据库下的 user 表中存储着用户的基本权限，可以使用 SELECT 语句来查看。SELECT 语句的语法如下：

```
SELECT * FROM mysql.user;
```

要执行该语句，必须拥有对 user 表的查询权限。除了使用 SELECT 语句以外，还可以使用 SHOW GRANTS 语句来查看权限。SHOW GRANTS 语句的语法如下：

```
SHOW GRANTS FOR 'username'@'localhost';
SHOW GRANTS FOR 'role_name';
```

其中，username 参数表示用户名；hostname 参数表示主机名或者主机 IP；role_name 参数表示角色的名称。

【示例 15-14】查看 root 用户的权限，SQL 语句如下：

```
SHOW GRANTS for 'root'@'localhost';
```

执行结果如图 15-47 所示。

```
mysql> SHOW GRANTS for 'root'@'localhost';
+------------------------------------------------------------------------------------------------
------------------------------------------------------------------------------------------------
-------------------------------------------------------------------------------------------+
| Grants for root@localhost

                                                                                           |
+------------------------------------------------------------------------------------------------
------------------------------------------------------------------------------------------------
-------------------------------------------------------------------------------------------+
| GRANT SELECT, INSERT, UPDATE, DELETE, CREATE, DROP, RELOAD, SHUTDOWN, PROCESS, FILE, REFERENCES, INDEX, ALTER, SHOW DATABASES, SUPER
, CREATE TEMPORARY TABLES, LOCK TABLES, EXECUTE, REPLICATION SLAVE, REPLICATION CLIENT, CREATE VIEW, SHOW VIEW, CREATE ROUTINE, ALTER
ROUTINE, CREATE USER, EVENT, TRIGGER, CREATE TABLESPACE, CREATE ROLE, DROP ROLE ON *.* TO `root`@`localhost` WITH GRANT OPTION |
| GRANT BACKUP_ADMIN,BINLOG_ADMIN,CONNECTION_ADMIN,ENCRYPTION_KEY_ADMIN,GROUP_REPLICATION_ADMIN,PERSIST_RO_VARIABLES_ADMIN,REPLICATION
_SLAVE_ADMIN,RESOURCE_GROUP_ADMIN,RESOURCE_GROUP_USER,ROLE_ADMIN,SET_USER_ID,SYSTEM_VARIABLES_ADMIN,XA_RECOVER_ADMIN ON *.* TO `root`@
`localhost` WITH GRANT OPTION
                                                                                           |
| GRANT PROXY ON ''@'' TO 'root'@'localhost' WITH GRANT OPTION

                                                                                           |
+------------------------------------------------------------------------------------------------
------------------------------------------------------------------------------------------------
-------------------------------------------------------------------------------------------+
3 rows in set (0.00 sec)
```

图 15-47　查看 root 用户权限

图 15-47 的执行结果显示，root 用户被授予了所有的操作权限，*.*表示权限作用于所有数据库的所有数据表。

【示例 15-15】查看 Rebecca 用户的权限，具体 SQL 语句如下：

```
SHOW GRANTS for 'Rebecca'@'localhost';
```

执行结果如图 15-48 所示。

```
mysql> mysql> SHOW GRANTS for 'Rebecca'@'localhost';
+-------------------------------------------------------------+
| Grants for Rebecca@localhost                                |
+-------------------------------------------------------------+
| GRANT SELECT, UPDATE ON *.* TO `Rebecca`@`localhost` WITH GRANT OPTION |
+-------------------------------------------------------------+
1 row in set (0.00 sec)
```

图 15-48　查看 Rebecca 用户权限

图 15-48 的执行结果显示，Rebecca 用户拥有 SELECT 和 UPDATE 权限，*.*表示 SELECT 和 UPDATE 权限作用于所有数据库的所有数据表。

也可以通过 SELECT 语句查看 user 表中的各个权限字段以确定用户的权限信息，其基本语法格式如下：

```
SELECT privileges_list FROM mysql.user
```

```
    WHERE user='username' and host='hostname';
```

【示例 15-16】查看 Rebecca 用户的 SELECT 和 INSERT 权限，具体 SQL 语句如下：

```
SELECT Select_priv,Insert_priv FROM mysql.user
    WHERE user='Rebecca' AND host='localhost';
```

执行结果如图 15-49 所示。

```
mysql> SELECT Select_priv,Insert_priv FROM mysql.user
    -> WHERE user='Rebecca' AND host='localhost';
+-------------+-------------+
| Select_priv | Insert_priv |
+-------------+-------------+
| Y           | N           |
+-------------+-------------+
1 row in set (0.01 sec)
```

图 15-49　查看 Rebecca 用户的权限列表

图 15-49 的执行结果显示，Rebecca 用户拥有 SELECT 权限，但不拥有 INSERT 权限。

15.3.4　收回权限

收回权限就是取消已经赋予用户的某些权限。收回用户不必要的权限可以在一定程度上保证系统的安全性。MySQL 中使用 REVOKE 语句取消用户的某些权限。使用 REVOKE 收回权限之后，用户账户的记录将从 db、host、table_priv 和 columns_priv 表中删除，但是用户账户记录仍然在 user 表中保存（删除 user 表中的账户记录使用 DROP USER 语句）。收回指定权限的 REVOKE 语句的基本语法如下：

```
REVOKE priv_type[(column_list)]…
    ON database.table
    FROM user[,user]…
```

REVOKE 语句中的参数与 GRANT 语句的参数意思相同。其中，priv_type 参数表示权限的类型；column_list 表示权限作用于哪些列上，没有改参数时作用于整个表上；user 参数由用户名和主机名构成，形式是 "'username'@'hostname'"。

收回全部权限的 REVOKE 语句的基本语法如下：

```
REVOKE ALL PRIVILEGES,GRANT OPTION FROM user[,user]…
```

REVOKE 语句不但可以实现撤销用户的权限，也可以实现撤销用户对应的角色。

撤销用户角色的 SQL 语句如下：

```
REVOKE role FROM user;
```

【示例 15-17】收回 Rebecca 用户的 UPDATE 权限，具体步骤如下：

步骤 **01**　使用 REVOKE 语句收回 Rebecca 用户的 UPDATE 权限，具体 SQL 语句如下：

```
REVOKE UPDATE ON *.* FROM 'Rebecca'@'localhost';
```

执行结果如图 15-50 所示。

步骤02 图 15-50 的执行结果显示收回权限成功，使用 SELECT 语句查看 Rebecca 用户的 UPDATE 权限，具体 SQL 语句如下：

```
SELECT host,user,authentication_string,update_priv
    FROM mysql.user where user='Rebecca' \G;
```

执行结果如图 15-51 所示。

```
mysql> REVOKE UPDATE ON *.*
    -> FROM 'Rebecca'@'localhost';
Query OK, 0 rows affected (0.00 sec)
```

图 15-50　收回 UPDATE 权限

```
mysql> SELECT host,user,authentication_string,update_priv
    -> FROM mysql.user where user='Rebecca' \G;
*************************** 1. row ***************************
            host: localhost
            user: Rebecca
authentication_string: *6BB4837EB74329105EE4568DDA7DC67ED2CA2AD9
    update_priv: N
1 row in set (0.00 sec)
```

图 15-51　查询 UPDATE 权限

图 15-51 的执行结果显示，Rebecca 用户的 update_priv 为 N。

数据库管理员给普通用户授权时一定要特别小心，如果授权不当，可能会给数据库带来致命的破坏。一旦发现给用户的授权太多，应该尽快使用 REVOKE 语句将权限收回。此处特别注意，最好不要授予普通用户 SUPER 权限和 GRANT 权限。

【示例 15-18】收回 Rebecca 用户的所有权限，具体步骤如下：

步骤01 收回 Rebecca 用户的所有权限，具体 SQL 语句如下：

```
REVOKE ALL PRIVILEGES,GRANT OPTION FROM 'Rebecca'@'localhost';
```

执行结果如图 15-52 所示。

步骤02 图 15-52 的执行结果显示收回权限成功，使用 SELECT 语句查看 Rebecca 用户的权限，具体 SQL 语句如下：

```
SELECT host,user,authentication_string,select_priv,
update_priv,grant_priv FROM mysql.user WHERE user='Rebecca' \G
```

执行结果如图 15-53 所示。

```
mysql> REVOKE ALL PRIVILEGES,
    -> GRANT OPTION
    -> FROM 'Rebecca'@'localhost';
Query OK, 0 rows affected (0.00 sec)
```

图 15-52　收回所有权限

```
mysql> SELECT host,user,authentication_string,
    -> select_priv,update_priv,grant_priv
    -> FROM mysql.user WHERE user='Rebecca' \G
*************************** 1. row ***************************
            host: localhost
            user: Rebecca
authentication_string: *6BB4837EB74329105EE4568DDA7DC67ED2CA2AD9
    select_priv: N
    update_priv: N
    grant_priv: N
1 row in set (0.00 sec)
```

图 15-53　查看 Rebecca 用户的所有权限

图 15-53 的执行结果显示，Rebecca 用户的 select_priv、update_priv 和 grant_priv 的值为 N。

15.4 访问控制

正常情况下，并不希望每个用户都可以执行所有的数据库操作。当 MySQL 允许一个用户执行各种操作时，它将首先核实该用户向 MySQL 服务器发送的连接请求，然后确认用户的操作请求是否被允许。本节将向读者介绍 MySQL 中的访问控制过程。MySQL 的访问控制分为两个阶段：连接核实阶段和请求核实阶段。

15.4.1 连接核实阶段

当用户试图连接 MySQL 服务器时，服务器基于用户的身份以及用户是否能提供正确的密码来验证身份并确定接受或者拒绝连接。具体一点展开，即客户端用户会在连接请求中提供用户名、主机地址和用户密码，MySQL 服务器接收到用户请求后，会使用 user 表中的 host、user 和 authentication_string 这 3 个字段匹配客户端提供的信息。

客户端用户的身份基于两个信息：

● 主机名
● 用户名

身份检查使用 user 表的 3 个字段（host、user 和 authentication_string），MySQL 服务器只有在 user 表记录的 host 和 user 列匹配客户端主机名和用户，并且提供了正确的密码时才接受连接。

15.4.2 请求核实阶段

一旦建立了连接，服务器就进入了访问控制的阶段 2，也就是请求核实阶段。对此连接上进来的每个请求，服务器会检查该请求要执行什么操作，是否有足够的权限来执行它，这正是需要授权表中的权限列发挥作用的地方。这些权限可以来自 user、db、table_priv 和 column_priv 表。

确认权限时，MySQL 首先检查 user 表，如果指定的权限没有在 user 表中被授予，MySQL 就会继续检查 db 表，db 表是下一安全层级，其中的权限限定于数据库层级，在该层级的 SELECT 权限允许用户查看指定数据库的所有表中的数据。如果在该层级没有找到限定的权限，MySQL 就继续检查 tables_priv 表和 columns_priv 表，如果所有权限表都检查完毕，但还是没有找到允许的权限操作，MySQL 将返回错误信息，用户请求的操作不能执行，操作失败。请求核实的过程如图 15-54 所示。

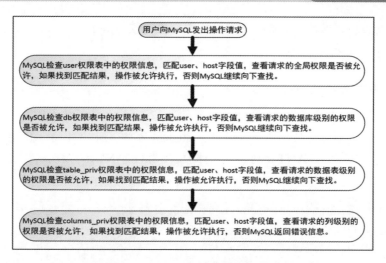

图 15-54　MySQL 请求核实的过程

　MySQL 通过向下层级的顺序（从 user 表到 columns_priv 表）检查权限表，但并不是所有的权限都要执行该过程。例如，一个用户登录 MySQL 服务器之后，只执行对 MySQL 的管理操作，此时只涉及管理权限，因此 MySQL 只检查 user 表。另外，如果请求的权限操作不被允许，MySQL 就不会继续检查下一层级的表。

15.5　综合示例——综合管理用户权限

本章详细介绍了 MySQL 如何管理用户对服务器的访问控制和 root 用户如何对每一个账户授予权限。这些被授予的权限分为不同的层级，可以是全局层级、数据库层级、表层级或者列层级，读者可以灵活地将权限授予各个需要的用户。通过本章的内容，读者将学会如何创建账户、如何对账户授权、如何收回权限以及如何删除账户。下面的综合示例将帮助读者获取执行这些操作的能力。具体操作过程如下：

步骤 01　打开 Terminal 终端，使用 root 账户登录 MySQL，命令如下：

```
mysql -uroot -p;
```

根据提示输入密码，执行结果如图 15-55 所示。

```
hazel@ubuntu:~/Desktop$ mysql -uroot -p
Enter password:
Welcome to the MySQL monitor.  Commands end with ; or \g.
Your MySQL connection id is 38
Server version: 8.0.12 MySQL Community Server - GPL

Copyright (c) 2000, 2018, Oracle and/or its affiliates. All rights reserved.

Oracle is a registered trademark of Oracle Corporation and/or its
affiliates. Other names may be trademarks of their respective
owners.

Type 'help;' or '\h' for help. Type '\c' to clear the current input statement.
```

图 15-55　MySQL 登录

步骤 02 选择 mysql 数据库为当前数据库，具体 SQL 语句如下：

```
USE mysql;
```

执行结果如图 15-56 所示。

步骤 03 创建新账户，用户名为 newRebecca，密码为 123456，允许其从本地主机访问 MySQL，并拥有且仅拥有对数据库 school 中 t_student 表的 SELECT 和 UPDATE 权限。使用 CREATE USERGRANT 语句创建新账户，使用 GRANT 语句授权，执行结果如图 15-57 所示。

```
CREATE USER 'newRebecca'@'localhost' IDENTIFIED BY '123456'
  WITH MAX_CONNECTIONS_PER_HOUR 30;
GRANT SELECT,UPDATE(id,name,age,gender) ON school.t_student
  TO 'newRebecca'@'localhost';
```

```
mysql> USE mysql;
Database changed
mysql> _
```

图 15-56　选择数据库

```
mysql> CREATE USER 'newRebecca'@'localhost' IDENTIFIED BY '123456'
    -> WITH MAX_CONNECTIONS_PER_HOUR 30;
Query OK, 0 rows affected (0.08 sec)

mysql> GRANT SELECT,UPDATE(id,name,age,gender) ON school.t_student
    -> TO 'newRebecca'@'localhost';
Query OK, 0 rows affected (0.04 sec)
```

图 15-57　创建新账户

步骤 04 分别从 user 表查看新账户的账户信息，从 tables_priv 和 columns_priv 表中查看权限信息，具体 SQL 语句如下：

```
SELECT host,user,select_priv,update_priv
  FROM user WHERE user='newRebecca';
SELECT host,db,user,table_name,table_priv,column_priv
  FROM tables_priv WHERE user='newRebecca';
SELECT host,db,user,table_name,column_name,column_priv
  FROM columns_priv WHERE user='newRebecca';
```

执行结果如图 15-58~图 15-60 所示。

```
mysql> SELECT host,db,user,table_name,table_priv,column_priv
    -> column_priv FROM tables_priv WHERE user='newRebecca';
+-----------+--------+------------+------------+------------+-------------+
| host      | db     | user       | table_name | table_priv | column_priv |
+-----------+--------+------------+------------+------------+-------------+
| localhost | school | newRebecca | t_student  | Select     | Update      |
+-----------+--------+------------+------------+------------+-------------+
1 row in set (0.00 sec)
```

图 15-58　查询 user 表

```
mysql> SELECT host,db,user,table_name,table_priv,column_priv
    -> FROM tables_priv WHERE user='newRebecca';
+-----------+--------+------------+------------+------------+-------------+
| host      | db     | user       | table_name | table_priv | column_priv |
+-----------+--------+------------+------------+------------+-------------+
| localhost | school | newRebecca | t_student  | Select     | Update      |
+-----------+--------+------------+------------+------------+-------------+
1 row in set (0.01 sec)
```

图 15-59　查询 tables_priv 表

```
mysql> SELECT host,db,user,table_name,column_name,column_priv
    -> FROM columns_priv WHERE user='newRebecca';
+-----------+--------+------------+------------+-------------+-------------+
| host      | db     | user       | table_name | column_name | column_priv |
+-----------+--------+------------+------------+-------------+-------------+
| localhost | school | newRebecca | t_student  | id          | Update      |
| localhost | school | newRebecca | t_student  | name        | Update      |
| localhost | school | newRebecca | t_student  | age         | Update      |
| localhost | school | newRebecca | t_student  | gender      | Update      |
+-----------+--------+------------+------------+-------------+-------------+
4 rows in set (0.00 sec)
```

图 15-60　查询 columns_priv 表

步骤 05　查看用户 newRebecca 的权限信息，具体 SQL 语句如下：

```
SHOW GRANTS FOR 'newRebecca'@'localhost'\G
```

执行结果如图 15-61 所示。

```
mysql> SHOW GRANTS FOR 'newRebecca'@'localhost'\G
*************************** 1. row ***************************
Grants for newRebecca@localhost: GRANT USAGE ON *.* TO 'newRebecca'@'localhost'
*************************** 2. row ***************************
Grants for newRebecca@localhost: GRANT SELECT, UPDATE (gender, id, name, age) ON `school`.`t_student` TO 'newRebecca'@'localhost'
2 rows in set (0.00 sec)
```

图 15-61　查看账户权限信息

步骤 06　使用 newRebecca 用户登录 MySQL，命令如下：

```
mysql -unewRebecca -p123456
```

执行结果如图 15-62 所示。

```
hazel@ubuntu:~/Desktop$ mysql -unewRebecca -p123456
mysql: [Warning] Using a password on the command line interface can be insecure.
Welcome to the MySQL monitor.  Commands end with ; or \g.
Your MySQL connection id is 39
Server version: 8.0.12 MySQL Community Server - GPL

Copyright (c) 2000, 2018, Oracle and/or its affiliates. All rights reserved.

Oracle is a registered trademark of Oracle Corporation and/or its
affiliates. Other names may be trademarks of their respective
owners.

Type 'help;' or '\h' for help. Type '\c' to clear the current input statement.
```

图 15-62　使用新账户登录 MySQL

步骤 07　查看 t_student 表中的数据，具体 SQL 语句如下：

```
SELECT * FROM school.t_student;
```

执行结果如图 15-63 所示。

从图 15-63 的执行结果可以看到，查询数据成功。

步骤 08　向 t_student 表中插入一条新记录，具体 SQL 语句如下：

```
SELECT * FROM school.t_student;
```

执行结果如图 15-64 所示。

```
mysql> SELECT * FROM school.t_student;
+----+---------+-----+--------+
| id | name    | age | gender |
+----+---------+-----+--------+
|  1 | Rebecca |  16 | Female |
|  2 | Justin  |  17 | Male   |
|  3 | Jim     |  16 | Male   |
+----+---------+-----+--------+
3 rows in set (0.00 sec)
```

图 15-63　查询数据表

```
mysql> INSERT INTO school.t_student values(4,'Betty',18,'Female');
ERROR 1142 (42000): INSERT command denied to user 'newRebecca'@'lo
calhost' for table 't_student'
mysql>
```

图 15-64　向数据表中插入新数据

从图 15-64 的执行结果可以看到，向 t_student 表插入新数据失败，错误信息表明 newRebecca 用户不能对 t_student 表执行插入操作，因为 newRebecca 没有被授予这个权限。

步骤 09 使用 REVOKE 语句收回 newRebecca 账户的权限，再使用 SHOW GRANT 语句查看权限，具体 SQL 语句如下：

```
REVOKE SELECT,UPDATE (gender, id, name, age)
ON `school`.`t_student` FROM 'newRebecca'@'localhost';
SHOW GRANTS FOR 'newRebecca'@'localhost'\G
```

执行结果如图 15-65 和图 15-66 所示。

```
mysql> REVOKE SELECT,UPDATE (gender, id, name, age) ON `school`
.`t_student` FROM 'newRebecca'@'localhost';
Query OK, 0 rows affected (0.01 sec)
```

图 15-65　收回权限

```
mysql> SHOW GRANTS FOR 'newRebecca'@'localhost'\G
*************************** 1. row ***************************
Grants for newRebecca@localhost: GRANT USAGE ON *.* TO 'newRebe
cca'@'localhost'
1 row in set (0.00 sec)
```

图 15-66　查看权限

步骤 10 删除 newRebecca 账户信息，再查看用户信息，具体 SQL 语句如下：

```
REVOKE SELECT,UPDATE (gender, id, name, age)
ON `school`.`t_student` FROM 'newRebecca'@'localhost';
SHOW GRANTS FOR 'newRebecca'@'localhost'\G
```

执行结果如图 15-67 和图 15-68 所示。

```
mysql> DROP USER 'newRebecca'@'localhost';
Query OK, 0 rows affected (0.00 sec)
```

图 15-67　删除用户

```
mysql> SELECT host,user,select_priv,update_priv
 FROM user WHERE user='newRebecca';
Empty set (0.00 sec)
```

图 15-68　查看用户信息

15.6　经典习题与面试题

1. 经典习题

（1）创建一个新账户，用户名为 newAccount，该用户通过本地主机连接数据库，密码为

123456，授权该用户对 company 数据库的 t_employee 表的 SELECT 和 INSERT 权限，并且授权该用户对 t_dept 表的 deptname 的 UPDATE 权限。

（2）更改 newAccount 用户的密码为 654321。

（3）使用 FLUSH PRIVILEGES 重新加载权限表。

（4）查看授权给 newAccount 用户的权限。

（5）收回 newAccount 用户的权限。

（6）将 newAccount 用户的账号信息从系统中删除。

2．面试题及解答

（1）mysqladmin 能不能修改普通用户的密码？

不能。mysqladmin 命令可以很方便地修改 root 用户的密码，但不能修改普通用户的密码，因为使用 mysqladmin 需要 super 的权限，普通用户不拥有这个权限。修改普通用户的密码需要普通用户自己登录 MySQL 数据库，再执行 SET PASSWORD=PASSWORD('new_password')语句来修改密码。也可以联系 root 用户，请求 root 用户使用 SET PASSWORD FOR 'username'@'hostname'=PASSWORD('new_password')语句来修改普通用户的密码。

（2）删除一个账户之后，为何该账户还可以登录 MySQL 数据库系统？

很有可能在 user 表中有匿名账户的存在，也就是 user 表中存在一条记录，User 字段值为空字符串，这会允许任何人连接到数据库，使用 SELECT * FROM mysql.user WHERE User=''，如果有记录返回，就说明存在匿名用户，需要用 DELETE 语句把这条记录从 user 表中删除，以表明数据库访问安全。

（3）新创建的 MySQL 用户不能在其他机器上登录 MySQL 数据库？

在 MySQL 数据库中，user 表的 Host 字段存储着登录主机的信息。如果 Host 字段的值为 localhost，那么该用户只能在 MySQL 服务器所在的机器上登录。如果希望从别的机器上登录 MySQL 数据库，就需要将 Host 字段的值修改成"%"。这表示可以从 MySQL 服务器以外的任意机器登录 MySQL 数据库。

如果要修改 Host 字段的值，就必须拥有 GRANT 权限，可以使用 GRANT 语句来改变 Host 字段的值，也可以用 UPDATE 语句直接修改 MySQL 数据库中 user 表的 Host 字段。

（4）应该使用哪种方法创建用户？

本章介绍了创建用户的几种方法：GRANT 语句、CREATE USER 语句和直接操作 user 表。一般情况下，最好使用 GRANT 语句或者 CREATE USER 语句，而不要直接将用户信息插入 user 表，因为 user 表中存储了全局级别的权限以及其他的账户信息，如果意外破坏了 user 表中的记录，就可能会对 MySQL 服务器造成很大的影响。

15.7 本章小结

　　本章介绍了 MySQL 数据库的权限表、账户管理和权限管理的内容。其中，账户管理和权限管理是本章的重点内容。这两部分的密码管理、授权和收回权限是重中之重，因为这些内容涉及 MySQL 数据库的安全。取回 root 用户的密码和授权是本章的难点，本章分别详细讲解了在 Windows、Linux 和 Mac OS X 系统下，root 用户密码丢失的解决方法，希望读者能够按照 15.2.7 小节的内容认真反复练习并掌握。下一章将为读者介绍数据库备份与恢复的内容。

第 16 章

◄ 数据库备份与恢复 ►

在任何数据库环境中，总会有不确定的意外情况发生，比如例外的停电、计算机系统中的各种软硬件故障、人为破坏、管理员误操作等是不可避免的，这些情况可能会导致数据丢失、服务器瘫痪等严重的后果。为了有效防止数据丢失，并将损失降到最低，用户应定期对 MySQL 数据库服务器进行维护。如果数据库中的数据丢失或者出现错误，就可以使用备份的数据进行恢复，这样会尽可能地降低意外原因导致的损失。数据库的维护包括数据备份、恢复、导出和导入操作。本章将讲解的内容包括：

- 数据备份。
- 数据还原。
- 数据库迁移。
- 导出和导入文本。

通过本章的学习，读者可以了解备份和还原的方法、MySQL 数据库迁移的方法、导入和导出文本文件的方法。备份和还原数据库可以保证 MySQL 数据库的安全，这是数据库管理员的主要工作。数据库迁移、导入和导出文本文件也是数据库管理员的重要工作。

16.1 数据备份

备份数据是数据库管理中常用的操作。为了保证数据库中数据的安全，数据库管理员需要定期地进行数据库备份。一旦数据库遭到破坏，可以通过备份的文件来还原数据库。因此，数据备份是很重要的工作。本节将为读者介绍数据备份的方法。

16.1.1 使用 MySQLdump 命令备份一个数据库

mysqldump 命令可以将数据库中的数据备份成一个文本文件。表的结构和表中的数据将存储在生成的文本文件中。本小节将为读者介绍 mysqldump 命令的工作原理和使用方法。

mysqldump 命令的工作原理很简单。首先，查出需要备份的表的结构，再在文本文件中生成一个 CREATE 语句。然后，将表中的所有记录转换成一条 INSERT 语句。这些 CREATE 语句和 INSERT 语句都是还原时使用的。还原数据时可以使用其中的 CREATE 语句来创建表，使用其中的 INSERT 语句来还原数据。

使用 mysqldump 命令备份一个数据库的基本语法如下：

```
mysqldump -u username -p[password] dbname>BackupName.sql
```

其中，dbname 参数表示数据库的名称；BackupName.sql 参数表示文件的名称，文件名前面可以加上一个绝对路径。通常将数据库备份成一个后缀名为.sql 的文件。

 mysqldump 命令备份的文件并非一定要求后缀名为.sql，备份成其他格式的文件也是可以的，例如后缀名为.txt 的文件。但是，通常情况下都会备份成后缀名为.sql 的文件。因为后缀名为.sql 的文件给人第一感觉就是与数据库有关的。

【示例 16-1】使用 root 用户备份 test 数据库，具体步骤如下：

步骤 01 选择 test 数据库，具体 SQL 语句如下：

```
CREATE DATABASE test;
USE test;
```

执行结果如图 16-1 和图 16-2 所示。

```
mysql> CREATE DATABASE test;
Query OK, 1 row affected (0.00 sec)

mysql>
```

```
mysql> USE test;
Database changed
mysql>
```

图 16-1　创建数据库 test　　　　　　　图 16-2　选择数据库

步骤 02 创建 test_1 表，并插入数据，具体 SQL 语句如下：

```
CREATE TABLE `test_1` (
  `id` int(10) NOT NULL,
  `username` varchar(20) NOT NULL,
  PRIMARY KEY (`id`),
  UNIQUE KEY `idx_id` (`id`));
INSERT INTO `test_1` VALUES (1,'Kate'), (2,'Emily');
```

执行结果如图 16-3 和图 16-4 所示。

```
mysql> CREATE TABLE `test_1` (
   -> `id` int(10) NOT NULL PRIMARY KEY,
   -> `username` varchar(20) NOT NULL,
   -> UNIQUE KEY `idx_id` (`id`));
Query OK, 0 rows affected (0.03 sec)
```

```
mysql> INSERT INTO `test_1`
   -> VALUES (1,'Kate'),
   -> (2,'Emily');
Query OK, 2 rows affected (0.01 sec)
Records: 2  Duplicates: 0  Warnings: 0
```

图 16-3　创建 test_1 表　　　　　　　图 16-4　在 test_1 表中插入数据

步骤 03 执行以下命令，使用 root 用户备份 test 数据库：

```
mysqldump -uroot -p123456 test>/var/root/sqls/test.sql
```

执行结果如图 16-5 所示。

```
rebeccadeMacBook-Pro:sqls root# mysqldump —uroot —p123456 test>/var/root/sqls/test.sql
mysqldump: [Warning] Using a password on the command line interface can be insecure.
rebeccadeMacBook-Pro:sqls root#
```

图 16-5　使用 root 用户备份 test 数据库

步骤 04　命令执行完，可以在/var/root/sqls/目录下找到 test.sql 文件。test 文件中的部分内容如下：

```
-- MySQL dump 10.13  Distrib 8.0.12, for Linux (x86_64)
--
-- Host: localhost    Database: test
-- ------------------------------------------------------
-- Server version    8.0.12

/*!40101 SET @OLD_CHARACTER_SET_CLIENT=@@CHARACTER_SET_CLIENT */;
/*!40101 SET @OLD_CHARACTER_SET_RESULTS=@@CHARACTER_SET_RESULTS */;
/*!40101 SET @OLD_COLLATION_CONNECTION=@@COLLATION_CONNECTION */;
 SET NAMES utf8mb4 ;
/*!40103 SET @OLD_TIME_ZONE=@@TIME_ZONE */;
/*!40103 SET TIME_ZONE='+00:00' */;
/*!40014 SET @OLD_UNIQUE_CHECKS=@@UNIQUE_CHECKS, UNIQUE_CHECKS=0 */;
/*!40014 SET @OLD_FOREIGN_KEY_CHECKS=@@FOREIGN_KEY_CHECKS,
FOREIGN_KEY_CHECKS=0 */;
/*!40101 SET @OLD_SQL_MODE=@@SQL_MODE, SQL_MODE='NO_AUTO_VALUE_ON_ZERO' */;
/*!40111 SET @OLD_SQL_NOTES=@@SQL_NOTES, SQL_NOTES=0 */;


--
-- Table structure for table `test_1`
--


DROP TABLE IF EXISTS `test_1`;
/*!40101 SET @saved_cs_client     = @@character_set_client */;
 SET character_set_client = utf8mb4 ;
CREATE TABLE `test_1` (
  `id` int(10) NOT NULL,
  `username` varchar(20) NOT NULL,
  PRIMARY KEY (`id`),
  UNIQUE KEY `idx_id` (`id`)
) ENGINE=InnoDB DEFAULT CHARSET=utf8mb4 COLLATE=utf8mb4_0900_ai_ci;
/*!40101 SET character_set_client = @saved_cs_client */;


--
-- Dumping data for table `test_1`
--


LOCK TABLES `test_1` WRITE;
```

```
/*!40000 ALTER TABLE `test_1` DISABLE KEYS */;
INSERT INTO `test_1` VALUES (1,'Kate'),(2,'Emily');
/*!40000 ALTER TABLE `test_1` ENABLE KEYS */;
UNLOCK TABLES;
/*!40103 SET TIME_ZONE=@OLD_TIME_ZONE */;


/*!40101 SET SQL_MODE=@OLD_SQL_MODE */;
/*!40014 SET FOREIGN_KEY_CHECKS=@OLD_FOREIGN_KEY_CHECKS */;
/*!40014 SET UNIQUE_CHECKS=@OLD_UNIQUE_CHECKS */;
/*!40101 SET CHARACTER_SET_CLIENT=@OLD_CHARACTER_SET_CLIENT */;
/*!40101 SET CHARACTER_SET_RESULTS=@OLD_CHARACTER_SET_RESULTS */;
/*!40101 SET COLLATION_CONNECTION=@OLD_COLLATION_CONNECTION */;
/*!40111 SET SQL_NOTES=@OLD_SQL_NOTES */;

-- Dump completed on 2019-07-09 15:25:49
```

可以看到，文件中以"--"开头的都是 SQL 语句的注释；以"/*!"开头、"*/"结尾的语句为可执行的 MySQL 注释，这些语句可以被 MySQL 执行，但在其他数据库管理系统中被作为注释忽略，这可以提高数据库的可移植性。

文件开头首先表明了备份文件使用的 MySQLdump 工具的版本号，然后是备份账户的名称和主机信息，以及备份的数据库的名称，最后是 MySQL 服务器的版本号，在这里为 8.0.12。

备份文件接下来的部分是一些 SET 语句，这些语句将一些系统变量值赋给用户定义变量，以确保被恢复的数据库的系统变量和原来备份时的变量相同，例如：

```
/*!40101 SET @OLD_CHARACTER_SET_CLIENT=@@CHARACTER_SET_CLIENT */;
```

该 SET 语句将当前系统变量 character_set_client 的值赋给用户定义变量 @old_character_set_client。其他变量与此类似。

备份文件的最后几行，MySQL 使用 SET 语句恢复服务器系统变量原来的值，例如：

```
/*!40101 SET CHARACTER_SET_CLIENT=@OLD_CHARACTER_SET_CLIENT */;
```

该语句将用户定义的变量@old_character_set_client 中保存的值赋给实际的系统变量 character_set_client。

后面的 DROP 语句、CREATE 语句和 INSERT 语句都是还原时使用的；DROP TABLE IF EXISTS 'test_1'语句用来判断数据库中是否还有名为 test_1 和 test_2 的表，如果存在，就删除这个表；CREATE 语句用来创建 test_1 和 test_2 表；INSERT 语句用来还原数据。

需要注意的是，备份文件开始的一些语句以数字开头。这些数字代表 MySQL 版本号，这些数字告诉我们，这些语句只有在指定的 MySQL 版本或者比该版本高的情况下才能执行，例如 40101，表明这些语句只有在 MySQL 版本号为 4.01.01 或者更高的条件下才可以被执行。文件的最后记录了备份的时间。

上面的 test.sql 文件中没有创建数据库的语句，因此 test.sql 文件中的所有表和记录必须还原到一个已经存在的数据库中。还原数据时，CREATE TABLE 语句会在数据库中创建表，然后执行 INSERT 语句向表中插入记录。

16.1.2　使用 MySQLdump 命令备份一个数据库的某几张表

使用 mysqldump 命令备份一个数据库的某一张表的基本语法如下：

```
mysqldump –u username –p[password] dbname table1 table2...>
  BackupName.sql
```

其中，dbname 参数表示数据库的名称；table1 和 table2 参数表示表的名称，没有该参数时将备份整个数据库；BackupName.sql 参数表示文件的名称，文件名前面可以加上一个绝对路径。通常将数据库备份成一个后缀名为.sql 的文件。

【示例 16-2】使用 root 用户备份 test 数据库下的 test_1 表，具体步骤如下：

步骤 01 数据库和数据表以及表数据沿用示例 16-1 中的内容，不再赘述。

步骤 02 使用 root 用户备份 test 数据库下的 test_1 表，命令如下：

```
mysqldump -uroot -p123456 test test_1>
  /var/root/sqls/test_1.sql
```

执行结果如图 16-6 所示。

```
rebeccadeMacBook-Pro:sqls root# mysqldump –uroot –p123456 test test_1>/var/root/sqls/test_1.sql
mysqldump: [Warning] Using a password on the command line interface can be insecure.
rebeccadeMacBook-Pro:sqls root#
```

图 16-6　使用 root 用户备份 test 数据库下的 test_1 表

步骤 03 命令执行完，可以在/var/root/sqls/目录下找到 test_1.sql 文件。test_1 文件中的部分内容如下：

```
-- MySQL dump 10.13  Distrib 8.0.12, for Linux (x86_64)
--
-- Host: localhost   Database: test
-- ------------------------------------------------------
-- Server version     8.0.12

/*!40101 SET @OLD_CHARACTER_SET_CLIENT=@@CHARACTER_SET_CLIENT */;
/*!40101 SET @OLD_CHARACTER_SET_RESULTS=@@CHARACTER_SET_RESULTS */;
/*!40101 SET @OLD_COLLATION_CONNECTION=@@COLLATION_CONNECTION */;
 SET NAMES utf8mb4 ;
/*!40103 SET @OLD_TIME_ZONE=@@TIME_ZONE */;
/*!40103 SET TIME_ZONE='+00:00' */;
/*!40014 SET @OLD_UNIQUE_CHECKS=@@UNIQUE_CHECKS, UNIQUE_CHECKS=0 */;
```

```
   /*!40014 SET @OLD_FOREIGN_KEY_CHECKS=@@FOREIGN_KEY_CHECKS,
FOREIGN_KEY_CHECKS=0 */;
   /*!40101 SET @OLD_SQL_MODE=@@SQL_MODE, SQL_MODE='NO_AUTO_VALUE_ON_ZERO' */;
   /*!40111 SET @OLD_SQL_NOTES=@@SQL_NOTES, SQL_NOTES=0 */;


   --
   -- Table structure for table `test_1`
   --

   DROP TABLE IF EXISTS `test_1`;
   /*!40101 SET @saved_cs_client     = @@character_set_client */;
    SET character_set_client = utf8mb4 ;
   CREATE TABLE `test_1` (
     `id` int(10) NOT NULL,
     `username` varchar(20) NOT NULL,
     PRIMARY KEY (`id`),
     UNIQUE KEY `idx_id` (`id`)
   ) ENGINE=InnoDB DEFAULT CHARSET=utf8mb4 COLLATE=utf8mb4_0900_ai_ci;
   /*!40101 SET character_set_client = @saved_cs_client */;


   --
   -- Dumping data for table `test_1`
   --

   LOCK TABLES `test_1` WRITE;
   /*!40000 ALTER TABLE `test_1` DISABLE KEYS */;
   INSERT INTO `test_1` VALUES (1,'Kate'),(2,'Emily');
   /*!40000 ALTER TABLE `test_1` ENABLE KEYS */;
   UNLOCK TABLES;
   /*!40103 SET TIME_ZONE=@OLD_TIME_ZONE */;

   /*!40101 SET SQL_MODE=@OLD_SQL_MODE */;
   /*!40014 SET FOREIGN_KEY_CHECKS=@OLD_FOREIGN_KEY_CHECKS */;
   /*!40014 SET UNIQUE_CHECKS=@OLD_UNIQUE_CHECKS */;
   /*!40101 SET CHARACTER_SET_CLIENT=@OLD_CHARACTER_SET_CLIENT */;
   /*!40101 SET CHARACTER_SET_RESULTS=@OLD_CHARACTER_SET_RESULTS */;
   /*!40101 SET COLLATION_CONNECTION=@OLD_COLLATION_CONNECTION */;
   /*!40111 SET SQL_NOTES=@OLD_SQL_NOTES */;

   -- Dump completed on 2019-07-09 15:28:47
```

可以看到，test_1.sql 和 test.sql 文件类似，不同的是，test_1 文件只包含 test_1 表的 DROP、CREATE 和 INSERT 语句。

16.1.3　使用 MySQLdump 命令备份多个数据库

使用 mysqldump 命令备份多个数据库的基本语法如下：

```
mysqldump -u username -p[password] -databases [dbname,[dbname…]]>
BackupName.sql
```

其中，dbname 参数表示数据库的名称；table1 和 table2 参数表示表的名称，没有该参数时将备份整个数据库；BackupName.sql 参数表示文件的名称，文件名前面可以加上一个绝对路径。通常将数据库备份成一个后缀名为.sql 的文件。

【示例 16-3】使用 root 用户备份 test 数据库和 school_4 数据库，具体步骤如下：

步骤 01 数据库和数据表以及表数据沿用示例 16-1 中的内容，不再赘述。

步骤 02 使用 root 用户备份 test 数据库和 school_4 数据库，命令如下：

```
mysqldump -uroot -p123456 --databases test school_4 >
/var/root/sqls/two_database.sql
```

执行结果如图 16-7 所示。

```
rebeccadeMacBook-Pro:sqls root# mysqldump -uroot -p123456 --databases test school_4>/var/root/sqls/two_database.sql
mysqldump: [Warning] Using a password on the command line interface can be insecure.
rebeccadeMacBook-Pro:sqls root#
```

图 16-7　使用 root 用户备份 test 数据库和 school_4 数据库

图 16-7 的执行结果显示，生成了名称为 two_database.sql 的备份文件，文件中包含创建两个数据库 test 和 school_4 以及其中的表和数据所必需的所有语句。

另外，使用--all-databases 参数可以备份系统中所有的数据库，语句如下：

```
mysqldump -uroot -p123456 --all-databases> Backupname.sql
```

【示例 16-4】使用 root 用户备份所有数据库，具体步骤如下：

步骤 01 数据库和数据表以及表数据沿用示例 16-1 中的内容，不再赘述。

步骤 02 使用 root 用户备份所有数据库，命令如下：

```
mysqldump -uroot -p123456 --all-databases>
/var/root/sqls/all.sql
```

执行结果如图 16-8 所示。

```
rebeccadeMacBook-Pro:sqls root# mysqldump -uroot -p123456 --all-databases>/var/root/sqls/all.sql
mysqldump: [Warning] Using a password on the command line interface can be insecure.
rebeccadeMacBook-Pro:sqls root#
```

图 16-8　使用 root 用户备份全部数据库

图 16-8 的执行结果显示，生成了名称为 all.sql 的备份文件，文件中包含创建所有数据库以及其中的表和数据所必需的所有语句。

MySQLdump 还有一些选项可用来指定备份过程，例如--opt 选项，该选项将打开--quick、

--add-locks、--extended-insert 等多个选项。使用--opt 选项可以提供非常快速的数据库转储。

MySQLdump 其他常用选项说明如下。

- --add-drop-database: 在每个 CREATE DATABASE 语句前添加 DROP DATABASE 语句。

- --add-drop-tables: 在每个 CREATE TABLE 语句前添加 DROP TABLE 语句。

- --add-locking: 用 LOCK TABLES 和 UNLOCK TABLES 语句引用每个表转储。重载转储文件时插入得更快。

- --all-database, -A: 转储所有数据库中的所有表。与使用--database 选项相同，在命令行中命名所有数据库。

- --comment[=0|1]: 如果设置为 0，禁止转储文件中的其他信息，例如程序版本、服务器版本和主机。--skip-comments 与--comments=0 的结果相同。默认值为 1，即包括额外信息。

- --compact: 产生少量输出。该选项禁用注释并启用 —skip-add-drop-tables、--no-set-names、--skip-disable-keys 和--skip-add-locking 选项。

- --compatible=name: 产生与其他数据库系统或旧的 MySQL 服务器更兼容的输出。值可以为 ansi、MySQL323、MySQL40、postgresql、oracle、mssql、db2、maxdb、no_key_options、no_table_options 或者 no_field_options。

- --complete_insert, -c: 使用包括列名的完整的 INSERT 语句。

- --debug[=debug_options], -#[debug_options]: 写调试日志。

- --delete，-D: 导入文本文件前清空表。

- --default-character-set=charset: 使用 charsets 默认字符集。如果没有指定，MySQLdump 就使用 UTF8。

- --delete--master-logs: 在主服务器上，完成转储操作后删除二进制日志。该选项自动启用-master-data。

- --extended-insert, -e: 使用包括几个 VALUES 列表的多行 INSERT 语法。这样使得转储文件更小，重载文件时可以加速插入。

- --flush-logs，-F: 开始转储前刷新 MySQL 服务器日志文件。该选项要求 RELOAD 权限。

- --force，-f: 在表转储过程中，即使出现 SQL 错误也继续。

- --lock-all-tables，-x: 对所有数据库中的所有表加锁。在整体转储过程中通过全局锁定来实现。该选项自动关闭--single-transaction 和--lock-tables。

- --lock-tables，-l: 开始转储前锁定所有表。用 READ LOCAL 锁定表以允许并行插入 MyISAM 表。对于事务表（例如 InnoDB 和 BDB），--single-transaction 是一个更好的选项，因为它根本不需要锁定表。

- --no-create-db，-n: 该选项禁用 CREATE DATABASE /*!32312 IF NOT EXIST*/db_name 语句，如果给出--database 或--all-database 选项，就包含到输出中。

- --no-create-info，-t：只导出数据，而不添加 CREATE TABLE 语句。
- --no-data，-d：不写表的任何行信息，只转储表的结构。
- --opt：该选项是速记，它可以快速进行转储操作并产生一个能很快装入 MySQL 服务器的转储文件。该选项默认开启，但可以用--skip-opt 禁用。
- --password[=password]，-p[password]：当连接服务器时使用的密码。
- -port=port_num，-P port_num：用于连接的 TCP/IP 端口号。
- --protocol={TCP|SOCKET|PIPE|MEMORY}：使用的连接协议。
- --replace，-r –replace 和--ignore：控制替换或复制唯一键值已有记录的输入记录的处理。如果指定--replace，新行替换有相同的唯一键值的已有行；如果指定--ignore，复制已有的唯一键值的输入行被跳过。如果不指定这两个选项，当发现一个复制键值时会出现一个错误，并且忽视文本文件的剩余部分。
- --silent，-s：沉默模式。只有出现错误时才输出。
- --socket=path，-S path：当连接 localhost 时使用的套接字文件（为默认主机）。
- --user=user_name，-u user_name：当连接服务器时，MySQL 使用的用户名。
- --verbose，-v：冗长模式。打印出程序操作的详细信息。
- --xml，-X：产生 XML 输出。

MySQLdump 提供许多选线，包括用于调试和压缩的，在这里只是列举了最有用的。运行帮助命令 MySQLdump --help 可以获得特定版本的完整选项列表。

如果运行 MySQLdump 没有--quick 或--opt 选项，MySQLdump 在转储结果前将整个结果集装入内存。如果转储大数据库可能会出现问题，该选项默认启用，但可以用--skip-opt 禁用。如果使用最新版本的 MySQLdump 程序备份数据，并用于恢复到比较旧版本的 MySQL 服务器中，就不要使用--opt 或-e 选项。

16.1.4 直接复制整个数据库目录

MySQL 有一种简单的备份方法，就是将 MySQL 中的数据库文件直接复制出来。这种方法简单，速度也快。使用这种方法时，最好将服务器先停止。这样可以保证在复制期间数据库的数据不会发生变化。如果在复制数据库的过程中还有数据写入，就会造成数据不一致。

MySQL 的数据库目录位置不一定相同。在 Windows 平台下，MySQL 8.0 存放数据库的目录通常默认为 C:\ProgramData\MySQL\MySQL Server 8.0\Data 或者其他用户自定义的目录；在 Linux 平台下，数据库目录通常为/var/lib/mysql/，不同的 Linux 版本下目录会有所不同；在 Mac OS X 平台下，数据库目录通常为/usr/local/mysql/data，读者应在自己使用的平台下查找该目录。

这是一种简单、快速、有效的备份方式，但不是最好的备份方法。因为，实际情况可能不允许停止 MySQL 服务器或者锁住表，而且这种方法对 InnoDB 存储引擎的表不适用。对于 MyISAM 存储引擎的表，这样备份和还原很方便。但是还原时最好是相同版本的 MySQL 数据库，否则可能会存在文件类型不同的情况。

要想保持备份的一致性，备份前需要对相关表执行 LOCK TABLES 操作，然后对表执行 FLUSH TABLES，这样当复制数据库目录中的文件时，允许其他客户继续查询表。需要 FLUSH TABLES 语句来确保开始备份前将所有激活的索引页写入硬盘。当然，也可以先停止 MySQL 服务，再进行备份操作。

> 在 MySQL 版本号中，第一个数字表示主版本号，主版本号相同的 MySQL 数据库文件格式相同。

16.2 数据恢复

数据库管理员的操作失误和计算机的软硬件故障都会破坏数据库文件。当数据库遭到丢失和破坏后，可以通过数据备份文件将数据恢复到备份时的状态。这样可以将损失尽可能地降低到最小。本节将为读者介绍数据恢复的方法。

16.2.1 使用 MySQL 命令恢复

管理员通常使用 mysqldump 命令将数据库中的数据备份成一个文本文件。通常这个文件的后缀名是.sql。需要恢复时，可以使用 mysql 命令来恢复备份的数据。本小节将为读者介绍 mysql 命令导入 SQL 文件的方法。

备份文件中通常包含 CREATE 语句和 INSERT 语句。mysql 命令可以执行备份文件中的 CREATE 语句和 INSERT 语句。通过 CREATE 语句来创建数据库和表。通过 INSERT 语句来插入备份的数据。mysql 命令的基本语法如下：

```
mysql -u root -p[password] [dbname] < backup.sql
```

其中，dbname 参数表示数据库名称。该参数是可选参数，可以指定数据库名，也可以不指定。指定数据库名时，表示还原该数据库下的表。不指定数据库名时，表示还原特定的一个数据库。而备份文件中有创建数据库的语句。

【示例 16-5】使用 root 用户，用 mysql 命令将示例 16-1 中备份的/var/root/sqls/test.sql 文件中的数据导入数据库中，命令如下：

```
mysql -u root -p123456 test< /var/root/sqls/test.sql
```

在此用例中，执行上述命令之前，必须先在 MySQL 服务器中创建 test 数据库，如果数据库不存在恢复过程就会出错。命令执行成功后结果存储在 test.sql 文件中。

【示例 16-6】使用 root 用户恢复所有数据库，命令如下：

```
mysql -u root -p123456 < /var/root/sqls/all.sql
```

执行完后，MySQL 数据库中就恢复了 all.sql 文件中的所有数据库。

如果使用--all-databases 参数备份了所有的数据库，那么恢复时不需要指定数据库。因为其
对应的 SQL 文件包含 CREATE DATABASE 语句，可通过该语句创建数据库。创建数据
库后，可以执行 SQL 文件中的 USE 语句选择数据库，再创建表并插入记录。

如果已经登录 MySQL 服务器，还可以使用 source 命令导入 SQL 文件，具体 SQL 语法如
下：

```
use testDb;              //选择要恢复的数据库
source filename;         //使用 source 命令导入备份文件
```

命令执行后，会列出备份文件中每一条语句的执行结果，文件中的数据都会导入当前的数
据库中。

16.2.2　直接复制到数据库目录

之前介绍过一种直接复制数据的备份方法。通过这种方式备份的数据可以直接复制到
MySQL 的数据库目录下。通过这种方式还原时，必须保证两个 MySQL 数据库的主版本号是
相同的。因为只有 MySQL 数据库主版本号相同时，才能保证这两个 MySQL 数据库文件类型
是相同的。而且，这种方式对 MyISAM 类型的表比较有效。对于 InnoDB 类型的表则不可用。
因为 InnoDB 表的表空间不能直接复制。

在 MySQL 服务器停止运行后，将备份的数据库文件复制到 MySQL 存放数据的位置
（16.1.4 小节中已经详细介绍过不同系统平台下的存放目录），重新启动 MySQL 服务即可。

如果需要恢复的数据库已经存在，那么使用 DROP 语句删除已经存在的数据库之后，恢
复才能成功。另外，MySQL 不同版本之间必须兼容，恢复之后的数据才可以使用。

在 Linux 操作系统下，复制到数据库目录后，一定要将数据库的用户和组变成 mysql，命
令如下：

```
chown –R mysql.mysql dataDir
```

其中，两个 mysql 分别表示组和用户；"-R"参数可以改变文件夹下的所有子文件的用户
和组；dataDir 参数表示数据库目录。

Linux 操作系统下的权限设置得非常严格。通常情况下，MySQL 数据库只有 root 用户和
mysql 用户组下的 mysql 用户才可以访问。因此，将数据库目录复制到指定文件夹后，一
定要使用 chown 命令将文件夹的用户组变为 mysql，将用户变为 mysql。

16.3 数据库迁移

数据库迁移就是指将数据库从一个系统移动到另一个系统上。数据库迁移的原因是多样的，可能是计算机系统升级，也有可能是部署新的开发系统、MySQL 数据库升级或者换成其他类型的数据库。

数据库迁移有以下几种：

- 相同版本的 MySQL 数据库之间的迁移。
- 不同版本的 MySQL 数据库之间的迁移。
- MySQL 数据库和不同类型的数据库之间的迁移。

本节将为读者介绍数据库迁移的方法。

16.3.1 相同版本的 MySQL 数据库之间的迁移

相同版本的 MySQL 数据库之间的迁移就是在主版本号相同的 MySQL 数据库之间进行数据库移动。这种迁移的方式最容易实现，迁移的过程其实就是源数据库备份和目标数据库恢复过程的组合。

相同版本的 MySQL 数据库之间进行数据库迁移的原因很多，通常是换了新机器、安装了新的操作系统或者部署了新环境。因为迁移前后 MySQL 数据库的主版本号相同，所以可以通过复制数据库目录来实现数据库迁移，但是这种方法只适用于 MyISAM 引擎的表，对于 InnoDB 表，不能用直接复制文件的方式备份数据库。所以，常见且安全的方式是使用 MySQLdump 命令导出数据，然后在目标数据库服务器使用 MySQL 命令导入。

【示例 16-7】使用 root 用户从一个名为 host1 的机器中备份所有数据库，然后将这些数据库迁移到名为 host2 的机器上，命令如下：

```
mysqldump -h host1 -uroot -p[password1] --all-databases|
mysql -h host2 -uroot -p[password2]
```

在上述语句中，"|"符号表示管道，其作用是将 mysqldump 备份的文件给 mysql 命令；"--password=password1"是 host1 主机上 root 用户的密码，同理，"--password=password2"是 host2 主机上 root 用户的密码；"--all-databases"表示要迁移所有的数据库。通过这种方式可以直接实现迁移。

16.3.2 不同版本的 MySQL 数据库之间的迁移

因为数据库升级的原因，需要将旧版本的 MySQL 数据库中的数据迁移到较新版本的数据库中。例如，原来很多服务器使用 5.7 版本的 MySQL 数据库，在 8.0 版本推出来以后，改进了 5.7 版本的很多缺陷，因此需要把数据库升级到 8.0 版本。这样就需要在不同版本的 MySQL 数据库之间进行数据迁移。

旧版本与新版本的 MySQL 可能使用不同的默认字符集，例如有的旧版本中使用 latin1 作为默认字符集，而最新版本的 MySQL 默认字符集为 UTF8MB4，如果数据库中有中文数据，迁移过程中就需要对默认字符集进行修改，不然可能无法正常显示数据。

高版本的 MySQL 数据库通常都会兼容低版本，因此可以从低版本的 MySQL 数据库迁移到高版本的 MySQL 数据库。对于 MyISAM 类型的表可以直接复制，但是 InnoDB 类型的表不可以使用这种方法。常用的办法是使用 mysqldump 命令来进行备份，然后通过 mysql 命令将备份文件导入目标 MySQL 数据库中。

16.3.3 不同数据库之间的迁移

不同数据库之间的迁移是指从其他类型的数据库迁移到 MySQL 数据库，或者从 MySQL 数据库迁移到其他类型的数据库。例如，某个平台原来使用 MySQL 数据库，后来因为某种特殊性能的要求，改用 Oracle 数据库；或者，某个平台原来使用 Oracle 数据库，因为希望节省成本，希望改用 MySQL 数据库。这样不同的数据库之间的迁移常会发生，但这种迁移没有普适的解决方法。

迁移之前，需要了解不同数据库的架构，比较它们之间的差异。不同数据库中，定义相同类型的数据的关键字可能会不同。例如，MySQL 中日期字段分为 DATE 和 TIME 两种，而 ORACLE 日期字段只有 DATE；SQL Server 数据库中有 ntext、Image 等数据类型，MySQL 数据库没有这些数据类型；MySQL 支持 ENUM 和 SET 类型，这些 SQL Server 数据库不支持。另外，数据库厂商并没有完全按照 SQL 标准来设计数据库系统，导致不同的数据库系统的 SQL 语句有差别。例如，微软的 SQL Server 软件使用的是 T-SQL 语句。T-SQL 中包含非标准的 SQL 语句，这就造成了 SQL Server 和 MySQL 的 SQL 语句不能兼容。

不同类型的数据库之间的差异造成了互相迁移的困难，这些差异其实是商业公司故意造成的技术壁垒。

但是，不同类型的数据库之间的迁移并不是完全不可能的。例如，可以使用 MyODBC 实现 MySQL 和 SQL Server 之间的迁移。MySQL 官方提供的工具 MySQL Migration Toolkit 也可以在不同数据之间进行数据迁移。MySQL 迁移到 Oracle 时，需要使用 mysqldump 命令导出 SQL 文件，然后手动更改 SQL 文件中的 CREATE 语句。如果读者想了解更多数据库之间迁移的解决方法，可以访问网址 http://www.ccidnet.com/product/techzt/qianyi/，这里专门介绍数据库迁移实施方案及具体步骤。

16.4 表的导出和导入

在有些情况下，需要将 MySQL 数据库中的数据导出到外部存储文件中，MySQL 数据库中的数据可以导出生成 SQL 文本文件、XML 文件或者 HTML 文件，同样这些导出文件也可以导入 MySQL 数据库中。在日常维护中，经常需要进行表的导出和导入操作。本节将介绍数据导出和导入的常用方法。

16.4.1 使用 SELECT…INTO OUTFILE 导出文本文件

在 MySQL 中，可以使用 SELECT…INTO OUTFILE 语句将表的内容导出成一个文本文件。其基本语法形式如下：

```
SELECT columnlist FROM table WHERE condition INTO OUTFILE 'filename' [OPTIONS]
--OPTIONS 选项
FIELDS TERMINATED BY 'value'
FIELDS [OPTIONALLY] ENCLOSED BY 'value'
FILEDS ESCAPED BY 'value'
LINES STARTING BY 'value'
LINES TERMINATED BY 'value'
```

可以看到 SELECT columnlist FROM table WEHRE conditon 为一个查询语句，查询结果返回满足指定条件的一条或多条记录。INTO OUTFILE 语句的作用就是把前面 SELECT 语句查询出来的结果导出到名称为 filename 的外部文件中。[OPTIONS]为可选参数选项，OPTIONS 部分的语法包括 FIELDS 和 LINES 子句，其可能的取值有：

- FIELDS TERMINATED BY 'value'：设置字段之间的分隔字符，可以为单个或多个字符，默认情况下为制表符"\t"。
- FIELDS [OPTIONALL] ENCLOSED BY 'value'：设置字段的包围字符，只能为单个字符，如果使用了 OPTIONALLY，就只有 CHAR 和 VARCHAR 等字符数据字段被包括。
- FIELDS ESCAPED BY 'value'：设置如何写入或读取特殊字符，只能为单个字符，即设置转移字符，默认值为'\'。
- LINES STARTING BY 'value'：设置每行数据开头的字符，可以为单个或多个字符，默认情况下不使用任何字符。
- LINES TERMINATED BY 'value'：设置每行数据结尾的字符，可以为单个或多个字符，默认值为"\n"。

FIELDS 和 LINES 两个子句都是自选的，但是如果两个都被指定了，FIELDS 就必须位于 LINES 的前面。

SELECT…INTO OUTFILE 语句可以非常快速地把一个表转储到服务器上。如果想要在服务器主机之外的部分客户主机上创建结果文件，就不能使用 SELECT…INTO OUTFILE。在这种情况下，应该是客户主机上使用类似"MySQL –e "SELECT …" > filename"的命令来生成文件。

SELECT…INTO OUTFILE 是 LOAD DATA INFILE 的补语。用于 OPTIONS 部分的语法，包括部分 FIELDS 和 LINES 子句，这些子句与 LOAD DATA INFILE 语句同时使用。

【示例 16-8】使用 SELECT…INTO OUTFILE 将 test 数据库中的 test_1 表中的记录导出到

文本文件，步骤如下：

步骤 01 选择数据库 test，并查询 test_1 表，语句如下：

```
USE test;
SELECT * FROM test_1;
```

执行结果如图 16-9 和图 16-10 所示。

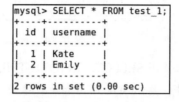

图 16-9　选择数据库　　　　图 16-10　查询 test_1 表的数据

步骤 02 使用 SELECT…INTO OUTFILE 将 test 数据库中的 test_1 表中的记录导出到文本文件，具体 SQL 语句如下：

```
SELECT * FROM test_1 INTO OUTFILE "/var/root/sqls/test1.txt";
```

执行结果如图 16-11 所示。

步骤 03 MySQL 默认对导出的目录有权限限制，也就是说使用命令行进行导出的时候，需要指定目录进行操作，查询 secure_file_priv 值，SQL 语句如下：

```
SHOW GLOBAL VARIABLES LIKE '%secure%';
```

执行结果如图 16-12 所示。

```
mysql> SELECT * FROM test_1 INTO OUTFILE
    -> "/var/root/sqls/test1.txt";
ERROR 1290 (HY000): The MySQL server is running with the --
secure-file-priv option so it cannot execute this statement
mysql>
```

```
mysql> SHOW GLOBAL VARIABLES LIKE '%secure%';
+-------------------------+------------------------+
| Variable_name           | Value                  |
+-------------------------+------------------------+
| require_secure_transport | OFF                   |
| secure_file_priv        | /var/lib/mysql-files/  |
+-------------------------+------------------------+
2 rows in set (0.01 sec)
```

图 16-11　导出文件失败　　　　　　　　图 16-12　secure_file_priv 变量

步骤 04 图 16-12 中显示，secure_file_priv 变量的值为 /var/lib/mysql-files/，将第二步中的导出目录替换为该目录，使用 SELECT…INTO OUTFILE 将 test 数据库中的 test_1 表中的记录导出到文本文件，具体 SQL 语句如下：

```
SELECT * FROM test_1
INTO OUTFILE "/var/lib/mysql-files/test1.txt"
```

执行结果如图 16-13 所示。

```
mysql> SELECT * FROM test_1 INTO OUTFILE "/var/lib/mysql-files/test1.txt";
Query OK, 2 rows affected (0.00 sec)
```

图 16-13　设置 secure_file_priv 变量的值

步骤 05 如果图 16-12 中查询到的目录为 NULL，可以修改 my.cnf 配置文件，设置

secure_file_priv 变量的值，SQL 语句如下：

```
secure_file_priv = "/var/lib/mysql-files/"
```

文件如图 16-14 所示。设置完成之后，重启 MySQL 服务。

```
# join_buffer_size = 128M
# sort_buffer_size = 2M
# read_rnd_buffer_size = 2M

sql_mode=NO_ENGINE_SUBSTITUTION,STRICT_TRANS_TABLES
secure_file_priv="/var/lib/mysql-files/"
```

图 16-14　secure_file_priv 变量

步骤 06 然后再次使用 SELECT…INTO OUTFILE 将 test 数据库中的 test_1 表中的记录导出到文本文件，具体 SQL 语句和执行结果与图 16-13 一致。

步骤 07 由于指定了 INTO OUTFILE 子句，SELECT 将查询出来的两个字段的值保存到 /var/lib/mysql-files/test1.txt 文件中，打开文件，内容如图 16-15 所示。

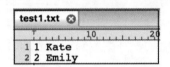

图 16-15　导出的数据文件

从图 16-15 可以看到，test_1 表中的数据在 test1.txt 文件中按行记录，列和列之间以空格隔开，数据内容和图 16-10 是一致的。

16.4.2　使用 MySQLdump 命令导出文本文件

除了使用 SELECT…INTO OUTFILE 语句导出文本文件之外，还可以使用 MySQLdump 命令。在 16.1.1 小节介绍了使用 MySQLdump 备份数据库，将数据导出为包含 CREATE、INSERT 的 SQL 文件，不仅如此，MySQLdump 命令还可以将数据导出为纯文本文件。其基本语法形式如下：

```
mysqldump -u root -p[password] -T path dbname [tables] [OPTIONS]
--OPTIONS 选项
--fields-terminated-by=value
--fileds-enclosed-by=value
--fields-optionally-enclosed-by=value
--fields-escaped-by=value
--lines-terminated-by=value
```

只有指定了-T 参数才可以导出文本文件；path 表示导出数据的目录；tables 为指定要导出的表名称，如果不指定，将导出数据库 dbname 中所有的表；[OPTIONS]为可选参数选项，这些选项需要结合-T 选项使用。使用 OPTIONS 常见的取值有：

● --fields-terminated-by=values: 设置字段之间的分隔字符可以为单个或多个字符，默认情况下为制表符 "\t"。

- --fields-enclosed-by=value：设置字段的包围字符。
- --fields-optionally-enclosed-by=value：设置字段的包围字符，只能为单个字符，只能包括 CHAR 和 VARCHAR 等字符数据字段。
- --fileds-escaped-by=value：控制如何写入或读取特殊字符，只能为单个字符，即设置转移字符，默认值为反斜线 "\"。
- --line-terminated-by=value：设置每行数据结尾的字符，可以为单个或多个字符，默认值为 "\n"。

与 SELECT…INTO OUTFILE 语句中的 OPTIONS 各个参数设置不同，这里 OPTIONS 各个选项等号后面的 value 值不要用引号引起来。

【示例 16-9】使用 MySQLdump 将 test 数据库中的 test_1 表导出到文本文件，步骤如下：

步骤 01 选择数据库 test，并查询 test_1 表，命令如下：

```
USE test;
SELECT * FROM test_1;
```

执行结果如图 16-16 和图 16-17 所示。

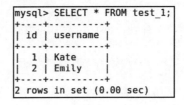

图 16-16　选择数据库　　　图 16-17　查询 test_1 表的数据

步骤 02 使用 MySQLdump 将 test 数据库中的 test_1 表中的记录导出到文本文件，具体 SQL 语句如下：

```
mysqldump -uroot -p123456 -T /var/lib/mysql-files/ test test_1
```

执行结果如图 16-18 所示。

```
rebeccadeMacBook-Pro:mysql-files root# mysqldump -uroot -p123456 -T /var/lib/mysql-files/ test test_1
mysqldump: [Warning] Using a password on the command line interface can be insecure.
rebeccadeMacBook-Pro:mysql-files root# ls
test1.txt        test_1.sql        test_1.txt
rebeccadeMacBook-Pro:mysql-files root#
```

图 16-18　备份数据表 test_1 的数据到文本文件

从图 16-18 的执行结果可以可看到，mysqldump 命令执行完毕后，在指定的目录下生成了 test_1.sql 和 test_1.txt 文件。

步骤 03 打开 test_1.sql 文件，其内容包含创建 test_1 表的 CREATE 语句，以及插入数据的 INSERT 语句，内容如下：

```
-- MySQL dump 10.13  Distrib 8.0.12, for Linux (x86_64)
--
-- Host: localhost    Database: test
-- ------------------------------------------------------
-- Server version       8.0.12

/*!40101 SET @OLD_CHARACTER_SET_CLIENT=@@CHARACTER_SET_CLIENT */;
/*!40101 SET @OLD_CHARACTER_SET_RESULTS=@@CHARACTER_SET_RESULTS */;
/*!40101 SET @OLD_COLLATION_CONNECTION=@@COLLATION_CONNECTION */;
 SET NAMES utf8mb4 ;
/*!40103 SET @OLD_TIME_ZONE=@@TIME_ZONE */;
/*!40103 SET TIME_ZONE='+00:00' */;
/*!40101 SET @OLD_SQL_MODE=@@SQL_MODE, SQL_MODE='' */;
/*!40111 SET @OLD_SQL_NOTES=@@SQL_NOTES, SQL_NOTES=0 */;


--
-- Table structure for table `test_1`
--

DROP TABLE IF EXISTS `test_1`;
/*!40101 SET @saved_cs_client     = @@character_set_client */;
 SET character_set_client = utf8mb4 ;
CREATE TABLE `test_1` (
  `id` int(10) NOT NULL,
  `username` varchar(20) NOT NULL,
PRIMARY KEY (`id`),
  UNIQUE KEY `idx_id` (`id`)
) ENGINE=InnoDB DEFAULT CHARSET=utf8mb4 COLLATE=utf8mb4_0900_ai_ci;
/*!40101 SET character_set_client = @saved_cs_client */;


--
-- Table structure for table `test_1`
--

DROP TABLE IF EXISTS `test_1`;
/*!40101 SET @saved_cs_client     = @@character_set_client */;
 SET character_set_client = utf8mb4 ;
CREATE TABLE `test_1` (
  `id` int(10) NOT NULL,
  `username` varchar(20) NOT NULL,
  PRIMARY KEY (`id`),
  UNIQUE KEY `idx_id` (`id`)
) ENGINE=InnoDB DEFAULT CHARSET=utf8mb4 COLLATE=utf8mb4_0900_ai_ci;
/*!40101 SET character_set_client = @saved_cs_client */;

/*!40103 SET TIME_ZONE=@OLD_TIME_ZONE */;
/*!40101 SET SQL_MODE=@OLD_SQL_MODE */;
```

```
/*!40101 SET CHARACTER_SET_CLIENT=@OLD_CHARACTER_SET_CLIENT */;
/*!40101 SET CHARACTER_SET_RESULTS=@OLD_CHARACTER_SET_RESULTS */;
/*!40101 SET COLLATION_CONNECTION=@OLD_COLLATION_CONNECTION */;
/*!40111 SET SQL_NOTES=@OLD_SQL_NOTES */;

-- Dump completed on 2019-07-09 20:58:25
```

步骤 04 打开 test_1.txt 文件，其内容只包含 test_1 表中的数据，如图 16-19 所示。

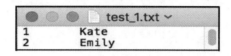

图 16-19 test_1.txt 的数据文件内容

【示例 16-10】使用 MySQLdump 将 company 数据库中的 t_developer 表导出到文本文件，使用 FIELDS 选项，要求字段之间使用逗号"，"间隔，所有字符类型字段值用双引号引起来，步骤如下：

步骤 01 创建并选择数据库 company，执行命令及执行结果如图 16-20 和图 16-21 所示。

```
mysql> CREATE DATABASE company;
Query OK, 1 row affected (0.00 sec)
```

```
mysql> USE company;
Database changed
```

图 16-20 创建数据库   图 16-21 选择数据库

步骤 02 执行 SQL 语句 CREATE TABLE，创建开发部员工表 t_developer，具体 SQL 语句如下：

```
CREATE TABLE t_developer(
    id INT(4),
    name VARCHAR(20),
    gender VARCHAR(6),
    age INT(4),
    salary INT(6),
    deptno INT(4));
```

执行结果如图 16-22 所示。

步骤 03 执行 SQL 语句 DESCRIBE，检验表 t_developer 是否创建成功，具体 SQL 语句如下：

```
DESCRIBE t_developer;
```

执行结果如图 16-23 所示。

```
mysql> CREATE TABLE t_developer(
    -> id INT(4),
    -> name VARCHAR(20),
    -> gender VARCHAR(6),
    -> age INT(4),
    -> salary INT(6),
    -> deptno INT(4)
    -> );
Query OK, 0 rows affected (0.02 sec)
```

```
mysql> DESCRIBE t_developer;
+--------+-------------+------+-----+---------+-------+
| Field  | Type        | Null | Key | Default | Extra |
+--------+-------------+------+-----+---------+-------+
| id     | int(4)      | YES  |     | NULL    |       |
| name   | varchar(20) | YES  |     | NULL    |       |
| gender | varchar(6)  | YES  |     | NULL    |       |
| age    | int(4)      | YES  |     | NULL    |       |
| salary | int(6)      | YES  |     | NULL    |       |
| deptno | int(4)      | YES  |     | NULL    |       |
+--------+-------------+------+-----+---------+-------+
6 rows in set (0.00 sec)
```

图 16-22 创建表 t_developer   图 16-23 查看表 t_developer 的信息

步骤 **04** 执行 SQL 语句 INSERT INTO，在开发部门员工表 t_developer 中插入数据记录，再查询 t_developer 表，具体 SQL 语句如下：

```
INSERT INTO t_developer(id,name,gender,age,salary,deptno)
   VALUES(1001,'Alicia Florric','Female',33,10000,1),
         (1002,'Kalinda Sharma','Female',31,9000,1),
         (1003,'Cary Agos','Male',27,8000,1),
         (1004,'Eli Gold','Male',44,20000,1),
         (1005,'Peter Florric','Male',34,30000,1);
   SELECT * FROM t_developer;
```

执行结果如图 16-24 和图 16-25 所示。

```
mysql> INSERT INTO t_developer
    -> (id,name,gender,age,salary,deptno)
    -> VALUES(1001,'Alicia Florric','Female',33,10000,1),
    -> (1002,'Kalinda Sharma','Female',31,9000,1),
    -> (1003,'Cary Agos','Male',27,8000,1),
    -> (1004,'Eli Gold','Male',44,20000,1),
    -> (1005,'Peter Florric','Male',34,30000,1);
Query OK, 5 rows affected (0.00 sec)
Records: 5  Duplicates: 0  Warnings: 0
```

图 16-24　向表 t_developer 插入数据记录

```
mysql> SELECT * FROM t_developer;
+------+----------------+--------+-----+--------+--------+
| id   | name           | gender | age | salary | deptno |
+------+----------------+--------+-----+--------+--------+
| 1001 | Alicia Florric | Female |  33 |  10000 |      1 |
| 1002 | Kalinda Sharma | Female |  31 |   9000 |      1 |
| 1003 | Cary Agos      | Male   |  27 |   8000 |      1 |
| 1004 | Eli Gold       | Male   |  44 |  20000 |      1 |
| 1005 | Peter Florric  | Male   |  34 |  30000 |      1 |
+------+----------------+--------+-----+--------+--------+
5 rows in set (0.00 sec)
```

图 16-25　查询 t_developer 表的数据

步骤 **05** 使用 MySQLdump 将 company 数据库中的 t_developer 表中的记录导出到文本文件，具体 SQL 语句如下：

```
mysqldump -uroot -p123456 -T
/var/lib/mysql-files/ company t_developer
--fields-terminated-by=, --fields-optionally-enclosed-by=\"
```

执行结果如图 16-26 所示。

```
rebeccadeMacBook-Pro:mysql-files root# mysqldump -uroot -p123456 -T /var/lib/mysql-files/
company t_developer --fields-terminated-by=, --fields-optionally-enclosed-by=\"
mysqldump: [Warning] Using a password on the command line interface can be insecure.
rebeccadeMacBook-Pro:mysql-files root# ls
t_developer.sql t_developer.txt test1.txt        test_1.sql        test_1.txt
rebeccadeMacBook-Pro:mysql-files root#
```

图 16-26　备份数据表 t_developer 的数据到文本文件

从图 16-26 的执行结果可以看到，语句 MySQLdump 执行成功之后，指定目录下会出现两个文件：t_developer.sql 和 t_developer.txt。

步骤 **06** 打开 t_developer.sql 文件，其内容包含创建 test_1 表的 CREATE 语句以及插入数据的 INSERT 语句，内容如下：

```
-- MySQL dump 10.13  Distrib 8.0.12, for Linux (x86_64)
--
-- Host: localhost    Database: company
-- ------------------------------------------------------
-- Server version    8.0.12
```

```
/*!40101 SET @OLD_CHARACTER_SET_CLIENT=@@CHARACTER_SET_CLIENT */;
/*!40101 SET @OLD_CHARACTER_SET_RESULTS=@@CHARACTER_SET_RESULTS */;
/*!40101 SET @OLD_COLLATION_CONNECTION=@@COLLATION_CONNECTION */;
 SET NAMES utf8mb4 ;
/*!40103 SET @OLD_TIME_ZONE=@@TIME_ZONE */;
/*!40103 SET TIME_ZONE='+00:00' */;
/*!40101 SET @OLD_SQL_MODE=@@SQL_MODE, SQL_MODE='' */;
/*!40111 SET @OLD_SQL_NOTES=@@SQL_NOTES, SQL_NOTES=0 */;

--
-- Table structure for table `t_developer`
--

DROP TABLE IF EXISTS `t_developer`;
/*!40101 SET @saved_cs_client     = @@character_set_client */;
 SET character_set_client = utf8mb4 ;
CREATE TABLE `t_developer` (
  `id` int(4) DEFAULT NULL,
  `name` varchar(20) DEFAULT NULL,
  `gender` varchar(6) DEFAULT NULL,
  `age` int(4) DEFAULT NULL,
  `salary` int(6) DEFAULT NULL,
  `deptno` int(4) DEFAULT NULL
) ENGINE=InnoDB DEFAULT CHARSET=utf8mb4 COLLATE=utf8mb4_0900_ai_ci;
/*!40101 SET character_set_client = @saved_cs_client */;


/*!40103 SET TIME_ZONE=@OLD_TIME_ZONE */;

/*!40101 SET SQL_MODE=@OLD_SQL_MODE */;
/*!40101 SET CHARACTER_SET_CLIENT=@OLD_CHARACTER_SET_CLIENT */;
/*!40101 SET CHARACTER_SET_RESULTS=@OLD_CHARACTER_SET_RESULTS */;
/*!40101 SET COLLATION_CONNECTION=@OLD_COLLATION_CONNECTION */;
/*!40111 SET SQL_NOTES=@OLD_SQL_NOTES */;

-- Dump completed on 2019-07-09 15:27:28
```

步骤 07　打开 t_developer.txt 文件，其内容包含创建 t_developer 表的数据，如图 16-27 所示。

```
1001,"Alicia Florric","Female",33,10000,1
1002,"Kalinda Sharma","Female",31,9000,1
1003,"Cary Agos","Male",27,8000,1
1004,"Eli Gold","Male",44,20000,1
1005,"Peter Florric","Male",34,30000,1
```

图 16-27　t_developer 表的数据文件

从图 16-27 可以看出，字段之间用逗号隔开，只有字符类型的值被双引号引起来。

16.4.3　使用 MySQL 命令导出文本文件

MySQL 是一个功能丰富的工具命令，使用 MySQL 可以在命令模式下执行 SQL 指令，将查询结果导入一个文本文件中。相比 MySQLdump，MySQL 工具导出的结果可读性更强。如果 MySQL 服务器是单独的机器，用户是在一个客户端上进行操作的，用户要把数据结果导入客户端机器上可以使用 MySQL –e 语句。

使用 MSQL 导出数据文本文件语句的基本格式如下：

```
mysql –u root –p[password] –execute="SELECT 语句"
    dbname>filename.txt
```

该命令使用--execute 选项，表示执行该选项后面的语句并退出，后面的语句必须用双引号引起来，dbname 为要导出的数据库名称。导出的文件中不同列之间使用制表符分隔，第一行包含各个字段的名称。

【示例 16-11】使用 MySQL 语句导出 company 数据中 t_developer 表中的记录到文本文件，步骤如下：

步骤 01　使用 MySQLdump 将 company 数据库中的 t_developer 表中的记录导出到文本文件，具体 SQL 语句如下：

```
    mysql –uroot –p123456 --execute="SELECT * FROM t_developer;" company >
/var/lib/mysql-files/t_developer_1.txt
```

执行结果如图 16-28 所示。

图 16-28　导出 t_developer 表的数据到文本文件

图 16-28 的执行结果显示，在指定目录下生成了 t_developer_1.txt 文本文件。

步骤 02　打开 t_developer_.txt 文件，其内容包含创建 t_developer 表的数据，如图 16-29 所示。

图 16-29　t_developer 表的数据文件

从图 16-29 中可以看出，t_developer_1.txt 文件中包含每个字段的名称和各条记录，该显示格式与 MySQL 命令行下 SELECT 查询结果相同。

使用 MySQL 命令还可以指定查询结果的显示格式，如果某行记录字段很多，可能一行不能完全显示，可以使用-vertical 参数将每条记录分为多行显示。

【示例 16-12】导出 company 数据中 t_developer 表中的记录到文本文件，步骤如下：

步骤 01 使用 MySQL 命令将 company 数据库中的 t_developer 表中的记录导出到文本文件，
使用--veritcal 参数，具体 SQL 语句如下：

```
    mysql -uroot -p123456 --vertical --execute="SELECT * FROM t_developer;"
company > /var/lib/mysql-files/t_developer_1.txt
```

执行结果如图 16-30 所示。

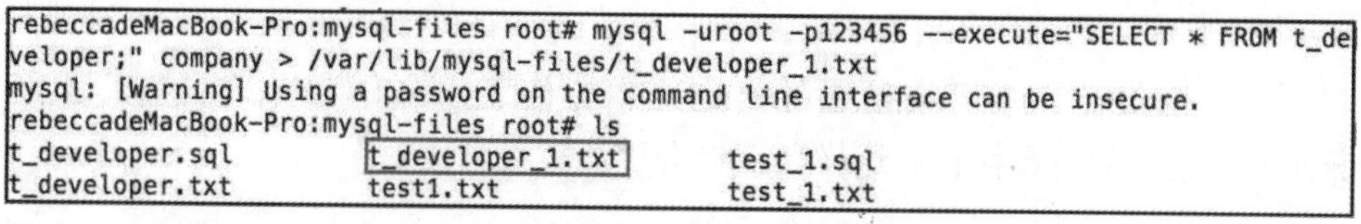

```
rebeccadeMacBook-Pro:mysql-files root# mysql -uroot -p123456 --execute="SELECT * FROM t_de
veloper;" company > /var/lib/mysql-files/t_developer_1.txt
mysql: [Warning] Using a password on the command line interface can be insecure.
rebeccadeMacBook-Pro:mysql-files root# ls
t_developer.sql          t_developer_1.txt          test_1.sql
t_developer.txt          test1.txt                  test_1.txt
```

图 16-30　导出 t_developer 表的数据到文本文件

图 16-30 的执行结果显示，在指定目录下生成了 t_developer_1.txt 文本文件。

步骤 02 打开 t_developer_1_.txt 文件，其内容包含创建 t_developer 表的数据，内容如下：

```
*************************** 1. row ***************************
     id: 1001
   name: Alicia Florric
 gender: Female
    age: 33
 salary: 10000
 deptno: 1
*************************** 2. row ***************************
     id: 1002
   name: Kalinda Sharma
 gender: Female
    age: 31
 salary: 9000
 deptno: 1
*************************** 3. row ***************************
     id: 1003
   name: Cary Agos
 gender: Male
    age: 27
 salary: 8000
 deptno: 1
*************************** 4. row ***************************
     id: 1004
   name: Eli Gold
 gender: Male
    age: 44
```

```
salary: 20000
deptno: 1
*************************** 5. row ***************************
    id: 1005
  name: Peter Florric
gender: Male
   age: 34
salary: 30000
deptno: 1
```

可以看到，SELECT 的查询结果导出到文本文件之后，显示格式发生了变化，如果 t_developer 表中记录的内容很长，这样显示将会更加容易阅读。

【示例 16-13】导出 company 数据库中 t_developer 表中的记录到 HTML 文件，步骤如下：

步骤 01 使用 MySQLdump 将 company 数据库中的 t_developer 表中的记录导出到 HTML 文件，使用--html 参数，具体 SQL 语句如下：

```
mysql -uroot -p123456 --html --execute="SELECT * FROM t_developer;" company >
/var/lib/mysql-files/t_developer_2.html
```

执行结果如图 16-31 所示。

步骤 02 在浏览器中打开 t_developer_2.html，具体内容如图 16-32 所示。

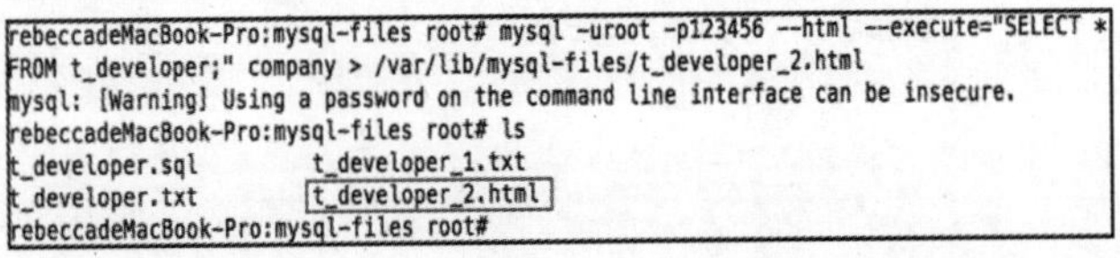

图 16-31 导出 t_developer 表的数据到 HTML 文件

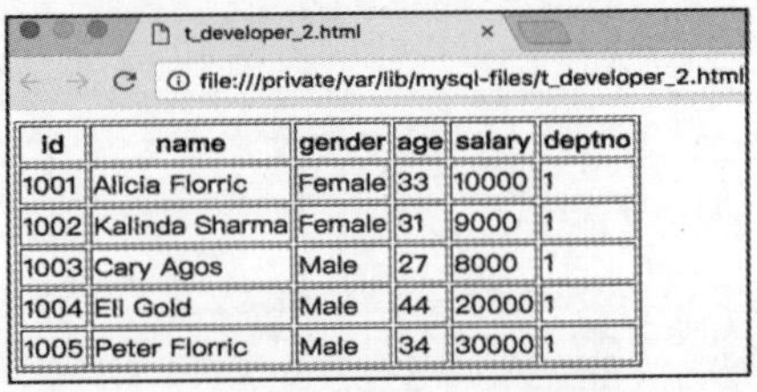

图 16-32 HTML 数据文件

图 16-31 显示语句执行成功，在指定目录创建了文件 t_developer_2.html。图 16-32 中可以看到 t_developer 中的数据在 HTML 文件中显示。如果要将表数据导出到 XML 文件中，那么可以使用--xml 选项。

【示例 16-14】导出 company 数据库中 t_developer 表中的记录到 XML 文件，步骤如下：

步骤 01 使用 MySQLdump 将 company 数据库中的 t_developer 表中的记录导出到 XML 文件，使用--xml 参数，具体 SQL 语句如下：

```
mysql -uroot -p123456 --xml--execute="SELECT * FROM t_developer;" company >
/var/lib/mysql-files/t_developer_3.xml
```

执行结果如图 16-33 所示。

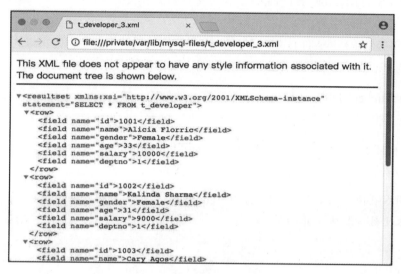

```
rebeccadeMacBook-Pro:mysql-files root# mysql -uroot -p123456 --xml --execute="SELECT *
FROM t_developer;" company > /var/lib/mysql-files/t_developer_3.xml
mysql: [Warning] Using a password on the command line interface can be insecure.
rebeccadeMacBook-Pro:mysql-files root# ls
t_developer.sql          t_developer_1.txt        t_developer_3.xml
t_developer.txt          t_developer_2.html
```

图 16-33 生成 XML 数据文件

图 16-33 显示语句执行成功，在指定目录创建了文件 t_developer_3.xml。

步骤 02 在浏览器中打开 t_developer_3.xml，具体内容如图 16-34 所示。

图 16-34 XML 数据文件

16.4.4 使用 LOAD DATA INFILE 方式导入文本文件

在 MySQL 中，可以将数据导出到外部文件，也可以从外部文件导入数据。MySQL 提供了导入数据的工具，这些工具有 LOAD DATA 语句、source 命令和 MySQL 命令。LOAD DATA INFILE 语句用于高速地从一个文本文件中读取行，并装入一个表中，文件名称必须为文字字符串。LOAD DATA INFILE 语句的基本语法形式如下：

```
LOAD DATA [LOCAL] INFILE filename INTO TABLE tablename [OPTION] [IGNORE number
LINES]
    --OPTIONS 选项
FIELDS TERMINATED BY 'value'
FIELDS [OPTIONALLY] ENCLOSED BY 'value'
FIELDS ESCAPED BY 'value'
LINES STARTING BY 'value'
LINES TERMINATED BY 'value'
```

可以看到 LOAD DATA 语句中，关键字 INFILE 后面的 filename 文件为导入数据的来源；tablename 表示待导入的数据表名称；[OPTION]为可选参数选项，OPTIONS 部分的语法包括 FIELDS 和 LINES 语句，其可能的取值有：

（1）FIELDS TERMINATED BY 'value'：设置字段之间的分隔字符，可以为单个或多个字符，默认情况下为制表符"\t"。

（2）FIELDS [OPTIONALLY] ENCLOSED BY 'value'：设置字段的包围字符，只能为单个字符，只能包括 CHAR 和 VARCHAR 等字符数据字段。

（3）FIELDS ESCAPED BY 'value'：控制如何写入或读取特殊字符，只能为单个字符，即设置转移字符，默认值为反斜线"\"。

（4）LINES STARTING BY 'value'：设置每行数据开头的字符，可以为单个或多个字符，默认情况下不使用任何字符。

（5）LINES TERMINATED BY 'value'：设置每行数据结尾的字符，可以为单个或多个字符，默认值为"\n"。

IGNORE number LINES 选项表示忽略文件开始处的行数，number 表示忽略的行数。执行 LOAD DATA 语句需要 FILE 权限。

【示例 16-15】使用 LOAD DATA 命令将/var/lib/mysql-files/t_developer0.txt 文件中的数据导入 company 数据库中的 t_developer 表，具体步骤如下：

步骤 01 使用 SELECT...INTO OUTFILE 将 company 数据库中的 t_developer 表的记录导出到文本文件，具体 SQL 语句如下：

```
SELECT * FROM company.t_developer
    INTO OUTFILE '/var/lib/mysql-files/t_developer0.txt';
```

执行结果如图 16-35 所示。

步骤 02 文本文件 t_developer0.txt 的内容如图 16-36 所示。

```
mysql> SELECT * FROM company.t_developer
    -> INTO OUTFILE '/var/lib/mysql-files/t_developer0.txt';
Query OK, 5 rows affected (0.00 sec)
```

图 16-35　将表中的数据导出到文本文件中

```
rebeccadeMacBook-Pro:mysql-files root# cat t_developer0.txt
1001    Alicia Florric    Female    33    10000    1
1002    Kalinda Sharma    Female    31    9000     1
1003    Cary Agos         Male      27    8000     1
1004    Eli Gold          Male      44    20000    1
1005    Peter Florric     Male      34    30000    1
```

图 16-36　文本文件中的数据

步骤 03 删除 t_developer 表中的数据，SQL 语句如下：

```
DELETE FROM company.t_developer;
SELECT * FROM t_developer;
```

执行结果如图 16-37 和图 16-38 所示。

```
mysql> DELETE FROM company.t_developer;
Query OK, 5 rows affected (0.10 sec)
```

图 16-37　删除数据

```
mysql> SELECT * FROM t_developer;
Empty set (0.00 sec)
```

图 16-38　查询数据

步骤 04 从文本文件 t_developer0.txt 中恢复数据，SQL 语句如下：

```
LOAD DATA INFILE
```

```
'/var/lib/mysql-files/t_developer0.txt'
  INTO TABLE company.t_developer;
```

执行结果如图 16-39 所示。

步骤 05　查询 t_developer 表中的数据，具体 SQL 语句如下：

```
SELECT * FROM t_developer;
```

执行结果如图 16-40 所示。

```
mysql> LOAD DATA INFILE
   -> '/var/lib/mysql-files/t_developer0.txt'
   -> INTO TABLE company.t_developer;
Query OK, 10 rows affected (0.00 sec)
Records: 10  Deleted: 0  Skipped: 0  Warnings: 0
```

图 16-39　从文本文件导入数据

```
mysql> SELECT * FROM t_developer;
+------+----------------+--------+-----+--------+--------+
| id   | name           | gender | age | salary | deptno |
+------+----------------+--------+-----+--------+--------+
| 1001 | Alicia Florric | Female |  33 |  10000 |      1 |
| 1002 | Kalinda Sharma | Female |  31 |   9000 |      1 |
| 1003 | Cary Agos      | Male   |  27 |   8000 |      1 |
| 1004 | Eli Gold       | Male   |  44 |  20000 |      1 |
| 1005 | Peter Florric  | Male   |  34 |  30000 |      1 |
+------+----------------+--------+-----+--------+--------+
5 rows in set (0.00 sec)
```

图 16-40　查询表数据

图 16-39 和图 16-40 的执行结果显示，成功从文本文件 t_developer0.txt 导入数据到 t_developer 表中。

【示例 16-16】使用 LOAD DATA 命令将/var/lib/mysql-files/t_developer1.txt 文件中的数据导入 test 数据库中的 t_developer 表中，使用 FIELDS 选项，要求字段之间使用逗号 "，" 间隔，所有字段用双引号引起来，具体步骤如下：

步骤 01　选择数据库 company，具体 SQL 语句如下：

```
USE company;
```

执行结果如图 16-41 所示。

步骤 02　查询 t_developer 表中的数据，具体 SQL 语句如下：

```
SELECT * FROM t_developer;
```

执行结果如图 16-42 所示。

```
mysql> USE company;
Database changed
```

图 16-41　选择数据库

```
mysql> SELECT * FROM t_developer;
+------+----------------+--------+-----+--------+--------+
| id   | name           | gender | age | salary | deptno |
+------+----------------+--------+-----+--------+--------+
| 1001 | Alicia Florric | Female |  33 |  10000 |      1 |
| 1002 | Kalinda Sharma | Female |  31 |   9000 |      1 |
| 1003 | Cary Agos      | Male   |  27 |   8000 |      1 |
| 1004 | Eli Gold       | Male   |  44 |  20000 |      1 |
| 1005 | Peter Florric  | Male   |  34 |  30000 |      1 |
+------+----------------+--------+-----+--------+--------+
5 rows in set (0.00 sec)
```

图 16-42　查询 t_developer 表的数据

步骤 03　使用 SELECT…INTO OUTFILE 将 company 数据库中的 t_developer 表中的记录导出到文本文件，使用 FIELDS 选项和 LINES 选项，要求字段之间使用 "，" 间隔，所有字段值用双引号引起来，具体 SQL 语句如下：

```
SELECT * FROM company.t_developer
INTO OUTFILE '/var/lib/mysql-files/t_developer1.txt'
FIELDS
TERMINATED BY ','
ENCLOSED BY '\"'
```

执行结果如图 16-43 所示。

步骤 **04** 查看本文文件 t_developer1.txt 的内容，如图 16-44 所示。

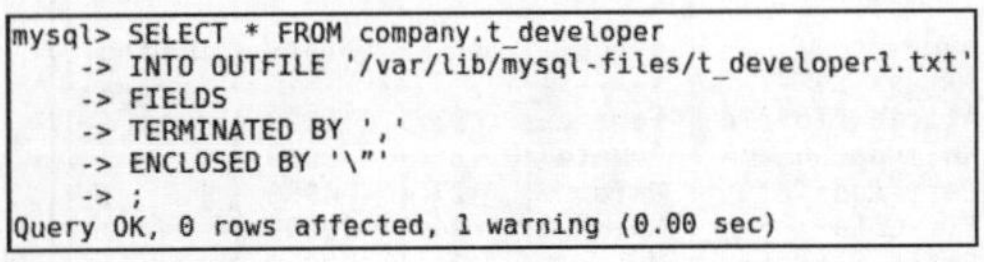

图 16-43 导出数据到文本文件

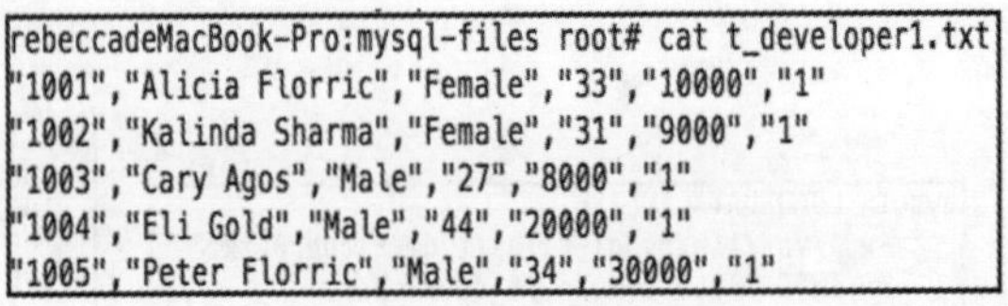

图 16-44 文本文件 t_developer1.txt 的内容

从图 16-44 中可以看出，文本文件 t_developer1.txt 的内容和 t_developer 表的数据是一致的。

步骤 **05** 删除 t_developer 表中的数据，具体 SQL 语句如下：

```
DELETE FROM company.t_developer;
```

执行结果如图 16-45 和图 16-46 所示。

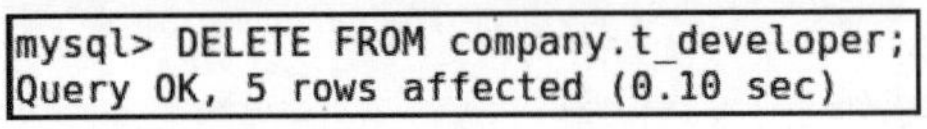

图 16-45 删除表数据

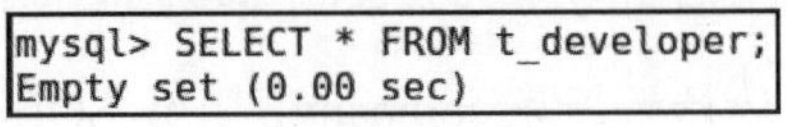

图 16-46 查询表数据

步骤 **06** 从/var/lib/mysql-files/t_developer1.txt 中导入数据到 t_developer 表中，具体 SQL 语句如下：

```
LOAD DATA INFILE '/var/lib/mysql-files/t_developer1.txt'
    INTO TABLE company.t_developer
    FIELDS
    TERMINATED BY ','
    ENCLOSED BY '\"';
```

执行结果如图 16-47 所示。

步骤 **07** 查询 t_developer 表中的数据，具体 SQL 语句如下：

```
SELECT * FROM company.t_developer;
```

执行结果如图 16-48 所示。

```
mysql> LOAD DATA INFILE
    -> '/var/lib/mysql-files/t_developer1.txt'
    -> INTO TABLE company.t_developer
    -> FIELDS
    -> TERMINATED BY ','
    -> ENCLOSED BY '\"';
Query OK, 5 rows affected (0.00 sec)
Records: 5  Deleted: 0  Skipped: 0  Warnings: 0
```

```
mysql> SELECT * FROM company.t_developer;
+------+----------------+--------+-----+--------+--------+
| id   | name           | gender | age | salary | deptno |
+------+----------------+--------+-----+--------+--------+
| 1001 | Alicia Florric | Female |  33 |  10000 |      1 |
| 1002 | Kalinda Sharma | Female |  31 |   9000 |      1 |
| 1003 | Cary Agos      | Male   |  27 |   8000 |      1 |
| 1004 | Eli Gold       | Male   |  44 |  20000 |      1 |
| 1005 | Peter Florric  | Male   |  34 |  30000 |      1 |
+------+----------------+--------+-----+--------+--------+
5 rows in set (0.00 sec)
```

图 16-47　从文本文件导入数据到数据表　　　　　图 16-48　查询表数据

从图 16-48 的执行结果可以看到，使用 LOAD DATA INFILE 语句成功从文本文件导入数据到数据表。

16.4.5　使用 MySQLimport 方式导入文本文件

使用 MySQLimport 可以导入文本文件，并且不需要登录 MySQL 客户端。MySQLimport 命令提供许多与 LOAD DATA INFILE 语句相同的功能，大多数选项直接对应 LOAD DATA INFILE 子句。使用 MySQLimport 语句需要指定所需的选项、导入的数据库名称以及导入的数据文件的路径和名称。MySQLimport 命令的基本语句格式如下：

```
mysqlimport -uroot -p[password] dbname filename.txt [OPTIONS]
--OPTIONS 选项
--fields-terminated-by=value
--fields-enclosed-by=value
--fields-optionally-by=value
--lines-terminated-by=value
--ignore-lines=n
```

dbname 为导入的表所在的数据库名称。注意，MySQLimport 命令不指定导入数据库的表名称，数据表的名称由导入文件名称确定，即文件名作为表名，导入数据之前该表必须存在。[OPTIONS]为可选参数项，其常见的取值有：

● --fields-terminated-by=values：设置字段之间的分隔字符，可以为单个或多个字符，默认情况下为制表符"\t"。

● --fields-enclosed-by=value：设置字段的包围字符。

● --fields-optionally-enclosed-by=value：设置字段的包围字符，只能为单个字符，只能包括 CHAR 和 VARCHAR 等字符数据字段。

● --line-terminated-by=value：设置每行数据结尾的字符，可以为单个或多个字符，默认值为"\n"。

● --ignore-lines=n：忽视数据文件的前 n 行。

【示例 16-17】使用 MySQLimport 命令将/var/lib/mysql-files/t_developer.txt 文件内容导入数据库 company 的 t_developer 表中，字段之间使用逗号"，"间隔，字符类型字段值用双引号引起来，具体步骤如下：

步骤 01　文本文件 t_developer.txt 的具体内容如图 16-49 所示。

图 16-49　t_developer.txt 文本文件的内容

步骤02　删除 t_developer 表中的数据，具体 SQL 语句如下：

```
DELETE FROM company.t_developer;
```

执行结果如图 16-50 和图 16-51 所示。

图 16-50　删除表数据

图 16-51　查询表数据

步骤03　使用 MySQLimport 命令将/var/lib/mysql-files/t_developer.txt 文件内容导入数据库 company 的 t_developer 表中，字段之间使用逗号","间隔，字符类型字段值用双引号引起来，具体 SQL 语句如下：

```
mysqlimport -uroot -p123456 company
 /var/lib/mysql-files/t_developer.txt
--fields-terminated-by=, --fields-optionally-enclosed-by=\"
```

执行结果如图 16-52 所示。

步骤04　查询 t_developer 表中的数据，具体 SQL 语句如下：

```
SELECT * FROM company.t_developer;
```

执行结果如图 16-53 所示。

图 16-52　从文本文件导入数据

图 16-53　查询表数据

图 16-53 的执行结果显示，使用 MySQLimport 命令成功从文本文件导入数据到数据表中。除了前面介绍的几个选项之外，MySQLimport 支持许多选项，常见的选项有：

- --columns=column_list,-c column_list：该选项采用逗号分隔的列名作为其值。列名的顺序只是如何匹配数据文件列和表列。
- --compress,-C：压缩在客户端和服务器之间发送的所有信息(如果二者均支持压缩)。
- -d，--delete：导入文本文件前清空表。
- --force，-f：忽略错误。例如，如果某个文本文件的表不存在，就继续处理其他文件。

不使用--force，如果表不存在，MySQLimport 就退出。

- --host=host_name，-h host host_name：将数据导入给定主机上的 MySQL 服务器。默认主机是 localhost。

- --ignore，-i：参见--replace 选项的描述。

- --ignore-lines=n：忽视数据文件的前 n 行。

- --local，-L：从本地客户端读入输入文件。

- --lock-tables，-l：处理文本文件前锁定所有表以便写入。这样可以确保所有表在服务器上保持同步。

- --password[=password]，-p[password]：当连接服务器时使用的密码。如果使用短选项形式（-p），选项和密码之间不能有空格。如果在命令行中的--password 或-p 选项后面没有密码值，就提示输入一个密码。

- --port=port_num，-P port_num：用户连接的 TCP/IP 端口号。

- --protocol={TCP|SOCKET|PIPE|MEMORY}：使用的连接协议。

- --replace，-r --replace 和--ignore：控制复制唯一键值已有记录的输入记录的处理。如果指定--replace，新行替换有相同的唯一键值的已有行；如果指定--ignore，复制已有的唯一键值的输入行被跳过；如果不指定这两个选项，当发现一个复制键值时会出现一个错误，并且忽视文本文件的剩余部分。

- --silent，-s：沉默模式。只有出现错误时才输出信息。

- --user=username，-u user_name：当连接服务器时，MySQL 使用的用户名。

- --verbose，-v：冗长模式。打印出程序操作的详细信息。

- --version，-V：显示版本信息并退出。

16.5　综合示例——数据的备份与恢复

　　备份有助于保护数据库，通过备份可以完整保存 MySQL 中各个数据库的特定状态。在系统出现故障、数据丢失或者不合理操作对数据库造成损害时，可以通过备份文件恢复数据库中的数据。作为 MySQL 的管理人员，应该定期地备份所有活动的数据库，以免发生数据丢失。因此，无论怎样强调数据库的备份工作都不过分。本章综合示例将向读者提供数据库备份、恢复的方法和过程。具体操作如下：

　　按照操作过程完成对 school 数据库的备份和恢复。

步骤 01　用 MySQLdump 命令将 t_student 表备份到/Users/rebecca/sqls/t_student.sql 文件中。首先创建和选择数据库 school，具体 SQL 语句如下：

```
CREATE DATABASE SCHOOL;
USE SCHOOL;
```

执行结果如图 16-54 和图 16-55 所示。

```
mysql> CREATE DATABASE school;
Query OK, 1 row affected (0.07 sec)
```

图 16-54　创建数据库

```
mysql> USE school;
Database changed
```

图 16-55　选择数据库

创建班级表 t_class 和学生表 t_student，并插入相应的数据，具体 SQL 语句如下：

```
CREATE TABLE `t_class` (
  `classno` int(11) DEFAULT NULL,
  `cname` varchar(20) DEFAULT NULL,
  `loc` varchar(40) DEFAULT NULL,
  `advisor` varchar(20) DEFAULT NULL
);
INSERT INTO `t_class`
  VALUES(1,'class_1','loc_1','advisor_1'),
        (2,'class_2','loc_2','advisor_2'),
        (3,'class_3','loc_3','advisor_3'),
        (4,'class_4','loc_4','advisor_4');
CREATE TABLE `t_student` (
  `id` int(11) NOT NULL,
  `name` varchar(20) DEFAULT NULL,
  `age` int(4) DEFAULT NULL,
  `gender` varchar(8) DEFAULT NULL,
  PRIMARY KEY (`id`)
);
INSERT INTO `t_student`
  VALUES (1,'Rebecca',16,'Female'),
         (2,'Justin',17,'Male'),
         (3,'Jim',16,'Male');
```

执行结果如图 16-56~图 16-59 所示。

```
mysql> CREATE TABLE `t_class` (
    -> `classno` int(11) DEFAULT NULL,
    -> `cname` varchar(20) DEFAULT NULL,
    -> `loc` varchar(40) DEFAULT NULL,
    -> `advisor` varchar(20) DEFAULT NULL
    -> );
Query OK, 0 rows affected (0.02 sec)
```

图 16-56　创建班级表 t_class

```
mysql> INSERT INTO `t_class`
    -> VALUES (1,'class_1','loc_1','advisor_1'),
    -> (2,'class_2','loc_2','advisor_2'),
    -> (3,'class_3','loc_3','advisor_3'),
    -> (4,'class_4','loc_4','advisor_4');
Query OK, 4 rows affected (0.00 sec)
Records: 4  Duplicates: 0  Warnings: 0
```

图 16-57　向班级表中插入数据

```
mysql> CREATE TABLE `t_student` (
    -> `id` int(11) NOT NULL,
    -> `name` varchar(20) DEFAULT NULL,
    -> `age` int(4) DEFAULT NULL,
    -> `gender` varchar(8) DEFAULT NULL,
    -> PRIMARY KEY (`id`)
    -> );
Query OK, 0 rows affected (0.02 sec)
```

图 16-58　创建学生表 t_class

```
mysql> INSERT INTO `t_student`
    -> VALUES (1,'Rebecca',16,'Female'),
    -> (2,'Justin',17,'Male'),
    -> (3,'Jim',16,'Male');
Query OK, 3 rows affected (0.00 sec)
Records: 3  Duplicates: 0  Warnings: 0
```

图 16-59　向学生表中插入数据

使用 root 用户，用 MySQLdump 命令备份学生表到/Users/rebecca/sqls/t_student.sql 中，具体命令如下：

```
mysqldump -uroot -p123456 school t_student>
    /Users/rebecca/sqls/t_student.sql
```

执行结果如图 16-60 所示。

```
rebeccadeMacBook-Pro:sqls root# mysqldump -uroot -p123456 school t_student>/Users/rebecca/sqls/t_student.sql
mysqldump: [Warning] Using a password on the command line interface can be insecure.
```

图 16-60　备份数据表到文件中

命令执行完后，可以在/Users/rebecca/sqls/目录下找到 t_student.sql 文件，文件内容如下：

```
-- MySQL dump 10.13  Distrib 8.0.12, for Linux (x86_64)
--
-- Host: localhost    Database: school
-- ------------------------------------------------------
-- Server version    8.0.12

/*!40101 SET @OLD_CHARACTER_SET_CLIENT=@@CHARACTER_SET_CLIENT */;
/*!40101 SET @OLD_CHARACTER_SET_RESULTS=@@CHARACTER_SET_RESULTS */;
/*!40101 SET @OLD_COLLATION_CONNECTION=@@COLLATION_CONNECTION */;
 SET NAMES utf8mb4 ;
/*!40103 SET @OLD_TIME_ZONE=@@TIME_ZONE */;
/*!40103 SET TIME_ZONE='+00:00' */;
/*!40014 SET @OLD_UNIQUE_CHECKS=@@UNIQUE_CHECKS, UNIQUE_CHECKS=0 */;
/*!40014 SET @OLD_FOREIGN_KEY_CHECKS=@@FOREIGN_KEY_CHECKS,
FOREIGN_KEY_CHECKS=0 */;
/*!40101 SET @OLD_SQL_MODE=@@SQL_MODE, SQL_MODE='NO_AUTO_VALUE_ON_ZERO' */;
/*!40111 SET @OLD_SQL_NOTES=@@SQL_NOTES, SQL_NOTES=0 */;


--
-- Table structure for table `t_student`
--

DROP TABLE IF EXISTS `t_student`;
/*!40101 SET @saved_cs_client     = @@character_set_client */;
 SET character_set_client = utf8mb4 ;
CREATE TABLE `t_student` (
  `id` int(11) NOT NULL,
  `name` varchar(20) DEFAULT NULL,
  `age` int(4) DEFAULT NULL,
  `gender` varchar(8) DEFAULT NULL,
  PRIMARY KEY (`id`)
```

```
) ENGINE=InnoDB DEFAULT CHARSET=utf8mb4 COLLATE=utf8mb4_0900_ai_ci;
/*!40101 SET character_set_client = @saved_cs_client */;


--
-- Dumping data for table `t_student`
--


LOCK TABLES `t_student` WRITE;
/*!40000 ALTER TABLE `t_student` DISABLE KEYS */;
INSERT INTO `t_student` VALUES
(1,'Rebecca',16,'Female'),(2,'Justin',17,'Male'),(3,'Jim',16,'Male');
/*!40000 ALTER TABLE `t_student` ENABLE KEYS */;
UNLOCK TABLES;
/*!40103 SET TIME_ZONE=@OLD_TIME_ZONE */;


/*!40101 SET SQL_MODE=@OLD_SQL_MODE */;
/*!40014 SET FOREIGN_KEY_CHECKS=@OLD_FOREIGN_KEY_CHECKS */;
/*!40014 SET UNIQUE_CHECKS=@OLD_UNIQUE_CHECKS */;
/*!40101 SET CHARACTER_SET_CLIENT=@OLD_CHARACTER_SET_CLIENT */;
/*!40101 SET CHARACTER_SET_RESULTS=@OLD_CHARACTER_SET_RESULTS */;
/*!40101 SET COLLATION_CONNECTION=@OLD_COLLATION_CONNECTION */;
/*!40111 SET SQL_NOTES=@OLD_SQL_NOTES */;


-- Dump completed on 2019-07-09 16:05:44
```

步骤 02 使用 MySQL 命令将 t_student.sql 中的数据恢复到 t_student 表。为了验证恢复之后数据的正确性，先删除 t_student 表，再查询表，SQL 语句如下：

```
DROP TABLE t_student;
    SELECT * FROM t_student;
```

执行结果如图 16-61 和图 16-62 所示。

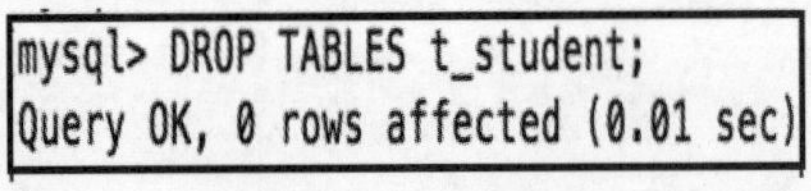

```
mysql> DROP TABLES t_student;
Query OK, 0 rows affected (0.01 sec)
```

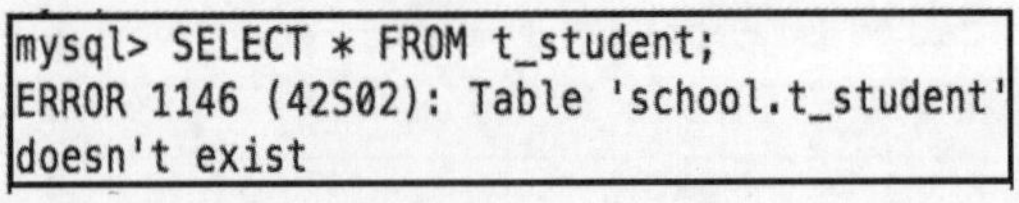

```
mysql> SELECT * FROM t_student;
ERROR 1146 (42S02): Table 'school.t_student'
doesn't exist
```

图 16-61　删除表　　　　　　　　　　图 16-62　查询表

使用以下命令导入 t_student.sql 中的数据，SQL 语句如下：

```
source /Users/rebecca/sqls/t_student.sql
```

执行结果如图 16-63 所示。

语句执行过程中会出现多行提示信息，执行成功后使用 SELECT 语句查询 t_student 表，SQL 语句如下：

```
SELECT * FROM t_student;
```

执行结果如图 16-64 所示。

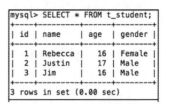

```
mysql> SELECT * FROM t_student;
+----+---------+-----+--------+
| id | name    | age | gender |
+----+---------+-----+--------+
|  1 | Rebecca |  16 | Female |
|  2 | Justin  |  17 | Male   |
|  3 | Jim     |  16 | Male   |
+----+---------+-----+--------+
3 rows in set (0.00 sec)
```

图 16-63　恢复数据　　　　　　　　　　图 16-64　查询数据

步骤 03 使用 SELECT…INTO OUTFILE 语句导出 t_class 表中的记录，导出文件位于目录 /Users/rebecca/sqls/ 下，名称为 t_class.txt。首先，在 my.cnf 中设置 MySQL 的 secure_file_priv 值，如图 16-65 所示。设置完毕之后，重启 MySQL 服务，再将 /Users/rebecca/sqls/ 目录加入 MySQL 用户组中，使用以下命令：

```
chown mysql:mysql "/Users/rebecca/sqls/"
```

执行结果如图 16-66 所示。

```
my.cnf
        10       20       30      4
35 secure_file_priv="/Users/rebecca/sqls/"
```

```
rebeccadeMacBook-Pro:~ root# chown
mysql:mysql "/Users/rebecca/sqls/"
rebeccadeMacBook-Pro:~ root#
```

图 16-65　设置 secure 变量的值　　　　　　图 16-66　修改文件目录所在用户组

使用如下 SHOW 语句查看 MySQL 的 secure_file_priv 值：

```
SHOW GLOBAL VARIABLES LIKE '%secure%';
```

执行结果如图 16-67 所示。

执行如下语句导出 t_class 表的数据记录：

```
SELECT * FROM t_class
    INTO OUTFILE "/Users/rebecca/sqls/t_class.txt";
```

执行结果如图 16-68 所示。

```
mysql> show global variables like '%secure%';
+--------------------------+--------------------+
| Variable_name            | Value              |
+--------------------------+--------------------+
| require_secure_transport | OFF                |
| secure_auth              | ON                 |
| secure_file_priv         | /Users/rebecca/sqls/ |
+--------------------------+--------------------+
3 rows in set (0.00 sec)
```

```
mysql> SELECT * FROM t_class INTO OUTFILE
    -> "/Users/rebecca/sqls/t_class.txt";
Query OK, 4 rows affected (0.00 sec)
```

图 16-67　查看 secure 变量的值　　　　　图 16-68　导出 t_class 表的数据记录

查看 /Users/rebecca/sqls/ 目录，发现已经有 t_class.txt 文件，如图 16-69 所示。t_class.txt 文件的内容如图 16-70 所示。

```
rebeccadeMacBook-Pro:sqls root# ls -l t_class.txt
-rw-rw-rw-  1 _mysql  _mysql  104 11 20 13:51 t_class.txt
rebeccadeMacBook-Pro:sqls root#
```

```
rebeccadeMacBook-Pro:sqls root# cat t_class.txt
1        class_1 loc_1    advisor_1
2        class_2 loc_2    advisor_2
3        class_3 loc_3    advisor_3
4        class_4 loc_4    advisor_4
```

图 16-69　查看 t_class.txt 文件　　　　　　图 16-70　查看 t_class.txt 文件的内容

从图 16-70 可以看到，t_class 表的数据在 t_class.txt 文件中按行记录，列和列之间以空格隔开，数据内容和图 16-57 是一致的。

步骤 04 使用 LOAD DATA 命令将/Users/rebecca/sqls/t_class.txt 文件中的数据导入 school 数据库中的 t_class 表。首先用如下 SQL 语句将 t_class 表的数据删除，如图 16-71 所示，再查询 t_class 表数据，如图 16-72 所示。

```
DELETE FROM t_class;
```

```
mysql> DELETE FROM t_class;
Query OK, 4 rows affected (0.00 sec)

mysql>
```

```
mysql> SELECT * FROM t_class;
Empty set (0.00 sec)

mysql>
```

图 16-71　删除 t_class 表的数据　　　　　　图 16-72　查看表数据

从文本文件/Users/rebecca/sqls/t_class.txt 中恢复数据，具体 SQL 语句如下：

```
LOAD DATA INFILE '/Users/rebecca/sqls/t_class.txt'
    INTO TABLE t_class;
```

执行结果如图 16-73 所示。

导入数据之后，使用以下 SELECT 语句查看表数据：

```
SELECT * FROM t_class;
```

执行结果如图 16-74 所示。

```
mysql> LOAD DATA INFILE '/Users/rebecca/sqls/t_class.txt'
    -> INTO TABLE t_class;
Query OK, 4 rows affected (0.00 sec)
Records: 4  Deleted: 0  Skipped: 0  Warnings: 0
```

```
mysql> SELECT * FROM t_class;
+---------+---------+-------+-----------+
| classno | cname   | loc   | advisor   |
+---------+---------+-------+-----------+
|       1 | class_1 | loc_1 | advisor_1 |
|       2 | class_2 | loc_2 | advisor_2 |
|       3 | class_3 | loc_3 | advisor_3 |
|       4 | class_4 | loc_4 | advisor_4 |
+---------+---------+-------+-----------+
4 rows in set (0.00 sec)
```

图 16-73　从文本文件导入数据　　　　　　图 16-74　查看表数据

步骤 05 使用 MySQL 命令将 t_student 表的记录导出到文件/Users/rebecca/sqls/t_student.html 中。在 Terminal 窗口输入如下命令：

```
mysql -uroot -p123456 --html --execute="SELECT * FROM
t_student;" school>/Users/rebecca/sqls/t_student.html
```

执行结果如图 16-75 所示。

```
rebeccadeMacBook-Pro:sqls root# mysql -uroot -p123456 --html --execute="SELECT * FROM t_student;"
school>/Users/rebecca/sqls/t_student.html
```

图 16-75　t_student 表的数据导出到 HTML 文件

导出后的文件如图 16-76 所示。文件内容如图 16-77 所示。

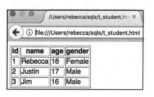

图 16-76　导出的 HTML 文件　　　　图 16-77　HTML 文件内容

从图 16-77 可以看出，HTML 文件中的数据和 t_student 表的数据一致。

16.6 经典习题与面试题

1．经典习题

（1）使用 MySQLdump 命令备份 school 数据库，然后删除数据库并恢复。

（2）使用 MySQLdump 备份 school 数据库中的 t_class 和 t_student 表，然后删除两个表的内容并恢复。

（3）使用 SELECT…INTO OUTFILE 命令将 school 数据库中 t_class 表的数据导入文本文件中。

（4）使用 LOAD DATA INFILE 命令将文本文件的数据导入 school 数据库的 t_student 表中。

（5）使用 MySQL 命令将 school 数据库中的 t_class 表的数据导出到 XML 文件中，并查看文件内容。

2．面试题及解答

（1）MySQLdump 备份的文件只能在 MySQL 中使用吗？

MySQLdump 备份的文本文件实际上是数据库的一个副本，使用该文件不仅可以在 MySQL 中恢复数据库，而且通过对该文件的简单修改，使用该文件在 SQL Server 或者 Sybase 等其他数据库中恢复数据库。这在某种程度上实现了数据库之间的迁移。

（2）如何选择备份数据库的方法？

根据数据库表的存储引擎的类型不同，备份表的方法也不一样。对于 MyISAM 类型的表，可以直接复制 MySQL 数据文件夹，复制数据文件夹时需要将 MySQL 服务停止，否则可能会出现异常。MySQLdump 命令是非常安全的备份方法，它既适合 MyISAM 类型的表，又适合 InnoDB 类型的表。

（3）使用 MySQLdump 备份整个数据库成功，把表和数据库都删除了，但使用备份文却不能恢复数据库是什么原因？

出现这种情况是因为备份的时候没有指定--databases 参数。默认情况下，如果只指定数据库名称，MySQLdump 备份的是数据库中的所有的表，而不包括数据库的创建语句，例如：

```
mysqldump -uroot -p123456 test>/var/root/sqls/test.sql
```

该语句只备份了 test 数据库下所有的表，读者打开该文件，可以看到文件中不包含创建 test 数据库的 CREATE DATABASE 语句，因此如果把 test 数据库也删除了，使用该 SQL 文件不能恢复以前的表，恢复时会出现 ERROR 1046(3D0000):No Database selected 的错误信息。必须在 MySQL 命令行下创建 test 数据库，并使用 use 语句选择 test 数据库之后才可以恢复。而下面的语句在数据库删除之后可以正常恢复备份时的状态：

```
mysqldump -uroot -p123456 -databases test>/var/root/sqls/test.sql
```

该语句不仅备份了所有数据库下的表结构，而且包括创建数据库的语句。

16.7 本章小结

本章介绍了备份数据库、恢复数据库、数据库迁移、导出表和导入表的内容。备份数据库和恢复数据库是本章的重点内容。在实际应用中，通常使用 MySQLdump 命令备份数据库，使用 MySQL 命令恢复数据库。数据库迁移、导出表和导入表是本章的难点。导出表和导入表的方法比较多，读者要多练习这些方法的使用。下一章将为读者介绍各种 MySQL 日志的作用和使用。

第 17 章
◀ 日志管理 ▶

MySQL 日志记录了 MySQL 数据库日常操作和错误信息。MySQL 8 之前的版本有不同类型的日志文件：二进制日志、错误日志、通用查询日志和慢查询日志。MySQL 8 又新增了两种支持的日志：中继日志和数据定义语句日志。分析这些日志，可以查询到 MySQL 数据库的运行情况、用户操作、错误信息等，可以为 MySQL 管理和优化提供必要的信息。对于 MySQL 的管理工作而言，这些日志文件是必不缺少的。本章将讲解的内容包括：

- 了解和学习什么是 MySQL 日志。
- 掌握二进制日志的用法。
- 掌握错误日志的用法。
- 掌握通用查询日志的用法。
- 掌握慢查询日志的用法。
- 熟练掌握综合案例中日志的操作方法和技巧。

通过本章的学习，读者可以了解日志的含义、使用日志的目的和日志的优点和缺点。读者还将了解二进制日志、错误日志、通用查询日志和慢查询日志的作用，了解中继日志和数据定义语句日志的定义。日志管理是维护数据库的重要步骤。读者学好日志相关的内容后，可以通过日志了解 MySQL 数据库的运行情况。

17.1 MySQL 软件所支持的日志

日志是 MySQL 数据库的重要组成部分。日志文件中记录着 MySQL 数据库运行期间发生的变化。当数据库遭到意外的损害时，可以通过日志文件来查询出错原因，并且可以通过日志文件进行数据恢复。

MySQL 日志主要分为 6 类，使用这些日志文件可以查看 MySQL 内部发生的事情，这 6 类日志分别说明如下。

- 二进制日志：记录所有更改数据的语句，可以用于用户数据复制。
- 错误日志：记录 MySQL 服务启动、运行或停止时出现的问题。
- 通用查询日志：记录建立的客户端连接和执行的语句。

- 慢查询日志：记录执行时间超过 long_query_time 的所有查询或不适用索引的查询。
- 中继日志：记录复制时从主服务器收到的数据改变。
- 数据定义语句日志：记录数据定义语句执行的元数据操作。

除二进制文件外，其他日志都是文本文件。默认情况下，所有日志创建于 MySQL 数据目录中。通过刷新日志可以强制 MySQL 关闭和重新打开日志文件（或者在某些情况下切换到一个新的日志）。当执行一个 FLUSH LOGS 语句或执行 mysqladmin flush-logs 和 mysqladmin refresh 时，将刷新日志。

默认情况下只启动错误日志的功能，其他 3 类日志都需要数据库管理员进行设置。

启动日志功能会降低 MySQL 数据库的性能。例如，在查询非常频繁的 MySQL 数据库系统中，如果开启了通用查询日志和慢查询日志，MySQL 数据库会花费很多时间记录日志。同时，日志会占用大量的磁盘空间。对于用户量非常大、操作非常频繁的数据库，日志文件需要的存储空间设置比数据库文件需要的存储空间还要大。

> 如果 MySQL 数据库系统意外停止服务，可以通过错误日志查看出现错误的原因。并且，可以通过二进制日志文件来查看用户执行了哪些操作、对数据库文件做了哪些修改。然后，可以根据二进制日志中的记录来修复数据库。

17.2 操作二进制日志

二进制日志也叫作变更日志（Update Log），主要用于记录数据库的变化情况。通过二进制日志可以查询 MySQL 数据库中进行了哪些改变。二进制日志以一种有效的格式，并且是事务安全的方式包含更新日志中可用的所有信息。二进制日志包含所有更新了数据或者已经潜在更新了数据（例如，没有匹配任何行的一个 DELETE）的语句。语句以"事件"的形式保存，描述数据更改。

二进制日志还包含关于每个更新数据库的语句的执行时间信息，它不包含没有修改任何数据的语句。如果想要记录所有语句（例如，为了识别有问题的查询），就使用一般查询日志。使用二进制日志的主要目的是最大可能地恢复数据库，因为二进制日志包含备份后进行的所有更新。本节将介绍二进制日志相关的内容。

17.2.1 启动二进制日志

二进制日志的操作包括启动二进制日志、查看二进制日志、停止二进制日志和删除二进制日志。本节将详细介绍二进制日志。

如果 MySQL 数据库意外停止，就可以通过二进制日志文件来查看用户执行了哪些操作，对数据库服务器文件做了哪些修改，然后根据二进制日志文件中的记录来恢复数据库服务器。在默认情况下，MySQL 8 中的二进制文件是开启的，可以通过以下 SQL 语句来查询 MySQL 系统中的二进制日志开关：

```
SHOW VARIABLES LIKE 'log_bin%';
```

结果如图 17-1 所示。

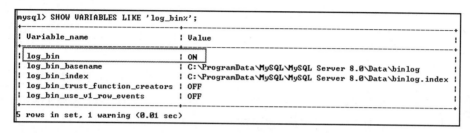

图 17-1　查询 log_bin 开关

从图 17-1 可以看出，MySQL 8 中的二进制日志默认是开启的。

如果二进制是关闭状态，如图 17-2 所示，可以通过修改 MySQL 的 my.cnf 或 my.ini 文件开启二进制日志。以 Windows 系统为例，打开 MySQL 目录下的 my.ini 文件，首先检查配置文件中是否存在 skip-log-bin 或 disable-log-bin 配置项，如果存在，那么去掉这些配置项后重启 MySQL 服务即可。如果没有这些配置项，二进制日志依然处于关闭状态，可以将 log-bin 选项加入[mysqld]组中，如图 17-3 所示。

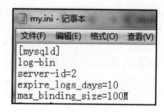

图 17-2　查询 log_bin 开关　　　　　　　图 17-3　打开 log_bin 开关

在 MySQL 5.7.3 及以后版本，如果没有设置 server-id，那么设置 binlog 后无法开启 MySQL 服务（Bug #11763963，Bug #56739）。

按图 17-3 所示的设置修改好 my.ini 文件后，重新启动 MySQL 服务，再用以下 SQL 语句查询二进制日志的信息，执行结果与图 17-1 所示一致。

```
SHOW VARIABLES LIKE 'log_bin%';
```

前往 C:\ProgramData\MySQL\MySQL Server 8.0\Data 目录，可以看到二进制文件和索引已经生成，如图 17-4 所示。

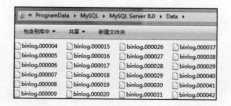

图 17-4　二进制日志文件和索引

527

如果想改变日志文件的目录和名称，可以对 my.ini 中的 log_bin 参数修改如下：

```
[mysqld]
log-bin="d:\mysql\logs"
```

关闭并重启 MySQL 服务之后，新的二进制日志文件将出现在 d:\mysql\logs 文件夹下，读者可以根据情况灵活设置。

 数据库文件文件最好不要与日志文件放在同一个磁盘上。这样，当数据库文件所在的磁盘发生故障时，可以使用日志文件恢复数据。

17.2.2　查看二进制日志

MySQL 二进制日志存储了所有的变更信息，MySQL 二进制日志是经常用到的。当 MySQL 创建二进制日志文件时，首先创建一个以 filename 为名称、以.index 为后缀的文件；再创建一个以 filename 为名称、以.000001 为后缀的文件。当 MySQL 服务重新启动一次，以.000001 为后缀的文件会增加一个，并且后缀名以 1 递增；如果日志长度超过了 max_binlog_size 的上限（默认是 1GB），就会创建一个新的日志文件。

SHOW BINARAY LOGS 语句可以查看当前的二进制日志文件个数及其文件名。MySQL 二进制日志并不能直接查看，如果要查看日志内容，可以通过 mysqlbinlog 命令查看。

【示例 17-1】查看二进制日志文件个数及文件名，命令如下：

```
SHOW BINARY LOGS;
```

执行结果如图 17-5 所示。

```
mysql> SHOW BINARY LOGS;
+---------------+-----------+
| Log_name      | File_size |
+---------------+-----------+
| binlog.000030 |     45711 |
| binlog.000031 |      7916 |
| binlog.000032 |       178 |
| binlog.000033 |       155 |
+---------------+-----------+
4 rows in set (0.00 sec)
```

图 17-5　二进制日志文件和索引

可以看到，当前有 4 个二进制日志文件，日志文件的个数与 MySQL 服务启动的次数相同，每启动一次 MySQL 服务，将会产生一个新的日志文件。

【示例 17-2】使用 mysqlbinlog 查看二进制日志，具体步骤如下：

步骤01 使用如下命令查看二进制日志：

```
mysqlbinlog
    "C:\ProgramData\MySQL\MySQL Server 8.0\Data\binlog.000032"
```

执行结果如图 17-6 所示。

```
C:\Users\eleph>mysqlbinlog  "C:\ProgramData\MySQL\MySQL Server 8.0\Data\binlog.000032"
/*!50530 SET @@SESSION.PSEUDO_SLAVE_MODE=1*/;
/*!50003 SET @OLD_COMPLETION_TYPE=@@COMPLETION_TYPE,COMPLETION_TYPE=0*/;
DELIMITER /*!*/;
# at 4
#190709 16:47:31 server id 1  end_log_pos 124 CRC32 0x5e8f908d  Start: binlog v 4, server v 8.0.12
reated 190709 16:47:31 at startup
ROLLBACK/*!*/;
BINLOG '
o1QkXQ8BAAAAeAAAAHwAAAAAAQAOC4wLjEyAAAAAAAAAAAAAAAAAAAAAAAAAAAAAAAAAAAAAAAA
AAAAAAAAAAAAAAAAAACjUCRdEwANAAgAAAAABAAEAAAAYAAEGggAAAAICAgCAAAACgoKKioAEjQA
CgGNkI9e
'/*!*/;
# at 124
#190709 16:47:31 server id 1  end_log_pos 155 CRC32 0x102fdd2a  Previous-GTIDs
# [empty]
# at 155
#190709 16:47:33 server id 1  end_log_pos 178 CRC32 0x452b2d07  Stop
SET @@SESSION.GTID_NEXT= 'AUTOMATIC' /* added by mysqlbinlog */ /*!*/;
DELIMITER ;
# End of log file
/*!50003 SET COMPLETION_TYPE=@OLD_COMPLETION_TYPE*/;
/*!50530 SET @@SESSION.PSEUDO_SLAVE_MODE=0*/;
```

图 17-6　查看二进制日志

从图 17-6 的执行结果可以看到，这是一个简单的日志文件，日志中记录了用户的一些操作。

步骤 **02**　如果在查看二进制日志中报错，提示无法识别 default-charater-set，原因是 mysqlbinlog
工具无法识别 binlog 中配置的 default-charater-set=utf8 指令。有两种方法可以解决这
个问题：第一种方法是在 my.ini 中将 default-charater-set=utf8 修改为
charater-set-server=utf8，这需要重启 MySQL 服务器，实际应用时代价比较大；第二
种方法是用 mysqlbinlog --no-defaults 命令打开。我们这里采用第二种方法，命令如下，
执行结果与图 17-6 所示一致。

```
mysqlbinlog --no-defaults
   "C:\ProgramData\MySQL\MySQL Server 8.0\Data\binlog.000032"
```

17.2.3　使用二进制日志恢复数据库

如果 MySQL 服务器启用了二进制日志，在数据库出现意外丢失数据时，可以使用
mysqlbinlog 工具从指定的时间点开始（例如，最后一次备份）直到现在或另一个指定的时间
点的日志中恢复数据。

要从二进制日志恢复数据，需要知道当前二进制日志文件的路径和文件名。一般可以从配
置文件（my.cnf 或者 my.ini，文件名取决于 MySQL 服务器的操作系统，Mac OS X 和 Linux
系统对应的是 my.cnf，Windows 系统对应的是 my.ini）中找到路径。

mysqlbinlog 恢复数据的语法如下：

```
mysqlbinlog [option] filename|mysql -uuser -p[pass];
```

option 是一些可选的选项，filename 是日志文件名。比较重要的两对 option 参数是--start-date、
--stop-date 和--start-position、--stop-position。--start-date 和--stop-tate 可以指定恢复数据库的起
始时间点和结束时间点。--start-position 和--stop-position 可以指定恢复数据的开始位置和结束
位置。这个命令可以这样理解：使用 mysqlbinlog 命令来读取 filename 中的内容，然后使用
mysql 命令将这些内容恢复到数据库中。

使用 mysqlbinlog 命令进行恢复操作时，必须是编号小的先恢复，例如 rlog.000001 必须在 rlog.000002 之前恢复。

【示例 17-3】使用 mysqlbinlog 命令恢复 MySQL 数据库，命令如下：

```
mysqlbinlog /usr/local/mysql/data/rebeccadeMacBook-Pro-bin.000001|mysql -
uroot -p123456;
    mysqlbinlog /usr/local/mysql/data/rebeccadeMacBook-Pro-bin.000002|mysql -
uroot -p123456;
    mysqlbinlog /usr/local/mysql/data/rebeccadeMacBook-Pro-bin.000003|mysql -
uroot -p123456;
    mysqlbinlog /usr/local/mysql/data/rebeccadeMacBook-Pro-bin.000004|mysql -
uroot -p123456;
```

【示例 17-4】使用 mysqlbinlog 命令恢复 MySQL 数据库到 2019 年 7 月 10 日 21:29:31 以前的状态，执行命令及结果如下：

```
mysqlbinlog --stop-date="2019-07-10 21:29:31"
/usr/local/mysql/data/rebeccadeMacBook-Pro-bin.000003|mysql -uroot -p123456;
```

上述命令执行成功后，会根据 rebeccadeMacBook-Pro-bin.000003 日志文件恢复 2019 年 7 月 10 日 21:29:31 以前的状态。

mysqlbinlog 命令对于意外操作非常有效，比如因操作不当误删除了数据表。

17.2.4　暂停二进制日志

在配置文件中设置了 log-bin 选项以后，MySQL 服务将会一直开启二进制日志功能。删除该选项后就可以停止二进制日志功能。如果需要再次启动这个功能，就需要重新添加 log-bin 选项。MySQL 中提供了暂时停止二进制日志功能的语句。本小节将为读者介绍暂时停止二进制日志功能的方法。

如果用户不希望自己执行的某些 SQL 语句记录在二进制日志中，就可以使用 SET 语句来暂停二进制日志功能。SET 语句的代码如下：

```
SET SQL_LOG_BIN = {0|1}
```

执行如下语句将暂停记录二进制日志：

```
SET SQL_LOG_BIN = 0;
```

执行如下语句将恢复记录二进制日志：

```
SET SQL_LOG_BIN = 1;
```

17.2.5　删除二进制日志

MySQL 的二进制文件可以配置自动删除。同时，MySQL 提供了安全的手动删除二进制文件的方法：PURGE MASTER LOGS 只删除部分二进制日志文件；RESET MASTER 删除所有的二进制日志文件。本小节将介绍这两种删除二进制日志的方法。

1. 使用 PURGE MASTER LOGS 语句删除指定日志文件

PURGE MASTER LOGS 语句的语法如下：

```
PURGE {MASTER | BINARY} LOGS TO 'log_name'
PURGE {MASTER | BINARY} LOGS BEFORE 'date'
```

【示例 17-5】在 MySQL 数据库管理系统中，使用 PURGE MASTER LOGS 语句删除创建时间比 binlog.000034 早的所有日志，具体步骤如下：

步骤 **01** 为了演示语句操作日志文件，准备多个日志文件，多次重新启动 MySQL 服务。再用 SHOW 语句显示二进制日志文件列表，具体 SQL 语句如下：

```
SHOW BINARY LOGS;
```

执行结果如图 17-7 所示。

```
mysql> SHOW BINARY LOGS;
+----------------+-----------+
| Log_name       | File_size |
+----------------+-----------+
| binlog.000030  |     45711 |
| binlog.000031  |      7916 |
| binlog.000032  |       178 |
| binlog.000033  |       178 |
| binlog.000034  |       178 |
| binlog.000035  |       178 |
| binlog.000036  |       178 |
| binlog.000037  |       178 |
| binlog.000038  |       178 |
| binlog.000039  |       155 |
+----------------+-----------+
10 rows in set (0.00 sec)
```

图 17-7　二进制日志列表

步骤 **02** 执行 PURGE MASTER LOGS 语句删除创建时间比 binlog.000034 早的所有日志，具体 SQL 语句如下：

```
PURGE MASTER LOGS TO "binlog.000034";
```

执行结果如图 17-8 所示。

```
mysql> PURGE MASTER LOGS TO "binlog.000034";
Query OK, 0 rows affected (0.04 sec)
```

图 17-8　删除二进制文件

步骤 **03** 显示二进制日志文件列表，具体 SQL 语句如下：

```
SHOW BINARY LOGS;
```

执行结果如图 17-9 所示。

```
mysql> SHOW BINARY LOGS;
+---------------+-----------+
| Log_name      | File_size |
+---------------+-----------+
| binlog.000034 |       178 |
| binlog.000035 |       178 |
| binlog.000036 |       178 |
| binlog.000037 |       178 |
| binlog.000038 |       178 |
| binlog.000039 |       155 |
+---------------+-----------+
6 rows in set (0.00 sec)
```

图 17-9　二进制日志列表

从图 17-9 的执行结果可以看到，比 binlog.000034 早的所有日志文件都已经被删除了。

【示例 17-6】在 MySQL 数据库管理系统中，使用 PURGE MASTER LOGS 语句删除 2019 年 7 月 10 号前创建的所有日志文件，具体步骤如下：

步骤 01　显示二进制日志文件列表，具体 SQL 语句如下：

```
SHOW BINARY LOGS;
```

执行结果如图 17-10 所示。

```
mysql> SHOW BINARY LOGS;
+---------------+-----------+
| Log_name      | File_size |
+---------------+-----------+
| binlog.000034 |       178 |
| binlog.000035 |       178 |
| binlog.000036 |       178 |
| binlog.000037 |       178 |
| binlog.000038 |       178 |
| binlog.000039 |       178 |
| binlog.000040 |       155 |
+---------------+-----------+
7 rows in set (0.00 sec)
```

图 17-10　二进制日志列表

步骤 02　执行 mysqlbinlog 命令查看二进制日志文件 binlog.000040 的内容，具体命令如下：

```
mysqlbinlog --no-defaults
    "C:\ProgramData\MySQL\MySQL Server 8.0\Data\binlog.000040"
```

执行结果如图 17-11 所示。

```
C:\Windows\system32>mysqlbinlog --no-defaults "C:\ProgramData\MySQL\MySQL Server 8.0\Data\binlog.000
040"
/*!50530 SET @@SESSION.PSEUDO_SLAVE_MODE=1*/;
/*!50003 SET @OLD_COMPLETION_TYPE=@@COMPLETION_TYPE,COMPLETION_TYPE=0*/;
DELIMITER /*!*/;
# at 4
#190711  9:17:10 server id 1  end_log_pos 124 CRC32 0xbec21fab  Start: binlog v 4, server v 8.0.12 c
reated 190711  9:17:10 at startup
# Warning: this binlog is either in use or was not closed properly.
ROLLBACK/*!*/;
BINLOG '
Fo4mXQ8BAAAAeAAAAHwAAAABAAQAOC4wLjEyAAAAAAAAAAAAAAAAAAAAAAAAAAAAAAAAAAAAA
AAAAAAAAAAAAAAAAAAWjiZdEwANAAgAAAAABAAEAAAAYAAEGggAAAAICAgCAAAACgoKKioAEjQA
CgGrH8K+
'/*!*/;
# at 124
#190711  9:17:10 server id 1  end_log_pos 155 CRC32 0x8f01b468  Previous-GTIDs
# [empty]
SET @@SESSION.GTID_NEXT= 'AUTOMATIC' /* added by mysqlbinlog */ /*!*/;
DELIMITER ;
# End of log file
/*!50003 SET COMPLETION_TYPE=@OLD_COMPLETION_TYPE*/;
/*!50530 SET @@SESSION.PSEUDO_SLAVE_MODE=0*/;
```

图 17-11　查看二进制日志内容

如图 17-11 所示，可以看出 190711 为日志创建的时间，即 2019 年 7 月 11 日。

步骤 03 使用 PURGE MASTER LOGS 语句删除 2019 年 7 月 11 日前创建的所有日志文件，具体 SQL 语句如下：

```
PURGE MASTER LOGS before "20190711";
```

执行结果如图 17-12 所示。

步骤 04 显示二进制日志文件列表，具体 SQL 语句如下：

```
SHOW BINARY LOGS;
```

执行结果如图 17-13 所示。

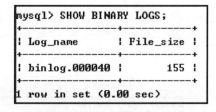

```
mysql> PURGE MASTER LOGS before "20190711";
Query OK, 0 rows affected (0.03 sec)
```

图 17-12　删除二进制日志

```
mysql> SHOW BINARY LOGS;
+----------------+-----------+
| Log_name       | File_size |
+----------------+-----------+
| binlog.000040  |       155 |
+----------------+-----------+
1 row in set (0.00 sec)
```

图 17-13　查看二进制日志列表

从图 17-13 的执行结果可以看到，2019 年 7 月 11 日之前的二进制日志文件都已经被删除，最后一个没有删除，是因为当前在用，还未记录最后的时间，所以未被删除。

2. 使用 RESET MASTER 语句删除所有二进制日志文件

RESET MASTER 语句的语法如下：

```
RESET MASTER;
```

执行完该语句后，所有二进制日志将被删除，MySQL 会重新创建二进制文件，新的日志文件扩展名将重新从 000001 开始编号。

【示例 17-7】在 MySQL 数据库管理系统中，使用 RESET MASTER 语句删除所有日志文件，具体步骤如下：

步骤01 显示二进制日志文件列表，具体 SQL 语句如下：

```
SHOW BINARY LOGS;
```

执行结果如图 17-14 所示。

步骤02 重启 MySQL 服务若干次，执行 SHOW 语句显示二进制日志文件列表，具体 SQL 语句如下：

```
SHOW BINARY LOGS;
```

执行结果如图 17-15 所示。

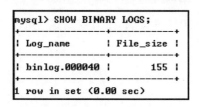

图 17-14　查看二进制日志列表

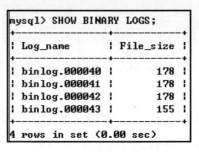

图 17-15　查看二进制日志列表

步骤03 执行 RESET MASTER 语句删除所有日志文件，具体 SQL 语句如下：

```
RESET MASTER;
SHOW BINARY LOGS;
```

执行结果如图 17-16 所示，删除完毕后，再查看二进制日志列表，如图 17-17 所示。

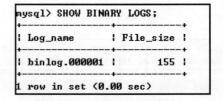

图 17-16　删除所有二进制日志

图 17-17　查看二进制日志列表

从图 17-17 的执行结果可以看出，原来的所有二进制日志已经全部被删除，MySQL 重新创建了二进制日志，新的日志文件扩展名重新从 000001 开始编号。

17.3 操作错误日志

错误日志是 MySQL 数据库中常见的一种日志。错误日志主要用来记录 MySQL 服务的开启、关闭和错误信息。本节将为读者介绍错误日志的内容。

17.3.1　启动错误日志

在 MySQL 数据库中，错误日志功能是默认开启的。而且，错误日志无法被禁止。默认情况下，错误日志存储在 MySQL 数据库的数据文件夹下。错误日志文件的名称默认为 hostname.err。其中，hostname 表示 MySQL 服务器的主机名。如果需要指定文件名，就需要在 my.cnf 或者 my.ini 中进行如下配置：

```
#my.cnf(Max OS X操作系统、Linux操作系统)
#my.ini(Windows操作系统)
[mysqld]
log-error=[path/[filename]]
```

其中，path 为日志文件所在的目录路径，filename 为日志文件名。修改配置项后，需要重启 MySQL 服务以生效。

17.3.2　查看错误日志

错误日志中记录着开启和关闭 MySQL 服务的时间，以及服务运行过程中出现哪些异常等信息，通过错误日志可以查看系统的运行状态，便于及时发现故障、修复故障。如果 MySQL 服务出现异常，就可以到错误日志中查找原因。本小节将为读者介绍查看错误日志的方法。

MySQL 错误日志是以文本文件形式存储的，可以使用文本编辑器直接查看 MySQL 错误日志。Windows 操作系统使用文本文件查看器；Linux 系统可以使用 vi 工具或者 Gedit 工具查看；Mac OS X 系统可以使用文本文件查看器或者 vi 等工具查看。

如果不知道日志文件的存储路径，可以使用 SHOW VARIABLES 语句查询错误日志的存储路径。SHOW VARIABLES 语句如下：

```
SHOW VARIABLES LIKE 'log_err%';
```

【示例 17-8】查看 MySQL 错误日志，具体步骤如下：

使用 SHOW VARIABLES 语句查询错误日志的存储路径，具体 SQL 语句如下：

```
SHOW VARIABLES LIKE 'log_err%';
```

执行结果如图 17-18 所示。

```
mysql> SHOW VARIABLES LIKE 'log_err%';
+----------------------+-------------------------------------------+
| Variable_name        | Value                                     |
+----------------------+-------------------------------------------+
| log_error            | .\ELEPH-PC.err                            |
| log_error_services   | log_filter_internal; log_sink_internal    |
| log_error_verbosity  | 2                                         |
+----------------------+-------------------------------------------+
3 rows in set, 1 warning (0.02 sec)
```

图 17-18　查看错误日志存储路径

从图 17-18 的执行结果中可以看到错误日志文件是.\PC 名称.err，位于 MySQL 默认的数据目录下。使用文本编辑器打开该文件，可以看到 MySQL 的错误日志内容，如图 17-19 所示。

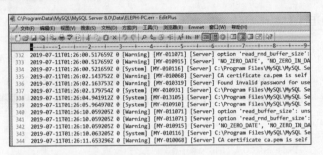

图 17-19　查看错误日志内容

图 17-19 中显示的是错误日志文件内容的一部分，记载了系统的一些错误。

17.3.3　删除错误日志

数据库管理员可以删除很长时间以前的错误日志，以保证 MySQL 服务器上的硬盘空间，MySQL 的错误日志是以文本文件的形式存储在文件系统中的，可以直接删除。

对于 MySQL 5.5.7 以前的版本，flush_logs 可以将错误日志文件重名为 filename.err_old，并创建新的日志文件。但是从 MySQL 5.5.7 开始，flush_logs 只是重新打开日志文件，并不进行日志备份和创建的操作。如果日志文件不存在，MySQL 启动或者执行 flush_logs 时会创建新的日志文件。

在运行状态下删除错误日志文件后，MySQL 并不会自动创建日志文件。flush_logs 在重新加载日志的时候，如果文件不存在，就会自动创建。所以在删除错误日志之后，如果需要重建日志文件，就需要在服务器端执行以下命令：

```
mysqladmin -u root -p[password] flush-logs
```

执行结果如图 17-20 所示。

```
C:\Users\eleph>mysqladmin -u root -p flush-logs
Enter password: ******

C:\Users\eleph>
```

图 17-20　重建错误日志文件

或者在客户端登录 MySQL 数据库，执行 flush logs 语句，执行结果如图 17-21 所示。

```
FLUSH LOGS;
```

手动直接删除错误日志文件后，使用以上两种命令都会重新创建错误日志，大小为 0 字节，如图 17-22 所示。

```
mysql> FLUSH LOGS;
Query OK, 0 rows affected (0.04 sec)
```

图 17-21　重建错误日志文件

ELEPH-PC.err　2019/7/11 9:34　ERR 文件　0 KB

图 17-22　重建好的错误日志文件

通常情况下，管理员不需要查看错误日志。但是，MySQL 服务器发生异常时，管理员可以从错误日志中找到发生异常的时间和原因，然后根据这些信息来解决异常。对于很久以前的错误日志，管理员查看这些错误日志的可能性不大，可以将这些错误日志删除。

17.4　通用查询日志

通用查询日志是用来记录用户的所有操作，包括启动和关闭 MySQL 服务、更新语句和查询语句等。本节将为读者介绍通用查询日志的启动、查看、删除等操作。

17.4.1　启动通用查询日志

MySQL 服务器默认情况下并没有开启通用查询日志。如果需要开启通用查询日志，可以通过修改 my.cnf 或者 my.ini 配置文件来开启，在[mysqld]组下加入 log 选项，形式如下：

```
[mysqld]
general_log=ON
general_log_file=[path[filename]]
```

path 为日志文件所在的目录路径，filename 为日志文件名。如果不指定目录和文件名，通用查询日志将默认存储在 MySQL 数据目录的 hostname.log 文件中。hostname 是 MySQL 数据库的主机名。这里在[mysqld]下增加选项 log，后面不指定参数值，格式如下：

```
[mysqld]
general_log=ON
```

重启 MySQL 服务，在 MySQL 的 data 目录下生成了新的通用查询日志，如图 17-23 所示。

名称	修改日期	类型	大小
ELEPH-PC.log	2019/7/11 9:40	LOG 文件	1 KB

图 17-23　新生成的通用查询日志文件

市面上的一些工具书基本都介绍如下格式，这样配置之后，MySQL 服务是无法启动的。

```
[mysqld]
log=[path[filename]]
```

在 MySQL 5.0 版本中，如果要开启 slow log 和 general log，就需要重启。从 MySQL 5.1.6 版开始，general query log 和 slow query log 开始支持写到文件或者数据库表两种方式，并且日志的开启和输出方式的修改都可以在 Global 级别动态修改。市面上关于 MySQL 的一些工具书都没有提到这一点。

```
SET GLOBAL general_log=on;
SET GLOBAL general_log=off;
```

```
SET GLOBAL general_log_file='path/filename';
```

下面通过命令行方式关闭已开启的通用查询日志，具体 SQL 命令如下：

```
SET GLOBAL general_log=on;
SHOW VARIABLES LIKE 'general_log%';
```

执行结果如图 17-24 和图 17-25 所示。

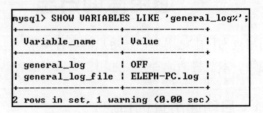

图 17-24　关闭通用查询日志　　　　图 17-25　查看通用查询日志列表

17.4.2　查看通用查询日志

通用查询日志记录了用户的所有操作。通过查看通用查询日志可以了解用户对 MySQL 进行的操作。通用查询日志是以文本文件的形式存储在文件系统中的，可以使用文本编辑器直接打开日志文件进行查看。

【示例 17-9】查看 MySQL 通用查询日志，具体步骤如下：

步骤 01　使用 SET 语句开启通用查询日志，具体 SQL 语句如下：

```
SET GLOBAL general_log=on;
```

执行结果如图 17-26 所示。

步骤 02　查看通用查询日志功能信息，具体 SQL 语句如下：

```
SHOW VARIABLES LIKE 'general_log%';
```

执行结果如图 17-27 所示。

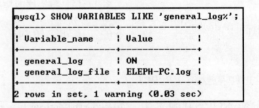

图 17-26　启动通用查询日志　　　　图 17-27　查看通用查询日志功能信息

步骤 03　从图 17-27 中可以看到通用查询日志为 ELEPH-PC.log，用编辑器打开日志文件，如图 17-28 所示。

图 17-28 查看通用查询日志的内容

图 17-28 显示的是通用查询日志的一部分内容，可以看到 MySQL 启动信息、用户 root 连接服务器和执行查询表的记录，每台 MySQL 服务器的通用查询日志内容是不同的。

17.4.3 停止通用查询日志

MySQL 服务器停止通用查询日志功能有两种方法：一种是修改 my.cnf 或者 my.ini 文件，把[mysqld]组下的 general_log 值设置为 OFF 或者 0，修改保存后，再重启 MySQL 服务，即可生效；第二种方法是使用 SET 语句来设置。下面举例介绍这两种方法的使用。

【示例 17-10】修改 my.cnf 或者 my.ini 文件停止 MySQL 通用查询日志功能，步骤如下：

步骤 01 修改 my.cnf 或者 my.ini 文件，把[mysqld]组下的 general_log 值设置为 OFF，并保存，具体修改如下：

```
[mysqld]
general_log=OFF
```

或者，把 general_log 一项注释掉，修改如下：

```
[mysqld]
#general_log=OFF
```

或者，把 general_log 一项删除，修改如下：

```
[mysqld]
```

步骤 02 重启 MySQL 服务，查询通用查询日志功能，SQL 语句如下：

```
SHOW VARIABLES LIKE 'general_log%';
```

执行结果如图 17-29 所示。

```
mysql> SHOW VARIABLES LIKE 'general_log%';
+------------------+------------+
| Variable_name    | Value      |
+------------------+------------+
| general_log      | OFF        |
| general_log_file | ELEPH-PC.log |
+------------------+------------+
2 rows in set, 1 warning (0.00 sec)
```

图 17-29 查看通用查询日志功能信息

【示例 17-11】使用 SET 语句停止 MySQL 通用查询日志功能，具体步骤如下：

步骤 01 停止 MySQL 通用查询日志功能，具体 SQL 语句如下：

```
SET GLOBAL general_log=off;
```

执行结果如图 17-30 所示。

步骤 02 重启 MySQL 服务，查询通用日志功能，SQL 语句如下：

```
SHOW VARIABLES LIKE 'general_log%';
```

执行结果如图 17-31 所示。

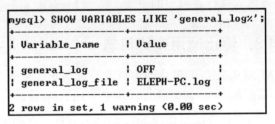

图 17-30　关闭通用查询日志　　　　图 17-31　查看通用查询日志功能

17.4.4　删除通用查询日志

通用查询日志会记录用户的所有操作。如果数据的使用非常频繁，那么通用查询日志会占用服务器非常大的磁盘空间。数据管理员可以删除很长时间之前的查询日志，以保证 MySQL 服务器上的硬盘空间。本小节将介绍删除通用查询日志的方法。

1. 手工删除通用查询日志

使用 SHOW 语句查询通用日志信息，具体 SQL 语句如下：

```
SHOW VARIABLES LIKE 'general_log%';
```

执行结果如图 17-32 所示。

从图 17-32 执行结果可以看出，通用查询日志的目录默认为 MySQL 数据目录，在该目录下手动删除通用查询日志 ELEPH-PC.log，如图 17-33 所示。

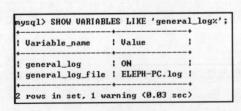

图 17-32　查看通用查询日志功能　　　　图 17-33　删除通用查询日志文件

使用命令 mysqladmin flush-logs 重新生成查询日志文件，具体命令如下：

```
mysqladmin -uroot -p123456 flush-logs
```

执行结果如图 17-34 所示。

名称	修改日期	类型	大小
ELEPH-PC.log	2019/7/11 9:40	LOG 文件	1 KB

图 17-34　重新创建查询日志文件

2. 使用 mysqladmin 命令直接删除通用查询日志

使用 mysqladmin 命令之后，会开启新的通用查询日志，新的通用查询日志会直接覆盖旧的查询日志，不需要再手动删除了。mysqladmin 命令的语法如下：

```
mysqladmin -uroot -p123456 flush-logs
```

如果希望备份旧的通用查询日志，就必须先将旧的日志文件复制出来或者改名，再执行上面的 mysqladmin 命令。

17.5 慢查询日志

慢查询日志是用来记录执行时间超过指定时间的查询语句。通过慢查询日志可以查找出哪些查询语句执行时间较长、执行效率较低，以便进行优化。本节将为读者介绍慢查询日志的操作。

17.5.1　启动慢查询日志

在 MySQL 数据库系统中，慢查询日志默认是关闭的。开启 MySQL 慢查询日志功能有两种方法：第一种是通过修改 my.cnf 或者 my.ini 文件再重启 MySQL 服务开启慢查询日志；第二种是通过 SET 语句设置慢查询日志开关来启动慢查询日志功能。下面将详细介绍这两种方法。

1. 修改配置文件开启慢查询日志

通过修改 my.cnf 或者 my.ini 文件，在里面设置选项，再重启 MySQL 服务，可以开启慢查询日志。在[mysqld]组下设置 long_query_time、slow_query_log 和 slow_query_log_file 的值，具体形式如下：

```
[mysqld]
long_query_time=n
slow_query_log=ON
slow_query_log_file=[path[filename]]
```

其中，long_query_time 设定慢查询的阈值，超出此设定值的 SQL 即被记录到慢查询日志，默认值为 10 秒，n 表示 n 秒；slow_query_log 是开启慢查询日志的开关；slow_query_log_file

表示慢查询日志的目录和文件名信息，其中 path 参数指定慢查询日志的存储路径，filename 参数指定日志的文件名，生成日志文件的完整名称为 filename-slow.err。如果不指定存储路径，慢查询日志将默认存储到 MySQL 数据库的数据文件夹下。如果不指定文件名，默认文件名为 hostname-slow.log。

【示例 17-12】修改配置文件来启动 MySQL 慢查询日志功能，具体步骤如下：

步骤 01 查看慢查询日志功能，具体 SQL 语句如下：

```
SHOW VARIABLES LIKE '%slow%';
SHOW VARIABLES LIKE '%long_query_time%';
```

执行结果如图 17-35 所示。

从图 17-35 可以看到，MySQL 系统中的慢查询日志是关闭的。

步骤 02 修改 my.cnf 文件，具体修改如下：

```
[mysqld]
long_query_time=2
slow_query_log=ON
```

步骤 03 重启 MySQL 服务，使用 SHOW 语句查看慢查询日志功能，具体 SQL 语句如下：

```
SHOW VARIABLES LIKE '%slow%';
SHOW VARIABLES LIKE '%long_query_time%';
```

执行结果如图 17-36 所示。

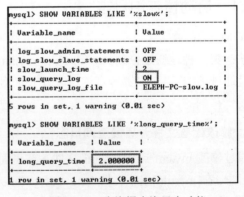

图 17-35　查询慢查询日志功能　　　　图 17-36　查询慢查询日志功能

从图 17-36 可以看出，慢查询日志功能已经开启，而且超时时长设置为 2 秒。

步骤 04 打开 MySQL 数据目录查看慢查询日志 ELEPH-PC-slow.log，执行结果如图 17-37 所示。

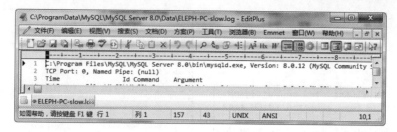

图 17-37　查看慢查询日志

图 17-37 显示，慢查询日志 ELEPH-PC-slow.log 已经创建完成。

2. 通过 SET 语句开启慢查询日志

除了修改配置文件外，MySQL 5.7 以上版本也支持通过 SET 语句修改慢查询日志相关的全局变量来开启慢查询日志。

【示例 17-13】修改配置文件来启动 MySQL 慢查询日志功能，具体步骤如下：

步骤01　查看慢查询日志功能，具体 SQL 语句如下：

```
SHOW VARIABLES LIKE '%slow%';
SHOW VARIABLES LIKE '%long_query_time%';
```

执行结果如图 17-38 和图 17-39 所示。

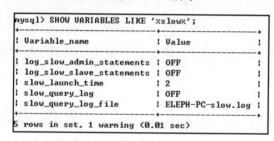

图 17-38　查询慢查询日志所在目录

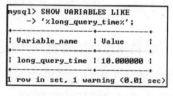

图 17-39　查询超时时长

步骤02　开启慢查询日志功能，设置超时时长，具体 SQL 语句如下：

```
SET GLOBAL slow_query_log=ON;
SET GLOBAL long_query_time=2;
SET SESSION long_query_time=2;
```

执行结果如图 17-40 所示。

步骤03　查看慢查询日志功能，具体 SQL 语句如下：

```
SHOW VARIABLES LIKE '%slow%';
SHOW VARIABLES LIKE '%long_query_time%';
```

执行结果如图 17-41 所示。

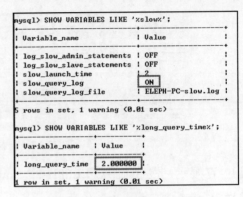

```
mysql> SET GLOBAL slow_query_log=ON;
Query OK, 0 rows affected (0.00 sec)

mysql> SET GLOBAL long_query_time=2;
Query OK, 0 rows affected (0.00 sec)

mysql> SET SESSION long_query_time=2;
Query OK, 0 rows affected (0.00 sec)
```

图 17-40   开启慢查询日志　　　　　　　图 17-41   查询慢查询日志功能

从图 17-41 可以看出，慢查询日志功能已经开启，而且超时时长设置为 2 秒。

步骤 04　打开数据目录查看慢查询日志 ELEPH-PC-slow.log，执行结果如图 17-42 所示。

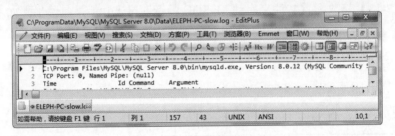

图 17-42   查看慢查询日志

图 17-42 显示，慢查询日志 ELEPH-PC-slow.log 在已经删除的情况下又被重新创建了。

17.5.2　查看和分析慢查询日志

MySQL 的慢查询日志是以文本形式存储的，可以直接使用文本编辑器查看。在慢查询日志中记录着执行时间较长的查询语句，用户可以从慢查询日志中获取执行效率较低的查询语句，为查询优化提供重要的依据。

【示例 17-14】查看 MySQL 慢查询日志内容，具体步骤如下：

步骤 01　查看慢查询日志所在目录，具体 SQL 语句如下：

```sql
SHOW VARIABLES LIKE '%slow_query_log_file%';
```

执行结果如图 17-43 所示。

步骤 02　查看慢查询日志要求的查询超时时长，具体 SQL 语句如下：

```sql
SHOW VARIABLES LIKE '%long_query_time%';
```

执行结果如图 17-44 所示。

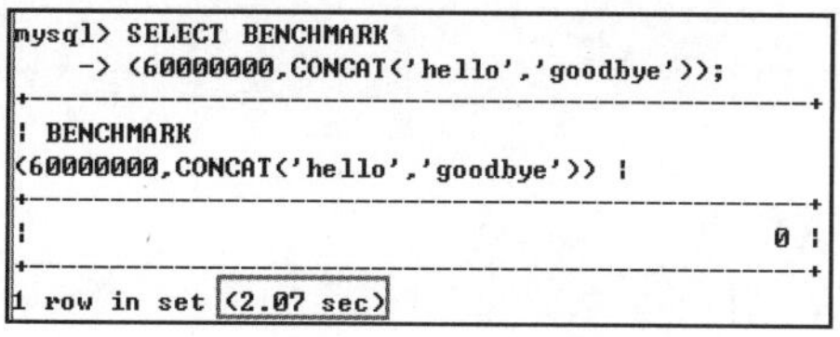

图 17-43 查询慢查询日志所在目录　　图 17-44 查询超时时长

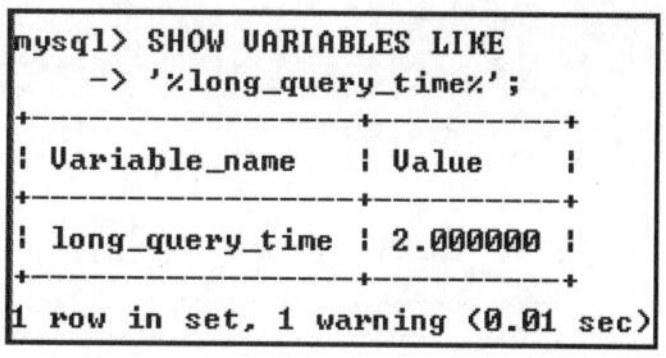

步骤 03 MySQL 中提供了一个计算表达式性能的函数 BENCHMARK(count,expr)，该函数会重复计算 expr 表达式 count 次，通过这种方式可以模拟时间较长的查询，根据客户端提示的执行时间来得到 BENCHMARK 总共执行所消耗的时间，只要超过设定的 2 秒就满足条件，具体 SQL 语句如下：

```
SELECT BENCHMARK(60000000,CONCAT('hello','goodbye'));
```

执行结果如图 17-45 所示。

从图 17-45 的执行结果可以看到，SELECT BENCHMARK(count,expr)函数执行的时长为 2.07 秒，超过了设定的超时时长 2 秒，所以应该在慢查询日志中有所记录。

步骤 04 打开慢查询日志 ELEPH-PC-slow.log，日志内容如图 17-46 所示。

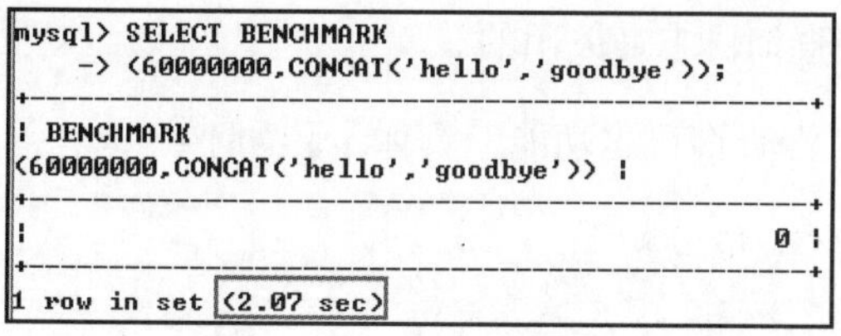

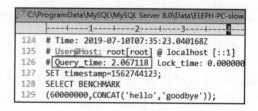

图 17-45 模拟长时间查询　　图 17-46 查看慢查询日志内容

图 17-46 显示，慢查询日志 ELEPH-PC-slow.log 中已经记录了步骤 3 中 SELECT BENCHMARK(count,expr)函数的操作。

17.5.3 停止慢查询日志

MySQL 服务器停止慢查询日志功能有两种方法：一种是修改 my.cnf 或者 my.ini 文件，把 [mysqld] 组下的 slow_query_log 值设置为 OFF 或者 0，修改保存后，再重启 MySQL 服务，即可生效；第二种方法是使用 SET 语句来设置。下面举例介绍这两种方法的使用。

【示例 17-15】修改 my.cnf 或者 my.ini 文件停止 MySQL 慢查询日志功能，步骤如下：

步骤 01 修改 my.cnf 或者 my.ini 文件，把 [mysqld] 组下的 slow_query_log 值设置为 OFF，并保存，具体修改如下：

```
[mysqld]
slow_query_log=OFF
```

或者，把 slow_query_log 一项注释掉，修改如下：

```
[mysqld]
#slow_query_log =OFF
```

或者，把 slow_query_log 一项删除，修改如下：

```
[mysqld]
```

步骤 02 重启 MySQL 服务，执行如下语句查询慢查询日志功能：

```
SHOW VARIABLES LIKE '%slow%';
SHOW VARIABLES LIKE '%long_query_time%';
```

结果如图 17-47 和图 17-48 所示。

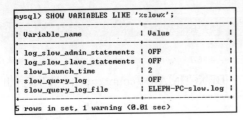

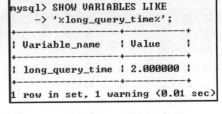

图 17-47　查询慢查询日志所在目录　　　　　　图 17-48　查询超时时长

从图 17-47 可以看到，MySQL 系统中的慢查询日志是关闭的。

【示例 17-16】使用 SET 语句停止 MySQL 慢查询日志功能，具体步骤如下：

步骤 01 停止 MySQL 慢查询日志功能，具体 SQL 语句如下：

```
SET GLOBAL slow_query_log=OFF;
```

执行结果如图 17-49 所示。

```
mysql> SET GLOBAL slow_query_log=OFF;
Query OK, 0 rows affected (0.01 sec)
```

图 17-49　关闭慢查询日志功能

步骤 02 重启 MySQL 服务，使用 SHOW 语句查询慢查询日志功能信息，具体 SQL 语句如下：

```
SHOW VARIABLES LIKE '%slow%';
SHOW VARIABLES LIKE '%long_query_time%';
```

执行结果如图 17-50 和图 17-51 所示。

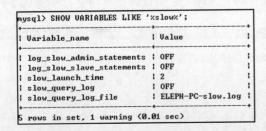

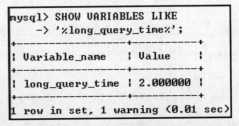

图 17-50　查询慢查询日志所在目录　　　　　　图 17-51　查询超时时长

17.5.4　删除慢查询日志

慢查询日志和通用查询日志的删除方法是一样的。本小节将介绍删除慢查询日志的方法。

1. 手工删除慢查询日志

使用 SHOW 语句查询慢查询日志信息，具体 SQL 语句如下：

```
SHOW VARIABLES LIKE 'slow_query_log%';
```

执行结果如图 17-52 所示。

从图 17-52 的执行结果可以看出，慢查询日志的目录默认为 MySQL 的数据目录，在该目录下手动删除慢查询日志 ELEPH-PC-slow.log，如图 17-53 所示。

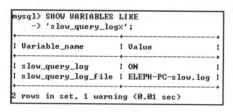

图 17-52　查看慢查询日志功能

图 17-53　删除慢查询日志文件

使用命令 mysqladmin flush-logs 重新生成慢查询日志文件，具体命令如下：

```
mysqladmin -uroot -p flush-logs
```

执行结果如图 17-54 所示。

```
C:\Windows\system32>mysqladmin -uroot -p flush-logs
Enter password: *********
```

图 17-54　重新创建慢查询日志文件

执行完毕后到 MySQL 数据目录下查看，可以看到 ELEPH-PC-slow.log 文件已被刷新。

2. 使用 mysqladmin 命令直接删除慢查询日志

使用 mysqladmin 命令之后，会开启新的慢查询日志，新的慢查询日志会直接覆盖旧的查询日志，不需要再手动删除了。mysqladmin 命令的语法如下：

```
mysqladmin -uroot -p123456 flush-logs
```

如果希望备份旧的慢查询日志，就必须先将旧的日志文件复制出来或者改名，再执行上面的 mysqladmin 命令。

> 通用查询和慢查询日志都是使用 mysqladmin flush-logs 命令来删除重建的，使用时一定要注意，一旦执行了这个命令，通用查询日志和慢查询日志都只存在新的日志文件中，如果需要旧的查询日志，就必须事先备份。

17.6 综合示例——MySQL 日志的综合管理

本章详细介绍了 MySQL 日志的管理，包括二进制日志、错误日志、通用查询日志和慢查询日志等类型。本节将对二进制日志进行实际的操作，帮助读者建立执行这些操作的能力，具体操作如下：

步骤 01 启动二进制日志功能，并且将二进制日志文件名设置为 mybinlog.000001。

通过修改 MySQL 的 my.cnf 或者 my.ini 文件可以开启二进制日志。以 Windows 系统为例，打开在 MySQL 数据目录下的 my.ini 文件，将 log-bin 选项加入 my.ini 文件的[mysqld]组中，形式如图 17-55 所示。然后重启 MySQL 服务，使用 SHOW VARIABLES 语句查询二进制日志的信息，如图 17-56 所示。

图 17-55　二进制 log 配置

```
mysql> SHOW VARIABLES LIKE '%log_bin%';

| Variable_name                    | Value                                                      |

| log_bin                          | ON                                                         |
| log_bin_basename                 | C:\ProgramData\MySQL\MySQL Server 8.0\Data\mybinlog        |
| log_bin_index                    | C:\ProgramData\MySQL\MySQL Server 8.0\Data\mybinlog.index  |
| log_bin_trust_function_creators  | OFF                                                        |
| log_bin_use_v1_row_events        | OFF                                                        |
| sql_log_bin                      | ON                                                         |

6 rows in set, 1 warning (0.03 sec)
```

图 17-56　查询二进制日志信息

查看 MySQL 数据目录下的文件，可以看到 mybinlog.000001 和 mybinlog.index 文件已经生成，如图 17-57 所示。

名称	修改日期	类型	大小
mybinlog.000001	2019/7/11 10:25	000001 ...	1 KB
mybinlog.index	2019/7/11 10:25	INDEX 文件	1 KB

图 17-57　二进制日志文件

步骤 02 将二进制文件的存储路径改为 C:\ProgramData\MySQL\MySQL Server 8.0\Data\mylog，在 my.ini 中修改配置，如图 17-58 所示。改好配置文件后，重启 MySQL 服务，如图 17-59 所示。

```
[mysqld]
log-bin="C:\ProgramData\MySQL\MySQL Server 8.0\Data\mylog"
server-id=201907
expire_log_days=10
max_binlog_size=100M
```

图 17-58　二进制 log 配置

```
C:\Windows\system32>net stop mysql80
MySQL80 服务正在停止.
MySQL80 服务已成功停止。

C:\Windows\system32>net start mysql80
MySQL80 服务正在启动 .
MySQL80 服务已经启动成功。
```

图 17-59　重启 MySQL 服务

重启 MySQL 服务后，使用 SHOW VARIABLES 语句查看二进制日志信息，如图 17-60 所示。在图 17-60 中可以看到，二进制日志的存储路径为 C:\ProgramData\MySQL\MySQL Server

8.0\Data\mylog，进入该目录可以看到二进制日志文件 mybinlog.000001 和 mybinlog.index 已经产生，如图 17-61 所示，说明二进制文件存储路径修改成功。

```
mysql> SHOW VARIABLES LIKE 'log_bin%';
+----------------------------------+------------------------------------------------------------+
| Variable_name                    | Value                                                      |
+----------------------------------+------------------------------------------------------------+
| log_bin                          | ON                                                         |
| log_bin_basename                 | C:\ProgramData\MySQL\MySQL Server 8.0\Data\mylog\mybinlog   |
| log_bin_index                    | C:\ProgramData\MySQL\MySQL Server 8.0\Data\mylog\mybinlog.index |
| log_bin_trust_function_creators  | OFF                                                        |
| log_bin_use_v1_row_events        | OFF                                                        |
+----------------------------------+------------------------------------------------------------+
5 rows in set, 1 warning (0.01 sec)
```

图 17-60 查询二进制日志信息

固态1 (C:) ▸ ProgramData ▸ MySQL ▸ MySQL Server 8.0 ▸ Data ▸ mylog			
共享 ▾ 新建文件夹			
名称	修改日期	类型	大小
mybinlog.000001	2019/7/11 10:36	000001 文件	1 KB
mybinlog.index	2019/7/11 10:36	INDEX 文件	1 KB

图 17-61 二进制文件目录

步骤 03 检验 flush logs 对二进制日志的影响。

方法一：执行如下命令：

```
mysqladmin -uroot -p flush-logs
```

执行结果如图 17-62 所示，可以看到二进制目录文件的存储路径下又增加了一个日志文件。

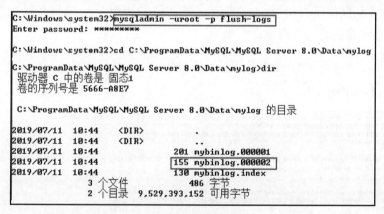

图 17-62 执行 flush logs 命令后查看二进制日志

方法二：登录 MySQL 服务器，执行如下命令：

```
FLUSH LOGS;
```

执行结果如图 17-63 所示。执行完毕后，在存储路径下查看二进制日志文件，如图 17-64 所示，可以看到又增加了一个日志文件。

```
mysql> FLUSH LOGS;
Query OK, 0 rows affected (0.07 sec)

mysql>
```

图 17-63　FLUSH LOGS

```
C:\ProgramData\MySQL\MySQL Server 8.0\Data\mylog 的目录

2019/07/11  10:52    <DIR>          .
2019/07/11  10:52    <DIR>          ..
2019/07/11  10:44               201 mybinlog.000001
2019/07/11  10:52               201 mybinlog.000002
2019/07/11  10:52               155 mybinlog.000003
2019/07/11  10:52               195 mybinlog.index
               4 个文件            752 字节
               2 个目录 9,528,922,112 可用字节
```

图 17-64　二进制文件目录

步骤 04　查看二进制文件。

使用 SHOW VARIABLES 查看二进制文件所在的存储路径，再用 SHOW BINARY LOGS 查看二进制日志文件列表，SQL 语句如下：

```
SHOW VARIABLES LIKE 'log_bin%';
SHOW BINARY LOGS;
```

执行结果如图 17-65 和图 17-66 所示。

```
mysql> SHOW VARIABLES LIKE 'log_bin%';
+---------------------------------+-------------------------------------------------------------+
| Variable_name                   | Value                                                       |
+---------------------------------+-------------------------------------------------------------+
| log_bin                         | ON                                                          |
| log_bin_basename                | C:\ProgramData\MySQL\MySQL Server 8.0\Data\mylog\mybinlog       |
| log_bin_index                   | C:\ProgramData\MySQL\MySQL Server 8.0\Data\mylog\mybinlog.index |
| log_bin_trust_function_creators | OFF                                                         |
| log_bin_use_v1_row_events       | OFF                                                         |
+---------------------------------+-------------------------------------------------------------+
5 rows in set, 1 warning (0.01 sec)
```

图 17-65　查询二进制日志信息

```
mysql> SHOW BINARY LOGS;
+-----------------+-----------+
| Log_name        | File_size |
+-----------------+-----------+
| mybinlog.000001 |       201 |
| mybinlog.000002 |       201 |
| mybinlog.000003 |       155 |
+-----------------+-----------+
3 rows in set (0.00 sec)
```

图 17-66　查看二进制文件

根据图 17-65 提供了二进制文件路径，图 17-66 提供了二进制文件列表，可以使用 mysqlbinlog 查看二进制日志，具体命令如下：

```
mysqlbinlog --no-defaults mybinlog.000001
```

结果如图 17-67 所示。

```
C:\ProgramData\MySQL\MySQL Server 8.0\Data\mylog>mysqlbinlog --no-defaults mybinlog.000001
/*!50530 SET @@SESSION.PSEUDO_SLAVE_MODE=1*/;
/*!50003 SET @OLD_COMPLETION_TYPE=@@COMPLETION_TYPE,COMPLETION_TYPE=0*/;
DELIMITER /*!*/;
# at 4
#190711 10:36:37 server id 1  end_log_pos 124 CRC32 0x026e8c50  Start: binlog v 4, server v 8.0.12 created 190
711 10:36:37 at startup
ROLLBACK/*!*/;
BINLOG '
taAmXQ8BAAAAeAAAAHwAAAAAAAQAOC4wLjEyAAAAAAAAAAAAAAAAAAAAAAAAAAAAAAAAAAAAAAAA
AAAAAAAAAAAAAAAAAAAC1oCZdEwANAAgAAAAABAAEAAAAYAAEGggAAAAICAgCAAAACgoKKioAEjQA
CgFQjG4C
'/*!*/;
# at 124
#190711 10:36:37 server id 1  end_log_pos 155 CRC32 0xfb68dfd6  Previous-GTIDs
# [empty]
# at 155
#190711 10:44:40 server id 1  end_log_pos 201 CRC32 0x389b2971  Rotate to mybinlog.000002  pos: 4
SET @@SESSION.GTID_NEXT= 'AUTOMATIC' /* added by mysqlbinlog */ /*!*/;
DELIMITER ;
# End of log file
/*!50003 SET COMPLETION_TYPE=@OLD_COMPLETION_TYPE*/;
/*!50530 SET @@SESSION.PSEUDO_SLAVE_MODE=0*/;
```

图 17-67　查看二进制日志内容

步骤 05　使用二进制日志恢复数据。首先，登录 MySQL，在 test 数据库中创建 test_3 表，插入两条记录，SQL 语句如下：

```
USE TEST;
CREATE TABLE test_3(id INT auto_increment primary key,name varchar(10));
INSERT INTO test_3 VALUES(NULL,'Jason');
INSERT INTO test_3 VALUES(NULL,'Jack');
```

执行结果如图 17-68 所示。

```
mysql> USE TEST;
Database changed
mysql> CREATE TABLE test_3(id INT auto_increment primary key,name varchar(10));
Query OK, 0 rows affected (0.03 sec)

mysql> INSERT INTO test_3 VALUES(NULL,'Jason');
Query OK, 1 row affected (0.00 sec)

mysql> INSERT INTO test_3 VALUES(NULL,'Jack');
```

图 17-68　创建数据表

使用以下命令查看二进制日志文件:

```
mysqlbinlog --no-defaults mybinlog.000003
```

可以看到有 create table test_3 相关的内容,查询结果片段如图 17-69 所示。

```
SET TIMESTAMP=1562814231/*!*/;
CREATE TABLE test_3(id INT auto_increment primary key,name varchar(10))
/*!*/;
```

图 17-69　二进制日志中记录建表的过程

接下来,暂停 MySQL 的二进制日志功能,再删除 test_3 表,输入语句如下:

```
SET SQL_LOG_BIN=0;
DROP TABLE test_3;
```

执行结果如图 17-70 和图 17-71 所示。

```
mysql> SET SQL_LOG_BIN=0;
Query OK, 0 rows affected (0.00 sec)
```

图 17-70　停止二进制日志

```
mysql> DROP TABLE test_3;
Query OK, 0 rows affected (0.01 sec)
```

图 17-71　删除数据表

查询 test_3 表,SQL 语句如下:

```
SELECT * FROM test_3;
```

执行结果如图 17-72 所示,test_3 表已经被删除。

恢复 MySQL 的二进制日志功能,SQL 语句与执行结果如图 17-73 所示。

```
mysql> SELECT * FROM test_3;
ERROR 1146 (42S02): Table 'test.test_3' doesn't exist
```

图 17-72　test_3 表已经被删除图

```
mysql> SET SQL_LOG_BIN=1;
Query OK, 0 rows affected (0.00 sec)
```

图 17-73　恢复二进制功能

使用 MySQLbinlog 工具恢复 test_3 表和表数据,语句如下:

```
mysqlbinlog --no-defaults mybinlog.000003 | mysql -uroot -p123456
```

执行结果如图 17-74 所示。

```
rebeccadeMacBook-Pro:mylog root# mysqlbinlog --no-defaults mybinlog.000003 | mysql -uroot -p123456
mysql: [Warning] Using a password on the command line interface can be insecure.
```

图 17-74　从二进制文件中恢复数据

使用 SELECT 语句查询 test_3 表，SQL 语句如下：

```
SELECT * FROM test_3;
```

执行结果如图 17-75 所示，可以看到 test_3 表和表中的数据都已经恢复。

步骤 06 删除二进制日志，具体 SQL 语句如下：

```
RESET MASTER;
```

执行结果如图 17-76 所示。

```
mysql> SELECT * FROM test_3;
+----+-------+
| id | name  |
+----+-------+
|  1 | Jason |
|  2 | Jack  |
+----+-------+
2 rows in set (0.00 sec)
```

```
mysql> RESET MASTER;
Query OK, 0 rows affected, 1 warning (0.09 sec)

mysql>
```

图 17-75　查询表数据　　　　　　图 17-76　删除二进制日志

执行成功后，查看二进制文件存储目录，发现之前所有的二进制日志文件已经删除，生成了一个新的二进制文件，编号为 000001，日志文件内容也经发生了变化，之前的记录已经全部清空，如图 17-77 所示。

```
C:\ProgramData\MySQL\MySQL Server 8.0\Data\mylog>mysqlbinlog --no-defaults mybinlog.000001
/*!50530 SET @@SESSION.PSEUDO_SLAVE_MODE=1*/;
/*!50003 SET @OLD_COMPLETION_TYPE=@@COMPLETION_TYPE,COMPLETION_TYPE=0*/;
```

图 17-77　旧二进制日志已被删除

步骤 07 使用 SET 语句暂停和重启二进制日志：

```
SET SQL_LOG_BIN=0; //暂停
SET SQL_LOG_BIN=1; //重启
```

步骤 08 设置启动和查看错误日志，错误日志是默认就有的，可以先查看一下错误日志信息，具体 SQL 语句如下：

```
SHOW VARIABLES LIKE 'log_err%';
```

执行结果如图 17-78 所示。可以看到 MySQL 的 data 目录下有默认的错误日志文件。

错误日志文件可以直接用文本编辑器打开，内容如图 17-79 所示。

```
mysql> SHOW VARIABLES LIKE 'log_err%';
+---------------------+---------------------------------+
| Variable_name       | Value                           |
+---------------------+---------------------------------+
| log_error           | .\ELEPH-PC.err                  |
| log_error_services  | log_filter_internal; log_sink_internal |
| log_error_verbosity | 2                               |
+---------------------+---------------------------------+
3 rows in set, 1 warning (0.01 sec)
```

图 17-78　查看错误日志信息

```
2019-07-11T02:36:17.197682Z 0 [ERROR] [MY-010119] [Server] Aborting
2019-07-11T02:36:17.197682Z 0 [System] [MY-010910] [Server] C:\Program Files
2019-07-11T02:36:36.682796Z 0 [Warning] [MY-011071] [Server] option 'read_bu
2019-07-11T02:36:36.682796Z 0 [Warning] [MY-011071] [Server] option 'read_rn
2019-07-11T02:36:36.682796Z 0 [Warning] [MY-010915] [Server] 'NO_ZERO_DATE',
2019-07-11T02:36:36.686796Z 0 [System] [MY-010116] [Server] C:\Program Files
2019-07-11T02:36:38.331890Z 0 [Warning] [MY-010068] [Server] CA certificate
2019-07-11T02:36:38.353892Z 0 [Warning] [MY-010319] [Server] Found invalid p
2019-07-11T02:36:38.369892Z 0 [System] [MY-010931] [Server] C:\Program Files
```

图 17-79　查看错误日志内容

步骤09 设置错误日志文件为 C:\ProgramData\MySQL\MySQL Server 8.0\Data\mylog\myerrorlog.err，在 my.ini 中修改内容，如图 17-80 所示。

```
[mysqld]
log-error="C:\ProgramData\MySQL\MySQL Server 8.0\Data\mylog\myerrorlog.err"
```

图 17-80　修改配置文件

修改 my.ini 后，重启 MySQL 服务，使用 SHOW VARIABLES 语句查看错误日志信息，执行结果如图 17-81 所示。

```
mysql> SHOW VARIABLES LIKE 'log_err%';
+---------------------+------------------------------------------------------------+
| Variable_name       | Value                                                      |
+---------------------+------------------------------------------------------------+
| log_error           | C:\ProgramData\MySQL\MySQL Server 8.0\Data\mylog\myerrorlog.err |
| log_error_services  | log_filter_internal; log_sink_internal                     |
| log_error_verbosity | 2                                                          |
+---------------------+------------------------------------------------------------+
3 rows in set, 1 warning (0.00 sec)
```

图 17-81　修改错误日志目录和文件名

步骤10 先查看 MySQL 的通用查询日志信息，具体 SQL 语句如下：

```
SHOW VARIABLES LIKE 'general_log%';
```

执行结果如图 17-82 所示。

开启通用查询日志，再查看日志信息，具体 SQL 语句如下：

```
SET GLOBAL general_log=ON;
SHOW VARIABLES LIKE 'general_log%';
```

执行结果如图 17-83 所示。

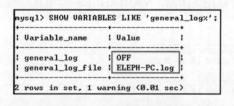

图 17-82　查看通用日志信息

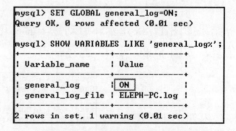

图 17-83　启动通用日志再查看

根据图 17-82 中的 general_log_file 的值，进入 MySQL 数据目录，查看文件信息，结果如图 17-84 所示。

名称	修改日期	类型	大小
ELEPH-PC.log	2019/7/11 15:29	LOG 文件	10 KB

图 17-84　通用日志文件

用编辑器打开通用查询日志文件，如图 17-85 所示，可以看到 root 用户连接 MySQL 服务器的记录，每台 MySQL 服务器的通用查询日志内容是不同。

```
2019-07-11T07:24:24.836478Z        7 Quit
2019-07-11T07:24:31.632867Z        8 Connect    root@localhost on TEST using SSL/TLS
2019-07-11T07:24:31.632867Z        8 Query      SHOW VARIABLES LIKE 'log_err%'
2019-07-11T07:24:45.962686Z        8 Query      SHOW VARIABLES LIKE 'log_err%'
2019-07-11T07:26:53.249967Z        8 Query      SHOW VARIABLES LIKE 'general_log%'
```

图 17-85　通用查询日志文件内容

步骤⑪ 设置启动查看慢查询日志。首先使用 SHOW VARAILBES 语句查看慢查询日志功能的信息，具体 SQL 语句如下：

```
SHOW VARIABLES LIKE '%slow%';
SHOW VARIABLES LIKE '%long_query_time%';
```

执行结果如图 17-86 和图 17-87 所示。

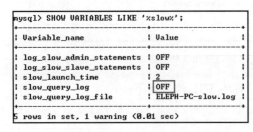

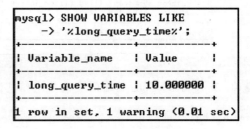

图 17-86　查询慢查询日志功能　　　　　图 17-87　超时时长

从图 17-87 可以看到，MySQL 系统中的慢查询日志是关闭的。使用 SET 语句开启慢查询日志功能，并设置超时时长，具体 SQL 语句如下：

```
SET GLOBAL slow_query_log=ON;
SET GLOBAL long_query_time=2;
SET SESSION long_query_time=2;
```

执行结果如图 17-88 所示。启动完毕后，可以用 SHOW VARIABLES 语句查看慢查询日志功能信息，如图 17-89 所示，已经开启。

```
mysql> SET GLOBAL slow_query_log=ON;
Query OK, 0 rows affected (0.01 sec)

mysql> SET GLOBAL long_query_time=2;
Query OK, 0 rows affected (0.00 sec)

mysql> SET SESSION long_query_time=2;
Query OK, 0 rows affected (0.00 sec)

mysql>
```

图 17-88　启动慢查询日志

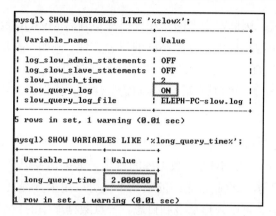

图 17-89　查看慢查询日志信息

根据图 17-89 中的 slow_query_log_file 所示的日志路径查看日志，如图 17-90 所示。

名称	修改日期	类型	大小
ELEPH-PC-slow.log	2019/7/11 15:24	LOG 文件	11 KB

图 17-90　查看慢查询日志文件

用编辑器打开慢查询日志，可以看到如图 17-91 所示的内容。

```
C:\Program Files\MySQL\MySQL Server 8.0\bin\mysqld.exe, Version: 8.0.12 (MySQL Community Server - GPL). started with:
TCP Port: 3306, Named Pipe: MySQL
Time                 Id Command    Argument
```

图 17-91　查看慢查询日志内容

此时慢查询日志文件内容为空，还没有添加日志记录。

17.7　经典习题与面试题

1. 经典习题

（1）练习启动和设置二进制日志、查看二进制日志、暂停二进制日志功能的操作。

（2）练习使用二进制日志恢复数据。

（3）练习使用 3 种方法删除二进制日志。

（4）练习设置错误日志的存储路径、查看错误日志和删除错误日志。

（5）练习启动和设置通用查询日志、查看通用查询日志。

（6）练习启动和设置慢查询日志、查看慢查询日志。

（7）练习删除通用查询日志和慢查询日志。

2. 面试题及解答

（1）平时应该开启什么日志？

日志文件通常要占用大量的磁盘空间，而且读写日志文件需要使用很多的内存，这样会影响 MySQL 数据库的性能。因此，很多网站和公司都不开启 MySQL 数据库的日志文件。

但是，根据不同的情况可以考虑开启不同的日志文件。例如，需要查询哪些查询语句的执行效率很低，可以开启慢查询日志；需要了解进行了哪些查询操作，可以开启通用查询日志；如果希望记录数据库的改变，可以开启二进制日志。注意，错误日志是默认开启的，而且不能关闭。

（2）如何使用二进制日志？

二进制日志主要用于记录 MySQL 数据库的变化。如果需要记录 MySQL 数据库的变化，可以开启二进制日志。但是，二进制日志中的数据不仅可以用来查询，也可以用来还原数据库。在备份 MySQL 数据库后，可以开启二进制日志。一旦数据库中的数据被损坏，先使用备份的数据进行恢复，再使用二进制日志恢复备份后更新的数据。

17.8 本章小结

本章介绍了日志的含义、作用和优缺点，介绍了二进制日志、错误日志、通用查询日志和慢查询日志的内容。本章的重点内容是二进制日志、错误日志和通用查询日志，因为这几种日志的使用频率比较高。二进制日志是本章的难点。二进制日志的查询方法和其他日志不同，不能用记事本打开，需要用特殊的命令去解读，需要读者特别注意。而且，二进制日志还可以还原数据库。通过本章的学习，读者对 MySQL 日志会有比较深入的了解。下一章将为读者介绍 Java 操作 MySQL 数据库相关的知识。

第三篇　MySQL实战

第 18 章
◀ Java操作MySQL数据库 ▶

Java 是世界上最流行的计算机语言之一，它主要用于开发企业级应用程序。大多数的企业级应用程序都需要连接数据库，而 Java 对 MySQL 的连接和操作提供了非常完美的支持，加之 MySQL 和 Java 隶属于同一家公司 Oracle，因此可以说它们是天然的盟友。

Java 拥有一套独立的数据库连接和操作 API（应用程序接口），任何第三方的数据库厂商都是通过实现这套 API 来提供 Java 程序连接数据库的支持，这套 API 的名字就是 JDBC（Java DataBase Connnectivity，Java 数据库连接）。正是因为这样的设计机制，Java 数据库的连接非常丰富强大。

通过本章的学习，读者可以了解：

- Java 连接 MySQL 数据库。
- Java 操纵 MySQL 数据库。
- Java 备份 MySQL 数据库。
- Java 还原 MySQL 数据库。
- 完整的在线人力资源管理系统案例。

18.1 Java 连接 MySQL 数据库

Java 程序通过使用 JDBC 可以很方便地操作 MySQL 数据库。由于 Java 语言的跨平台特性，使用 JDBC 编写的程序不仅可以实现跨越数据库，还可以跨越平台，具有非常优秀的可移植性。本节将重点介绍 JDBC 的基础知识以及 JDBC 连接数据库的详细步骤。

18.1.1 JDBC 简介

JDBC 是一种可以执行 SQL 语句的 Java API。程序可通过 JDBC API 连接到 MySQL 数据库，并使用 SQL 语句对数据进行增加、删除、更改和查询操作。

由于Java语言的跨平台特性，使用JDBC开发的数据库应用可以在Windows平台上运行，也可以在 Linux 平台上运行，同时可以在 Mac OS X 平台上运行。

使用 JDBC API 开发的 Java 应用则可以跨数据库（必须使用标准的 SQL），JDBC 既可以使用 MySQL 数据库，又可以使用 Oracle 等数据库，只需要在配置文件中修改数据库信息，而且无须对程序进行任何修改，这样开发人员就不需要为了访问不同的数据库而重新学习一套新的 API，只需要面向 JDBC API 编写应用程序，然后根据不同的数据库，在配置文件中配置不同的数据库驱动、账户和密码信息即可。

在最初的时候，Sun 公司希望自己开发一套 Java API，可以操作所有的数据库系统，但因为数据库系统繁多，内部特性各不相同，最后没有实现这个目标。后来，Sun 公司就指定了一套标准的 API，只是定义接口，并不提供实现类，这些实现类由各数据库厂商自己去实现并提供，这些实现类就是 JDBC 的驱动程序。开发人员使用 JDBC 时，只要下载相应数据库的 JDBC 驱动程序，然后面向标准的 JDBC API 编程即可，当需要在数据库之间切换时，只要更换不同的实现类，也就是更换数据库的 JDBC 驱动程序即可，这就是面向接口编程。我们可以用图 18-1 形象地表达数据库 JDBC 驱动程序所处的层面。

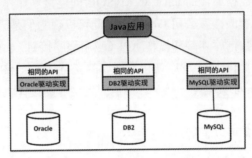

图 18-1　JDBC 驱动示意图

除了图 18-1 中的几种数据库外，大部分其他的数据库系统(例如 Sybase)都有相应的 JDBC 驱动程序，当需要连接某个特定的数据库时，必须有相应的数据库驱动程序。

还有一个名为 ODBC (Open Database Connectivity，开发数据库连接) 的技术，和 JDBC 很像，严格地说，应该是 JDBC 模仿了 ODBC 的设计。ODBC 也允许应用程序通过一组通用的 API 访问不同的数据库，从而使得基于 ODBC 的应用程序可以在不同的数据库之间切换。同样，ODBC 也需要各数据库厂商提供相应的驱动程序，而 ODBC 则负责管理这些驱动程序。

JDBC 驱动通常有 4 种类型：第一种 JDBC 驱动称为 JDBC-ODBC 桥，这种驱动是最早实现的 JDBC 驱动程序，主要目的是为了快速推广 JDBC，这种驱动将 JDBC APD 映射到 ODBC API，这种方式在 Java 8 以及之后的版本中已经被删除；第二种 JDBC 驱动直接将 JDBC API 映射成数据库特定的客户端 API，这种驱动包含特定数据库的本地代码，用于访问特定数据的客户端；第三种 JDBC 驱动支持三层结构的 JDBC 访问方式，主要用于 Applet 阶段，通过 Applet 访问数据库；第四种 JDBC 驱动是纯 Java 的，直接与数据库实例交互，这种驱动是智能的，它知道数据库使用的底层协议，这种驱动是目前很流行的 JDBC 驱动。

早期为了让 Java 程序操作 Access 这种伪数据库，可能需要使用 JDBC-ODBC 桥，但 JDBC-ODBC 桥不适合在并发访问数据库的情况下使用，其固有的性能和扩展能力也非常有限，因此 Java 8 删除了 JDBC-ODBC 桥驱动。Java 应用也很少使用 Access 这种伪数据库。

通常建议选择第四种 JDBC 驱动，这种驱动避开了本地代码，减少了应用开发的复杂性，也减少了产生冲突和出错的可能。

18.1.2　下载 JDBC 驱动 MySQL Connector/J

在 18.1.1 小节中介绍的 JDBC 驱动程序，读者可以在 MySQL 的官方网站下载，这里使用的 JDBC 驱动是 MySQL Connnector/J 8.0.13。该版本号对应相应的 MySQL 版本。MySQL 官网会根据发布的 MySQL 版本更新该驱动版本。MySQL Connector/J 8.0.13 的下载网址为 https://dev.mysql.com/downloads/connector/j/，下载页面如图 18-2 所示。

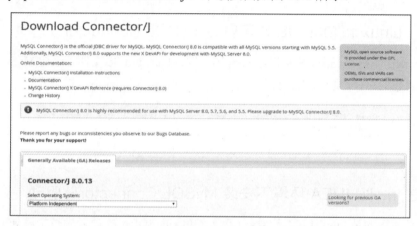

图 18-2　JDBC 驱动下载页面

如图 18-2 所示，有 TAR Archive 和 ZIP Archive 两个选项，选择其中一项，这里选择 ZIP 文件，单击对应的 Download 按钮，下载完毕后在本地资源管理器中查看，如图 18-3 所示。解压缩 mysql-connector-java-8.0.13.zip，解压后的包目录结构如图 18-4 所示。

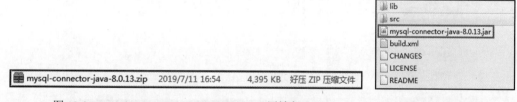

图 18-3　mysql-connector-java-5.1.44.tar.gz 压缩包　　　　图 18-4　解压包

不同的操作系统，配置 MySQL Connector/J 驱动的方式是不一样的。下面介绍在 Windows 操作系统、Linux 操作系统、Mac OS X 操作系统中配置 MySQL Connector/J 驱动的方法，同时还将介绍在 IntelliJ IDEA 工具中如何配置 JDBC 驱动。

18.1.3　在 Windows 下安装 MySQL Connector/J 驱动

在 Windows 操作系统中右击"计算机"图标，在弹出的快捷菜单中选择"属性"命令，然后单击"高级系统设置"|"环境变量"，在弹出的窗口中可以看到用户的环境变量。在 CLASSPATH 变量中添加 mysql-connector-java-8.0.13.jar 的路径，如图 18-5 所示。

图 18-5   Windows 系统安装 JDBC 驱动

如图 18-5 所示，单击"确定"按钮，Windows 系统中的 MySQL Connector/J 就安装完毕了。在 DOS 命令窗口执行的 Java 程序中需要调用 JDBC 驱动时，系统会自动到 CLASSPATH 变量设置的路径中查找驱动。

18.1.4　在 Linux 和 Mac OS X 下安装 MySQL Connector/J 驱动

在 Linux 操作系统和 Mac OS X 操作系统下，需要在/etc/profile 文件下添加 MySQL Connect/J 解压后的 JAR 包的路径。用 vi 工具打开/etc/profile 文件，按照如图 18-6 的方式添加配置。

```
export PATH=${PATH}:/home/hazel/dev/mysql-connector-java-8.0.13/mysql-connector
-java-8.0.13.jar
```

图 18-6   Linux 和 Mac OS X 系统安装 MySQL Connector/J

18.1.5　在 IntelliJ IDEA 环境下安装 MySQL Connector/J 驱动

如果读者使用的是 IntelliJ IDEA 平台，可以在 IntelliJ IDEA 的项目中直接添加 JDBC 驱动，单击右上角的 Project Structure 按钮打开窗口，选择 Libraries，单击上方的加号弹出路径选择窗口，按照图 18-7 配置页面。

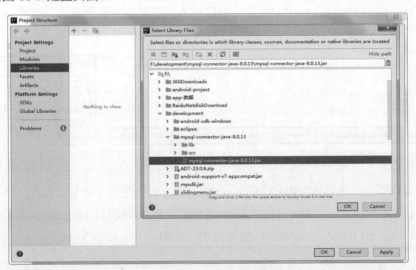

图 18-7   在 IntelliJ IDEA 中选择配置命令

如图 18-7 所示，找到 JAR 包对应的地址，选择 mysql-connector-java-8.0.13.jar 添加，然后单击 OK 按钮，弹出如图 18-8 所示的窗口。

如图 18-8 所示，单击 OK 按钮，回到 Project Structure 窗口，继续单击 OK 按钮，就会在工作平台的左侧看到项目的 External Libraries 下有刚才添加的 mysql-connector-java-8.0.13.jar，如图 18-9 所示。

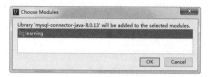

图 18-8　在 Eclipse 中添加 JDBC 驱动　　　　　　图 18-9　已添加 JDBC 驱动

如图 18-9 所示，展开 mysql-connector-java-8.0.13.jar，选择其中任意一个 class 文件并双击，如图 18-10 所示。

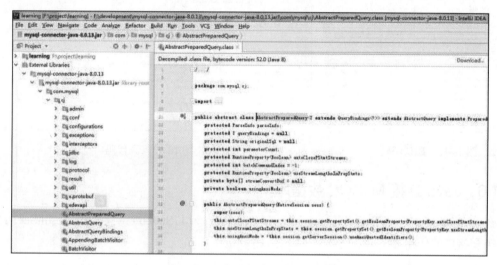

图 18-10　IntelliJ IDEA 中打开某个类文件

如图 18-10 所示，单击上方的 Choose Sources 按钮，打开 Attach Sources 窗口，如图 18-11 所示。

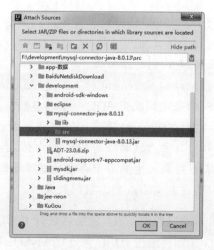

图 18-11　添加源代码窗口

如图 18-11 所示，单击输入框右侧的按钮，选择 MySQL Connector/J 解压缩目录下的 src
目录，单击 OK 按钮，弹出如图 18-12 所示的窗口。

如图 18-12 所示，单击 OK 按钮后可以看到代码窗口自动刷新，重载了源代码，如图 18-13 所
示。

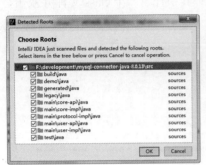

图 18-12　确认源码 　　　　　　　　　　　　　　图 18-13　源代码

18.1.6　Java 连接 MySQL 数据库

在 java.sql 包中存在 DriverManager 类、Connection 接口、Statement 接口和 ResultSet 接口。
这些类和接口的作用如下。

- DriverManger 类：用于管理 JDBC 驱动的服务器，主要用于管理驱动程序和连接数据
库，程序中使用该类主要用于获取 Connection 对象。
- Connection 接口：代表数据库连接对象，主要用于管理建立好的数据库连接，每个
Connection 代表一个物理连接对话。要想访问数据，必须先获得数据库连接。
- Statement 接口：用于执行 SQL 语句的工具接口，主要用于执行 SQL 语句，既可用
于执行 DDL 和 DCL 语句，又可用于执行 DML 语句，还可用于执行 SQL 查询。当
执行 SQL 查询时，返回查询到的结果集。
- PreparedStatement：预编译的 Statement 对象，是 Statement 的子接口，它允许数据库
预编译 SQL 语句，以后每次只改变 SQL 命令的参数，避免数据库每次编译 SQL 语
句，因此性能更好。相对 Statement 而言，使用 PreparedStatement 执行 SQL 语句时，
无须再传入 SQL 语句，只要为预编译的 SQL 语句传入参数值即可。
- ResultSet 接口：结果集对象，主要用于存储数据库返回的记录，该对象包含访问查
询结果的方法，可以通过列索引或列名获得列数据。

大致了解了 JDBC API 相关接口和类之后，就可以进行 JDBC 编程来连接数据库了。下面
通过一个具体的示例来说明 Java 如何通过 JDBC 来连接 MySQL 数据库。

【示例 18-1】连接本地计算机 MySQL 数据库，默认端口为 3306，登录账户为 root，密码为 123456，连接的数据库为 company，编码格式为 UTF8，具体步骤如下：

步骤01 加载 MySQL 驱动，具体代码如下：

```
String DRIVER = "com.mysql.jdbc.Driver";
Class.forName(DRIVER);
```

上述语句中，通过 Class 类的 forName()静态方法来加载 JDBC 驱动。

步骤02 通过 DriverManger 获取数据库连接，DriverManager 提供了如下方法：

```
String URL = "jdbc:mysql://localhost:3306/company?characterEncoding=utf-8";
String USER = "root";
String PASSWORD = "123456";
Connection conn = DriverManager.getConnection(URL,USER,PASSWORD);
```

上述语句要调用 java.sql 包下的 DriverManger 类和 Connection 接口。Connection 接口是在 JDBC 驱动中实现的。JDBC 驱动的 com.mysql.jdbc 包下有 Connection 类。通过 DriverManage 类的 getConnection()方法就可以连接 MySQL 的 company 数据库。

18.2　Java 操作 MySQL 数据库

连接 MySQL 数据库后，就可以对 MySQL 数据库中的数据进行查询、插入、更新和删除等操作。本节将分别介绍 Statement、PreStatement、CallableStatement 接口执行 SQL 语句的具体方法。

18.2.1　使用 Statement 执行 SQL 语句——executeQuery()查询

Statement 接口是用于执行 SQL 语句的工具接口，主要用于执行 SQL 语句，有 3 种执行 SQL 语句的方法：executeQuery()、execute()和 executeUdpate()。接下来将以示例的方式详细介绍这些方法的使用。

【示例 18-2】Statement 使用 executeQuery()方法执行 SELECT 语句，从本地计算机的 MySQL 数据库系统的 school_1 数据库中的学生表 t_student 和 t_score 中查询学生的学号、姓名、性别、年龄、班级号、成绩总分，具体步骤如下：

步骤01 在 MySQL 数据库系统查询，具体 SQL 语句如下：

```
SELECT st.*,
    sc.Chinese+sc.English+sc.Math+sc.Chemistry+sc.Physics TOTAL
    FROM t_student st, t_score sc WHERE st.stuid = sc.stuid;
```

执行结果如图 18-14 所示。

```
mysql> SELECT st.*,
    -> sc.Chinese+sc.English+sc.Math+sc.Chemistry+sc.Physics TOTAL
    -> FROM t_student st, t_score sc WHERE st.stuid = sc.stuid;
+-------+-------------------+--------+-----+---------+-------+
| stuid | name              | gender | age | classno | TOTAL |
+-------+-------------------+--------+-----+---------+-------+
|  1001 | Alicia Florric    | Female |  33 |       1 |   460 |
|  1002 | Kalinda Sharma    | Female |  31 |       1 |   413 |
|  1003 | Cary Agos         | Male   |  27 |       1 |   462 |
|  1004 | Diane Lockhart    | Female |  43 |       2 |   397 |
|  1005 | Eli Gold          | Male   |  44 |       3 |   439 |
|  1006 | Peter Florric     | Male   |  34 |       3 |   457 |
|  1007 | Will Gardner      | Male   |  38 |       2 |   417 |
|  1008 | Jacquiline Florriok| Male  |  38 |       4 |   446 |
|  1009 | Zach Florriok     | Male   |  14 |       4 |   449 |
|  1010 | Grace Florriok    | Male   |  12 |       4 |   445 |
+-------+-------------------+--------+-----+---------+-------+
10 rows in set (0.00 sec)
```

图 18-14　学生信息和总分联表查询

步骤 02　Java 程序代码如下：

```java
package jdbc_test;
import java.sql.Connection;
import java.sql.DriverManager;
import java.sql.ResultSet;
import java.sql.Statement;
public class StatementQuery {
    public static void main(String[] args) throws Exception{
        //1.加载驱动，此步可省略
        Class.forName("com.mysql.cj.jdbc.Driver");
        //2.使用 DriverManager 获取数据库连接
        Connection conn = DriverManager.getConnection(
        "jdbc:mysql://localhost:3306/school_1","root","123456");
        //3.使用 Connection 来创建一个 Statment 对象
        Statement stmt = conn.createStatement();
        //4.executeQuery 执行 Select 语句，返回查询到的结果集
        ResultSet rs = stmt.executeQuery("select st.*,"+
            "sc.Chinese+sc.English+sc.Math+sc.Chemistry+sc.Physics"+
            " from t_student st, t_score sc"+
            " where st.stuid = sc.stuid");
        //不断地使用 next 将记录指针下移一行    while(rs.next()){
        System.out.println(rs.getInt(1) + "\t"
            + rs.getString(2) + "\t\t"
            + rs.getString(3) + "\t"
            + rs.getString(4) + "\t"
            + rs.getString(5) + "\t"
            + rs.getString(6));}
    if (rs != null){
        rs.close();}
    if (stmt != null){
        stmt.close();}
    if (conn != null){
        conn.close();}
```

```
        }
    }
```

上面程序严格按照 JDBC 访问数据库的步骤执行了一条多表联合查询语句，运行程序，运行结果如图 18-15 所示。

```
Consol 🔀    Markers   Progres   Proble   Search   Serve

<terminated> statement_query [Java Application] /Library/Java/JavaVirtualMach
1001    Alicia Florric      Female  33      1       434
1002    Kalinda Sharma      Female  31      1       465
1003    Cary Agos           Male    27      1       411
1004    Diane Lockhart      Female  43      2       453
1005    Eli Gold            Male    44      3       471
1006    Peter Florric       Male    34      3       459
1007    Will Gardner        Male    38      2       445
1008    Jac Florriok        Male    38      4       439
1009    Zach Florriok       Male    14      4       439
1010    Grace Florriok      Male    12      4       434
```

图 18-15　Java 程序查询学生信息和总分

图 18-15 所示的查询结果和图 18-14 所示的查询结果是一致的。

18.2.2　使用 Statement 执行 SQL 语句——execute()查询

【示例 18-3】Statement 使用 execute()方法执行 SELECT 语句，从本地计算机的 MySQL 数据库系统的 school_1 数据库中的学生表 t_student 和 t_score 中查询学生的学号、姓名、性别、年龄、班级号、成绩总分，具体代码如下：

```
package jdbc_test;
//此处省略包信息，和示例 18-2 中的包信息一致
public class StatementExecute {
    public static void main(String[] args) throws Exception{
        Class.forName("com.mysql.cj.jdbc.Driver");
        Connection conn = DriverManager.getConnection(
        "jdbc:mysql://localhost:3306/school_1","root","123456");
        Statement stmt = conn.createStatement();
        boolean hasResultSet = stmt.execute("select st.*,"+
"sc.Chinese+sc.English+sc.Math+sc.Chemistry+sc.Physics"+
        " from t_student st, t_score sc"+
        " where st.stuid = sc.stuid");
        if(hasResultSet){
        ResultSet rs = stmt.getResultSet();
        while(rs.next()){
            System.out.println(rs.getInt(1) + "\t"
            + rs.getString(2) + "\t\t"
            + rs.getString(3) + "\t"
            + rs.getString(4) + "\t"
            + rs.getString(5) + "\t"
            + rs.getString(6));}
        ......
    }
```

```
        }
    }
```

运行程序，运行结果如图 18-16 所示。

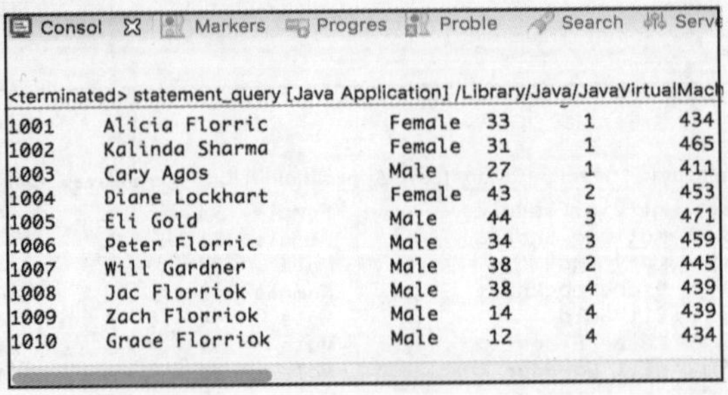

图 18-16　Java 程序查询学生信息和总分

图 18-16 所示的查询结果和图 18-14 所示的查询结果是一致的。

18.2.3　使用 Statement 执行 SQL 语句——executeUpdate()插入数据

【示例 18-4】使用 Statement 的 executeUpdate()方法执行 INSERT 语句，从 MySQL 数据库系统的 school_1 数据库中的学生表 t_student 中插入一条数据，具体步骤如下：

步骤 01　用 SELECT 语句查询 t_student 表，具体 SQL 语句如下：

```
SELECT * FROM t_student;
```

执行结果如图 18-17 所示。

步骤 02　向 t_student 表中插入一条数据（1012,"Rebecca","Female",35,1），再查询 t_student 表的所有结果，Java 程序如下：

```
package jdbc_test;
//此处省略包信息，和示例 18-2 中的包信息一致
public class StatementExecuteInsert {
    public static void main(String[] args) throws Exception{
        Class.forName("com.mysql.cj.jdbc.Driver");
        Connection conn = DriverManager.getConnection(
        "jdbc:mysql://localhost:3306/school_1","root","123456");
        Statement stmt = conn.createStatement();
        stmt.executeUpdate("insert into t_student values(" +
                "1012,\"Rebecca Rindell\", \"Female\",33,1)");
        ResultSet rs = stmt.executeQuery("select * from t_student");
        while(rs.next()){
            System.out.println(rs.getInt(1) + "\t"
                + rs.getString(2) + "\t"
                + rs.getString(3) + "\t"
                + rs.getString(4) + "\t"
                + rs.getString(5));}
        ......
    }
```

```
}
```

步骤 03 运行上述程序，运行的结果如图 18-18 所示。

```
mysql> SELECT * FROM t_student;
+-------+----------------------+--------+-----+---------+
| stuid | name                 | gender | age | classno |
+-------+----------------------+--------+-----+---------+
|  1001 | Alicia Florric       | Female |  33 |       1 |
|  1002 | Kalinda Sharma       | Female |  31 |       1 |
|  1003 | Cary Agos            | Male   |  27 |       1 |
|  1004 | Diane Lockhart       | Female |  43 |       2 |
|  1005 | Eli Gold             | Male   |  44 |       3 |
|  1006 | Peter Florric        | Male   |  34 |       3 |
|  1007 | Will Gardner         | Male   |  38 |       2 |
|  1008 | Jacquiline Florriok  | Male   |  38 |       4 |
|  1009 | Zach Florriok        | Male   |  14 |       4 |
|  1010 | Grace Florriok       | Male   |  12 |       4 |
|  1011 | Maia Rindell         | Female |  33 |       5 |
+-------+----------------------+--------+-----+---------+
11 rows in set (0.01 sec)
```

图 18-17　查询 t_student 表的数据

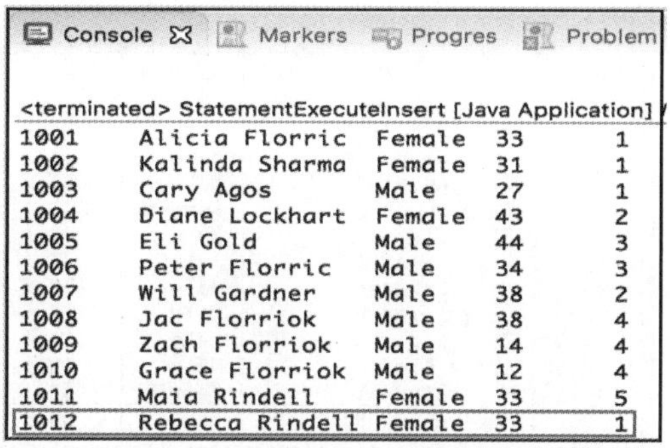

```
Console 🔲  Markers  Progres  Problem

<terminated> StatementExecuteInsert [Java Application]
1001    Alicia Florric      Female  33      1
1002    Kalinda Sharma      Female  31      1
1003    Cary Agos           Male    27      1
1004    Diane Lockhart      Female  43      2
1005    Eli Gold            Male    44      3
1006    Peter Florric       Male    34      3
1007    Will Gardner        Male    38      2
1008    Jac Florriok        Male    38      4
1009    Zach Florriok       Male    14      4
1010    Grace Florriok      Male    12      4
1011    Maia Rindell        Female  33      5
1012    Rebecca Rindell     Female  33      1
```

图 18-18　Java 程序在数据表中插入数据

从图 18-18 的运行结果可以看出，Java 程序已经在 t_student 表中成功插入一条数据。

18.2.4　使用 Statement 执行 SQL 语句——executeUpdate()修改数据

【示例 18-5】使用 Statement 的 executeUpdate()方法执行 Update 语句，在本地计算机的 MySQL 数据库系统的 school_1 数据库中的学生表 t_student 中修改一条数据，把 stuid 为 1012 的学生的年龄修改为 34，具体步骤如下：

步骤 01 用 SELECT 语句查询 t_student 表，具体 SQL 语句如下：

```
SELECT * FROM t_student;
```

执行结果如图 18-19 所示。

步骤 02 在学生表中修改一条数据，把 stuid 为 1012 的学生的年龄修改为 34，Java 程序如下：

```
package jdbc_test;
//此处省略包信息，和示例18-2中的包信息一致
public class StatementExecuteUpdate {
    public static void main(String[] args) throws Exception{
        Class.forName("com.mysql.cj.jdbc.Driver");
        Connection conn = DriverManager.getConnection(
        "jdbc:mysql://localhost:3306/school_1","root","123456");
        Statement stmt = conn.createStatement();
        stmt.executeUpdate("update t_student set age=34 where stuid=1012");
        ResultSet rs = stmt.executeQuery("select * from t_student");
        while(rs.next()){
            System.out.println(rs.getInt(1) + "\t"
                + rs.getString(2) + "\t"
                + rs.getString(3) + "\t"
                + rs.getString(4) + "\t"
                + rs.getString(5));}
        ......
    }
```

```
}
```

步骤 03 运行上述程序，运行的结果如图 18-20 所示。

```
mysql> SELECT * FROM t_student;
+-------+-------------------+--------+-----+---------+
| stuid | name              | gender | age | classno |
+-------+-------------------+--------+-----+---------+
|  1001 | Alicia Florric    | Female |  33 |       1 |
|  1002 | Kalinda Sharma    | Female |  31 |       1 |
|  1003 | Cary Agos         | Male   |  27 |       1 |
|  1004 | Diane Lockhart    | Female |  43 |       2 |
|  1005 | Eli Gold          | Male   |  44 |       3 |
|  1006 | Peter Florric     | Male   |  34 |       3 |
|  1007 | Will Gardner      | Male   |  38 |       2 |
|  1008 | Jacquiline Florriok | Male |  38 |       4 |
|  1009 | Zach Florriok     | Male   |  14 |       4 |
|  1010 | Grace Florriok    | Male   |  12 |       4 |
|  1011 | Maia Rindell      | Female |  33 |       5 |
|  1012 | Rebecca Rindell   | Female |  33 |       1 |
+-------+-------------------+--------+-----+---------+
12 rows in set (0.00 sec)
```

图 18-19　查询 t_student 表的数据

```
Console ✕   Markers  Progres  Problem

<terminated> StatementExecuteUpdate [Java Application]
1001  Alicia Florric    Female  33      1
1002  Kalinda Sharma    Female  31      1
1003  Cary Agos         Male    27      1
1004  Diane Lockhart    Female  43      2
1005  Eli Gold          Male    44      3
1006  Peter Florric     Male    34      3
1007  Will Gardner      Male    38      2
1008  Jac Florriok      Male    38      4
1009  Zach Florriok     Male    14      4
1010  Grace Florriok    Male    12      4
1011  Maia Rindell      Female  33      5
1012  Rebecca Rindell Female  34      1
```

图 18-20　Java 程序在数据表中修改数据

从图 18-20 的运行结果可以看出，Java 程序已经在 t_student 表中成功修改了一条数据，stuid 为 1012 的学生年龄已经修改为 34。

18.2.5　使用 Statement 执行 SQL 语句——executeUpdate()删除数据

【示例 18-6】使用 Statement 的 executeUpdate()方法执行 Update 语句，在本地计算机的 MySQL 数据库系统的 school_1 数据库中的学生表 t_student 中删除一条数据，把 stuid 为 1012 的学生数据删除掉，具体步骤如下：

步骤 01 用 SELECT 语句查询 t_student 表，具体 SQL 语句如下：

```
SELECT * FROM t_student;
```

执行结果如图 18-21 所示。

步骤 02 在 t_student 表中删除一条数据，把 stuid 为 1012 的学生数据删除掉，Java 程序如下：

```
package jdbc_test;
//此处省略包信息，和示例 18-2 中的包信息一致
public class StatementExecuteDelete {
    public static void main(String[] args) throws Exception{
        Class.forName("com.mysql.cj.jdbc.Driver");
        Connection conn = DriverManager.getConnection(
        "jdbc:mysql://localhost:3306/school_1","root","123456");
        Statement stmt = conn.createStatement();
        stmt.executeUpdate("delete from t_student where stuid=1012");
        ResultSet rs = stmt.executeQuery("select * from t_student");
        while(rs.next()){
            System.out.println(rs.getInt(1) + "\t"
                + rs.getString(2) + "\t"
                + rs.getString(3) + "\t"
                + rs.getString(4) + "\t"
                + rs.getString(5));}
```

```
        ......
    }
}
```

步骤 03　运行上述程序，运行的结果如图 18-22 所示。

图 18-21　查询 t_student 表的数据

图 18-22　Java 程序在数据表中删除数据

图 18-22 的运行结果显示，Java 程序已经在学生表中成功删除了 stuid 为 1012 的数据。

18.2.6　使用 PreparedStatement 执行 SQL 语句——executeQuery()查询

PreparedStatement 是 Statement 的子类，它提供了预处理功能，可以把 SQL 语句预先解释，再提供具体的参数执行，效率比 Statement 高很多。而且它还可以有效地防止 SQL 注入的攻击，所以建议读者使用 PreparedStatement。

PreparedStatement 有 3 种方法：executeQuery()、execute()和 executeUdpate()。接下来，将以示例的方式详细介绍这些方法的使用。

【示例 18-7】使用 PreparedStatement 的 executeQuery()方法执行 SELECT 语句，从本地计算机的 MySQL 数据库系统的 school_1 数据库中的学生表 t_student 和 t_score 中查询学号为 1001 的学生的姓名、性别、年龄、班级号、成绩总分，具体步骤如下：

步骤 01　在 MySQL 数据库系统查询，具体 SQL 语句如下：

```
SELECT st.*,
    sc.Chinese+sc.English+sc.Math+sc.Chemistry+sc.Physics TOTAL
    FROM t_student st, t_score sc WHERE st.stuid = sc.stuid
    AND st.stuid=1001;
```

执行结果如图 18-23 所示。

步骤 02　在 school_1 数据库的学生表 t_student 和 t_score 中查询学号为 1001 的学生的姓名、性别、年龄、班级号、成绩总分，Java 程序如下：

```
package jdbc_test;
//此处省略包信息，和示例 18-2 中的包信息一致
```

```
public class PreparedStatementExecuteQuery {
    public static void main(String[] args) throws Exception{
        Class.forName("com.mysql.cj.jdbc.Driver");
        Connection conn = DriverManager.getConnection(
        "jdbc:mysql://localhost:3306/school_1","root","123456");
        String strSql = "select st.*,"+
"sc.Chinese+sc.English+sc.Math+sc.Chemistry+sc.Physics"+
        " from t_student st, t_score sc" +
        " where st.stuid = sc.stuid" +
        " and st.stuid = ?";
        PreparedStatement pstmt = conn.prepareStatement(strSql);
        pstmt.setInt(1, 1001);
        ResultSet rs = pstmt.executeQuery();
        while(rs.next()){
            System.out.println(rs.getInt(1) + "\t"
                + rs.getString(2) + "\t\t"
                + rs.getString(3) + "\t"
                + rs.getString(4) + "\t"
                + rs.getString(5) + "\t"
                + rs.getString(6));}
        ......
    }
}
```

步骤 **03** 运行上述代码程序，运行结果如图 18-24 所示。

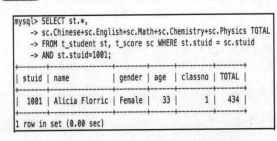

图 18-23 查询 t_student 表的数据

图 18-24 Java 程序查询 t_student 表的数据

从图 18-24 中可以看出，Java 程序查询的数据结果和图 18-23 的查询结果是一致的。

18.2.7 使用 PreparedStatement 执行 SQL 语句——execute()查询

【示例 18-8】使用 PreparedStatement 的 execute()方法执行 SELECT 语句，从本地计算机的 MySQL 数据库系统的 school_1 数据库的学生表 t_student 和 t_score 中查询学号为 1001 的学生的姓名、性别、年龄、班级号、成绩总分，具体步骤如下：

步骤 **01** Java 代码如下：

```
package jdbc_test;
```

```
//此处省略包信息，和示例 18-2 中包信息一致
public class PreparedStatementExecute {
    public static void main(String[] args) throws Exception{
        Class.forName("com.mysql.cj.jdbc.Driver");
        Connection conn = DriverManager.getConnection(
        "jdbc:mysql://localhost:3306/school_1","root","123456");
        String strSql = "select st.*,"+
        "sc.Chinese+sc.English+sc.Math+sc.Chemistry+sc.Physics"+
        " from t_student st, t_score sc" +
        " where st.stuid = sc.stuid" +
        " and st.stuid = ?";
        PreparedStatement pstmt = conn.prepareStatement(strSql);
        pstmt.setInt(1, 1001);
        boolean hasResultSet = pstmt.execute();
        if(hasResultSet){
            ResultSet rs = pstmt.getResultSet();
            while(rs.next()){
                System.out.println(rs.getInt(1) + "\t"
                  + rs.getString(2) + "\t\t"
                  + rs.getString(3) + "\t"
                  + rs.getString(4) + "\t"
                  + rs.getString(5) + "\t"
                + rs.getString(6));}
                ……
        }
    }
}
```

步骤 02　运行上述代码程序，运行结果如图 18-25 所示。

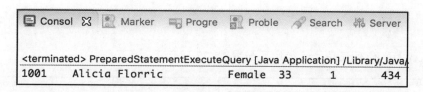

图 18-25　Java 程序查询 t_student 表的数据

从图 18-25 中可以看出，Java 程序查询的数据结果和图 18-23 的查询结果是一致的。

18.2.8　使用 PreparedStatement 执行 SQL 语句——executeUpdate()插入数据

【示例 18-9】使用 PreparedStatement 的 executeUpdate()方法执行 INSERT 语句，从本地计算机的 MySQL 数据库系统的 school_1 数据库的学生表 t_student 中插入一条数据，具体步骤如下：

步骤 01 用 SELECT 语句查询 t_student 表，具体 SQL 语句如下：

```
SELECT * FROM t_student;
```

执行结果如图 18-26 所示。

步骤 02 向 t_student 表中插入一条数据（1012,"Rebecca","Female",35,1），再查询 t_student 表的所有结果，Java 程序如下：

```java
package jdbc_test;
//此处省略包信息，和示例 18-2 中的包信息一致
public class PreparedStatementExecuteInsert {
    public static void main(String[] args) throws Exception{
        Class.forName("com.mysql.cj.jdbc.Driver");
        Connection conn = DriverManager.getConnection(
        "jdbc:mysql://localhost:3306/school_1","root","123456");
        String strSql = "insert into t_student values(?,?,?,?,?)";
        PreparedStatement pstmt = conn.prepareStatement(strSql);
        pstmt.setInt(1, 1012);
        pstmt.setString(2, "Rebecca Rindell");
        pstmt.setString(3, "Female");
        pstmt.setInt(4, 33);
        pstmt.setInt(5, 1);
        pstmt.executeUpdate();
        ResultSet rs = pstmt.executeQuery("select * from t_student");
        while(rs.next()){
            System.out.println(rs.getInt(1) + "\t"
                + rs.getString(2) + "\t"
                + rs.getString(3) + "\t"
                + rs.getString(4) + "\t"
                + rs.getString(5));}
        ……
    }
}
```

步骤 03 运行上述代码程序，运行结果如图 18-27 所示。

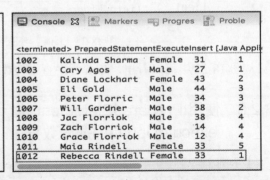

图 18-26　查询 t_student 表的数据　　　　图 18-27　Java 程序插入数据结果

从图 18-27 中可以看出，Java 程序查询的数据结果中，新数据已经插入成功。

18.2.9　使用 PreparedStatement 执行 SQL 语句——executeUpdate()修改数据

【示例 18-10】使用 PreparedStatement 的 executeUpdate()方法执行 Update 语句，在本地计算机的 MySQL 数据库系统的 school_1 数据库的学生表 t_student 中修改一条数据，把 stuid 为 1012 的学生的年龄修改为 34，具体步骤如下：

步骤01 用 SELECT 语句查询 t_student 表，具体 SQL 语句如下：

```
SELECT * FROM t_student;
```

执行结果如图 18-28 所示。

步骤02 在学生表中修改一条数据，把 stuid 为 1012 的学生的年龄修改为 31，Java 程序如下：

```
package jdbc_test;
//此处省略包信息，和示例 18-2 中的包信息一致
public class PreparedStatementExecuteUpdate {
    public static void main(String[] args) throws Exception{
        Class.forName("com.mysql.cj.jdbc.Driver");
        Connection conn = DriverManager.getConnection(
        "jdbc:mysql://localhost:3306/school_1","root","123456");
        String strSql = "update t_student set age=? where stuid=?";
        PreparedStatement pstmt = conn.prepareStatement(strSql);
        pstmt.setInt(1, 34);
        pstmt.setInt(2, 1012);
        pstmt.executeUpdate();
        ResultSet rs = pstmt.executeQuery("select * from t_student");
        while(rs.next()){
            System.out.println(rs.getInt(1) + "\t"
                + rs.getString(2) + "\t"
                + rs.getString(3) + "\t"
                + rs.getString(4) + "\t"
                + rs.getString(5));}
        ......
    }
}
```

步骤03 运行上述代码程序，运行结果如图 18-29 所示。

stuid	name	gender	age	classno
1001	Alicia Florric	Female	33	1
1002	Kalinda Sharma	Female	31	1
1003	Cary Agos	Male	27	1
1004	Diane Lockhart	Female	43	2
1005	Eli Gold	Male	44	3
1006	Peter Florric	Male	34	3
1007	Will Gardner	Male	38	2
1008	Jacquiline Florriok	Male	38	4
1009	Zach Florriok	Male	14	4
1010	Grace Florriok	Male	12	4
1011	Maia Rindell	Female	33	5
1012	Rebecca Rindell	Female	33	1

图 18-28　查询 t_student 表的数据　　　　图 18-29　Java 程序修改 t_student 表的数据

图 18-29 的执行结果显示，Java 程序修改 t_student 表的数据成功。

18.2.10　使用 PreparedStatement 执行 SQL 语句——executeUpdate()删除数据

【示例 18-11】使用 PreparedStatement 的 executeUpdate()方法执行 Update 语句，在本地计算机的 MySQL 数据库系统的 school_1 数据库的学生表 t_student 中删除一条数据，把 stuid 为 1012 的学生数据删除掉，具体步骤如下：

步骤 01　用 SELECT 语句查询 t_student 表，具体 SQL 语句如下：

```
SELECT * FROM t_student;
```

执行结果如图 18-30 所示。

步骤 02　在 t_student 表中删除一条数据，把 stuid 为 1012 的学生数据删除掉，Java 程序如下：

```
package jdbc_test;
//此处省略包信息，和示例 18-2 中的包信息一致
public class PreparedStatementExecuteDelete {
    public static void main(String[] args) throws Exception{
        Class.forName("com.mysql.cj.jdbc.Driver");
        Connection conn = DriverManager.getConnection(
        "jdbc:mysql://localhost:3306/school_1","root","123456");
        String strSql = "delete from t_student where stuid=?";
        PreparedStatement pstmt = conn.prepareStatement(strSql);
        pstmt.setInt(1, 1012);
        pstmt.executeUpdate();
        ResultSet rs = pstmt.executeQuery("select * from t_student");
        while(rs.next()){
            System.out.println(rs.getInt(1) + "\t"
                + rs.getString(2) + "\t"
                + rs.getString(3) + "\t"
                + rs.getString(4) + "\t"
```

```
                     + rs.getString(5));}
     ......
     }
   }
```

步骤 03 运行上述代码程序，运行结果如图 18-31 所示。

```
mysql> SELECT * FROM t_student;
+-------+---------------------+--------+------+---------+
| stuid | name                | gender | age  | classno |
+-------+---------------------+--------+------+---------+
|  1001 | Alicia Florric      | Female |   33 |       1 |
|  1002 | Kalinda Sharma      | Female |   31 |       1 |
|  1003 | Cary Agos           | Male   |   27 |       1 |
|  1004 | Diane Lockhart      | Female |   43 |       2 |
|  1005 | Eli Gold            | Male   |   44 |       3 |
|  1006 | Peter Florric       | Male   |   34 |       3 |
|  1007 | Will Gardner        | Male   |   38 |       2 |
|  1008 | Jacquiline Florriok | Male   |   38 |       4 |
|  1009 | Zach Florriok       | Male   |   14 |       4 |
|  1010 | Grace Florriok      | Male   |   12 |       4 |
|  1011 | Maia Rindell        | Female |   33 |       5 |
|  1012 | Rebecca Rindell     | Female |   34 |       1 |
+-------+---------------------+--------+------+---------+
12 rows in set (0.00 sec)
```

图 18-30　查询 t_student 表的数据

```
📋 Console 🛛  🤖 Markers  📇 Progres  📇 Problem

<terminated> StatementExecuteUpdate [Java Application]
1001    Alicia Florric    Female    33    1
1002    Kalinda Sharma    Female    31    1
1003    Cary Agos         Male      27    1
1004    Diane Lockhart    Female    43    2
1005    Eli Gold          Male      44    3
1006    Peter Florric     Male      34    3
1007    Will Gardner      Male      38    2
1008    Jac Florriok      Male      38    4
1009    Zach Florriok     Male      14    4
1010    Grace Florriok    Male      12    4
1011    Maia Rindell      Female    33    5
```

图 18-31　Java 程序删除 t_student 表的数据

图 18-31 的执行结果显示，Java 程序删除 t_student 表的数据成功。

18.3　Java 备份和恢复 MySQL 数据库

在 Java 语言中可以执行 mysqldump 命令来备份 MySQL 数据库，也可以执行 mysql 命令来还原 MySQL 数据库。本节将为读者介绍 Java 备份与还原 MySQL 数据库的方法。

18.3.1　使用 Java 备份 MySQL 数据库

在 MySQL 中，一般使用 mysqldump 命令来备份数据库，在本书 16.1 节中介绍过使用 mysqldump 命令备份 MySQL 数据库，语句如下：

```
mysqldump -u username -p password dbname table1 table2...<BackupName.sql
```

其中，dbname 参数表示数据库的名称；table1 和 table2 参数表示表的名称，没有该参数时将备份整个数据库；BackupName.sql 参数表示文件的名称，文件名前面可以加上一个绝对路径。通常将数据库备份成一个后缀名为.sql 的文件。

Java 语言中的 Runtime 类的 exec()方法可以运行外部命令。调用 exec()方法的代码如下：

```
Runtime rt = Runtime.getRuntime();
rt.exec("命令语句");
```

下面通过一个示例来展示 Java 使用 mysqldump 命令来备份数据库的用法。

【示例 18-12】在 Windows、Linux 和 Mac OS X 三个系统下，Java 使用 mysqldump 命令备份数据库的示例代码如下：

```
package jdbc_test;
public class ExecuteMysqldumpComand {
    public static void main(String[] args) {
        ExecuteMysqldumpComand obj = new ExecuteMysqldumpComand();
        //in windows
        //String command = "cmd /c" + "mysqldump -uroot -p123456 test
test_1>c:/test_1.sql";
        //in linux
        /*String shellScript = "/bin/sh " + "-c " + "/usr/bin/mysqldump -uroot
-p123456 test test_1>/var/root/sqls/test_1.sql";
        */
        //in mac
        String command = "/usr/local/mysql/bin/mysqldump -uroot -p123456 test
test_1>/var/root/sqls/test_1.sql";
        obj.executeCommand(command);
    }
    private void executeCommand(String command) {
        try {
            Runtime.getRuntime().exec(command);
        } catch (Exception e) {
            e.printStackTrace();
        }
    }
}
```

上面的代码可以将数据库 test 中的 test 表备份到相应的系统目录下的 test_1.sql 文件中。Windows 操作系统下一定要加上 cmd /c，因为在 Windows 操作系统中，mysqldump 命令是在 DOS 窗口中运行的。在 Linux 和 Mac 操作系统下，只有拥有 root 权限或者 mysql 权限的用户才可以执行这段代码。

18.3.2　使用 Java 恢复 MySQL 数据库

在 MySQL 中，一般使用 mysql 命令来还原数据库，在本书 16.2 节中介绍过使用 mysql 命令来还原 MySQL 数据库，语句如下：

```
mysql -u root -p [dbname] < backup.sql
```

其中，dbname 参数表示数据库名称。该参数是可选参数，可以指定数据库名，也可以不指定。指定数据库名时，表示还原该数据库下的表；不指定数据库名时，表示还原特定的一个数据库。而备份文件中有创建数据库的语句。

Java 语言中的 Runtime 类的 exec() 方法可以运行外部命令。调用 exec() 方法的代码如下：

```
Runtime rt = Runtime.getRuntime();
rt.exec("命令语句");
```

下面通过一个示例来展示 Java 代码使用 mysql 命令来还原数据库的用法。

【示例 18-13】在 Windows、Linux 和 Mac OS X 三个系统下，Java 使用 mysql 命令从 test.sql 文件恢复数据库 test 的示例代码如下：

```
package jdbc_test;
public class ExecuteMysqldumpComand {
    public static void main(String[] args) {
        ExecuteMysqldumpComand obj = new ExecuteMysqldumpComand();
        //in windows
        //String command = "cmd /c" + "mysqldump -uroot -p123456
test<c:/test.sql";
        //in linux
        /*String shellScript = "/bin/sh " + "-c " + "/usr/bin/mysqldump -uroot
-p123456 test</var/root/sqls/test.sql";*/
        //in mac
        String command = "/usr/local/mysql/bin/mysqldump -uroot -p123456
test</var/root/sqls/test.sql";
        obj.executeCommand(command);
    }
    private void executeCommand(String command) {
        try {
            Runtime.getRuntime().exec(command);
        } catch (Exception e) {
            e.printStackTrace();
        }
    }
}
```

上面的代码可以从相应目录下的 test.sql 文件中恢复数据库 test。在 Windows 操作系统下一定要加上 cmd /c，因为在 Windows 操作系统中，mysqldump 命令是在 DOS 窗口中运行的。在 Linux 和 Mac 操作系统下，只有拥有 root 权限或者 mysql 权限的用户才可以执行这段代码。

18.4 综合示例——人力资源管理系统

通过 18.1 节和 18.2 节的学习，读者应该初步了解了 Java 连接 MySQL 数据库、Java 操作 MySQL 数据库的基本步骤。本节将通过一个具体的人力资源管理系统来展示 Java 如何通过 JDBC 连接和操作 MySQL 数据库。在该系统中将实现查询、增加、修改、删除员工的功能。在数据库中共设计了两个表，分别是员工表 t_employee 和用户表 t_user，两个表的设计如表 18-1 和表 18-2 所示。

表 18-1　员工表 t_employee

列名	类型	长度	描述
id	int	8	员工 ID，主键，自增 1
name	varchar	10	员工姓名
gender	varchar	1	员工性别
age	int	4	员工年龄

表 18-2　用户表 t_user

列名	类型	长度	描述
id	int	8	用户 ID，主键，自增 1
name	varchar	10	用户名
password	varchar	10	用户密码

本示例的执行过程如下：

步骤 01　创建和选择数据库 hrmsdb，具体 SQL 语句如下：

```
CREATE DATABASE hrmsdb;
USE hrmsdb;
```

执行结果如图 18-32 和图 18-33 所示。

```
mysql> CREATE DATABASE hrmsdb;
Query OK, 1 row affected (0.12 sec)
```

```
mysql> USE hrmsdb;
Database changed
```

图 18-32　创建数据库　　　　　　图 18-33　选择数据库

步骤 02　创建员工表 t_employee，具体 SQL 语句如下：

```
CREATE TABLE `t_employee` (
    `id` int(8) NOT NULL AUTO_INCREMENT,
    `name` varchar(10) NOT NULL,
    `gender` varchar(1) NOT NULL,
    `age` int(4) NOT NULL,
    PRIMARY KEY (`id`));
```

执行结果如图 18-34 所示。

步骤 03　创建用户表 t_user，具体 SQL 语句如下：

```
CREATE TABLE `t_user` (
    `id` int(8) NOT NULL AUTO_INCREMENT,
    `name` varchar(10) NOT NULL,
    `password` varchar(10) NOT NULL,
    PRIMARY KEY (`id`));
```

执行结果如图 18-35 所示。

```
mysql> CREATE TABLE `t_employee` (
    -> `id` int(8) NOT NULL AUTO_INCREMENT,
    -> `name` varchar(10) NOT NULL,
    -> `gender` varchar(1) NOT NULL,
    -> `age` int(4) NOT NULL,
    -> PRIMARY KEY (`id`));
Query OK, 0 rows affected (0.03 sec)
```

图 18-34　创建员工表

```
mysql> CREATE TABLE `t_user` (
    -> `id` int(8) NOT NULL AUTO_INCREMENT,
    -> `name` varchar(10) NOT NULL,
    -> `password` varchar(10) NOT NULL,
    -> PRIMARY KEY (`id`));
Query OK, 0 rows affected (0.03 sec)
```

图 18-35　创建用户表

步骤 04 查询员工表和用户表数据，SQL 语句如下：

```
SELECT*FROM t_employee;
SELECT*FROM t_user;
```

执行结果如图 18-36 和图 18-37 所示。

```
mysql> SELECT * FROM t_employee;
Empty set (0.00 sec)
```

图 18-36　查看员工表数据

```
mysql> SELECT * FROM t_user;
Empty set (0.00 sec)
```

图 18-37　查看用户表数据

步骤 05 写数据库工具类，用于操作数据库，供业务层面调用，方便上层的程序，提高操作效率，具体 Java 代码如下：

```java
package hrms;
//此处省略包信息，和示例 18-2 中的包信息一致
public class DBUtils {
    public static final String DRIVER = "com.mysql.cj.jdbc.Driver";
    public static final String URL =
"jdbc:mysql://localhost:3306/hrmsdb?characterEncoding=utf-8";
    public static final String USER = "root";
    public static final String PASSWORD = "123456";
    private static Connection conn = null;
    public static Connection getConnection() throws Exception{
        Class.forName(DRIVER);
        conn = DriverManager.getConnection(URL,USER,PASSWORD);
        return conn;
    }
    public static void closeConnection() throws Exception{
        if(conn != null && conn.isClosed()){
            conn.close();
            conn = null;}
    }
    public int executeUpdate(String sql) throws Exception{
        conn = getConnection();
        Statement st = conn.createStatement();
        int r = st.executeUpdate(sql);
        closeConnection();
        return r;
```

```
    }
    public static int executeUpdate(String sql, Object...obj) throws Exception{
        conn = getConnection();
        PreparedStatement pst = conn.prepareStatement(sql);
        if(obj != null && obj.length > 0){
            for(int i = 0; i < obj.length; i++){
            pst.setObject(i+1, obj[i]);}}
        int r = pst.executeUpdate();
        closeConnection();
        return r;
    }
    public static ResultSet executeQuery(String sql, Object...obj) throws
Exception{
        conn = getConnection();
        PreparedStatement pst = conn.prepareStatement(sql);
        if(obj != null && obj.length > 0){
            for(int i = 0; i < obj.length; i++){
                pst.setObject(i+1, obj[i]);}}
        ResultSet rs = pst.executeQuery();
        return rs;
    }
    public static boolean queryLogin(String name, String password) throws
Exception{
        String sql = "select name from t_user where name=? and password=?";
        ResultSet rs = executeQuery(sql, name,password);
        if(rs.next()){
            return true;
        }else{
            return false;
        }
    }
}
```

步骤06 写人力资源管理类，这个类调用 DbUtils 类，查询、增加、修改和删除员工信息，这
些操作必须在登录之后才能执行。

```
package hrms;
import java.sql.ResultSet;
import java.sql.SQLException;
import java.util.Scanner;
public class HrmsByJdbc {
    public static Scanner sc = new Scanner(System.in);
    public static void mainInterface() {
        while (true) {
```

```java
        //System.out.println("\n\n");
        System.out.println("*人力资源管理系统*");
        System.out.println("*1.查看员工信息*");
        System.out.println("*2.添加员工信息*");
        System.out.println("*3.修改员工信息*");
        System.out.println("*4.删除员工信息*");
        System.out.println("*0.退出系统 *");
        System.out.print("请选择: ");
        int num = sc.nextInt();
        if (num == 0) {
            System.out.println("谢谢使用!");
            System.exit(0);         //退出系统
        } else {
            switch (num) {
            case 1:
                query();            // 查询
                break;
            case 2:
                add();              // 添加
                break;
            case 3:
                update();           // 修改
                break;
            case 4:
                del();              // 删除
                break;
            default:
                System.out.println("没有这个选项,请重新输入!");
            }
        }
    }
    private static void query() {
        System.out.print("员工信息\n a、全部, b、单个 : ");
        String num1 = sc.next();
        String sql = null;
        try {
            switch (num1) {
            case "a":
                sql = "select * from t_employee";
                ResultSet rsa = DBUtils.executeQuery(sql);      //调用工具类
                System.out.println("编号\t 姓名\t 性别\t 年龄");
                while (rsa.next()) {
```

583

```
                int id = rsa.getInt(1);
                String name = rsa.getString(2);
                String gender = rsa.getString(3);
                int age = rsa.getInt(4);
                System.out.println(id + "\t" + name + "\t" + gender + "\t" + age);
            }
            break;
        case "b":
            System.out.print("请输入要查询的员工 id: ");
            int idnum = sc.nextInt();
            sql = "select * from t_employee where id=?";
            ResultSet rsb = DBUtils.executeQuery(sql, idnum);
            System.out.println("编号\t 姓名\t 性别\t 年龄");
            while (rsb.next()) {
                int id = rsb.getInt(1);
                String name = rsb.getString(2);
                String gender = rsb.getString(3);
                int age = rsb.getInt(4);
                System.out.println(id+"\t"+name+"\t"+gender+"\t"+ age);
            }
            break;
        default:
            System.out.println("无选项，请重新输入!");
            break;
        }
    } catch (SQLException e) {
        System.out.println("db error:" + e.getMessage());
        e.printStackTrace();
    } catch (Exception e) {
        System.out.println("other error" + e.getMessage());
        e.printStackTrace();
    } finally {
        try {
            DBUtils.closeConnection();
        } catch (Exception e) {
            System.out.println(e.getMessage());
        }
    }
}
private static void add() {
    System.out.println("\t 新增员工");
    System.out.print("姓名: ");
    String name = sc.next();
```

```java
        System.out.print("性别: ");
        String gender = sc.next();
        System.out.print("年龄: ");
        int age = sc.nextInt();
        String sql = "INSERT INTO t_employee(name,gender,age) VALUES(?,?,?)";
        try {
            DBUtils.executeUpdate(sql, name, gender, age);
            System.out.println("新增成功");
        } catch (Exception e) {
            System.out.println("错误:" + e.getMessage());
        } finally {
            try {
                DBUtils.closeConnection();
            } catch (Exception e) {
                e.printStackTrace();
            }
        }
    }
    private static void update() {
        String s1 = "select * from t_employee where id=?";
        String s2 = "update  t_employee set name=? where id=?";
        String s3 = "update  t_employee set gender=?  where id=?";
        String s4 = "update  t_employee set age=?  where id=?";
        System.out.print("请输入要修改员工的 id: ");
        int idnum3 = sc.nextInt();
        try {
            ResultSet rsb = DBUtils.executeQuery(s1, idnum3);
            System.out.println("编号\t 姓名\t 性别\t 年龄");
            while (rsb.next()) {
                int id = rsb.getInt(1);
                String name = rsb.getString(2);
                String gender = rsb.getString(3);
                int age = rsb.getInt(4);
                System.out.println(id+"\t"+name+"\t"+gender+"\t"+age);
            }
            System.out.print("需要修改此人信息吗? y/n: ");
            String as = sc.next();
            if ("y".equals(as)) {
                System.out.print("修改: a、姓名, b、性别, c、年龄 : ");
                String as1 = sc.next();
                if ("a".equals(as1)) {
                    System.out.print("请输入姓名: ");
                    String inname = sc.next();
```

```
                DBUtils.executeUpdate(s2, inname, idnum3);
            } else if ("b".equals(as1)) {
                System.out.print("请输入性别: ");
                String gender = sc.next();
                DBUtils.executeUpdate(s3, gender, idnum3);
            } else if ("c".equals(as1)) {
                System.out.print("请输入年龄: ");
                int age = sc.nextInt();
                DBUtils.executeUpdate(s4, age, idnum3);
            } else {
                System.out.println("输入错误，请重新输入!");
            }
        }
        System.out.println("修改成功! ");
    } catch (Exception e) {
        e.printStackTrace();
    } finally {
        try {
            DBUtils.closeConnection();
        } catch (Exception e) {
            e.printStackTrace();
        }
    }
}
private static void del() {
    String s1 = "select * from t_employee where id=?";
    String s2 = "delete from t_employee where id=?";
    System.out.print("请输入要删除员工的id: ");
    int idnum4 = sc.nextInt();
    ResultSet rs4 = null;
    try {
        rs4 = DBUtils.executeQuery(s1, idnum4);
        System.out.println("编号\t姓名\t性别\t年龄");
        while (rs4.next()) {
            int id = rs4.getInt(1);
            String name = rs4.getString(2);
            String gender = rs4.getString(3);
            int age = rs4.getInt(4);
            System.out.println(id+"\t"+name+"\t"+gender+"\t"+age);
        }
        System.out.print("确定要删除此人信息吗?  y/n: ");
        String as = sc.next();
        if ("y".equals(as)) {
```

```
            DBUtils.executeUpdate(s2, idnum4);
            System.out.println("删除成功！");
        } else {
            System.out.println("取消删除！");
        }
    } catch (Exception e) {
        e.getMessage();
    } finally {
        try {
            DBUtils.closeConnection();
        } catch (Exception e) {
            e.printStackTrace();
        }
    }
  }
}
```

步骤 07　写登录类，提供用户账号注册、登录、修改密码的方法，具体 Java 代码如下：

```
package hrms;
import java.util.Scanner;
public class Login {
private static Scanner sc = new Scanner(System.in);
public static void register() throws Exception {
    System.out.println("****欢迎注册人力资源管理系统*****");
    String sql = "insert into t_user(name,password) values(?,?)";
    while (true) {
        System.out.print("请输入用户名：");
        String inName = sc.next();
        System.out.print("请设置密码：");
        String inPassword = sc.next();
        boolean b = DBUtils.queryLogin(inName, inPassword);
        if (b) {
            System.out.println("该用户名已存在，请重新输入...");
        } else {
            DBUtils.executeUpdate(sql, inName, inPassword);
            System.out.print("注册成功！欢迎登录！是否立即登录？y/n :");
            String as = sc.next();
            if ("y".equals(as)) {
                login();
            }
            break;
        }
    }
```

```java
    }
    public static void login() throws Exception {
        int count = 0;
        System.out.println("******欢迎登录人力资源管理系统******");
        while (true) {
            System.out.print("请输入用户名：");
            String inName = sc.next();
            System.out.print("请输入密码：");
            String inPassword = sc.next();
            boolean b = DBUtils.queryLogin(inName, inPassword);
            if (b) {
                HrmsByJdbc.mainInterface();
            } else {
                count++;
                System.out.println("账号与密码不匹配，请重新输入!\n");
            }
            if (count >= 3) {
                System.out.println("您连续三次输入错误，已退出！");
                break;
            }
        }
    }
    public static void updatePassword() throws Exception {
        System.out.print("请登录后修改密码");
        System.out.println("\n");
        int count = 0;
        System.out.println("*******请修改登录密码*******");
        while (true) {
            System.out.print("请输入用户名：");
            String inName = sc.next();
            System.out.print("请输入密码：");
            String inPassword = sc.next();
            boolean b = DBUtils.queryLogin(inName, inPassword);
            if (b) {
                System.out.println("-----修改密码------\n");
                System.out.print(" 请输入新的密码：");
                String newPassword=sc.next();
                String sql="update t_user set password=? where name=?";
                DBUtils.executeUpdate(sql,newPassword,inName);
                System.out.println("修改成功！请重新登录...");
                login();
            } else {
                count++;
```

```
            System.out.println("账号与密码不匹配，请重新输入!");
        }
        if (count == 3) {
            System.out.println("您连续三次输入错误，已退出! ");
            break;
        }
    }
}
```

步骤 08　写注册登录的入口，提供 main 方法，具体 Java 代码如下：

```java
package hrms;
import java.util.Scanner;
public class MainLogin {
    public static void main(String[] args) throws Exception {
        Scanner sc = new Scanner(System.in);
        while (true) {
            System.out.println("******欢迎登录人力资源管理系统****");
            System.out.println("*1.注册|2.登录|3.修改密码|4.退出*");
            System.out.print("请选择: ");
            int num = sc.nextInt();
            if (num == 0) {
                System.out.println("\n Thanks For Your Use!");
                break;
            } else {
                switch (num) {
                case 1:
                    Login.register();
                    break;
                case 2:
                    Login.login();
                    break;
                case 3:
                    Login.updatePassword();;
                    break;
                default:
                    System.out.println("请重新输入");
                }
            }
        }
        sc.close();
    }
}
```

步骤 09 运行主程序，界面如图 18-38 所示。

步骤 10 选择 "1.注册"，输入用户名和密码，如图 18-39 所示。

图 18-38 初始界面　　　　　　　　　图 18-39 注册新用户

步骤 11 如图 18-39 所示，选择 "y" 立即登录，输入刚才注册的用户名和密码，如图 18-40 所示。进入人力资源管理系统，选择 "2.添加员工信息"，输入姓名、性别、年龄，如图 18-41 所示。

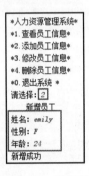

图 18-40 登录人力资源系统　　　　　图 18-41 添加员工

步骤 12 查询用户表和员工表，SQL 语句如下：

```
SELECT*FROM t_user;
SELECT*FROM t_employee;
```

执行结果如图 18-42 和图 18-43 所示。

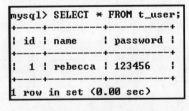 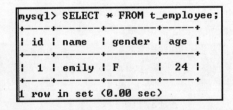

图 18-42 查询用户表　　　　　　　　图 18-43 查询员工表

从图 18-42 和图 18-43 可以看到，用户表和员工表都已经有相应的数据记录了。

步骤 13 选择 "1.查看员工信息"，再选择 "a、全部"，查询结果如图 18-44 所示。

步骤 14 选择 "3.修改员工信息"，输入员工 id，再选择 "a、姓名"，输入新名字，修改后，结果如图 18-45 所示。

```
*人力资源管理系统*
*1.查看员工信息*
*2.添加员工信息*
*3.修改员工信息*
*4.删除员工信息*
*0.退出系统  *
请选择: 1
员工信息
  a、全部，b、单个 : a
Wed Nov 15 19:21:43 CST 2017
编号      姓名      性别      年龄
2        emily     F        24
```

图 18-44　查看员工

```
*人力资源管理系统*
*1.查看员工信息*
*2.添加员工信息*
*3.修改员工信息*
*4.删除员工信息*
*0.退出系统  *
请选择: 3
请输入您要修改员工的id: 2
Wed Nov 15 19:25:05 CST 2017
编号      姓名      性别      年龄
2        emily     F        24
你是需要修改此人信息吗?  y/n: y
修改: a、姓名，b、性别，c、年龄 : a
请输入姓名：Shirley
Wed Nov 15 19:25:20 CST 2017
修改成功!
```

图 18-45　修改员工信息

步骤 ⑮ 在 MySQL 中用 SQL 语句查询员工表，如图 18-46 所示。在人力资源管理系统中选择 "1.查看员工信息"，再选择 "a、全部"，查询结果如图 18-47 所示。

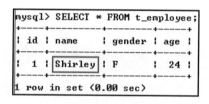

图 18-46　查询员工数据

图 18-47　查看员工信息

从图 18-46 和图 18-47 的查询结果可以看出，员工姓名修改成功。

步骤 ⑯ 选择 "4.删除员工信息"，输入要删除的员工 id 号，如图 18-48 所示。删除成功后，在 MySQL 中用 SELECT 语句查询员工数据表，确定数据已被删除，如图 18-49 所示。

```
*人力资源管理系统*
*1.查看员工信息*
*2.添加员工信息*
*3.修改员工信息*
*4.删除员工信息*
*0.退出系统  *
请选择: 4
请输入要删除员工的id: 2
编号      姓名      性别      年龄
确定要删除此人信息吗?  y/n: y
删除成功!
```

图 18-48　查询员工数据

```
mysql> SELECT * FROM t_employee;
Empty set (0.00 sec)
```

图 18-49　查看员工信息

18.5 本章小结

本章介绍了 Java 语言访问 MySQL 数据库的方法。使用 Java 语言连接 MySQL 数据库和操作 MySQL 数据库是本章的重点内容。其中，Java 连接 MySQL 数据库部分详细介绍了 JDBC 以及 Java 如何通过 JDBC 连接 MySQL 数据库，有详细的示例。在 Java 操作 MySQL 数据库部分，分 Statement 和 PreparedStatement 两部分，分别介绍了在 Java 中执行 SELECT、INSERT、UPDATE 和 DELETE 语句的方法。Java 备份和还原 MySQL 数据库是本章的难点，因为需要 Java 语言调用外部命令。最后通过一个人力资源管理系统的综合示例向读者演示了 Java 连接和操作 MySQL 数据库的方法。通过本章的学习，读者应该会对 Java 访问 MySQL 数据库有比较深入的了解。下一章将为读者介绍网上课堂系统的数据库设计方案。

第 19 章
◀ 网上课堂系统数据库设计 ▶

MySQL 数据库的使用非常广泛，很多网站和管理系统使用 MySQL 数据库存储数据。本章主要讲述网上课堂系统的数据库设计过程。通过本章的学习，读者可以在网上课堂系统的设计过程中学会如何使用 MySQL 数据库进行数据库设计。本章的内容主要包括：

- 了解网上课堂系统的概述。
- 熟悉网上课堂系统的功能。
- 掌握如何设计网上课堂系统的表。
- 掌握如何设计网上课堂系统的索引。
- 掌握如何设计网上课堂系统的视图。
- 掌握如何设计网上课堂系统的触发器。

19.1　系统概述

互联网已经渗透到人们工作学习的方方面面，社会的各行各业都在积极使用互联网的手段解决问题，在此大环境下，每个人都需要不断地提高知识水平和工作效率，网上课堂系统随之诞生。本章介绍的是一个小型网上课堂系统的数据库设计，一个典型的网上课堂系统至少应该包含课目管理、课目信息显示和课目信息查询 3 个功能。

19.2　系统功能

网上课堂系统所要实现的功能模块如图 19-1 所示。

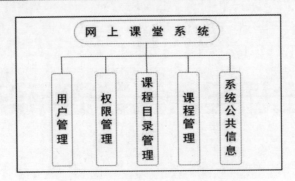

图 19-1　网上课堂系统功能模块结构

- 用户管理：提供用户基本信息的增加、查询、修改以及删除功能，拥有用户信息的用户可以登录系统进行课件的发布。
- 角色管理：系统角色分为三大类：系统管理员负责系统信息的管理和维护，为系统初始化课程结构，赋予用户不同的角色权限；老师负责系统课程的管理、更新和发布，并对学员的提问进行解答；学员可以查看、检索科目。
- 权限管理：系统权限分为课程目录的增加、阅读、查询、修改、删除权限以及评论的阅读、发表、删除权限。
- 课程目录管理：系统管理员根据实际业务为各部门课程分门别类，有效组织课程结构，对课程目录进行增加、查询、修改和删除操作。
- 课程管理：各相关部门的老师或负责人可针对本部分的业务需求发布不同类别的课程，课程由多个课件构成，可以上传各种格式的视频、音频、文档课件，也可以删除课件，老师和学员都可以浏览、检索课件。
- 系统公共信息：管理员可以发布与系统和维护相关的公告信息，也可以删除一些恶意的评论，帮助网上课堂更好地运营。

19.3　数据库设计和实现

数据库设计是开发管理系统很重要的一个步骤。如果数据库设计得不够合理，将会为后续的开发带来很大的麻烦。本节将为读者介绍网上课堂系统的数据库设计和开发过程。

数据库设计时要确定设计哪些表、表中包含哪些字段、字段的数据类型和长度。通过本节的学习，读者可以对 MySQL 数据库的知识有个全面的了解。

19.3.1　设计表

本系统所有表都放在 webcourse 数据库下。创建和选择 webcourse 数据库的 SQL 代码如下：

```
CREATE DATABASE webcourse;
USE webcourse;
```

执行结果如图 19-2 和图 19-3 所示。

```
mysql> CREATE DATABASE webcourse;
Query OK, 1 row affected (0.07 sec)
```

图 19-2　创建数据库 webcourse

```
mysql> USE webcourse;
Database changed
```

图 19-3　选择数据库

在这个数据库下总共存放着 9 个表，分别是：用户表 user、管理员表 admin、角色表 role、权限表 authority、角色权限关系表 role_authority、课程分类表 courseCatalog、课程表 course、媒体类型表 mediaType 和评论表 comments。

1. 角色表 role

角色表中存储角色 ID 和角色名称，role 表的字段信息如表 19-1 所示。角色表的内容是固定的，由管理员初始化。网课系统中的角色分为管理员、老师和普通用户 3 类，内容如表 19-2 所示。

表 19-1　角色表 role

列名	类型	长度	描述
roleId	INT	8	权限 ID，自增 1
roleName	VARCHAR	20	权限名称

表 19-2　角色表 role 的固定内容

roleId	roleName
1	管理员
2	老师
3	普通用户

根据表 19-1 的内容创建角色表 role。根据表 19-2 的内容在角色表 role 中插入数据，SQL 语句如下：

```
CREATE TABLE role(
    roleId INT(8) UNIQUE NOT NULL AUTO_INCREMENT,
    roleName VARCHAR(20),CONSTRAINT pk_id PRIMARY KEY(roleId));
INSERT INTO role VALUES(1,"管理员"),(2,"老师"),(3,"普通用户");
```

执行结果如图 19-4 和图 19-5 所示。

```
mysql> CREATE TABLE role(
    -> roleId INT(8) UNIQUE NOT NULL AUTO_INCREMENT,
    -> roleName VARCHAR(20),
    -> CONSTRAINT pk_id PRIMARY KEY(roleId));
Query OK, 0 rows affected (0.05 sec)
```

图 19-4　创建角色表 role

```
mysql> INSERT INTO role
    -> VALUES(1,"管理员"),
    -> (2,"老师"),
    -> (3,"普通用户");
Query OK, 3 rows affected (0.03 sec)
Records: 3  Duplicates: 0  Warnings: 0
```

图 19-5　角色表 role 数据初始化

2. 权限表 authority

权限表中存储权限 ID 和权限名称，authority 表的字段信息如表 19-3 所示。权限表的内容是固定的，由管理员初始化，内容如表 19-4 所示。

表 19-3　权限表 authority

列名	类型	长度	描述
authorityId	INT	8	权限 ID，自增 1
authorityName	VARCHAR	20	权限名称

表 19-4　权限表 authority 的固定内容

authorityId	authorityName
1	课程类型增加权限（管理员）
2	课程类型修改权限（管理员）
3	课程类型删除权限（管理员）
4	课程类型浏览权限（管理员、老师、普通用户）
5	课件上传权限（管理员、老师）
6	课件浏览权限（管理员、老师、普通用户）
7	课件查询权限（管理员、老师、普通用户）
8	课件删除权限（上传者本人或者管理员）
9	课件编辑权限（上传者本人或者管理员）
10	阅读评论权限（管理员、老师、普通用户）
11	发表评论权限（管理员、老师、普通用户）
12	修改评论权限（评论者本人或者管理员）
13	删除评论权限（评论者本人或者管理员）

根据表 19-3 的内容创建权限表 authority。根据表 19-4 的内容在权限表 authority 中插入数据，具体 SQL 语句如下：

```
CREATE TABLE authority(
  authorityId INT(8) UNIQUE NOT NULL AUTO_INCREMENT,
  authorityName VARCHAR(20),
  CONSTRAINT pk_id PRIMARY KEY(authorityId));
INSERT INTO authority VALUES(1,'课程类型增加权限'),
        (2,'课程类型修改权限'),(3,'课程类型删除权限'),
        (4,'课程类型浏览权限'),(5,'课件上传权限'),
        (6,'课件浏览权限'),(7,'课件查询权限'),
        (8,'课件删除权限'),(9,'课件编辑权限'),
        (10,'阅读评论权限'),(11,'发表评论权限'),
        (12,'修改评论权限'),(13,'删除评论权限');
```

执行结果如图 19-6 和图 19-7 所示。

```
mysql> CREATE TABLE authority(
    -> authorityId int(8) UNIQUE NOT NULL AUTO_INCREMENT,
    -> authorityName VARCHAR(20),
    -> CONSTRAINT pk_id PRIMARY KEY(authorityId));
Query OK, 0 rows affected (0.13 sec)
```

图 19-6　创建角色表 role

```
mysql> INSERT INTO authority
    -> VALUES(1,'课程类型增加权限'),
    -> (2,'课程类型修改权限'),(3,'课程类型删除权限'),
    -> (4,'课程类型浏览权限'),(5,'课件上传权限'),
    -> (6,'课件浏览权限'),(7,'课件查询权限'),
    -> (8,'课件删除权限'),(9,'课件编辑权限'),
    -> (10,'阅读评论权限'),(11,'发表评论权限'),
    -> (12,'修改评论权限'),(13,'删除评论权限');
Query OK, 13 rows affected (0.01 sec)
Records: 13  Duplicates: 0  Warnings: 0
```

图 19-7　权限表 authority 数据初始化

3. 角色权限关系表 role_authority

role_authority 表中存储角色_权限编号、角色 ID 和权限 ID 集合，字段信息如表 19-5 所示。角色权限表的内容是固定的，由管理员初始化，内容如表 19-6 所示。

表 19-5　角色权限关系表 role_authority

列名	类型	长度	描述
raId	INT	8	角色_权限编号
roleId	INT	8	角色 ID
authorityIds	VARCHAR	50	权限 ID 集合

表 19-6　角色权限关系表 role_authority 的固定内容

raId	roleId	authorityId
1	1（管理员）	1
1	1（管理员）	…(2，3，4，5，6，7，8，9，10，11，12)
1	1（管理员）	13
2	2（老师）	4
2	2（老师）	…(5，6，7，10)
2	2（老师）	11
3	3（普通用户）	4
3	3（普通用户）	…(6，7，10)
3	3（普通用户）	11

根据表 19-5 的内容创建角色权限关系表 role_authority，根据表 19-6 的内容在角色权限关系表 role_authority 中插入数据，具体 SQL 语句如下：

```
CREATE TABLE role_authority(
    raId INT(8) PRIMARY KEY UNIQUE NOT NULL AUTO_INCREMENT,
    roleId INT(8) NOT NULL,
    authorityId VARCHAR(8) NOT NULL);
INSERT INTO role_authority VALUES(1,1,1),……(3,3,11);
```

执行结果如图 19-8 所示。

```
mysql> CREATE TABLE role_authority(
    -> raId INT(8) PRIMARY KEY UNIQUE NOT NULL AUTO_INCREMENT,
    -> roleId int(8) NOT NULL,
    -> authorityId int(8) NOT NULL);
Query OK, 0 rows affected (0.01 sec)
```

图 19-8　创建角色权限关系表 role_authority

其中，表 19-6 和 SQL 语句中的省略号表示中间的数据，不一一列举。

4. 用户表 user

user 表中存储用户 ID、用户名、用户密码和性别等，user 表的字段信息如表 19-7 所示。

表 19-7　用户表 user

列名	类型	长度	描述
userId	INT	8	用户 ID，自增 1
userName	VARCHAR	20	用户名称
userPassword	VARCHAR	20	用户密码
gender	VARCHAR	8	用户性别
userEmail	VARCHAR	20	用户 Email
userPhonenumber	VARCHAR	15	用户手机号
roleId	VARCHAR	8	用户角色 ID（默认都是普通的）

根据表 19-7 的内容创建 user 表，具体 SQL 语句如下：

```
CREATE TABLE user(
    userId INT(8) key UNIQUE NOT NULL AUTO_INCREMENT,
    userName VARCHAR(20) NOT NULL,
    userPassword VARCHAR(20) NOT NULL,
    gender VARCHAR(8) NOT NULL,
    userEmail VARCHAR(20) NOT NULL,
    userPhonenumber VARCHAR(15) NOT NULL);
```

执行结果如图 19-9 所示。

```
mysql> CREATE TABLE user(
    -> userId INT(8) key UNIQUE NOT NULL AUTO_INCREMENT,
    -> userName VARCHAR(20) NOT NULL,
    -> userPassword VARCHAR(20) NOT NULL,
    -> gender VARCHAR(8) NOT NULL,
    -> userEmail VARCHAR(20) NOT NULL,
    -> userPhonenumber VARCHAR(15) NOT NULL);
Query OK, 0 rows affected (0.06 sec)
```

图 19-9　创建用户表 user

5. 管理员表 admin

admin 表中存储管理员 ID、管理员名、管理员密码等，表的字段信息如表 19-8 所示。

表 19-8　管理员表 admin

列名	类型	长度	描述
adminId	INT	8	管理员 ID，自增 1
adminName	VARCHAR	20	管理员名称
adminPassword	VARCHAR	20	管理员密码
userId	INT	8	管理员的用户 ID

根据表 19-8 的内容创建 admin 表，具体 SQL 语句如下：

```
CREATE TABLE admin(
    adminId INT(8) NOT NULL AUTO_INCREMENT,
    adminName VARCHAR(20) NOT NULL,
    adminPassword VARCHAR(20) NOT NULL,
    userId INT(8) NOT NULL,
    CONSTRAINT pk_id PRIMARY KEY(adminId));
```

执行结果如图 19-10 所示。

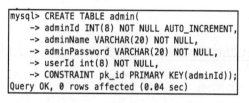

图 19-10　创建管理员表 admin

6. 课程分类表 courseCatalog

courseCatalog 表中存储课程类型 ID、课程类型名字、课程类型父类 ID 和课程类型描述，courseCatalog 表的字段信息如表 19-9 所示。

表 19-9　课程分类表 courseCatalog

列名	类型	长度	描述
courseCatalogId	INT	8	课程分类 ID，自增 1
courseCatalogName	VARCHAR	20	课程分类名称
parentId	INT	8	所属分类 ID
description	VARCHAR	50	课程分类描述

根据表 19-9 的内容创建 courseCatalog 表，SQL 语句如下：

```
CREATE TABLE courseCatalog(
    cCatalogId INT(8) NOT NULL AUTO_INCREMENT,
    cCatalogName VARCHAR(20) NOT NULL,
    parentId INT(8) NOT NULL,
    description VARCHAR(50) NOT NULL,
    CONSTRAINT pk_id PRIMARY KEY(cCatalogId));
```

执行结果如图 19-11 所示。

```
mysql> CREATE TABLE courseCatalog(
    -> cCatalogId INT(8) NOT NULL AUTO_INCREMENT,
    -> cCatalogName VARCHAR(20) NOT NULL,
    -> parentId int(8) NOT NULL,
    -> description varchar(50) NOT NULL,
    -> CONSTRAINT pk_id PRIMARY KEY(cCatalogId));
Query OK, 0 rows affected (0.03 sec)
```

图 19-11　创建课程分类表 courseCatalog

7. 课程表 course

course 表中存储课程 ID、课程名字、课程类型 ID、课程描述、媒体类型 ID、上传时间和上传者用户 ID，course 表的字段信息如表 19-10 所示。

表 19-10　课程表 course

列名	类型	长度	描述
courseId	INT	8	课程 ID，自增 1
courseName	VARCHAR	20	课程名称
courseCatalogId	INT	8	课程所属分类 ID
description	VARCHAR	50	课程分类描述
mediaTypeId	INT	8	媒体类型 ID
uploadDate	DATETIME	8	课程上传时间
userId	INT	8	上传者用户 ID

根据表 19-10 的内容创建 course 表，SQL 语句如下：

```
CREATE TABLE course(
    courseId INT(8) PRIMARY KEY UNIQUE NOT NULL AUTO_INCREMENT,
    courseName VARCHAR(20) NOT NULL,
    courseCatalogId INT(8) NOT NULL,
    description VARCHAR(50) NOT NULL,
    mediaTypeId INT(8) NOT NULL,
    uploadDate DATETIME NOT NULL,
    userId INT(8) NOT NULL);
```

执行结果如图 19-12 所示。

```
mysql> CREATE TABLE course(
    -> courseId INT(8) PRIMARY KEY UNIQUE NOT NULL AUTO_INCREMENT,
    -> courseName VARCHAR(20) NOT NULL,
    -> courseCatalogId INT(8) NOT NULL,
    -> description VARCHAR(50) NOT NULL,
    -> mediaTypeId INT(8) NOT NULL,
    -> uploadDate DATETIME NOT NULL,
    -> userId INT(8) NOT NULL);
Query OK, 0 rows affected (0.02 sec)
```

图 19-12　创建课程表 course

8. 媒体类型表 mediaType

mediaType 表中存储媒体类型 ID、媒体类型名称、媒体类型图标、是否是二进制内容、MIME 类型和最大允许文件长度，mediaType 表的字段信息如表 19-11 所示。

表 19-11 媒体类型表 mediaType

列名	类型	长度	描述
mediaId	INT	8	媒体类型 ID，自增 1
mediaName	VARCHAR	20	媒体名称
icon	VARCHAR	50	图标
isMultipart	BIT	1	是否是二进制内容
mimeType	VARCHAR	256	MIME 类型
maxLength	INT	4	最大允许文件长度

根据表 19-11 的内容创建 mediaType 表，SQL 语句如下：

```
CREATE TABLE mediaType(
    mediaId INT(8) PRIMARY KEY UNIQUE NOT NULL AUTO_INCREMENT,
    mediaName VARCHAR(20) NOT NULL,
    icon VARCHAR(50) NOT NULL,
    isMultipart BIT(1) NOT NULL,
    mimeType VARCHAR(256) NOT NULL,
    maxLength INT(4) NOT NULL);
```

执行结果如图 19-13 所示。

```
mysql> CREATE TABLE mediaType(
    -> mediaId INT(8) PRIMARY KEY UNIQUE NOT NULL AUTO_INCREMENT,
    -> mediaName VARCHAR(20) NOT NULL,
    -> icon VARCHAR(50) NOT NULL,
    -> isMultipart BIT(1) NOT NULL,
    -> mimeType VARCHAR(256) NOT NULL,
    -> maxLength INT(4) NOT NULL);
Query OK, 0 rows affected (0.06 sec)
```

图 19-13 创建媒体类型表 mediaType

9. 评论表 comments

评论表中存储评论 ID、评论内容、评论者用户 ID、被评课程 ID、发表评论时间、编辑评论时间、删除评论时间和逻辑删除标识。评论表 comments 的字段信息如表 19-12 所示。

表 19-12 评论表 comments

列名	类型	长度	描述
commentId	INT	8	评论 ID，自增 1
commentContent	VARCHAR	100	评论内容
userId	INT	8	评论者用户 ID
courseId	INT	8	被评课程的 ID
uploadDate	DATETIME	8	发表评论时间

（续表）

列名	类型	长度	描述
editDate	DATETIME	8	修改评论时间
deleteDate	DATETIME	8	删除评论时间（逻辑删除）
logicDeleteBit	BIT	1	逻辑删除位

根据表 19-12 的内容创建 mediaType 表， SQL 语句如下：

```
CREATE TABLE comments(
    commentId INT(8) PRIMARY KEY UNIQUE NOT NULL AUTO_INCREMENT,
    commentContent VARCHAR(100) NOT NULL,
    userId INT(8) NOT NULL,
    courseId INT(8) NOT NULL,
    uploadDate DATETIME NOT NULL,
    deleteDate DATETIME NOT NULL,
    logicDeleteBit BIT NOT NULL);
```

执行结果如图 19-14 所示。

```
mysql> CREATE TABLE comment(
    -> commentId INT(8) PRIMARY KEY UNIQUE NOT NULL AUTO_INCREMENT,
    -> commentContent varchar(100) NOT NULL,
    -> userId INT(8) NOT NULL,
    -> courseId INT(8) NOT NULL,
    -> uploadDate DATETIME NOT NULL,
    -> deleteDate DATETIME NOT NULL,
    -> logicDeleteBit bit NOT NULL);
Query OK, 0 rows affected (0.06 sec)
```

图 19-14　创建评论表 comments

表创建完成后，可以使用 DESCRIBE 语句查看表的基本结构，也可以通过 SHOW CREATE TABLE 语句查看表的详细信息。

19.3.2　设计索引

索引是创建在表上的，是对数据库中一列或者多列的值进行排序的一种结构。索引可以提高查询的速度。网课系统需要查询课程的信息，这就需要在某些特定的字段上建立索引，以便提高查询速度。

1. 在 course 表上建立索引

网课系统需要按照 course 表中的 courseName 字段和 uploadDate 字段查询网课信息。本小节将使用 CREATE INDEX 语句和 ALTER TABLE 语句创建索引。

下面使用 CREATE INDEX 语句在 courseName 字段上创建名为 index_course_name 的索引，SQL 语句如下：

```
CREATE INDEX index_course_name ON course(courseName);
```

执行结果如图 19-15 所示。

下面使用 ALTER TABLE 语句在 uploadDate 字段上创建名为 index_course_name 的索引，SQL 语句如下：

```
ALTER TABLE course ADD INDEX index_upload_date(uploadDate);
```

执行结果如图 19-16 所示。

```
mysql> CREATE INDEX index_course_name
    -> ON course(courseName);
Query OK, 0 rows affected (0.02 sec)
Records: 0  Duplicates: 0  Warnings: 0
```

图 19-15　在字段 courseName 上创建索引

```
mysql> ALTER TABLE course
    -> ADD INDEX index_upload_date(uploadDate);
Query OK, 0 rows affected (0.18 sec)
Records: 0  Duplicates: 0  Warnings: 0
```

图 19-16　在字段 uploadDate 上创建索引

为了检验班级表 course 中的索引是否创建成功，执行 SQL 语句 SHOW CREATE TABLE 或者 EXPLAIN，具体 SQL 语句如下：

```
SHOW CREATE TABLE course \G
EXPLAIN SELECT * FROM course WHERE courseName='Java'\G
```

执行结果如图 19-17 和图 19-18 所示。

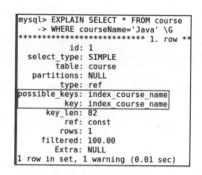

```
mysql> SHOW CREATE TABLE course \G
*************************** 1. row ***************************
       Table: course
Create Table: CREATE TABLE `course` (
  `courseId` int(8) NOT NULL AUTO_INCREMENT,
  `courseName` varchar(20) NOT NULL,
  `courseCatalogId` int(8) NOT NULL,
  `description` varchar(50) NOT NULL,
  `mediaTypeId` int(8) NOT NULL,
  `uploadDate` datetime NOT NULL,
  `userId` int(8) NOT NULL,
  PRIMARY KEY (`courseId`),
  UNIQUE KEY `courseId` (`courseId`),
  KEY `index_upload_date` (`uploadDate`),
  KEY `index_course_name` (`courseName`)
) ENGINE=InnoDB DEFAULT CHARSET=utf8mb4 COLLATE=utf8mb4_0900_ai_ci
1 row in set (0.00 sec)
```

图 19-17　查看索引

```
mysql> EXPLAIN SELECT * FROM course
    -> WHERE courseName='Java' \G
*************************** 1. row **
           id: 1
  select_type: SIMPLE
        table: course
   partitions: NULL
         type: ref
possible_keys: index_course_name
          key: index_course_name
      key_len: 82
          ref: const
         rows: 1
     filtered: 100.00
        Extra: NULL
1 row in set, 1 warning (0.01 sec)
```

图 19-18　查看索引

2. 在 courseCatalog 表上建立索引

网课系统需要通过课程类型名称查询该类型下的课程，因此需要在这个字段上创建索引。创建索引的 SQL 语句如下：

```
CREATE INDEX index_cousre_catalog_name
   ON courseCatalog(cCatalogName);
```

执行结果如图 19-19 所示。

```
mysql> CREATE INDEX index_cousre_catalog_name ON courseCatalog(cCatalogName);
Query OK, 0 rows affected (0.07 sec)
Records: 0  Duplicates: 0  Warnings: 0
```

图 19-19　在 courseCatalog 表上创建索引

代码执行完成后，读者可以使用 SQL 语句 SHOW CREATE TABLE 和 EXPLAIN 查看 cousreCatalog 表的索引信息。

19.3.3　设计视图

视图是由数据库中一个表或者多个表生成的虚拟表。视图的作用是为了方便用户对数据的操作，在网上课堂系统中设计一个视图改善查询操作。

在网上课堂系统中，如果直接查询角色权限关系表 role_authority，显示信息时会显示角色编号和权限编号。这种显示不直观，为了方便查询，可以建立一个视图 role_authority_view，这个视图显示角色编号、角色名称、权限编号和权限名称，这样就可以很直观地看出每个角色具有哪些权限。创建视图 role_authority_view 的 SQL 代码如下：

```
CREATE VIEW role_authority_view AS
  SELECT role_authority.roleId, role.roleName,
  role_authority.authorityId,authority.authorityName
    FROM role_authority, role, authority
      WHERE role_authority.roleId=role.roleId AND
      role_authority.authorityId = authority.authorityId;
```

执行结果如图 19-20 所示。

视图创建完成后，可以使用 SHOW CREATE VIEW 语句查看 role_authoriy_view 的详细信息，具体 SQL 语句如下：

```
SHOW CREATE VIEW role_authority_view \G
```

执行结果如图 19-21 所示。

图 19-20　创建视图

图 19-21　查看视图

19.3.4　设计触发器

触发器是由 INSERT、UPDATE、DELETE 等事件来触发某种特定的操作。满足触发器条件时，数据库系统就会执行触发器中定义的程序语句。这样做可以保证某些表之间的一致性。为了使网上课堂系统的数据更新得更加快速和合理，可以在数据库中设计几个触发器。

1. 设计 UPDATE 触发器

在设计表时，course 表和 comment 表的 courseId 字段的值是一样的，如果 course 表中的 courseId 字段的值更新了，那么 comment 表中的 courseId 字段的值必须同时更新。这可以通过一个 UPDATE 触发器来实现，具体 SQL 语句如下：

```
DELIMITER $$
CREATE TRIGGER update_courseId
  AFTER UPDATE ON course FOR EACH ROW
  BEGIN
    UPDATE comments SET courseId=NEW.courseId;
  END;
  $$
DELIMITER ;
```

执行结果如图 19-22 所示。

```
mysql> DELIMITER $$
mysql> CREATE TRIGGER update_courseId
    -> AFTER UPDATE ON course FOR EACH ROW
    -> BEGIN
    -> UPDATE comments SET courseId=NEW.courseId;
    -> END;
    -> $$
Query OK, 0 rows affected (0.05 sec)

mysql> DELIMITER ;
```

图 19-22　创建 UPDATE 触发器

其中，NEW.courseId 表示 course 表中更新的记录的 courseId 值。

2. 设计 DELETE 触发器

如果从 course 表删除一条课程信息，那么这个课程在 comment 表中的信息必须同时删除，这也可以通过触发器来实现。在 course 表上创建 delete_comment 触发器，具体 SQL 语句如下：

```
DELIMITER $$
CREATE TRIGGER delete_comment
  AFTER DELETE ON course FOR EACH ROW
  BEGIN
    DELETE FROM comments WHERE courseId=OLD.courseId;
  END;
  $$
DELIMITER ;
```

执行结果如图 19-23 所示。

```
mysql> DELIMITER ;
mysql> DELIMITER $$
mysql> CREATE TRIGGER delete_comment
    -> AFTER DELETE ON course FOR EACH ROW
    -> BEGIN
    -> DELETE FROM comments WHERE courseId=OLD.courseId;
    -> END;
    -> $$
Query OK, 0 rows affected (0.10 sec)

mysql> DELIMITER ;
```

图 19-23　创建 DELETE 触发器

其中，OLD.courseId 表示新删除的记录的 courseId 的值。

19.4 本章小结

　　本章介绍了网上课堂发布系统的数据库设计方法，重点是 MySQL 数据库的设计部分，在数据库设计方面，不仅设计了表和字段，还设计了索引、视图和触发器等内容。通过本章的学习，读者可以对 MySQL 数据库设计有一个基本的认识。

第 20 章
◄ 论坛管理系统数据库设计 ►

随着互联网技术的快速发展，人与人之间的交流方式逐渐增多，QQ、微信、微博已成为人们彼此沟通、交流信息的主要方式。此外，为了方便人们在同一领域探讨问题和发表意见，互联网上还出现了各种交流平台，比如水木社区，汽车爱好者可以去汽车版学习和讨论汽车相关的知识，编程爱好者可以去计算机编程的版面学习和分享，找工作的同学可以去工作版面寻求工作机会，主妇们可以去家庭生活版面学习和探讨如何经营家庭，父母们可以去儿童教育版学习育儿知识。某个人对某一领域提出自己遇到的问题，或者分享自己的经验，随后论坛版面上的其他人可以回帖互动。本章的内容主要包括：

- 了解论坛管理系统的概述。
- 熟悉论坛管理系统的功能。
- 掌握如何设计论坛管理系统的表。
- 掌握如何设计论坛管理系统的索引。
- 掌握如何设计论坛管理系统的视图。
- 掌握如何设计论坛管理系统的触发器。

20.1 系统概述

BBS（Bulletin Board System）论坛是一种以技术交流和会员互动为核心的论坛，在这种论坛上用户可以维护自己发的帖子，也可以对其他人发的帖子发表自己的评论，还可以输入关键字搜索相关的帖子。

论坛是一种交互性强、内容丰富且信息实时发布的电子信息服务系统。用户在 BBS 站点可以浏览各种信息、发布信息、互动交流、信件往来等。像日常生活中的黑板报一样，论坛按不同的主题分为不同的版块，版面的设立依据是大多数用户的要求和喜好，用户可以阅读别人关于某个主题的看法，也可以发表自己的看法。目前 BBS 论坛的主要功能有以下几点：

- 用户可以随时阅读他人发布的帖子。
- 用户可以在不同版块发布帖子供他人阅读，也可以编辑、删除自己发布的帖子。
- 用户在登录状态下可以对其他用户发布的帖子进行回复。

- 站长可以增加、编辑、删除版块。
- 版主可以删除不符合版规的帖子。

20.2 系统功能

论坛系统分为 5 个模块，分别为用户类型管理、用户管理、版块管理、主帖管理和回帖管理，如图 20-1 所示。

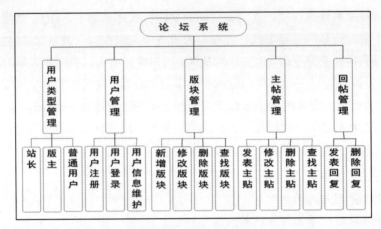

图 20-1　论坛系统模块图

图 20-1 中模块的详细介绍如下。

- 用户类型管理：用户分为站长、版主和普通用户 3 类，都有不同的权限。
- 用户管理：实现新增用户、查看和修改用户信息功能。
- 版块管理：站长可以新增、修改和删除版块。
- 主帖管理模块：普通用户可以发帖，编辑、删除自己的帖子，也可以查看别人发的帖子；版主可以删除不符合版规的帖子。
- 回帖管理模块：普通用户可以回复其他用户发表的帖子，并查阅所有回帖；版主可以删除不符合版规的回帖。

通过本节的介绍，读者对论坛系统的主要功能应该有了一定的了解。下一节将向读者介绍本系统所需要的数据库和表。

20.3 数据库设计和实现

数据库设计时要确定设计哪些表、表中包含哪些字段、字段的数据类型和长度。本节主要讲述论坛数据库设计过程。

20.3.1　设计表

本系统所有的表都放在 bbsForm 数据库下。创建和选择 bbsForm 数据库的 SQL 代码如下：

```
CREATE DATABASE bbsForm;
USE bbsForm;
```

执行结果如图 20-2 和图 20-3 所示。

```
mysql> CREATE DATABASE bbsForm;
Query OK, 1 row affected (0.06 sec)
```

```
mysql> USE bbsForm;
Database changed
```

图 20-2　创建数据库　　　　　　　　图 20-3　选择数据库

在这个数据库下总共放着 5 个表，分别是 userType、user、board、topic 和 reply。

1. 用户类型表 userType

用户类型表中存储用户类型 ID 和用户类型名称。用户类型表的字段信息如表 20-1 所示。

表 20-1　用户类型表 userType

列名	类型	长度	描述
userTypeId	INT	8	用户类型 ID，自增 1
userTypeName	VARCHAR	20	用户类型名称

根据表 20-1 的内容创建用户类型表 userType，SQL 语句如下：

```
CREATE TABLE userType(
    userTypeId INT(8) NOT NULL,
    userTypeName VARCHAR(20) NOT NULL,
    CONSTRAINT pk_id PRIMARY KEY(userTypeId));
```

执行结果如图 20-4 所示。

```
mysql> CREATE TABLE userType(
    -> userTypeId INT(8) NOT NULL,
    -> userTypeName VARCHAR(20) NOT NULL,
    -> CONSTRAINT pk_id PRIMARY KEY(userTypeId));
Query OK, 0 rows affected (0.05 sec)
```

图 20-4　创建用户类型表 userType

2. 用户表 user

用户表中存储用户 ID、用户名、用户密码、用户邮箱、用户出生年月、用户性别、用户手机号、用户类型 ID、用户注册时间、用户等级等。用户表的字段信息如表 20-2 所示。

表 20-2　用户表 user

列名	类型	长度	描述
userId	INT	8	用户 ID，自增 1
userName	VARCHAR	20	用户名称
password	VARCHAR	20	用户密码

（续表）

列名	类型	长度	描述
email	VARCHAR	20	用户邮箱
birthday	DATETIME	16	用户生日
gender	BIT	1	用户性别
phone	VARCHAR	15	用户手机
userTypeId	INT	8	用户类型 ID
registerTime	DATETIME	16	用户注册时间
userPoint	INT	8	用户积分
userClass	INT	8	用户等级
userStatement	VARCHAR	150	用户个人说明文档
boardId	INT	8	当前所在版面

根据表 20-2 的内容创建用户表 user，SQL 语句如下：

```
CREATE TABLE user(
    userId INT(8) NOT NULL AUTO_INCREMENT,
    userName VARCHAR(20),
    password VARCHAR(20),
    email VARCHAR(20),
    birthday DATETIME,
    gender BIT,
    phone VARCHAR(15),
    userTypeId INT(8),
    registerTime DATETIME,
    userPoint INT(8),
    userClass INT(8),
    userStatement VARCHAR(150),
    boardId int(8),
    CONSTRAINT pk_user_id PRIMARY KEY(userId));
```

执行结果如图 20-5 所示。

```
mysql> CREATE TABLE user(
    -> userId INT(8) NOT NULL AUTO_INCREMENT,
    -> userName VARCHAR(20),
    -> password VARCHAR(20),
    -> email VARCHAR(20),
    -> birthday DATETIME,
    -> gender BIT,
    -> phone VARCHAR(15),
    -> userTypeId INT(8),
    -> registerTime DATETIME,
    -> userPoint INT(8),
    -> userClass INT(8),
    -> userStatement VARCHAR(150),
    -> boardId INT(8),
    -> CONSTRAINT pk_user_id PRIMARY KEY(userId));
Query OK, 0 rows affected (0.03 sec)
```

图 20-5　创建用户表 user

3. 版块表 board

版块表中存储版块 ID、版块名、版主用户 ID、版块说明、版块在线人数、版块主帖数和版块今日发帖数。版块表的字段信息如表 20-3 所示。

表 20-3 版块表 board

列名	类型	长度	描述
boardId	INT	8	版块 ID，自增 1
boardName	VARCHAR	20	版块名称
masterUserId	INT	8	版主用户 ID
boardStatement	VARCHAR	150	版块说明
onlineCounts	INT	8	版块在线人数
postCount	INT	8	版块主帖数
dayPostCount	INT	8	版块当日发帖数

根据表 20-3 的内容创建版块表 board，SQL 语句如下：

```
CREATE TABLE board(
    boardId INT(8) NOT NULL AUTO_INCREMENT,
    boardName VARCHAR(20),
    masterUserId INT(8),
    boardStatement VARCHAR(150),
    onlineCounts INT(8),
    postCount INT(8),
    dayPostCount INT(8),
    CONSTRAINT pk_board_id PRIMARY KEY(boardId));
```

执行结果如图 20-6 所示。

```
mysql> CREATE TABLE board(
    -> boardId INT(8) NOT NULL AUTO_INCREMENT,
    -> boardName VARCHAR(20),
    -> masterUserId INT(8),
    -> boardStatement VARCHAR(150),
    -> onlineCounts INT(8),
    -> postCount INT(8),
    -> dayPostCount INT(8),
    -> CONSTRAINT pk_board_id PRIMARY KEY(boardId));
Query OK, 0 rows affected (0.13 sec)
```

图 20-6 创建版块表 board

4. 主帖表 topic

主帖表中存储主帖 ID、主帖 title、主帖内容、主帖发表时间、主帖最后更新时间和发帖用户 ID。主帖表的字段信息如表 20-4 所示。

表 20-4 主帖表 topic

列名	类型	长度	描述
topicId	INT	8	主帖 ID，自增 1
topicTitle	VARCHAR	255	主帖标题
topicContent	VARCHAR	2048	主帖内容
postTime	DATETIME	16	发帖时间
lastUpdateTime	DATETIME	16	最后更新时间
userId	INT	8	发帖用户 ID
boardId	INT	8	版块 ID

根据表 20-4 的内容创建主帖表 topic，具体 SQL 语句如下：

```
CREATE TABLE topic(
    topicId INT(8) NOT NULL AUTO_INCREMENT,
    topicTitle VARCHAR(255),
    topicContent VARCHAR(2048),
    postTime DATETIME,
    lastUpdateTime DATETIME,
    userId INT(8),
    boardId INT(8),
    CONSTRAINT pk_topic_id PRIMARY KEY(topicId));
```

执行结果如图 20-7 所示。

```
mysql> CREATE TABLE topic(
    -> topicId INT(8) NOT NULL AUTO_INCREMENT,
    -> topicTitle VARCHAR(255),
    -> topicContent VARCHAR(2048),
    -> postTime DATETIME,
    -> lastUpdateTime DATETIME,
    -> userId INT(8),
    -> boardId INT(8),
    -> CONSTRAINT pk_topic_id PRIMARY KEY(topicId));
Query OK, 0 rows affected (0.06 sec)
```

图 20-7　创建主帖表 topic

5. 回帖表 reply

回帖表中存储回帖 ID、主帖 title、回帖内容、回帖发表时间、回帖最后更新时间和发帖用户 ID。回帖表的字段信息如表 20-5 所示。

表 20-5　回帖表 reply

列名	类型	长度	描述
replyId	INT	8	回帖 ID，自增 1
topicId	INT	8	主帖 ID
replyContent	VARCHAR	768	回帖内容
replyTime	DATETIME	16	回帖时间
lastUpdateTime	DATETIME	16	最后更新时间
userId	INT	8	发帖用户 ID

根据表 20-5 的内容创建回帖表 reply，具体 SQL 语句如下：

```
CREATE TABLE reply(
    replyId INT(8) NOT NULL AUTO_INCREMENT,
    topicId INT(8) NOT NULL,
    replyContent VARCHAR(768),
    replyTime DATETIME,
    lastUpdateTime DATETIME,
    userId INT(8),
    CONSTRAINT pk_reply_id PRIMARY KEY(replyId));
```

执行结果如图 20-8 所示。

```
mysql> CREATE TABLE reply(
    -> replyId INT(8) NOT NULL AUTO_INCREMENT,
    -> topicId INT(8) NOT NULL,
    -> replyContent VARCHAR(1024),
    -> replyTime DATETIME,
    -> lastUpdateTime DATETIME,
    -> userId INT(8),
    -> CONSTRAINT pk_reply_id PRIMARY KEY(replyId));
Query OK, 0 rows affected (0.10 sec)
```

图 20-8　创建回帖表 reply

表创建完成后，可以使用 DESC 语句查看表的基本结构，也可以通过 SHOW CREATE TABLE 语句查看表的详细信息。

20.3.2　设计索引

索引是创建在表上的，是对数据库中一列或者多列的值进行排序的一种结构。索引可以提高查询的速度。论坛系统需要查询论坛的信息，这就需要在某些特定字段上建立索引，以便提高查询速度。

1. 在 topic 表上建立索引

论坛系统需要按照 topicTitle、topicContent、postTime 字段查询帖子信息。本小节将使用 CREATE INDEX 语句和 ALTER TABLE 语句创建索引。

使用如下语句在 topicTitle 字段上创建 index_topic_title 索引：

```
CREATE INDEX index_topic_title ON topic(topicTitle);
```

执行结果如图 20-9 所示。

在 postTime 字段上创建 index_post_time 索引，语句如下：

```
ALTER TABLE topic ADD INDEX index_post_time(postTime);
```

执行结果如图 20-10 所示。

```
mysql> CREATE INDEX index_topic_title
    -> ON topic(topicTitle);
Query OK, 0 rows affected (0.13 sec)
Records: 0  Duplicates: 0  Warnings: 0
```

```
mysql> ALTER TABLE topic ADD INDEX
    -> index_post_time(postTime);
Query OK, 0 rows affected (0.09 sec)
Records: 0  Duplicates: 0  Warnings: 0
```

图 20-9　创建索引　　　　　　　　　图 20-10　创建索引

代码执行后，读者可以用 SHOW CREATE TABLE 查看 topic 表的详细信息。

2. 在 board 表上建立索引

论坛系统需要通过版块名称查询该版块下的帖子信息，因此需要在这个字段上创建索引。创建索引的 SQL 语句如下：

```
CREATE INDEX index_board_name ON board(boardName);
```

执行结果如图 20-11 所示。

```
mysql> CREATE INDEX index_board_name ON board(boardName);
Query OK, 0 rows affected (0.14 sec)
Records: 0  Duplicates: 0  Warnings: 0
```

图 20-11　创建索引

代码执行后，读者可以用 SHOW CREATE TABLE 语句查看 board 表的详细信息。

3. 在 reply 表上建立索引

论坛系统需要 replyContent 字段、replyTime 字段查询回帖的内容，因此需要在这几个字段上创建索引，具体 SQL 语句如下：

```
CREATE INDEX index_reply_content ON reply(replyContent);
CREATE INDEX index_reply_time ON reply(replyTime);
```

执行结果如图 20-12 和图 20-13 所示。

```
mysql> CREATE INDEX index_reply_content
    -> ON reply(replyContent);
Query OK, 0 rows affected (0.06 sec)
Records: 0  Duplicates: 0  Warnings: 0
```

```
mysql> CREATE INDEX index_reply_time
    -> ON reply(replyTime);
Query OK, 0 rows affected (0.05 sec)
Records: 0  Duplicates: 0  Warnings: 0
```

图 20-12　创建索引　　　　　　　图 20-13　创建索引

代码执行后，读者可以用 SHOW CREATE TABLE 语句查看 reply 表的详细信息。

20.3.3　设计视图

在论坛系统中，如果直接查询 topic 表，显示信息时会显示主帖编号、发帖者编号、版块编号等信息，对用户来说这种显示不够直观，为了以后查询方便，可以建立一个视图 topic_user_board_view。这个视图显示主帖的标题、主帖的内容、主帖的发布者名字、主帖的发布时间、主帖所在版块名。创建视图 topic_user_board_view 的 SQL 代码如下：

```
CREATE VIEW topic_user_board_view
  AS SELECT t.topicTitle,t.topicContent,u.userName,
    t.postTime,b.boardName FROM topic t,user u,board b
      WHERE t.userId=u.userId AND t.boardId=b.boardId;
```

执行结果如图 20-14 所示。

```
mysql> CREATE VIEW topic_user_board_view AS SELECT t.topicTitle,t.topicContent,u.userName,t.postTime,
    -> b.boardName FROM topic t,user u,board b WHERE t.userId=u.userId AND t.boardId=b.boardId;
Query OK, 0 rows affected (0.03 sec)
```

图 20-14　创建视图

上面的 SQL 语句中给每个表都取了别名，topic 表的别名为 t，user 表的别名为 u，board 表的别名为 b，这个视图从这 3 个表中取出相应的字段。视图创建完成后，可以使用 SHOW CREATE VIEW 语句查看 topic_user_board_view 视图的详细信息。

20.3.4　设计触发器

触发器是由 INSERT、UPDATE 和 DELETE 等事件来触发某种特定的操作。满足触发器的触发条件时，数据库系统就会执行触发器中定义的程序语句。这样做可以保证某些相关表之间的一致性。为了使论坛系统的数据更新得更加快速和合理，可以在数据库中设计相应的触发器。

1. 设计 INSERT 触发器

如果向 topic 表中插入记录，就说明版块的主帖数目和今日发帖数目要相应地增加。这可以通过触发器来完成。在 topic 表上创建名为 topic_count 的触发器，具体 SQL 语句如下：

```
DELIMITER $$
CREATE TRIGGER topic_count AFTER INSERT
  ON topic FOR EACH ROW
  BEGIN
    UPDATE board SET postCount=postCount+1
       WHERE boardId=NEW.boardId;
    UPDATE board SET dayPostCount=dayPostCount+1
      WHERE boradId=NEW.boardId;
END;
$$
DELIMITER ;
```

执行结果如图 20-15 所示。

```
mysql> DELIMITER $$
mysql> CREATE TRIGGER topic_count AFTER INSERT
    -> ON topic FOR EACH ROW
    -> BEGIN
    -> UPDATE board SET postCount=postCount+1
    -> WHERE boardId=NEW.boardId;
    -> UPDATE board SET dayPostCount=dayPostCount+1
    -> WHERE boradId=NEW.boardId;
    -> END;
    -> $$
Query OK, 0 rows affected (0.08 sec)
```

图 20-15　创建 INSERT 触发器

2. 设计 UPDATE 触发器

在设计表时，user 表和 board 表的 boardId 字段是一致的。如果某个用户从 A 版块退出，进入 B 版块，那么 user 表中的 boardId 就要从 A 版块的 boardId 值更新为 B 版块的 boardId 值，而 board 表中，A 版块的在线人数字段 onlineCounts 就会减 1，而 B 版块的在线人数字段 onlineCounts 会加 1，这样 board 表中 onlineCounts 字段就要随着 user 表中的 boardId 字段同时更新。通过一个 UPDATE 触发器来实现，SQL 语句如下：

```
DELIMITER $$
CREATE TRIGGER update_online_count AFTER UPDATE
ON user FOR EACH ROW
```

```
BEGIN
    UPDATE board SET onlineCounts=onlineCounts+1
        WHERE boardId=NEW.boardId;
    UPDATE board SET onlineCounts=onlineCounts-1
        WHERE boardId=OLD.boardId;
END;
$$
DELIMITER ;
```

执行结果如图 20-16 所示。

```
mysql> DELIMITER $$
mysql> CREATE TRIGGER update_online_count AFTER UPDATE
    -> ON user FOR EACH ROW
    -> BEGIN
    -> UPDATE board SET onlineCounts=onlineCounts+1
    -> WHERE boardId=NEW.boardId;
    -> UPDATE board SET onlineCounts=onlineCounts-1
    -> WHERE boardId=OLD.boardId;
    -> END;
    -> $$
Query OK, 0 rows affected (0.02 sec)

mysql> DELIMITER ;
```

图 20-16　创建 UPDATE 触发器

3. 设计 DELETE 触发器

如果一个用户注销自己的账户，也就是从 user 表中删除一个用户的信息，那么这个用户发过的帖子和回复过的回帖都必须删除掉，简而言之，在 topic 表和 reply 表中和用户相关的数据记录都要删除掉，这需要创建 DELETE 触发器，具体 SQL 语句如下：

```
DELIMITER $$
CREATE TRIGGER delete_user AFTER DELETE
ON user FOR EACH ROW
BEGIN
    DELETE FROM topic WHERE userId=OLD.userId;
    DELETE FROM reply WHERE userId=OLD.userId;
END;
$$
DELIMITER ;
```

执行结果如图 20-17 所示。

```
mysql> DELIMITER $$
mysql> CREATE TRIGGER delete_user AFTER DELETE
    -> ON user FOR EACH ROW
    -> BEGIN
    -> DELETE FROM topic WHERE userId=OLD.userId;
    -> DELETE FROM reply WHERE userId=OLD.userId;
    -> END;
    -> $$
Query OK, 0 rows affected (0.11 sec)

mysql> DELIMITER ;
```

图 20-17　创建 DELETE 触发器

其中，OLD.userId 表示新删除的记录的 userId 值。

20.4　本章小结

本章介绍了设计论坛系统数据库的方法。在数据库设计方面，不仅涉及表和字段的设计，还涉及索引、视图和触发器等内容。特别是新增加了设计方案图表，通过图表的设计，用户可以清晰地看到各个表的设计字段的关系。通过本章的学习，读者可以对论坛系统数据库的设计有一个清晰的思路。